手把手教您绘制建筑施工图

（第二版）

周　颖　孙耀南　著

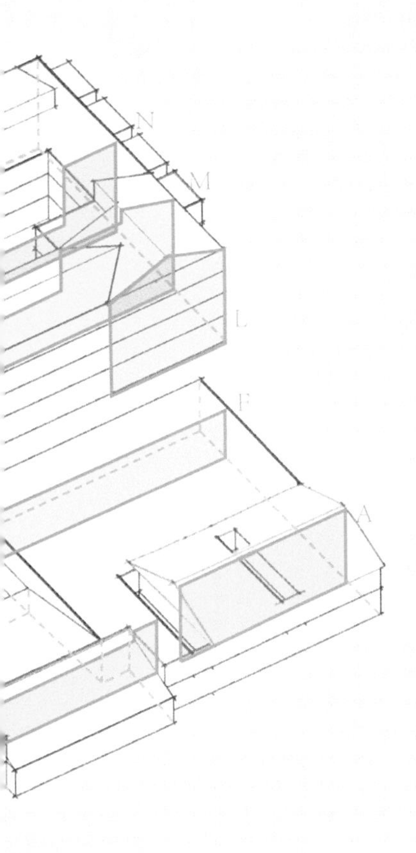

中国建筑工业出版社

序

画好建筑施工图，是执业建筑师从业不可或缺的基本功。但由于建筑施工图的设计与绘制涉及相当广博的专业知识，需多工种密切配合，绘制过程也非常烦琐；对于初学者来说，学习过程中常因各种意想不到的困难而备感挫折，一般需要有经验的老师手把手地传授其方法与诀窍。但良师可遇不可求，许多初进设计院工作的年轻员工常常需要积累多年，甚至在走过很多弯路后才能熟悉建筑施工图的设计与绘制。为此，我深感当下迫切需要一本面向初学者的，全面、翔实、准确而通俗易懂地介绍建筑施工图绘制方法与技巧的教材。

该书的最大特色在于：为方便读者学习，作者以亲手绘制的一套建筑施工图为案例，通过大量精心准备的图表将绘制建筑施工图的完整的流程、方法、技巧与要领一一点明并落到实处。全书选材精当，深入浅出，解说清新明快而不失准确，读来令人赏心悦目。另外，书中不乏精辟的见解与透彻的论述，有助于读者无师自通，进而达到较高的水准。

本书作者在我指导下攻读建筑学硕士学位期间，就打下了坚实的建筑设计基础；后来她赴日本继续深造，深受以严谨治学著称的东京大学建筑教育的熏陶。作为富有才华的青年学者，她敏而好学，学有专精，尤其精通医院及老年建筑设计。在本书中，作者将多年累积的经验毫无保留地和盘托出，相信定会使读者受益。因此，我非常愿意将这样一本好书推荐给广大读者。

东南大学建筑学院教授

2012 年 8 月 27 日 于南京

自 序

建筑施工图是将建筑方案落实到具体实物时必不可少的重要环节。但绘制建筑施工图不仅需要熟练掌握绘图方法，还需熟悉建筑、结构及设备等各专业的知识并对各类规范有相当程度的了解，因此对于缺乏经验的初学者来说，画好建筑施工图存在一定的难度。

其实学习绘制建筑施工图并非无章可循。初学时应着眼于树立正确的观念并养成良好的习惯，在此基础上按照正确的步骤一步一步地练习，就会渐渐领悟其中的要领。若进一步开发并积累各种绘图技巧，便能达到事半功倍之效。

本书完全站在初学者的立场，用精心准备的大量彩色图表将作者亲绘的一套建筑施工图的画法全面细致地表达出来。书中的讲解简明易懂，读来仿佛有置身课堂受教之感。另外，本书还详细介绍了绘制施工图的过程中所涉及的各类规范、图集的查阅方法以及绘图与计算技巧，希望读者在熟读深思之后能做到举一反三。

本书的起点相当低，只要具备基本的建筑制图及 AutoCAD 技能就不会感到困难。因此本书不仅适用于缺乏施工图绘制经验的职场新人，对于建筑系研究生、高年级本科生，甚至低年级本科生也非常有用。按照本书的步骤练习一遍，您会发现自己在不知不觉间已累积了相当的实力。

愿本书给大家带来切实的帮助！

周 颖

2012 年 8 月 23 日 于中大院

本书使用方法

为方便读者自学，本书以作者亲手绘制的一套医院建筑的施工图为案例，通过丰富的图表及简明扼要的文字，将绘制建筑施工图的方法、技巧、要领及绘图深度按照流程一步一步地详尽解说。

大家都知道，医院建筑虽构成复杂但具有代表性。具体来说，医院包含了门诊部、住院部、医技部、后勤供应部以及管理部等五大部门。其中，门诊部类似由精品屋组成的购物商场，住院部类似宾馆，医技部类似精密的实验室，后勤供应部有厨房、餐厅、仓库、污物处理室等各种用途的房间，而管理部则类似办公楼。因此，如果掌握了本书的画法，今后面对其他建筑类型时也很容易做到触类旁通。

绘制建筑施工图时常常需要参考各种规范与图集，但面对着厚厚的一大摞资料，初学者也许不知如何入手。为此，本书结合具体案例在适当的位置穿插了常用规范、图集等工具书的查阅方法，并从这些工具书中摘录了相当数量的条文。出于行文的需要，本书在不违反原意的基础上，对引用的文字作了少许调整。必须指出，本书并不能取代这些工具书，同时希望读者尽早养成查阅工具书的习惯。

鉴于建筑、结构、设备等各专业配合也是绘制建筑施工图过程中不可缺少的重要环节，本书从建筑师的视点，结合具体案例介绍了在不同设计阶段各专业配合所涉及的主要内容及注意事项。

本书内容非常丰富，实际上已涵盖了扩初设计、施工图设计、施工图送审、施工配合四个阶段。若想彻底掌握这些内容，建议至少阅读三遍。

第一遍：熟练掌握各种绘图方法与技巧，确保能重复出书上的每一个命令。

第二遍：熟悉并扩展建筑专业知识，此时手头最好准备相关的工具书，争取透彻理解各知识点。

第三遍：重点掌握与结构、设备等专业的配合，以及所有知识点的融会贯通，最终目标是能顺利地画出整套建筑施工图。

下面就让我们一步一步地学习吧！

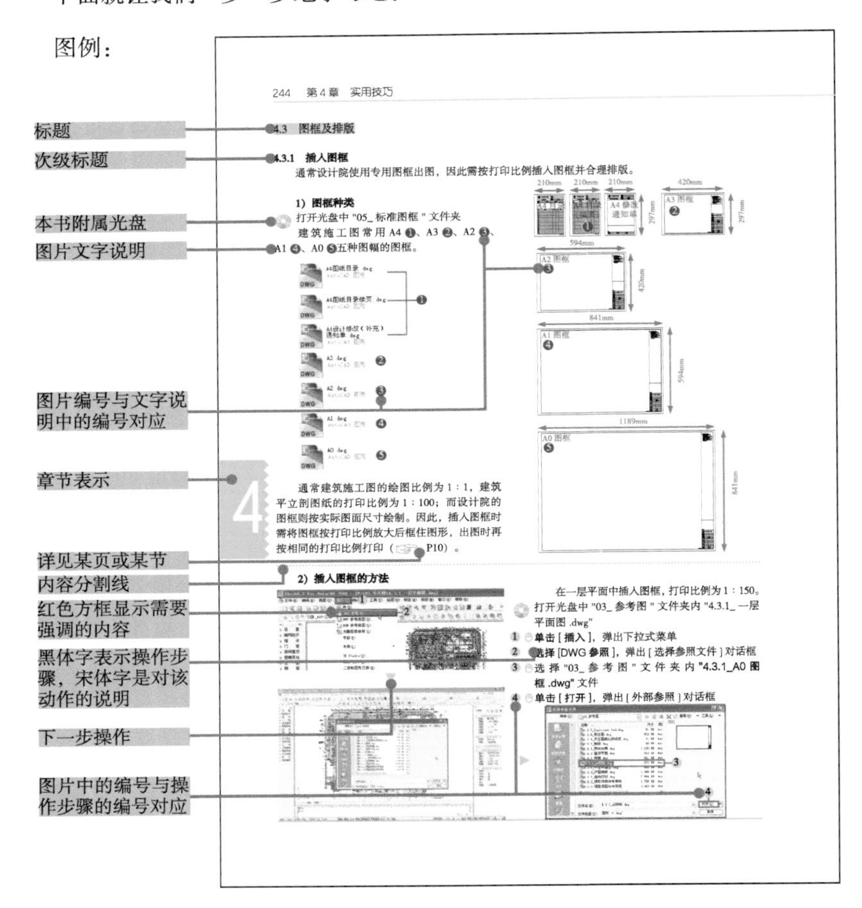

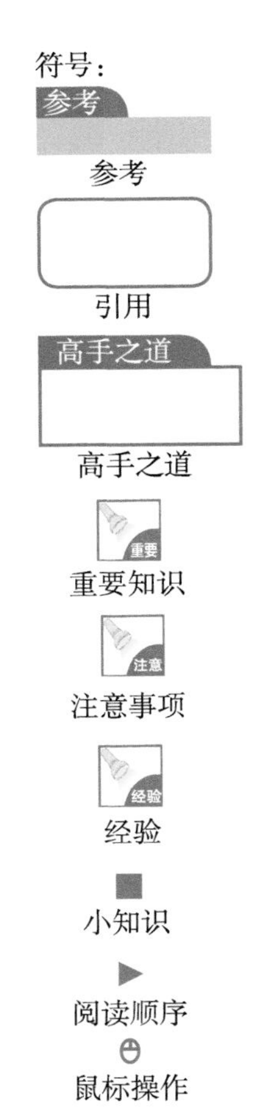

本书案例介绍

本书采用一个建成医院的建筑施工图作为教学案例。该工程位于江苏省南部，分两期进行建设。一期工程包括由门诊部、住院部、医技部、后勤供应部及管理部构成的主体建筑，以及变电所与水泵房构成的辅助建筑。二期拟建老年护理院。总用地面积4.7万m^2；一期工程总病床数262床，日门诊量820人次，日急诊量36人次，一期总建筑面积2.5万m^2，容积率1.37，建筑密度19.2%。主体建筑高23.90m，地上5层，无地下室；辅楼高5.89m，地上1层，地下1层。

鸟瞰效果图

建成后照片

建成后照片

1）本工程所属建筑类型

（1）民用建筑分类

依据：《民用建筑设计通则》（GB 50352—2005）" 3.1 民用建筑分类 "。

划分标准：功能与建筑高度。

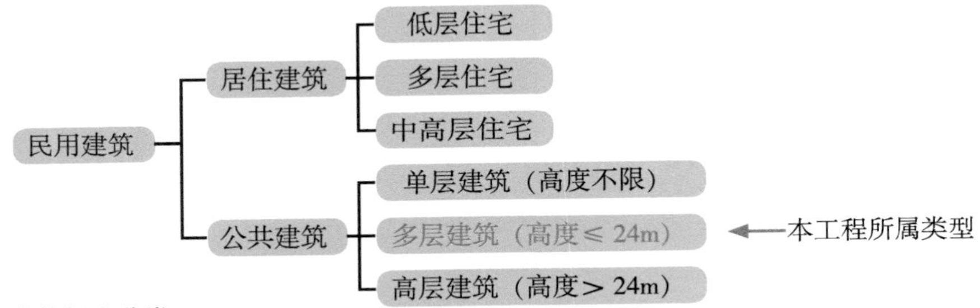

（2）节能标准分类

依据：苏标《公共建筑节能设计标准》（DGJ 32/J96—2010）" 3.1 公共建筑分类 "。

划分标准：建筑面积大小及中央空调系统设置与否。

目标：控制建筑全年采暖、通风、空气调节及照明的总能耗。

	类别	定义	节能目标（与未采用节能措施前相比）
本工程→所属类型	甲类公共建筑	•建筑面积≥ 20000m^2 的公共建筑 •由政府投资兴建的建筑面积 5000m^2 以上的办公楼、社会发展事业建筑	总能耗应减少 65%
	乙类公共建筑	•除甲类以外的公共建筑	总能耗应减少 50%

2）本书涉及的设计阶段

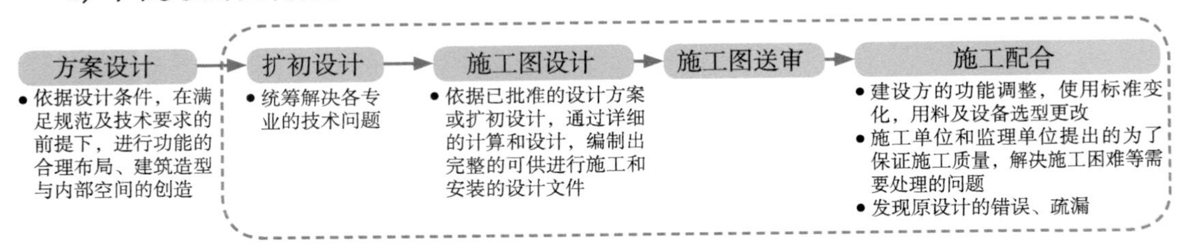

由于设计时间短，相当数量的工程直接从方案设计进入施工图设计。本书所含内容包括扩初设计、施工图设计、施工图送审及施工配合这四部分内容。

3）功能布局示意图

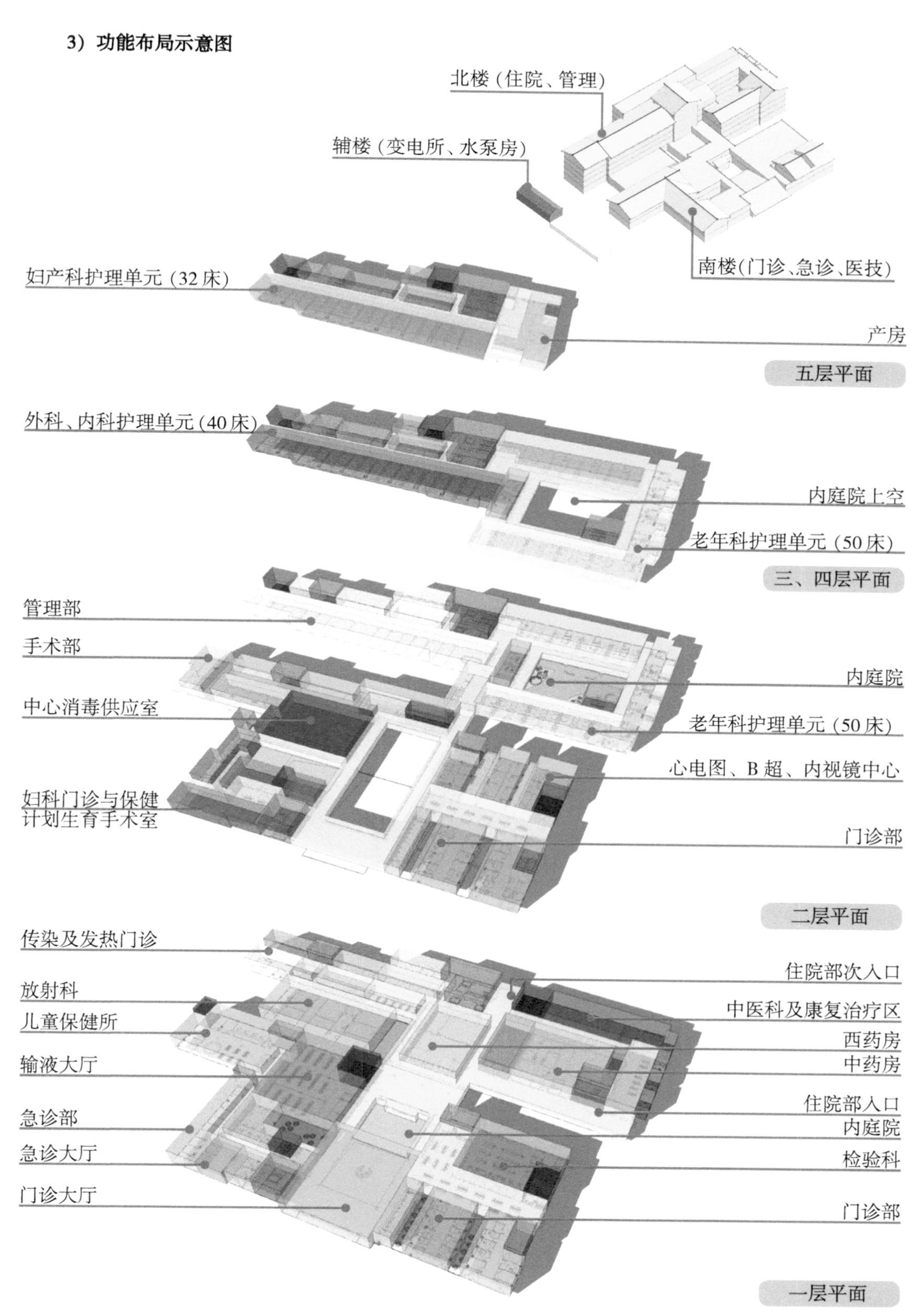
北楼（住院、管理）
辅楼（变电所、水泵房）
南楼(门诊、急诊、医技)
妇产科护理单元（32床）
产房
五层平面
外科、内科护理单元(40床)
内庭院上空
老年科护理单元（50床）
三、四层平面
管理部
手术部
中心消毒供应室
妇科门诊与保健
计划生育手术室
内庭院
老年科护理单元（50床）
心电图、B超、内视镜中心
门诊部
二层平面
传染及发热门诊
放射科
儿童保健所
输液大厅
急诊部
急诊大厅
门诊大厅
住院部次入口
中医科及康复治疗区
西药房
中药房
住院部入口
内庭院
检验科
门诊部
一层平面

目录 Contents

第3章 深入掌握

第1章 快速入门

本章内容：

1.1 树立正确的观念

1.2 养成良好的习惯

1.3 工具书

1.4 绘图软件设定

1.1　树立正确的观念

若想达到施工图设计的较高水准，学习伊始就必须树立正确的观念。在此基础上勤加练习，方能熟能生巧。现将重要观念分述如下：

1.1.1　明确建筑物所受的限制

建筑设计时必须考虑用地红线、建筑控制线、规划指标、面积指标，以及各类规范等限制条件。

1）用地红线

指建筑工程项目用地的使用权属范围的边界线。

2）建筑控制线

指建筑物不得超出的界线，可细分为：地下建筑控制线、多层建筑控制线及高层建筑控制线。

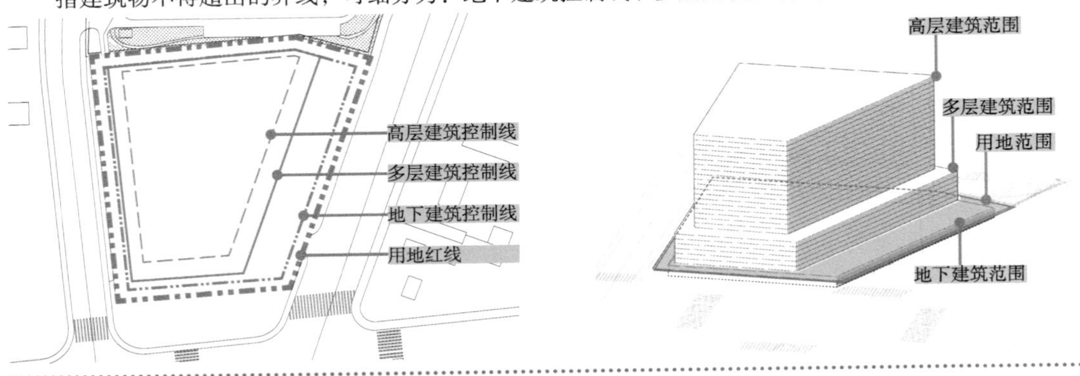

3）控制性详细规划或规划要点中的规划指标

以本工程用地（橘黄色地块）为例：

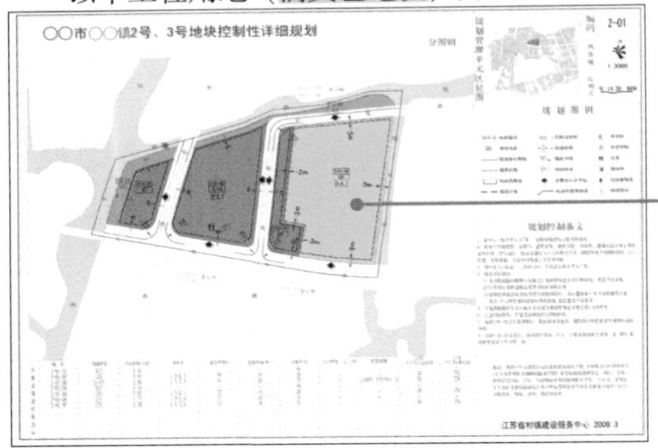

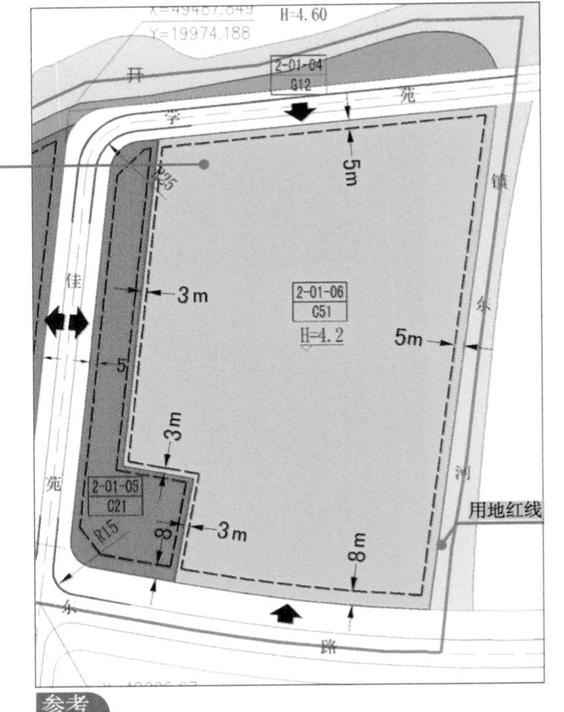

（1）建筑退让：从南面的用地红线向内退 8m，东面和北面各退 5m，西面退 3m。

（2）规划指标如下：

用地编码：2–01–06。

用地性质：C51。

用地面积：4.71hm²。

容积率：1.0 ～ 2.5。

建筑密度：55%。

建筑控高：24m。

绿地率：25%。

小汽车停车位：50 车位 / 万 m²（建筑面积）。

自行车停车位：750 车位 / 万 m²（建筑面积）。

参考

■容积率、建筑密度等术语定义详见《民用建筑设计统一标准》（GB 50352—2019）"2 术语"。

4）面积指标

建筑方案报建之后，施工图的建筑面积绝对不能超过报建的建筑面积。

参考

- 《建筑工程建筑面积计算规范》（GB/T 50353—2013）；
- 《建筑工程建筑面积计算规范图解》（中国计划出版社，2015）。

5）满足各类规范要求

以建筑消防设计为例：

（1）建筑外部：消防车道（☞ P72）应符合《建筑设计防火规范》（GB 50016—2014）（2018 年版）"7.1 消防车道 " 的要求。

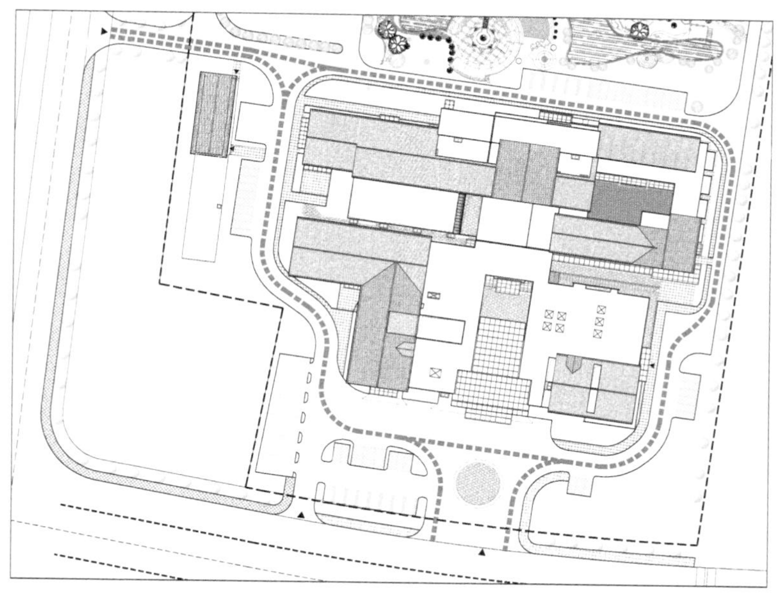

总平面图

（2）建筑内部：安全疏散距离（☞ P90）及安全出口的净宽度（☞ P88）应符合《建筑设计防火规范》（GB 50016—2014）（2018 年版）"5.5 安全疏散和避难 " 的要求。

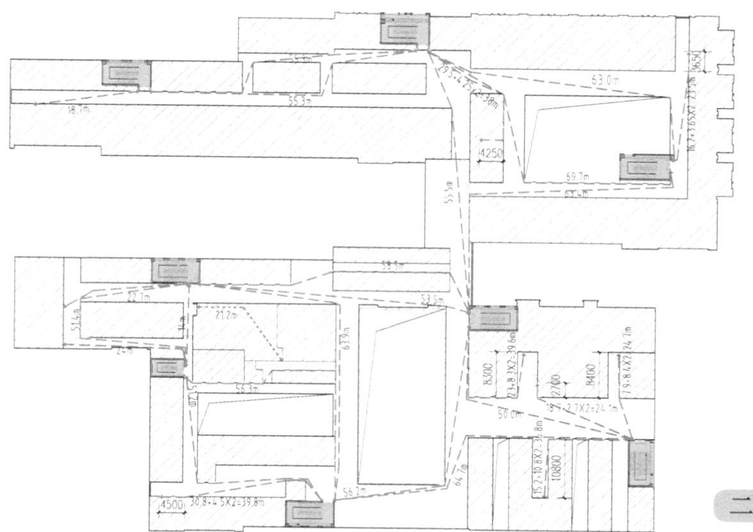

二层平面安全疏散距离计算图

1.1.2 认识建筑物的物质构成

建筑构件通常由多种物质材料构成，且具有一定的几何尺寸。各类构件通过砌筑、拼装、铆接等连接方式组成建筑实体。认清这一点，有助于正确理解施工过程，从而避免在施工图设计中犯错。

1）以外保温外墙为例

（1）高级涂料外墙面

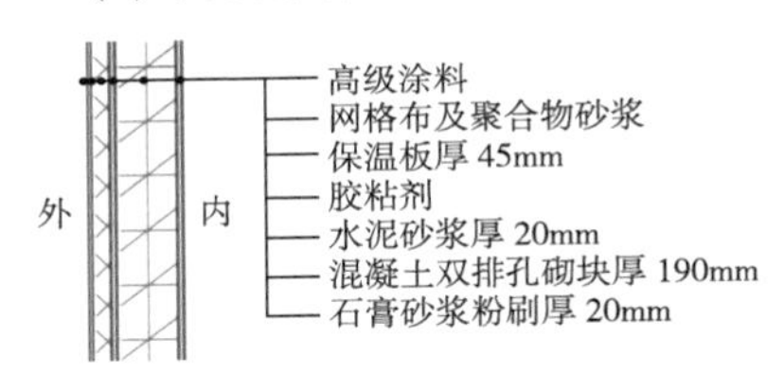

（2）干挂花岗石外墙面

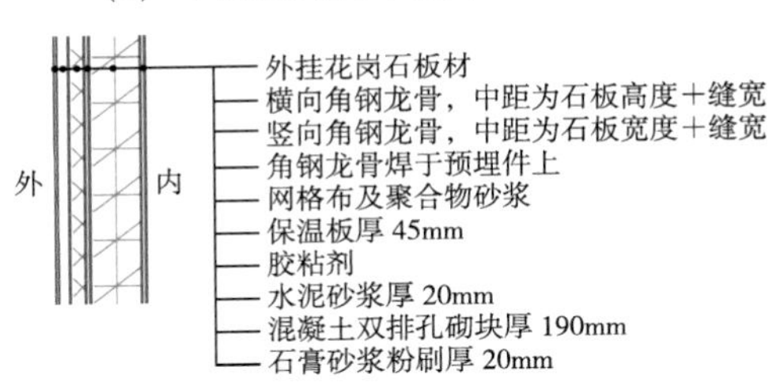

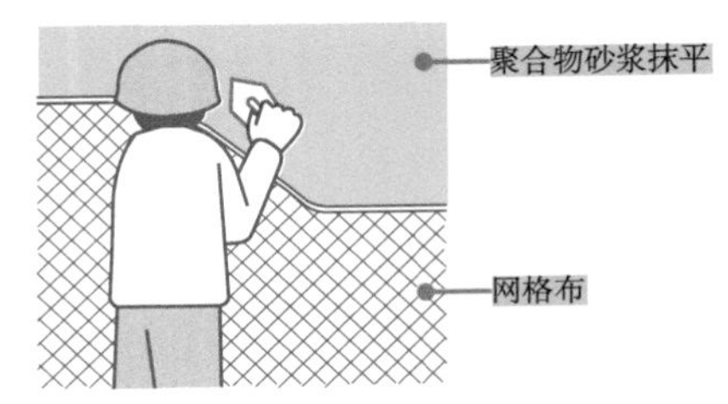

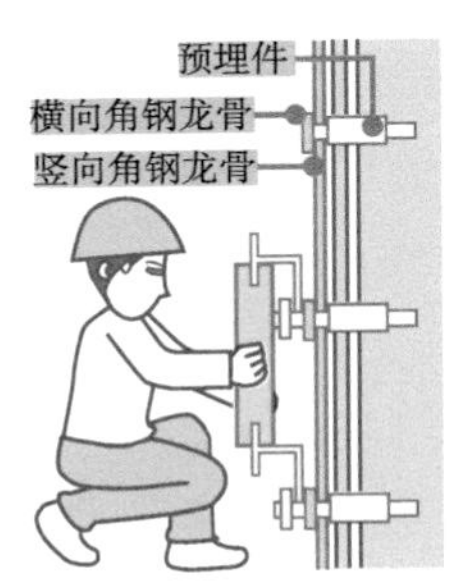

本工程西南角效果图

2）建筑面层与结构面层的关系

素混凝土梯段

带饰面的梯段

建筑面层（可见）
建筑面层(不可见)
结构面层（可见）
结构面层(不可见)

带饰面的梯段模型

（1）通常建筑饰面的厚度为 50mm 左右，因此结构标高约比建筑标高低 50mm。

（2）《民用建筑设计统一标准》（GB50352—2019）中 "6.8 楼梯 " 规定，室内楼梯扶手高度自踏步前缘线量起不宜小于 0.9m；楼梯水平栏杆或栏板长度大于 0.5m 时，其高度不应小于 1.05m。

（3）栏杆竖杆的预埋件常设在踏面的结构面层的正中。医院建筑中踏步高度不应超过 160mm，踏步宽度不应小于 280mm。利用相似关系不难推算出此时栏杆竖杆处 AB 段高度不超过 108.6mm。由于规范要求踏步前缘处扶手高度不宜小于 900mm，所以栏杆竖杆处扶手高度不宜小于 900mm ＋ 108.6mm，即 1008.6mm，本工程取 1200mm。

如上所述，建筑饰面约厚 50mm，因此若结构梁高为 700mm，在 1∶100 的建筑立面图上梁高应画成 750mm；而在 1∶30 的详图上则应把建筑标高和结构标高分开表示。

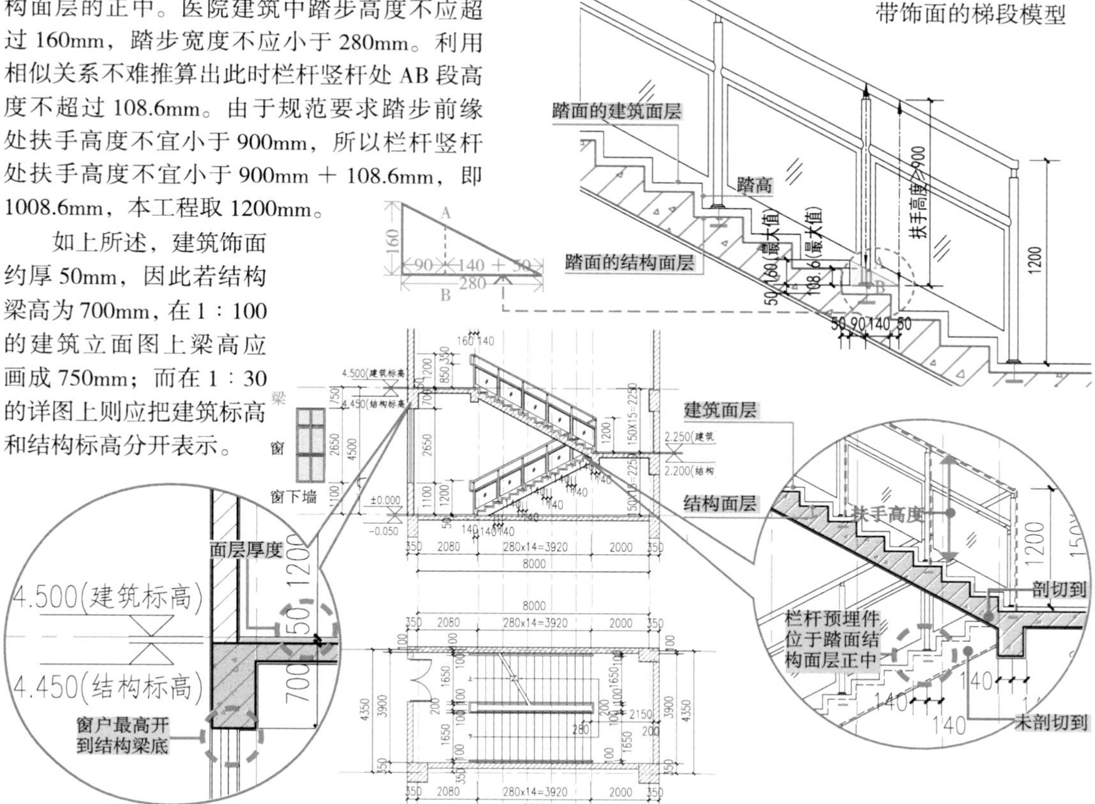

由于楼梯踏步在水平与垂直两个方向上都有饰面层，所以习惯画法是：楼梯平面图中的踏步线表示结构面层的位置。在楼梯剖面图中，剖切到的踏步需同时表达结构面层及建筑面层；而未剖切到的踏步通常仅需表达建筑面层，或增画虚线来表达结构面层。若不遵守上述画法，踏步的定位或标高容易出错。

1.1.3 熟悉建筑设计流程

在建筑设计的各阶段，建筑、结构、给水排水、暖通、电气等各专业必须依据一定的流程按时互提相应的资料。因此初学时就要尽快熟悉建筑设计流程。

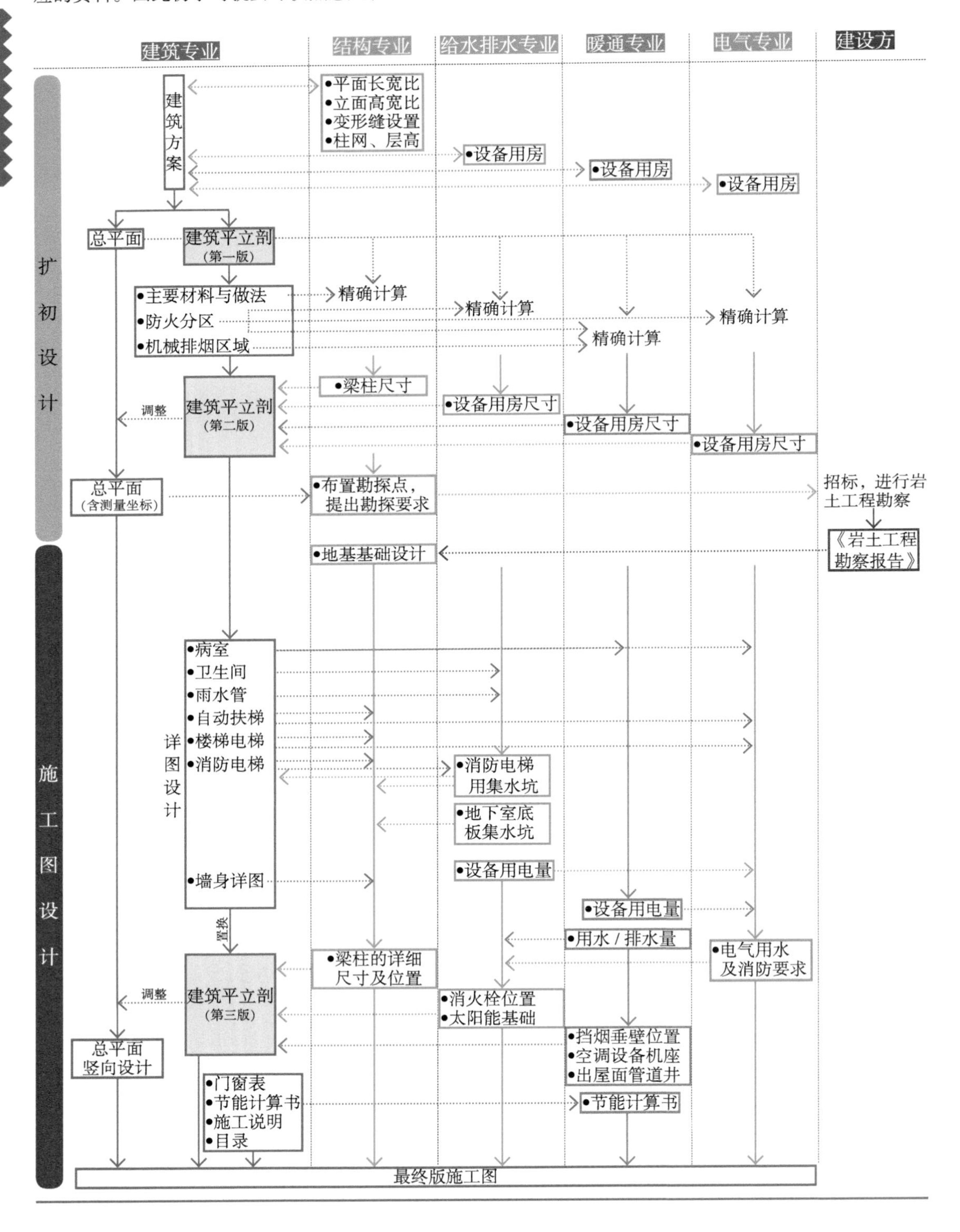

1.2 养成良好的习惯

好习惯会使您的学习或工作步入良性轨道，坏习惯则相反。因此初学时要特别留意养成好习惯，否则一旦养成了不良习惯就意味着今后要花更多的力气来纠正。现举例如下：

1.2.1 掌握重要术语的精确含义

以计算建筑高度为例：

（1）坡屋顶建筑：按外墙散水处至建筑屋檐和屋脊平均高度计算❶。

（2）平屋顶建筑：按外墙散水处至屋面面层计算，如有女儿墙，则按女儿墙顶点计算❷。

（3）屋顶上的附属物，如电梯间、楼梯间、水箱等，若其面积不超过屋顶面积的 25%，则不计入建筑高度❸。

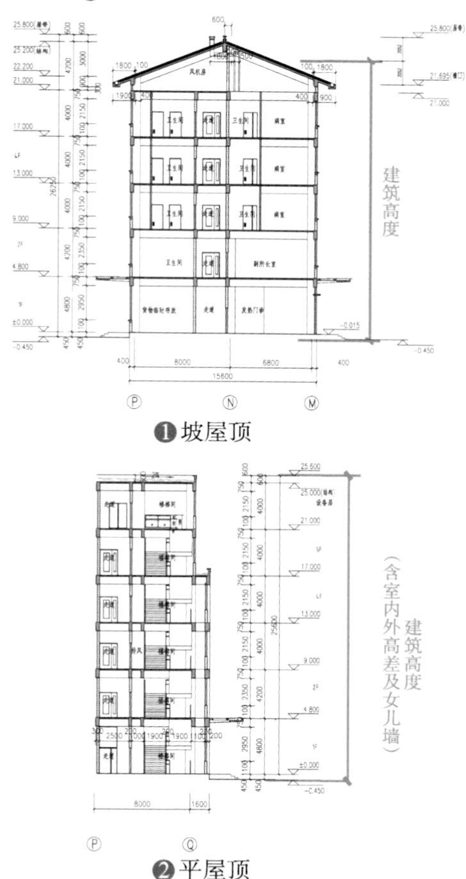

❶坡屋顶

❷平屋顶

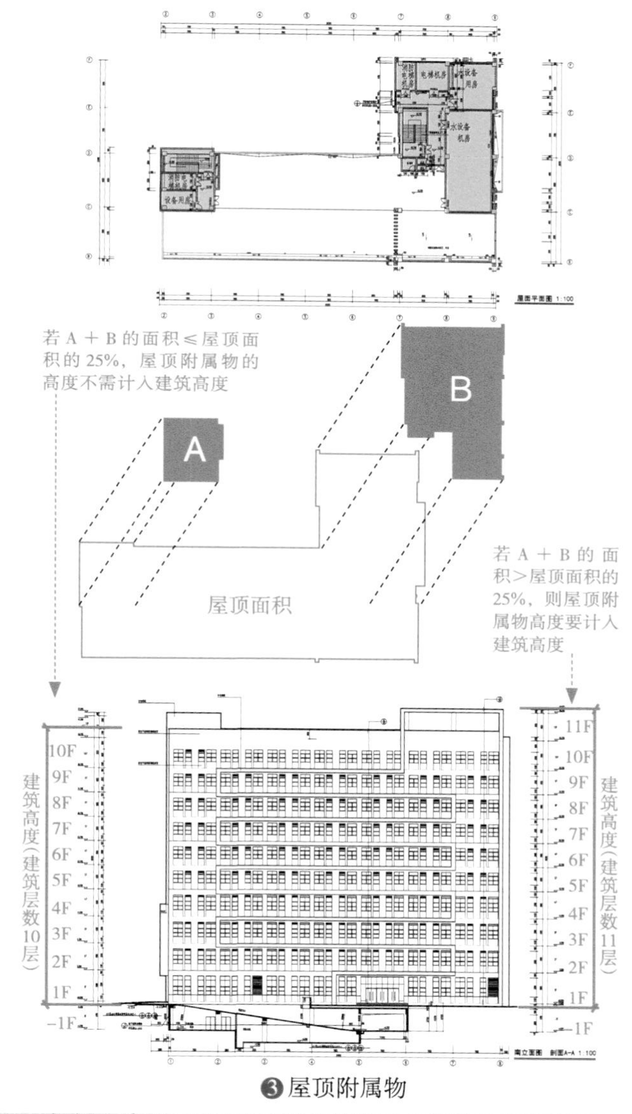

❸屋顶附属物

• 重点文物保护单位、重要风景区及机场等有高度限制要求的地区内的建筑高度，指建筑物最高点的高度，包括楼梯间、电梯间、水箱间、天线、避雷针等。

参考

■《全国民用建筑工程设计技术措施（2009）——规划·建筑·景观》"第一部分 2.3 建筑高度计算"。

1.2.2 图层管理

通常各设计单位均有专用的图层及线型管理体系。绘制施工图时一定要严格遵守这些规定，否则与其他专业互提资料时容易出错。

某设计院建筑施工图图层分类表

序号	类别	中文层名	颜色	线宽	线型	备注
01	标注文字	_A01-尺寸标注	145蓝灰	细	Continuous	除轴线尺寸外的所有尺寸标注，标高，总图尺寸标注
		_A01-图例及表格	7白	细	Continuous	图例及表格（不含表格内文字）
		_A01-图框	7白	细	Continuous	图框，图纸边界及标题栏，含标题栏文字
		_A01-房间名称	7白	细	Continuous	房间名，图纸名称比例（图下方放大图名），总图楼名、路名、层数等
		_A01-文字	7白	细	Continuous	其他所有说明文字
		_A01-符号	133蓝灰	细	Continuous	剖断线、楼梯箭头、详图索引编号、指北针、坡度方向线等，地下停车位，残疾人标志
		_A01-修改	6品红	细	Continuous	修改云朵线
		_A01-实体填充	250深灰	细,极灰	Continuous	所有实体填充(所有填充层里实体填充放在此层,便于打印控制)
02	轴线	_A02-轴线	1红	细	CENTER	平面建筑轴线，立面剖面轴线，总图建筑轴线
		_A02-轴线-三道标注	145蓝灰	细	Continuous	平面图上建筑轴线的第三道尺寸标注
		_A02-轴线-轴号标注	133蓝灰	细	Continuous	轴号、平面图上建筑轴线的第一、二道尺寸线，立面、剖面轴线尺寸标注，层高尺寸标注
03	结构柱(墙)	_A03-结构柱	2黄	最粗	Continuous	结构柱外框线、混凝土墙外框线、钢柱，剖面剖断的梁板线
		_A03-结构柱-填充	250深灰	细,极灰	Continuous	结构柱内填充、混凝土墙内填充、钢柱内填充，剖面剖断的梁板内填充
04	墙体	_A04-墙	2黄	最粗	Continuous	平面全高砌体墙，剖面剖断的砌体墙墙体线
		_A04-墙-半高	4青色	次粗	Continuous	平面半高墙(屋顶的女儿墙、出屋面管井、楼梯间中间的墙、平面图上室外的围墙、地下室采光井的墙、花坛水池、散水等)
		_A04-墙-轻墙	33黄灰	次粗	Continuous	平面全高板材墙，剖面剖断的吊顶，板材墙等
05	门窗	_A05-门窗	3绿	细	Continuous	全高门、半高门（包括门的开关轨迹）、窗户、玻璃幕墙、窗台、玻璃隔断等，剖面剖断的门窗
		_A05-门窗-编号	3绿	细	Continuous	门窗编号
06	楼梯栏杆	_A06-楼梯栏杆	30黄灰	细	Continuous	楼梯、栏杆，自动扶梯、扶手，护窗栏杆，阳台栏杆，电梯及附属设备，楼板看线(阳台、露台、雨棚外边线)，剖面剖断的栏杆
07	屋顶	_A07-屋顶-天沟	6品红	细	Continuous	屋顶高度变化线，天沟等，剖面剖断的屋顶保温防水等
		_A07-屋顶-填充	251灰	细,灰度	Continuous	屋顶表面的图案、材质，剖面剖断的屋顶保温防水填充
08	家具设备卫生洁具	_A08-家具设备	8灰	细	Continuous	家具(如课桌、座椅等)、住宅家具，除卫生洁具外的设备
		_A08-卫生洁具	8灰	细	Continuous	卫生洁具、卫生间隔断、房间水池
09	防火分区建筑面积	_A09-防火/面积	7白	细	Continuous	面积计算边界线，建筑防火分区边界线
		_A09-防火/面积-填充	251灰	细,灰度	Continuous	建筑防火分区填充
10	立面、剖面	_A10-立面剖面-参考线	1红		DASHED	立面、剖面层高线等参考线（打图时关闭）
		_A10-立面-1	2黄	最粗	Continuous	立面轮廓线（最粗）
		_A10-立面-2	33黄灰	次粗	Continuous	立面窗洞线等（次粗）
		_A10-立面-3	116绿灰	细	Continuous	立面窗框等（细线）
		_A10-立面-填充	251灰	细,灰度	Continuous	立面材料填充
11	总平面	_A11-总平面-红线	6品红	细	DASHED	用地红线、建筑退让线等
		_A11-总平面-道路	2黄	最粗	Continuous	道路边线、人行道边线
		_A11-总平面-道路中心线	1红	细	CENTER	道路中心线
		_A11-总平面-绿地	3绿	细	Continuous	绿地边线
		_A11-总平面-水面	5蓝	次粗	Continuous	水面边线
		_A11-总平面-树	104绿灰	细	Continuous	树
		_A11-总平面-硬地	33黄灰	次粗	Continuous	硬地边线
		_A11-总平面-铺地线	36黄灰	细	Continuous	广场、人行道等硬地铺地划分线
		_A11-总平面-铺地填充	251灰	细,灰度	Continuous	广场、人行道等硬地铺地填充
		_A11-总平面-建筑	4青色	次粗	Continuous	建筑屋面（平面图中屋顶平面简化后改为此层）
		_A11-总平面-建筑轮廓	2黄	最粗	DASHED	建筑屋面外轮廓线、地下室外轮廓线、首层外轮廓线等
		_A11-总平面-小品	104绿灰	细	Continuous	小品
		_A11-总平面-停车位	8灰	细	Continuous	停车位线
		_A11-总平面-地形	251灰	细,灰度	Continuous	原始地形
		_A11-总平面-其他	8灰	细	Continuous	
12	总平面数字报建	31分地块边界	1		CENTER	详见数字报建要求
		31集中绿地范围	3		Continuous	
		31室外停车用地	4		Continuous	
		31有效绿地范围	76		Continuous	
		31总用地边界	1		CENTER	
		33地下计一半面积外廓线	2		DASHED	
		33地下室外廓线	2		DASHED	
		33计全面积外廓线	21		Continuous	
		33计一半面积外廓线	53		Continuous	
		33建筑外廓线	30		Continuous	
		34保留建筑外廓线	30		Continuous	

主要图层的颜色较亮，线条较宽
（☞ P248）
次要图层的颜色较灰，线条较细

序号相同

图层分类

1.2.3 遵守制图标准

制图标准是对图纸上各类标注、符号、索引、名称、配景等内容的制图规定。严格遵守这些规定，才能保证制图质量，提高制图效率。

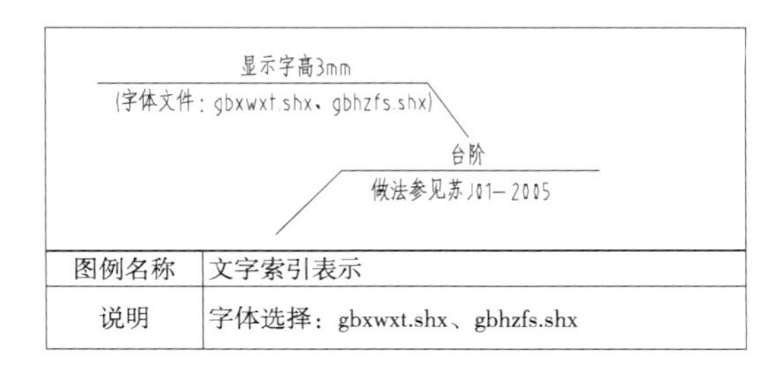

图例名称	文字索引表示
说明	字体选择：gbxwxt.shx、gbhzfs.shx

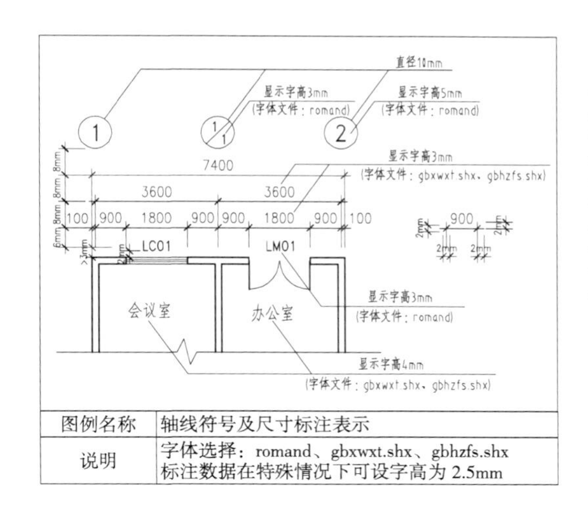

图例名称	轴线符号及尺寸标注表示
说明	字体选择：romand、gbxwxt.shx、gbhzfs.shx 标注数据在特殊情况下可设字高为 2.5mm

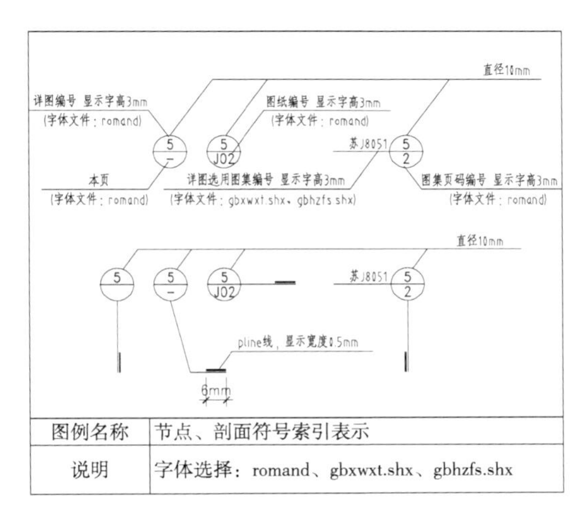

图例名称	节点、剖面符号索引表示
说明	字体选择：romand、gbxwxt.shx、gbhzfs.shx

图例名称	图名表示
说明	字体选择：黑体、gbxwxt.shx、gbhzfs.shx

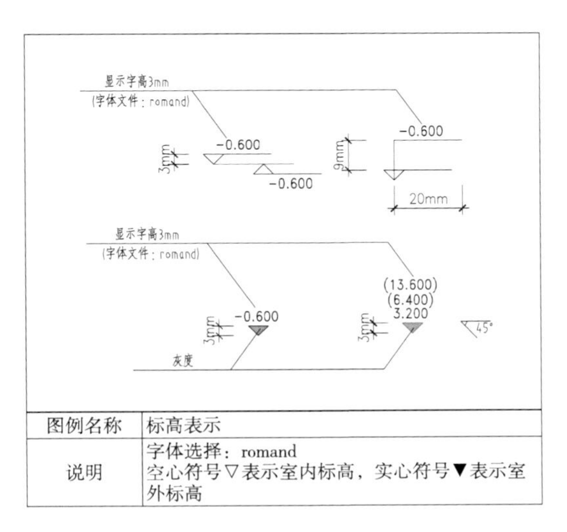

图例名称	标高表示
说明	字体选择：romand 空心符号▽表示室内标高，实心符号▼表示室外标高

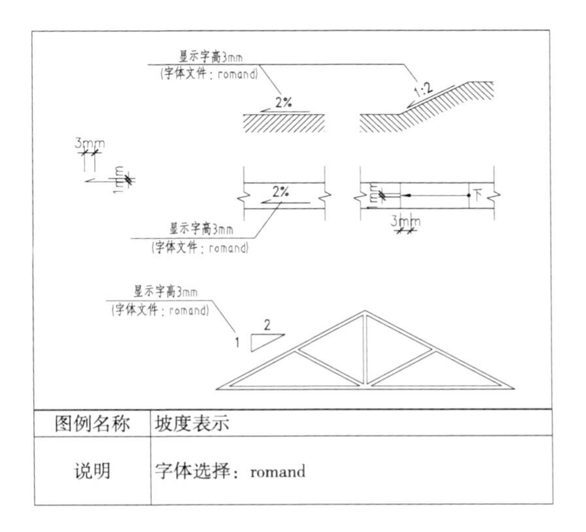

图例名称	坡度表示
说明	字体选择：romand

1.2.4 尺寸精度

• 除总平面图（☞ P64）以 m 为单位外，建筑平立剖及详图均以 mm 为单位。CAD 的绘图比例宜为 1 : 1，意思是 CAD 图形单位数与实际尺寸相等，而打印比例则可按需设定（☞ P248）。1 : 1 的绘图比例有以下好处：1）由于 CAD 默认标注尺寸的数字即为图形单位数，通过标注尺寸就可发现不当之处。若按其他比例绘图，就需相应更改 CAD 的标注比例，既费时费工，又容易犯错。2）按实际尺寸绘图时，容易发现建筑设计中的不合理尺寸。3）由于绘图比例均为 1 : 1，便于在平立剖及详图之间复制相同的内容。4）按 1 : 1 绘制的块（☞ P14），不仅便于调整尺寸，也便于在平立剖及详图中共用。5）省去了繁琐的比例缩小与放大换算，既可提高绘图效率，又能避免换算过程中出错。

• 将不同比例的图形放入同一张图纸的方法详见☞ P246，254 ～ 258。

• 在建筑施工图中精确测量面积（☞ P79）是建筑师划分消防分区、计算建筑密度等工作的前提。另外，建筑施工图也是其他各专业的工作基础，因此图纸上的尺寸必须有足够的精度。一旦精度不足，不仅建筑专业的工作会受影响，还可能连带其他专业出错。尤其注意千万不要只更改尺寸标注，而不相应改动图形的实际尺寸。

1）勾选合适的对象捕捉模式

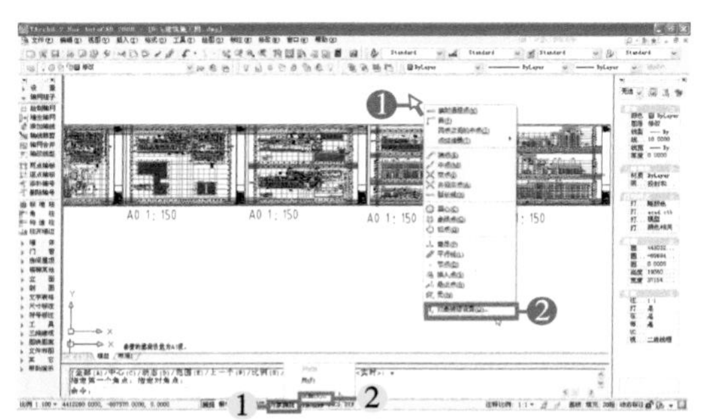

❶ **按住 Shift 键的同时，在图纸空白处单击鼠标右键，弹出菜单**

❷ **选择 [对象捕捉设置]**，弹出 [草图设置] 对话框

或

1 **右键单击状态栏中的 [对象捕捉]**，弹出菜单

2 **单击 [设置]**，弹出 [草图设置] 对话框

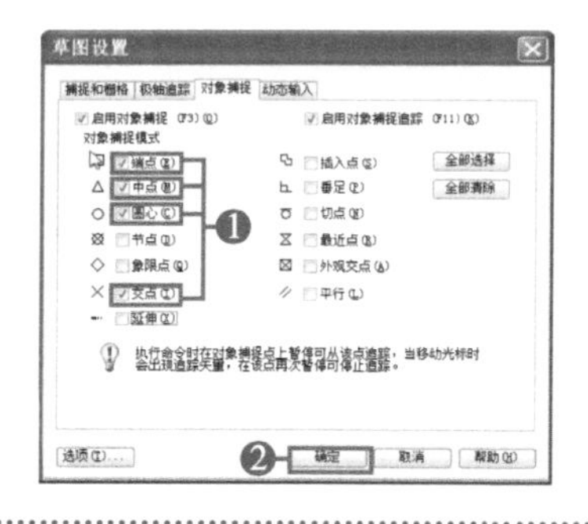

❶ **勾选 [端点]、[中点]、[圆心]、[交点]**

❷ **单击 [确定]**，对话框关闭

• 仅勾选上述四项可有效减少操作过程中的误选率。例如，若增选 [垂足] 一项，可能导致本想捕捉线段的端点或中点，结果却误选了垂足。因 [垂足] 选项使用频率不高，本书不建议勾选。

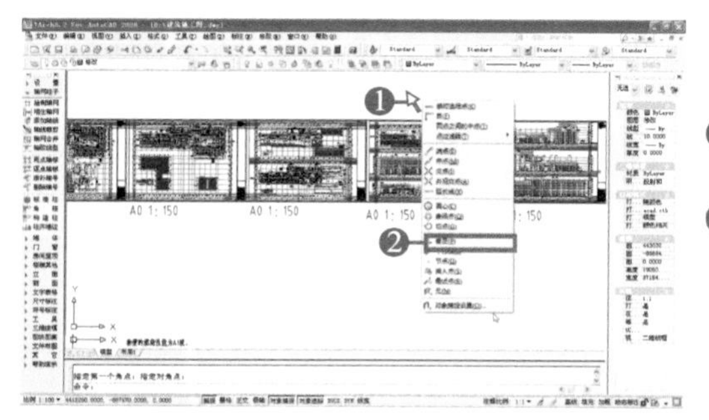

若作图时需要使用 [垂足] 等其他对象捕捉模式，则可以：

❶ **按住 Shift 键的同时，在图纸空白处单击鼠标右键，弹出菜单**

❷ **选择 [垂足]**，这样就可以一次性使用 [垂足] 捕捉方式

2）将精度设置为 0.00

❶ 单击［格式］，弹出下拉式菜单

❷ 选择［单位］，弹出［图形单位］对话框

❸ 单击［精度］▼ 按钮，弹出下拉式菜单

❹ 选择 [0.00]

❺ 单击［确定］，对话框关闭

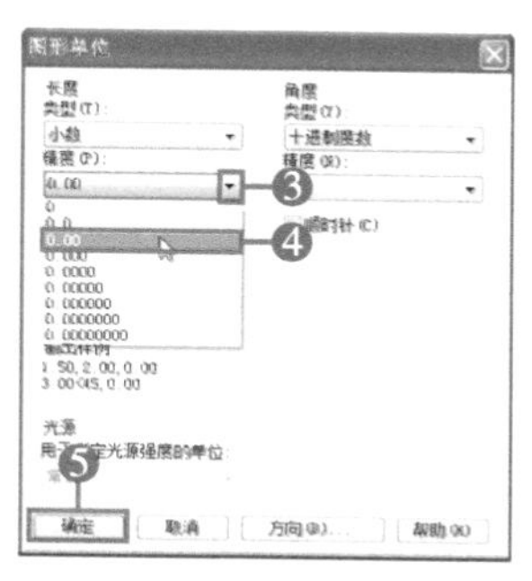

因精度不足而造成面积计算误差的案例

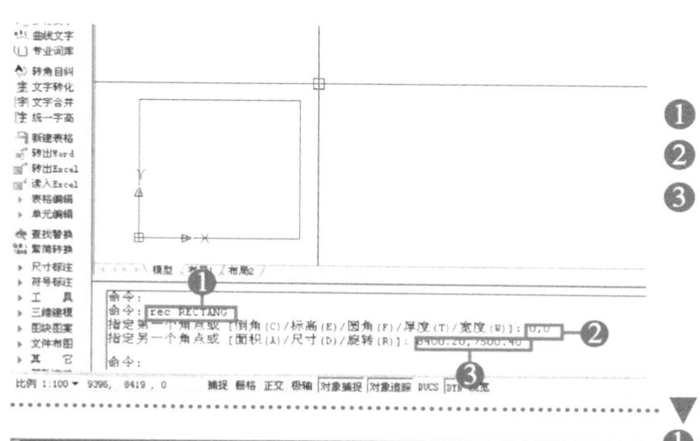

当图纸精度设置为 0 时，若误将 8400×7500 的矩形画成 8400.20×7500.40：

❶ **在命令栏输入 "rec"，按** Enter **键或** Space **键**

❷ **在命令栏输入坐标 "0,0"，按** Enter **键或** Space **键**

❸ **在命令栏输入坐标 "8400.20，7500.40"，按** Enter **键或** Space **键；滚动鼠标滚轮以缩放视图，** 即可看到刚绘制好的矩形

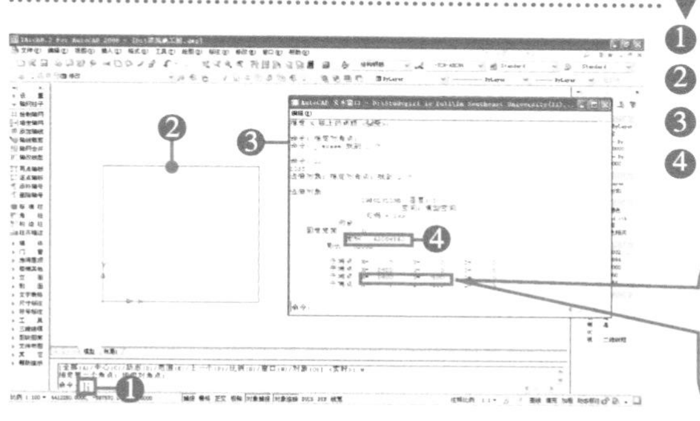

❶ **在命令栏输入 "li"，按** Enter **键或** Space **键**

❷ **单击矩形，按** Enter **键或** Space **键**

❸ 弹出文本窗口

❹ 显示所绘矩形的面积为 "63004860"，与 8400×7500 = 630000 的计算结果不符

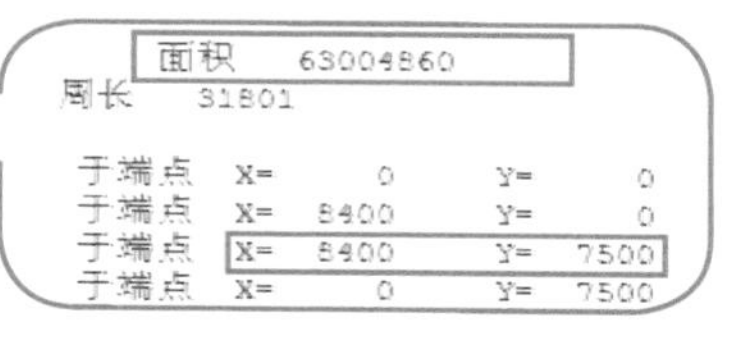

当图纸精度为 0.00 时，用 "li" 命令测量同一矩形面积和边长：

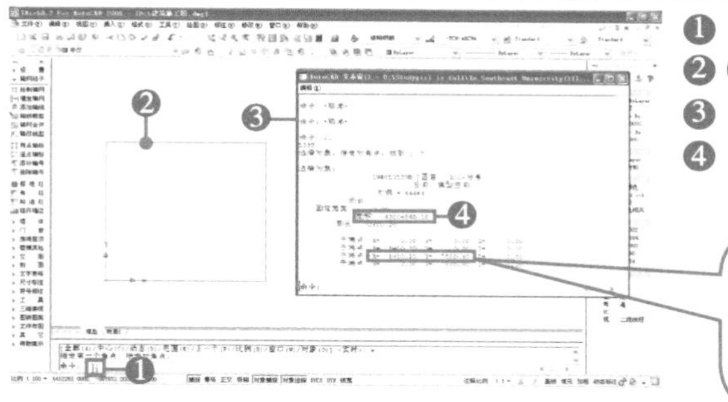

❶ **在命令栏输入 "li"，按** Enter **键或** Space **键**

❷ **单击矩形，按** Enter **键或** Space **键**

❸ 弹出文本窗口

❹ 得到所绘矩形的面积为 "63004860.08"，与 8400.2×7500.4 = 63004860.08 的计算结果相符

面积	63004860.08		
周长	31801.20		
于端点	X= 0.00	Y=	0.00
于端点	X= 8400.20	Y=	0.00
于端点	X= 8400.20	Y=	7500.40
于端点	X= 0.00	Y=	7500.40

将精度设置为 0.00 之后，容易及时发现并改正绘图过程中的疏漏。

1.2.5 使用快捷键

1）使用快捷键的优点

通过键盘输入绘图命令的快捷键可大大提高绘图效率。以绘制厚度为 45mm、宽度为 900mm 的平开门为例，试比较以下两种不同的方式：

使用快捷键

1. 在命令栏输入 "rec"，按Enter键或Space键
2. 在图面空白处单击鼠标左键
3. 在命令栏输入坐标 "@45,900"，按Enter键或Space键，绘制门扇矩形
4. 在命令栏输入 "c"，按Enter键或Space键
5. 单击矩形左下角，设为圆心，再单击矩形左上角，设半径为 900，绘制圆
6. 按F8键，确保正交输入
7. 在命令栏输入 "l"，按Enter键或Space键
8. 单击圆心，单击 C 点，绘制一条水平线，按Esc键退出
9. 在命令栏输入 "tr"，按Enter键或Space键
10. 单击 A 点，再单击 B 点，框选以上所画图形，按Enter键或Space键
11. 单击 D 点，再单击 E 点，修剪多余的线段，按Esc键退出
12. 在命令栏输入 "e"，按Enter键或Space键
13. 单击 F 点，选择水平线，按Enter键或Space键，删除该水平线

鼠标点击

1. 单击菜单栏［绘图］，弹出下拉式菜单
2. 选择［矩形］
3. 在图面空白处单击鼠标左键
4. 在命令栏输入坐标 "@45,900"，按Enter键或Space键，绘制门扇矩形
5. 单击菜单栏［绘图］，弹出下拉式菜单
6. 将鼠标移至［圆］，弹出下拉式菜单，选择［圆心、半径］
7. 单击矩形左下角，设为圆心，单击矩形左上角，设半径为 900，绘制圆
8. 单击状态栏［正交］，确保正交输入
9. 单击菜单栏［绘图］，弹出下拉式菜单
10. 选择［直线］
11. 单击圆心，单击 C 点，绘制一条水平线，按Esc键退出
12. 单击菜单栏［修改］，弹出下拉式菜单
13. 选择［修剪］
14. 单击 A 点，再单击 B 点，框选以上所画图形，按Enter键或Space键
15. 单击 D 点，再单击 E 点，修剪多余的线段，按Esc键退出
16. 单击菜单栏［修改］，弹出下拉式菜单
17. 选择［删除］
18. 单击 F 点，选择水平线，按Enter键或Space键，删除该水平线

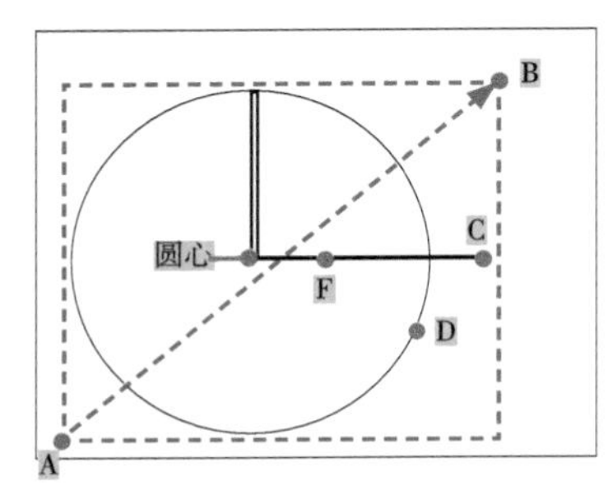

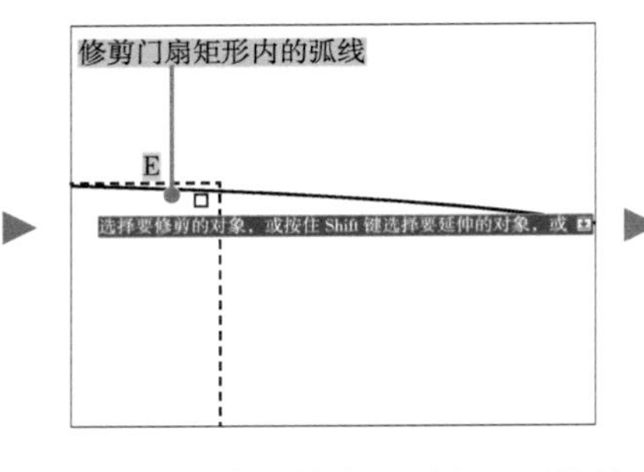

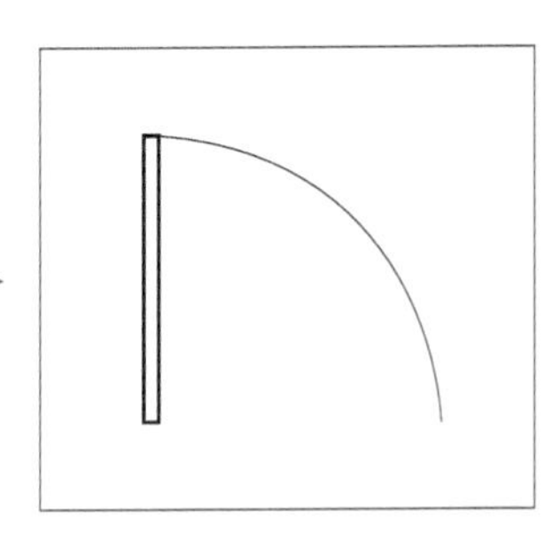

对于这样简单的绘图工作，上述两种绘图方式的效率差别也显而易见。不难想象，当图形的复杂度增加时，这两种绘图方式的差别会显著增大。显然仅靠鼠标点击的绘图方式不可取。因此牢记并尽量在绘图中使用常用命令的快捷键，是提高绘图速度的诀窍之一。

2）修改快捷键

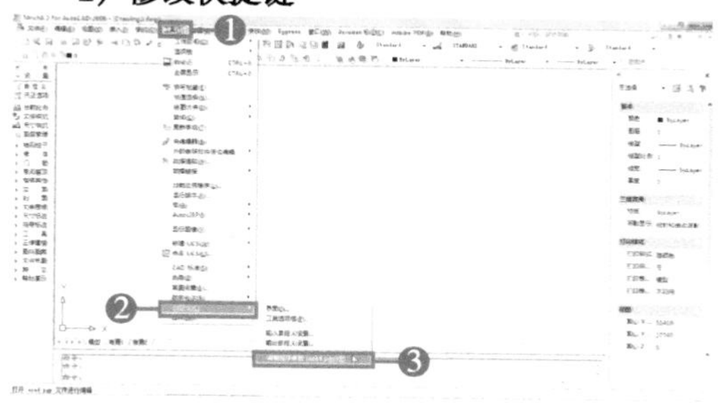

查找快捷键命令：

❶ 单击菜单栏［工具］，弹出下拉式菜单

❷ 将鼠标箭头移至［自定义］，弹出下拉式菜单

❸ 选择［编辑程序参数］，弹出文本窗口

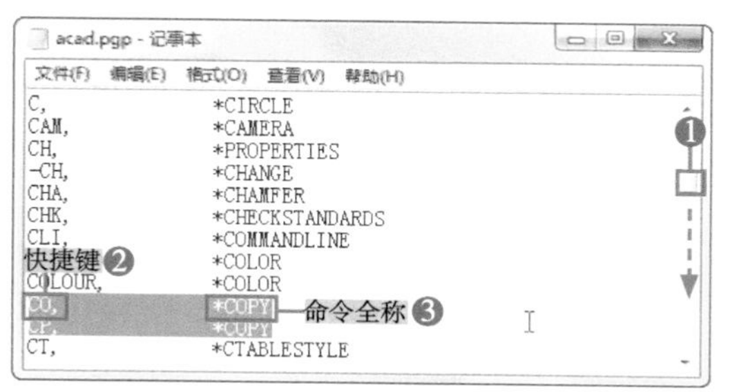

❶ **拖动文本窗口右侧的滚动条**，可以查阅 AutoCAD 的所有命令

❷ 每行左项为命令快捷键

❸ 右项为该命令全称

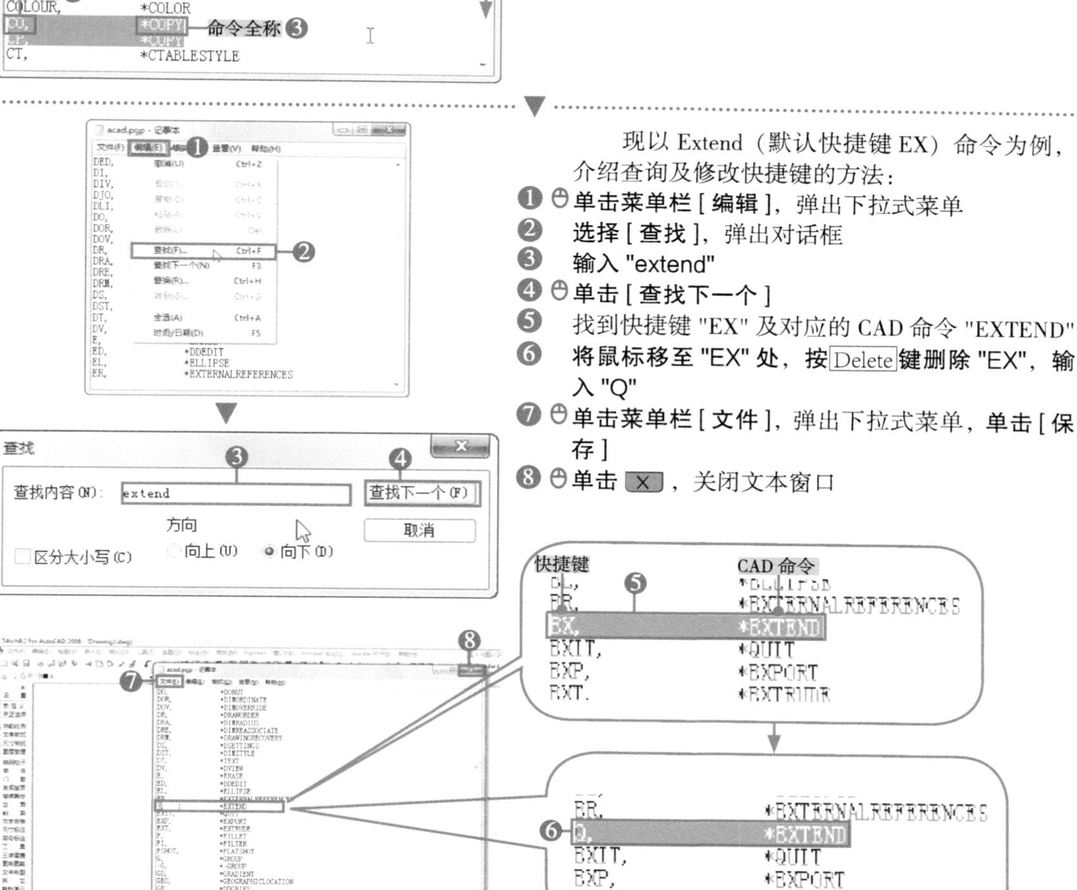

现以 Extend（默认快捷键 EX）命令为例，介绍查询及修改快捷键的方法：

❶ 单击菜单栏［编辑］，弹出下拉式菜单

❷ 选择［查找］，弹出对话框

❸ 输入 "extend"

❹ 单击［查找下一个］

❺ 找到快捷键 "EX" 及对应的 CAD 命令 "EXTEND"

❻ 将鼠标移至 "EX" 处，按 Delete 键删除 "EX"，输入 "Q"

❼ 单击菜单栏［文件］，弹出下拉式菜单，单击［保存］

❽ 单击 X ，关闭文本窗口

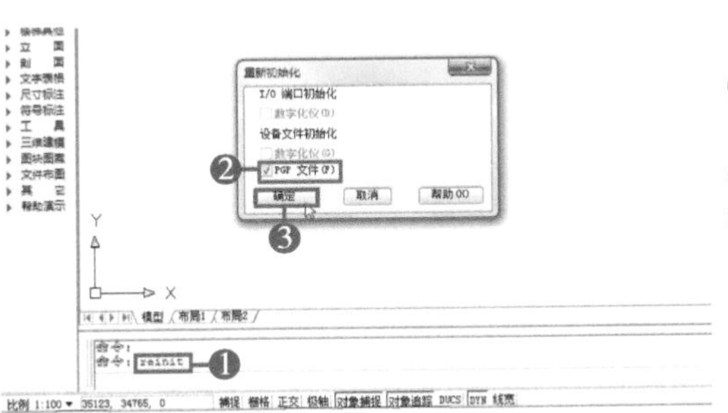

为使上述操作生效：

❶ 在命令栏输入 "reinit"，按 Enter 键或 Space 键，弹出 [重新初始化] 对话框

❷ 勾选 [PGP 文件]

❸ 单击 [确定]，对话框关闭

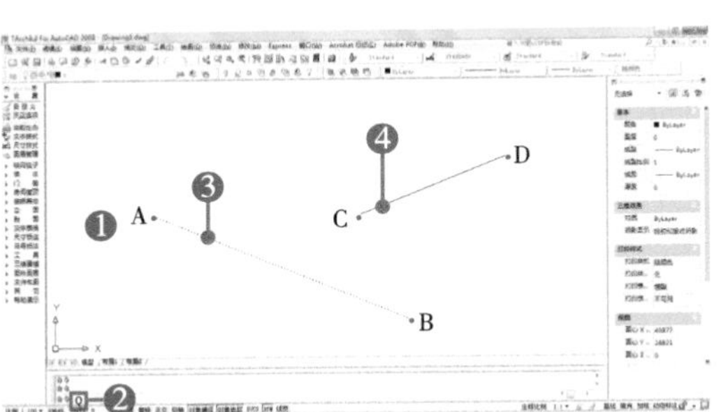

确认所作的修改：

❶ 绘制如左图所示的线段 AB、CD

❷ 在命令栏输入 "q"，按 Enter 键或 Space 键

❸ 选择直线 AB，按 Enter 键或 Space 键

❹ 单击直线 CD 的 C 端，若显示如下结果则表明修改成功

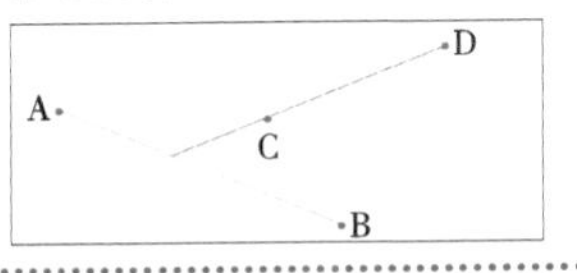

"AutoCAD Architecture ＋天正建筑 " 还有以下两类常用快捷键，熟练使用这些快捷键可以加快绘图速度。

F1 : 获取帮助
F3 : 对象捕捉开关
F6 : 动态 UCS 开关
F7 : 栅格开关
F8 : 正交开关
F11 : 对象捕捉追踪开关

Ctrl＋A : 选择所有图形
Ctrl＋C : 将选择的对象复制到剪切板上
Ctrl＋V : 粘贴剪贴板上的内容
Ctrl＋1 : 打开特性对话框
Ctrl＋+ : 天正屏幕菜单
Ctrl＋S : 保存文件

1.2.6 掌握 " 块 " 命令

" 块（Block）" 命令可将一组图形合成一个整体，当复制某 " 块 " 时，计算机仅需储存该 " 块 " 的信息量及基准点的位置，可提高运算速度。同理，对某 " 块 " 的内容进行编辑之后，就可自动修改所有同名 " 块 " 的内容，可提高绘图效率。

下面将以平面图中的病床和立面图中的窗为例介绍 " 块 " 命令的应用。

1）创建 " 块 "——以病床为例

由于功能特殊，医院病床的尺寸不同于家庭用床。

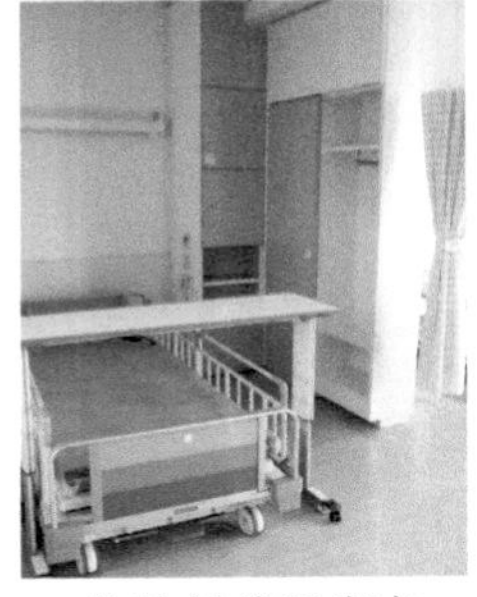

住院部普通病床
Inpatient–bed
1100mm×2100mm

住院部儿童病床
Inpatient–bed for children
1000mm×2100mm

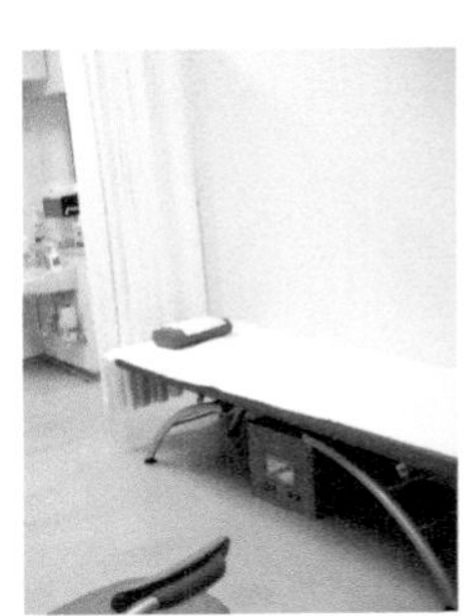

门诊诊室检查床
Outpatient–bed
600mm×1800mm

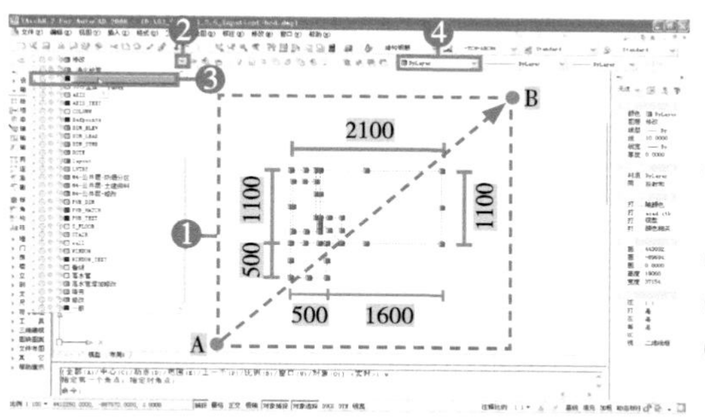

打开配套资源中 "03_ 参考图 " 文件夹内 "1.2.6_Inpatient-bed.dwg" 文件

❶ **单击 A 点，再单击 B 点**，框选已绘制好的病床及床头柜
❷ **单击 [图层] 的 ▼ 按钮**，弹出下拉式菜单
❸ **选择 0 层**，将**病床及床头柜的图形设置在 0 层**
❹ 核对**颜色设置为 "by layer"**， **按 Esc 键退出**

1

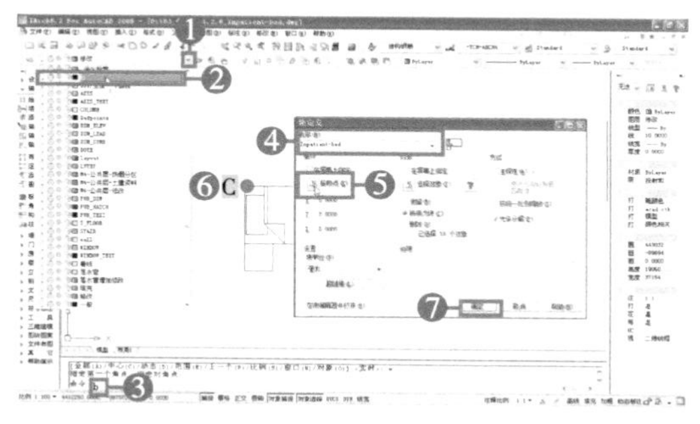

❶ **单击 [图层] 的 ▼ 按钮**，弹出下拉式菜单
❷ **选择 0 层**，**将 0 层设置为当前层**，框选病床及床头柜
❸ **在命令栏输入 "b"**，按 Enter 键或 Space 键，弹出对话框
❹ **在 [名称] 项输入 "Inpatient-bed"**
❺ **单击 [拾取点] 按钮**，对话框消失
❻ **单击 C 点**，将该点作为拾取点 ，对话框出现
❼ **单击 [确认]**，对话框关闭

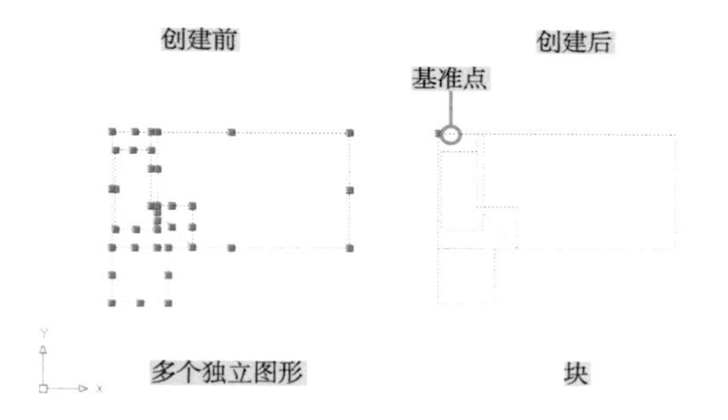

与创建 " 块 " 前相比，作为一个整体的 "Inpatient-bed" 块，在选择操作中更容易被选中，从而可提高绘图效率。

- **组成 " 块 " 的所有图形均为在 0，颜色设为 "by layer"。" 块 " 也在 0 层上创建。**这样，插入该 " 块 " 时，" 块 " 将自动显示当前图层颜色，若将 " 块 " 移至其他层，图块也会自动显示所在层的颜色。
- 图块名称宜简洁有逻辑，并可准确代表其内容。
- 创建 " 块 " 时宜选择插入该 " 块 " 时最方便的点作为基准点。

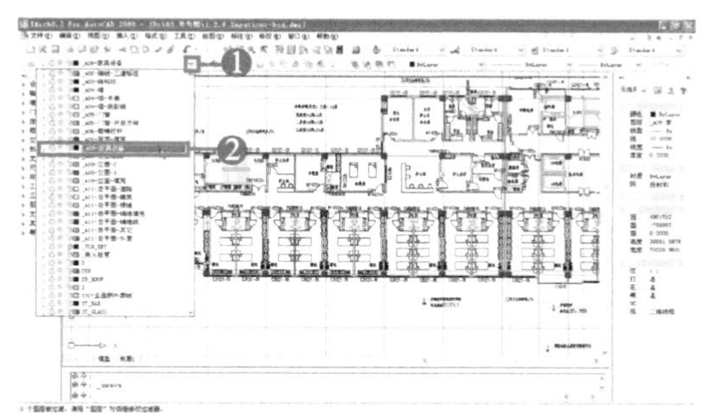

打开配套资源中 "01_ 施工图 " 文件夹内 "a23_J04_ 四层平面 .dwg" 文件

❶ **单击 [图层] 的 ▼ 按钮**，弹出下拉式菜单
❷ **选择 "_A08- 家具设备 "**，将其设置为当前层

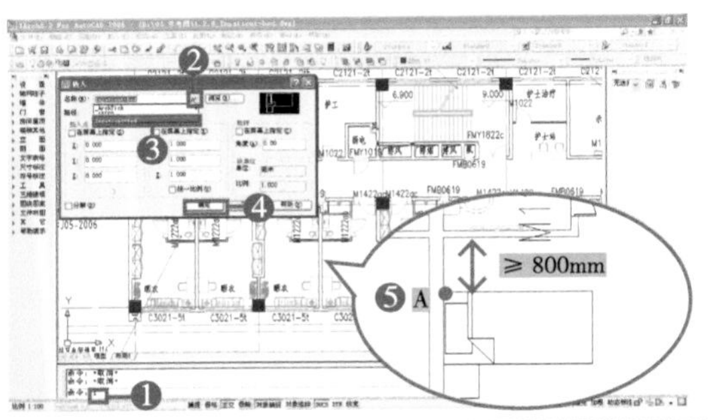

❶ 在命令栏输入 "i", 按 Enter 键或 Space 键，弹出对话框

❷ 单击 [名称] 的 ▼ 按钮，弹出下拉式菜单

❸ 选择 [Inpatient-bed]

❹ 单击 [确定]，对话框关闭

❺ 单击 A 点，插入 "Inpatient-bed" 块

确认图中刚插入的 "Inpatient-bed" 块的颜色为 "_A08- 家具 " 层的颜色。

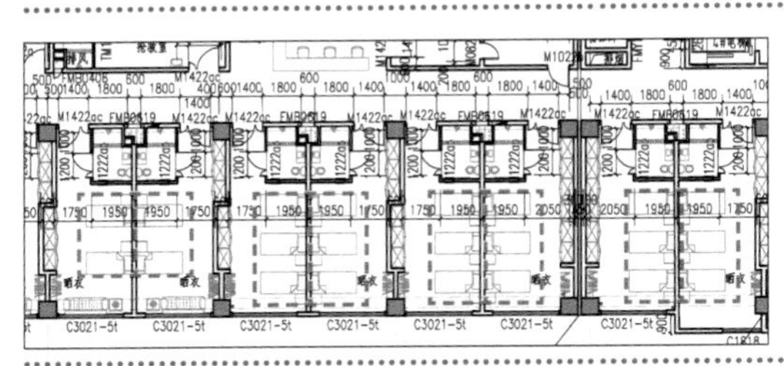

用 " 镜 像 " 和 " 复 制 " 命 令 完 成 图 中 "Inpatient-bed" 的绘制

2) 修改 " 块 "——以立面窗为例

现以增设住院部 5 层南窗上部百叶为例，介绍修改 " 块 " 的步骤。

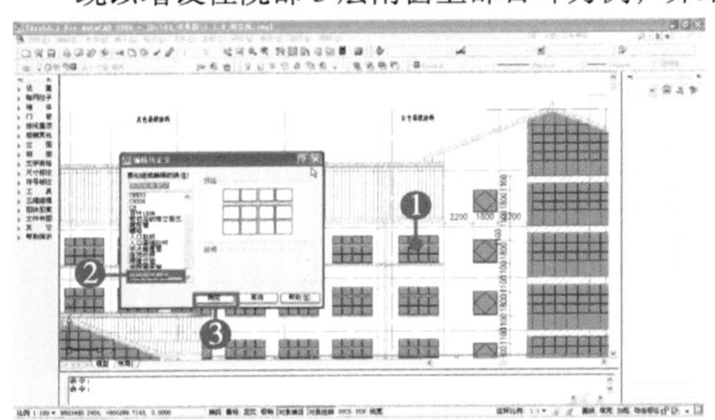

打开配套资源中 "03_ 参考图 " 文件夹内 "1.2.6_ 南立面 .dwg" 文件。

❶ 双击图中 " 块 "，弹出 [编辑块定义] 对话框

❷ 选择 [住院部南窗 5F]

❸ 单击 [确定]，进入 " 块 " 编辑模式

或

若双击 " 块 " 时，无法自动进入 " 块 " 的编辑模式，可按下述方法进入 " 块 " 编辑模式：

❶ 单击图中 " 块 "

❷ 在特性面板上读出该 " 块 " 名称为 " 住院部南窗 5F"

❸ 单击菜单栏 [工具]，弹出下拉式菜单

❹ 选择 [块编辑器]，弹出 [编辑块定义] 对话框

❺ 选择 [住院部南窗 5F]

❻ 单击 [确定]，进入 " 块 " 的编辑模式

编辑块定义

要创建或编辑的块 (B)

C8533

C9336

CK

百叶1506

剪切后的南立面三

预览

说明

确定　取消　帮助 (H)

1

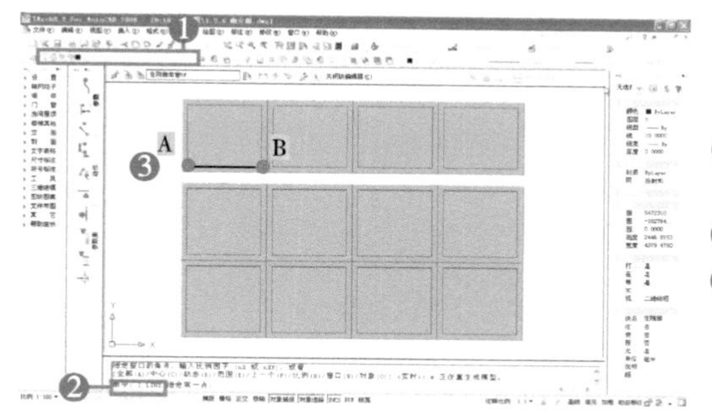

在 " 住院部南窗 5F" 块的编辑模式下，将上部窗户改为百叶：

❶ 单击 [图层] 的 ▼ 按钮，弹出下拉式菜单，选择 [0]，将其设置为当前层

❷ 在命令栏输入 "l", 按 Enter 键或 Space 键

❸ 单击 A 点，再单击 B 点，按 Esc 键退出

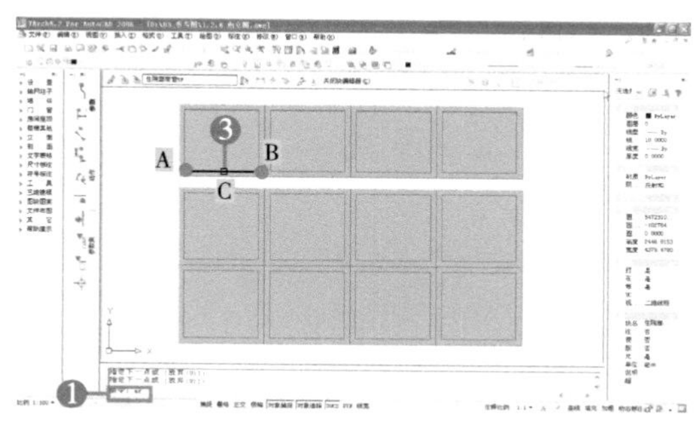

❶ 在命令栏输入 "ar"，按 Enter 键或 Space 键，弹出 [阵列] 对话框

❷ 单击 [选择对象] 按钮，对话框消失

❸ 单击 C 点，选择直线 AB，按 Enter 键或 Space 键，显示对话框

❹ 在 [行] 项输入 "11"

❺ 在 [列] 项输入 "1"

❻ 在 [行偏移] 项输入 "55"

❼ 在 [列偏移] 项输入 "1"

❽ 单击 [确定]，对话框关闭，完成百叶的绘制

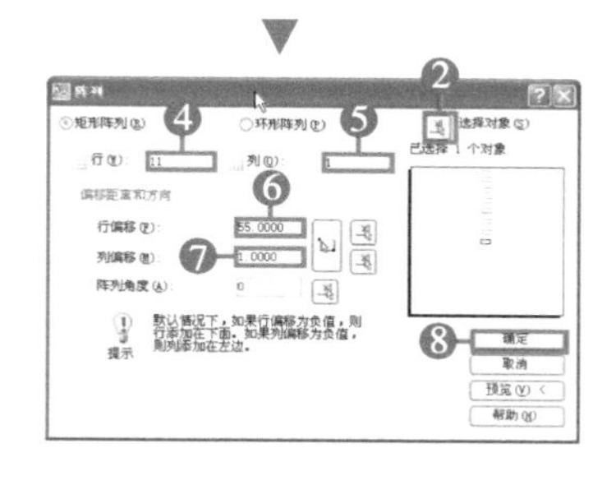

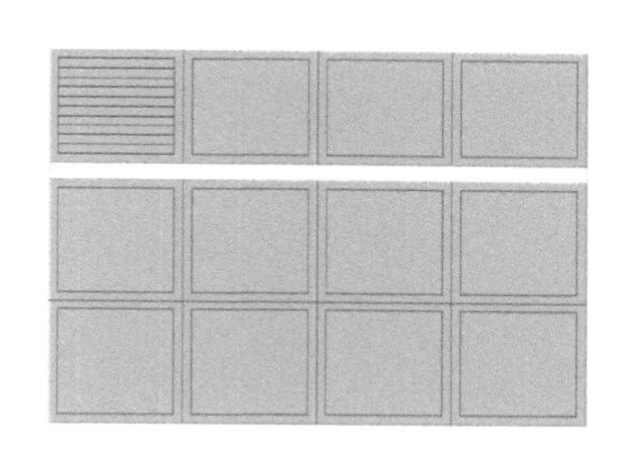

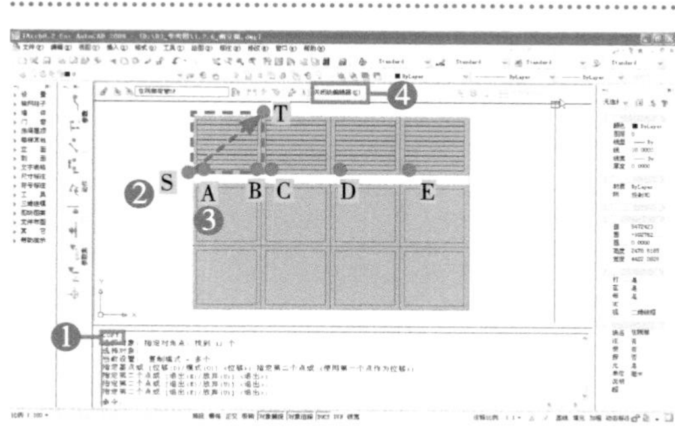

❶ 在命令栏输入 "cp", 按 Enter 键或 Space 键

❷ 单击 S 点，再单击 T 点，框选百叶，单击右键

❸ 单击 A 点，再依次单击 C 点、D 点、E 点，按 Esc 键退出

❹ 单击 [关闭块编辑器]，弹出对话框

❺ 单击 [是]，对话框关闭

❻ 确认南立面图中五层同型号的窗户已全部修改

AutoCAD

是否将修改保存到 住院部南窗5F?

是(Y) 否(N) 取消

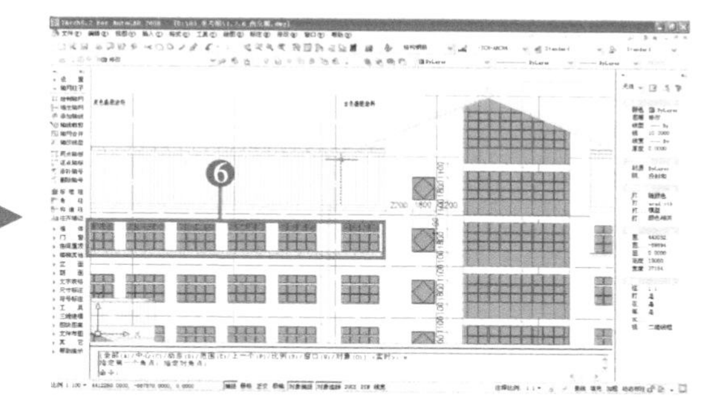

1.2.7 使用对位辅助线排版

建筑施工图除必要的精确和完整外，还须保证图面简洁美观。设置对位辅助线可有助于图形定位对齐，从而取得良好的整体效果。

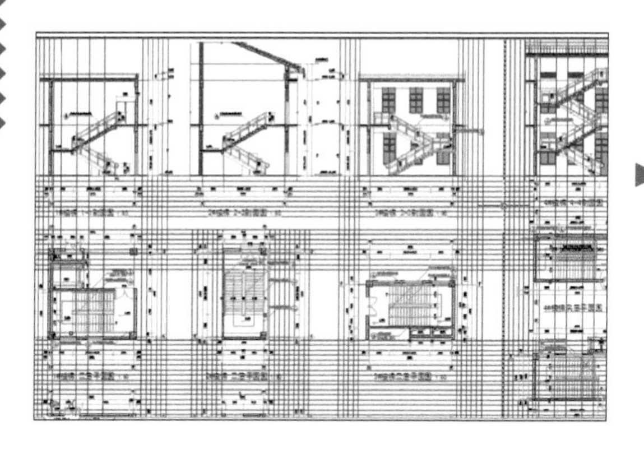

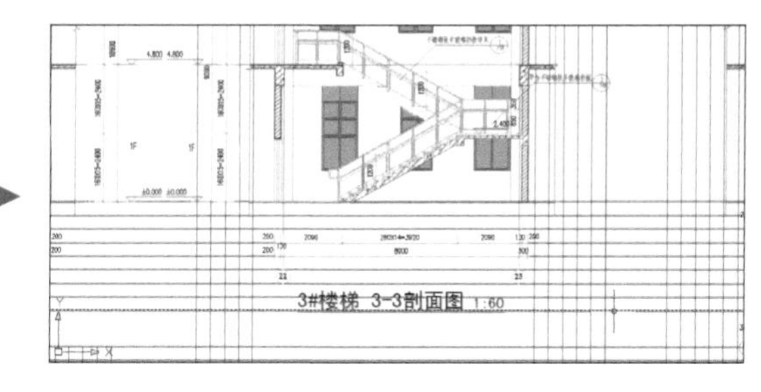

图形的对位点、尺寸标注、图名等都应与对位辅助线对齐，尺寸标注之间的距离还需满足1.2.3 中的规定。

设置对位辅助线的方法：

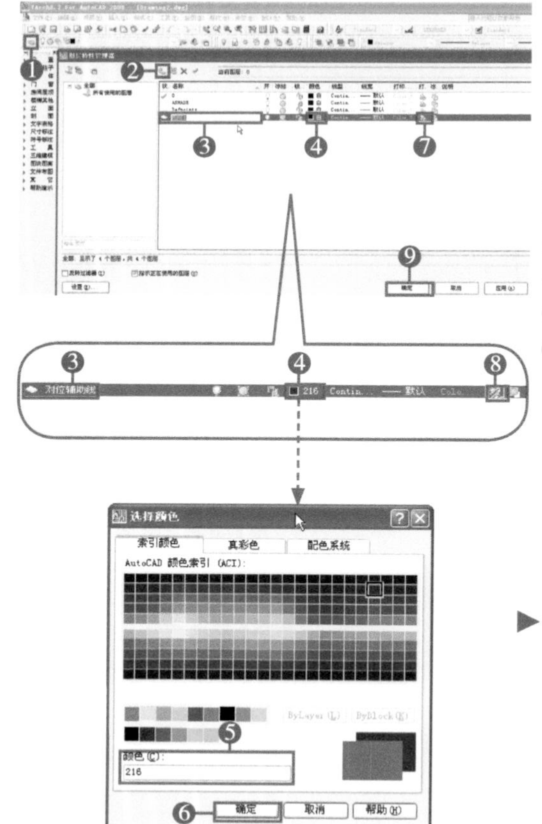

1. 单击 按钮，弹出 [图层特性管理器] 对话框
2. 单击 [新建图层] 按钮，生成名为 " 图层 1" 的新图层
3. 将鼠标箭头移至 " 图层 1" 处，按 Delete 键删除后输入 " 对位辅助线 ", 按 Enter 键
4. 单击 [颜色] 图标，弹出 [选择颜色] 对话框
5. 输入 "216"
6. 单击 [确定]，[选择颜色] 对话框关闭
7. 单击 [打印机] 图标
8. 确认图标变为，表示该图层将不被打印
9. 单击 [确定]，[图层特性管理器] 对话框关闭

实际打印效果：

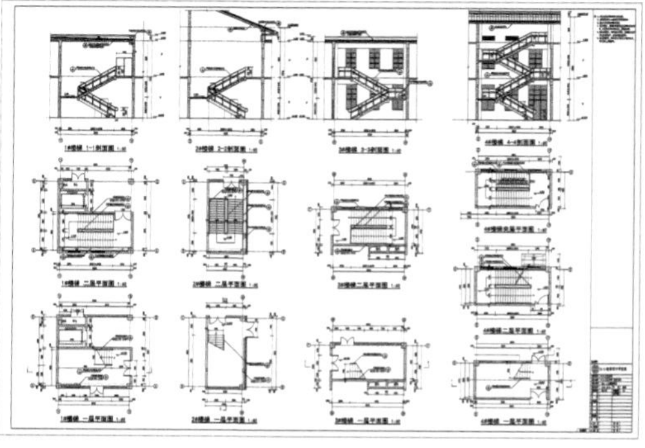

1.3 工具书

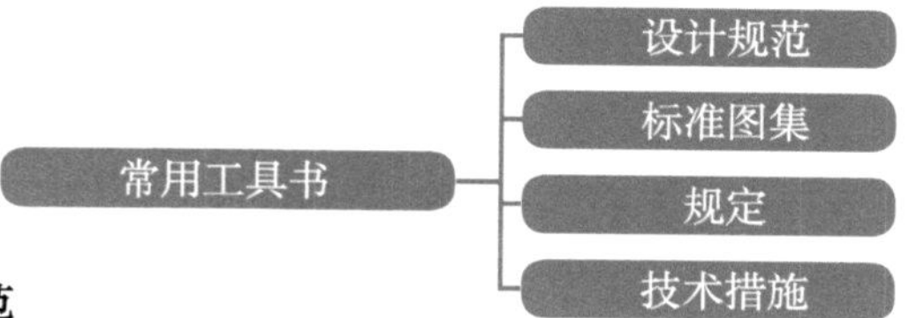

1.3.1 设计规范

建筑设计规范是对建筑设计所涉及的技术事项作出的规定，通常分为：国家标准、行业标准及地方标准三个级别。

参考

■为了在繁杂的各类规范条文中，快速找到相关的设计依据，可参考《建筑设计规范常用条文速查手册（第四版）》，中国建筑工业出版社，2017。

设计规范		制图	规划	建筑	防火	节能
国家标准（GB）		《建筑制图标准》（GB/T 50104—2010）		《民用建筑设计统一标准》（GB 50352—2019） 《建筑工程建筑面积计算规范》（GB/T 50353—2013） 《综合医院建筑设计规范》（GB 51039—2014）	《建筑设计防火规范》（GB 50016—2014） 《汽车库、修车库、停车场设计防火规范》（GB 50067—2014）	《公共建筑节能设计标准》（GB 50189—2015） 《民用建筑热工设计规范》（GB 50176—2016）
行业标准	城镇建设行业标准（CJJ）	《城市规划制图标准》（CJJ/T 97—2003）		《城市公共厕所设计标准》（CJJ 14—2016）		
行业标准	工程建设行业标准（JGJ）			《车库建筑设计规范》（JGJ 100—2015）		
地方标准	浙江省地方标准（DB）		《城市道路平面交叉口规划与设计标准》（DB 33/1056—2008）			《既有居住建筑节能改造技术规程》（DB 33/T1081—2011）
地方标准	江苏省地方行业标准（DGJ）		《江苏省城乡规划条例》（江苏省人大常委会公告第 36 号）			江苏省《公共建筑节能设计标准》（DGJ 32/J96—2010）

1.3.2 标准图集

建筑标准设计图集中的做法都是经过施工验证的常用做法，可供绘制施工图时直接选用。图集分为国家标准及地方标准两种，国家标准又分为：标准做法图集 、规范图示、设计深度图样及参考图四类。

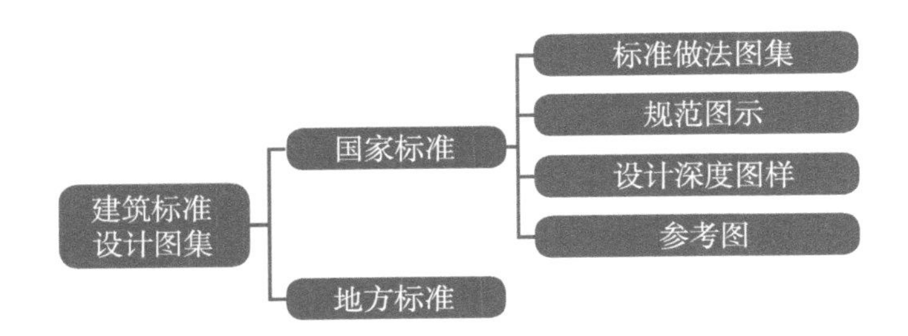

1）国家标准设计图集

（1）标准做法图集 发布年份 建筑 代号

《外墙外保温建筑构造》 （10 J 121）

《建筑外遮阳》（06J506—1 ）

《建筑结构设计常用数据》 （06 G 112）

发布年份 结构 代号

（2）规范图示

《〈民用建筑设计通则〉图示》 （06 SJ 813）

《〈建筑设计防火规范〉图示》 （18 J 811–1）

发布年份 规范图示 代号

（3）设计深度图样

《民用建筑工程建筑施工图设计深度图样》 （09 J 801）

《民用建筑工程建筑初步设计深度图样》 （09 J 802）

（4）参考图

《医院建筑施工图实例》 （07 CJ 08）

发布年份 参考图 代号

2）地方标准设计图集

各省市编制的建筑标准设计图集，目的是为了应对不同的自然、地理及社会条件。

例如，江苏省工程建设标准设计图集：《建筑外遮阳》（苏 J 33—2008）。

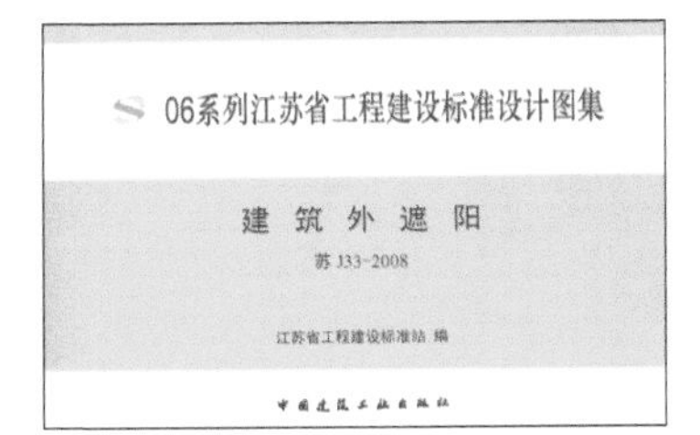

3）标准图集的引用方法

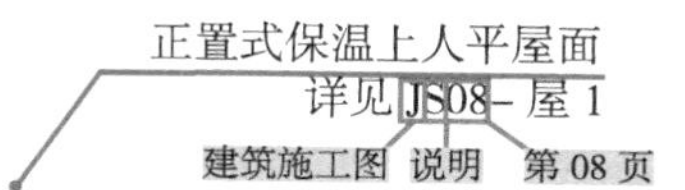

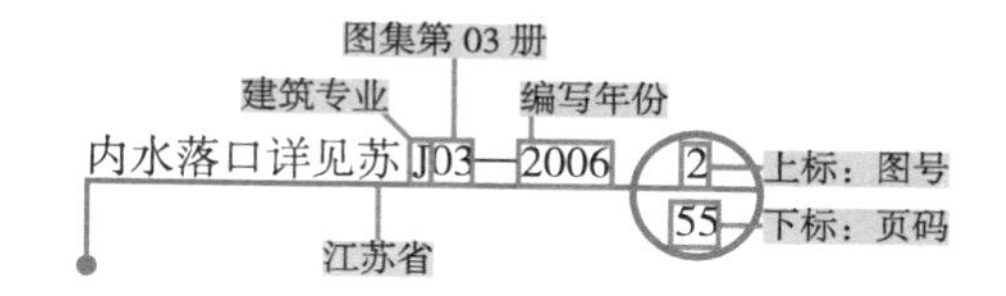

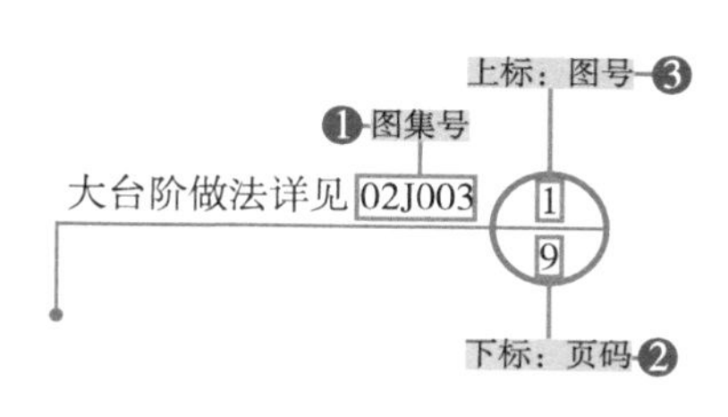

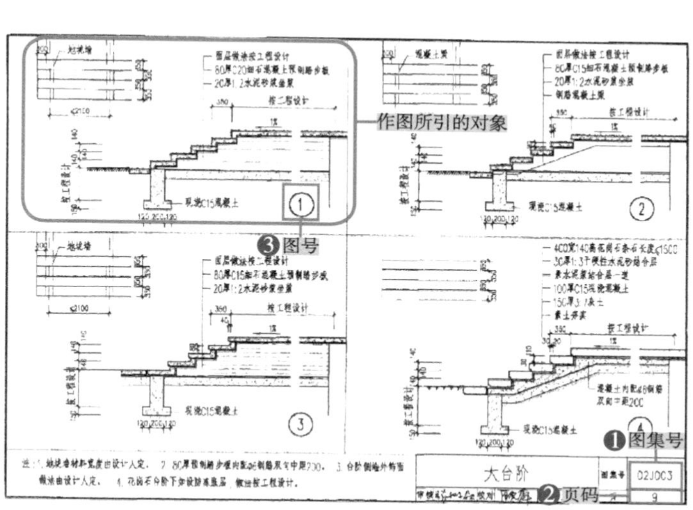

查找图集的方法：

（1）根据标注文字中所示图集号，找到相应的标准图集❶

（2）根据下标的页码，翻到图集中相应的页面❷

（3）根据图号，找到相应的工程做法❸

1.3.3 规定

例如：

《民用建筑外保温系统及外墙装饰防火暂行规定》（公通字 [2009]46 号）；

《建筑工程设计文件编制深度规定》（2017 年版）。

1.3.4 技术措施

《全国民用建筑工程设计技术措施》是一套指导民用建筑工程设计的大型技术书籍，该书对设计过程中涉及的各技术点的标准、规范、规定及标准图集进行了归纳总结，便于查找和记忆。建筑师常用《全国民用建筑工程设计技术措施（2009）——规划 · 建筑 · 景观》及《全国民用建筑工程设计技术措施（2007）——节能专篇 · 建筑》两册。

参考

■《建筑工程设计文件编制深度规定》（2017 年版）"1 总则 "：

• 1.0.6 在设计中宜因地制宜正确选用国家、行业和地方建筑标准设计，并在设计文件的图纸目录或施工图设计说明中注明所应用图集的名称。

1.4 绘图软件设定

1.4.1 基本界面设定

本书使用 "AutoCAD 2008 ＋天正建筑 8.2"（"TArch8.2 for AutoCAD2008"）。

1）软件界面

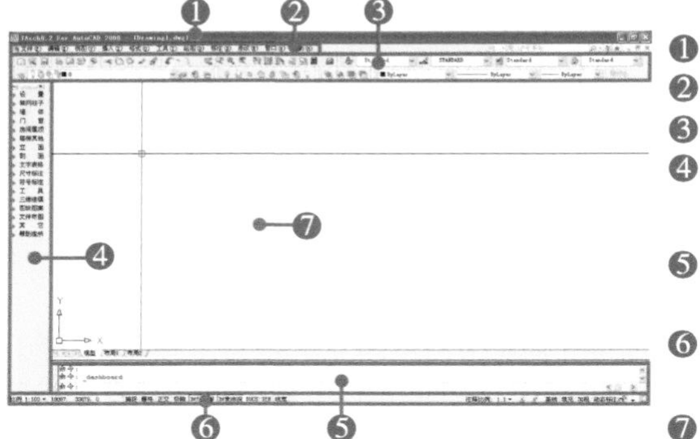

双击桌面上 " 天正建筑 8" 图标，打开 "AutoCAD 2008 ＋天正建筑 8.2"

❶ **标题栏**：显示当前文件路径及名称

❷ **菜单栏**

❸ **工具栏**

❹ **天正建筑工具栏**：按 Ctrl ＋ ± 键可显示或隐藏该工具栏

❺ **命令栏**：可通过键盘输入快捷键或 CAD 命令，按 Ctrl＋9 键可显示或隐藏命令栏

❻ **状态栏**：显示图纸比例、鼠标坐标、捕捉与否等信息

❼ **绘图区**：按 Ctrl＋0 键可全屏显示绘图区

2）调出特性面板和工具栏

❶ 按 Ctrl ＋ 1 键，弹出 [特性] 面板，将其拖至右侧固定

❷ **在工具栏空白处单击右键**，弹出下拉式菜单

❸ **将鼠标箭头移至 [ACAD] 选项**，弹出 "CAD 工具栏 " 的下拉式菜单，依次勾选 [标准]、[绘图次序]、[特性]、[图层]、[样式]

❹ 重复步骤❷，**将鼠标箭头移至 [TCH] 选项**，弹出 " 天正工具栏 " 的下拉式菜单，**勾选 [常用图层快捷工具]**

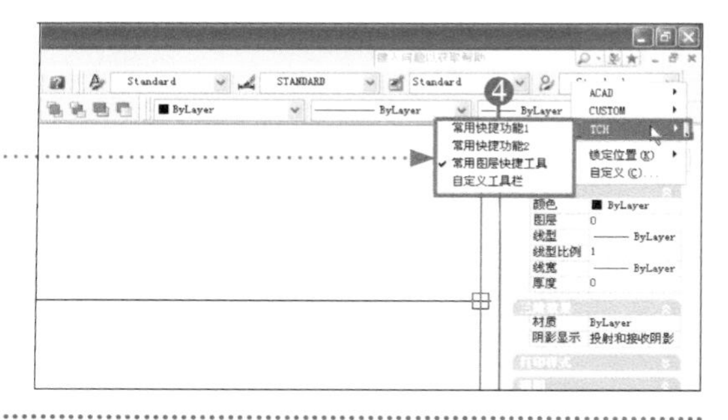

3）调整工具栏顺序

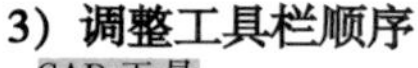

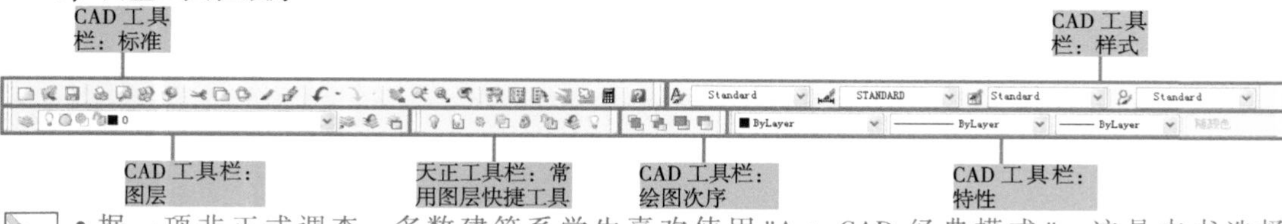

注意

• 据一项非正式调查，多数建筑系学生喜欢使用 "Auto CAD 经典模式"，这是本书选择 "AutoCAD2008 ＋ 天正建筑 8.2" 的最主要原因。此外，若读者使用的操作系统或应用软件的版本与本书不同，两者的运行结果可能会存在微小的差异。

1.4.2 高版本 CAD 界面设定

若您的电脑中已安装了高版本的 CAD 软件，按照下列步骤进行操作，就可以设定成本书使用的经典界面。下面分别以 AutoCAD 2012" 普通版 " 和 " 建筑版 " 为例，介绍界面设定。

1）AutoCAD 2012 普通版

打开 "AutoCAD 2012 ＋天正建筑 8.2"，默认界面如左图所示

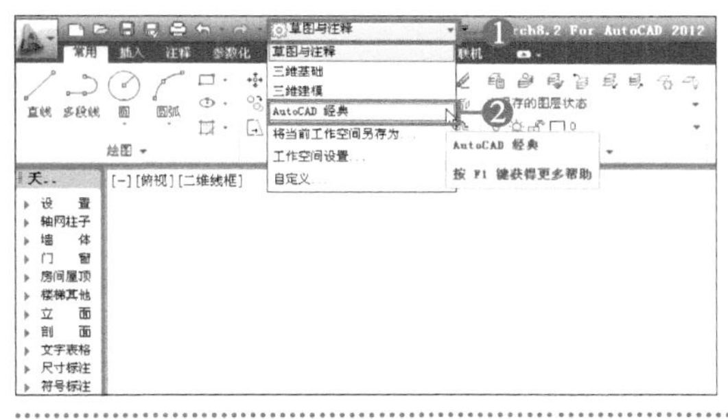

❶ 单击 ▼ 按钮，弹出下拉菜单
❷ 选择 [AutoCAD 经典]

初次设定 AutoCAD 经典工作空间时，会自动弹出该模式常用的工具栏，请按照 1.4.1 的操作步骤设置工具栏及特性面板

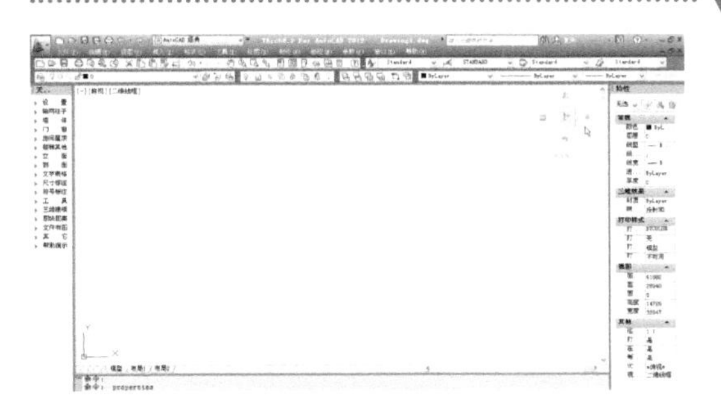

最终界面如左图所示

2）AutoCAD 2012 建筑版

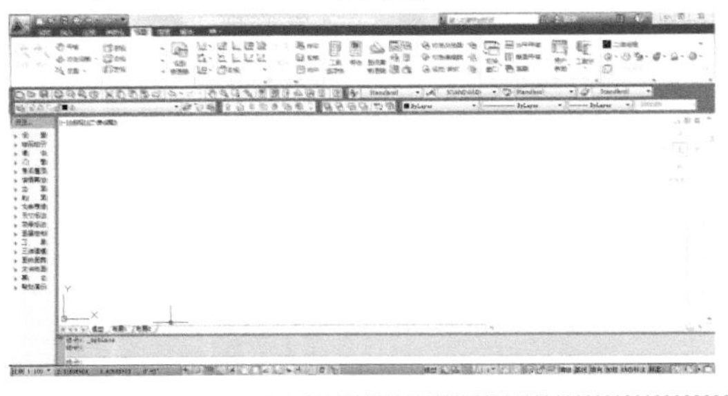

打开 "AutoCAD Architecture2012 ＋天正建筑 8.2 "，默认界面如左图所示

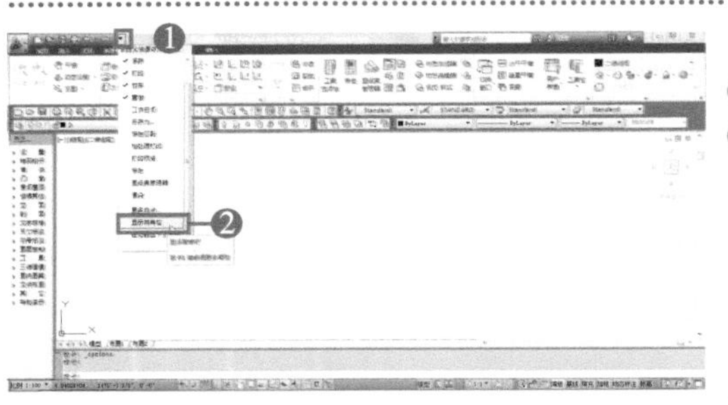

（1）显示菜单栏

❶ 单击 ▼ 按钮，弹出下拉菜单

❷ 选择 [显示菜单栏]，即可以显示菜单栏，如左图所示

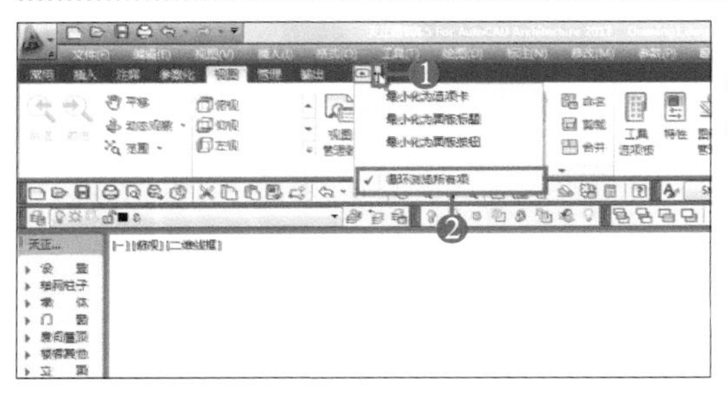

（2）隐藏选项卡

❶ 单击 ▼ 按钮，弹出下拉菜单

❷ 选择 " 循环浏览所有项 "

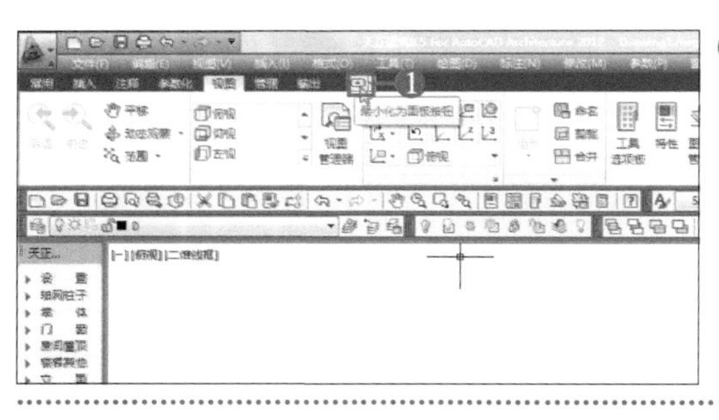

❶ 连续单击 按钮 3 次，隐藏选项卡面板

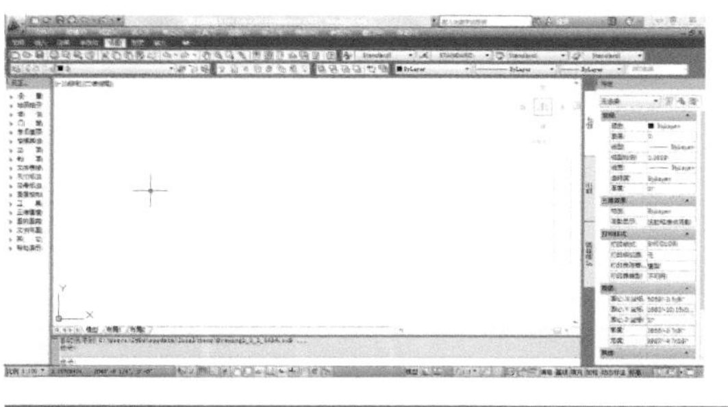

（3）设置工具栏及特性面板

按照 1.4.1 所示的操作步骤设置

1.4.3 文件格式

1）文件保存格式

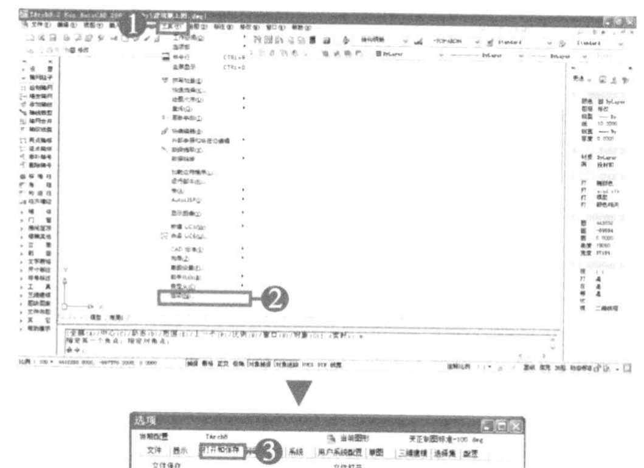

鉴于 AutoCAD 2004/LT2004 的稳定性较高，再加上许多资深的建筑师也习惯于使用该版本，因此许多设计院将其用作电子文件交流及存档的版本。本书建议将文件保存格式设置为 2004 版本。设置方法如下：

❶ 单击菜单栏［工具］，弹出下拉式菜单
❷ 选择［选项］，弹出对话框

❸ 单击［打开和保存］
❹ 单击［另存为］的 ▼ 按钮，弹出下拉式菜单
❺ 选择 [AutoCAD 2004/LT2004 图形 (*dwg)]
❻ 单击［确定］，对话框关闭

2）向其他专业提资料

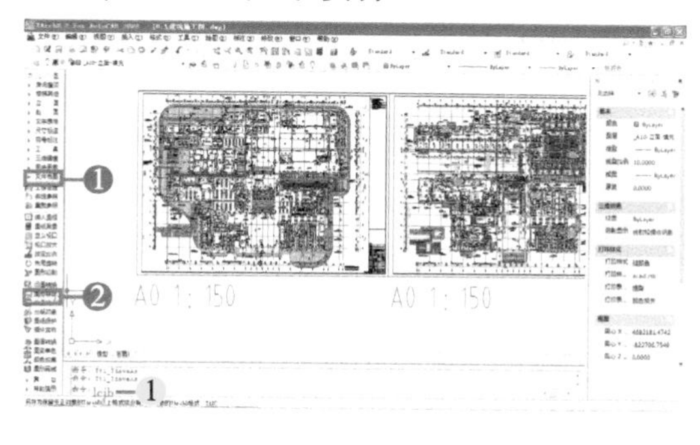

由于其他专业不一定使用天正软件，向他们提供资料时，必须将文件另存为天正 3 文件。

方法如下：

❶ 单击［文件布图］，展开菜单
❷ 选择［图形导出］，弹出对话框

或

1 在命令栏输入 "lcjb"，按 Enter 键或 Space 键，弹出对话框（"lcjb" 为 " 另存旧版 " 的汉语拼音第一个字母的组合）

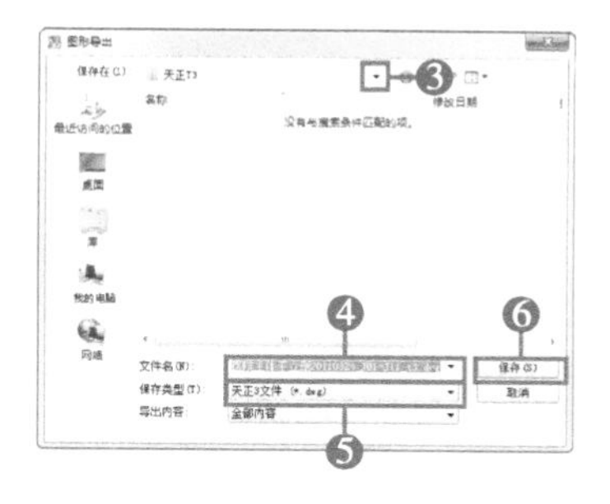

❸ 单击［保存在］的 ▼ 按钮，选择文件保存路径
❹ 输入文件名
❺ 单击［保存类型］的 ▼ 按钮，弹出下拉式菜单，选择 " 天正 3 文件 (*.dwg)"
❻ 单击［保存］，对话框关闭

1.4.4　设定天正建筑的文字样式

使用天正建筑可提高绘图速度。例如，当打印比例从 "1：100" 改为 "1：200" 后，为保证标注的显示字高仍符合 1.2.3 的规定，可采用下列步骤：

打开配套资源中 "03_ 参考图 " 文件夹内 "1.4.4_ 天正打印比例设定 .dwg" 文件

❶ 确认图纸左下角显示为 " 比例 1：100"

❷ 按 Ctrl + A 键，选择全部图形

❸ 单击 [比例] 的 ▼ 按钮，弹出菜单

❹ 选择 [1：200]，可以看到图中轴号、尺寸标注、索引符号、箭头引注均放大为原来的两倍

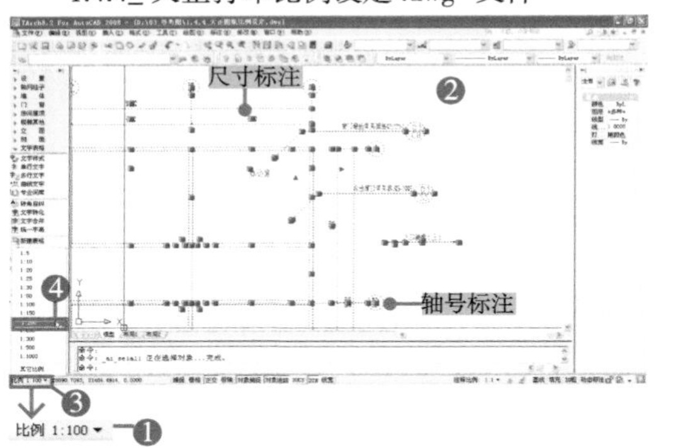

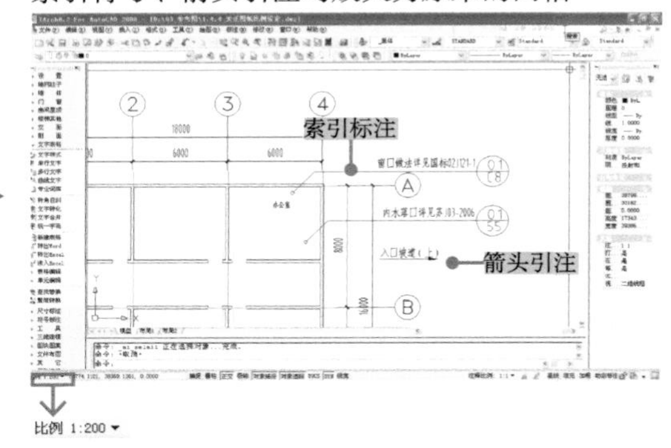

天正建筑虽然方便，但由于它有默认的文件样式❸及字高❹，为遵守 1.2.3 中所示的绘图标准，必须事先设定其文字样式。

重复下列步骤，了解天正默认文字样式的主要类型：

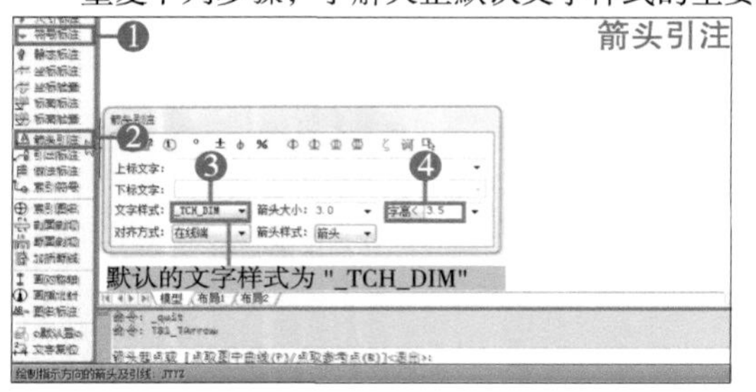

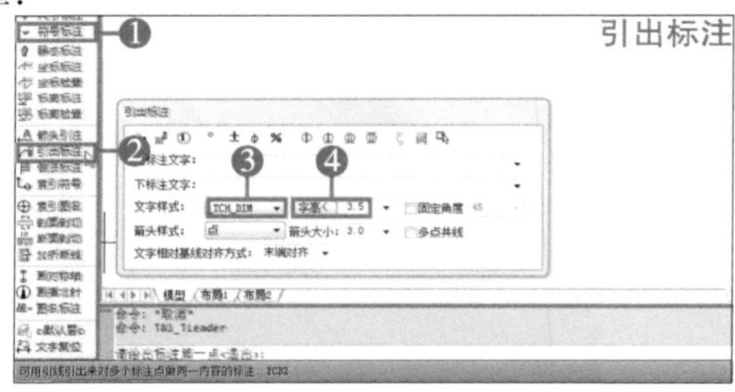

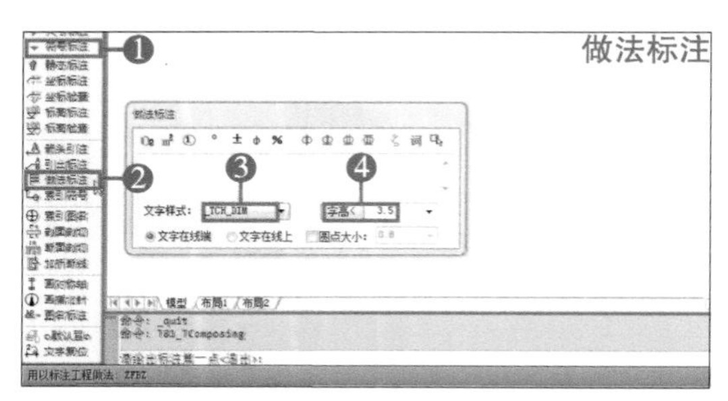

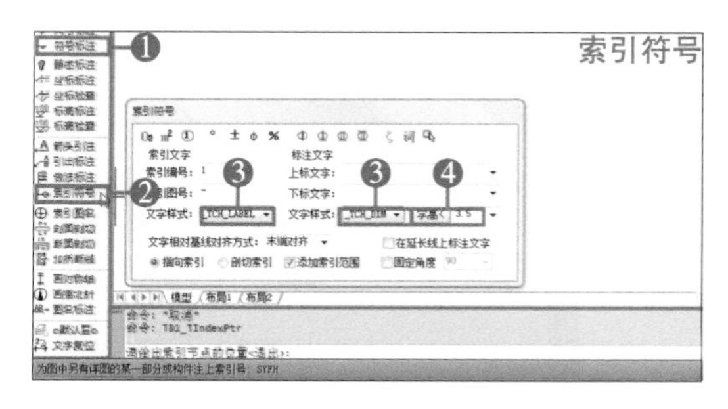

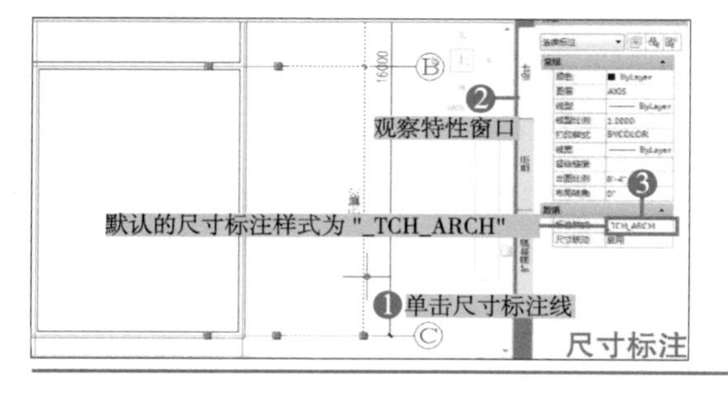

- 天正多行文字和单行文字的默认样式为 "Standard"
- 天正默认的轴号文字样式为 "_TCH_AXIS"
- 天正默认的尺寸标注样式为 "_TCH_ARCH"，文字样式为 "_TCH_DIM"
- " 箭头引注 " " 引出标注 " " 做法标注 " " 索引符号 " 等符号标注中的文字样式为 "_TCH_DIM" "_TCH_LABEL"

编辑 "Standard" 文字样式

新建 "_ 黑体 " 文字样式

新建并编辑 "_TCH_AXIS" 文字样式
新建并编辑 "_TCH_DIM" 文字样式
新建并编辑 "_TCH_LABEL" 文字样式
新建并编辑 "_TCH_WINDOW" 文字样式

修改字高

1）编辑 "Standard" 文字样式

打开配套资源中 "04_Fonts" 文件夹，将其中所有文件复制到 AutoCAD 安装目录下的 "Fonts" 文件夹中，如 "C:\Program Files\AutoCAD 2008\Fonts"。重新启动 "AutoCAD Architecture ＋天正建筑 " 软件，就可使用这些字体。

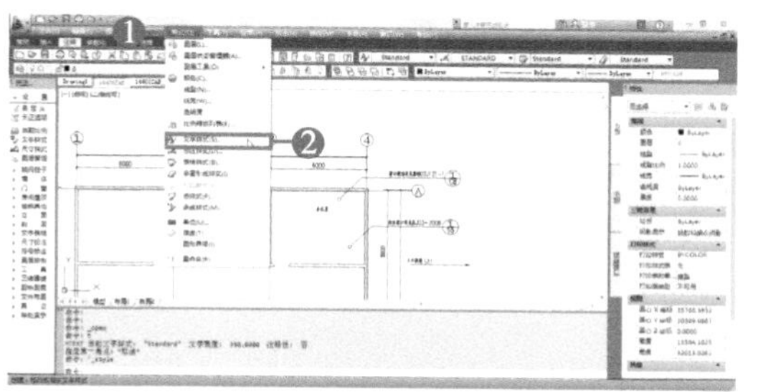

（参见 1.2.3 中 " 文字索引表示 " 中的字体选择）

❶ 单击菜单栏 [格式]，弹出下拉式菜单

❷ 选择 [文字样式]，弹出对话框

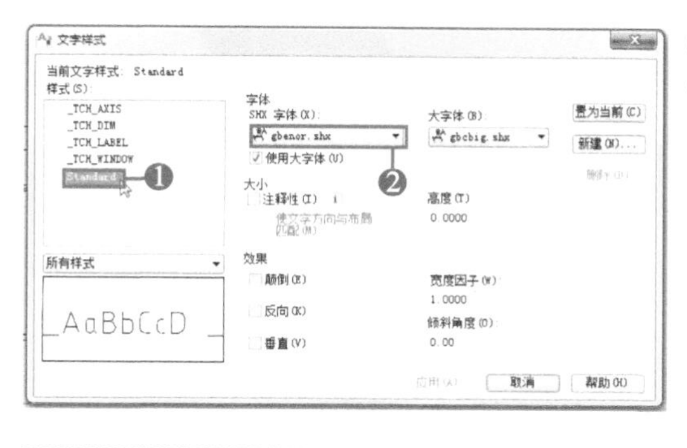

❶ 选择 [Standard]

❷ 单击 [SHX 字体] 的 ▼ 按钮，弹出下拉式菜单

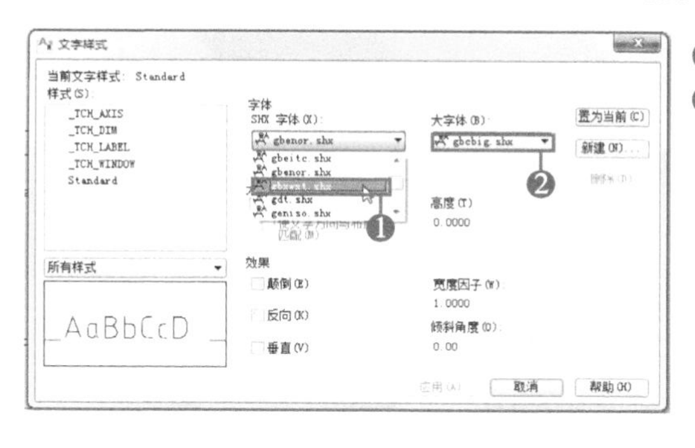

❶ 选择 [gbxwxt.shx]

❷ 单击 [大字体] 的 ▼ 按钮，弹出下拉式菜单

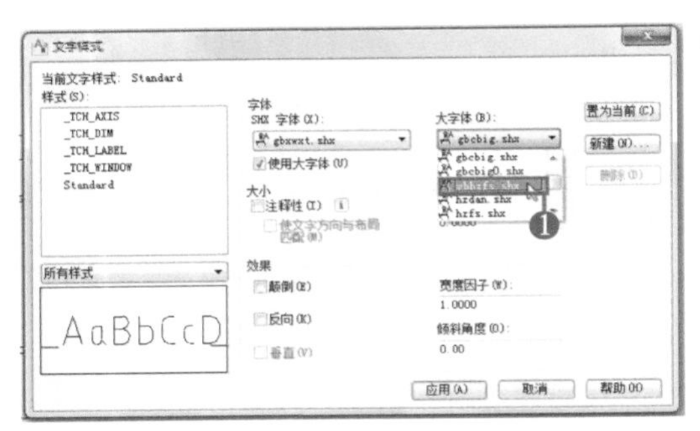

❶　选择 [gbhzfs.shx]

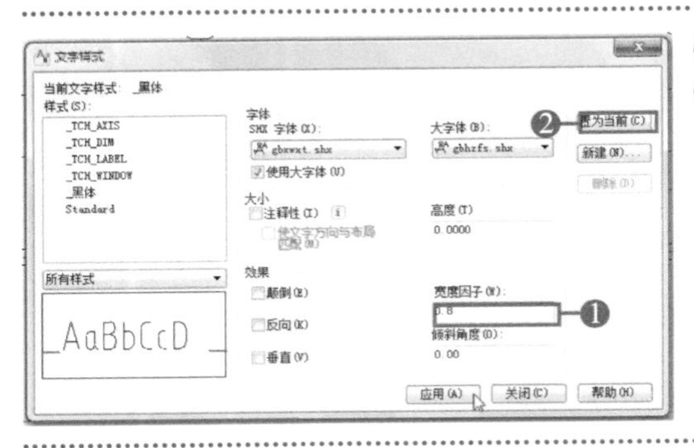

❶　在 [宽度因子] 项输入 "0.8"

❷ 单击 [置为当前]

2）新建 "_ 黑体 " 文字样式

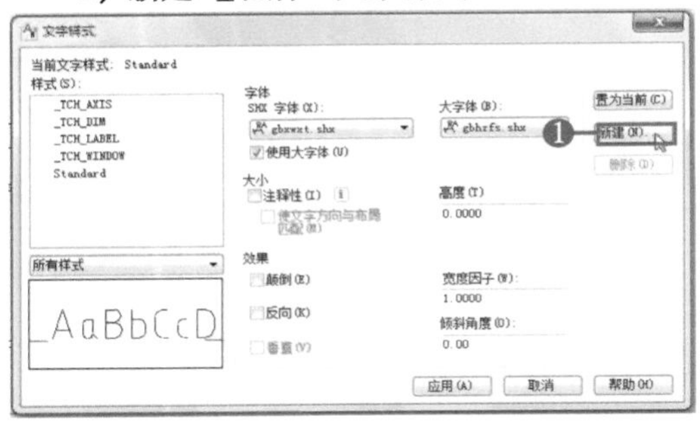

（参见 1.2.3 中 " 图名表示 " 中的字体选择）

❶ 单击 [新建]，弹出 [新建文字样式] 对话框

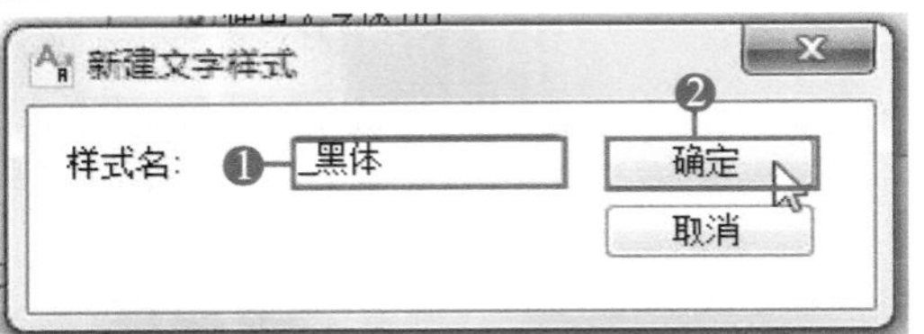

❶　输入 [_ 黑体]

❷ 单击 [确定]，[新建文字样式] 对话框关闭

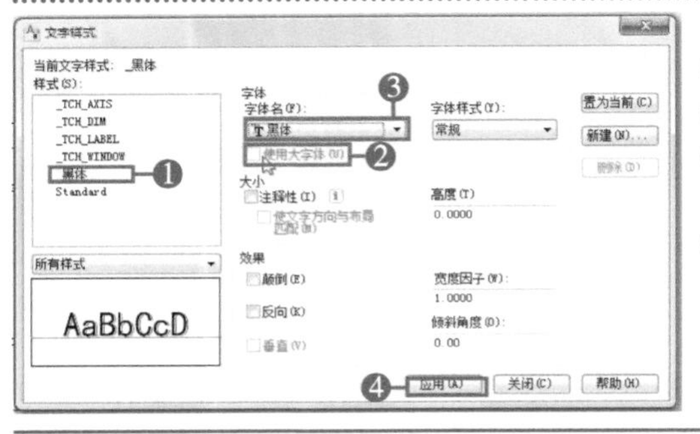

❶　选择 [_ 黑体]

❷　取消勾选 [使用大字体]

❸ 单击 [字体名] 的 ▼ 按钮，弹出下拉式菜单，选择 [黑体]

❹ 单击 [应用]

3）新建并编辑 "_TCH_AXIS" 文字样式

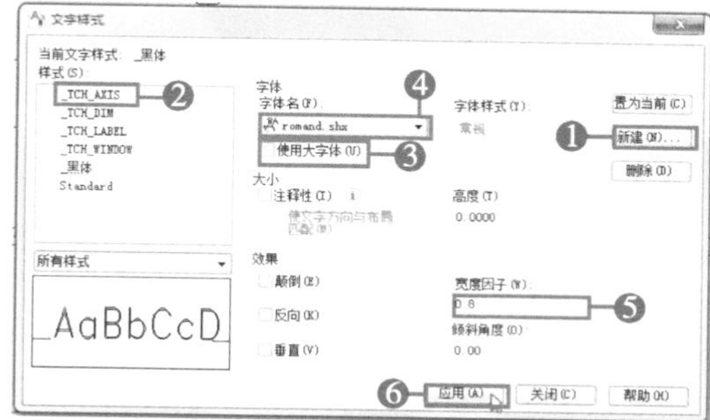

（参见 1.2.3 中 " 轴线符号尺寸标注表示 " 中的字体选择）

❶ 单击 [新建]，弹出 [新建文字样式] 对话框，输入 "_TCH_AXIS"，单击 [确定]，对话框关闭

❷ 选择 [_TCH_AXIS]

❸ 取消勾选 [使用大字体]

❹ 单击 ▼ 按钮，弹出下拉式菜单，选择 [romand.shx]

❺ 将 [宽度因子] 改为 "0.8"

❻ 单击 [应用]

4）新建并编辑 "_TCH_DIM" 文字样式

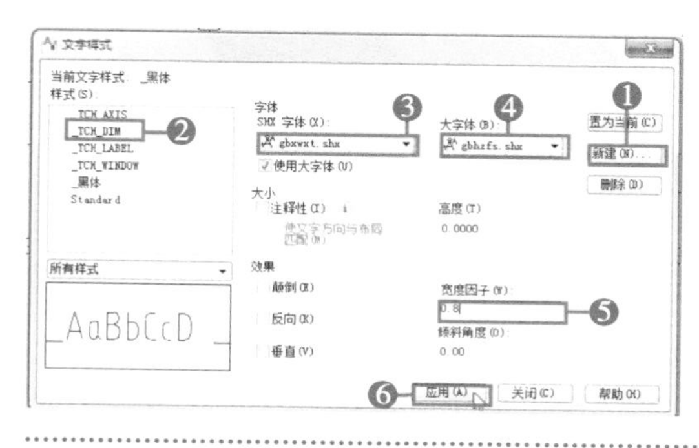

（参见 1.2.3 中 " 轴线符号尺寸标注表示 " 中的字体选择）

❶ 单击 [新建]，弹出 [新建文字样式] 对话框，输入 "_TCH_DIM"，单击 [确定]，对话框关闭

❷ 选择 [_TCH_DIM]

❸ 单击 ▼ 按钮，弹出下拉式菜单，选择 [gbxwxt.shx]

❹ 单击 ▼ 按钮，弹出下拉式菜单，选择 [gbhzfs.shx]

❺ 将 [宽度因子] 改为 "0.8"

❻ 单击 [应用]

5）新建并编辑 "_TCH_LABEL" 文字样式

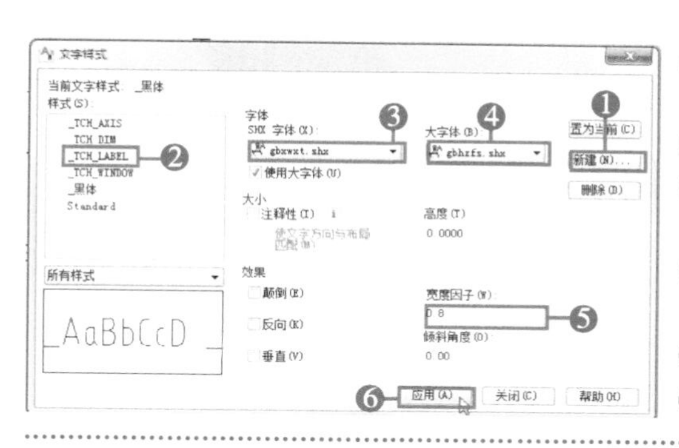

（参见 1.2.3 中 " 节点、剖面符号索引表示 " 中的字体选择）

❶ 单击 [新建]，弹出 [新建文字样式] 对话框，输入 "_TCH_LABEL"，单击 [确定]，对话框关闭

❷ 选择 [_TCH_LABEL]

❸ 单击 ▼ 按钮，弹出下拉式菜单，选择 [gbxwxt.shx]

❹ 单击 ▼ 按钮，弹出下拉式菜单，选择 [gbhzfs.shx]

❺ 将 [宽度因子] 改为 "0.8"

❻ 单击 [应用]

6）新建并编辑 "_TCH_WINDOW" 文字样式

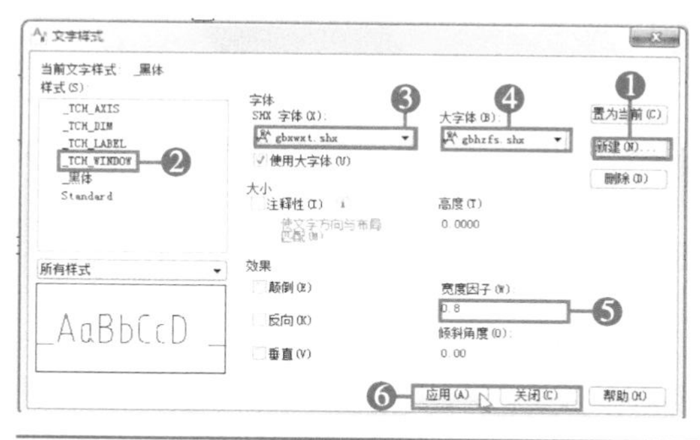

（参见 1.2.3 中 " 节点、剖面符号索引表示 " 中的字体选择）

❶ 单击 [新建]，弹出 [新建文字样式] 对话框，输入 "_TCH_WINDOW"，单击 [确定]，对话框关闭

❷ 选择 [_TCH_WINDOW]

❸ 单击 ▼ 按钮，弹出下拉式菜单，选择 [gbxwxt.shx]

❹ 单击 ▼ 按钮，弹出下拉式菜单，选择 [gbhzfs.shx]

❺ 将 [宽度因子] 改为 "0.8"

❻ 单击 [应用]，单击 [关闭]，关闭对话框

7）修改字高

天正建筑中标注文字的默认字高为 "3.5"，且采用其特有的单位。在命令栏输入 "lcjb"（☞ P25），将文件存为天正 3 文件，打开该文件后就可发现天正 3.5 的实际字高为 261.8mm。因此，为了向其他专业提供字高为 300mm 左右的 CAD 图，宜将天正的默认字高改为 "4"。有以下两种修改方法：

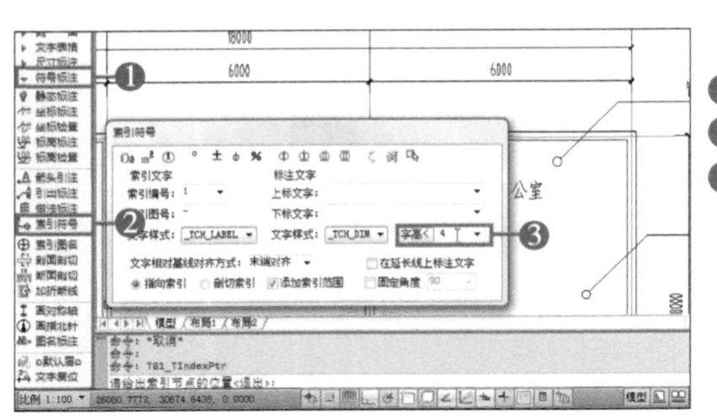

（1）新建标注时设定字高

❶ 单击［符号标注］，展开菜单

❷ 选择［索引符号］，弹出对话框

❸ 将［字高］修改为 "4"

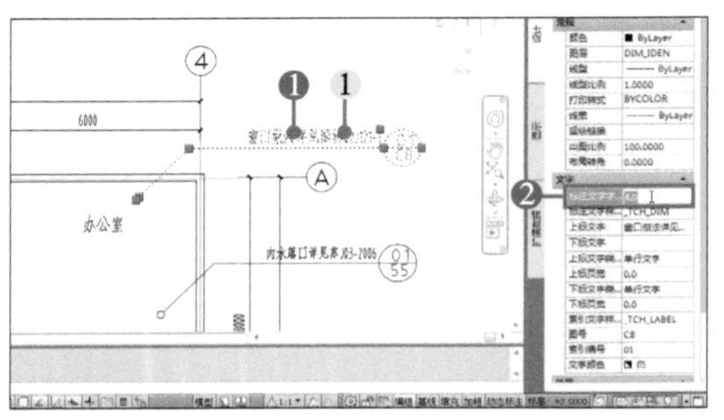

（2）修改已有标注的字高

❶ 单击已有标注

❷ 在特性窗口中将［标注文字字高］修改为 "4"

或

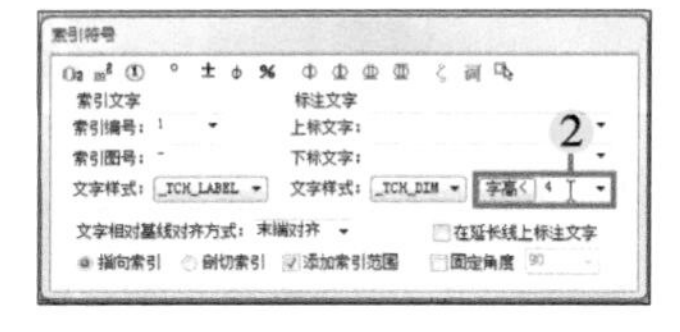

1 双击该标注，弹出［编辑索引文字］对话框

2 将［字高］修改为 "4"

第2章　实践中提高

本章内容：

2.1　施工图设计的主要内容

2.2　各专业的分工与合作

2.3　设备用房

2.4　变形缝

2.5　轴线及标注

2.6　总平面图

2.7　消防设计

2.8　楼梯与电梯

2.9　卫生间

2.10　特殊房间

2.11　屋面排水

2.1 施工图设计的主要内容

		建筑设计	结构设计	给水排水设计	暖通设计	电气设计
空间设计	总平面设计	•总平面布置 •总平面竖向设计		•给水排水总平面设计		
	平立剖设计	•平面设计 •立面设计 •剖面设计	•上部结构 •基础、地下室 •地基处理（必要时）	•给水与排水设计	•通风空调系统	•供电 •配电 •照明 •电话与网络综合布线系统
	详图设计	•楼梯详图 •卫生间详图 •特殊房间详图 •墙身详图 •节点详图 •雨篷设计 •门窗及玻璃幕墙详图 •设备机座定位	•楼梯结构 •梁柱等构件配筋 •设备机座			
性能设计	消防设计	•建筑物间的防火间距 •消防车道 •防火分区 •安全疏散距离及安全出口的净宽度 •防火构造 •外窗有效开启面积		•火灾自动报警系统 •自动喷淋给水系统 •消火栓给水系统 •气体灭火系统 •灭火设备	•防火与防排烟系统	•火灾自动报警系统
	节能设计	•节能计算（建筑）		•太阳能+燃气辅助加热热水系统 •中水绿化灌溉系统	•节能计算（暖通）	
	无障碍设计	•无障碍入口 •无障碍电梯 •无障碍通道 •无障碍卫生间 •无障碍服务台				
	人防设计	•（必要时）				
	日照分析	•日照分析（必要时）				
	防雷设计					•防雷设计
	抗震设计		•抗震设计			

电气
建筑
结构
5F
4F
3F
2F
1F
-0.450
±0.000
空调
燃气
给水排水

2.2 各专业的分工与合作

2.2.1 建筑

1）建筑设计的主要内容

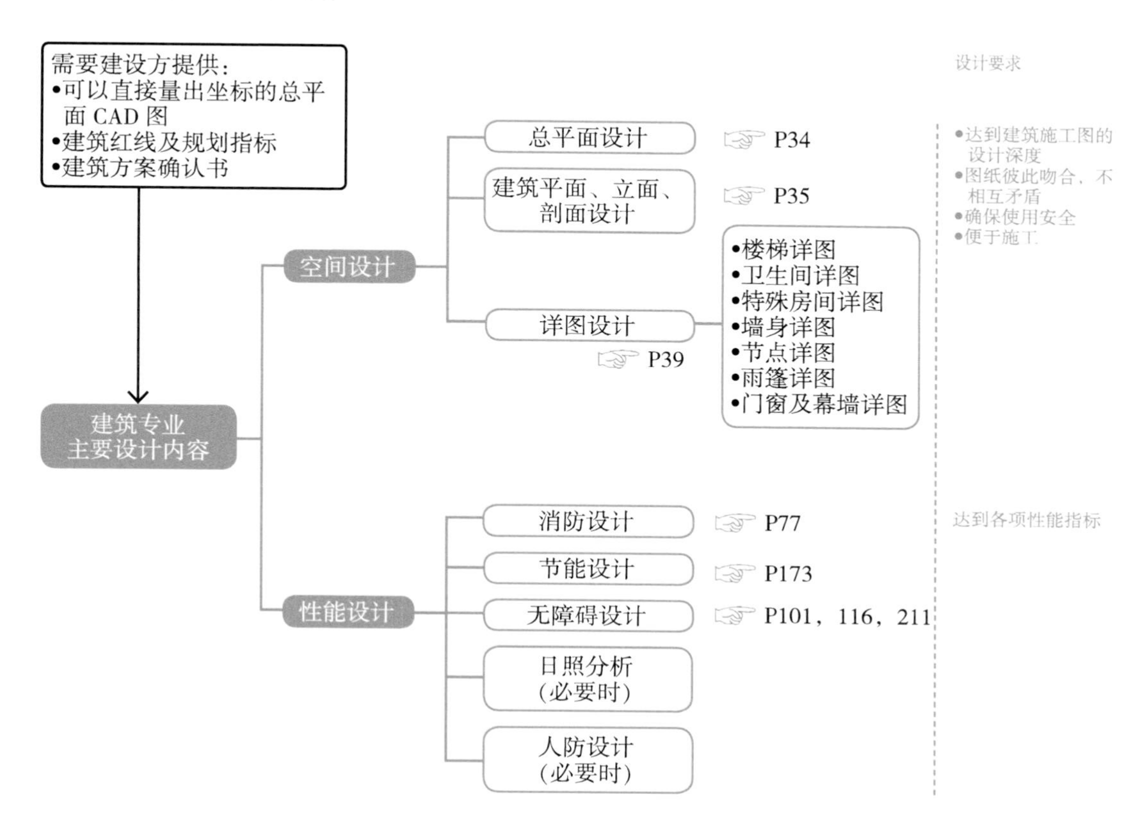

根据作者的体会，建筑施工图设计可大体分为"空间设计"及"性能设计"两部分。

空间设计的作用是把建筑方案落实到具体的空间中，要求平面、立面、剖面及详图准确翔实，没有遗漏，且彼此间不相互矛盾。做好空间设计需要建筑师具有扎实的基本功。

性能设计是赋予建筑空间各种功能与价值的重要手段，做好性能设计必须以坚实的科学根据为基础。由于科技不断进步，因此不仅要求建筑师具备丰富的专业知识，能深入理解并熟练运用相关规范，还要与时俱进。

2）总平面设计的主要内容

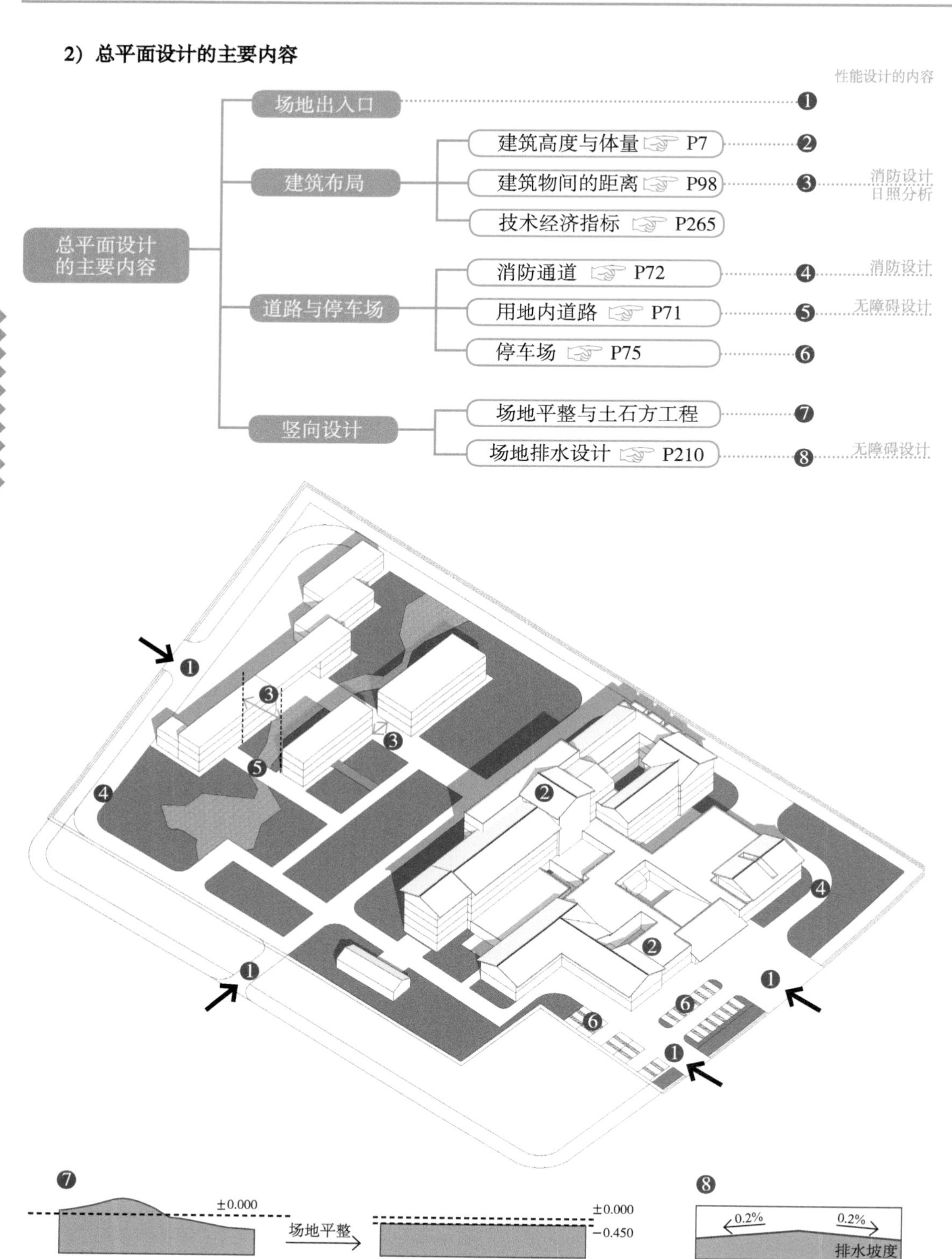

参考

- 《全国民用建筑工程设计技术措施（2009）——规划·建筑·景观》"第一部分 总平面设计"；
- 《建筑工程设计文件编制深度规定（2017）》"4.2 总平面"。

3）建筑平立剖设计的主要内容

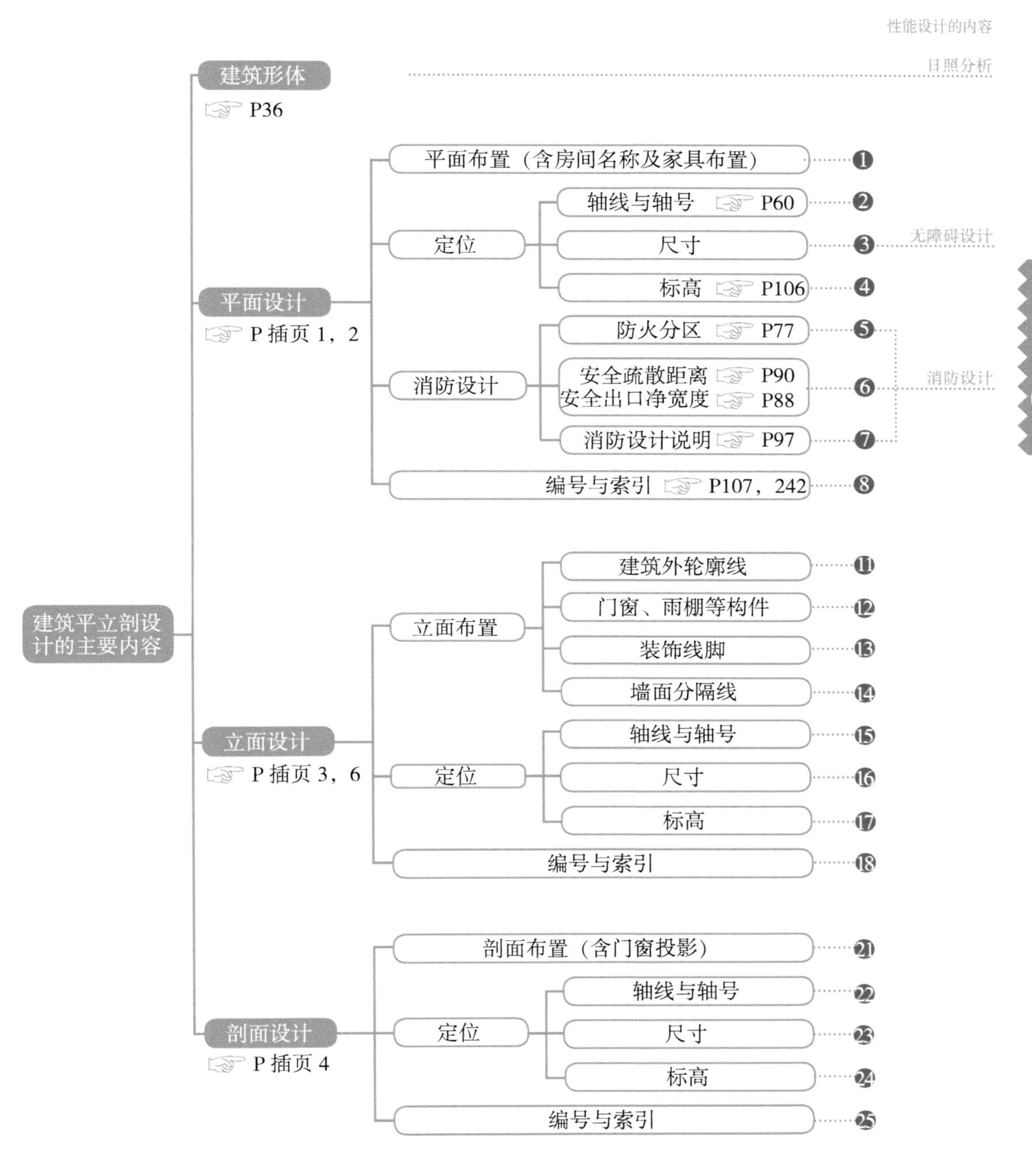

•建筑平、立、剖面图的常用打印比例为 1：100 或 1：150。
•合理确定层高，是立面图及剖面图设计的关键（P37）。

参考

■《建筑工程设计文件编制深度规定（2017）》"4 施工图设计　4.3 建筑 "。

(1) 建筑形体

本工程的建筑形体较复杂，在所有建筑形体变化处，均需通过剖面图表达清楚。下图显示了本工程剖面图的剖切位置。

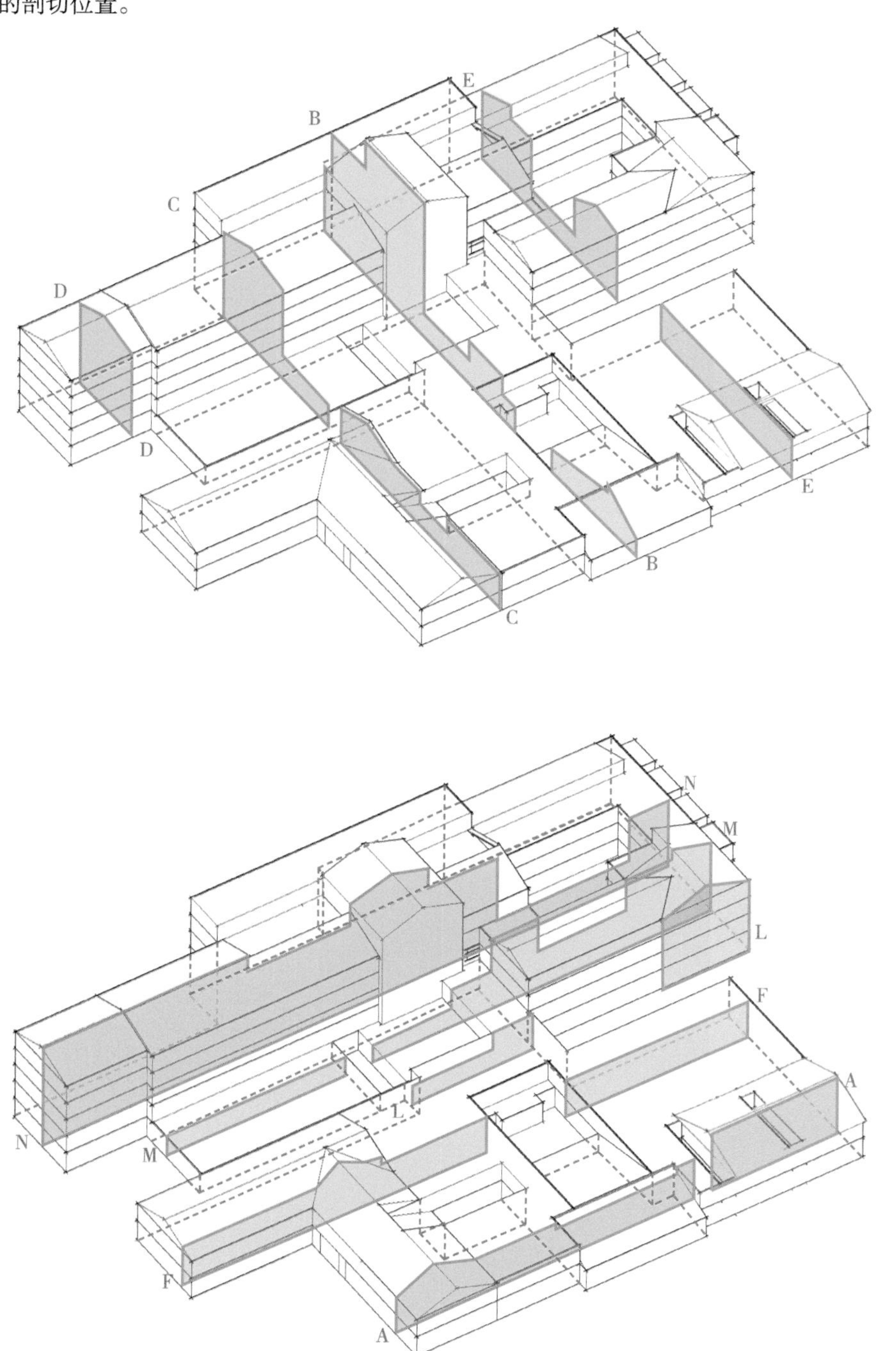

（7）确定层高

层高＝设计净高＋结构高＋建筑面层厚度＋暖通与水电管道及其安装所需高度＋吊顶厚度

•二层暖通管道及其安装所需高度

＝防排烟风管的最大高度 400mm ＋空调通风管的最大高度 160mm ＋安装空间高度 100mm

＝ 660mm

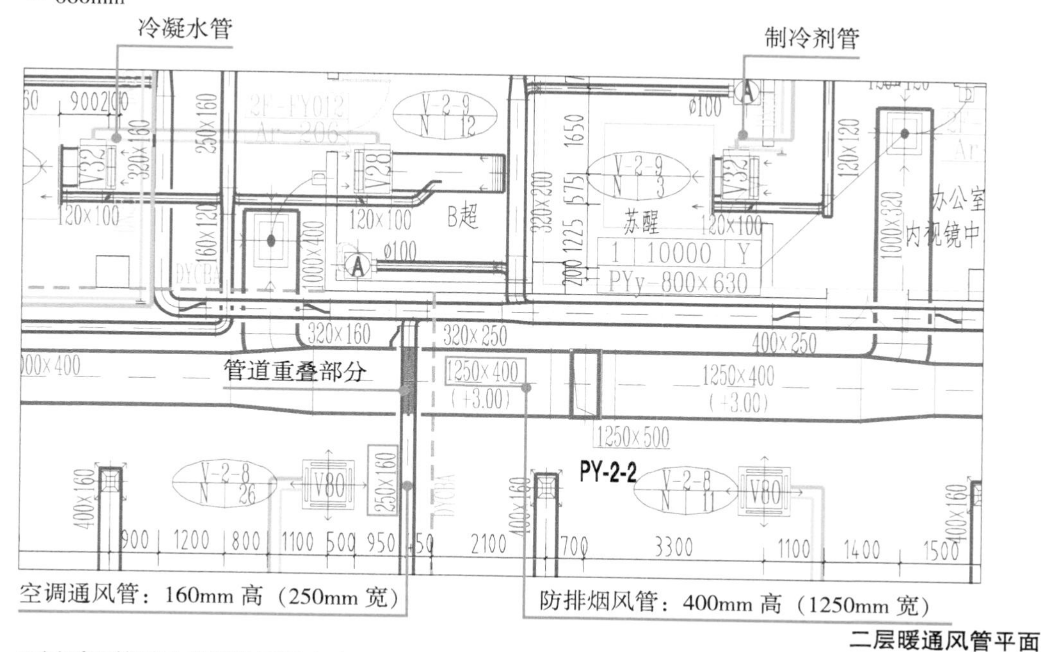

二层暖通风管平面

•五层暖通管道及其安装所需高度

＝防排烟风管的最大高度 120mm ＋空调通风管的最大高度 200mm ＋安装空间高度 100mm

＝ 420mm

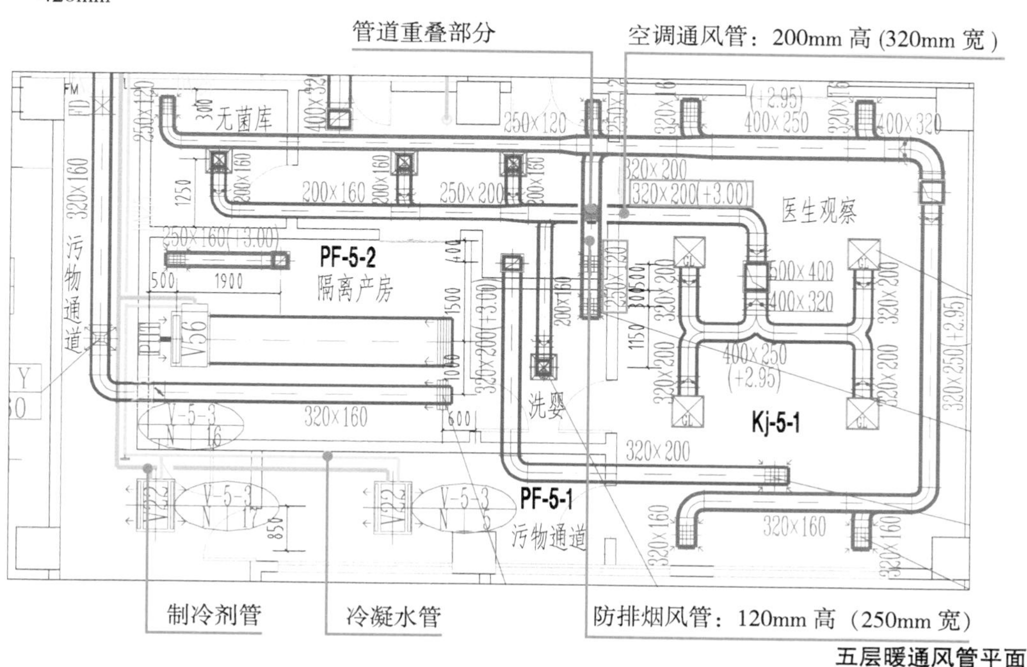

五层暖通风管平面

2

吊顶上部的管线

•本工程层高的确定方法

	走道、大厅等公共空间的设计净高（mm）	结构高（mm）	建筑面层厚（mm）	暖通管道及其安装所需高度（mm）	水电管道及其安装所需高度＋吊顶厚度（mm）	层高（mm）
三、四、五层	2680	700	50	420	150	4000
二层	2640	700	50	660	150	4200
一层	3240	700	50	660	150	4800

相加

4）详图设计的主要内容

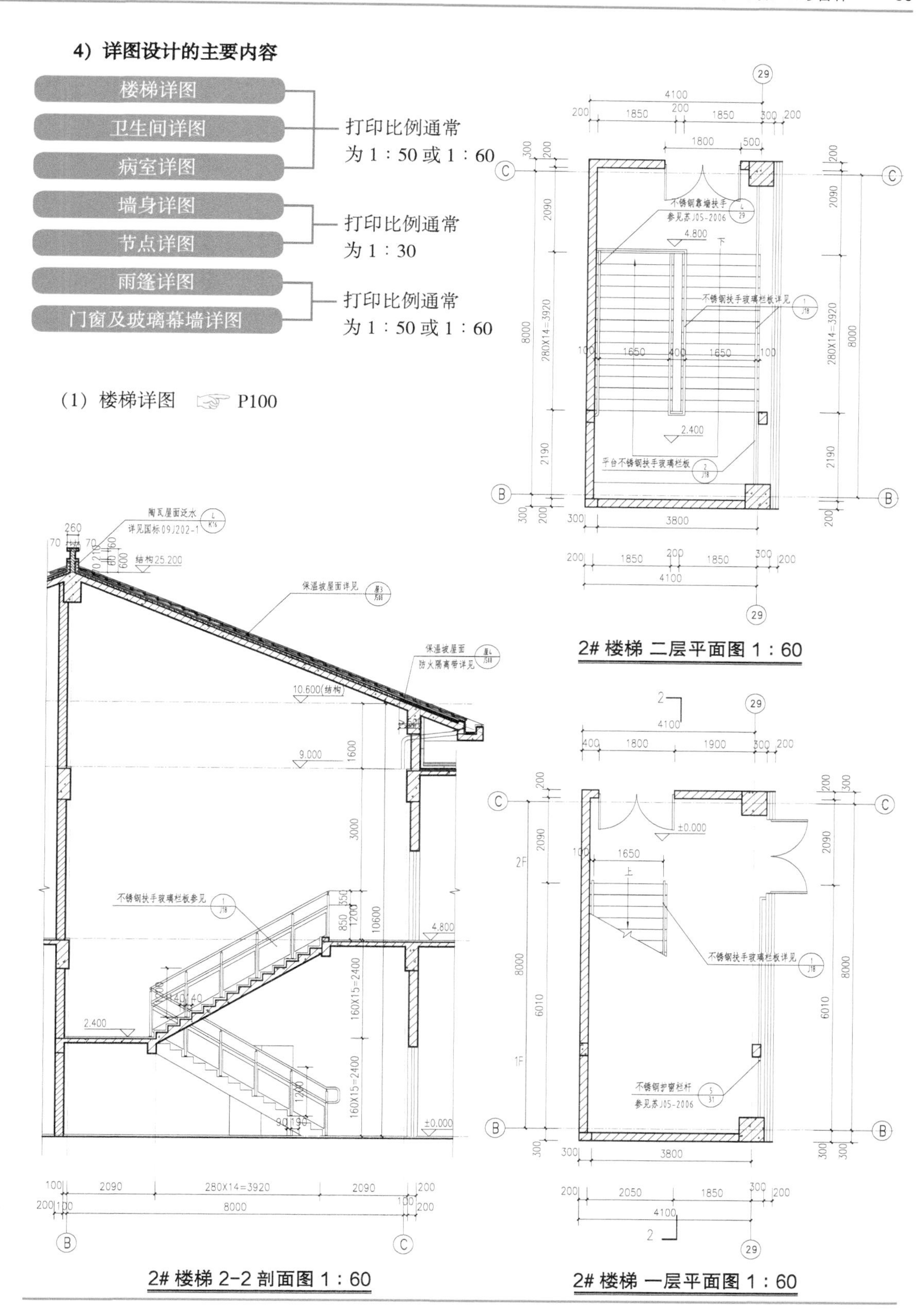

2# 楼梯 二层平面图 1：60

2# 楼梯 2-2 剖面图 1：60

2# 楼梯 一层平面图 1：60

(2) 卫生间详图 ☞ P114

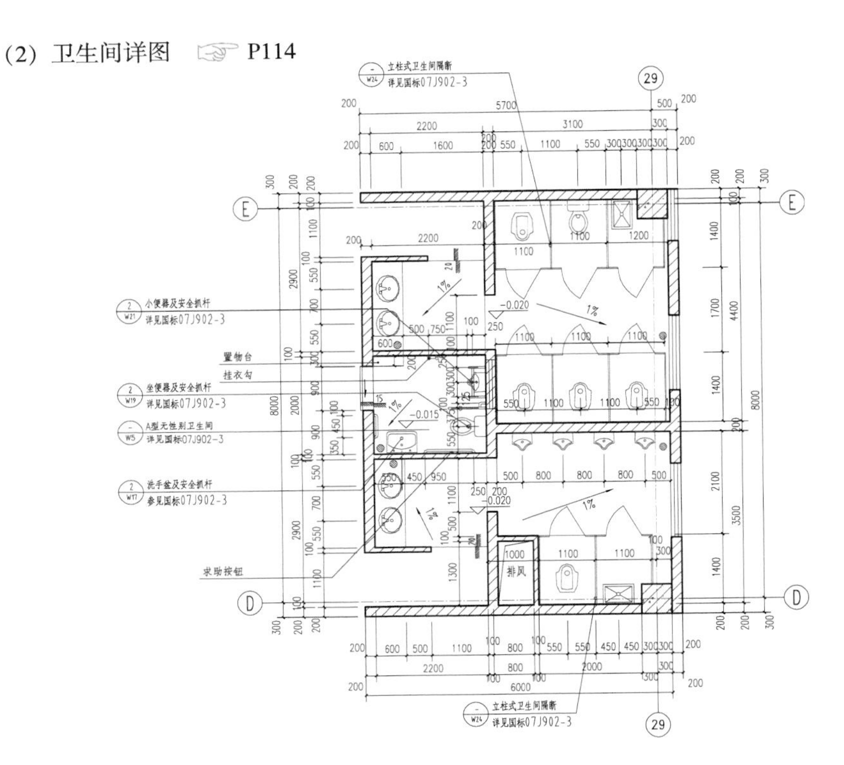

2# 卫生间平面 1：60

(3) 病室详图 ☞ P119

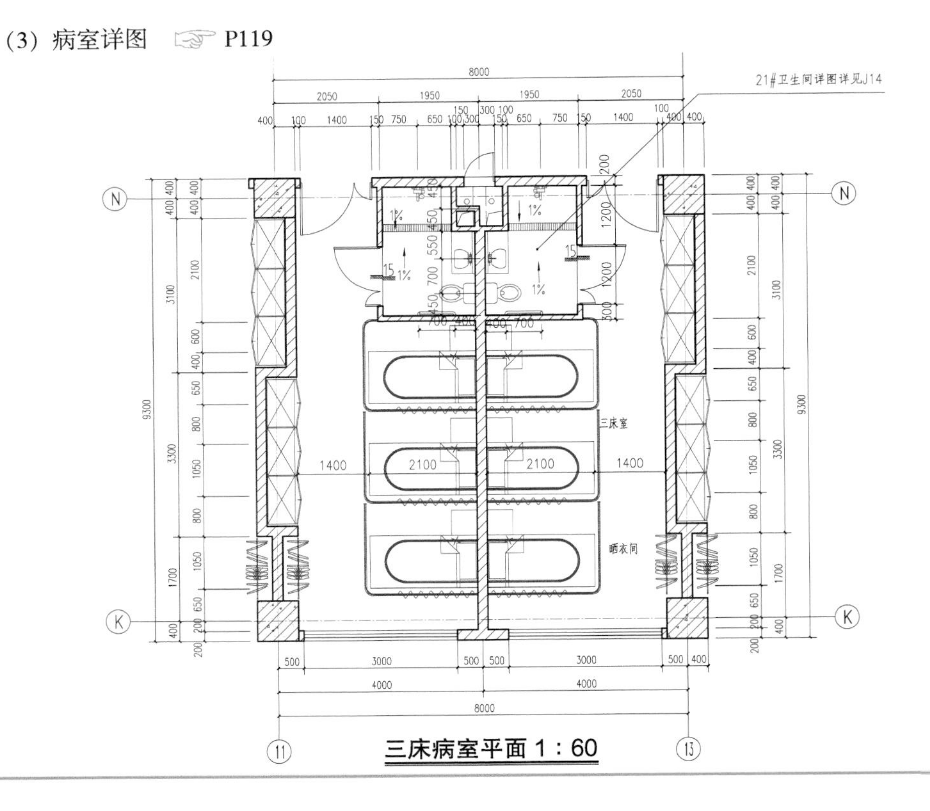

三床病室平面 1：60

（4）墙身详图 ☞ P155

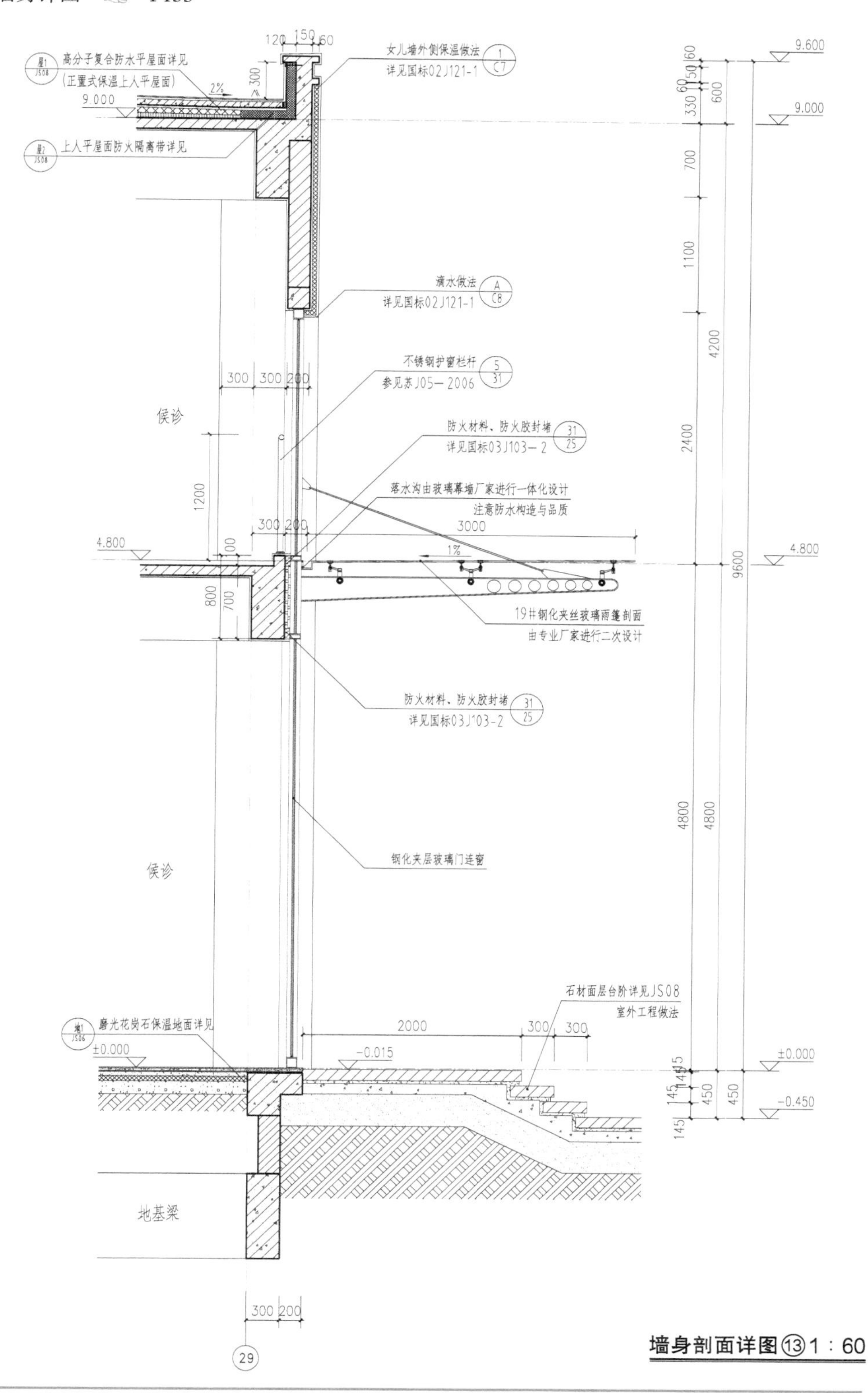

墙身剖面详图⑬1：60

(5) 节点详图

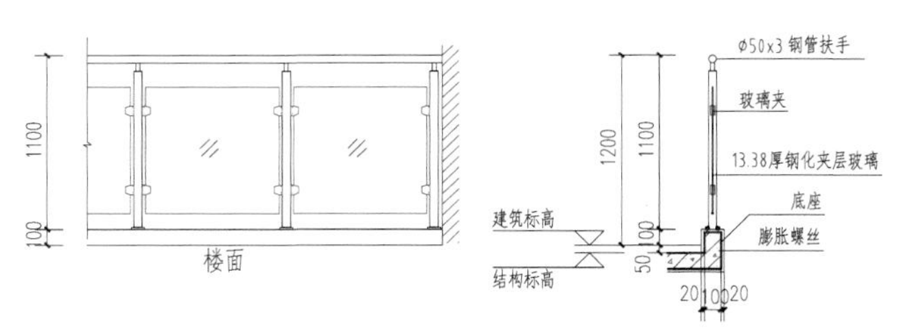

中庭栏杆立面 1∶30

中庭栏杆剖面 1∶30

(6) 雨篷详图

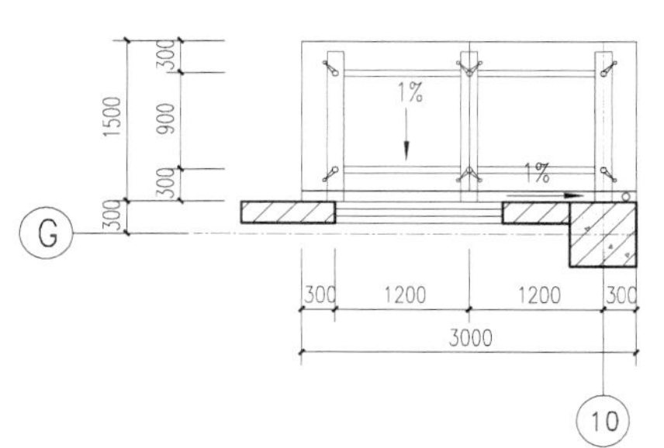

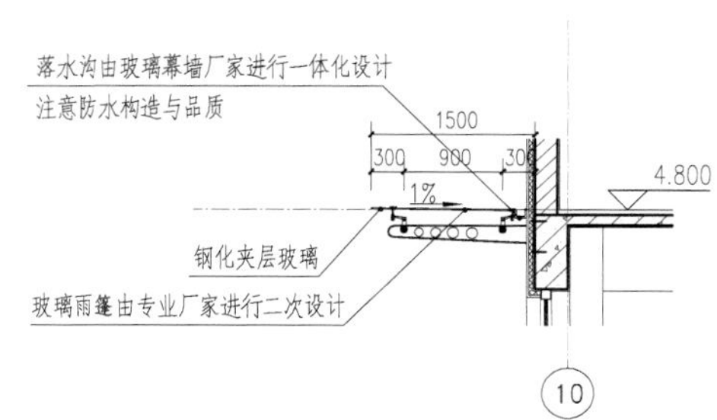

10# 雨篷详图 1∶50

10# 雨篷剖面 1∶50

(7) 门窗详图 ☞ P230

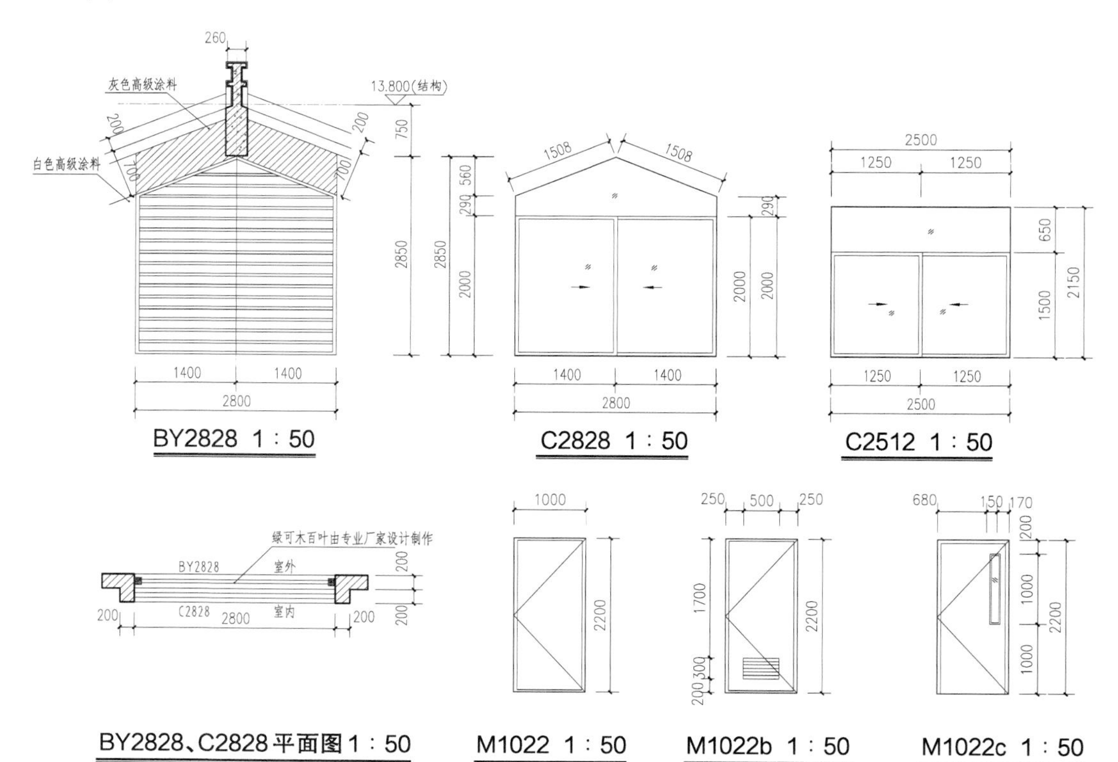

BY2828 1∶50

C2828 1∶50

C2512 1∶50

BY2828、C2828平面图 1∶50

M1022 1∶50

M1022b 1∶50

M1022c 1∶50

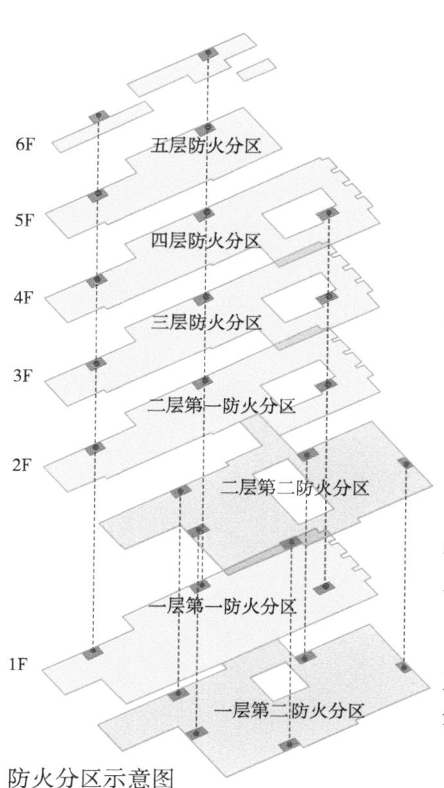

防火分区示意图

5）防火分区（☞ P77）

指在建筑内部采用防火墙、楼板及其他防火分隔设施分隔而成，能在一定时间内防止火灾向同一建筑的其余部分蔓延的局部空间。

6）封闭楼梯间与防烟楼梯间

（1）封闭楼梯间

指在楼梯间入口处设置门，以防止火灾的烟和热气进入的楼梯间。封闭楼梯间多用于多层建筑 。

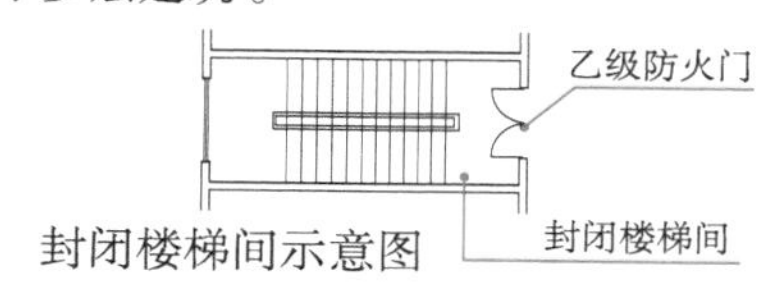

封闭楼梯间示意图

（2）防烟楼梯间

指在楼梯间入口处设置防烟的前室、开敞式阳台或凹廊(统称前室）等设施，且通向前室和楼梯间的门均为防火门，以防止火灾的烟和热气进入的楼梯间。

封闭楼梯间与防烟楼梯间的适用范围详见《全国民用建筑工程设计技术措施（2009）——规划・建筑・景观》"第二部分 表 8.3.4 各种疏散楼梯、楼梯间的适用范围"。

常见防烟楼电梯间形式如下：

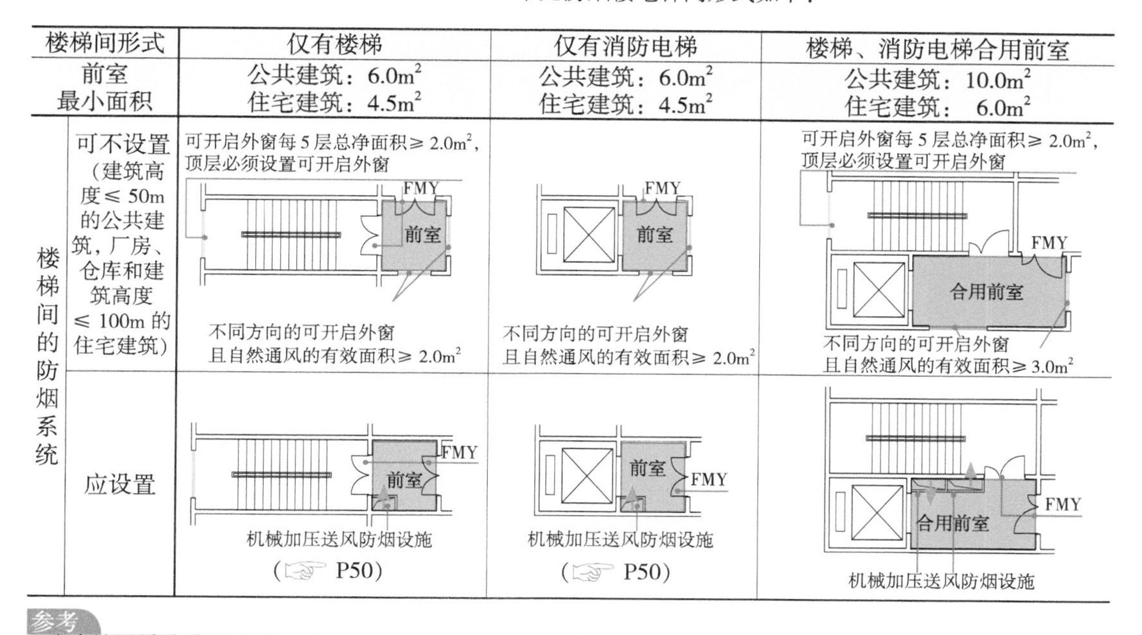

楼梯间形式		仅有楼梯	仅有消防电梯	楼梯、消防电梯合用前室
前室最小面积		公共建筑：$6.0m^2$ 住宅建筑：$4.5m^2$	公共建筑：$6.0m^2$ 住宅建筑：$4.5m^2$	公共建筑：$10.0m^2$ 住宅建筑：$6.0m^2$
楼梯间的防烟系统	可不设置（建筑高度≤50m的公共建筑，厂房、仓库和建筑高度≤100m的住宅建筑）	可开启外窗每5层总净面积≥$2.0m^2$，顶层必须设置可开启外窗 FMY 前室 不同方向的可开启外窗且自然通风的有效面积≥$2.0m^2$	FMY 前室 不同方向的可开启外窗且自然通风的有效面积≥$2.0m^2$	可开启外窗每5层总净面积≥$2.0m^2$，顶层必须设置可开启外窗 FMY 合用前室 不同方向的可开启外窗且自然通风的有效面积≥$3.0m^2$
	应设置	FMY 前室 机械加压送风防烟设施 （☞ P50）	前室 FMY 机械加压送风防烟设施 （☞ P50）	FMY 合用前室 机械加压送风防烟设施

参考

■《建筑设计防火规范》（GB 50016—2014）（2018 年版）"2.1.14" 至 "2.1.22"，"6.4.2" 至 "6.4.3"；

■《〈建筑设计防火规范〉图示》（18J811–1）"8.5.1"：建筑的下列场所或部位应设置防烟设施：防烟楼梯间及其前室；消防电梯间前室或合用前室；避难走道的前室、避难层 (间)。建筑高度不大于 50m 的公共建筑、厂房、仓库和建筑高度不大于 100m 的住宅建筑，当其防烟楼梯间的前室或合用前室符合下列条件之一时，楼梯间可不设置防烟系统：1）前室或合用前室采用敞开的阳台、凹廊；2）前室或合用前室具有不同朝向的可开启外窗，且可开启外窗的面积满足自然排烟口的面积要求。

2.2.2 结构

1) 结构设计的主要内容

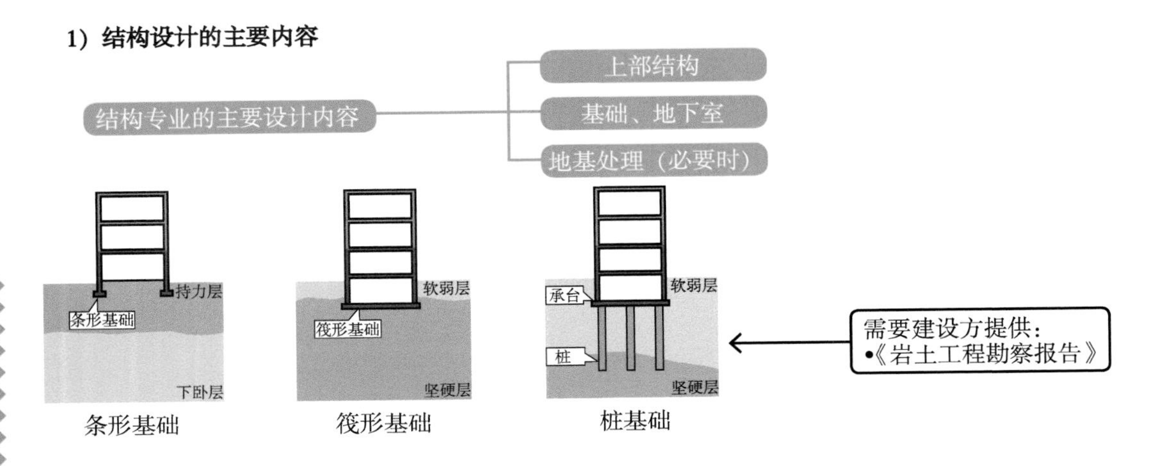

条形基础　　筏形基础　　桩基础

2) 荷载与作用

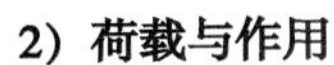

恒荷载　　活荷载　　雪荷载

本工程设置了两道变形缝，将建筑分为三个相对独立的单元。
（☞ P57）

为准确计算荷载，建筑师需向结构专业提供：表明建筑物各部分尺寸及功能的平面、立面及剖面图，墙体、墙体饰面、楼板、屋面板的材料及做法。

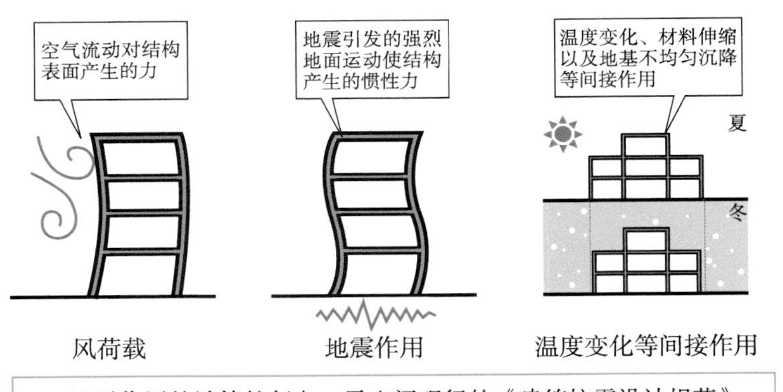

风荷载　　地震作用　　温度变化等间接作用

地震作用的计算较复杂，需查阅现行的《建筑抗震设计规范》。

3）建筑专业与结构专业的配合

注意事项

结构专业需依据房间功能确定活荷载，因此如果房间功能发生改变，要及时通知对方

建筑材料的选择会改变结构恒荷载，因此要尽早确定。以本工程为例，墙体材料采用了当地常用的190厚混凝土双排孔砌块；另外，放射线机房（☞P120）的墙体采用235厚砌块，防护机房顶棚采用200厚混凝土（ρ>2.35g/cm^3）。这些数据也要尽早提给对方

为确保实现建筑造型，应向结构专业提供表达梁的位置（柱外缘平齐、居中或柱内缘平齐）及立面做法的墙身详图

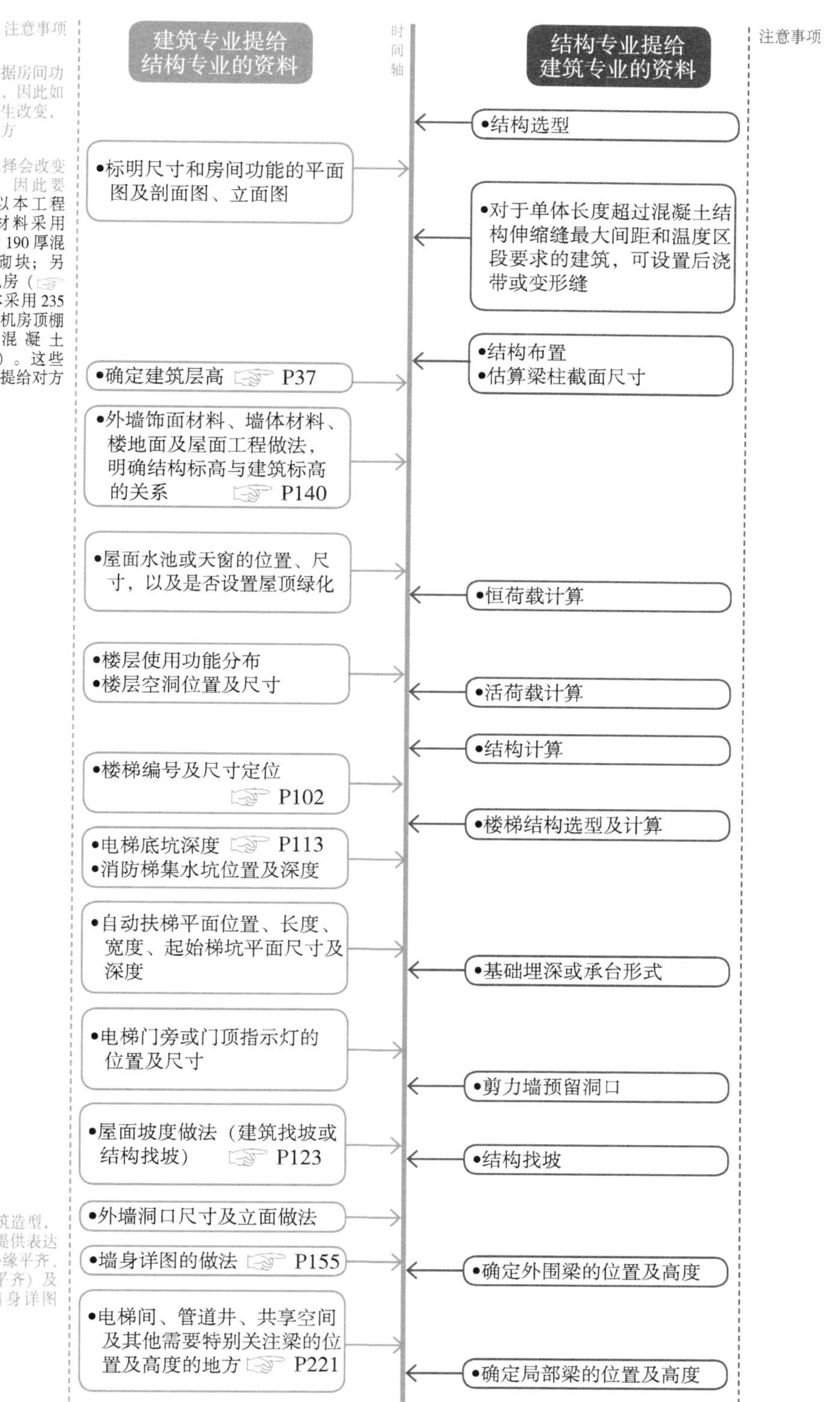

2.2.3　给水排水

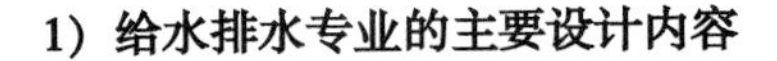

1) 给水排水专业的主要设计内容

需要甲方提供：
- 《建设项目环境影响报告的审批意见》
- 用地周边市政给水管网图
- 用地周边市政雨水管网图
- 用地周边市政污水管网图

本工程中给水排水专业的主要设计内容
- 室内给水、排水
- 消防系统
  - 火灾自动报警系统
  - 自动喷淋给水系统
  - 消火栓给水系统
  - 气体灭火系统（适用于不应用水灭火的房间，例如配电间、放射科机房、网络中心等设备用房）
  - 灭火设备
- 庭院给水、排水
- 热水系统

2) 室内给水、排水

（1）给水

本工程分两个区进行给水：

1 ～ 2 层为Ⅰ区，采用市政直供水；

3 ～ 5 层为Ⅱ区，采用变频水泵机组供水。

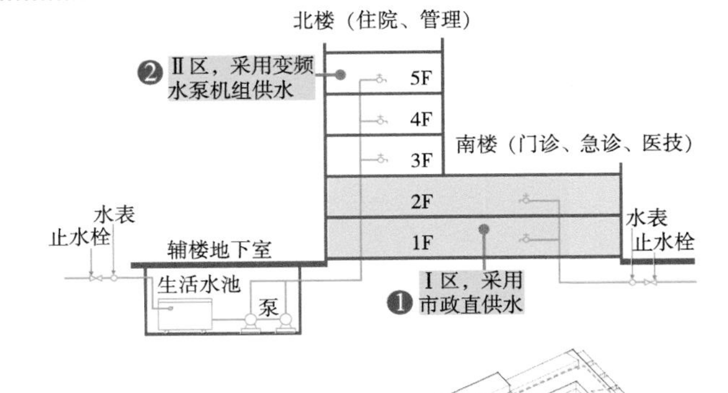

市政直供水❶：

优点：水不容易受到污染。

缺点：给水受市政给水管网水压变化的影响。

变频水泵机组供水❷：

水泵房内设置耐腐蚀的拼装不锈钢生活水箱 100m³。

优点：生活水池中存储的水通过变频水泵机组加压供水，水管内可保持稳定的水压。

缺点：停水时可利用贮水箱供水，但停电时水泵不工作，无法供水。

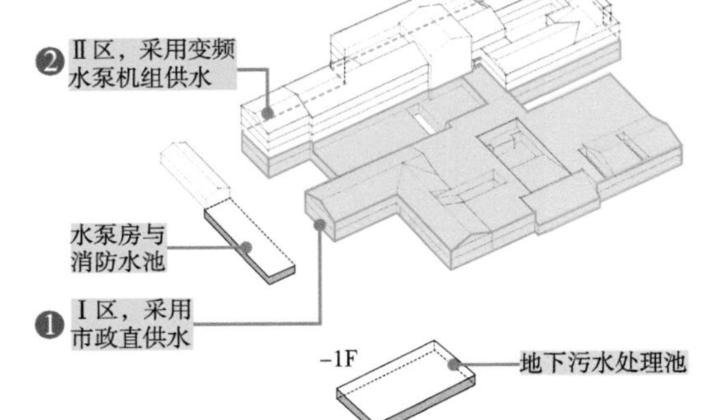

（2）排水

本工程的排水系统采用雨污分流方式。

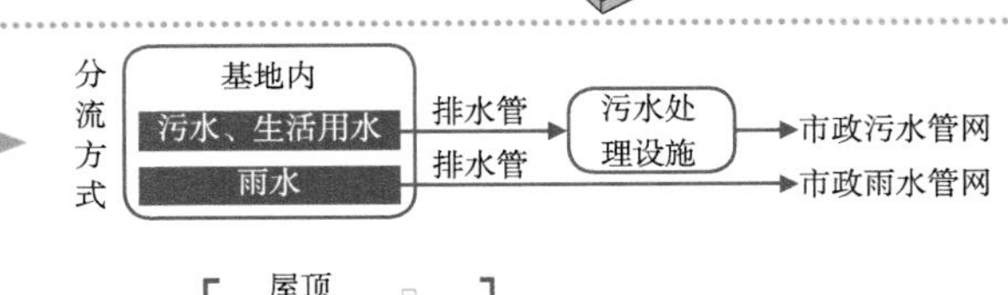

室内排水系统：

室内污水采用单立管排水系统❶；

雨水采用内落水方式❷。

室外排水系统：

采用雨污分流的排水方式，雨水汇集后就近排入市政雨水管网❸；

污水集中并处理达标后再就近排入市政污水管网❹；

厨房污水经隔油池处理后再排入市政污水管网。

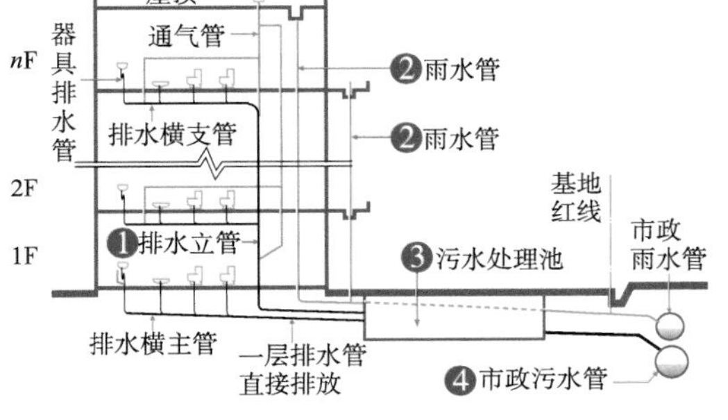

3）消防系统

消防系统一般包括：火灾自动报警系统、自动喷淋给水系统、消火栓给水系统、气体灭火系统以及灭火设备。

本工程采用临时高压消防给水系统。在辅楼地下水泵房设置可贮存一次火灾用水量的消防水池，在主体建筑顶层设置容积为 18m³ 的消防水箱与气压罐消防加压稳压设备。原理是：从市政给水管网中把水引入并存储在消防水池中，并通过水泵将顶层的消防水箱加满，利用重力向建筑物各部分供水。这样不仅容易满足火灾初期消防系统较大的水压及水量需求，顶层消防水箱中的水还可供停水或停电时使用。

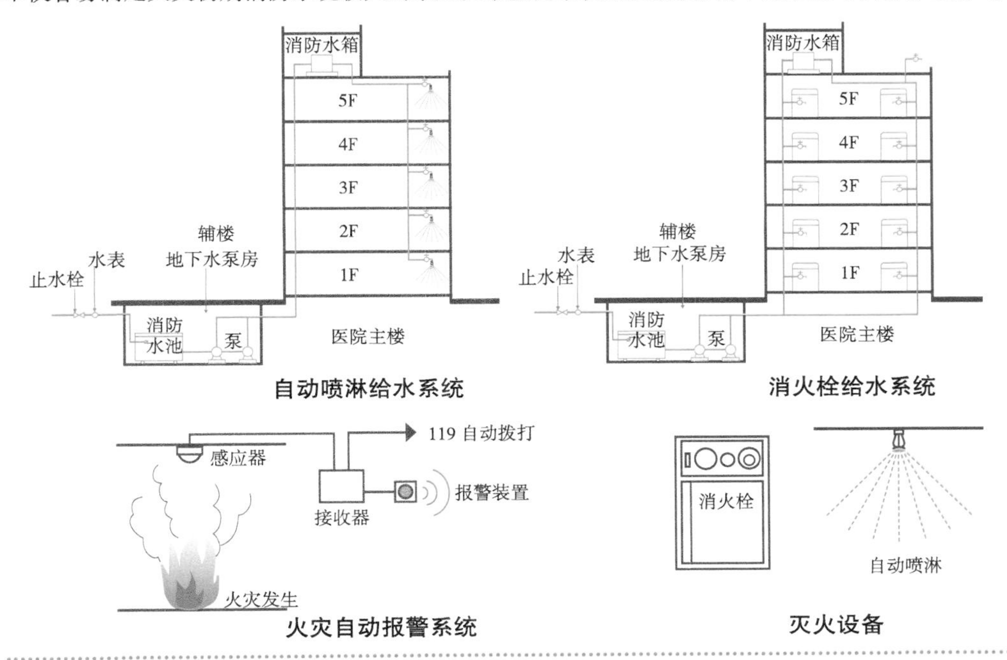

4）内庭院给水、排水

内庭院中常种植花草，设置给水龙头可方便浇灌。此外还需设置排水管道，以便雨天排水。

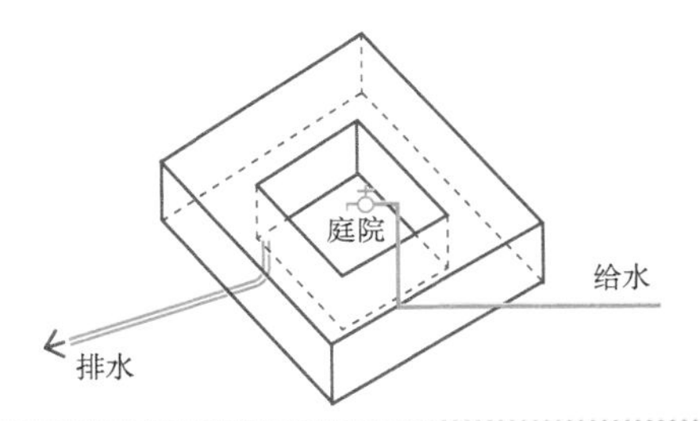

5）热水系统

本工程采用太阳能＋燃气辅助加热系统。

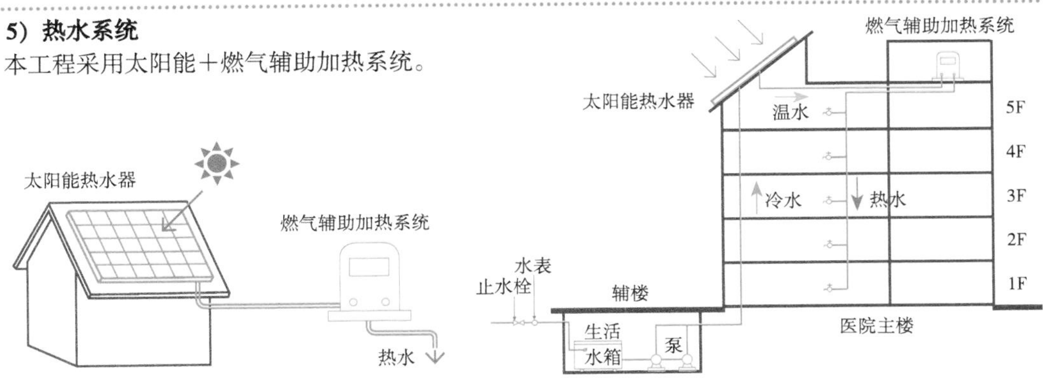

6）建筑专业与给水排水专业的配合

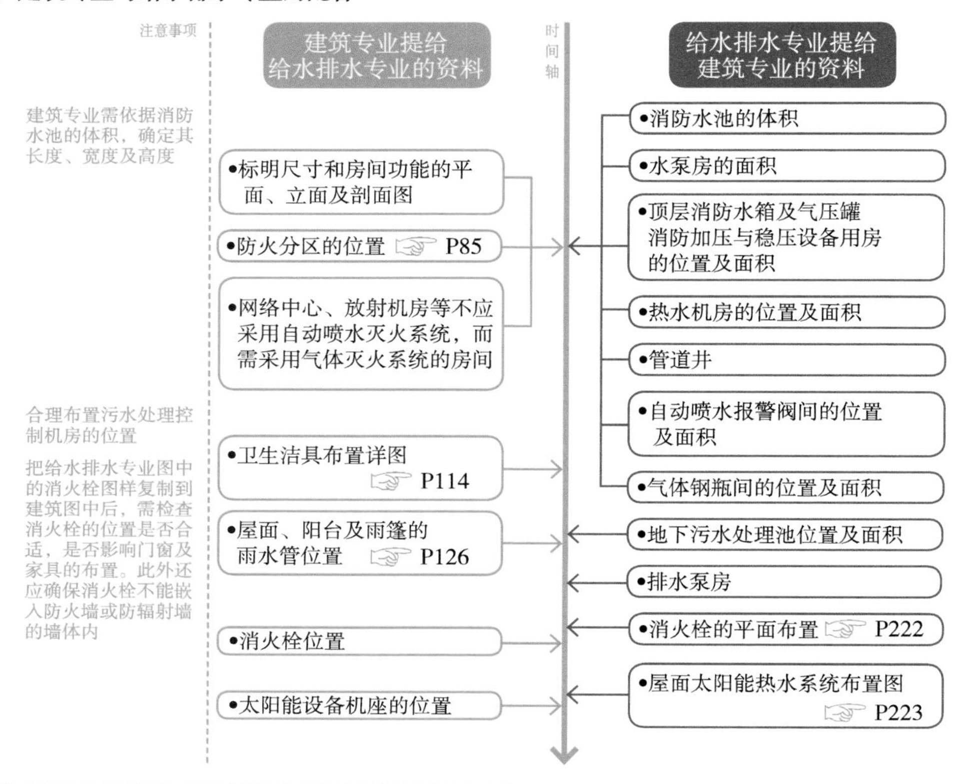

2.2.4 暖通

1）暖通专业的主要设计内容

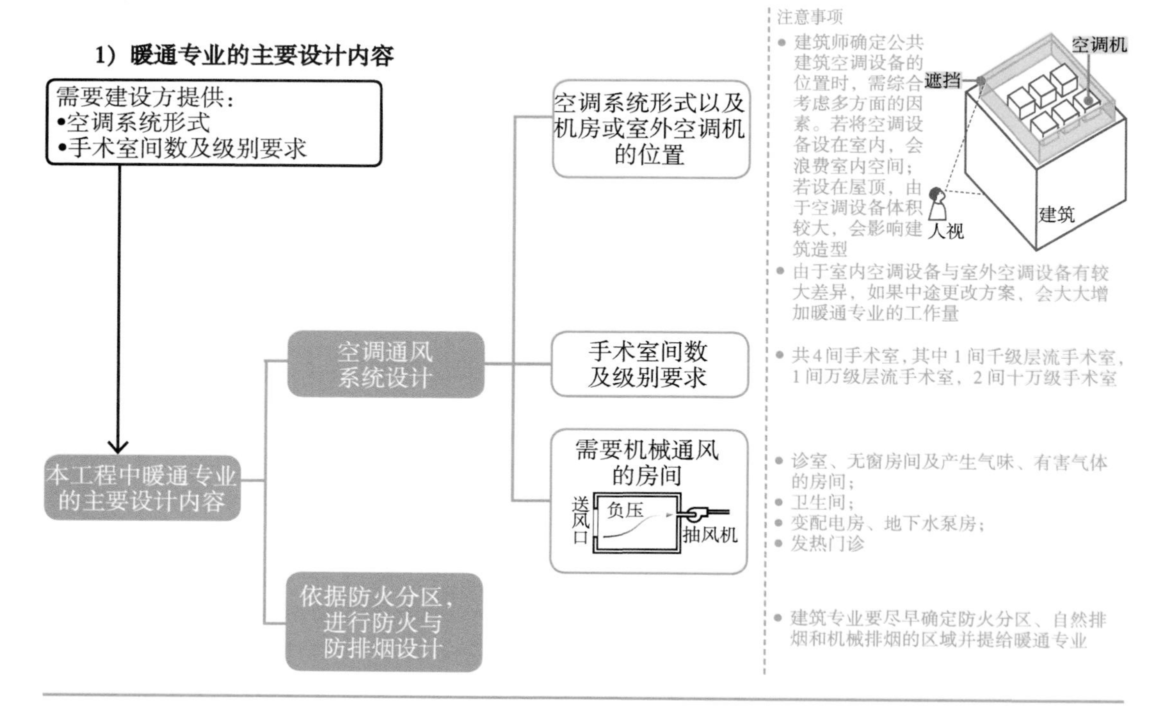

2）常用空调系统

空调系统通过将空气加热、冷却、加湿、除湿，以及净化处理等手段，达到调节室内空气环境的目的。常用的空调系统可分为：集中式、分层式、分区式等几种类型。

（1）集中式

适用于大型建筑，例如五星级酒店。

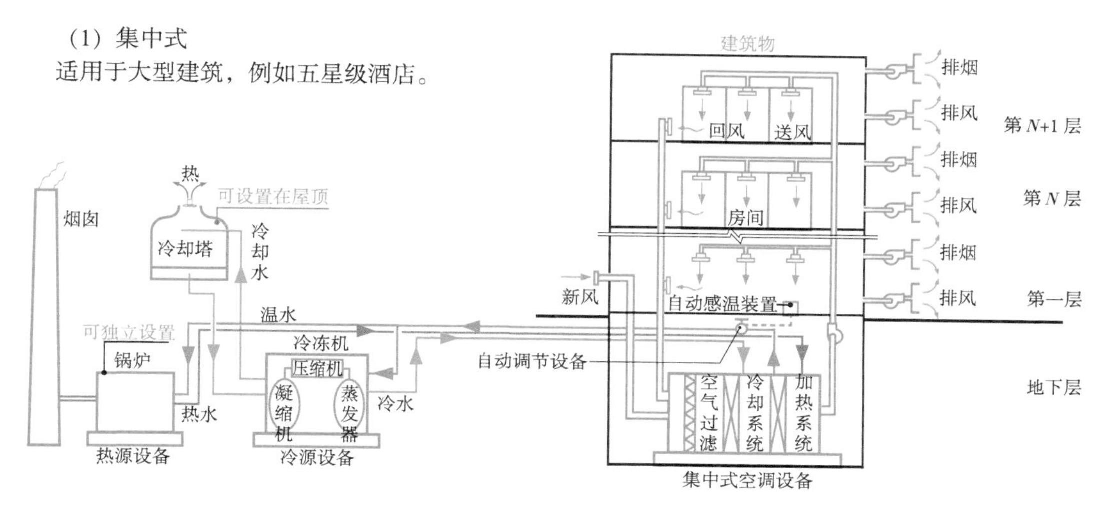

（2）分层式

将冷水或热水通过管道流向各层的空调机组来对空气进行加热或制冷。优点是每层均能单独控制室温，缺点是每层都必须设置空调机房。适用于分层出租的办公楼。

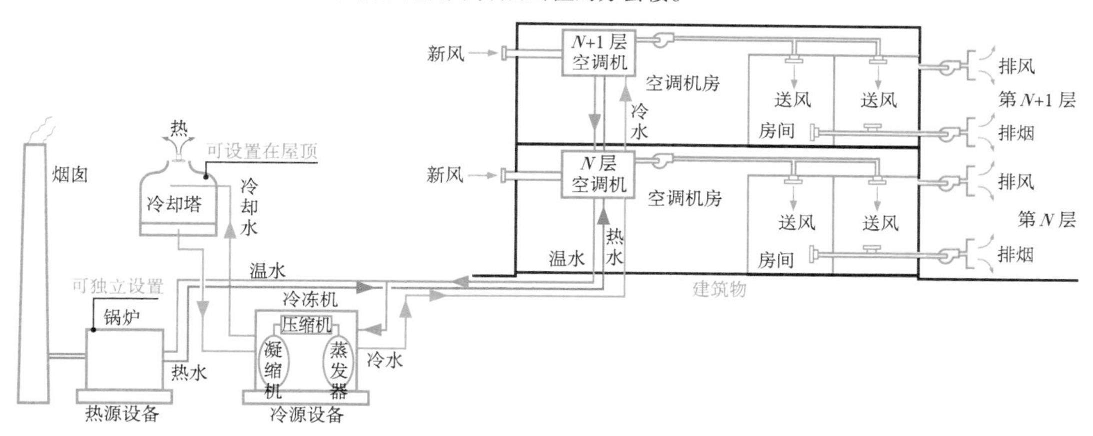

（3）分区式

常采用VRV（Variable Refrigerant Volume）多联分体式。

•一台室外机连接若干台室内机，每台室内机都可以单独控制温度，因此VRV空调系统的舒适度较高。

•由于可以分区域设置室外机，适用于24h运营的医院门诊部、输液室等区域的室外机在不用时可以完全关闭，因此VRV空调系统的节能效果显著。

•室内机与室外机之间用冷媒管连接。

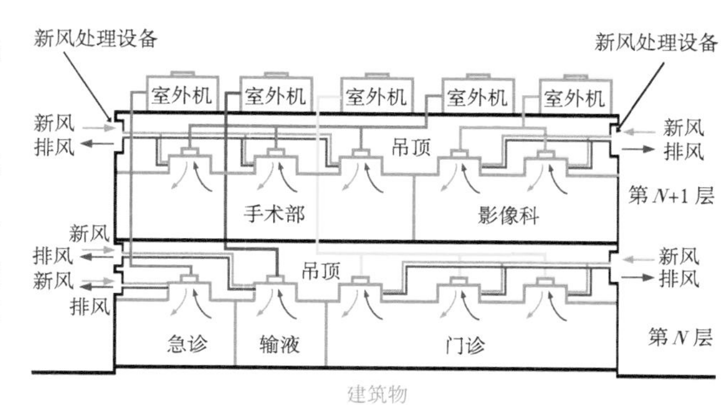

3）防排烟设计

建筑物必须具备一定的防排烟功能，以确保火灾发生时人员能安全疏散。为此，通常在建筑物的顶棚、吊顶处用挡烟垂壁将内部空间分隔成若干个具有一定蓄烟能力的防烟分区，并采用相应的排烟系统。

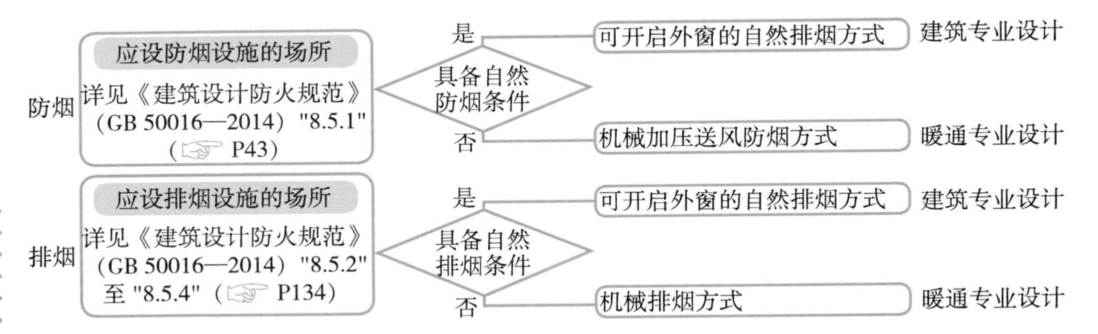

如下图所示，排烟系统分为自然排烟系统与机械排烟系统两类。采用自然排烟系统时，建筑专业必须验算外窗有效开启面积（☞ P134）。机械排烟系统又可分为吸引式排烟与加压式排烟两种，均须暖通专业设计。

自然排烟

• 自然排烟

打开外墙上部的排烟窗口，利用烟的浮力排烟

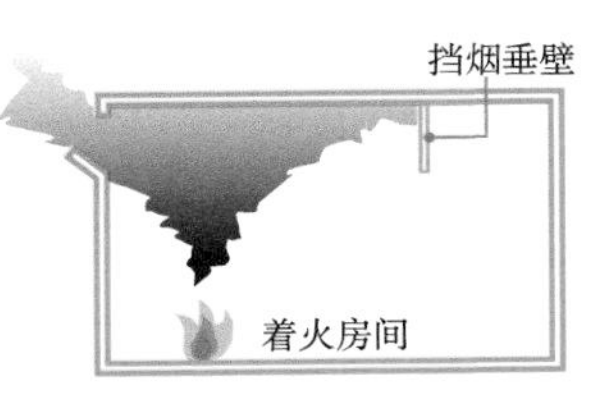

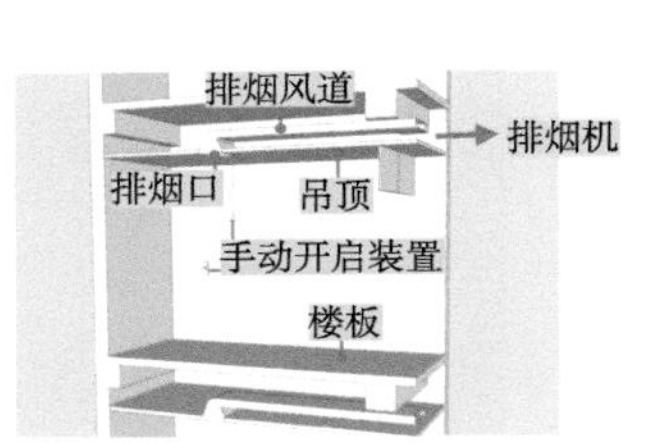

机械排烟

• 吸引式排烟

利用排烟机将烟排出室外时，可通过窗户补充新鲜空气。由于着火房间的压力较小，烟不会流向其他房间

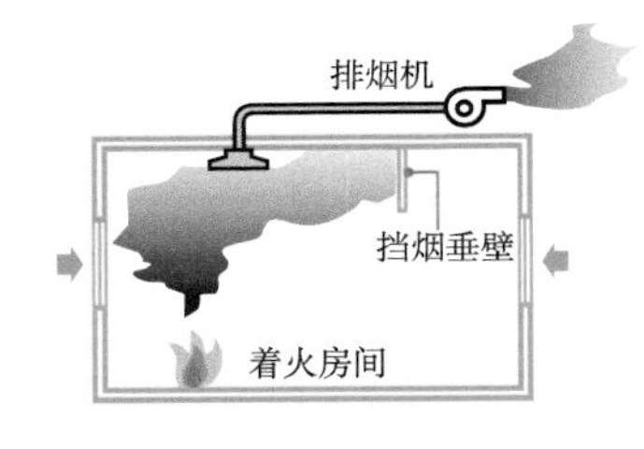

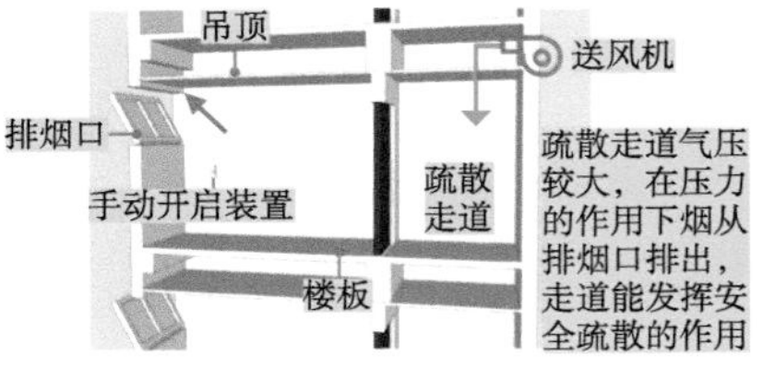

• 加压式排烟

利用送风机将新鲜空气送入室内，并通过窗户或排烟口将烟排出室外。消防楼梯多采用这种方式

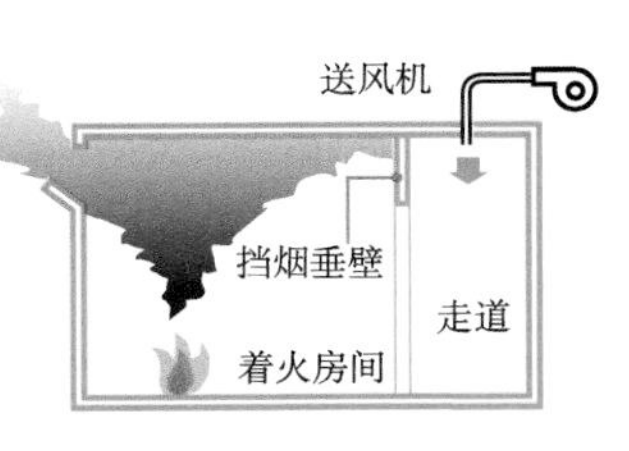

■ 本工程中使用的排烟方式：一层第二防火分区采用自然排烟，其他防火分区采用机械排烟。

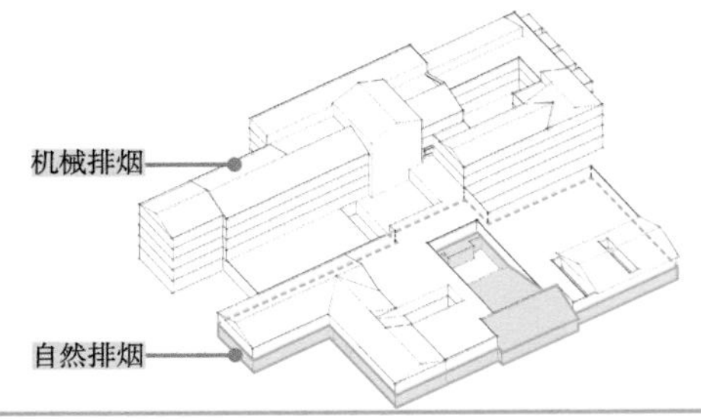

4）建筑专业与暖通专业的配合

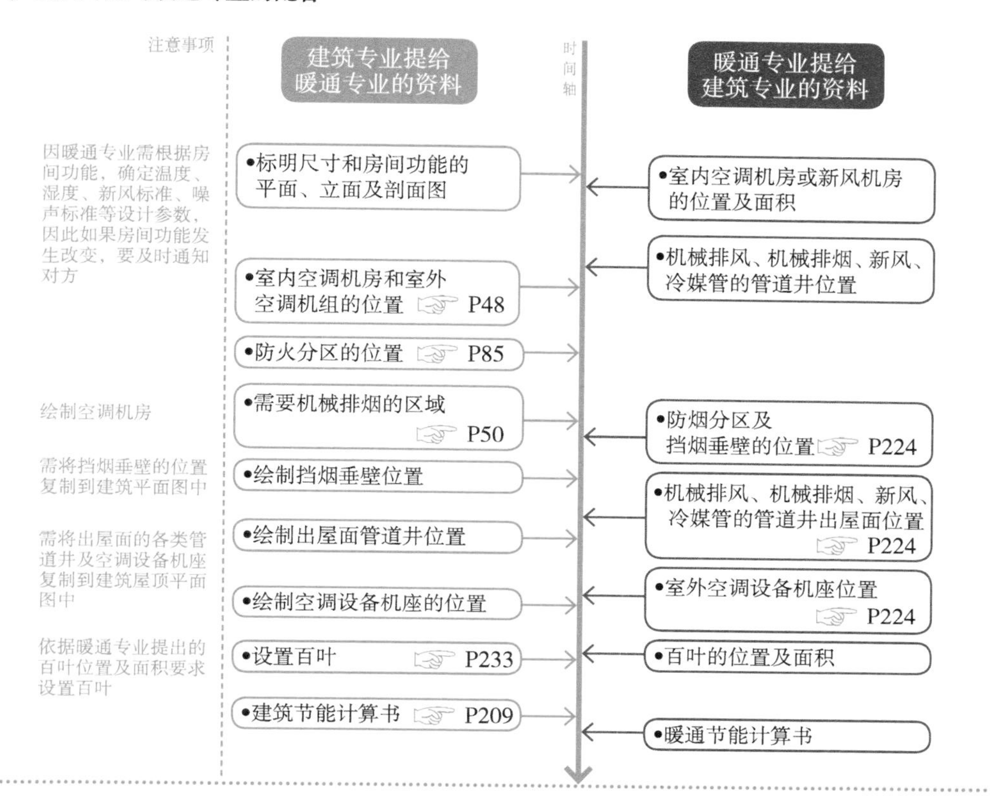

2.2.5 电气

1）电气设计的主要内容

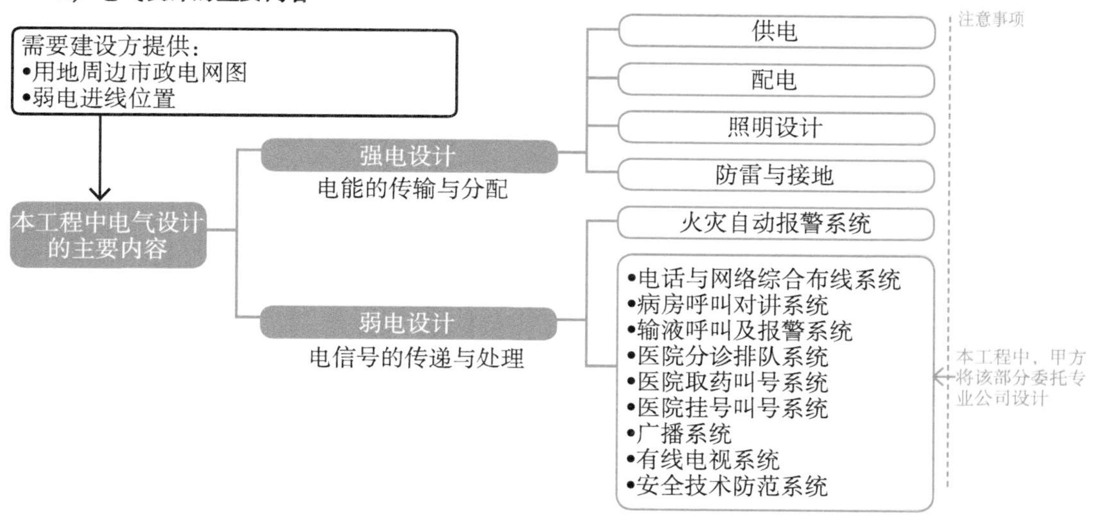

2）变电与配电

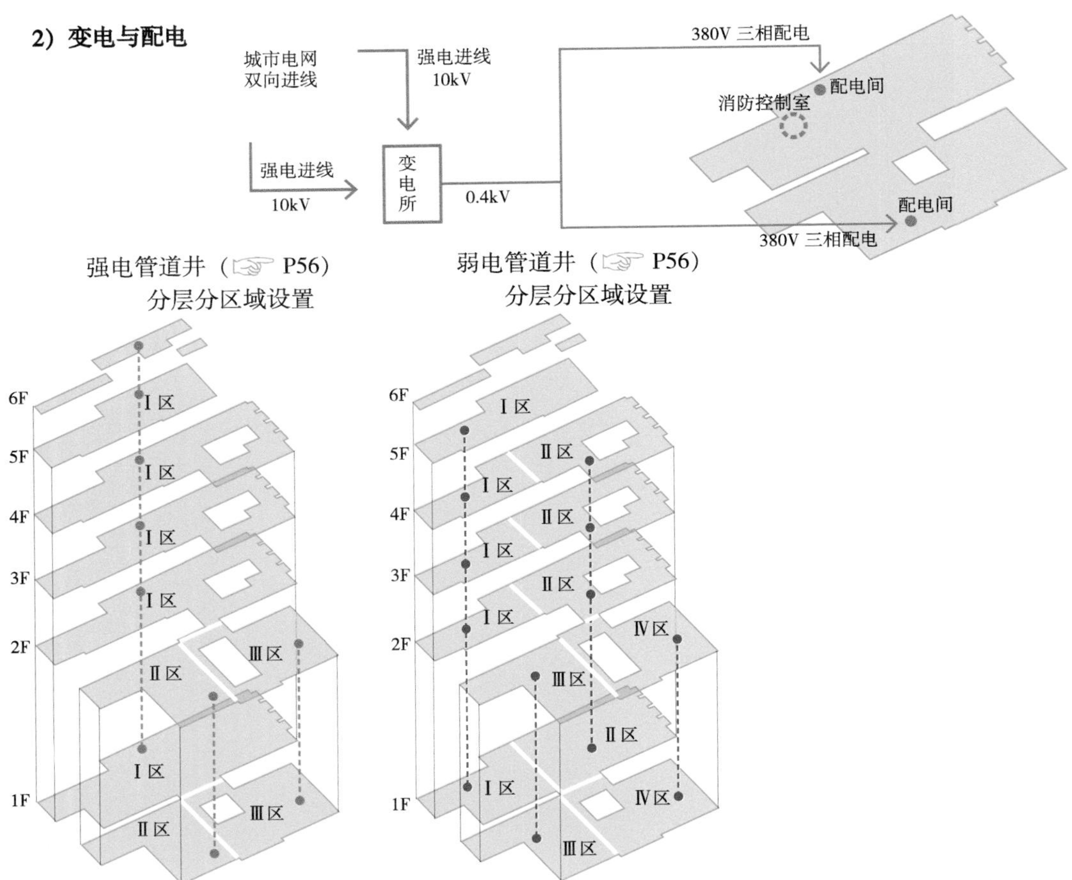

3）防雷与接地

本工程为第二类防雷建筑物。防雷措施包括：

（1）利用在屋顶安装的避雷针及在屋脊、屋檐等易受雷击的部位敷设的扁钢共同组成接闪器；

（2）利用柱及基础中的钢筋作引下线与接地装置。

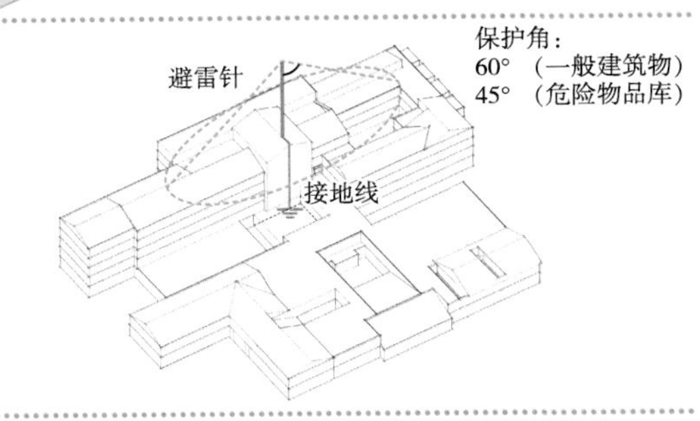

4）建筑专业与电气专业的配合

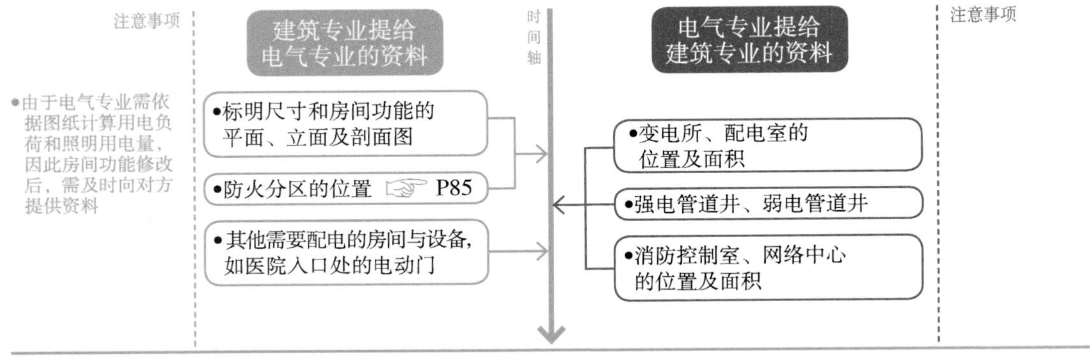

2.3 设备用房

2.3.1 设计内容

经与其他各专业协商后，建筑专业需将对方提供的下列内容绘制到建筑施工图中。

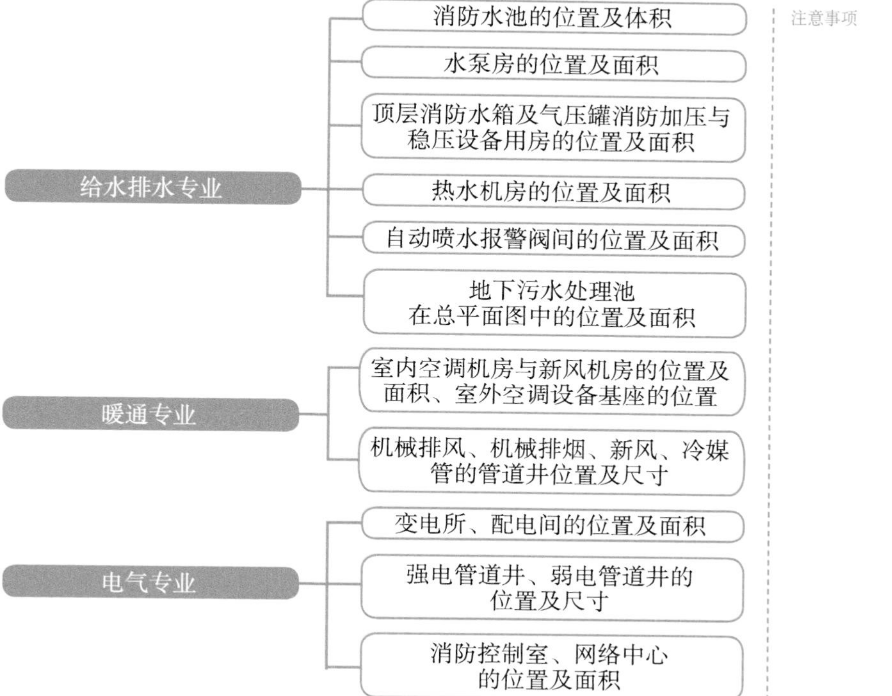

注意事项

2.3.2 给水排水

1）消防水池与水泵房

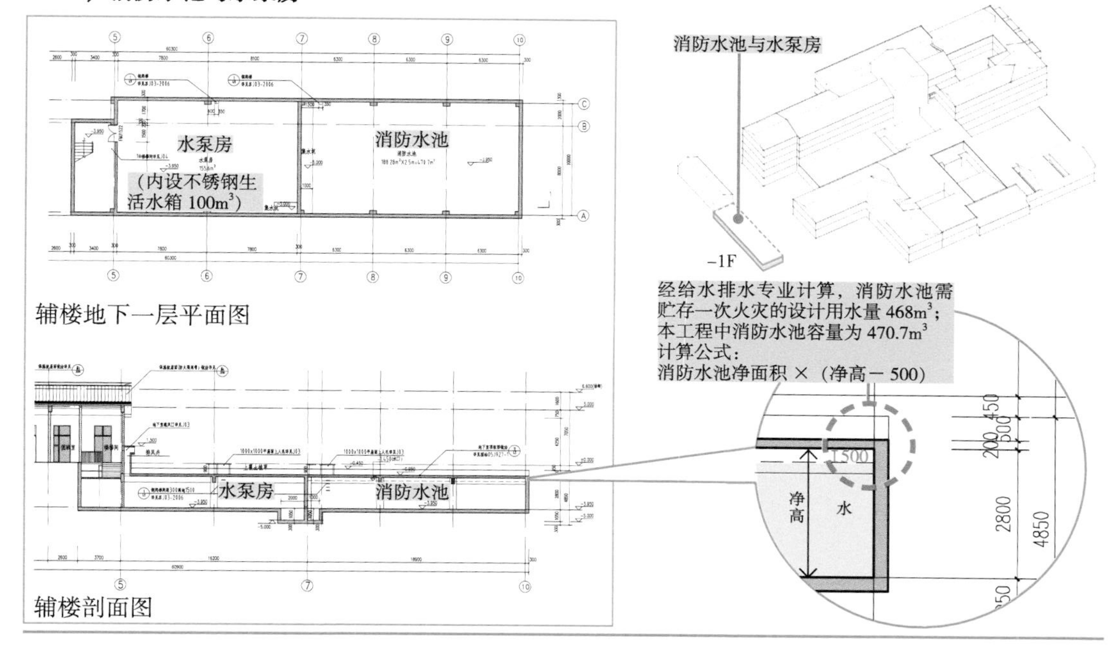

辅楼地下一层平面图

辅楼剖面图

2）热水机房与消防水箱用房

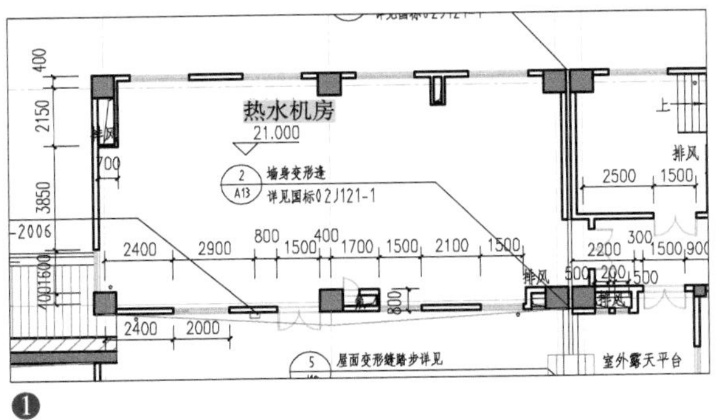

❶

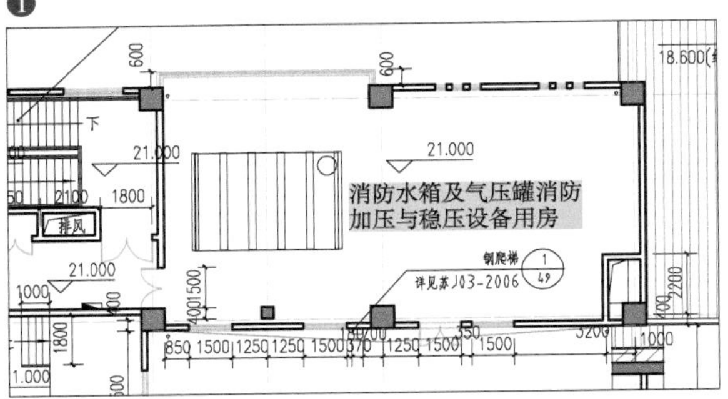

❷　北楼六层平面

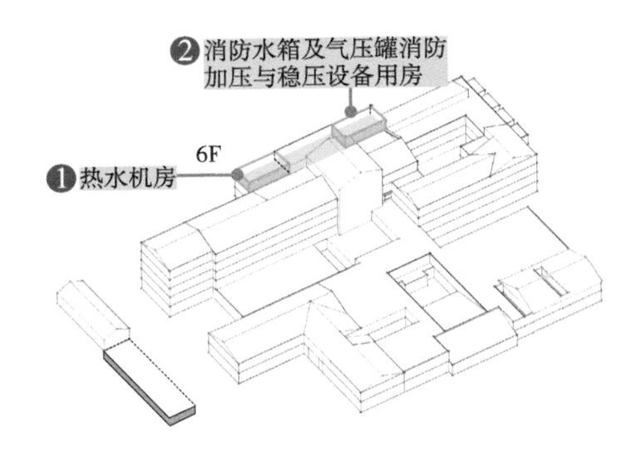

3）自动喷水报警阀间

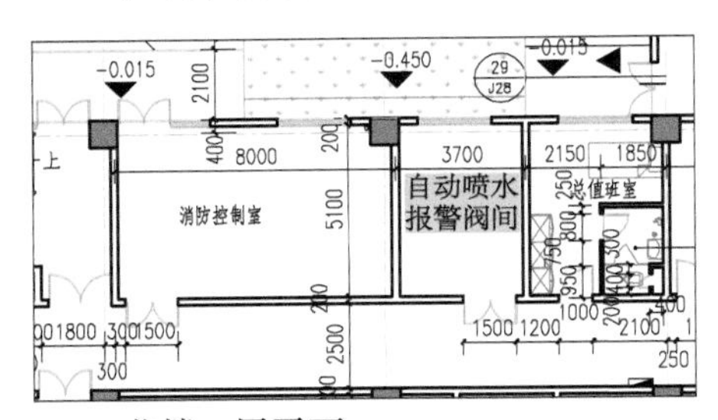

北楼一层平面

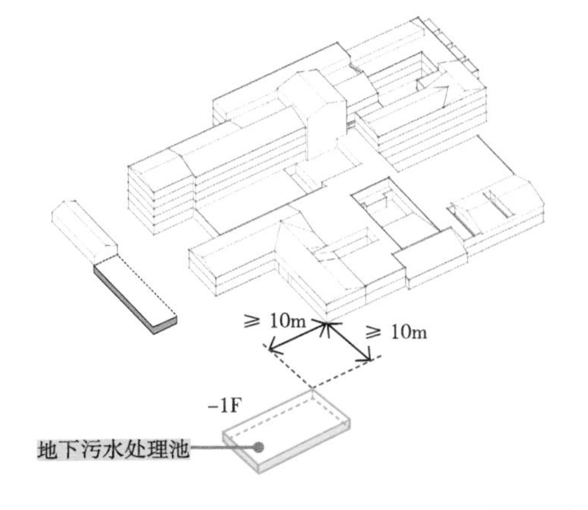

4）地下污水处理池

2.3.3 暖通

1）风机房

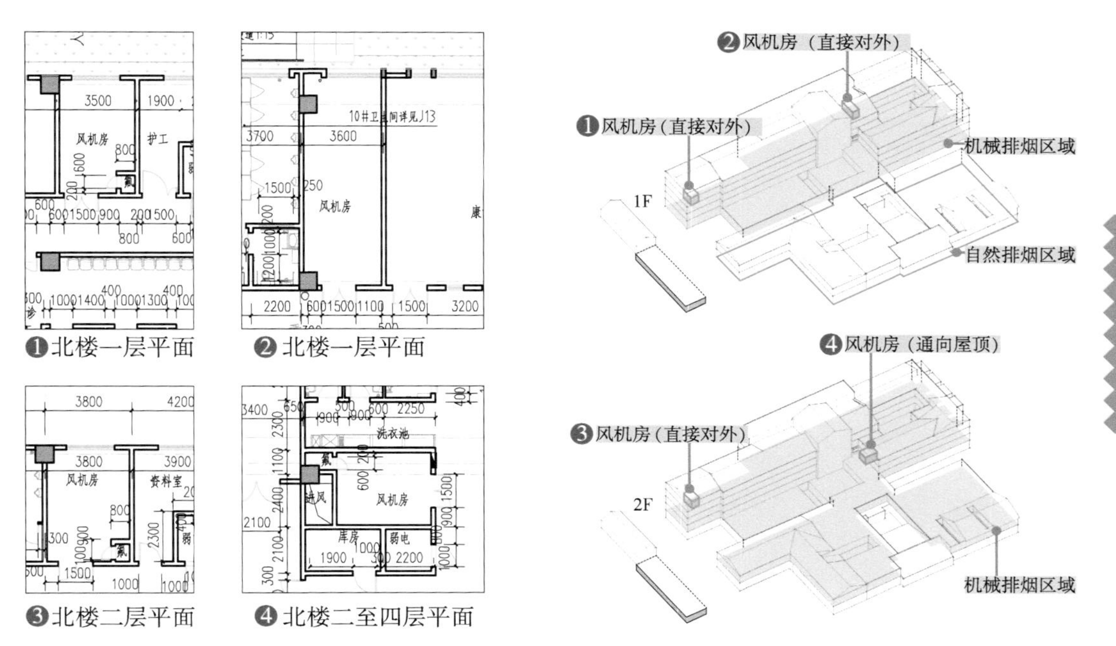

❶北楼一层平面 ❷北楼一层平面 ❸北楼二层平面 ❹北楼二至四层平面

2）机械排风、排烟、新风、冷媒管的管道井

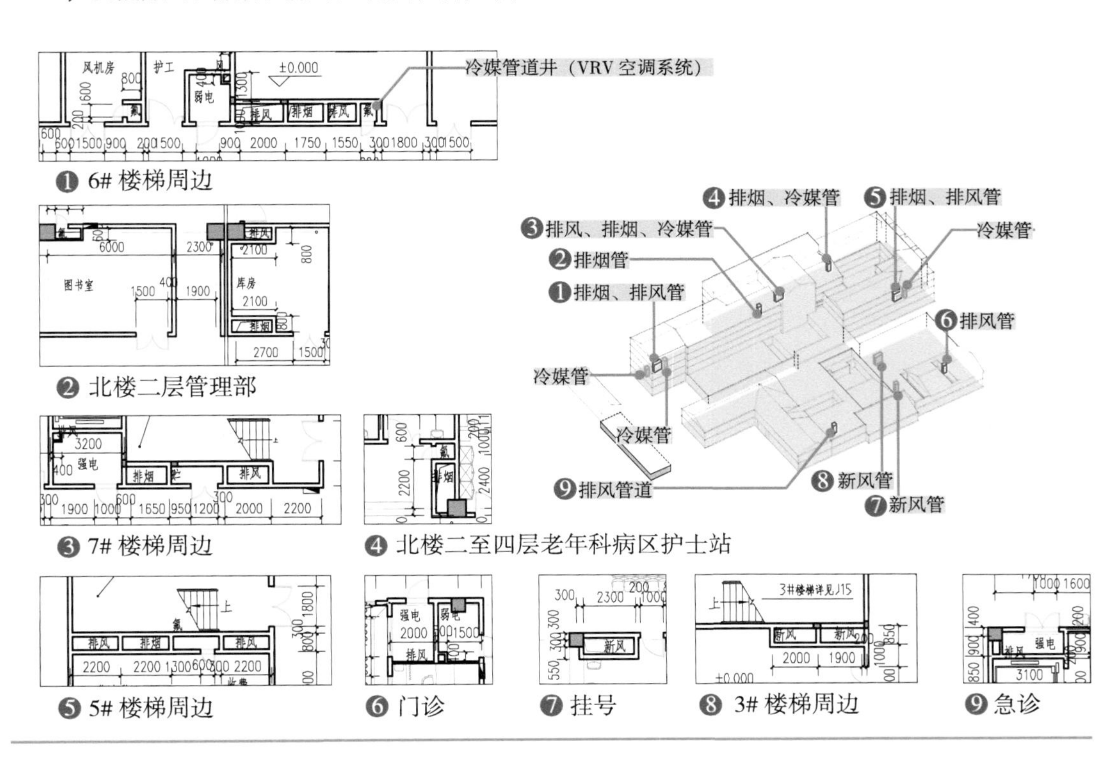

❶ 6# 楼梯周边
❷ 北楼二层管理部
❸ 7# 楼梯周边
❹ 北楼二至四层老年科病区护士站
❺ 5# 楼梯周边
❻ 门诊
❼ 挂号
❽ 3# 楼梯周边
❾ 急诊

2.3.4 电气

1）变电所与配电间

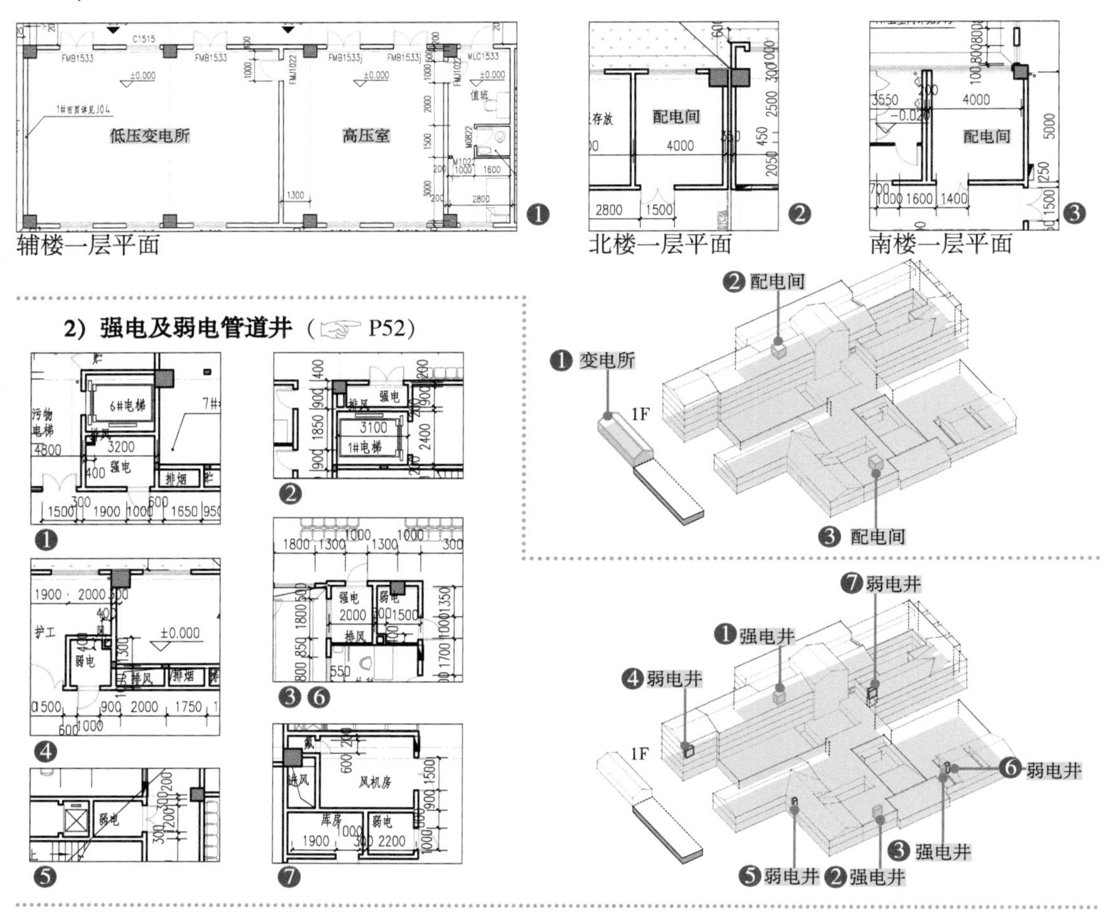

3）消防控制室与网络中心

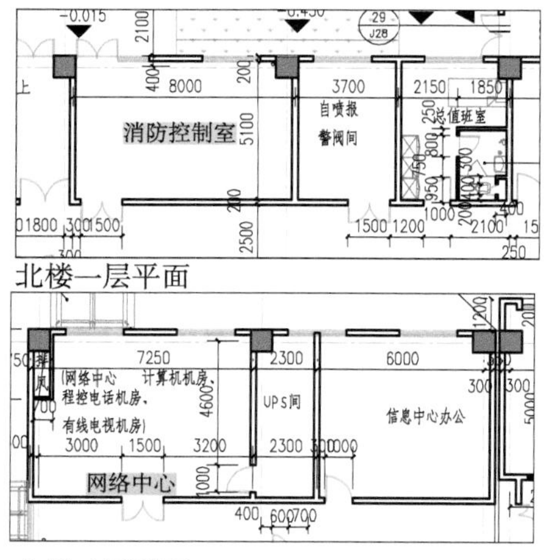

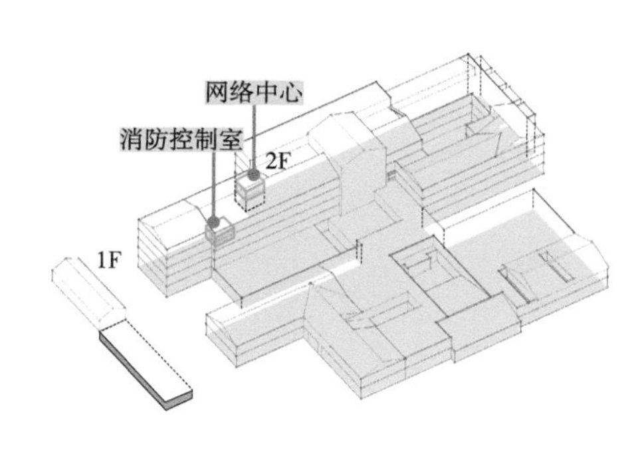

北楼二层平面

2.4 变形缝

2.4.1 基本概念

为防止温度变化、地基不均匀沉降以及地震等原因影响建筑物的安全或正常使用，设计时需预先在变形的敏感部位设置变形缝，将建筑物断开，使各部分成为相对独立的单元。所设的变形缝需保证建筑物有足够的变形空间。通常有以下三种变形缝：

变形缝

1）伸缩缝（温度缝）

当温度变化可能导致建筑构件产生较大的伸缩变形时，可在适当部位设置伸缩缝，自基础以上将建筑物的墙体、楼板、屋顶等构件断开，而基础可不断开。

2）沉降缝

当地基可能产生较大的不均匀沉降，从而导致在结构中产生过大的附加应力时，需在适当部位设置沉降缝，使各部分的沉降趋于均匀。沉降缝处基础必须断开。

3）防震缝

将体形复杂的建筑物通过防震缝分为简单、规则的防震单元，可避免地震作用下，因结构的质量与刚度分布不均匀而产生破坏。防震缝处基础可断开也可不断开；但防震缝需有足够的宽度，来防止相邻的防震单元因地震作用而发生相互碰撞。

注意 • 许多建筑物中，常对这三种变形缝进行综合处理，即所谓的"三缝合一"。但需注意：由于对基础断开与否的要求不同，沉降缝可兼作伸缩缝，但伸缩缝不可兼作防震缝；此外，因对缝宽也有不同的规定；在地震区，所有变形缝均需满足防震缝的要求。

2.4.2 本工程中变形缝的设置方法（☞ P44）

1）双柱方式

2）悬挑梁方式

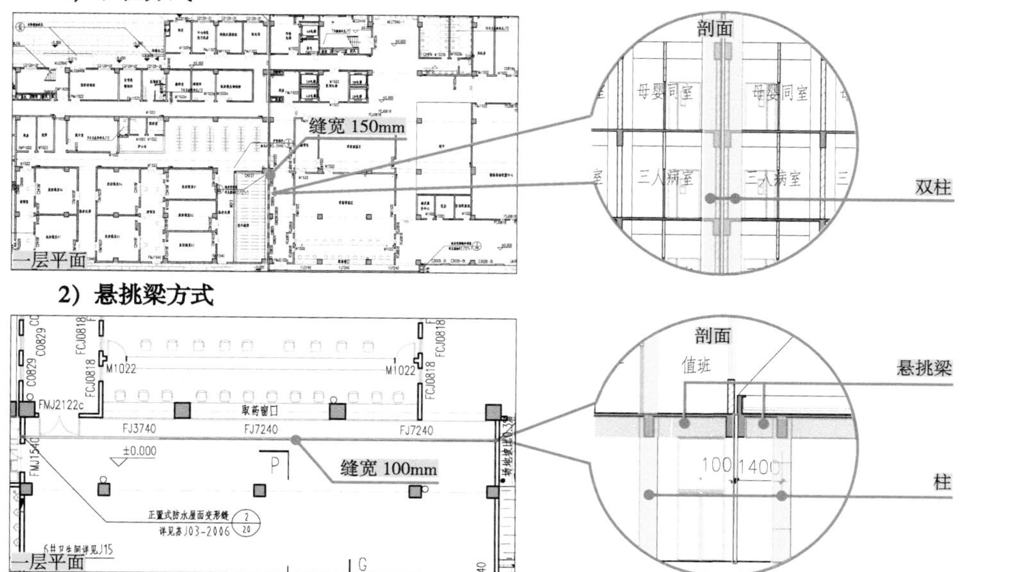

2.4.3 工程做法及索引

按所在位置，变形缝又可分为墙身变形缝 、屋面变形缝及楼地面变形缝三类，下面分别介绍其工程做法。

1）墙身变形缝

本工程中墙身变形缝有以下两种形式：

（1）变形缝两侧墙体 "L" 形相接，详见《外墙外保温建筑构造（一）》(02J 121—1-4/A13) ❶；

（2）变形缝两侧墙体平接，详见《外墙外保温建筑构造（一）》(02J 121—1-3/A13) ❷。

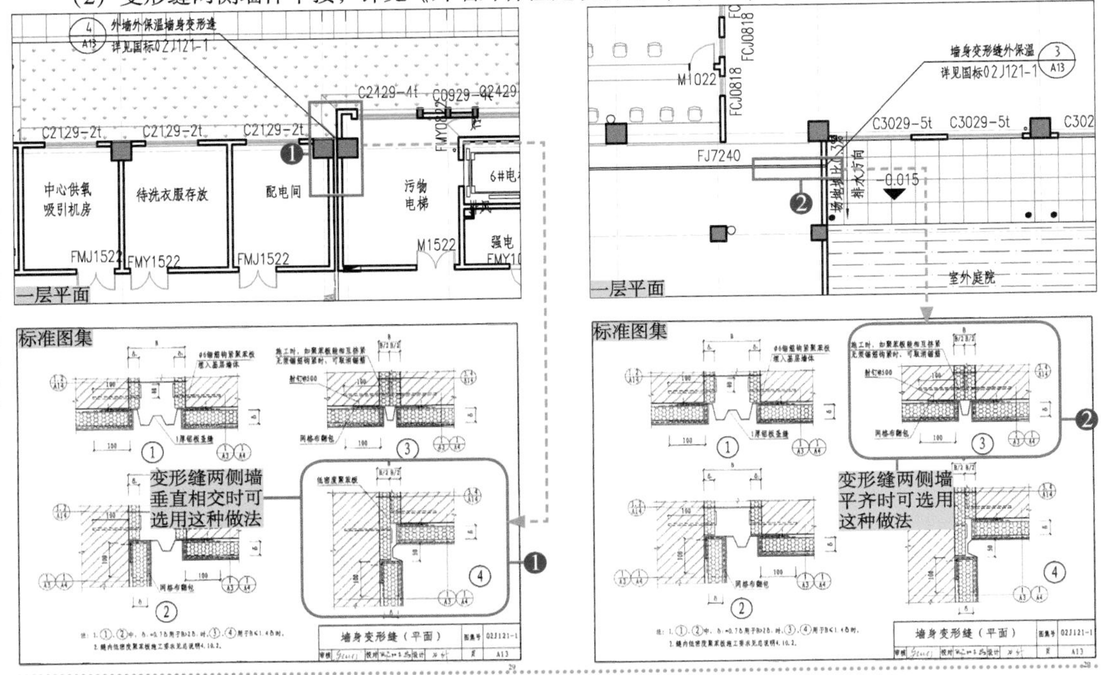

2）屋面变形缝

本工程中屋面变形缝有以下两种形式：

（1）变形缝两侧屋面有高差，详见《平屋面建筑构造》（苏 J 03—2006-2/20）❶；

（2）变形缝两侧屋面没有高差，详见《平屋面建筑构造》(苏 J 03—2006-3/20) ❷。

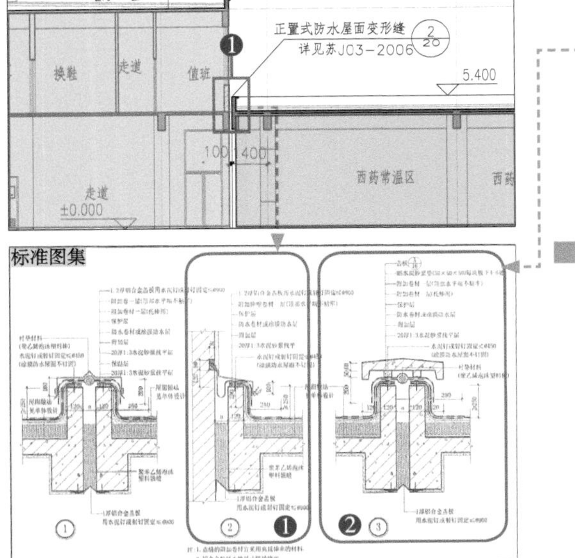

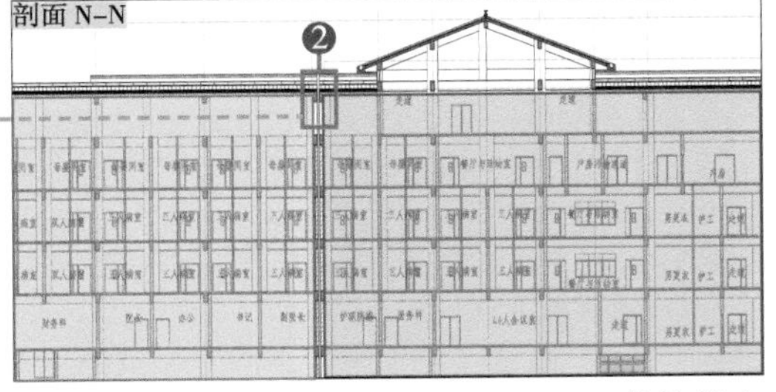

本工程采用正置式二级防水保温屋面。若将憎水性保温材料置于防水层之上,则称为倒置式屋面。倒置式屋面的防水层受到保护，加之构造简单、施工方便、耐久性好，故曾得到广泛应用。但现行规范要求增加保温层厚度 25% 并将防水等级提高至一级，详见《倒置式屋面工程技术规程》（JGJ 230—2010）。

参考

■由于本工程位于江苏省，因此屋面变形缝的做法选用江苏省标准图集《平屋面建筑构造》（苏 J 03—2006）。

3）楼地面变形缝

本工程中楼地面变形缝有以下两种形式：

（1）变形缝两侧楼地面没有高差，详见《变形缝建筑构造（三）》（04CJ 01—3–1/6）❶；

（2）变形缝一侧为楼地面，另一侧为墙体，详见《平屋顶建筑构造》（苏 J03—2006–2/6）❷。

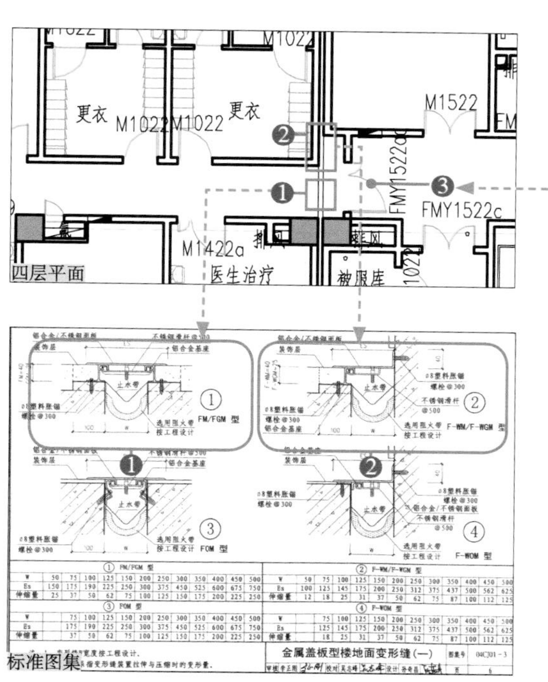

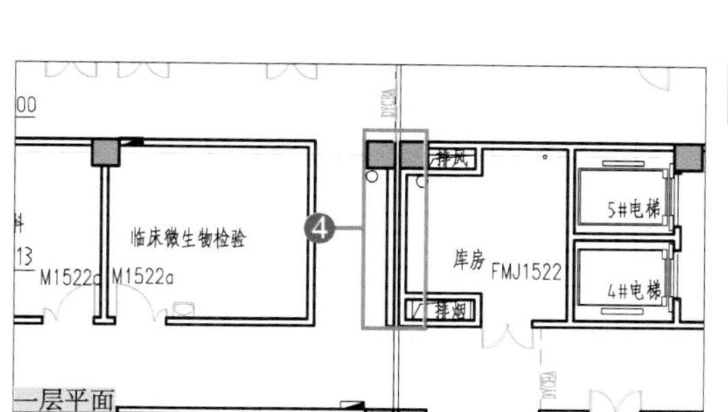

- 门的开启不能跨越变形缝，否则变形缝的变形容易导致门无法正常开启或关闭❸。
- 若需要在变形缝处砌墙时，宜在变形缝两侧各砌一道❹。若只砌一道墙，看似扩大了空间，但容易造成装修裂缝，屋面、墙面漏水，地面开裂等隐患。

4）变形缝的索引

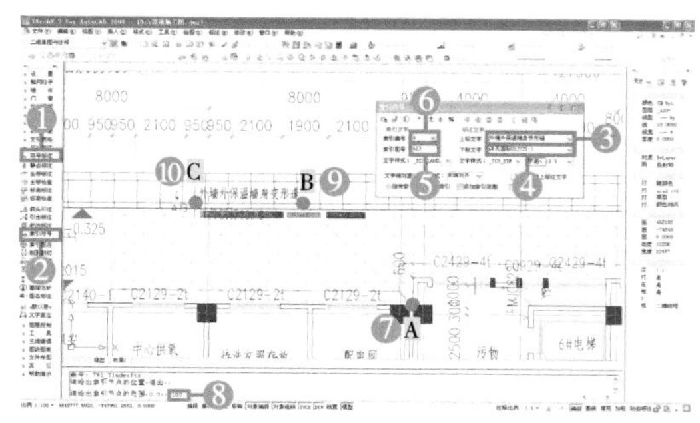

❶ 单击 [符号标注]，展开菜单

❷ 选择 [索引符号]，弹出 [索引符号] 对话框

❸ 输入上标注文字，如 " 外墙外保温墙身变形缝 "

❹ 输入下标注文字，如 " 详见国标 02J121—1"

❺ 输入索引图号 "A13"，表示在图集中第 A13 页

❻ 输入索引编号 "4"，表示第 4 号详图

❼ 单击 A 点，指示索引对象

❽ 确定索引节点的范围，在命令栏输入 "100"，按 Enter 键或 Space 键，绘制半径为 100mm 的圆

❾ 单击 B 点，确定索引线转折点位置

❿ 单击 C 点，确定文字索引号位置，单击右键退出，对话框关闭

2.5　轴线及标注

2.5.1　绘制轴网

• 设置好变形缝后，接下来标注轴号与尺寸。绘图过程中一般会经历多次修改，因而图上常留有多余轴线，或相同位置有轴线重复，部分轴线还可能画斜。此时若直接使用天正软件标注轴号与尺寸，就容易出错。为此，本书建议先删去图上所有轴线，然后重新绘制轴网。

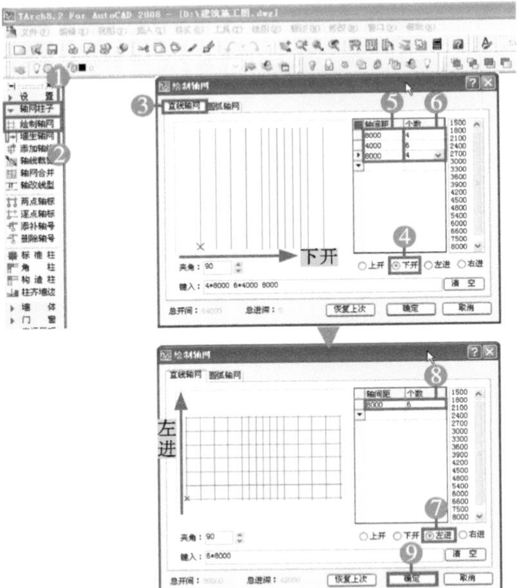

下面以南楼为例，介绍轴网的绘制方法。

❶ 单击［轴网柱子］，展开菜单

❷ 选择［绘制轴网］，弹出对话框

❸ ［绘制轴网］对话框中默认［直线轴网］

❹ 默认［下开］

❺ 在［轴间距］列依次输入"8000"、"4000"、"8000"

❻ 在［个数］列依次输入"4"、"6"、"4"

❼ 点选［左进］

❽ 在［轴间距］列输入"8000"，［个数］列输入"6"

❾ 单击［确定］，对话框关闭

❿ 单击空白处的 M 点，放置轴网

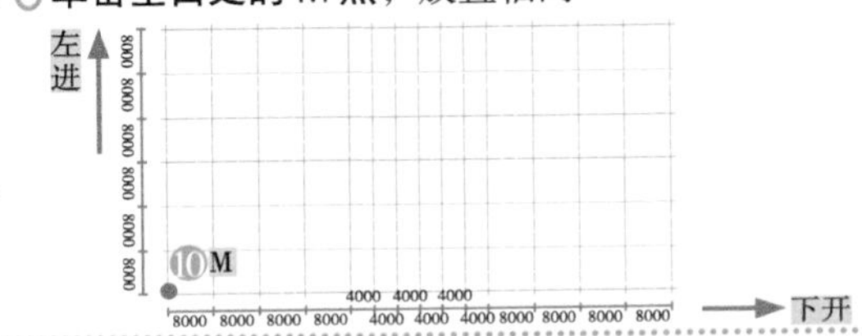

应用天正软件标注轴号与尺寸时需注意：(1) 标注范围由起始轴线及终止轴线确定；(2) 标注范围内被分割为两段而不贯通的一条轴线，将被视为两条轴线，因而会标注两个不同的轴号；(3) 轴号及尺寸线的位置由起始轴线的两个端点位置决定。

左图为按上述步骤绘制的北楼及南楼轴网，可发现：南北两楼的相同竖向轴线不贯通，另外南楼的水平轴线较短，其右端点没有与北楼的水平轴线拉齐。若不经修改，直接按下页步骤标注轴网，将出现左下图所示的各种问题。

为避免这些问题，标注前可作如下调整：(1) 起始轴线的两端必须延伸至标注位置附近❹；(2) 将分割为两段的同一条竖向轴线贯通❺。

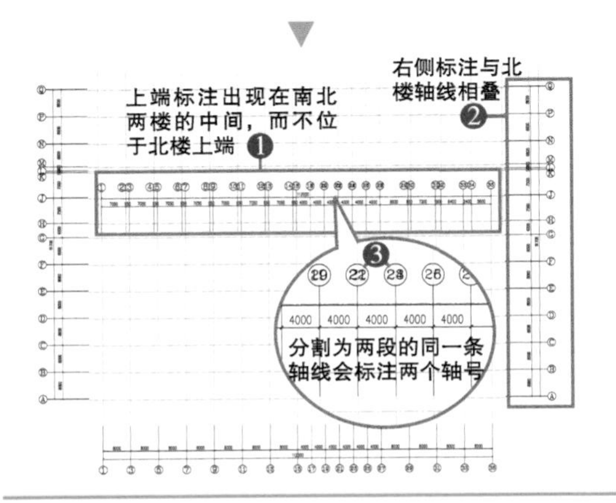

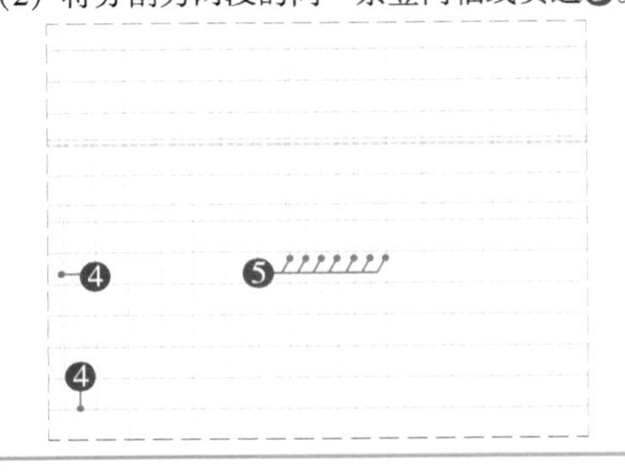

2.5.2 标注

1）快速标注

打开配套资源中 "03_ 参考图 " 文件夹内 "2.5.2_ 轴线 .dwg" 文件（对 " 调整后的轴网 " 进行标注）

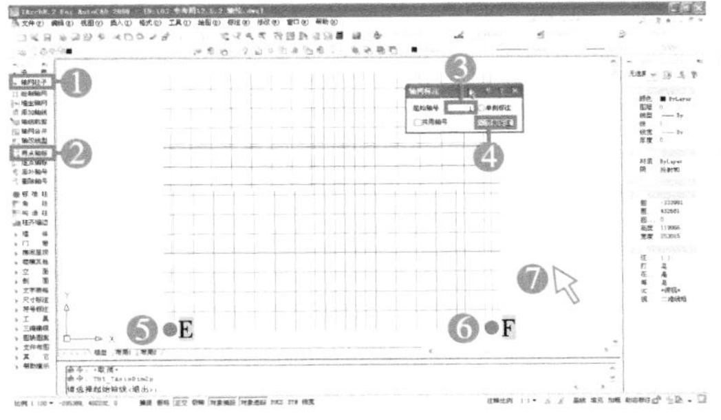

（1）轴号标注

❶ 单击 [轴网柱子]，展开菜单

❷ 选择 [两点轴标]，弹出对话框

❸ 在 [起始轴号] 项输入 "1"（X 方向采用数字轴号，Y 方向采用字母轴号）

❹ 点选 " 双侧标注 "

❺ 单击 E 点

❻ 单击 F 点

❼ 显示 1 ～ 32 轴的轴号与尺寸标注

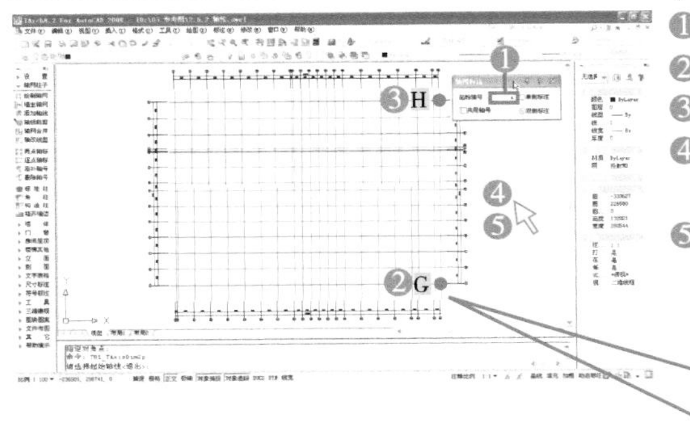

❶ 输入起始轴号 "A"

❷ 单击 G 点

❸ 单击 H 点

❹ 单击右键退出，显示出 A 轴～ Q 轴的轴号与尺寸标注

❺ 单击右键退出，对话框关闭

确认轴号与尺寸已自动标注。

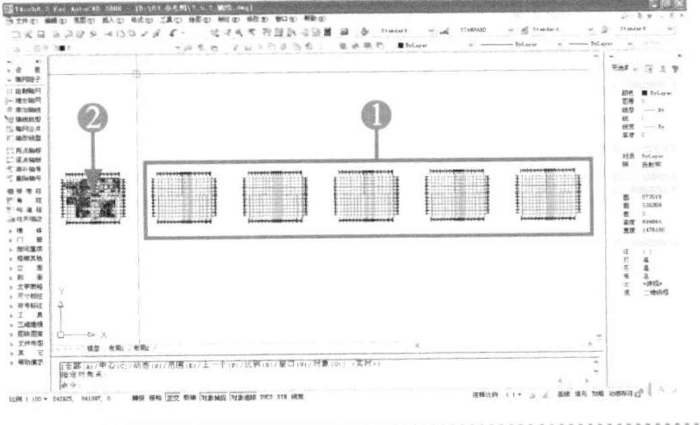

❶ 复制带标注的轴网

❷ 依次将所有平面图移至轴网中

（2）尺寸标注

❶ 单击 [比例] 的 ▼ 按钮，弹出菜单，选择 1：100（平立剖）或者 1：50（详图）

❷ 单击 [尺寸标注]，展开菜单

❸ 选择 [逐点标注]

❹ 单击 A 点，再单击 B 点，出现尺寸线

❺ 单击 C 点，点取尺寸线位置

❻ 单击 D 点， 按 Esc 键退出

2) 修改轴号

由于第五层平面只包含北楼（住院部），因此一层平面的轴网需经修改才能使用，修改方法如下：

(1) 删除南楼轴线及标注

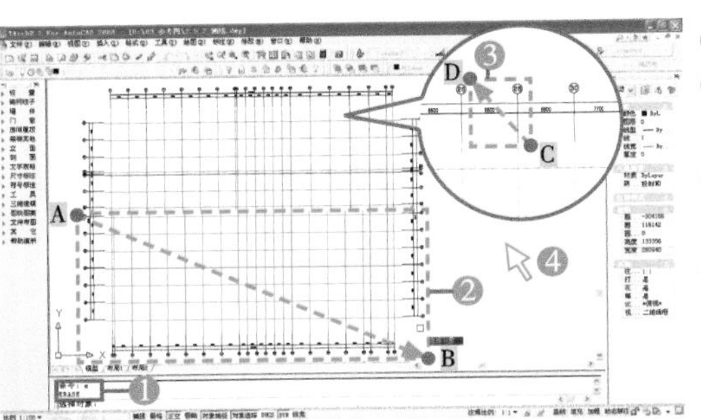

❶ **在命令栏输入 "e"，按 Enter 键或 Space 键**

❷ **单击 A 点，再单击 B 点，**只能选择 AB 矩形范围内所有图形

❸ **单击 C 点，再单击 D 点，**可选择 CD 矩形接触到的所有图形

❹ **单击右键退出**

• AB 矩形为正选框，只有图形全部在此框内，才能被选中；CD 框为逆选框，凡接触到的图形都被选中，活用此功能可加快绘图速度。

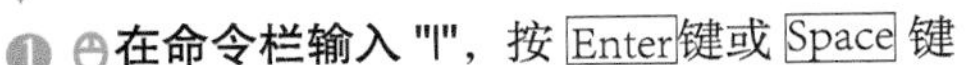

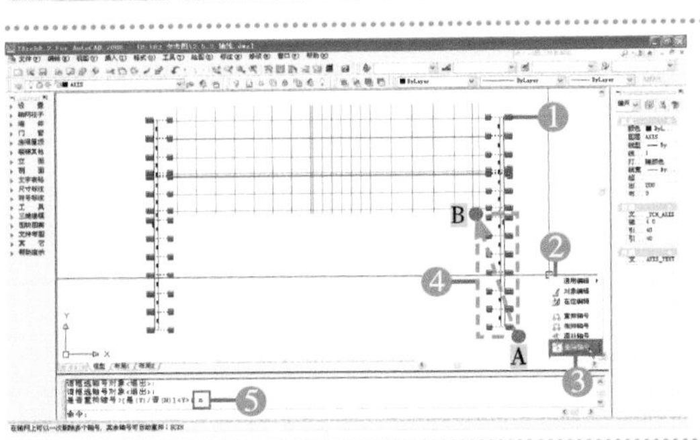

❶ **在命令栏输入 "l"，按 Enter 键或 Space 键**

❷ **单击 A 点，再单击 B 点，单击右键退出，**绘制辅助线 AB

❸ **在命令栏输入 "tr"，按 Enter 键或 Space 键**

❹ **单击 AB 线，单击右键**

❺ **单击 C 点，再单击 D 点，**框选矩形 CD 范围内轴线，**单击右键退出**

❻ **在命令栏输入 "e"，按 Enter 键或 Space 键，**删除辅助线 AB，**单击右键退出**

(2) 删除轴号

❶ **单击轴号，**变为选择状态

❷ **单击右键，**弹出菜单

❸ **选择 [删除轴号]**

❹ **单击 A 点，再单击 B 点，按 Enter 键或 Space 键**

❺ **在命令栏输入 "n"，**表示不重排轴号，**按 Enter 键或 Space 键**

删除尺寸标注☞ P63。

(3) 重排轴号

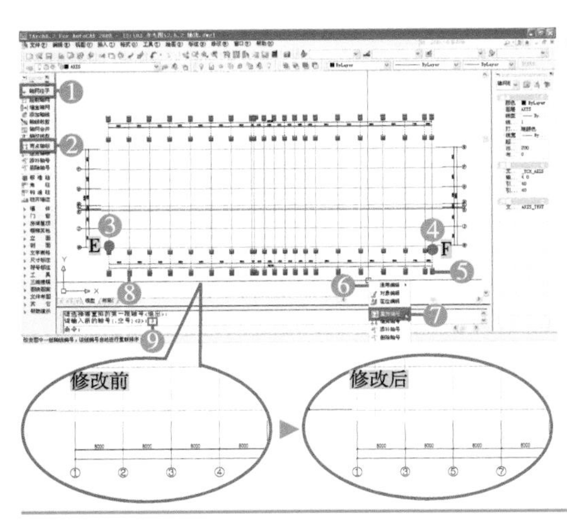

❶ **单击 [轴网柱子]，**展开菜单

❷ **选择 [两点轴标]，**弹出对话框，**输入起始轴号 "1"，点选 " 双侧标注 "**

❸ **单击 E 点**

❹ **单击 F 点，**显示 1 ～ 21 轴的轴号及尺寸，**单击右键退出**

❺ **单击轴号，**变为选择状态

❻ **单击右键，**弹出菜单

❼ **选择 [重排轴号]**

❽ **单击轴号 2**

❾ **在命令栏输入 "3"，按 Enter 键或 Space 键，**将轴号 2 改为轴号 3

重复上述步骤❺～❾，依次修改北楼全部轴号。

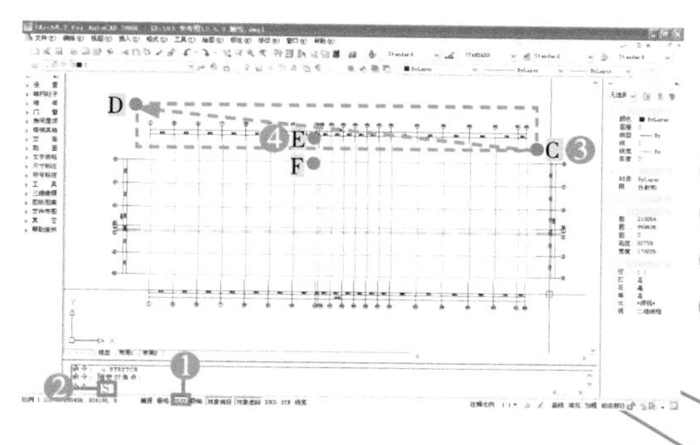

(4) 轴号移位

若想调整轴号与轴线之间的距离，可使用如下方法：

❶ **按 F8 键，进入正交模式**

❷ **在命令栏输入 "s"，按 Enter 键或 Space 键**

❸ **单击 C 点，再单击 D 点，单击右键退出**

❹ **单击 E 点，再单击 F 点**

用该方法可将轴号移动到合适的地方。

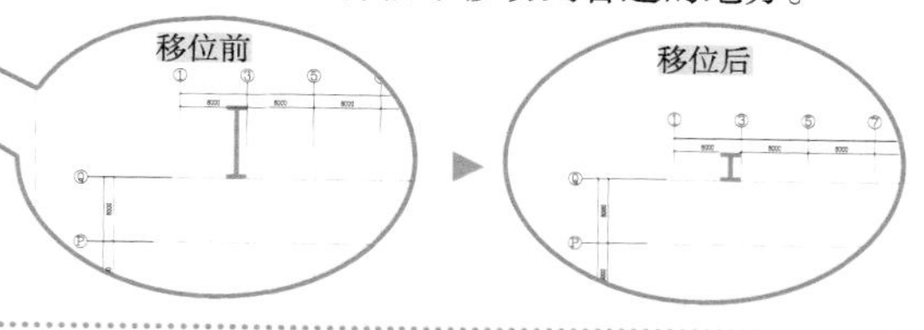

(5) 增加轴号

在 1 轴右侧 3m 处增设一个轴号的操作步骤如下：

❶ **在命令栏输入 "o"，按 Enter 键或 Space 键**

❷ **在命令栏输入 "3000"，按 Enter 键或 Space 键**

❸ **单击 L 点，再单击 M 点，按 Esc 键**

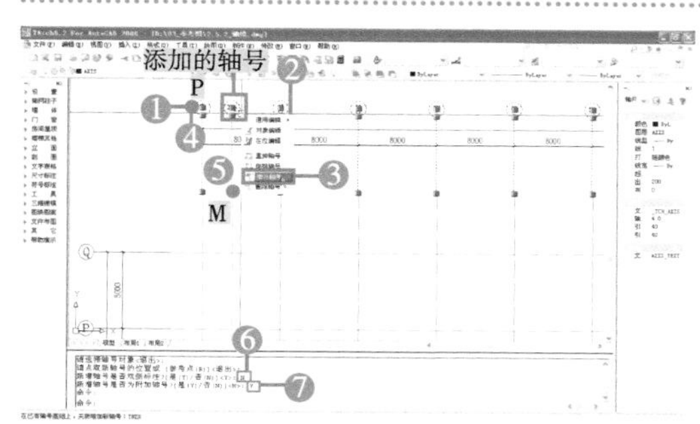

❶ **单击 P 点，**轴号变为选择状态

❷ **单击右键，**弹出菜单

❸ **选择 [添补轴号]**

❹ **单击 P 点，**选择轴号对象

❺ **单击 M 点，**点取新轴号的位置

❻ **在命令栏输入 "n"，按 Enter 键或 Space 键，**新增轴号单侧标注

❼ **在命令栏输入 "y"，按 Enter 键或 Space 键，**新增轴号为附加轴号，图中显示新增的 1/1 轴

3) 修改尺寸标注

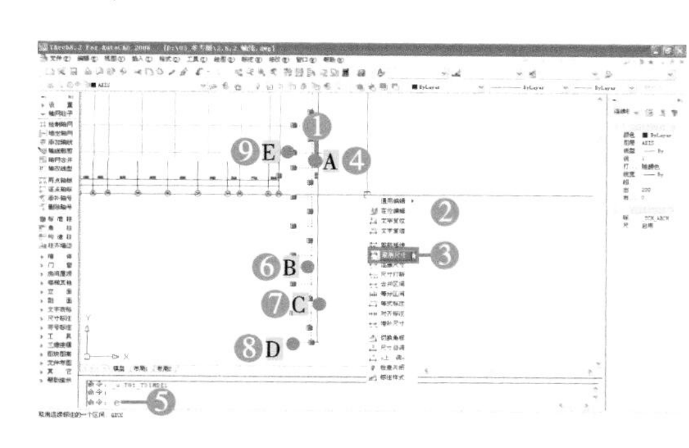

(1) 删除尺寸标注

❶ **单击 A 点，**标注变为选择状态

❷ **单击右键，**弹出菜单

❸ **选择 [取消尺寸]**

❹ **单击 A 点，**A 处尺寸标注消失，单击右键退出

❺ **在命令栏输入 "e"，按 Enter 键或 Space 键**

❻ **单击 B 点，单击右键退出，**删除多余尺寸线

❼ **单击 C 点，**外围尺寸标注变为选择状态

❽ **单击 D 点，**使该点颜色由蓝色变为红色

❾ **单击 E 点，**完成外围尺寸线的修改，按 Esc 键退出

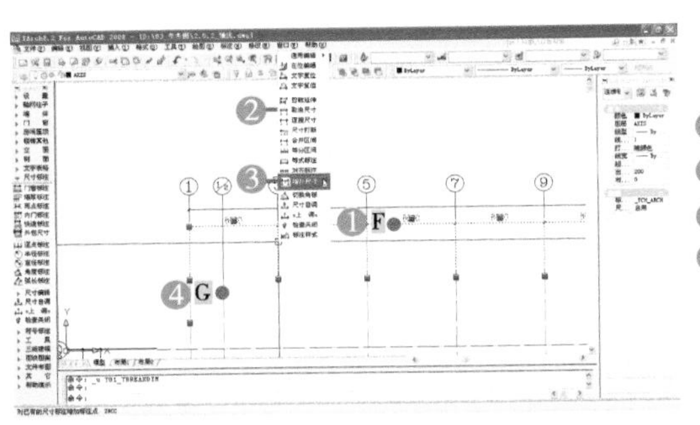

(2) 增加尺寸标注

在 1/1 轴处增加尺寸标注的操作步骤如下：

❶ 单击 F 点，标注变为选择状态

❷ 单击右键，弹出菜单

❸ 选择 [增补尺寸]

❹ 单击 G 点，按 Esc 键退出

最终完成图

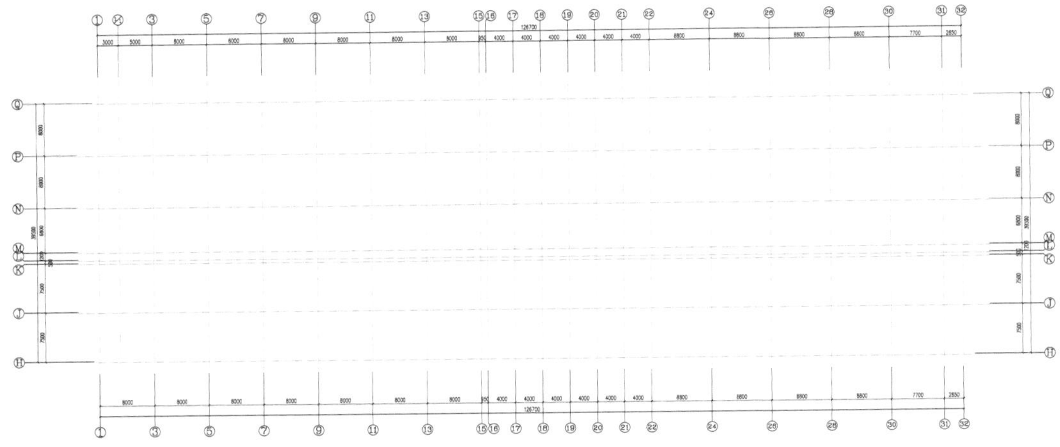

2.6 总平面图

绘制施工图伊始，必须在总平面图上对建筑物进行精确定位并标明关键点的坐标，供岩土工程勘察或其他专业使用。

2.6.1 基本概念

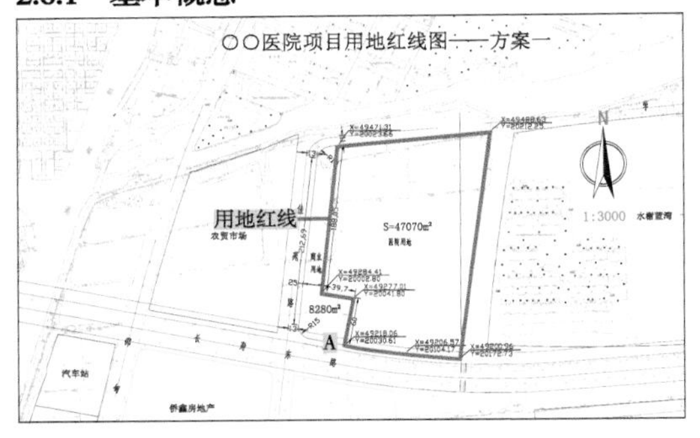

建设方提供的总平面 CAD 图通常以 m（米）为单位，可直接量出图中各点坐标。

打开配套资源中 "03_ 参考图 " 文件夹内 "2.6.1_ 用地范围 "

可以看见用地红线的几个关键点已标注坐标。将鼠标移至 A 处，向前滚动鼠标滚轮，将 A 周边放大。

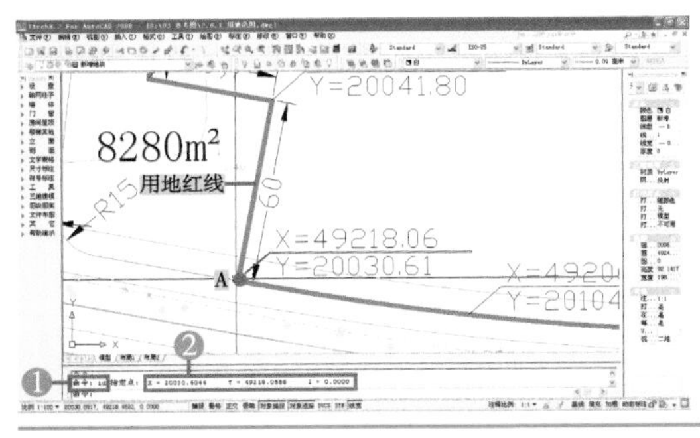

读出 A 点坐标的操作步骤如下：

❶ 在命令栏输入 "id"，按 Enter 键或 Space 键

❷ 单击 A 点，命令行显示其坐标 "X = 20030.6066，Y = 49218.0583"

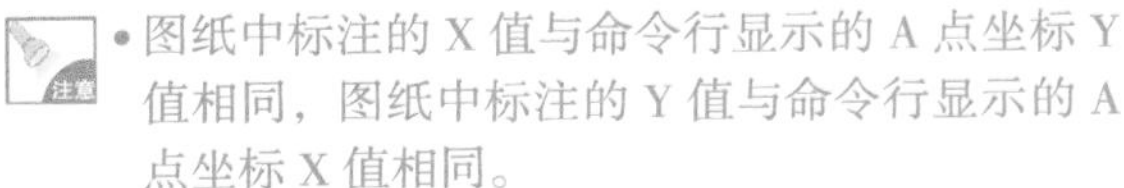

• 图纸中标注的 X 值与命令行显示的 A 点坐标 Y 值相同，图纸中标注的 Y 值与命令行显示的 A 点坐标 X 值相同。

2.6.2 总平面的旋转与还原

用地红线中通常没有一边完全竖直或水平❶。本书建议旋转总平面图，使用地红线的某条边竖直或水平，通过平行或垂直于该边的方式实现建筑物的定位❷；等绘制完总平面图后再还原。

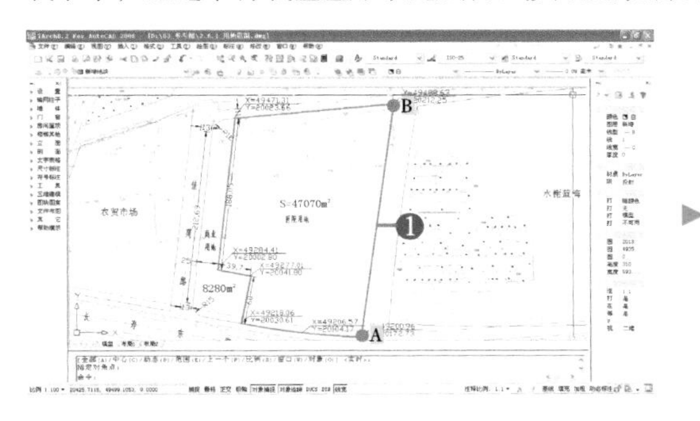

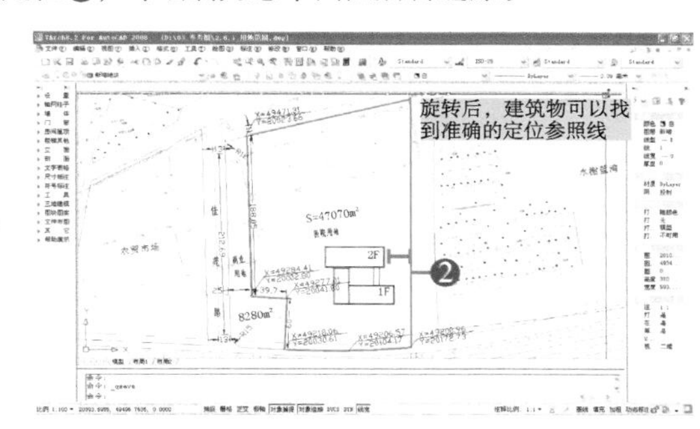

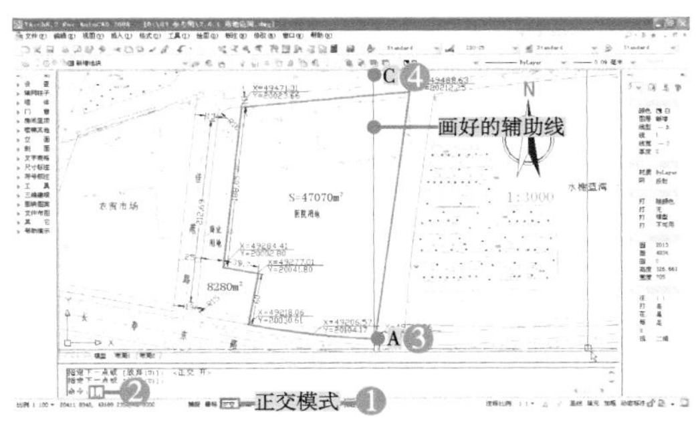

在本工程中，首先通过旋转，将 AB 线竖直，然后将建筑物的某条边线平行于 AB 线放入场地。步骤如下：

1）旋转

❶ 按 F8，进入正交模式，绘制辅助线

❷ 在命令行键入 "l"，按 Enter 键或 Space 键

❸ 单击 A 点

❹ 单击 C 点，按 Esc 键退出

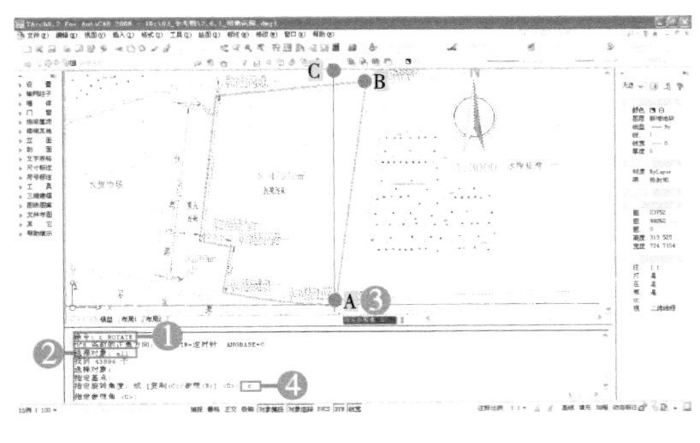

❶ 输入 "ro"，按 Enter 键或 Space 键

❷ 输入 "all"，按 Enter 键或 Space 键，选中所有图形，按 Enter 键或 Space 键确定

❸ 单击 A 点，指定基点

❹ 输入 "r"（为 Reference 的第一个字母，表示选择参照），按 Enter 键或 Space 键

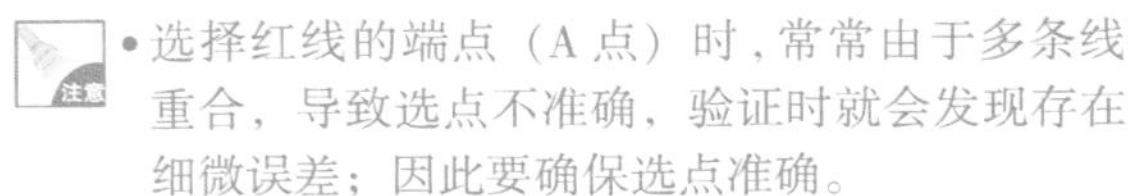

• 选择红线的端点（A 点）时，常常由于多条线重合，导致选点不准确，验证时就会发现存在细微误差；因此要确保选点准确。

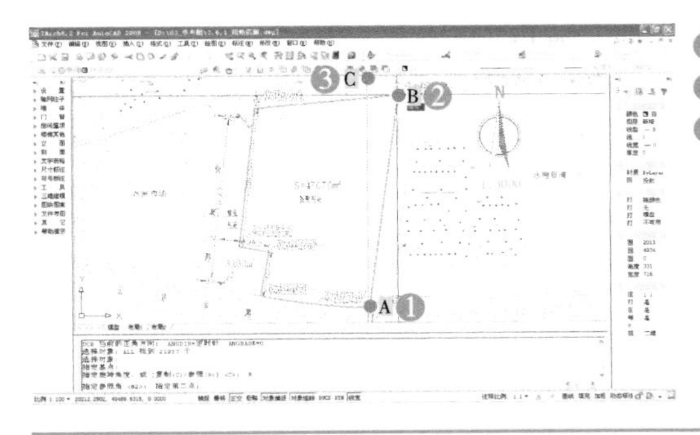

❶ 单击 A 点，指定旋转的圆心

❷ 单击 B 点，指定旋转的起始角度

❸ 单击 C 点，指定旋转的终止角度，整个图形将随着旋转 AB 线与 AC 线的夹角

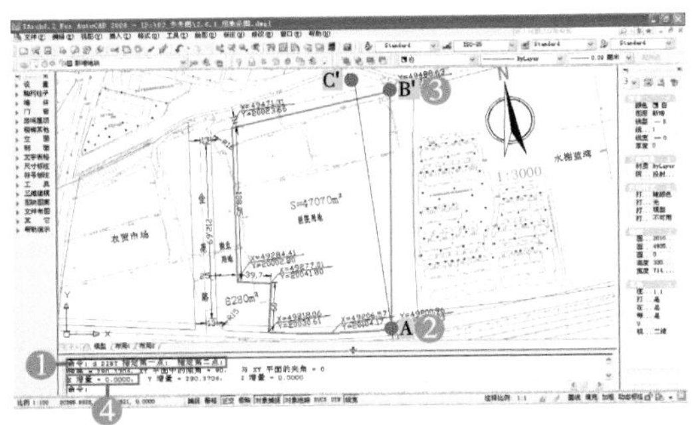

检验直线 AB' 是否竖直：

❶ 输入 "di"，按 Enter 键或 Space 键

❷ 单击 A 点

❸ 单击 B' 点

❹ 命令栏显示 "X 增量 = 0.0000"

说明直线 AB' 竖直，上述方法正确。

2

2）还原

将建筑屋顶平面图平行于直线 AB′ 放入总平面之后，通常还需将图旋转回原来的位置，然后再测量关键点坐标。还原的步骤如下：

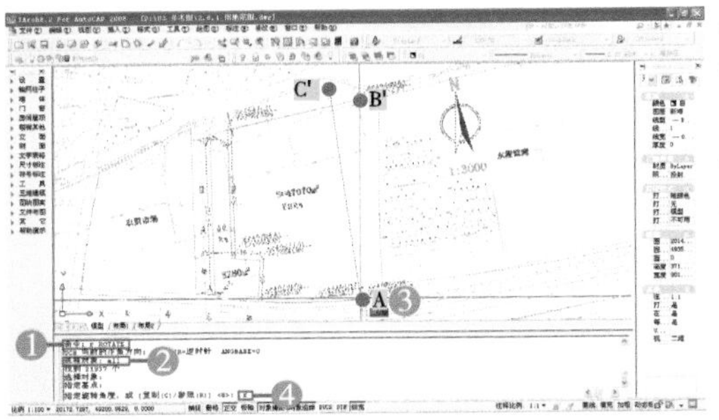

❶ 输入 "ro"，按 Enter 键或 Space 键

❷ 输入 "all"，按 Enter 键或 Space 键，选中所有图形，按 Enter 键或 Space 键确定

❸ 单击 A 点，指定基点

❹ 输入 "r"，按 Enter 键或 Space 键

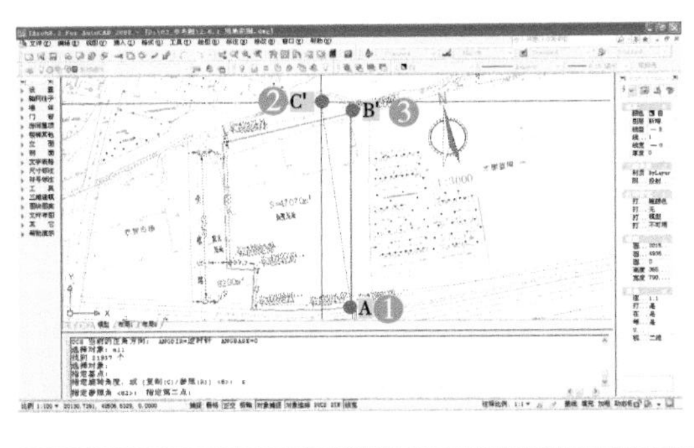

❶ 单击 A 点，指定旋转的圆心

❷ 单击 C' 点，指定旋转的起始角度

❸ 单击 B' 点，指定旋转的终止角度，整个图形将随着旋转 AC' 线与 AB' 线的夹角

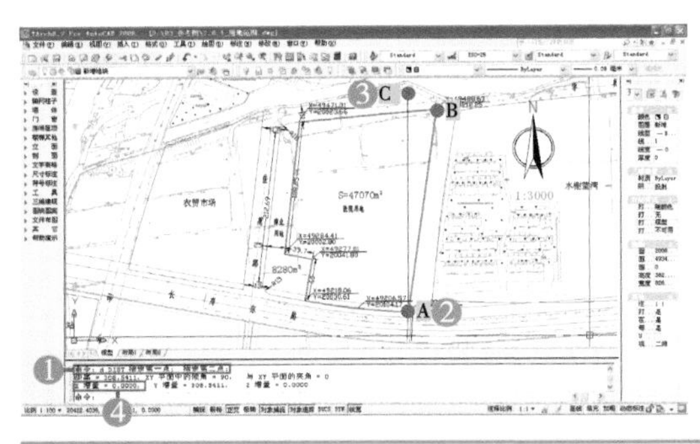

检验直线 AC 是否竖直：

❶ 在命令栏输入 "di"，按 Enter 键或 Space 键

❷ 单击 A 点

❸ 单击 C 点

❹ 命令栏显示 "X 增量 = 0.0000"

说明直线 AC 竖直，上述方法正确。

错误的总平面旋转方法

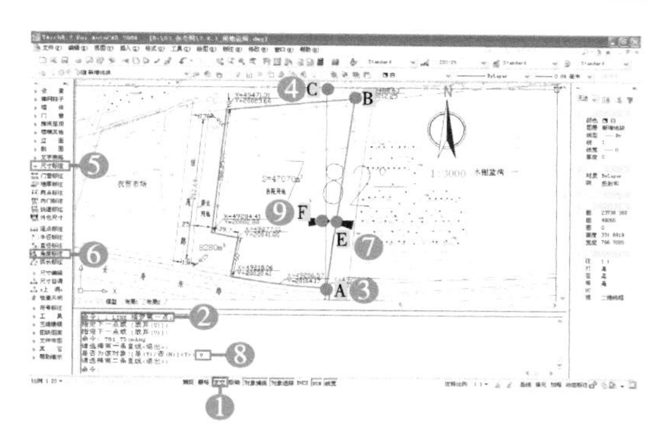

测量直线 AB 的角度：

1. 按F8，进入正交模式
2. 在命令行输入 "l"，按 Enter 键或 Space 键
3. 单击 A 点
4. 单击 C 点，绘制辅助线 AC，按 Esc 键退出
5. 单击 [尺寸标注]，展开菜单
6. 选择 [角度标注]
7. 单击 E 点
8. 在命令栏输入 "y"，按 Enter 键或 Space 键
9. 再单击 F 点，标注角度为 "7.82"

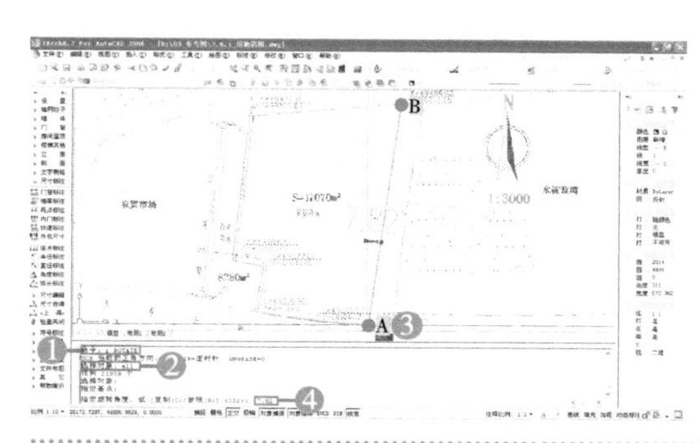

1. 在命令栏输入 "ro"，按 Enter 键或 Space 键
2. 在命令栏输入 "all"，按 Enter 键或 Space 键，选中所有图形，按 Enter 键或 Space 键确定
3. 单击 A 点，指定基点
4. 在命令栏输入角度 "7.82"，按 Enter 键或 Space 键

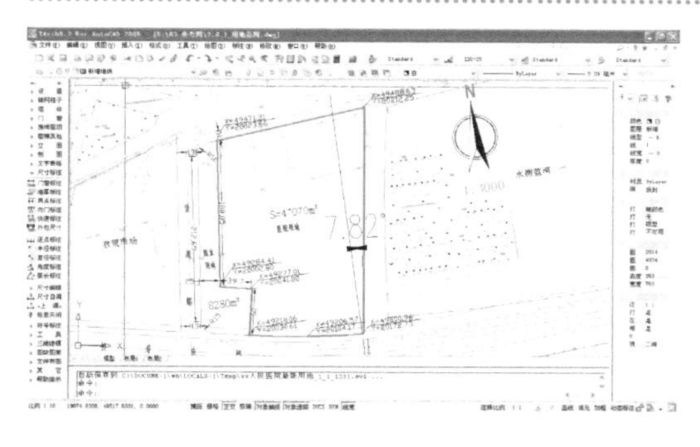

整个图形旋转如左图所示

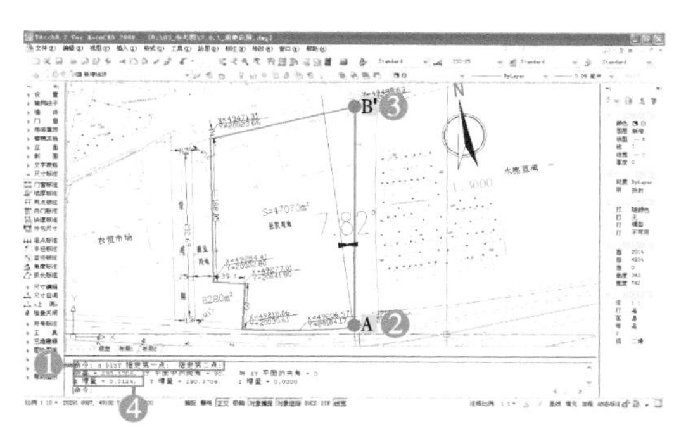

检验直线 AB' 是否竖直：

1. 在命令栏输入 "di"，按 Enter 键或 Space 键
2. 单击 A 点
3. 单击 B' 点

命令栏显示 "X 增量＝ 0.0124"

说明直线 AB' 不竖直，该方法有误差。

3）高手之道

（1）旋转：

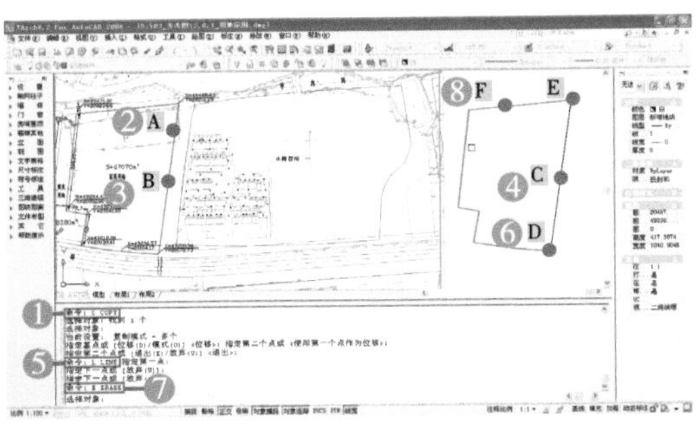

❶ 在命令栏输入"co"，按Enter键或Space键
❷ 单击A点，选中用地红线
❸ 单击中点B点，指定复制基点
❹ 单击空白处的C点，单击右键退出，复制用地红线
❺ 在命令栏输入"l"，按Enter键或Space键
❻ 单击D点，再单击E点，单击右键退出，绘制辅助线DE
❼ 在命令栏输入"e"，按Enter键或Space键
❽ 单击F点，单击右键，删除红线

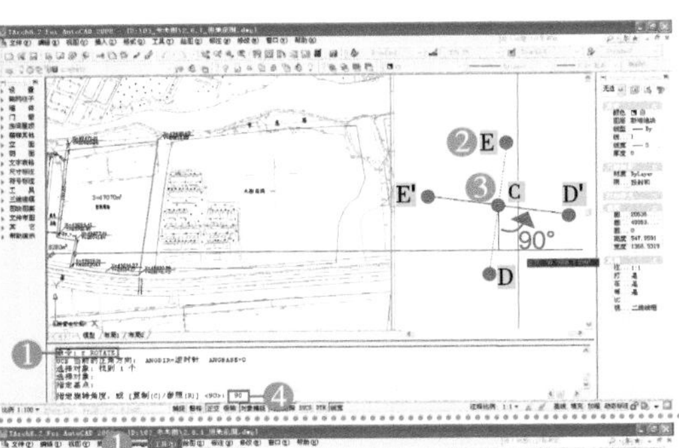

❶ 在命令栏输入"ro"，按Enter键或Space键
❷ 单击ED线段上任一点，选中辅助线DE，单击右键确定
❸ 单击DE的中点C点，指定旋转基点
❹ 在命令栏输入角度"90"，按Enter键或Space键

将"UCS"与"平面视图"同步：

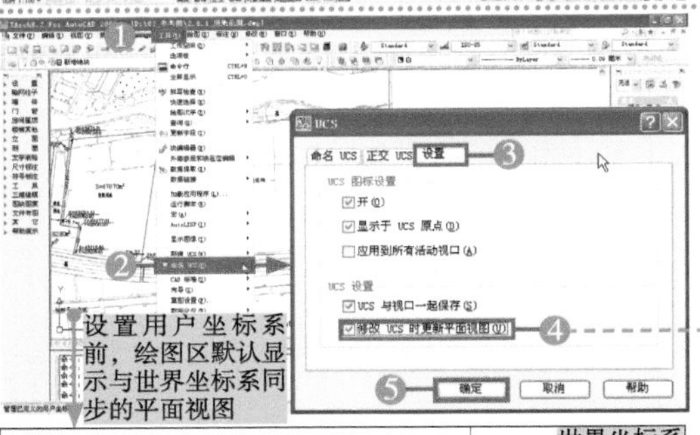

❶ 单击[工具]，弹出下拉式菜单
❷ 选择[命名UCS]，弹出对话框
❸ 单击[设置]
❹ 勾选[修改UCS时更新平面视图]
❺ 单击[确定]，对话框关闭

设置用户坐标系前，绘图区默认显示与世界坐标系同步的平面视图

执行下一步后的结果　用户坐标系
使用insert命令插入的屋顶平面的主轮廓线与PQ线及用户坐标系的坐标轴平行☞P70
同步
基于用户坐标系的平面视图

世界坐标系
使用insert命令插入的屋顶平面的主轮廓线与世界坐标系的坐标轴平行☞P70
同步
基于世界坐标系的平面视图

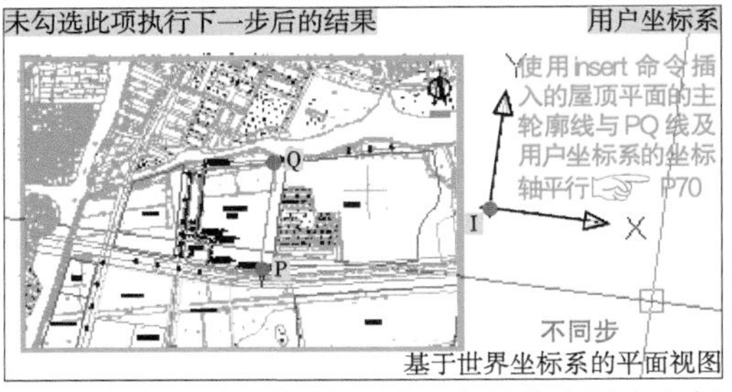

未勾选此项执行下一步后的结果　用户坐标系
使用insert命令插入的屋顶平面的主轮廓线与PQ线及用户坐标系的坐标轴平行☞P70
不同步
基于世界坐标系的平面视图

世界坐标系（WCS）　　用户坐标系（UCS）　水平线

• CAD中有两个坐标系统：一个是称为世界坐标系（WCS）的固定坐标系，另一个是称为用户坐标系（UCS）的可移动坐标系。所有图形的坐标都必须在WCS中量出，但使用UCS常带来绘图的方便。

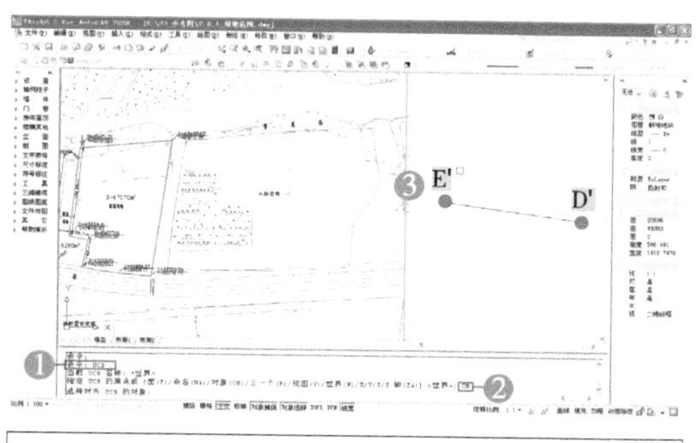

❶ 在命令栏输入 "ucs"，按 Enter 键或 Space 键

❷ 在命令栏输入 "ob"，按 Enter 键或 Space 键

❸ 单击 E' 点

选择 E' 作为新用户坐标系的原点（0,0,0）。

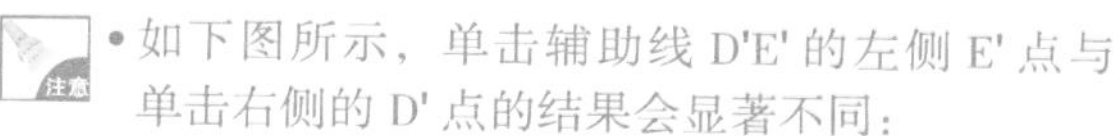

• 如下图所示，单击辅助线 D'E' 的左侧 E' 点与单击右侧的 D' 点的结果会显著不同：

单击 E' 点结果

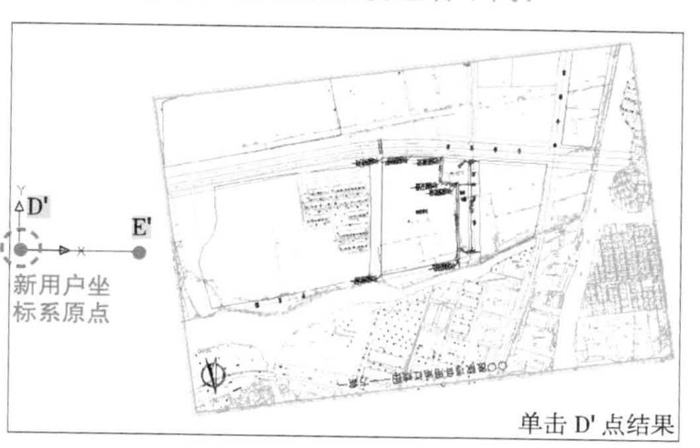

单击 D' 点结果

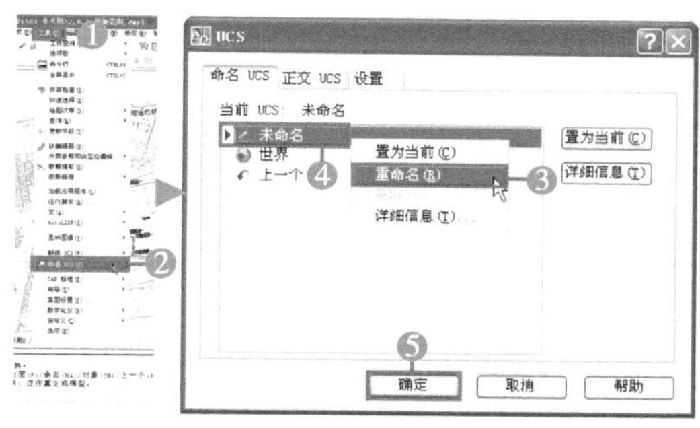

❶ 单击 [工具]，弹出下拉式菜单

❷ 选择 [命名 UCS]，弹出对话框

❸ 右键单击 [未命名]，弹出下拉式菜单，选择 [重命名]

❹ 按 Delete 键删除 " 未命名 "，输入 " 用地右边垂直 "，按 Enter 键完成命名

❺ 单击 [确定]，对话框关闭

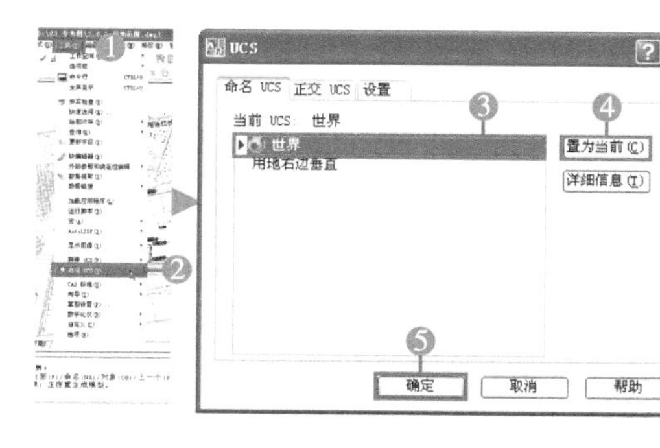

（2）还原：

❶ 单击 [工具]，弹出下拉式菜单

❷ 选择 [命名 UCS]，弹出对话框

❸ 单击 [世界]

❹ 单击 [置为当前]

❺ 单击 [确定]，对话框关闭，即可还原图形

• 必须明确区分 " 平面视图 " 与 " 坐标系 " 这两个概念。
• 使用 "Plan" 命令，可在不改变当前坐标系的情况下，生成并显示其他坐标系的平面视图。
• 若不勾选 [修改 UCS 时更新平面视图]，使用 "UCS" 命令时，可在不改变当前平面视图的情况下，切换不同的坐标系，如前页所示。

2.6.3 建筑定位

使用 wblock 命令将已绘制好的屋顶平面图及其定位轴线设置为单独文件，然后以 " 块 " 的形式插入总平面定位图中，并标注轴线交点处的坐标，从而可对建筑进行精确定位。

打开配套资源中 "03_ 参考图 " 文件夹内 "2.6.3_ 屋顶平面 "

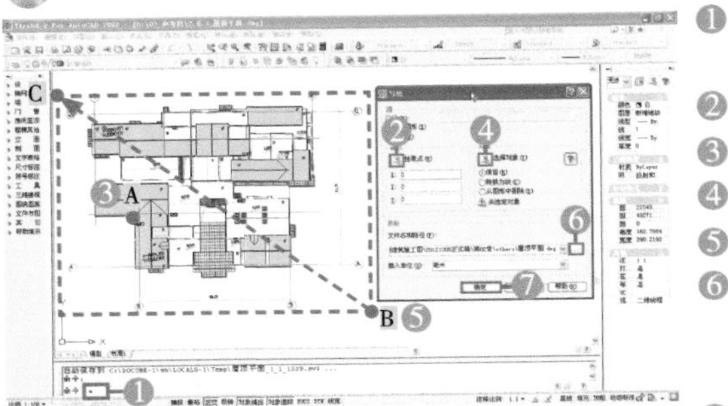

❶ 在命令栏输入 "wblock"，按 Enter 键或 Space 键，弹出 [写块] 对话框

❷ 单击 [拾取点] 按钮，对话框消失

❸ 单击 A 点，显示对话框

❹ 单击 [选择对象] 按钮，对话框消失

❺ 单击 B 点，单击 C 点，单击右键，显示对话框

❻ 单击 [文件名和路径] 按钮，弹出 [浏览图形文件] 对话框，在相应文件夹保存名为 " 屋顶平面 .dwg" 的文件

❼ 单击 [确定]，关闭 [写块] 对话框

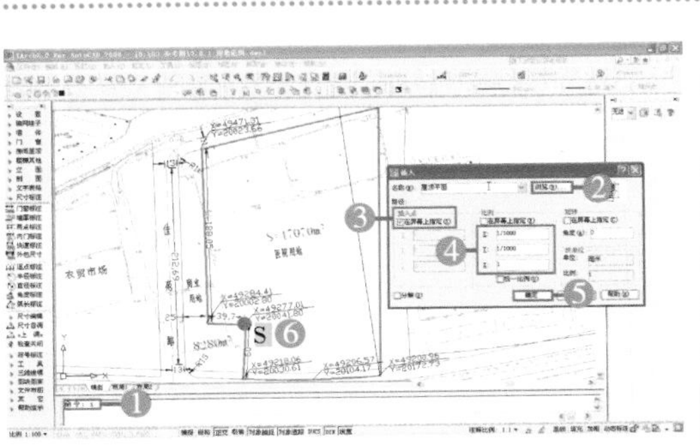

打开旋转后的 "2.6.1_ 用地范围 "（ 2.6.2）：

❶ 在命令栏输入 "i"，按 Enter 键或 Space 键，弹出 [插入] 对话框

❷ 单击 [浏览]，选择保存的 " 屋顶平面 .dwg" 文件

❸ 勾选 [插入点] 项的 [在屏幕上指定]

❹ 在 [X] 项输入 "1/1000"，在 [Y] 项输入 "1/1000"

❺ 单击 [确定]，对话框关闭

❻ 单击 S 点，插入屋顶平面

注意 • 屋顶平面图以毫米为单位，而总平面图以米为单位，因此插入时需将屋顶平面图缩小 1000 倍。

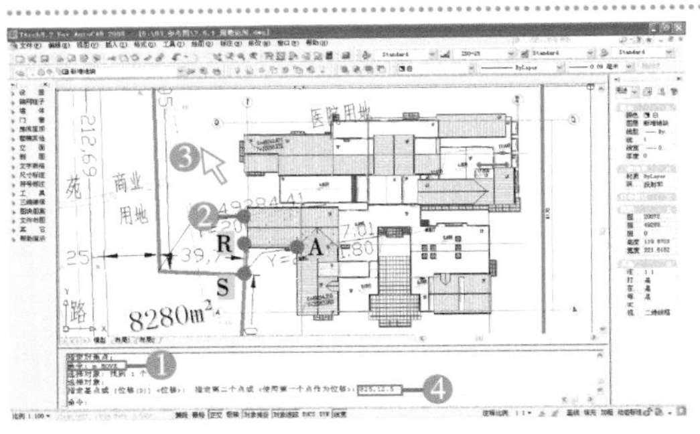

❶ 在命令栏输入 "m"，按 Enter 键或 Space 键

❷ 单击 " 屋顶平面 " 块，单击右键退出

❸ 在图面空白处单击

❹ 在命令栏输入 "@25，12.5"，" 屋顶平面 " 块即向东移动 25m，向北移动 12.5m

保证 AS 之间的距离可供消防车通行。

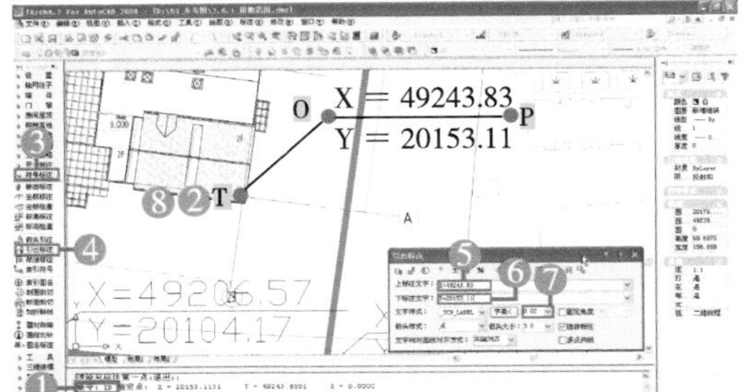

采用还原步骤（ 2.6.2）将图形旋转回原来的角度，标注坐标：

❶ 在命令栏输入 "id"，按 Enter 键或 Space 键

❷ 单击 T 点（A 轴与 29 轴的交点），命令行显示 "X = 20153.1131 Y = 49243. 8301 Z = 0.0000"

❸ 单击 [符号标注]，展开菜单

❹ 选择 [引出标注]，弹出对话框

❺ 在 [上标注文字] 项输入 "X = 49243.83"

❻ 在 [下标注文字] 项输入 "Y = 20153.11"

❼ 修改字高为 "0.02"（打印比例为 1：500）

❽ 依次单击 T 点、O 点、P 点，完成坐标标注，连续按 Enter 键或 Space 键二次退出

2.6.4 基地道路

下面以本工程为例，介绍基地道路的设计方法。

1）道路宽度

参考

■《民用建筑设计统一标准》（GB 50352—2019）"5.2.2"：

• 1 单车道路宽不应小于 4m ❶，双车道路宽住宅区内不应小于 6m，其他基地道路宽不应小于 7m ❷；

• 3 人行道路宽度不应小于 1.5m ❸。

2）道路与建筑物间距

参考

■《民用建筑设计统一标准》（GB 50352—2019）"5.2.3-1"：

• 当道路用作消防车道时，其边缘与建（构）筑物的最小距离应符合现行国家标准《建筑设计防火规范》（GB 50016）的相关规定。

■《建筑设计防火规范》（GB 50016—2014）（2018 年版）"7.1.8"：

• 3 消防车道与建筑之间不应设置妨碍消防车操作的树木、架空管线等障碍物；

• 4 消防车道靠建筑外墙一侧的边缘距离建筑外墙不宜小于 5m ❹；

■《城市居住区规划设计标准》（GB 50180—2018）"6.0.5"：

• 居住区道路边缘至建筑物、构筑物的最小距离应符合表 6.0.5 的规定。

表 6.0.5 居住区道路边缘至建筑物、构筑物最小距离（m）

与建、构筑物关系		城市道路	附属道路
建筑物面向道路	无出入口	3.0	2.0 ❺
	有出入口	5.0	2.5 ❻
建筑物山墙面向道路		2.0	1.5 ❼
围墙面向道路		1.5	1.5 ❽

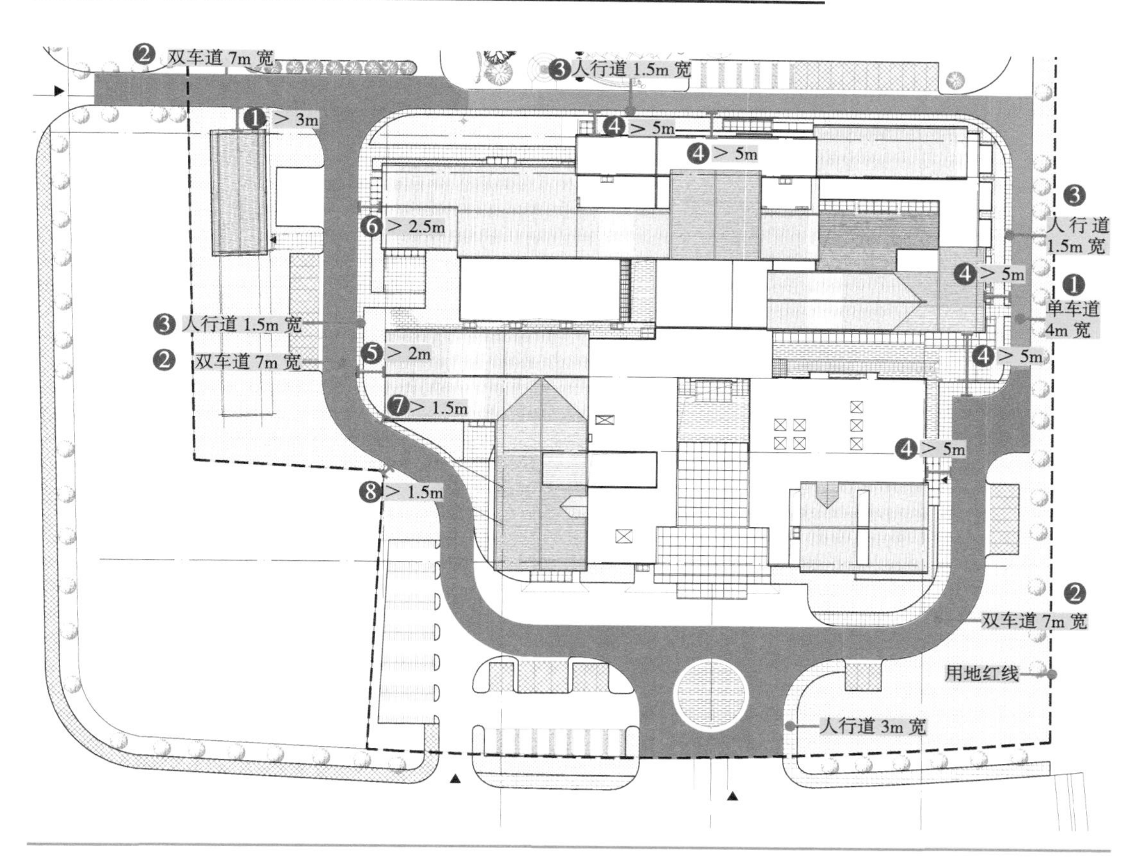

3）设置环形消防车道

（1）消防车道的道路中心线间距离东西向142m，南北向116m，均小于160m❶；

（2）医院主体建筑东西向长127.3m，南北向长95.6m，均小于150m❷。

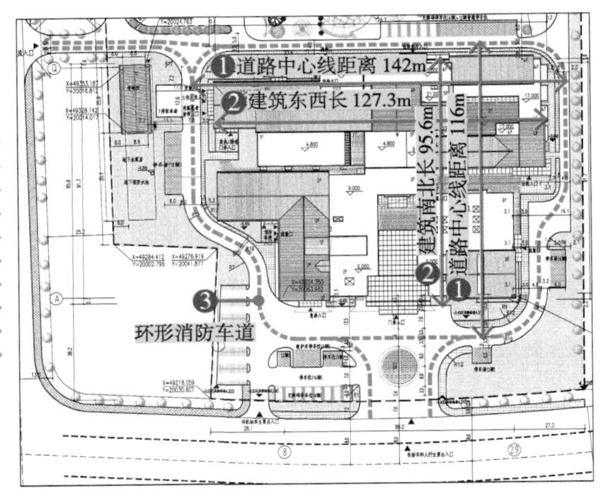

4）核对内院短边长度

封闭内院的短边长度均小于24m，不需设置进入内院的消防车道。

参考

■《建筑设计防火规范》（GB 50016—2014）（2018年版）"7.1 消防车道"：

• 街区内的道路应考虑消防车的通行，道路中心线间的距离不宜大于160m❶。

• 当建筑物沿街道部分的长度大于150m❷或总长度大于220m时，应设置穿过建筑物的消防车道。

• 当设置穿过建筑物的消防车道确有困难时，应设置环形消防车道❸。

（1）消防车道道路中心线距离

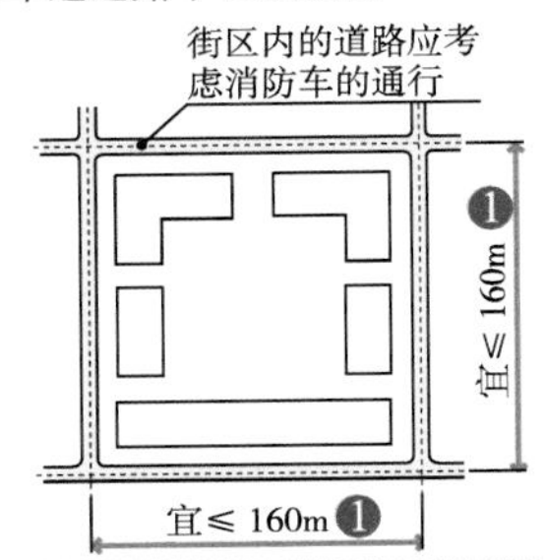

（2）建筑物的长度

若$a>150$m；$a+b>220$m；$a+b+c>220$m

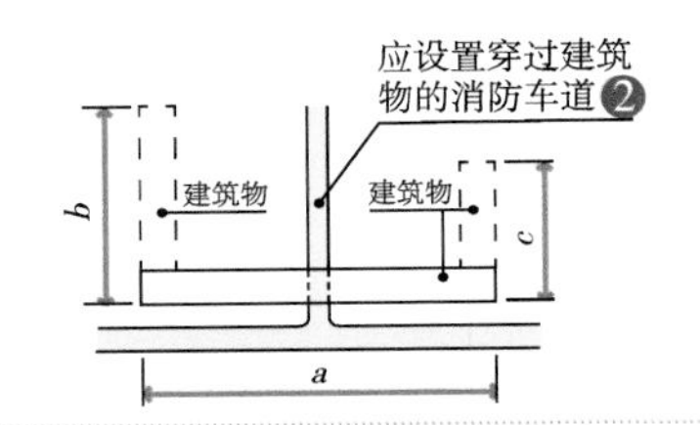

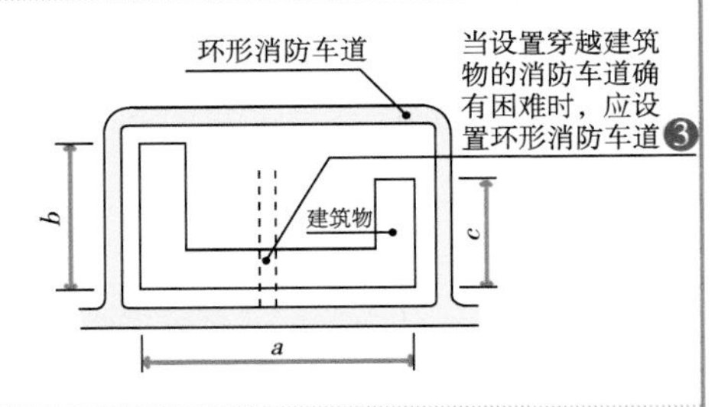

参考

• 有封闭内院或天井的建筑物，当其短边长度大于24m时❹，宜设置进入内院或天井的消防车道❺。

• 在穿过建筑物或进入建筑物内院的消防车道两侧，不应设置影响消防车通行或人员安全疏散的设施❻。

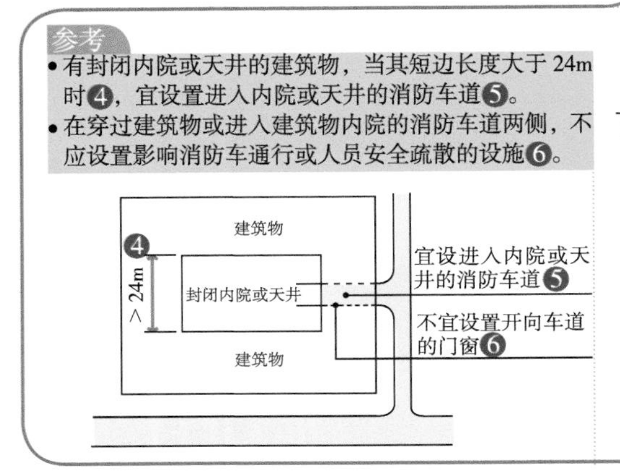

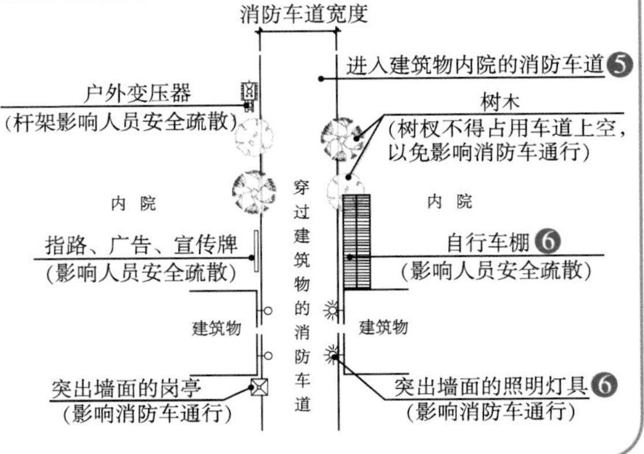

5) 机动车出入口

设置了两处机动车出入口，与道路红线交叉点的距离均满足有关规定。

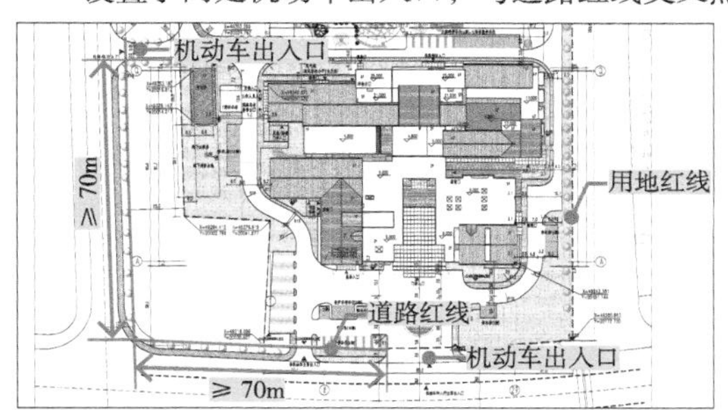

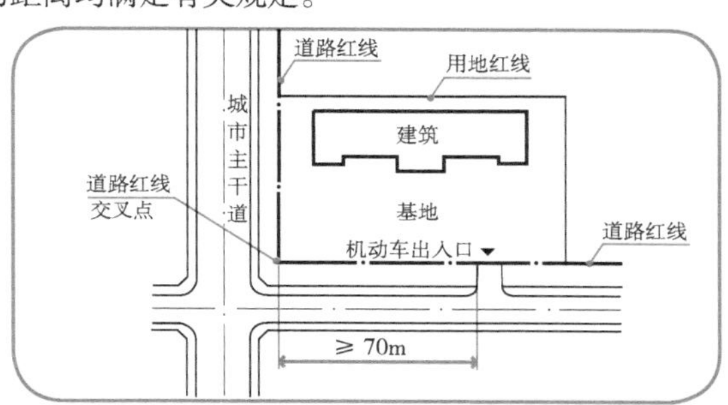

参考

- 《民用建筑设计统一标准》（GB 50352—2019）"4.2.4 " 建筑基地机动车出入口位置应符合所在地控制性详细规划，并应符合下列规定：
- 中等城市、大城市的主干路交叉口，自道路红线交叉点起沿线 70m 范围内不应设置机动车出入口。
- 许多城市对此有进一步的规定，例如《南京市城市规划条例实施细则》（2007 版）" 第六十一条 "：
- 相邻用地应当集中设置或者统一设置机动车出入口。机动车出入口与城市道路交叉口的距离，路幅为 40m 以上时，不得小于 80m；路幅为 30 ～ 40m 时，不得小于 50m；路幅不足 30m 时，不得小于 30m。

6) 机动车流线及回车场

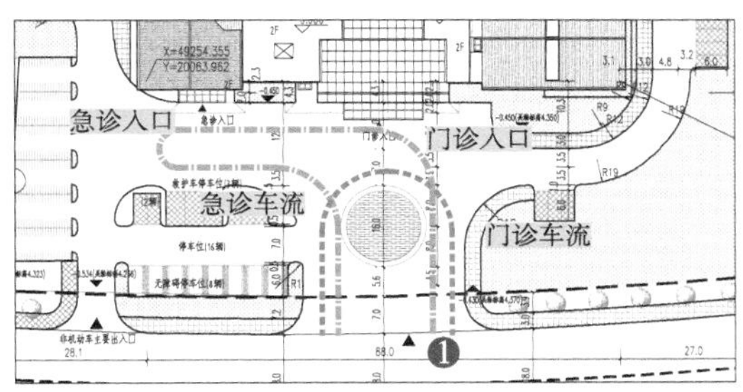

(1) 门诊与急诊流线及入口广场

为避免人车混行，在门诊与急诊入口前设置了无障碍坡道式入口广场（☞ P213），内设圆形景观水池，以规范人流及车流方向❶。

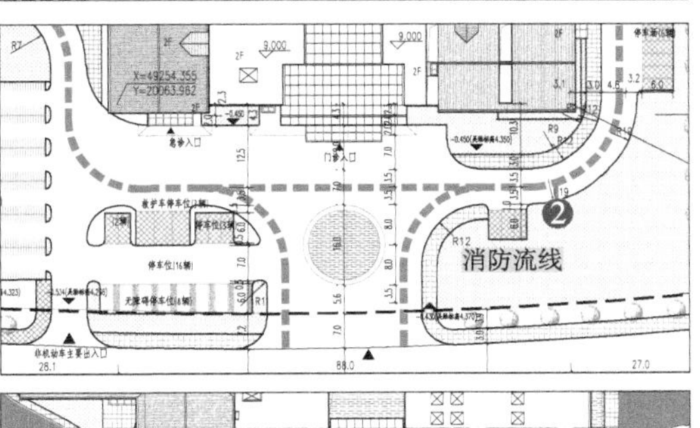

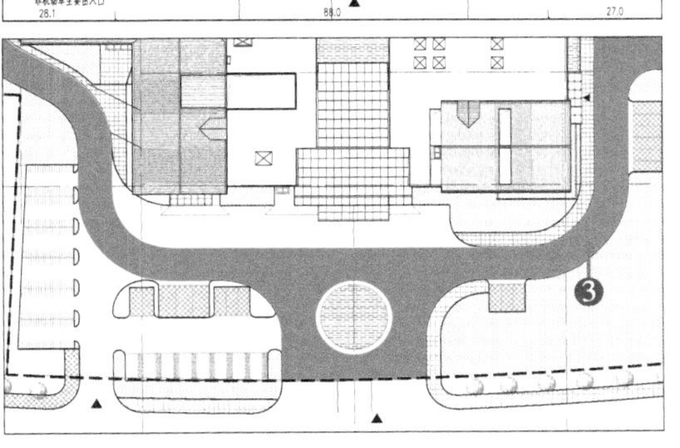

- 《建筑设计防火规范》(GB 50016—2014) (2018 年版) "7.1.9" 消防车道的路面、救援操作场地、消防车道和救援操作场地下面的管道和暗沟等，应能承受重型消防车的压力。
- 若入口广场较大，而消防车道仅占入口广场的一小部分时，宜用醒目的图案等方式将消防车道的位置标出，广场其余部分不必承受消防车的压力，从而可节约建设成本。
- 由于入口广场面积不大，本工程未区分消防车道与广场❷。但亦可用醒目的图案标出消防车道（左图中的红色部分）❸。

（2）回车场

在住院部入口处设置 16m（长）×12m（宽）的回车场❶。

在建筑西侧设置 17m（长）×12m（宽）的倒车式回车场，供接送儿童与发热患者的机动车使用❷。该回车场还可供后勤供应用机动车使用❸。

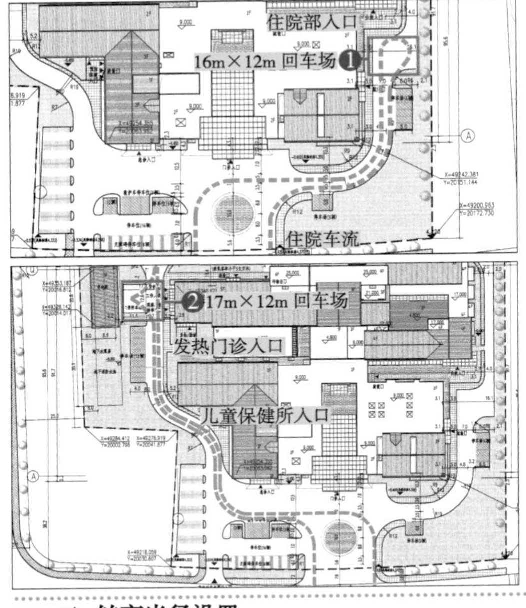

参考

■《全国民用建筑工程设计技术措施(2009)——规划·建筑·景观》"第一部分 图 4.1.4"。

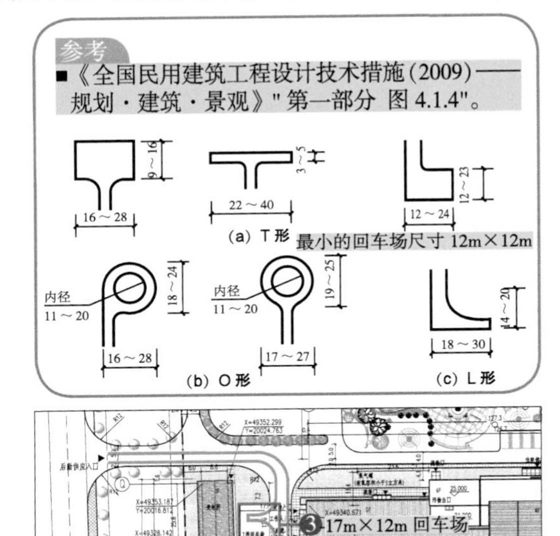

7）转弯半径设置

本工程道路最小转弯半径为 6m，消防车道转弯半径为 12m。

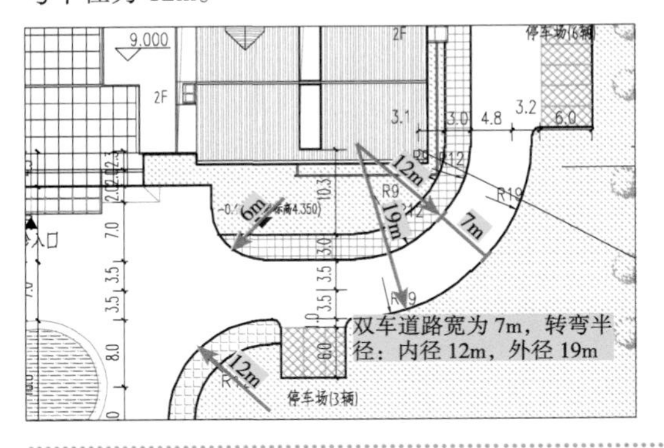

参考

■《全国民用建筑工程设计技术措施(2009)——规划·建筑·景观》"第一部分 图 4.3.4"。

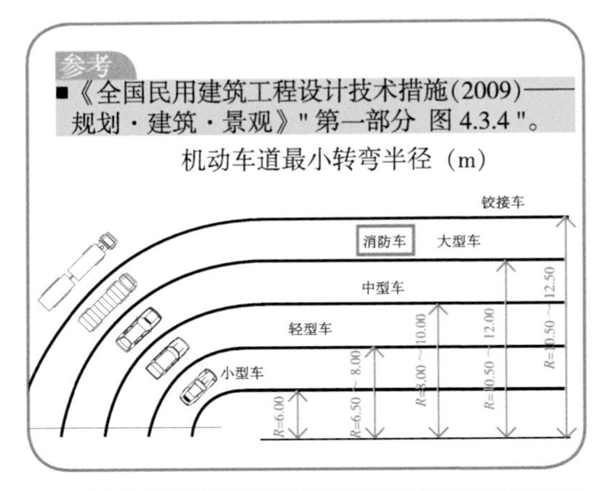

8）地下车库的布置

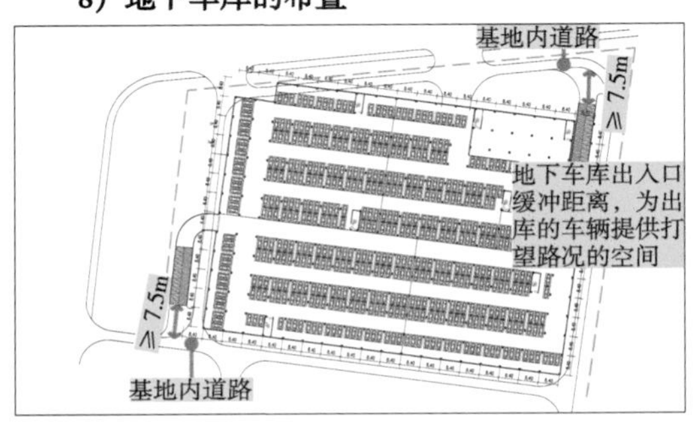

左图为拟于二期建设的地下车库。地下车库出入口处坡道的起坡线至城市道路红线或基地内道路边线间的缓冲距离不应小于 7.5m。

参考

■基地内地下车库出入口设置要求详见《民用建筑设计统一标准》(GB 50352—2019)"5.2.4"。

2.6.5 停车场

1）确定机动车停车位数量

根据《控制性详细规划》，本工程的机动车停车位不应少于：
总建筑面积 2.54732 万 m^2×50 车位 / 万 m^2 = 127 车位。

一期建设未设地下停车库，设计的地面停车位数量分别为：
❶区：110 车位；❷区：18 车位；❸区：10 车位；
❹区：16 车位；❺区：3 车位；❻区：6 车位

地面机动车停车位总数达：

110 + 18 + 10 + 16 + 3 + 6 = 163（车位）

显然，机动车停车位数量满足规划要求。

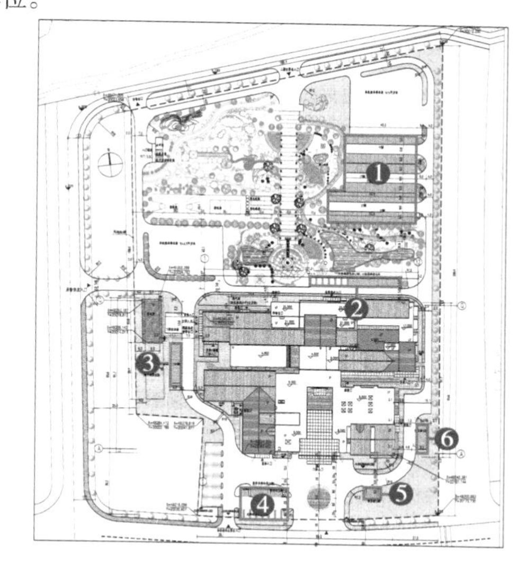

在门急诊入口处（❹区）设置 8 个无障碍停车位和 3 个救护车停车位。

在住院部入口处（❷区）设置 6 个无障碍停车位。

停车位距建筑外墙的防火间距也应＞6m ⓐ。

参考

■国家建筑标准设计图集《无障碍设计》（12J 926–N2/92）"无障碍机动车停车位实例"。

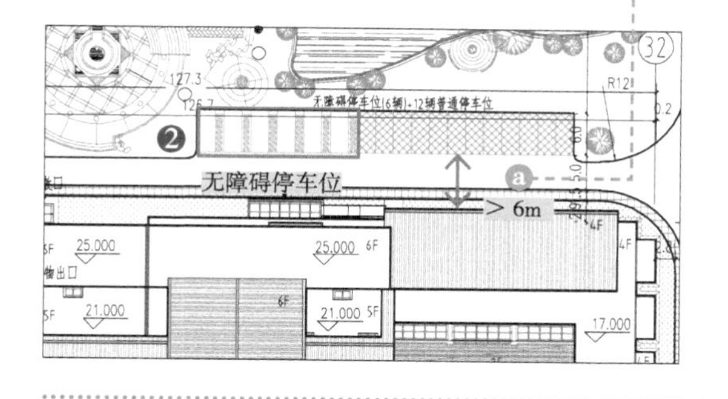

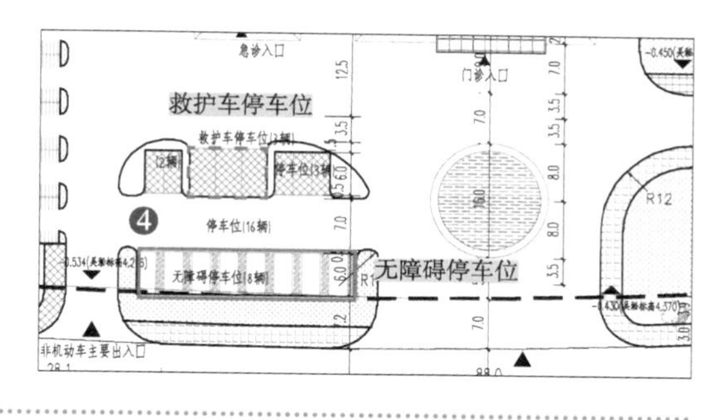

2）布置机动车停车位

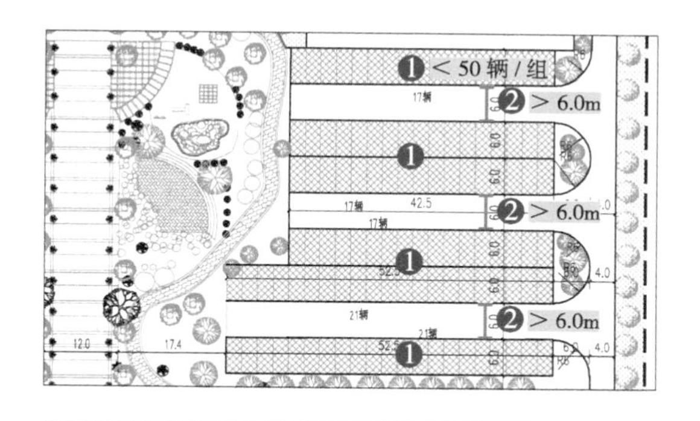

（1）集中布置

在用地东北角集中布置了 4 组停车位，每组停车数量不超过 50 辆❶。

组与组之间距离 ≥ 6m ❷。

参考

■《全国民用建筑工程设计技术措施（2009）——规划·建筑·景观》"第一部分 4.5.1 机动车停车场"。

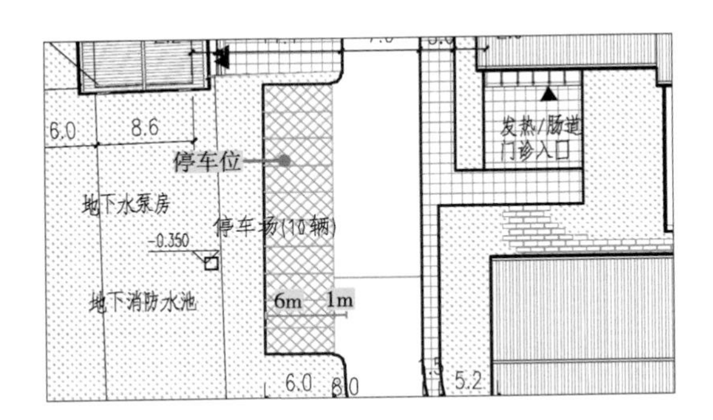

(2) 分散布置

分散布置在路边的停车位要设置 1m 以上的缓冲区域，以便机动车转弯。

参考

■《民用建筑设计统一标准》（GB 50352—2019）"5.2.2–2"：

• 当道路边设停车位时，应加大道路宽度且不应影响车辆正常通行。

2

3）确定自行车停车位数量

依据《控制性详细规划》，本工程需设的自行车停车位不少于：

总建筑面积 2.54732 万 m^2×750 车位 / 万 m^2 = 1910 车位；

依据《停车场规划设计规则》" 表六 "，垂直式双排两侧停车方式的单位停车面积为 $1.74m^2$/ 辆。因此，自行车停车面积为：1910 车位 ×$1.74m^2$/ 车位＝ $3323.4m^2$。

设计的自行车停车场面积为：

❶区：$1615m^2$；❷区：$1348.5m^2$；❸区：$428m^2$，共计 $3391.5m^2$。

可提供的自行车停车位为：

$3391.5m^2$ /（$1.74m^2$/ 车位）= 1949（车位）

显然，自行车停车位也满足规划要求。

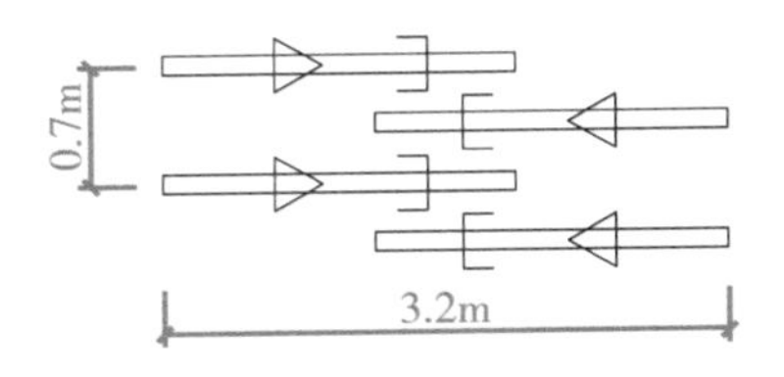

自行车垂直式双排双侧停车方式

■ 如右图所示，设置自行车停车场时，考虑了不同使用者的需求。停车场 ❶ 服务于医院内部工作人员，停车场 ❷ 和 ❸ 服务于就诊患者。

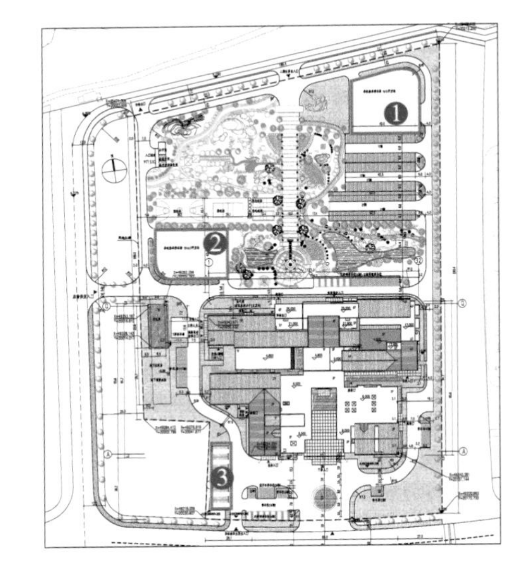

2.7 消防设计

2.7.1 基本内容

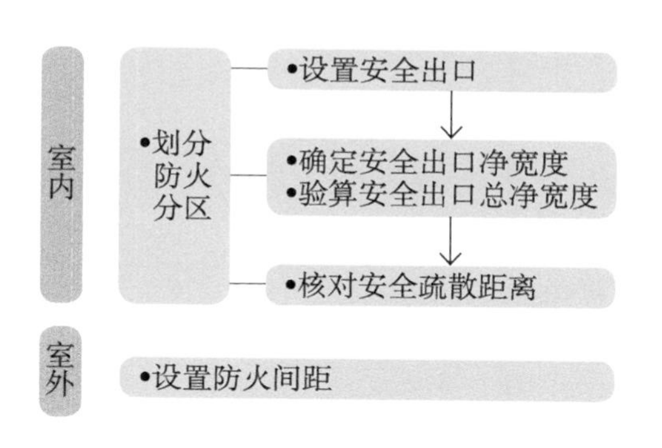

2.7.2 基本概念

1）防火分区

（1）**防火分区的作用是将火灾控制在一定范围内**，因此其最大允许建筑面积有严格规定。

（2）在建筑内部采用防火墙、楼板及其他防火分隔设施分隔而成。

（3）每个防火分区应设两个或两个以上直接对外的安全出口。**安全出口指供人员安全疏散的楼梯间和室外楼梯的出入口或直通室内外安全区域的出口**。为保证人员安全疏散，除安全出口的门应向疏散方向开启之外，安全出口净宽度、总净宽度以及安全疏散距离也须满足规范要求。

2）防火墙

（1）防火墙指防止火灾蔓延至相邻建筑或相邻水平分区且耐火极限不低于 3h 的不燃性墙体❶。

（2）防火墙一般应直接设置在建筑物的基础或框架、梁等承重结构上❷。

（3）防火墙上不应开设门、窗、洞口；确需开设时，应设置不可开启或火灾时能自动关闭的甲级防火门、窗❸。

（4） 可燃气体和甲、乙、丙类液体的管道严禁穿过防火墙。防火墙内不应设置排气道。

其他管道不宜穿过防火墙，确需穿过时，应采用防火封堵材料将墙与管道之间的空隙紧密填实；穿过防火墙处的管道保温材料，应采用不燃材料；当管道为难燃及可燃材料时，应在防火墙两侧的管道上采取防火措施❹。

（5）防火墙应从楼地面基层隔断至梁、楼板或屋面板的底面基层。当高层厂房（仓库）屋顶承重结构和屋面板的耐火极限低于 1.00h，其他建筑屋顶承重结构和屋面板的耐火极限低于 0.50h 时，防火墙应高出屋面 0.50m 以上❺。

（6）建筑外墙为难燃性或可燃性墙体时，防火墙应凸出墙的外表面 0.4m 以上❻，且防火墙两侧的外墙均应为宽度不小于 2m 的不燃性墙体；其耐火极限不应低于该外墙的耐火极限❼。

建筑外墙为不燃性墙体时，防火墙可不凸出墙的外表面。紧靠防火墙两侧的门、窗、洞口之间最近边缘的水平距离不应小于 2m ❽；采取设置乙级防火窗等防止火灾水平蔓延的措施时，该距离不限。

（7）建筑内的防火墙不宜设置在转角处，确需设置时，内转角两侧墙上的门、窗、洞口之间最近边缘的水平距离不应小于 4.0m；采取设置乙级防火窗等防止火灾水平蔓延的措施时，该距离不限。

（8）建筑外墙上、下层开口之间应设置高度≥ 1.2m 的实体墙或者挑出宽度≥ 1m、长度不小于开口宽度的防火挑檐；当室内设置自动喷水灭火系统时，上、下层开口之间的实体墙高度不应小于 0.8m ❾。

■ 建筑构件的燃烧性能分为：

不燃性

耐火极限 3.0h、2.5h、2.0h、1.5h、1.0h 等。

难燃性

耐火极限 0.50h、0.25h、0.15h。

可燃性

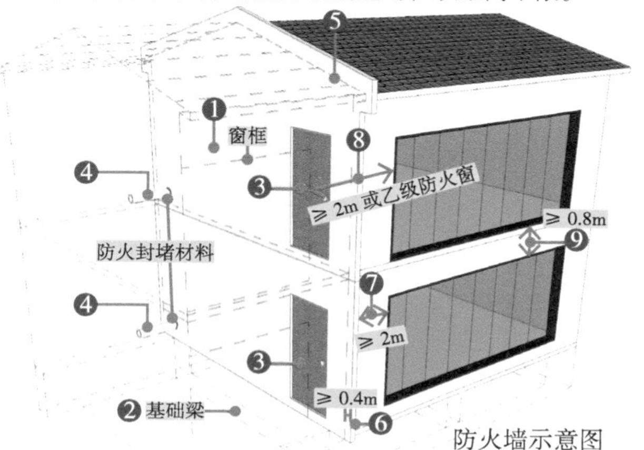

防火墙示意图

参考

■《建筑设计防火规范》（GB 50016—2014）（2018 年版）"2.1 术语 " "6.1 防火墙 " "6.2.5 外墙防火措施 " 及 "6.2.6 建筑幕墙防火措施 "。

3）防火分区的最大允许建筑面积

防火分区的最大允许建筑面积由建筑类别（住宅或公建，厂房或仓库）、建筑层数（多层或高层）、耐火等级及其所在位置（地上或地下，裙房或主楼）等因素确定。依据我国的现行规范，最小的防火分区面积为 150m²（地下室丙 1 类库房），最大的防火分区面积可达 10000m²（商业建筑的营业厅或展览建筑的展览厅）。

本工程为多层公共建筑，耐火等级为一级，每个防火分区的最大允许面积为 2500m² ❶；设有自动灭火系统的楼层，每个防火分区的最大允许面积为 5000m² ❷；地下室每个防火分区的最大允许面积为 500m² ❸。

本工程各层的建筑面积及防火分区的数量：

	楼层		工程设计值 (m²)	最大允许建筑面积 (m²)		防火分区数
医院主楼	一层平面	设有自动喷淋系统	8675.6	5000	❷	2 个
	二层平面		7185.4	5000		2 个
	三层平面		3327.0	5000		1 个
	四层平面		3254.8	5000		1 个
	五层平面		1961.2	5000		1 个
	六层平面		643.2	2500	❶	1 个
辅楼	一层平面		221.9	2500		1 个
	地下一层平面		204.1	500	❸	1 个

《建筑设计防火规范》（GB 50016—2014）（2018 年版）"表 5.3.1 不同耐火等级建筑的允许建筑高度或层数、防火分区最大允许建筑面积"：

（1）单、多层民用建筑

耐火等级	最多允许层数	防火分区的最大允许建筑面积（m²）	备注
一、二级	按本规范第 5.1.1 条确定	2500 ❶	（略）
三级	5 层	1200	
四级	2 层	600	

（2）高层民用建筑

耐火等级	最多允许层数	防火分区的最大允许建筑面积（m²）	备注
一、二级	按本规范第 5.1.1 条确定	1500	（略）

（3）地下或半地下建筑（室）

耐火等级	防火分区的最大允许建筑面积（m²）
一级	500 ❸

《汽车库、修车库、停车场设计防火规范》（GB 50067—2014）"表 5.1.1 汽车库防火分区最大允许建筑面积（m²）"：

耐火等级	单层汽车库	多层汽车库、半地下汽车库	地下汽车库、高层汽车库
一、二级	3000	2500	2000
三级	1000	不允许	不允许

建筑内设置自动灭火系统的防火分区，其最大允许建筑面积可按表中数据增加 1.0 倍❷；当局部设置自动灭火系统时，防火分区的增加面积可按局部面积的 1.0 倍计算。

- 防火分区的面积应按建筑面积计算。除消防水池与单独设置的生活水池不需算入外，防火分区的面积包括使用面积、交通面积、管道井面积、结构面积及内外墙面积。因此，把核心筒内的管道井、暂不使用的电梯井及其前室从防火分区的面积中扣除的做法是错误的，因为这样会增加防火分区的实际面积。例如某高层建筑标准层面积略大于 2000m²，本该划分两个防火分区，但扣除了电梯井的面积后，仅需设一个防火分区。此时安全出口的数量会相应减少，实际上已违反了规范对消防安全的要求。

- 每一块建筑面积都应归属于某防火分区。特别应避免在没有规范依据的情况下，对防火分区的面积进行任意取舍。例如，把架空层、开敞式外廊、开敞空间、两端无门的通道以及几十米长的过街楼都当作室外安全空间，而不划入防火分区的做法是错误的。否则，隧道、开敞式农贸市场、汽车停车楼等均可视作室外安全空间。所以凡是有楼面或屋面的空间，都应划入防火分区。当然，作为开敞空间，防火分区的最大允许面积可依据规范酌情增加。

2.7.3 面积核算

1）绘制轮廓线

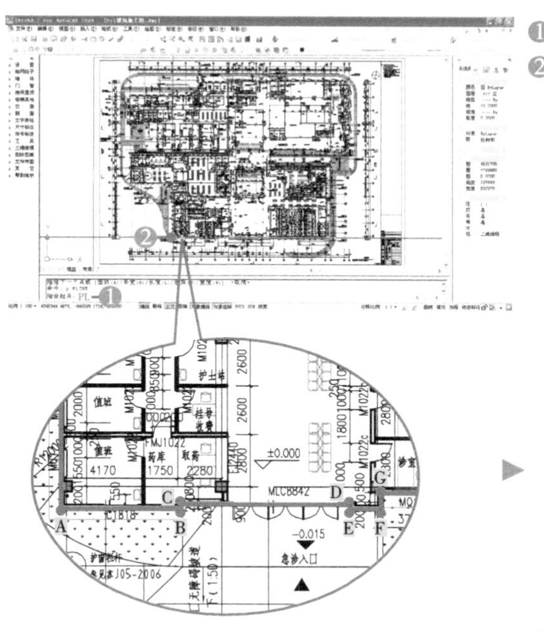

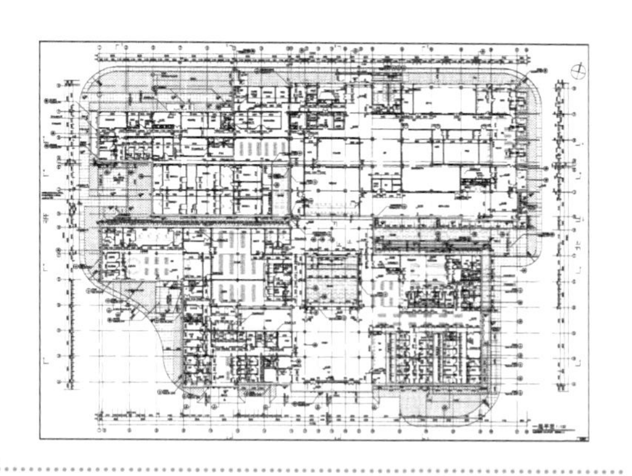

❶ 在命令栏输入 "pl"，按 Enter 键或 Space 键

❷ 依次单击 A、B、C、D、E、F、G 等点，描出建筑的轮廓线（含内庭院的轮廓线）

按 Esc 键退出

2）测量面积

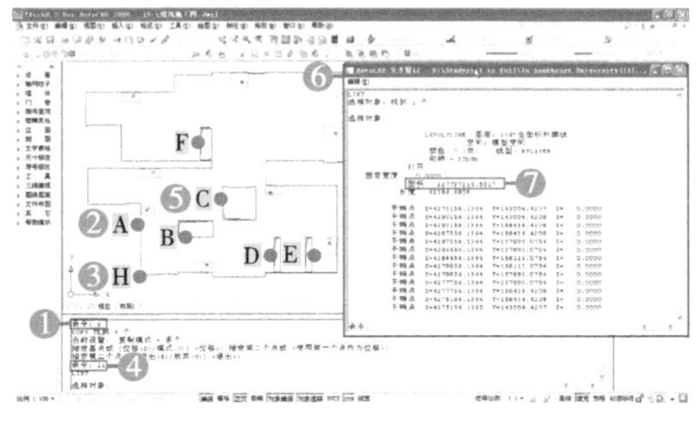

❶ 在命令栏输入 "co"，按 Enter 键或 Space 键

❷ 依次单击 A 点、B 点、C 点、D 点、E 点、F 点，选中所有轮廓线，单击右键

❸ 点击 H 点，指定基点，单击图纸空白处，将轮廓线复制到空白处

❹ 在命令栏输入 "li"，按 Enter 键或 Space 键

❺ 单击 C 点

❻ 单击右键，弹出 "AutoCAD 文本窗口 "

❼ 查看 C 所在轮廓线围合的建筑面积

按 Esc 键退出

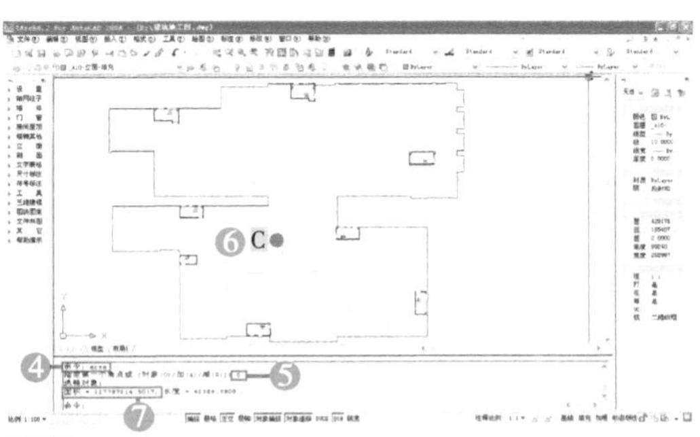

或

❹ 在命令栏输入 "area"，按 Enter 键或 Space 键

❺ 在命令栏输入 "o"

❻ 单击 C 点

❼ 查看 C 所在轮廓线围合的建筑面积

按 Esc 键退出

参考

- 《建筑工程建筑面积计算规范》（GB/T 50353—2013）；
- 《〈建筑工程建筑面积计算规范〉图解》（中国计划出版社，2015）。

将测量的建筑面积标注在各层平面的简图中：

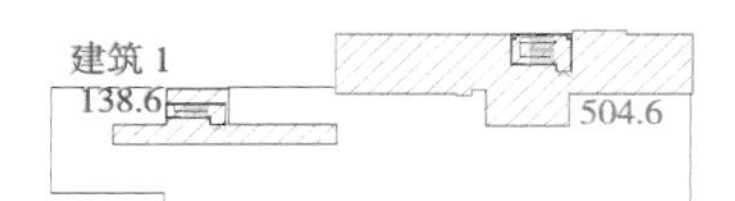

六层面积：643.2m²

建筑面积 =504.6+138.6

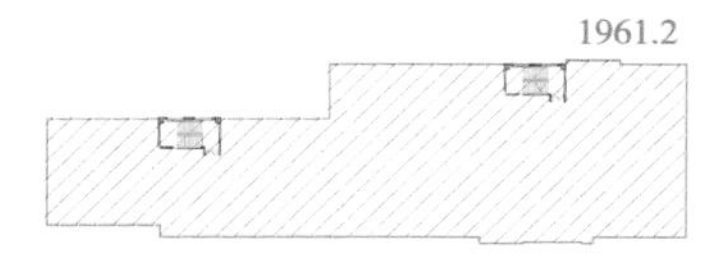

五层面积：1961.2m²

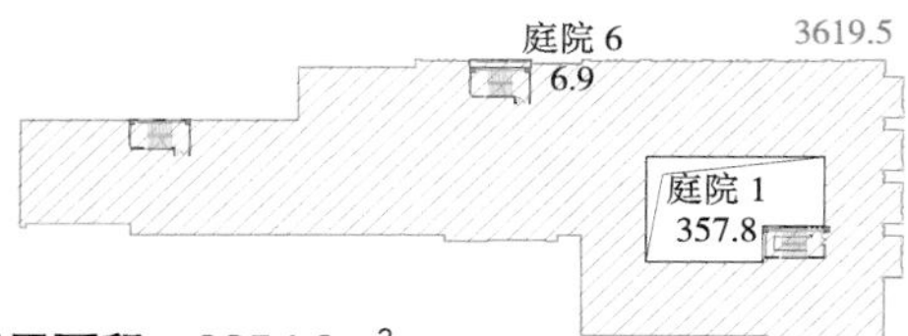

四层面积：3254.8m²

建筑面积 =3619.5−357.8−6.9

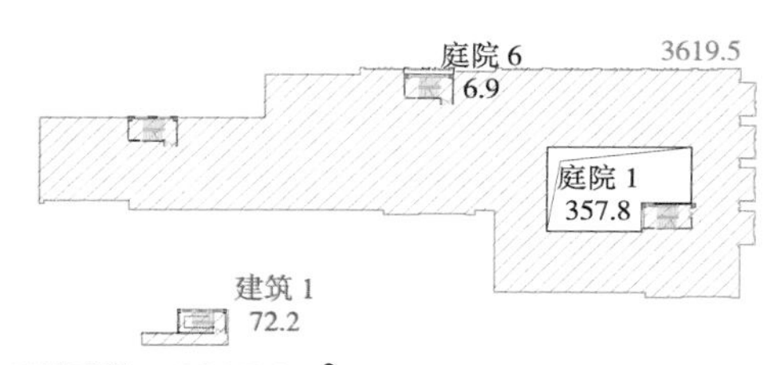

三层面积：3327.0m²

建筑面积 =3619.5+72.2−357.8−6.9 扣除建筑面积

基本建筑面积 增加建筑面积

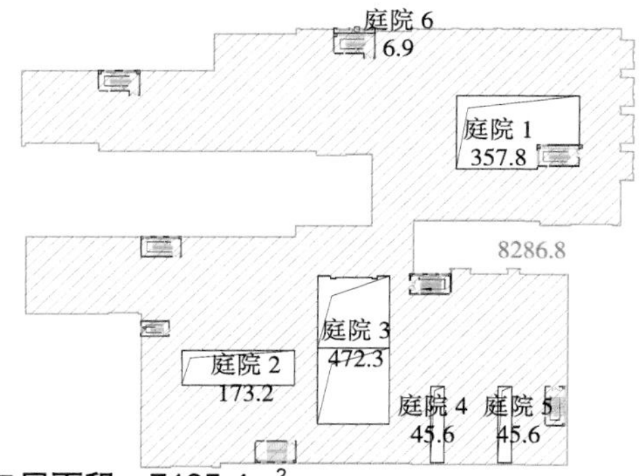

二层面积：7185.4m²

建筑面积 =8286.8−357.8−173.2−472.3−45.6−45.6−6.9

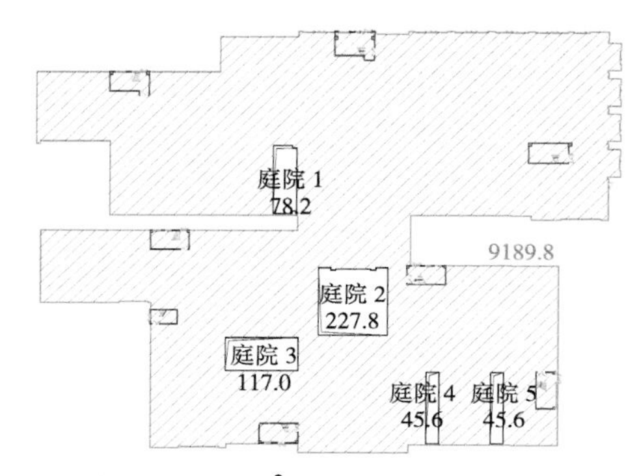

一层面积：8675.6m²

建筑面积 =9189.8−78.2−227.8−117−45.6−45.6

与点取图形上的关键点来测量面积的方法相比，上述方法虽看上去烦琐，但制图过程中，常因方案调整而导致建筑轮廓变化，此时需要重新计算面积。该方法仅需调整建筑轮廓线就可测量出新的建筑面积，反而节省时间。故本书建议采用该方法测量面积。调整建筑轮廓线的方法如下：

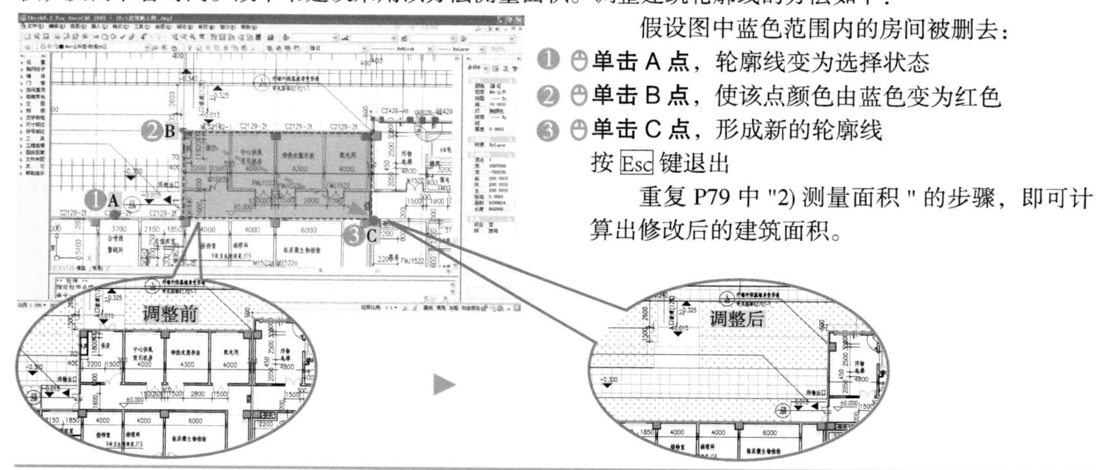

假设图中蓝色范围内的房间被删去：

❶ **单击 A 点**，轮廓线变为选择状态

❷ **单击 B 点**，使该点颜色由蓝色变为红色

❸ **单击 C 点**，形成新的轮廓线

按 Esc 键退出

重复 P79 中 "2) 测量面积 " 的步骤，即可计算出修改后的建筑面积。

3）使用 Excel 统计建筑面积：

应用前述的面积测量方法，并借助于 Excel 的强大功能，可方便准确地统计建筑面积。

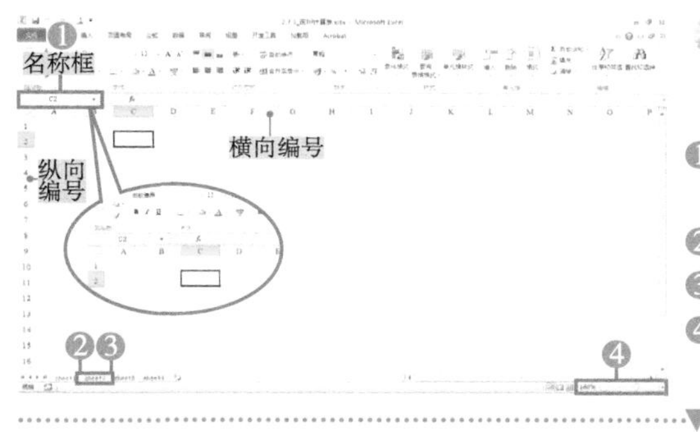

打开配套资源中 "03_ 参考图 " 文件夹内 "2.7.3_面积计算表 .xlsx" 文件

（1）基本操作

❶ **单击任意一个单元格可看到其名称：**横向编号＋纵向编号

❷ **单击 [sheet2]，**激活第二个工作表

❸ **双击 [sheet2]，**表名变为选择状态，可修改表名

❹ **左右拖动右下角 [显示比例] 图标，**可调整表格显示比例

❶ **右击表名 [Sheet1]，**弹出菜单

❷ **选择 [插入]，**插入新表格

❸ **选择 [删除]，**删除该表格

或

❷ **单击表名栏最右边图标 可插入新表格**

（2）制作建筑面积计算表

	A	B	C	D	E	F	G	H	I	J	K	L	M	N	O
1			基本建筑面积(m²)	增加建筑面积(m²)			扣除建筑面积(m²)								各层建筑面积(m²)
2				建筑1	建筑2	建筑3	庭院1	庭院2	庭院3	庭院4	庭院5	庭院6	庭院7	庭院8	
3	医院主楼	1层平面	9189.8				78.2	227.8	117.0	45.6	45.6				8675.6
4		2层平面	8286.8				357.8	173.2	472.3	45.6	45.6	6.9			7185.4
5		3层平面	3619.5	72.2			357.8					6.9			3327.0
6		4层平面	A 区 3619.5		B 区		357.8		C 区			6.9			D 区 3254.8
7		5层平面	1961.2												=A+B−C 1961.2
8		6层平面	504.6	138.6											643.2
9		总建筑面积													25047.2
10															
11	辅楼	地下1层平面	204.1												204.1
12		1层平面	221.9												221.9
13		总建筑面积													426.0
14															
15													医院总建筑面积		25473.2

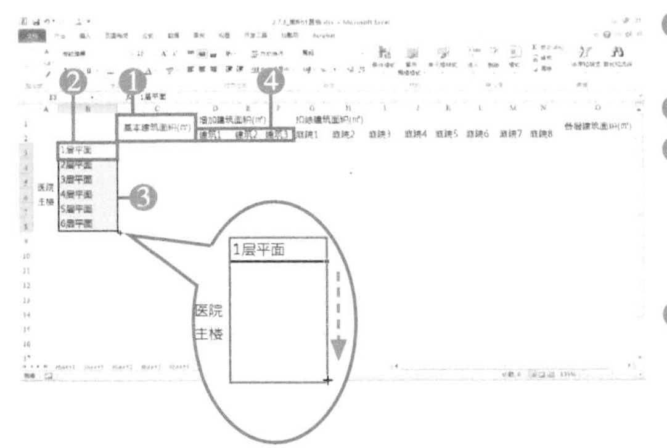

文字输入：

❶ **在 sheet1 中单击单元格 C1，用键盘输入文字 " 基本建筑面积（m²）"，**按 Enter 键

❷ **单击单元格 B3，输入 "1 层平面 "**

❸ 将鼠标箭头移至该单元格右下角，鼠标箭头变为 " **＋** " 符号，**按住鼠标左键并向下拖动至 B8 单元格，**即可自动输入 "2 层平面 " "3 层平面 "……"6 层平面 "

❹ **单击单元格 D2，输入 " 建筑 1"，**用同样的方法可快速输入 " 建筑 2" " 建筑 3"

按此方法输入上表 A 区、B 区、C 区的所有文字与数据。

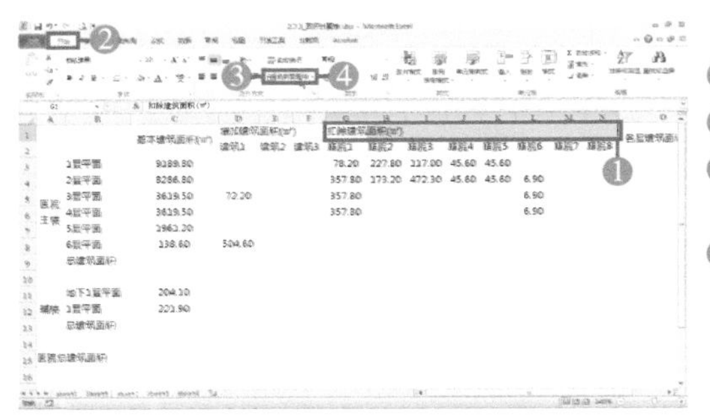

合并单元格：

❶ **单击单元格 G1，按住左键移动鼠标箭头至 N1**

❷ **单击 [开始]**，显示 [开始] 选项卡

❸ **单击 [合并后居中] 按钮**，将几个单元格合并为一个大单元格

❹ **再次单击 [合并后居中] 按钮**，将大单元格分为 8 个小单元格

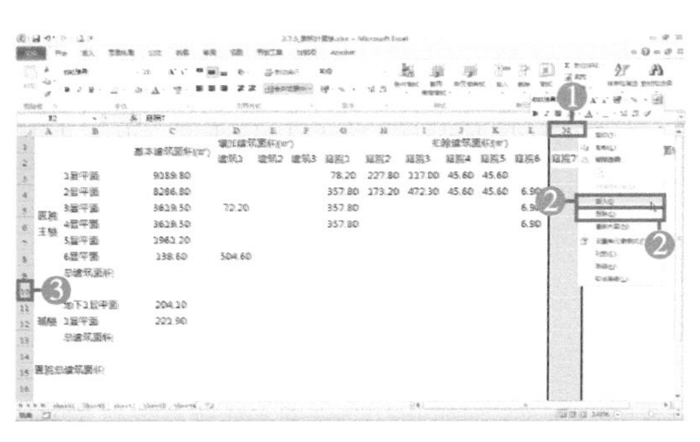

插入列及删除列：

❶ **单击 [M]**，选择 M 列

❷ **单击右键**，弹出下拉式菜单，**选择 [插入]**，则在 M 列为新增的空白列，原 M 列及其右侧的内容均右移一个单元格

或

❷ **选择 [删除]**，M 列内容 " 庭院 7" 消失，原 N 列内容 " 庭院 8" 左移至 M 列

❸ 同理，**单击 [10]**，可插入行或删除行

调整单元格大小：

❶ **将鼠标移至列编号右边线，鼠标箭头变为✛符号**

❷ **按住左键拖动**即可调整单元格宽度

同理可调整单元格高度

出现✛符号时双击鼠标，单元格宽度可自动调整至该列中最长文字的宽度

移动单元格：

将文字 " 医院总建筑面积 " 从单元格 A15 移至单元格 L15

❶ **单击 A15 单元格，将鼠标移至单元格的边框上，箭头下会出现十字箭头符号，按住左键拖动至 L15 单元格**

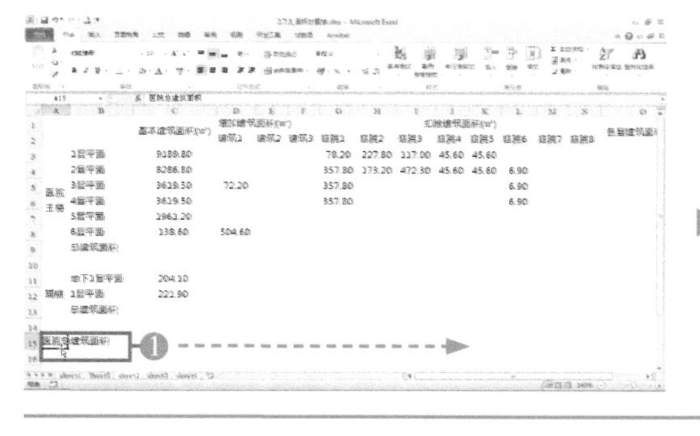

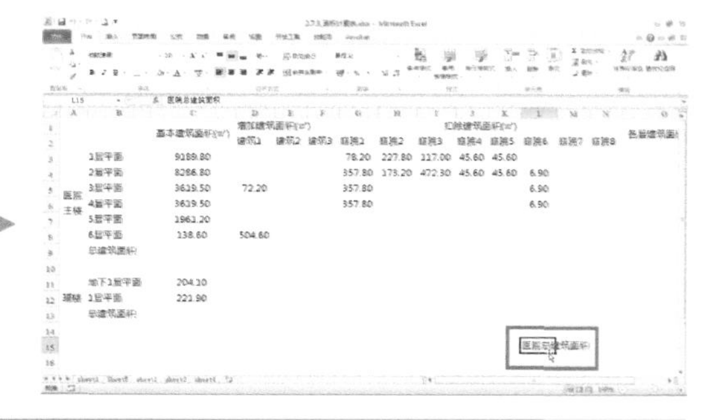

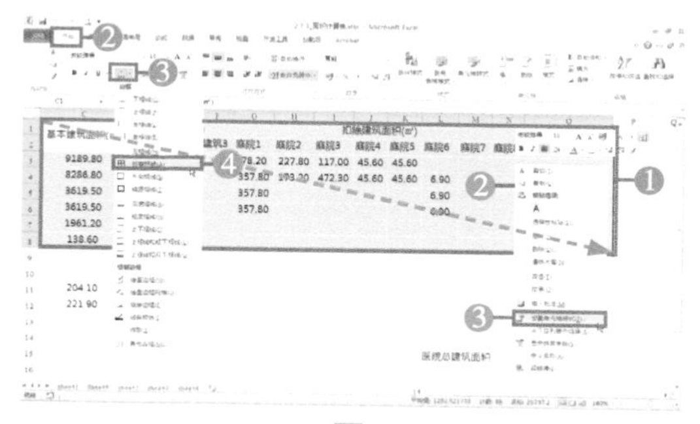

快速绘制表格边框：

❶ 单击单元格 C1，按住左键，将鼠标箭头移至单元格 O8，松开左键，选择需要绘制表格边框的范围

❷ 单击 [开始]，显示 " 开始选项卡 "

❸ 单击 [边框] 选项的 ▼ 按钮，弹出下拉式菜单

❹ 选择 [所有框线]，表格框线自动绘制完毕

或

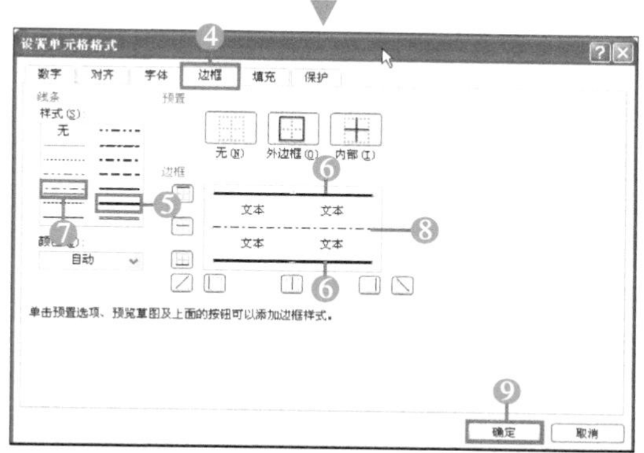

❷ 把鼠标箭头移至单元格 C1 ~ O8 的范围内，单击右键，弹出下拉式菜单

❸ 选择 [设置单元格格式]，弹出对话框

❹ 单击 [边框]

❺ 单击 [样式] 中的粗实线

❻ 单击 [边框] 中的上下边线

❼ 单击 [样式] 中的点划线

❽ 单击 [边框] 中的中线

❾ 单击 [确定]

按此方法可详细设定表格边框。

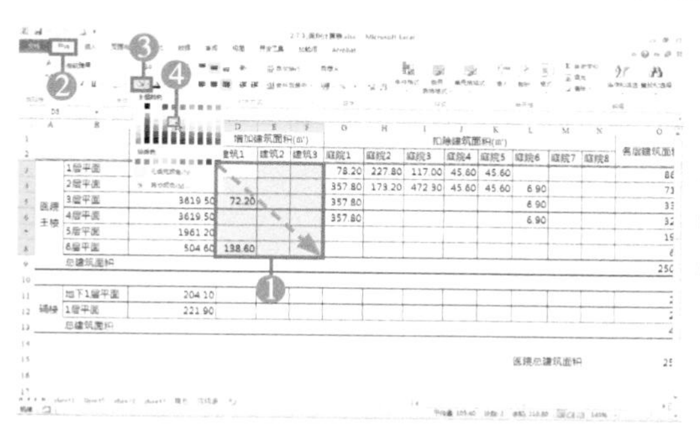

填色：

❶ 单击单元格 D3，按住左键，将鼠标箭头移至单元格 F8，松开左键，选择填色范围

❷ 单击 [开始]，显示 " 开始选项卡 "

❸ 单击 [颜色填充] 按钮，弹出颜色选择框

❹ 选择 [蓝色]

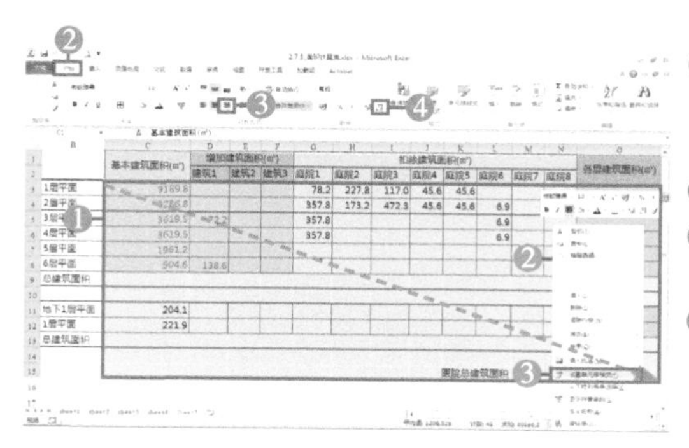

设置数据格式：

❶ 单击单元格 C3，按住左键，将鼠标箭头移至单元格 O15，松开左键，选择设置数据格式的范围

❷ 单击 [开始]，显示 " 开始选项卡 "

❸ 单击 [文本右对齐] 按钮，所有数据在单元格内右对齐

❹ 单击 [减少小数位数] 按钮，保留 1 位小数

或

❷ 把鼠标箭头移至单元格 C3~O15 的范围内，单击右键，弹出下拉式菜单

❸ 选择 [设置单元格格式]，弹出对话框

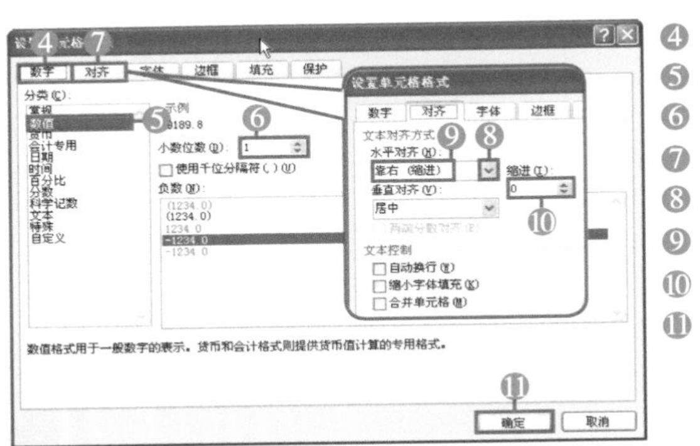

④ 核对默认选项为 [数字]
⑤ 选择 [数值]
⑥ 小数数位改为 "1"
⑦ 单击 [对齐] 选项
⑧ 单击 [水平对齐] 的 ▼ 按钮，弹出下拉式菜单
⑨ 选择 [靠右（缩进）]
⑩ 核对缩进默认值为 "0"
⑪ 单击 [确定]

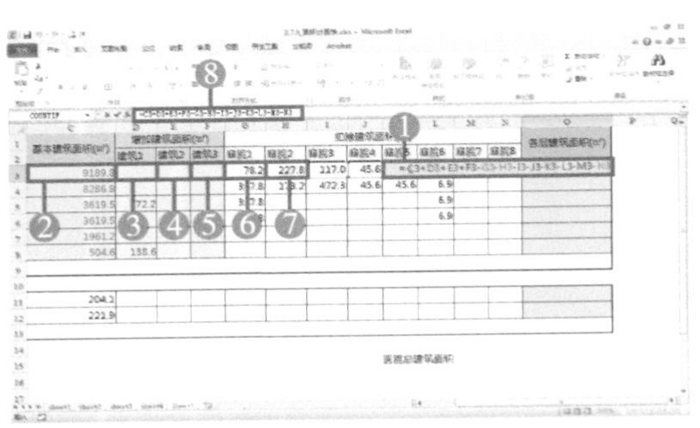

计算：

① 单击单元格 O3，用键盘输入 " = "
② 单击单元格 C3（基本建筑面积）
③ 输入 " + "（加号），单击单元格 D3（建筑 1）
④ 输入 " + "，单击单元格 E3（建筑 2）
⑤ 输入 " + "，单击单元格 F3（建筑 3）
⑥ 输入 " − "（减号），单击单元格 G3（庭院面积 1）
⑦ 输入 " − "，单击单元格 H3（庭院面积 2）……
⑧ 直至公示栏显示为 "=C3+D3+E3+F3−G3−H3−I3−J3−K3−L3−M3−N3"，按 Enter 键或 Space 键，得到一层建筑面积

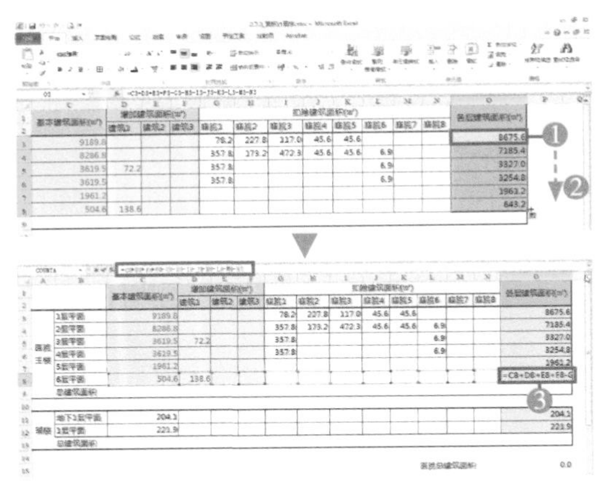

复制计算公式：

① 单击 O3 单元格
② 将鼠标箭头移至单元格 O3 右下角，鼠标箭头变为 " ✚ " 符号，按住鼠标左键并向下拖动至单元格 O8，即可自动复制计算公式
③ 双击单元格 O8，确认公式栏显示为 "=C8+D8+E8+F8−G8−H8−I8−J8−K8−L8−M8−N8"

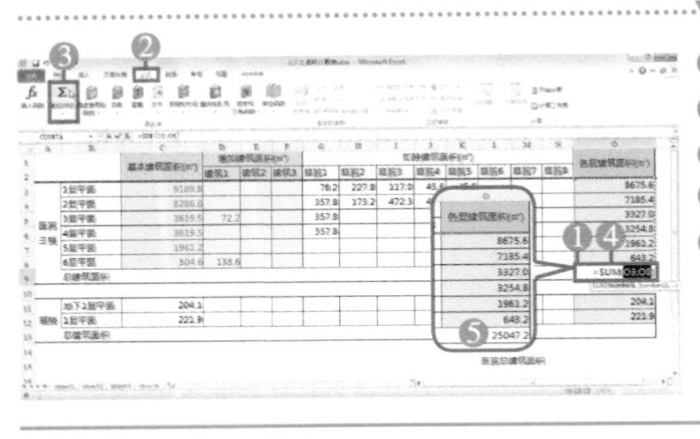

① 单击 O9 单元格
② 单击 [公式]，显示 [公式] 选项卡
③ 单击 [Σ]
④ 自动显示 "=SUM(O3:O8)"
⑤ 按 Enter 键，得到医院主楼总建筑面积为 "25047.2"

2.7.4 划分防火分区

本工程一层及二层平面均需划分为两个防火分区（☞ P78）。

每层平面都有南楼（门诊、急诊、医技）及北楼（住院、管理）两个区域，每个区域的面积均远小于规范规定的 $5000m^2$；因此确定两个防火分区间防火墙的位置时有较大的灵活性，需要综合考虑空间关系及功能要求。

一层平面中，为保全以内庭院水景为中心的室内空间的完整，将防火墙设置在该空间的北侧❶。

二层平面中，为方便家属等待区与手术部的联系，将防火墙设置在家属等待区的北侧❷。

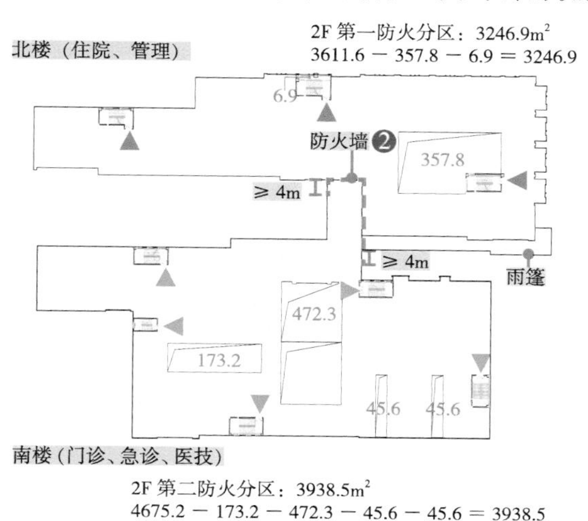

二层防火分区示意图

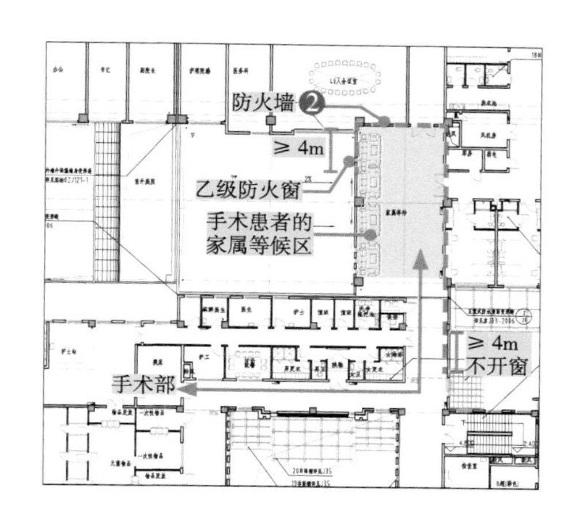

二层平面

参考

■《建筑设计防火规范》（GB 50016—2014）（2018 年版）"6.1.4"：

• 建筑物内的防火墙不宜设置在转角处，确需设置时，内转角两侧墙上的门、窗、洞口之间最近边缘的水平距离不应小于 4m；采取设置乙级防火窗等防止火灾水平蔓延的措施时，该距离不限。

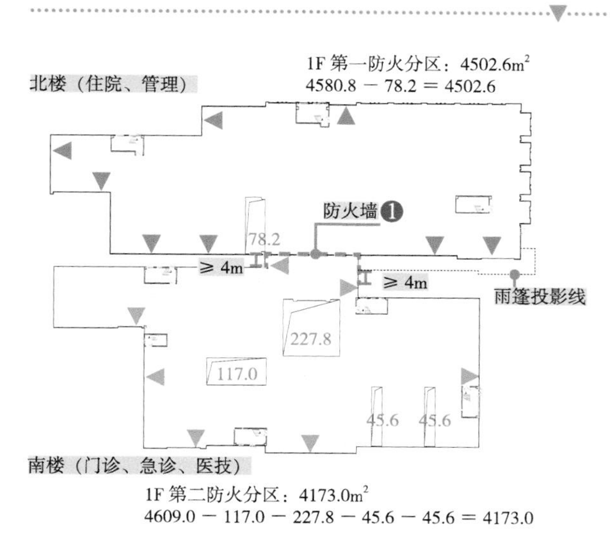

一层防火分区示意图

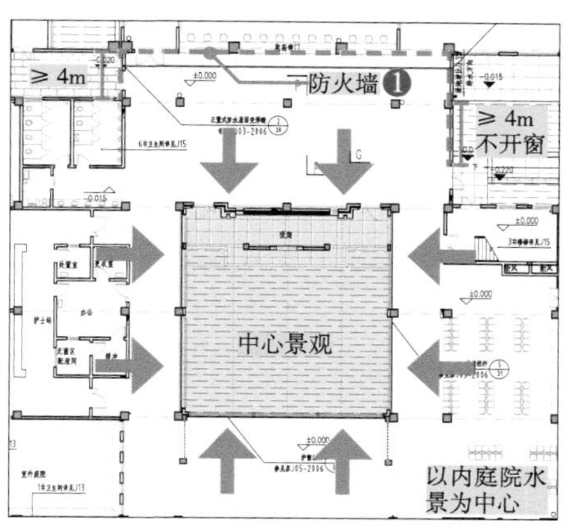

一层平面

2.7.5 安全出口

1) 定义

供人员安全疏散用的楼梯间或室外楼梯的出入口，以及直通室内外安全区域的出口。

2) 一层平面的安全出口

参考

■《建筑设计防火规范》(GB 50016—2014)(2018年版)"5.5.19"：人员密集的公共场所的室外疏散通道的净宽度不应小于3m，并应直接通向宽敞地带。

参考

■《建筑设计防火规范》(GB 50016—2014)(2018年版)"2.1.14 安全出口"。

建筑物一层的安全出口指从门厅、过厅、走道等公共区域直通室外的出口❶，而不包括一层楼梯间的出入口❷、一层楼梯间❸及非公共区域通向室外的出口❹。火灾发生时，一层楼梯间通向室外的出口主要供二层以上的人流疏散用，不应考虑一层人员通过楼梯间进行疏散。

防火分区安全出口总净宽度为该防火分区所有安全出口的净宽度之和。因此，左图第一防火分区的安全出口总净宽度为：

1.5+5.1+5.1+2.8+1.4+1.4+1.7+1.7=20.7（m）

第二防火分区安全出口总净宽度为：

1.4+1.7+5.1+3+5.1+1.4+3.4=21.1（m）

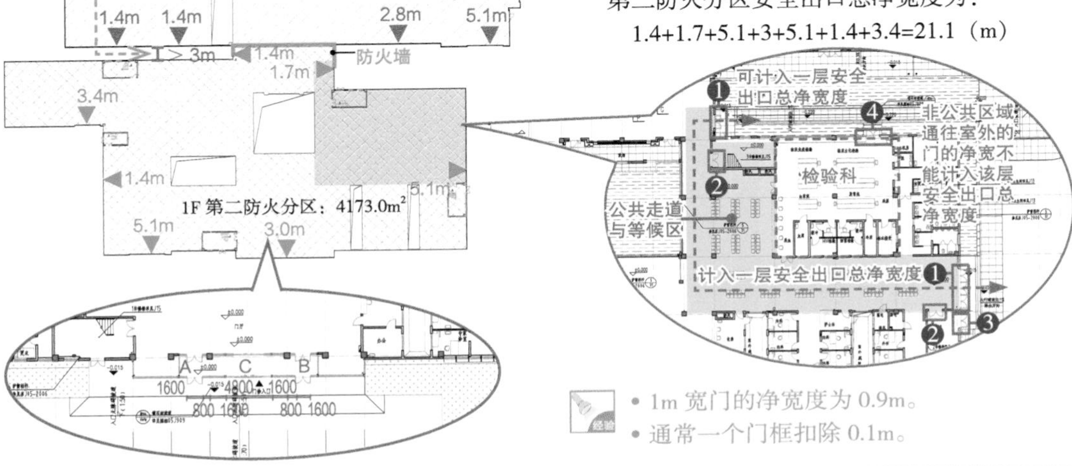

经验

• 1m 宽门的净宽度为 0.9m。
• 通常一个门框扣除 0.1m。

平开门能作为安全出口，自动门、推拉门均不能作为安全出口。此处安全出口的净宽度只能是A门和B门净宽度之和，C门净宽度不能计入。

一层安全出口及安全出口总净宽度

3) 确认一层楼梯是否直通室外

楼梯间的一层应设置直通室外的安全出口或在一层采用扩大的封闭楼梯间。当层数不超过4层时，可将直通室外的安全出口设置在离楼梯间小于等于15m处。

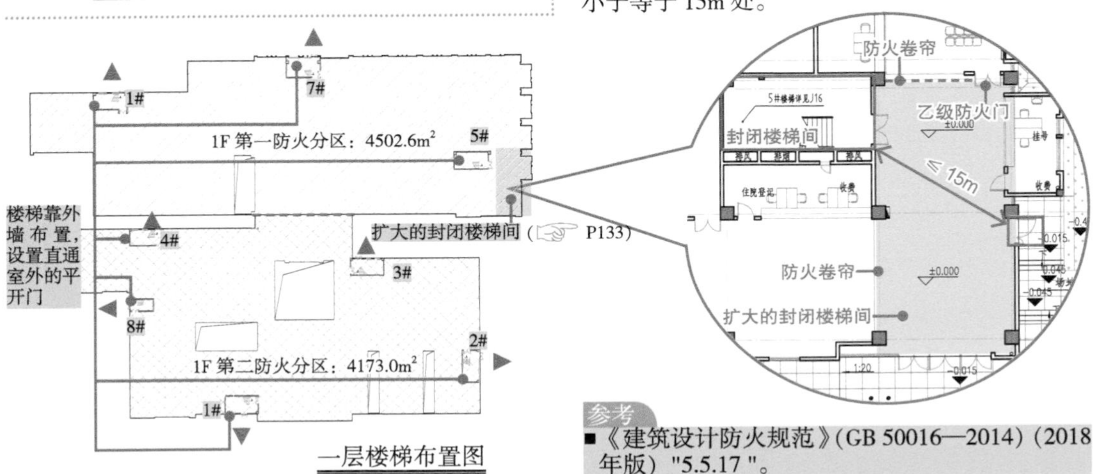

（☞ P133）

一层楼梯布置图

参考

■《建筑设计防火规范》(GB 50016—2014)(2018年版)"5.5.17"。

4）其他楼层的安全出口

（1）通常每个防火分区应设两个或两个以上直接对外的安全出口❶。

（2）防火墙上的防火门可作为第二安全出口，但不可计入安全出口总净宽度❷。

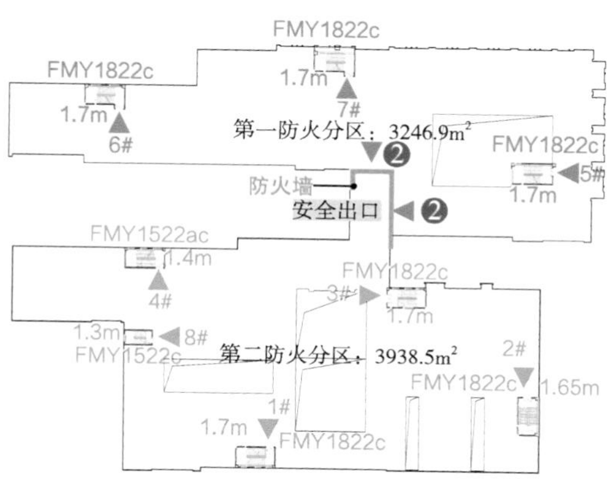

二层安全出口及安全出口总净宽度

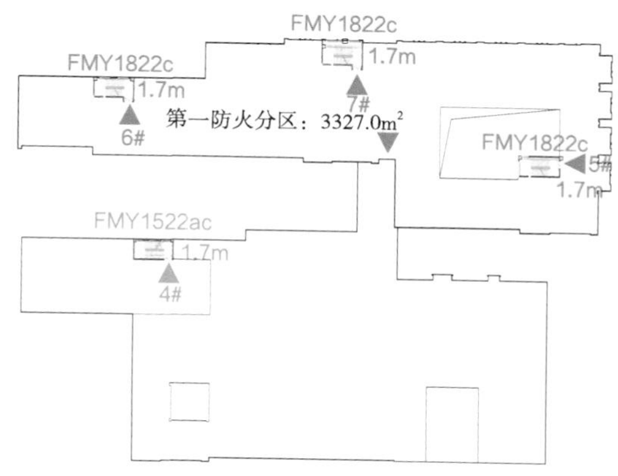

三层安全出口及安全出口总净宽度

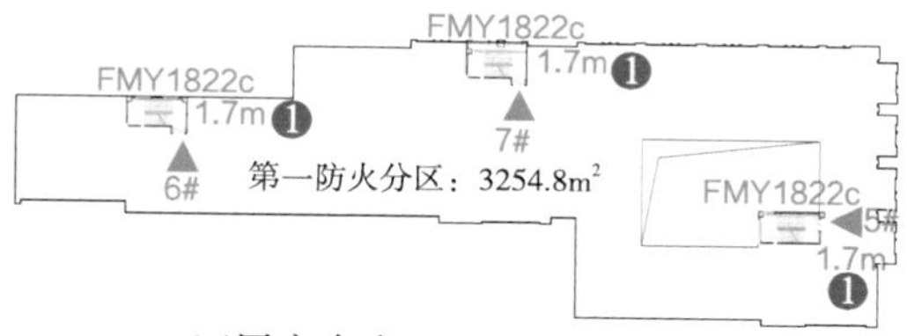

四层安全出口及安全出口总净宽度

五层安全出口及安全出口总净宽度

5）屋顶

本工程屋顶设两部疏散楼梯作为安全出口。

屋顶安全出口及安全出口总净宽度

参考

- 《建筑设计防火规范》（GB 50016—2014）（2018年版）"5.5.11"：
- 设置不少于2部疏散楼梯的一、二级耐火等级多层公共建筑，如顶层局部升高，当高出部分的层数不超过2层、人数之和不超过50人且每层建筑面积不大于200m²时，高出部分可设置1部疏散楼梯，但至少应另外设置1个直通建筑主体上人平屋面的安全出口，且上人屋面应符合人员安全疏散的要求。

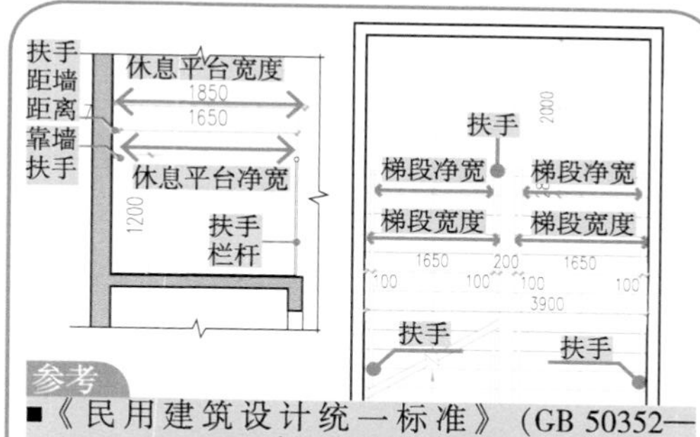

参考

- 《民用建筑设计统一标准》（GB 50352—2019）"6.8.2"：当一侧有扶手时，梯段净宽应为墙体装饰面至扶手中心线的水平距离，当双侧有扶手时，梯段净宽应为两侧扶手中心线之间的水平距离。当有凸出物时，梯段净宽应从凸出物表面算起。
- 《全国民用建筑工程设计技术措施（2009）——规划·建筑·景观》" 8.2.3 梯段设计 " 及 " 表 8.3.8 最小梯段净宽与休息平台净宽 "。

高手之道

- 《建筑设计防火规范》(GB 50016—2014)（2018年版）"5.5.9"：一、二级耐火等级公共建筑内的安全出口全部直通室外确有困难的防火分区，可利用通向相邻防火分区的甲级防火门作为安全出口，但应符合下列要求：
- 利用通向相邻防火分区的甲级防火门作为安全出口时，应采用防火墙与相邻防火分区进行分隔；
- 建筑面积＞1000m² 的防火分区，直通室外的安全出口应≥ 2 个；建筑面积≤ 1000m² 的防火分区，直通室外的安全出口应≥ 1 个；
- 该防火分区通向相邻防火分区的疏散净宽度不应大于其按本规范第 5.5.21 条规定计算所需疏散总净宽度的 30%，建筑各层直通室外的安全出口总净宽度不应小于按照本规范第 5.5.21 条规定计算所需疏散总净宽度。

2.7.6 安全出口净宽度

1）安全出口净宽度

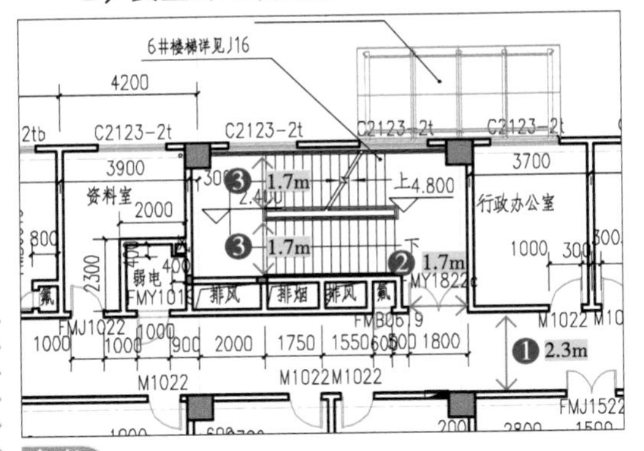

（1）安全出口净宽度为下面三者中的最小值：

- 疏散走道净宽度❶；
- 楼梯间门的净宽度❷；
- 楼梯梯段净宽度❸。

（2）以本工程6#楼梯为例：

- 走道宽2.5m，双侧扶手，净宽2.3m❶；
- 楼梯间门FMY1822c，宽1.8m，高2.2m，净宽1.7m❷；
- 梯段宽1.9m，双侧扶手，净宽1.7m❸。

因此6#楼梯安全出口净宽度为1.7m。

参考

■《建筑设计防火规范》（GB 50016—2014）（2018年版）"5.5.18"及"5.5.19"：

- 公共建筑内疏散门和安全出口的净宽度不应小于0.9m，疏散走道和疏散楼梯的净宽度不应小于1.1m。
- 人员密集的公共场所、观众厅的疏散门不应设置门槛，其净宽度不应小于1.4m，且紧靠门口内外各1.4m范围内不应设置踏步。

2）安全出口总净宽度

为保证人员安全疏散，除安全出口净宽度需满足规范要求外，还要确保安全出口总净宽度不小于该防火分区的最小疏散净宽度。

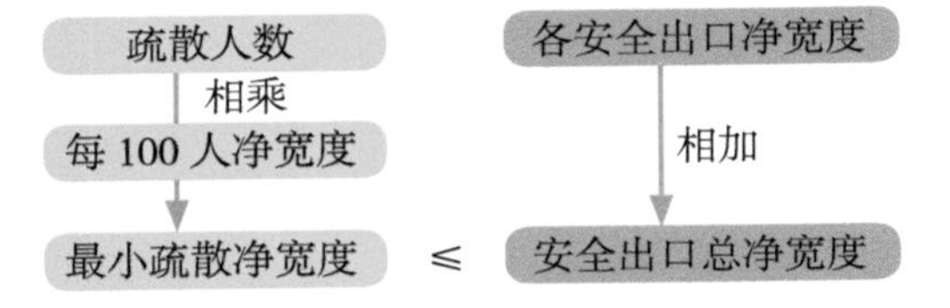

3）本工程疏散人数的计算方法

（1）南楼（门诊、急诊、医技）：

南楼疏散人数＝门急诊高峰患者数＋陪同人员数（每位患者0.7人陪同）＋工作人员数

（2）北楼（住院、管理）：

北楼疏散人数＝病床数（100%使用率）＋探视人员数（每床2名）＋工作人员数

疏散人数的计算方法

（1）明确固定座位数的场所

疏散人数＝该场所最大容纳人数（座位数）

（2）没有明确固定座位数的场所

①依据人均占用面积：

录像厅的疏散人数＝建筑面积×1人/m²

②依据建筑面积换算系数：

商店的疏散人数＝每层营业厅的建筑面积×人员密度

■ 人员密度详见《建筑设计防火规范》（GB 50016—2014）（2018年版）"表5.5.21-2"。

③依据日门急诊人次和总病床数，详见《医院建筑施工图实例》（07CJ08）。

④房间合理使用人数及无标定人数的房间疏散人数的确定详见《全国民用建筑工程设计技术措施（2009）——规划·建筑·景观》"第二部分 2.5"。

每100人净宽度的取值

每100人净宽度指在允许疏散时间内，每100人以单股人流形式疏散所需的宽度。

■《建筑设计防火规范》（GB 50016—2014）（2018年版）"表5.5.21-1 每层的房间疏散门、安全出口、疏散走道和疏散楼梯的每100人最小疏散净宽度（m/百人）"规定：

建筑层数		建筑的耐火等级		
		一、二级	三级	四级
地上楼层	1层~2层	0.65	0.75	1.00
	3层	0.75	1.00	—
	≥4层	1.00	1.25	—
地下楼层	与地面出入口地面的高差 $\Delta H \leq 10$m	0.75	—	—
	与地面出入口地面的高差 $\Delta H > 10$m	1.00	—	—

4）本工程最小疏散净宽度的计算方法

最小疏散净宽度＝疏散人数 × 每 100 人净宽度

以本工程为例：

（1）南楼（门诊、急诊、医技）

日平均门急诊量为 1000 人次，集中系数为 0.6，即高峰时期门急诊患者数 600 人；平均每名患者按 0.7 人陪同考虑，即 420 人；医院工作人员为 270 人，最不利高峰人数为 1290 人。

•对于南楼一层，最不利的情况是 1290 人都集中在一层，都需要从一层疏散❶。

•由于南楼一层、二层的建筑面积相近，对于南楼二层，疏散人数按最不利高峰人数 1290 人的一半考虑，即 645 人❷。

（2）北楼（住院、管理）

•住院部病床数按 100% 使用率计算，每床 2 人探视，一个护理单元按 20 名工作人员计算❸。

•每 100 人净宽度按 " 地上一、二层 0.65m/100 人❹，地上三层 0.75m/100 人❺，四层以上 1m/100 人❻ " 计算。在地上建筑中，任意层楼梯的总净宽度应按该层以上人数最多的那层的人数计算❼。

	面积（m^2）	使用功能	使用人数（人）	疏散人数（名）	每 100 人净宽度（m/100 人）	最小疏散净宽度（m）	安全出口个数（个）	安全出口总净宽度设计值（m）
一层	4546.6（第一防火分区）	中医小区	60	1383	0.65 ❹	8.99	9	20.7
		放射科	70					
		药房、康复	165					
		各层疏散至一层人数	1088					
	4200.9（第二防火分区）	最不利高峰人数	1290 ❶	1290		8.39	6	21.1
二层	3253.8（第一防火分区）	管理部（办公面积 1600m^2）	80（按 20m^2/ 人计算）	290		计算结果 1.89 ❼ 取 3.10	3	5.1（5# ~ 7# 楼梯）
		会议室	40					
		老年科护理单元	50×3 ＋ 20 ＝ 170（50 床）❸					
	3957.0（第二防火分区）	最不利高峰人数的一半	645 ❷	645		5.49	5	7.75（1# ～ 4#、8# 楼梯）
三层	3327.0	外科护理单元	40×3 ＋ 20 ＝ 140（40 床）❸	316	0.75 ❺	计算结果 2.37 ❼ 取 3.10	4	5.1（5# ~ 7# 楼梯）
		老年科护理单元	50×3 ＋ 20 ＝ 170（50 床）❸					
		设备用房	6 ❸					
四层	3254.8	内科护理单元	40×3 ＋ 20 ＝ 140（40 床）❸	310	1.00 ❻	3.10 ❼	3	5.1（5# ~ 7# 楼梯）
		老年科护理单元	50×3 ＋ 20 ＝ 170（50 床）❸					
五层	1961.2	妇产科护理单元	32×3 ＋ 20 ＝ 116（32 床）	166		1.66	2	3.4（6#、7# 楼梯）
		产科手术室	50					
六层	643.2	各设备机房	6	6		0.06	2	3.0（6#、7# 楼梯）

5）验算结果

南、北两楼一层共设 15 个安全出口，总净宽度为 41.8m；二层设 8 部封闭楼梯间，三层设 4 部封闭楼梯间，四层设 3 部封闭楼梯间，五层设 2 部封闭楼梯间。所有封闭楼梯间均设乙级防火门，并向疏散方向开启，各防火分区的安全出口总净宽度（☞ P87）均大于所需的最小疏散净宽度，满足消防疏散要求。

参考

■《建筑设计防火规范》（GB 50016—2014）(2018 年版)"5.5 安全疏散和避难 "。

2.7.7　安全疏散距离

1）基本概念

本工程中 " 直接通向疏散走道的房间疏散门至最近安全出口的最大距离 " 如下表所示：

名称	位于两个安全出口之间的疏散门	位于袋形走道两侧或尽端的疏散门
	一、二级耐火等级	一、二级耐火等级
医院、疗养院	35m	20m
安全疏散距离可增加 25%	35×(1 ＋ 25%) ＝ 43.75m	20×(1 ＋ 25%) ＝ 25m

■《建筑设计防火规范》（GB 50016—2014）(2018 年版)" 表 5.5.17 直通疏散走道的房间疏散门至最近安全出口的直线距离（m）" 规定：

名称			位于两个安全出口之间的疏散门			位于袋形走道两侧或尽端的疏散门		
			耐火等级（级）			耐火等级（级）		
			一、二	三	四	一、二	三	四
托儿所、幼儿园			25	20	15	20	15	10
医疗建筑	单、多层		35	30	25	20	15	10
	高层	病房	24	—	—	12	—	—
		其他	30	—	—	15	—	—

注：建筑物内全部设置自动喷水灭火系统时，其安全疏散距离可按本表的规定增加 25%。

2）绘制安全疏散距离分析图

（1）用 Pline 线描出

•建筑轮廓线❶

•庭院轮廓线❷

•大厅、走道、候诊等公共空间的轮廓线❸

•防火墙位置线❹

（2）复制

•安全出口和主要疏散门❺

•楼梯、消防电梯❻

•防火卷帘及防火门❼

（3）用斜线填充使用空间，如右图所示❽。

（4）安全疏散距离的测量方法如下图所示。

•测量起点：疏散门处距安全出口的最近点。

•测量终点：安全出口处距疏散门的最近点。

•安全疏散距离为测量起点与测量终点间的最近距离。

安全疏散距离如下：

I 门：ac+cd

II 门：bc+cd

III 门：ef

IV 门：gh+hi

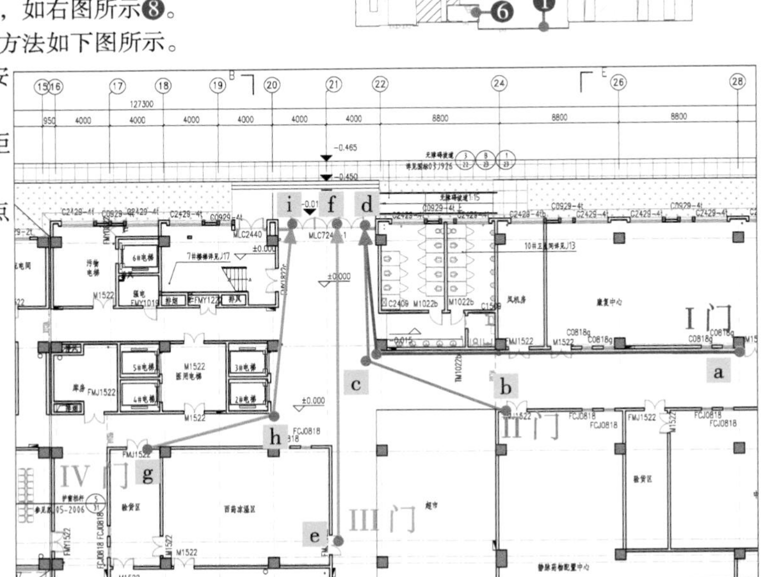

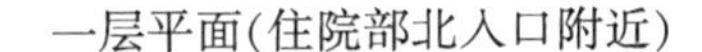
一层平面(住院部北入口附近)

3）分析

- •位于两个安全出口之间的疏散门；
- •位于袋形走道的疏散门；
- •位于两个安全出口之间且局部经袋形走道的疏散门；
- •局部袋形走道的平面调整；
- •房间内任意点至疏散门的最大距离；
- •上人孔作为第 2 安全出口；
- •解决走道畅通性与医院空间要求之间的矛盾。

（1）位于两个安全出口之间的疏散门

右图标出了位于安全出口 D 与安全出口 A 之间的所有疏散门，及位于安全出口 D 与安全出口 C 之间的所有疏散门。

由于 EF 处设置了防火卷帘，火灾时防火卷帘关闭后不能通行，所以 EF 为袋形走道的尽端，I 门为位于袋形走道的疏散门（☞ P86、P133）。

GH 之间也设置了防火卷帘，但由于 H 右侧设置了甲级防火门，火灾时仍能通行。所以安全出口 D 与 A、B 之间所有门都是位于两个安全出口之间的疏散门。

▭ 位于两个安全出口之间的疏散门

▭ 位于袋形走道两侧或尽端的疏散门

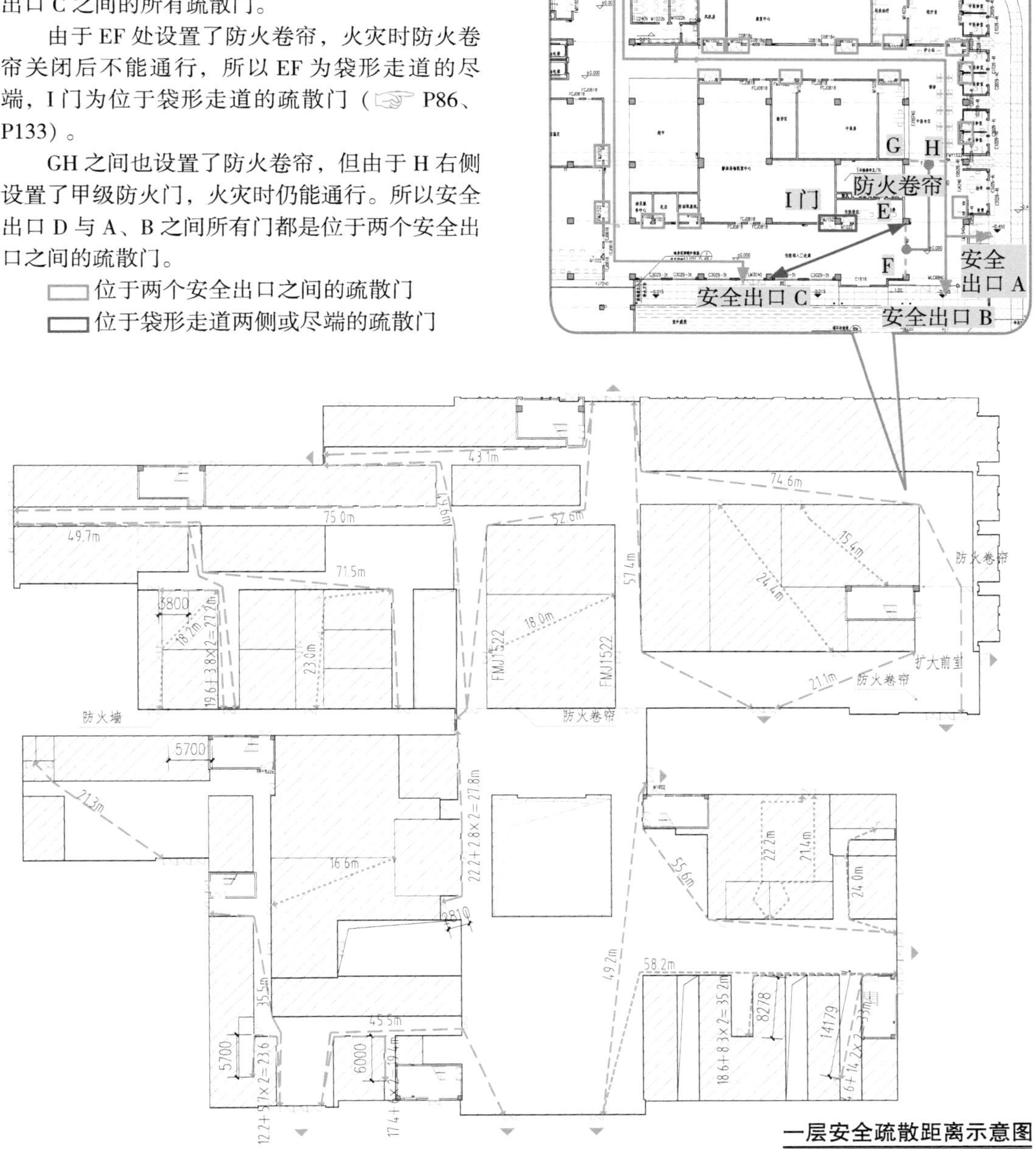

一层安全疏散距离示意图

(2) 位于袋形走道的疏散门

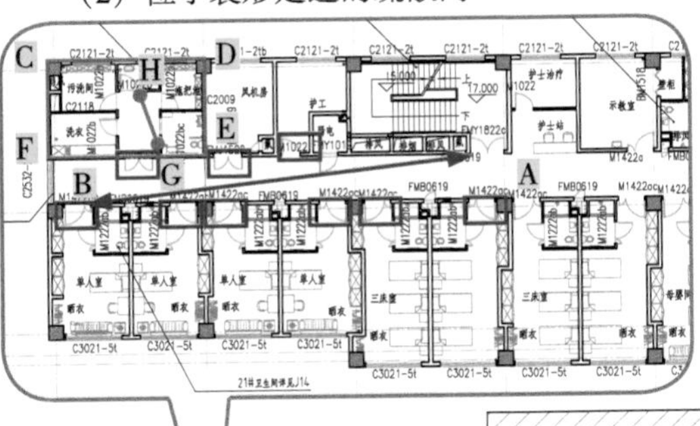

左图中 AF 之间的走道为典型的袋形走道，意思是该走道像布袋一样，尽端没有出口，要出来得沿原路返回。只要保证 AB 间距离 ≤ 25m（即 20m + 20m×25%），就可满足规范要求。

由于面积 ≤ $120m^2$，矩形 CDEF 可视作仅需设一个疏散门的大房间（☞ P93）。其安全疏散距离为 AG 之间的长度，而不是 AG + GH 的长度。

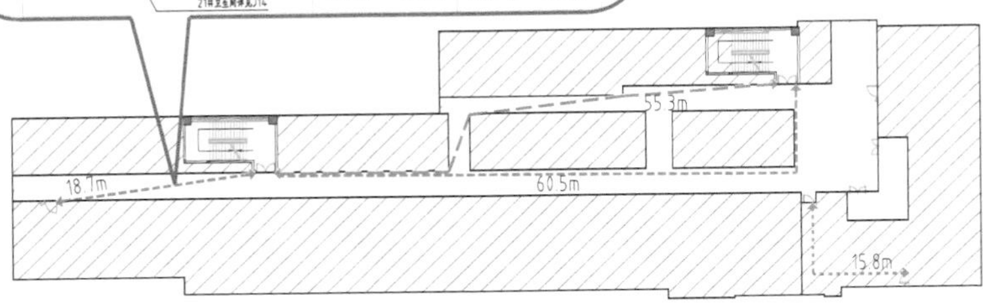

五层安全疏散距离示意图

(3) 位于两个安全出口之间且局部经袋形走道的疏散门

下图为四层安全疏散距离示意图：

AC、BC、DE 之间的疏散门均位于两个安全出口之间，FG 之间疏散门位于袋形走道的两侧和尽端，K 点位于两个安全出口之间，JK 为局部袋形走道。

对于这种局部袋形走道的安全疏散距离的要求为：

局部袋形走道 JK 长度 ×2 + K 点到最近安全出口 A 点的距离 ≤ 43.75m（即 35m + 35m×25%）

即 JK×2 + AK = 3.65×2 + 16.2 = 23.5m ≤ 43.75m, 符合要求。

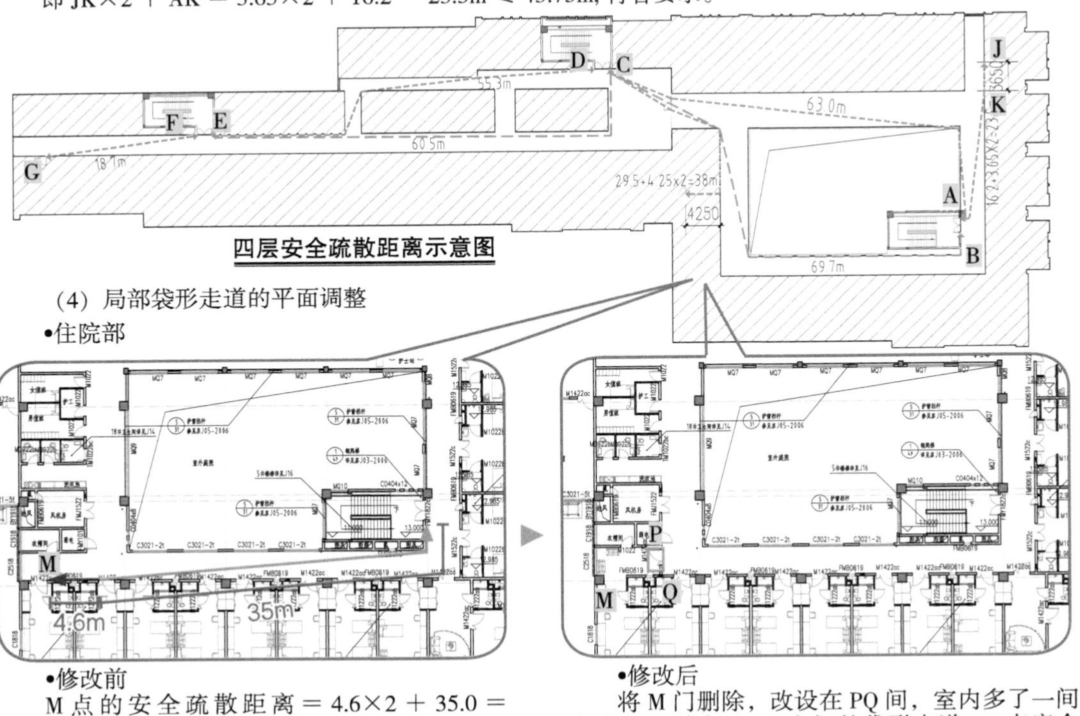

四层安全疏散距离示意图

(4) 局部袋形走道的平面调整

•住院部

•修改前

M 点的安全疏散距离 = 4.6×2 + 35.0 = 44.2m > 43.75m，不满足规范要求。

•修改后

将 M 门删除，改设在 PQ 间，室内多了一间会客室，删除了 PM 之间的袋形走道。P 点安全疏散距离 = 35.0m < 43.75m，满足规范要求。

•门诊部

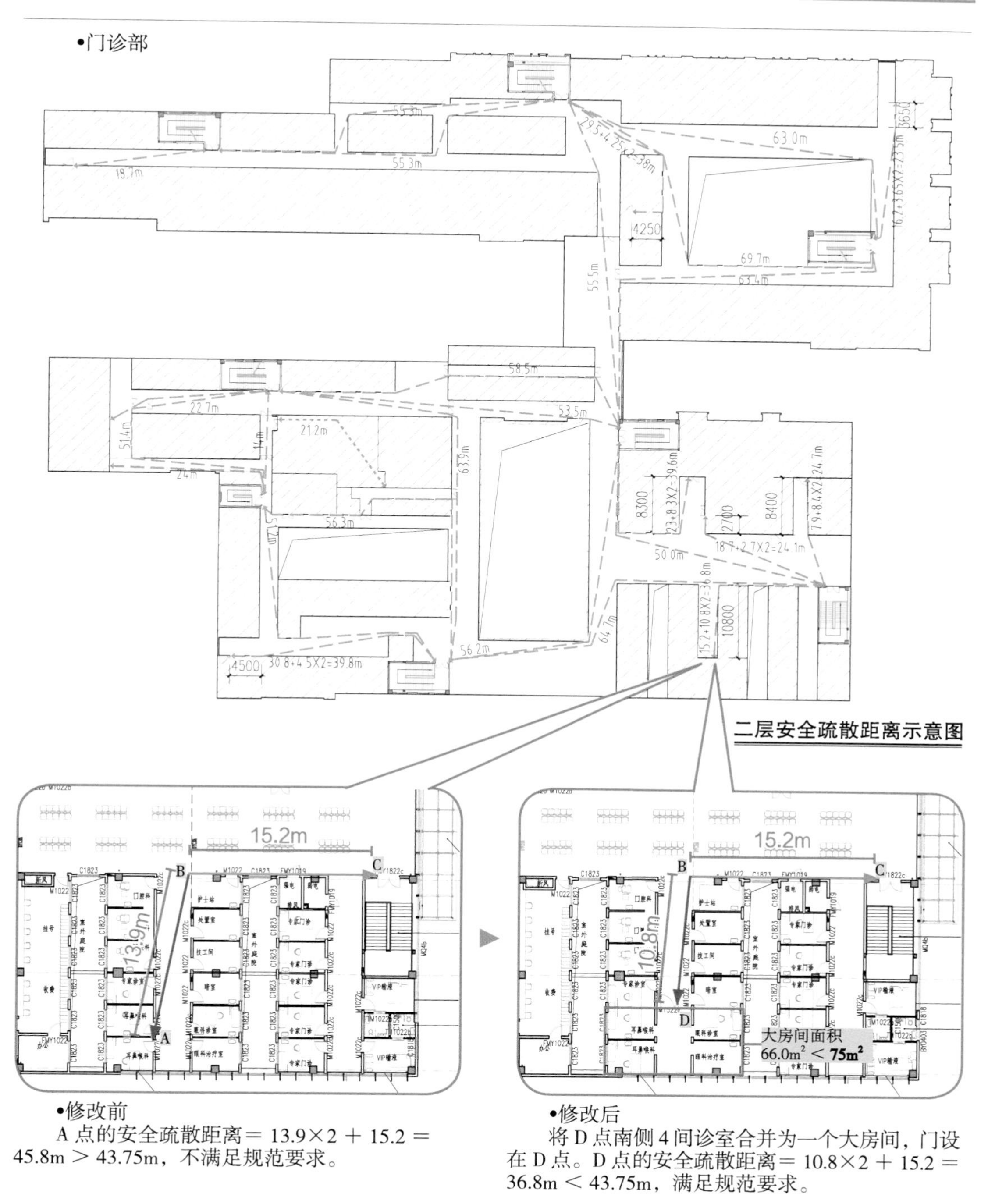

•修改前

A 点的安全疏散距离＝ 13.9×2 ＋ 15.2 ＝ 45.8m ＞ 43.75m，不满足规范要求。

•修改后

将 D 点南侧 4 间诊室合并为一个大房间，门设在 D 点。D 点的安全疏散距离＝ 10.8×2 ＋ 15.2 ＝ 36.8m ＜ 43.75m，满足规范要求。

通过合并几个小房间为一个大房间的方式来满足安全疏散距离的做法，是施工图设计中常用的变通方法。当这个大房间只设一个疏散门时，除门的净宽需满足规范要求外，其面积还受下列限制：

- 位于两个安全出口之间或袋形走道两侧的房间，对于托儿所、幼儿园、老年人照料设施，建筑面积≤ **50**m^2；对于医疗建筑、教学建筑，建筑面积≤ **75**m^2，对于其他建筑或场所，建筑面积≤ **120**m^2。详见《建筑设计防火规范》（GB 50016—2014）（2018 年版）"5.5.15-1"；
- 对于地下室，房间面积不应超过 50m^2。详见《建筑设计防火规范》"5.5.5"。

（5）房间内任意点至疏散门的最大距离

房间内任一点到该房间直接通向疏散走道的疏散门的距离，不应大于《建筑设计防火规范》（GB 50016—2014）(2018 年版) " 表 5.5.17" 中规定的直通疏散走道的房间疏散门至最近安全出口的直线距离。下图为手术部空调设备用房，面积超过了 $120m^2$，需设两个安全出口，未设置自动喷水灭火系统。

•修改前

A 点的安全疏散距离＞20m，不满足规范要求。

•修改后

A 点的安全疏散距离≤ 20m，满足规范要求。

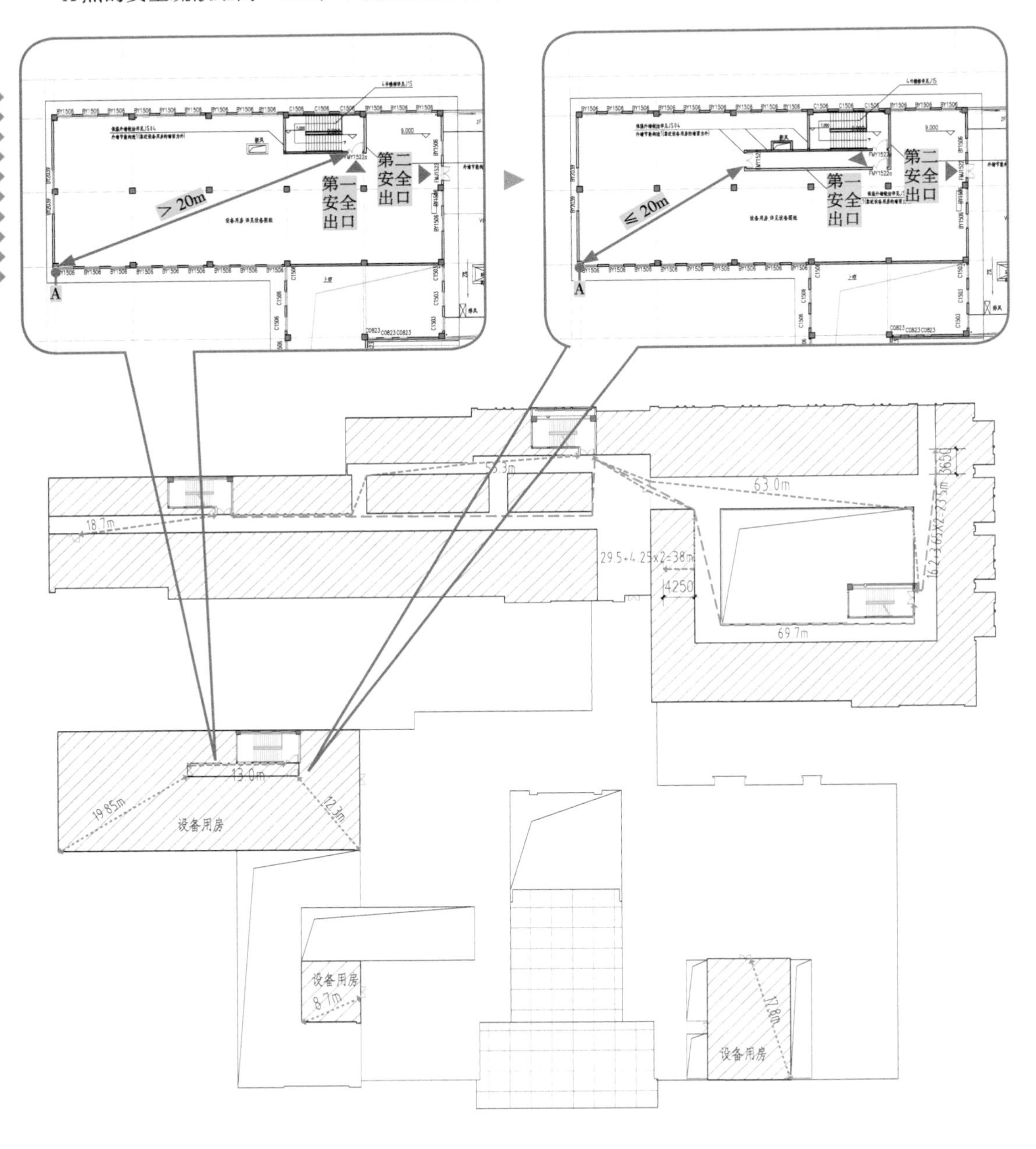

三层安全疏散距离示意图

（6）上人孔作为第二安全出口

本工程辅楼的地下室水泵房内设置了直通室外的金属竖向梯作为第二安全出口。

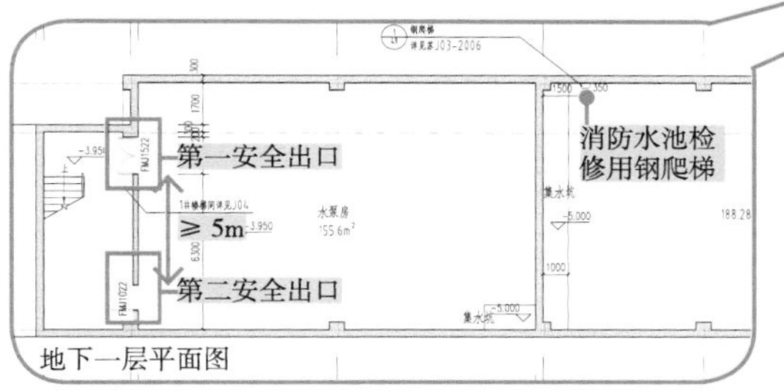

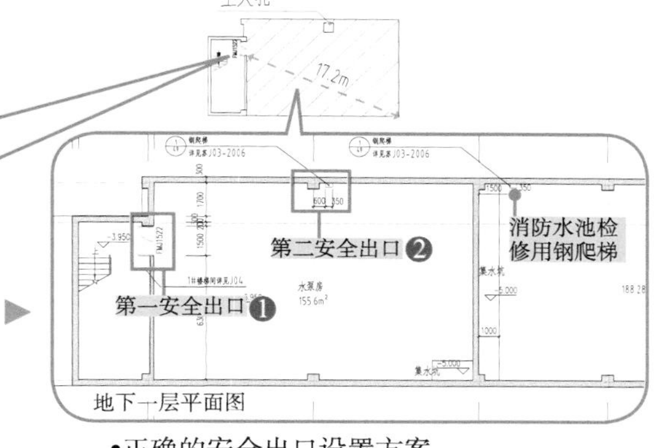

•错误的安全出口设置方案

地下一层作为一个防火分区，需设置两个安全出口。该方案虽然设置了相距 5m 以上的两个疏散门，但它们都通向同一部楼梯，只能算作一个安全出口，不满足规范要求。

•正确的安全出口设置方案

水泵房的面积小于 $500m^2$，所以可以在水泵房内增设一个屋面上人孔并设置由此直通室外的金属竖向梯，作为第二安全出口；满足了规范的要求。

参考

■《建筑设计防火规范》（GB 50016—2014）（2018 年版）

• 5.5.8 每个防火分区或一个防火分区的每个楼层，其安全出口数量应经计算确定，且不应少于 2 个。

• 5.5.9 一、二级耐火等级公共建筑内的安全出口全部直通室外确有困难的防火分区、可利用通向相邻防火分区的甲级防火门作为安全出口，但应符合下列要求：1）利用通向相邻防火分区的甲级防火门作为安全出口时，应采用防火墙与相邻防火分区进行分隔；2）建筑面积 > $1000m^2$ 的防火分区，直通室外的安全出口不应 < 2 个；建筑面积 ≤ $1000m^2$ 的防火分区，直通室外的安全出口不应 < 1 个❶。

• 5.5.5 除人员密集场所外，建筑面积 ≤ $500m^2$、使用人数不超过 30 人且埋深不大于 10m 的地下、半地下建筑（室），其直通室外的金属竖向梯可作为第二安全出口❷；建筑面积 ≤ $200m^2$ 的地下或半地下设备间、建筑面积 ≤ $50m^2$ 且经常停留人数不超过 15 人的其他地下或半地下房间，可设置 1 个疏散门。

（7）解决公共走道畅通性与医院空间要求之间的矛盾

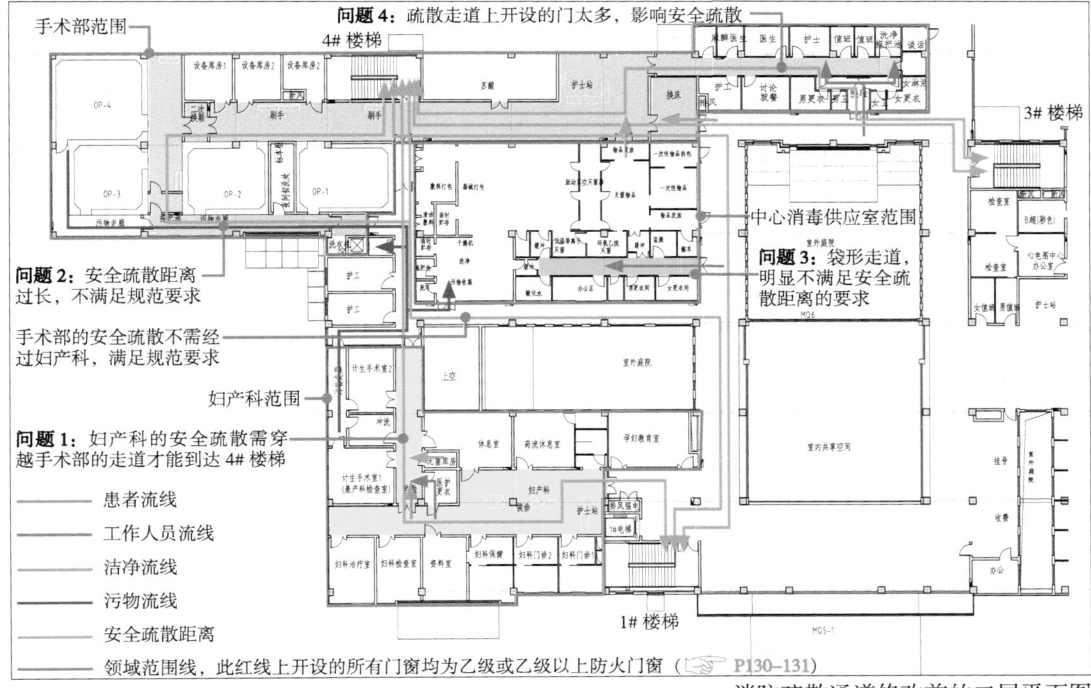

消防疏散通道修改前的二层平面图

•保持公共走道畅通是安全疏散的重要保障，两个楼梯之间应有公共通道连接，不应以各种理由切断通道来扩大房间的面积，不应在通道上设门以划分功能区域，不应利用通道分隔出防烟楼梯间前室等。

•《建筑设计防火规范》（GB 50016—2014）（2018年版）"6.2.2"：医疗建筑内的手术室或手术部、产房、重症监护室、贵重精密医疗装备用房、储藏间、实验室、胶片室等，应采用耐火极限不低于2.00h的防火隔墙和1.00h的楼板与其他场所或部位分隔，墙上必须设置的门、窗应采用乙级防火门、窗。

调和畅通与分隔之间的矛盾

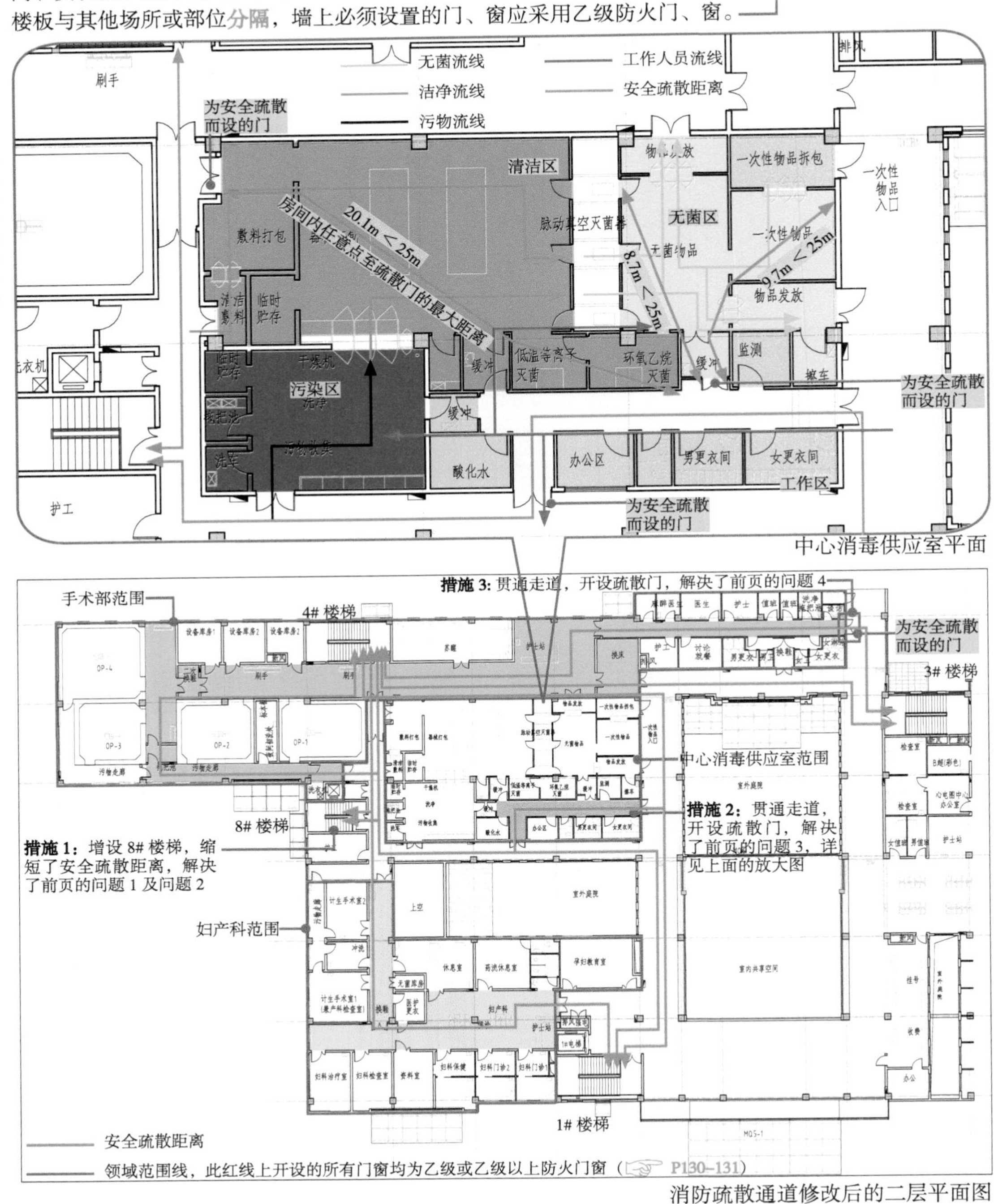

中心消毒供应室平面

消防疏散通道修改后的二层平面图

2.7.8 消防设计说明书

封面

OO 建筑设计院

消防设计说明书

项目编号：________ 设计阶段：____

项目名称：________________

建设单位：________________

执业章：

第 1 页

○○人民医院

消防设计

院长（法定代表人）：________ 签名：____

技术总负责人：________ 签名：____

项目负责人：________ 签名：____

专业负责人	姓名	职称	签名
建筑			
结构			
给水排水			
电气			
智能			
暖通			
经济			

消防设计说明书的内容

一、工程设计依据

二、建设规模和设计范围

三、总指标

四、采用新技术、新材料、新设备和新结构的情况

五、具有特殊火灾危险性的消防设计和需要设计审批时解决或确定的问题

六、总平面

七、建筑、结构

八、建筑电气

九、消防给水和灭火设施

十、防烟排烟及暖通空调

附录

2.7.9 防火间距

指防止着火建筑在一定时间内引燃相邻建筑，便于消防扑救的间隔距离。

1）多层建筑

前文已述，本工程划分了多个防火分区。在室内主要通过防火墙、楼板、其他防火分隔设施来分隔防火分区；而在室外，必须依据实际情况，在不同防火分区之间设足够的防火间距。本工程的耐火等级为一级，查下表可知最小防火间距为 6m ❶。

如下图所示，一层的防火间距为 3.5m，将低矮的 AB 段墙体设置为耐火等级不低于二级的防火墙，且屋顶不设天窗，屋顶承重构件及屋面板的耐火极限不低于 1.00h ❷。

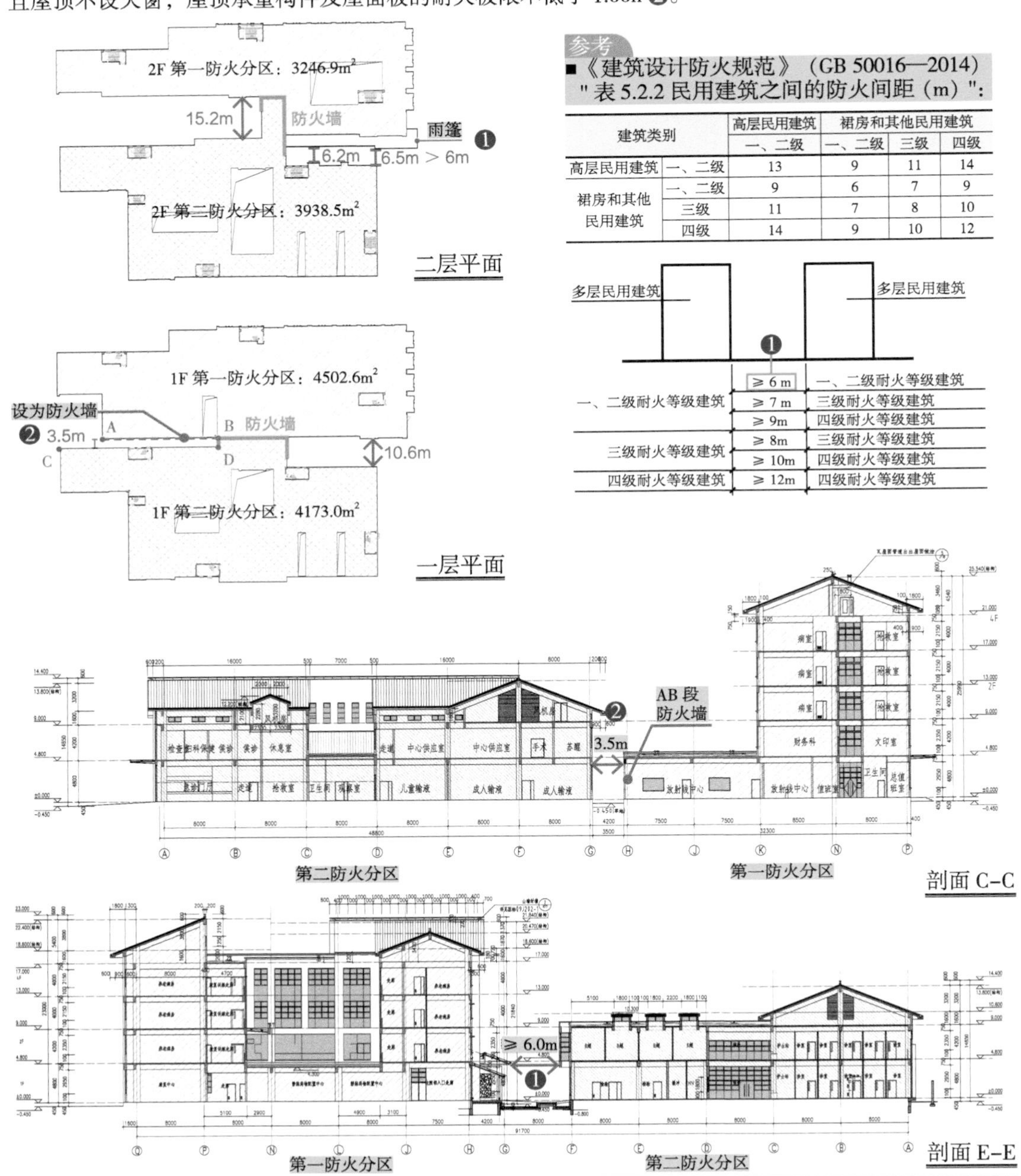
参考
■《建筑设计防火规范》（GB 50016—2014）"表 5.2.2 民用建筑之间的防火间距（m）"：

建筑类别		高层民用建筑	裙房和其他民用建筑		
		一、二级	一、二级	三级	四级
高层民用建筑	一、二级	13	9	11	14
裙房和其他民用建筑	一、二级	9	6	7	9
	三级	11	7	8	10
	四级	14	9	10	12

参考

■《〈建筑设计防火规范〉图示》（18J811-1）"5.2 总平面布局 5.2.2 图示 3" 至 " 图示 6"。

防火间距不限的情况：

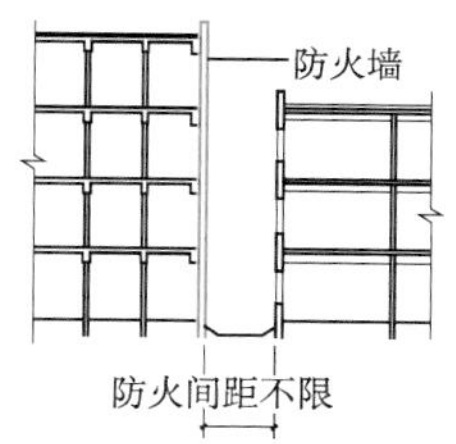

• 两座建筑物相邻较高一面外墙为防火墙

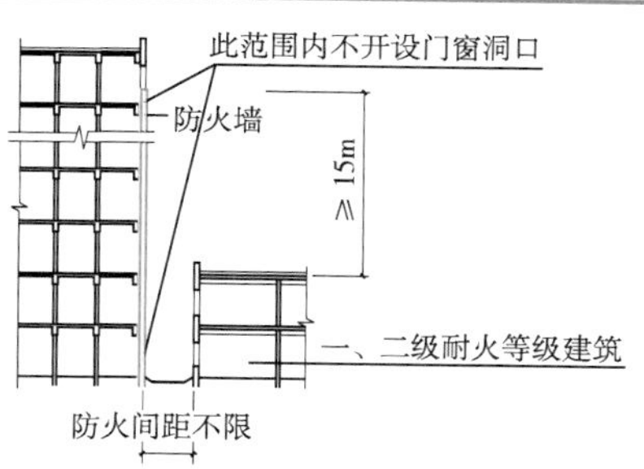

• 高出相邻较低一座一、二级耐火等级建筑物的屋面 15m 范围内的外墙为防火墙且不开设门窗洞口

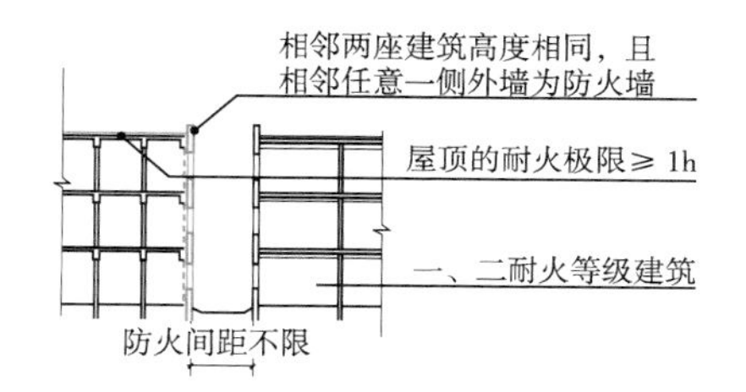

• 相邻两座高度相同的一、二级耐火等级建筑中相邻任一侧外墙为防火墙，屋顶的耐火极限≥ 1.00h 时，其防火间距不限

防火间距受限的情况：

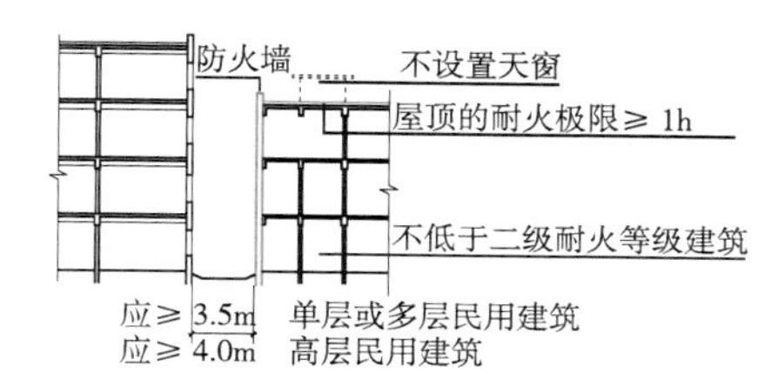

• 相邻两座建筑物，较低一座的耐火等级不低于二级，屋顶不设天窗，屋顶承重构件及屋面板的耐火极限不低于 1.00h，且相邻的较低一面外墙为防火墙 ❷

2）液氧储罐

本工程建筑物的耐火等级为一级，因而液氧储罐外壁与建筑物之间的防火间距应不小于 15m ❸。

参考

■《建筑设计防火规范》(GB 50016—2014)（2018 年版）"4.3.4-3"：医用液氧储罐与**医疗卫生机构外**建筑的防火间距应符合本规范第 4.3.3 条的规定，与**医疗卫生机构内**建筑的防火间距应符合现行国家标准《医用气体工程技术规范》GB 50751 的规定，如下表所示。

建筑物、构筑物	防火间距（m）
医院内道路	3
一、二级建筑物墙壁或突出部分	15 ❸
三、四级建筑物墙壁或突出部分	10
医院变电站	12
独立车库、地下车库出入口、排水沟	15
公共集会场所、生命支持区域	15
燃煤锅炉房	30
一般架空电力线	≥ 1.5 倍电杆高度

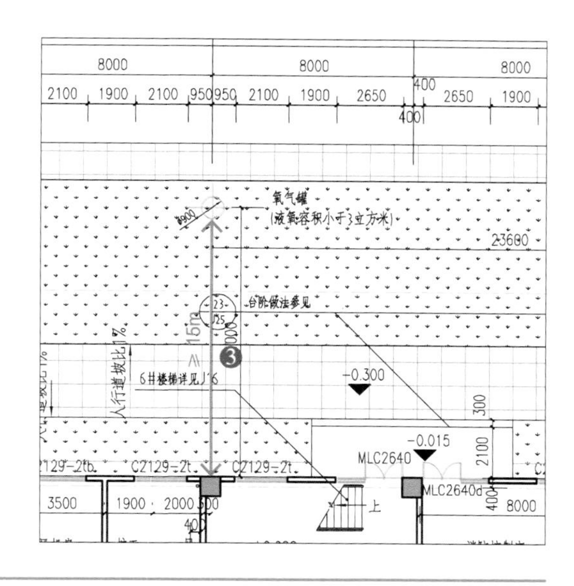

2.8 楼梯与电梯

2.8.1 楼梯尺寸

1）基本要求

楼梯是建筑中的竖向步行通道。在多层与高层建筑中，即使已设置了电梯或自动扶梯，也有必要设置楼梯，以备人员疏散以及火灾、地震等灾害发生时人员逃生之用。为保障通行安全，必须严格限制楼梯各部分的尺寸。

■《民用建筑设计统一标准》（GB 50352—2019）"6.8 楼梯"：

• 6.8.5 每个梯段的**踏步级数**不应少于 3 级，且不应超过 18 级❶。

• 6.8.6 楼梯平台上部及下部过道处的**净高**不应小于 2.0m❷，梯段**净高**不应小于 2.2m❸。梯段净高为自踏步前缘（包括每个梯段最低和最高一级踏步前缘线以外 0.3m 范围内）量至上方突出物下缘间的垂直高度。

• 6.8.8 室内楼梯**扶手高度**自踏步前缘线量起不宜小于 0.9m❹。楼梯水平栏杆或栏板长度大于 0.5m 时，其高度不应小于 1.05m。

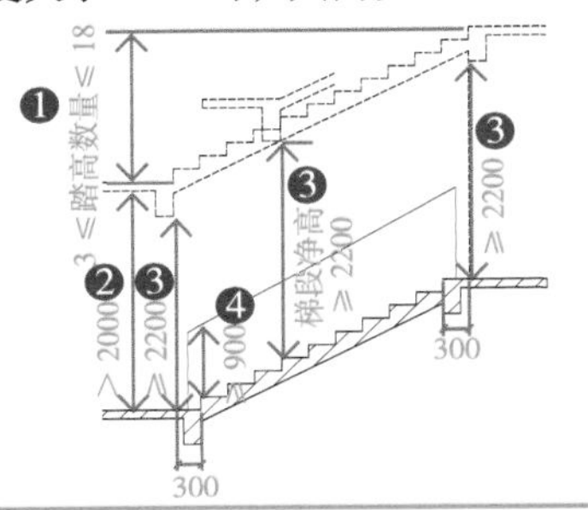

■《民用建筑设计统一标准》（GB 50352—2019）"6.8 楼梯"：

• 6.8.3 梯段**净宽**除应符合现行国家标准《建筑设计防火规范》GB 50016 及国家现行相关专用建筑设计标准的规定外，供日常主要交通用的楼梯的梯段净宽应根据建筑物使用特征，按每股人流宽度为 0.55m +（0～0.15）m 的人流股数确定，并不应少于两股人流。（0～0.15）m 为人流在行进中人体的摆幅，公共建筑人流众多的场所应取上限值。

• 6.8.7 楼梯应至少于一侧设**扶手**，梯段净宽达三股人流时应两侧设扶手，达四股人流时宜加设中间扶手。

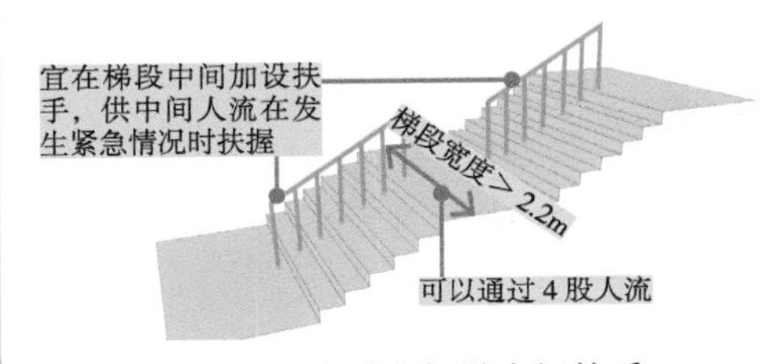

达四股人流时宜加设中间扶手

■《全国民用建筑工程设计技术措施（2009）——规划·建筑·景观》"第二部分 8.2.7"：

• 通向楼梯间的门应向疏散方向开启，且不应阻挡疏散通道。当楼梯正面门扇开足时，休息平台的净宽不宜小于 0.6m❶；侧墙开门时，门洞边距踏步边净宽不宜小于 0.4m❷或住宅建筑不宜小于一个踏步的宽度，且门扇的开启不应阻挡疏散人流通行。

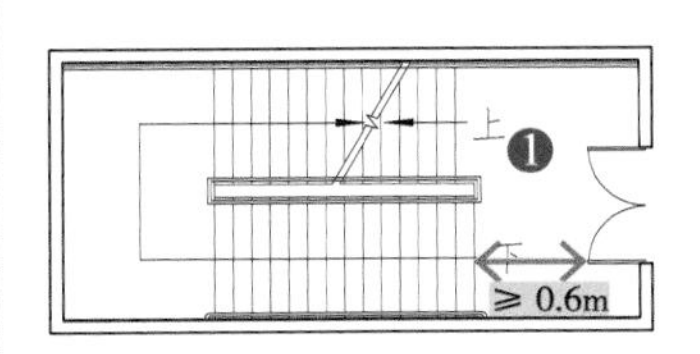

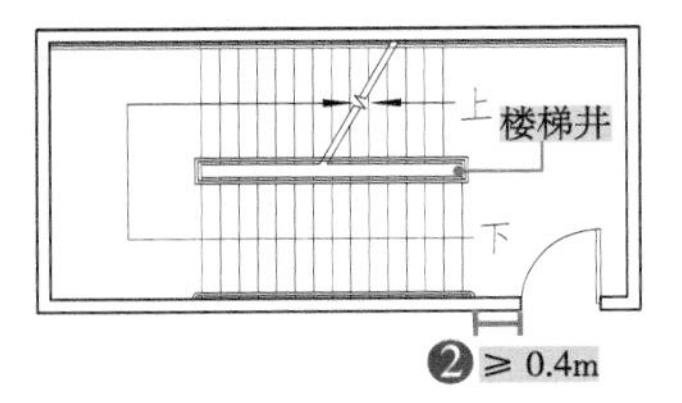

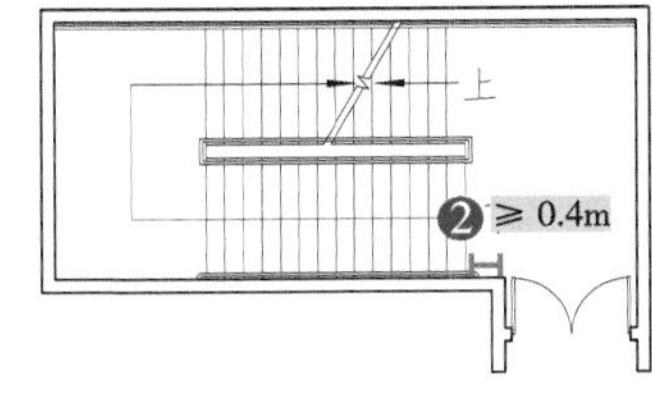

楼梯间门扇开启位置

2）专用要求

为确保人员通行安全，梯段与休息平台的净宽、扶手高度等楼梯尺寸受使用人数、身体状况等因素影响。因而不同类型的建筑对楼梯尺寸的要求有所不同。

（1）踏步的最小宽度与最大高度

详见《全国民用建筑工程设计技术措施（2009）——规划·建筑·景观》"第二部分 表8.2.2 楼梯踏步的最小宽度和最大高度"。

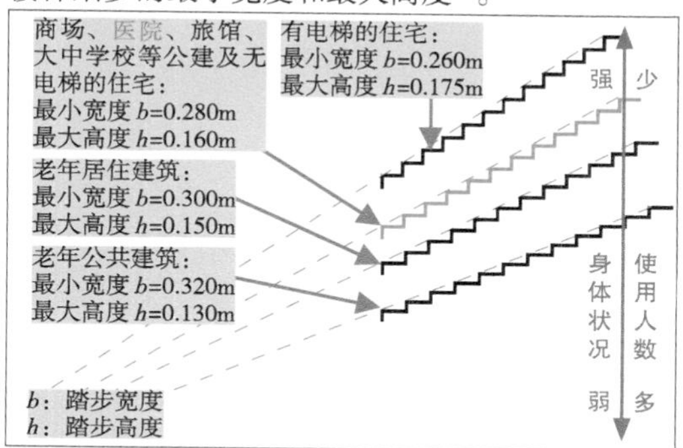

（2）最小梯段净宽与休息平台净宽

如右表所示，医院的楼梯及其休息平台需满足担架运送患者的要求，因此较宽。

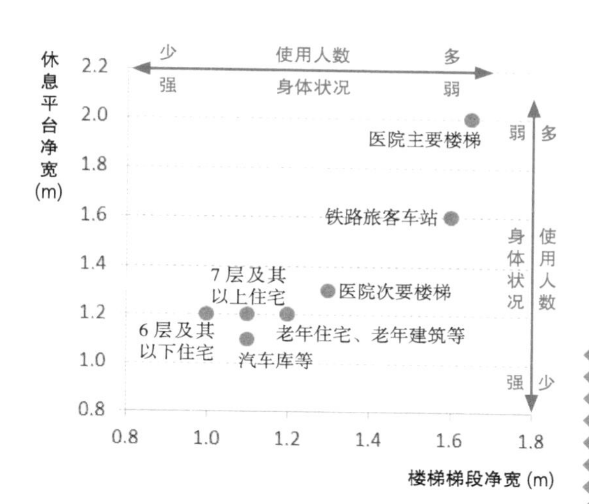

■《全国民用建筑工程设计技术措施（2009）——规划·建筑·景观》"第二部分 表8.3.8 最小梯段净宽与休息平台净宽（m）"：

建筑类型			梯段净宽	休息平台净宽
居住建筑	套内楼梯		一边临空≥0.75 两侧有墙≥0.90	—
	6层及6层以下单元式住宅且一边设有栏杆的楼梯		≥1.00	≥1.20
	7层及7层以上的住宅		≥1.10	≥1.20
	老年住宅		≥1.20	≥1.20
公共建筑	汽车库、修车库		≥1.10	≥1.10
	老年人建筑、宿舍、一般高层公建、体育建筑、幼儿及儿童建筑		≥1.20	≥1.20（包括直跑楼梯中间的休息平台）
	电影院、剧院、商店、港口客运站、中小学校		≥1.40	≥1.40
	医院病房楼、医技楼、疗养院	次要楼梯	≥1.30	≥1.30
		主要楼梯和疏散楼梯	≥1.65	≥2.00
	铁路旅客车站		≥1.60	≥1.60

（3）托儿所、幼儿园、中小学校及其他少年儿童专用活动场所，当楼梯井净宽大于0.2m时，必须采取防止少年儿童坠落的措施。详见《民用建筑设计统一标准》（GB 50352—2019）"6.8.9"。

3）无障碍设计

■《建筑设计技术细则——建筑专业》（经济科学出版社，2005）"14.7.1"：

（1）楼梯扶手设计应符合：

•扶手起点与终点应水平延伸不小于0.3m ❶。

•首层栏杆式扶手的水平起点应向下延伸0.10m以上或延伸到地面上固定❷，靠墙面扶手在水平的起点与末端应向下延伸0.10m以上或向内拐到墙面。

•扶手抓握截面为 $\phi 35 \sim \phi 45$ ❸。

•扶手内侧与墙面距离为40～50mm，并与墙面颜色要有区别。

•扶手高0.85～0.90m ❹，需要设两层扶手时下层扶手高0.65～0.70m ❺。

（2）栏杆式楼梯，在栏杆下方踏面上，设高50mm安全挡台，挡台可做成水平式或斜式。

（3）楼梯的宽度不宜小于1.5m，距梯段起点与终点0.3m处宜设提示盲道。

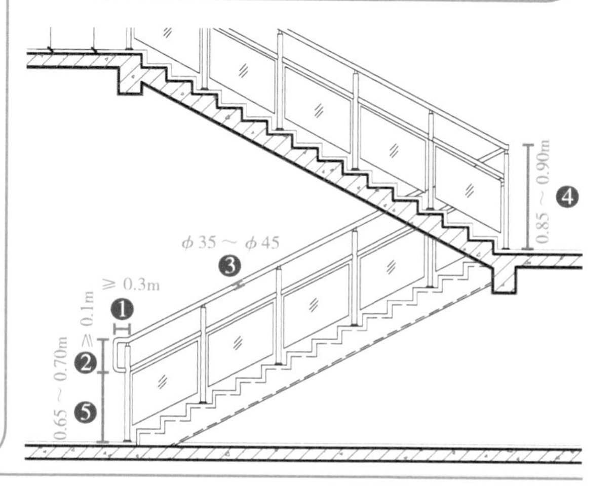

2.8.2 楼梯设计

楼梯设计主要包括：楼梯编号及索引，楼梯平面详图，楼梯剖面详图，以及扶手、栏杆、栏板等细部做法的索引。

1）楼梯编号及索引

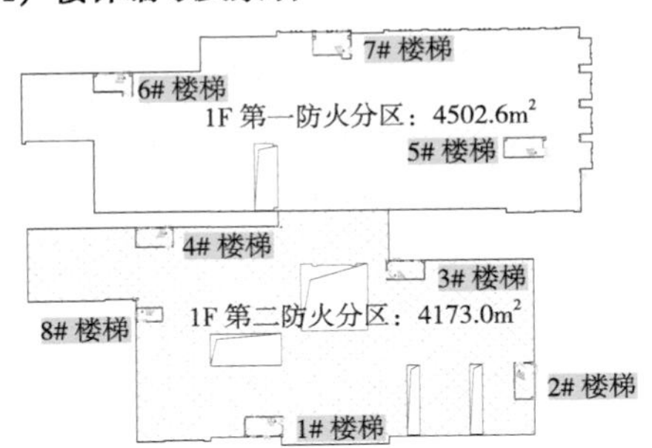

依次对所有楼梯间进行编号

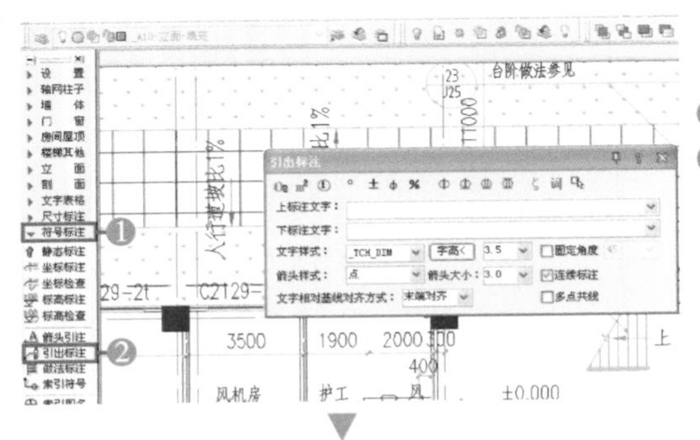

每层平面图中，均需标注楼梯索引，步骤如下：

❶ 单击［符号标注］，展开菜单

❷ 选择［引出标注］，弹出对话框

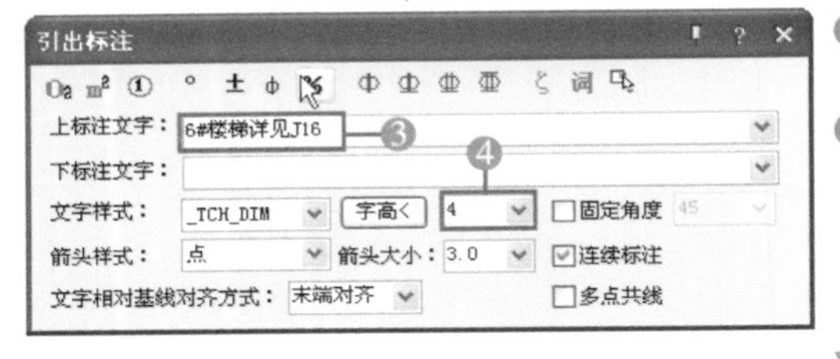

❸ 在［上标注文字］项输入 "6# 楼梯详见 J16"（意即详见编号为 J16 的建筑施工图）

❹ 修改字高为 "4"（打印比例为 1：100，☞ P30）

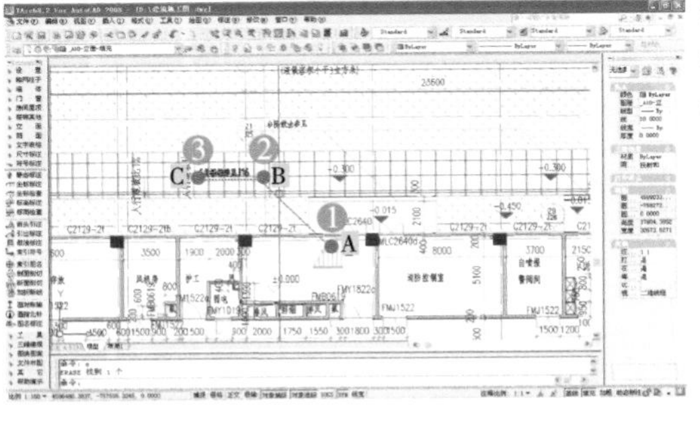

❶ 单击 A 点，指示引出标注的对象

❷ 单击 B 点，该点为标注线转折点

❸ 单击 C 点，再连续按 Enter 键或 Space 键两次，对话框关闭，引出标注完成，如下图所示

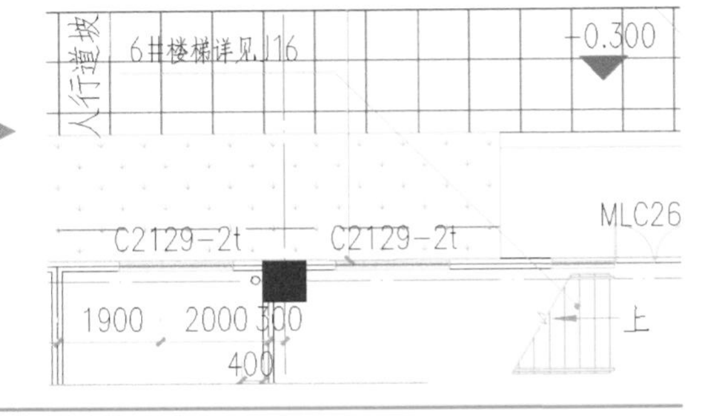

2）楼梯详图

• 建筑平面图是用假想的水平剖切面在门窗洞口的高度将建筑物切开后的投影图，剖切到的地方画粗线，未剖切到的地方画细线。本页 6# 楼梯二层平面图及下页 6# 楼梯剖面图中，红色区域内的踏步位于二层与三层之间，蓝色区域内的踏步位于一层与二层之间。

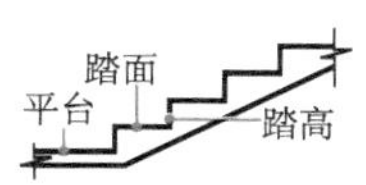

层高与踏高数一览表

层数	层高 (mm)	踏步高度 (mm)	踏高数(个)
五层	4000	153.8	26
四层	4000	153.8	26
三层	4000	153.8	26
二层	4200	150.0	28
一层	4800	160.0	30

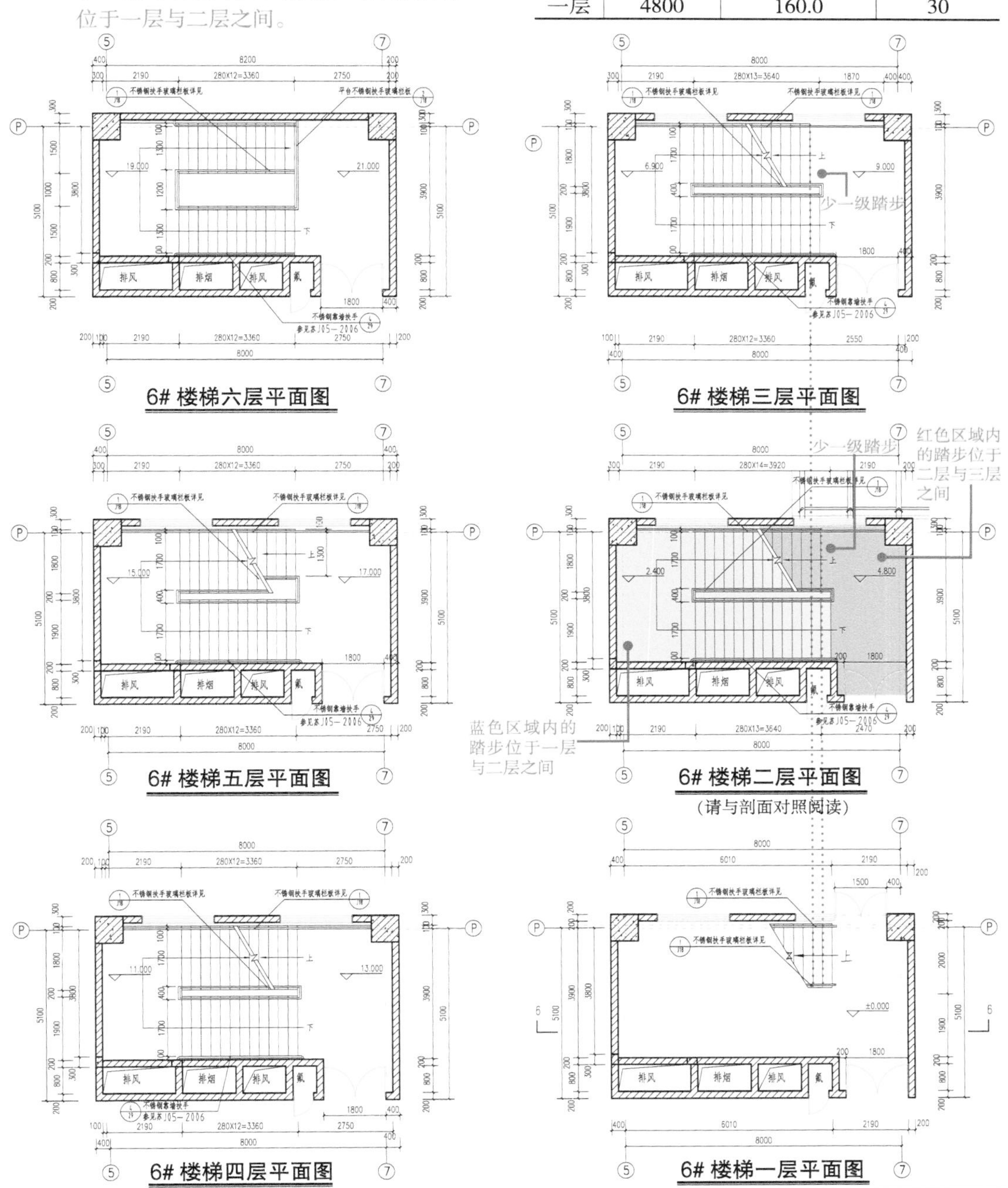

6# 楼梯六层平面图

6# 楼梯三层平面图

6# 楼梯五层平面图

6# 楼梯二层平面图
（请与剖面对照阅读）

6# 楼梯四层平面图

6# 楼梯一层平面图

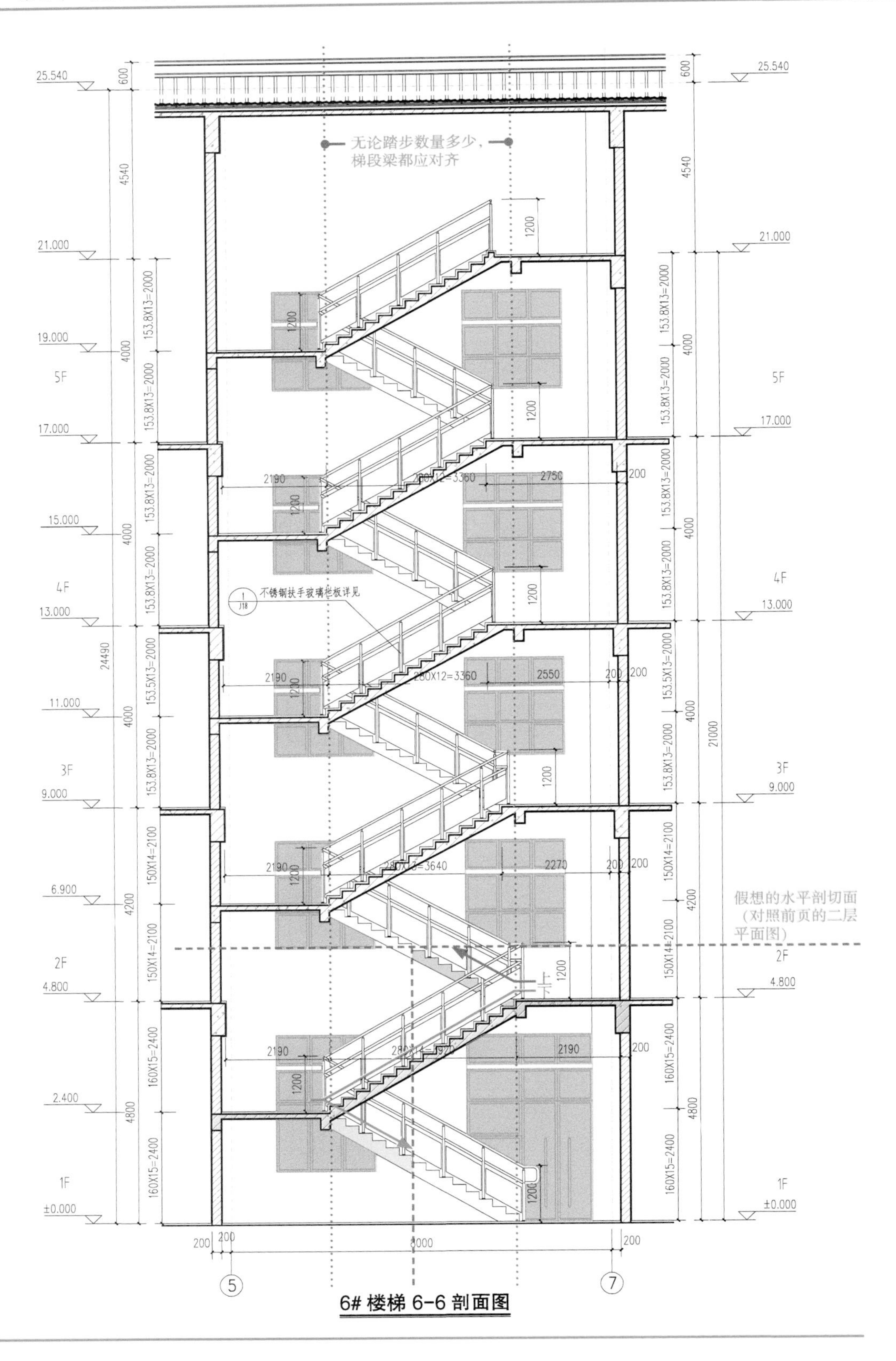
无论踏步数量多少，
梯段梁都应对齐
不锈钢扶手玻璃栏板详见
假想的水平剖切面
（对照前页的二层
平面图）
25.540
21.000
19.000
17.000
15.000
13.000
11.000
9.000
6.900
4.800
2.400
±0.000
5F
4F
3F
2F
1F
153.8X13=2000
153.5X13=2000
150X14=2100
160X15=2400
280X12=3360
280X13=3640
2190
2750
2550
2270
1200
4540
4000
4200
4800
24490
21000
600
200
6000
5
7

6# 楼梯 6-6 剖面图

3）平面详图

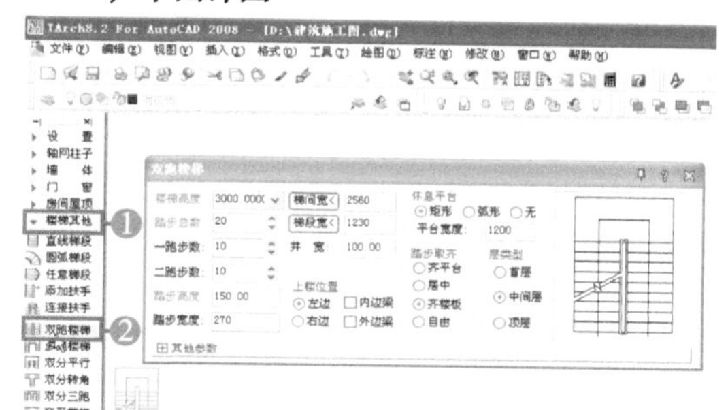

现介绍 6# 楼梯的详图画法：

打开配套资源中 "03_ 参考图 " 文件夹内 "2.8.2_ 楼梯 .dwg" 文件

（1）绘制一层楼梯平面详图

① **单击［楼梯其他］**，展开菜单

② **选择［双跑楼梯］**，弹出对话框

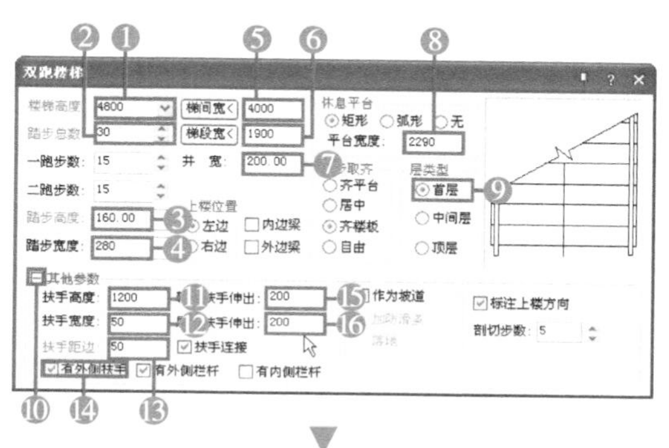

输入下列参数：

① ［楼梯高度］："4800"（根据设计确定）

② ［踏步总数］："30"

③ ［踏步高度］："160"（满足医院规范≤ 160mm）

④ ［踏步宽度］："280"（满足医院规范≥ 280mm）

⑤ ［梯间宽］："4000"（梯段宽度 ×2 ＋井宽）

⑥ ［梯段宽］："1900"（扶手中心线与墙面距离＋梯段净宽＋扶手中心线与梯段井边距离，☞ P87；医院设计中应满足梯段净宽≥ 1650mm）

⑦ ［井宽］："200"（为了使消防水管穿过）

⑧ ［平台宽度］："2290"（规范要求≥ 2000mm）

⑨ **［层类型］点选［首层］**（根据所画图确定）

⑩ **单击［+］**，展开［其他参数］设置框

⑪ ［扶手高度］："1200"

⑫ ［扶手宽度］："50"

⑬ ［扶手距边］："50"（扶手与墙面间需留一段空隙）

⑭ **勾选［有外侧扶手］**

⑮ ［转角扶手伸出］："200"

⑯ ［层间扶手伸出］："200"，参数设置完成

按 A 键，再按 D 键，调整楼梯角度

（A 键表示转 90°，S 键表示左右翻，D 键表示上下翻）

⑰ **单击 A 点**，放置图形，**单击右键**，对话框关闭

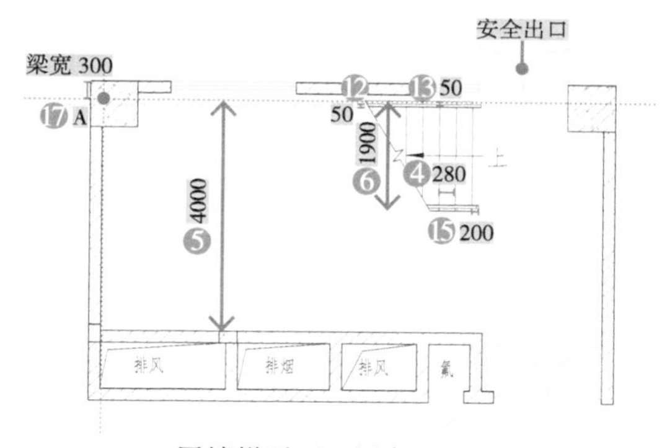

一层楼梯平面（层高 4800mm）

（2）绘制二层楼梯平面详图

依据层高与踏步数量一览表（☞ P103），由于二层楼梯比一层少两个踏步，故二层楼梯平面应在一层平面的基础上进行修改。

① **在命令栏输入 "co"**，按 Enter 键或 Space 键

② **单击 B 点**，选中梯段，按 Enter 键或 Space 键确定

③ **单击 A 点**，指定基点

④ **单击 C 点**，复制梯段至二层平面，**单击右键退出**

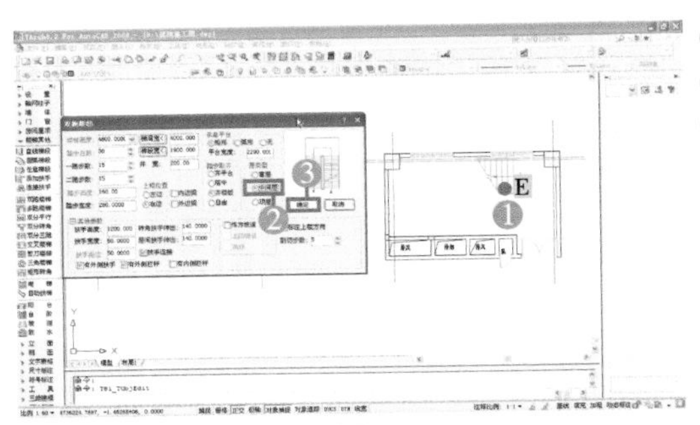

❶ 双击E点，弹出[双跑楼梯]对话框

❷ [层类型]项点选[中间层]

❸ 单击[确定]，对话框关闭

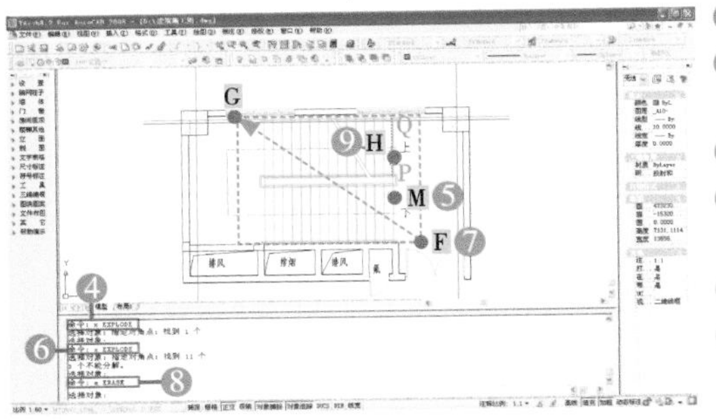

❹ 在命令栏输入"x"，按Enter键或Space键

❺ 单击M点，选中楼梯，单击右键退出，楼梯炸为梯段、扶手、休息平台等几部分

❻ 在命令栏输入"x"，按Enter键或Space键

❼ 单击位于空白处的F点，再单击G点，单击右键退出，楼梯完全炸开

❽ 在命令栏输入"e"，按Enter键或Space键

❾ 单击H点，选中线段PQ，按Enter键或Space键，将其删除

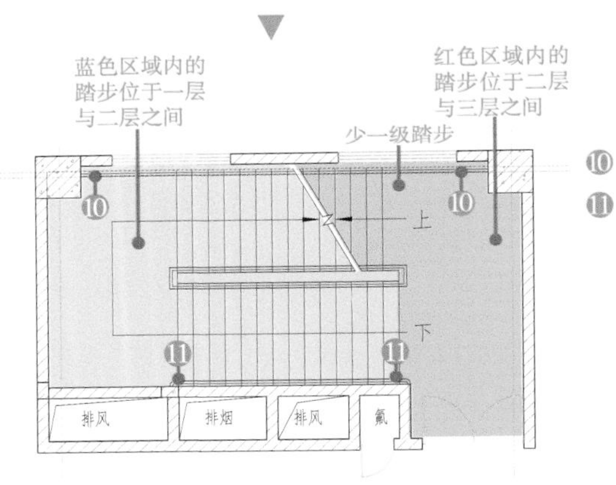

二层楼梯平面（层高4200mm）

❿ 延长护窗的不锈钢扶手及玻璃栏板至两侧的柱端

⓫ 将靠墙扶手在水平的起点或末端向内拐到墙面

用同样方法绘制其余各层的楼梯平面详图。

参考

■《民用建筑设计统一标准》（GB 50352—2019）"6.11.6 -3"：公共建筑临空外窗的窗台距楼地面净高不得低于0.8m，否则应设置防护设施，防护设施的高度由地面起算不应低于0.8m。

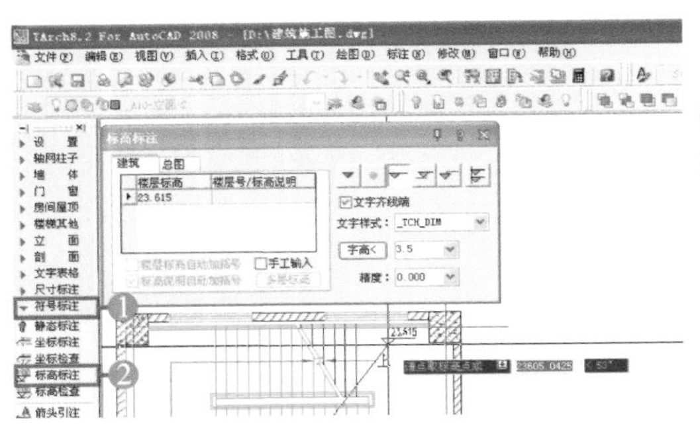

（3）添加标高

以二层楼梯平面为例：

❶ 单击[符号标注]，展开菜单

❷ 选择[标高标注]，弹出对话框

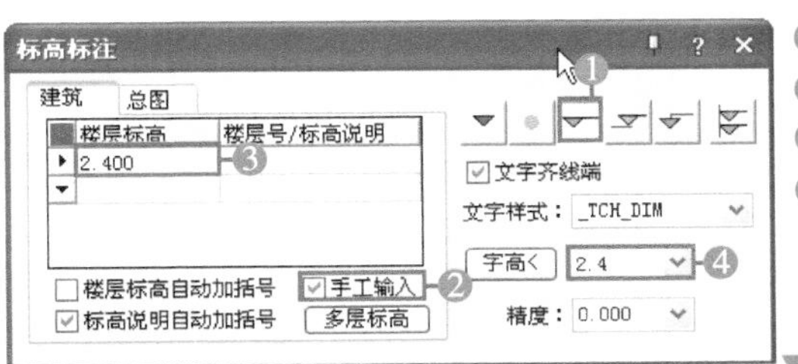

❶ 单击［普通标高］按钮

❷ 勾选［手工输入］

❸ 在［楼层标高］项输入 "2.400"

❹ 修改字高为 "2.4"（打印比例为 1：60，☞ P30）

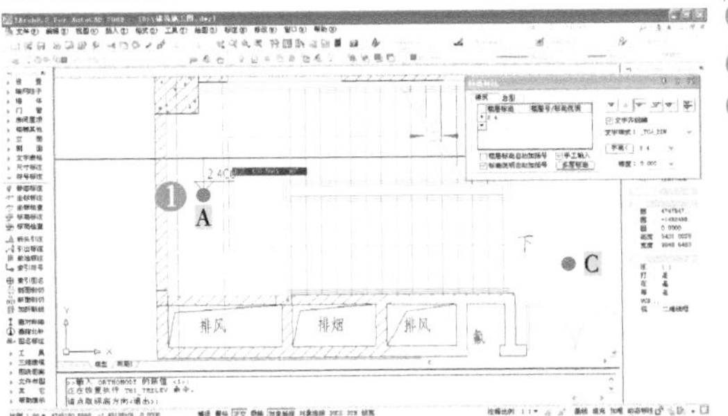

❶ 单击空白处的 A 点，放置标高

❷ 向上方移动鼠标箭头，单击左键，确定标高方向

❸ 单击右键退出，对话框关闭

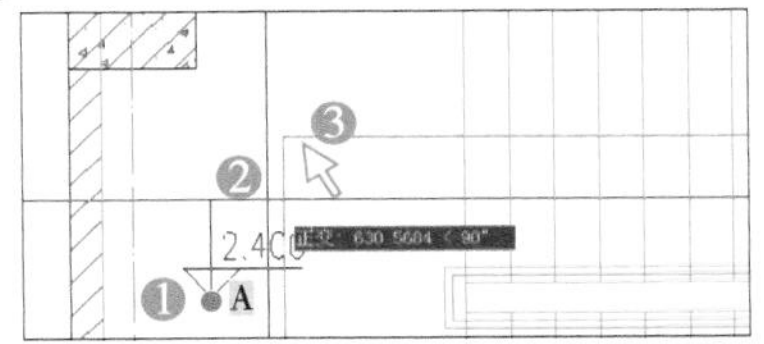

重复上述步骤，在 C 点处标注 "4.800" 标高。

（4）添加索引

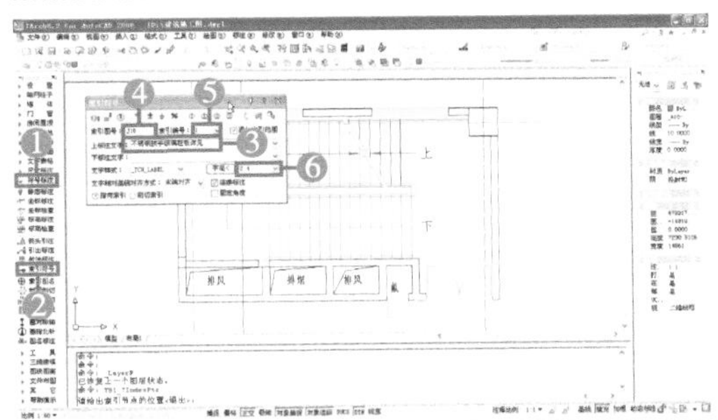

❶ 单击［符号标注］，展开菜单

❷ 选择［索引符号］，弹出对话框

❸ ［上标注文字］输入 " 不锈钢扶手玻璃栏板详见 "

❹ ［索引图号］输入 "J18"，意即编号为 "J18" 的建筑施工图

❺ ［索引编号］输入 "1"，意即编号为 "1" 的详图

❻ 修改字高为 "2.4"（☞ P30）

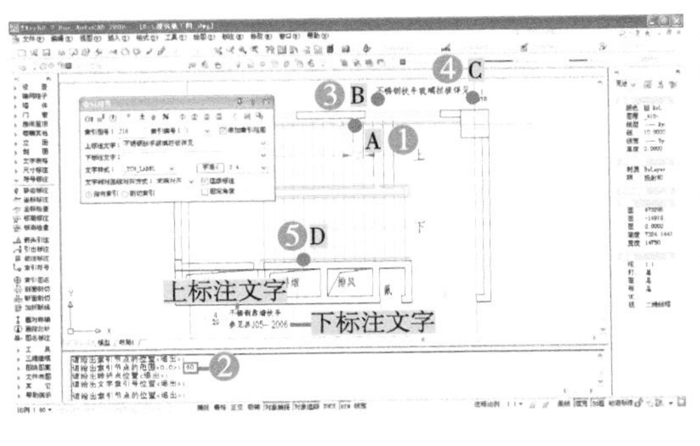

❶ 单击 A 点，指示索引对象

❷ 确定索引节点的范围，在命令栏输入 "60"，按 Enter 键或 Space 键（打印比例为 1：60），绘制半径为 60mm 的圆

❸ 单击 B 点，确定索引线转折点位置

❹ 单击 C 点，确定文字索引号位置，单击右键退出，对话框关闭

❺ 重复上述步骤，将 " 不锈钢靠墙扶手详见苏 J05—2006-4/29" 标注在 D 点，完成二层楼梯平面索引的添加

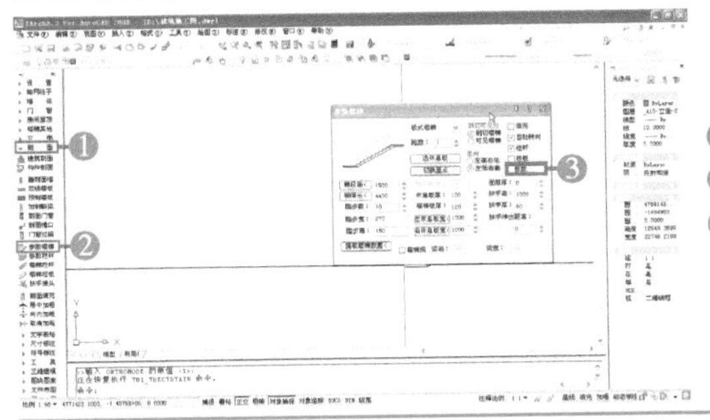

4）剖面详图

（1）绘制一层楼梯剖面

❶ 单击［剖面］，展开菜单

❷ 选择［参数楼梯］，弹出对话框

❸ 单击［参数］按钮，展开该对话框

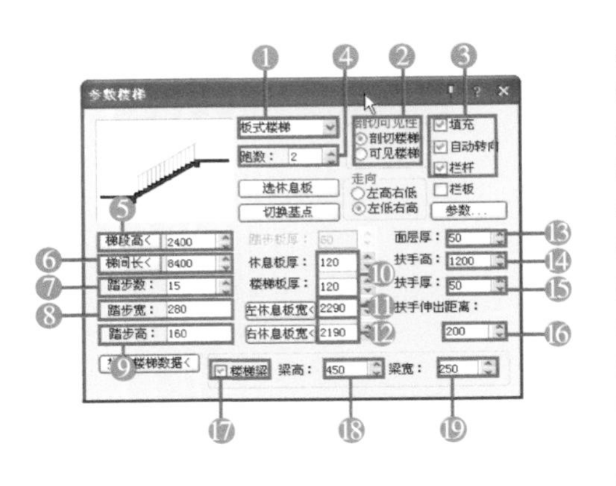

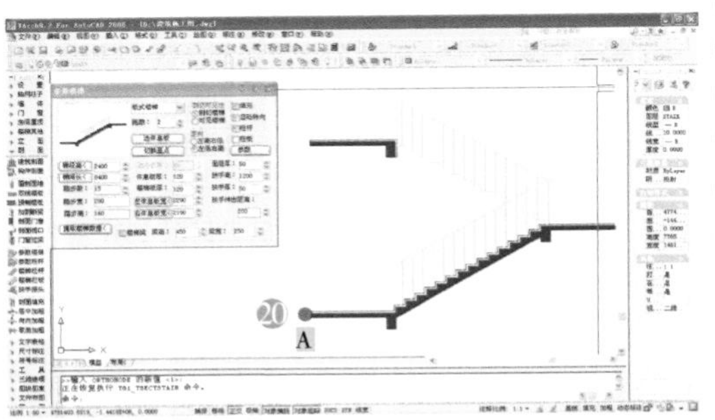

设置剖面楼梯参数：

① **单击** ▼ 按钮，弹出下拉式菜单，**选择 [板式楼梯]**

② **点选 [剖切楼梯]**

③ **勾选 [填充]、[自动转向]、[栏杆]**

④ [跑数]："2"

⑤ [梯段高]："2400"（根据设计确定）

⑥ [梯间长]："8400"（根据设计确定）

⑦ [踏步数]："15"

⑧ [踏步宽]："280"（与平面一致）

⑨ [踏步高："160"（与平面一致）

⑩ [休息板厚]、[楼梯板厚]："120"（通常设为120mm，精确值需结构专业确定）

⑪ [左休息板宽]："2290"（与平面一致）

⑫ [右休息板宽]："2190"（与平面一致）

⑬ [面层厚]："50"

⑭ [扶手高]："1200"（与平面一致）

⑮ [扶手厚]："50"

⑯ [扶手伸出距离]："200"

⑰ **勾选 [楼梯梁]**

⑱ [梁高]："450"（通常设为 450mm，精确值需结构专业确定）

⑲ [梁宽]："250"（通常设为 250mm，精确值需结构专业确定）参数设置完成

⑳ **单击空白处的 A 点**，放置图形

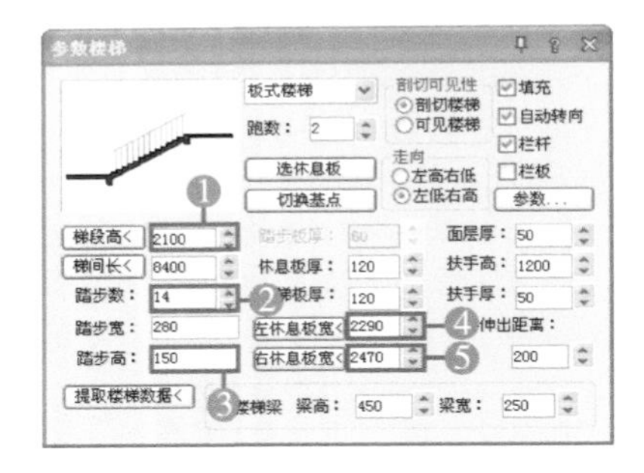

（2）绘制二层楼梯剖面详图

修改参数（☞ P103）：

① [梯段高]："2100"（根据设计确定）

② [踏步数]："14"

③ [踏步高]："150"

④ [左休息板宽]："2290"（与平面一致）

⑤ [右休息板宽]："2470"，参数设置完成

⑥ **单击 B 点**，放置图形，**单击右键退出**

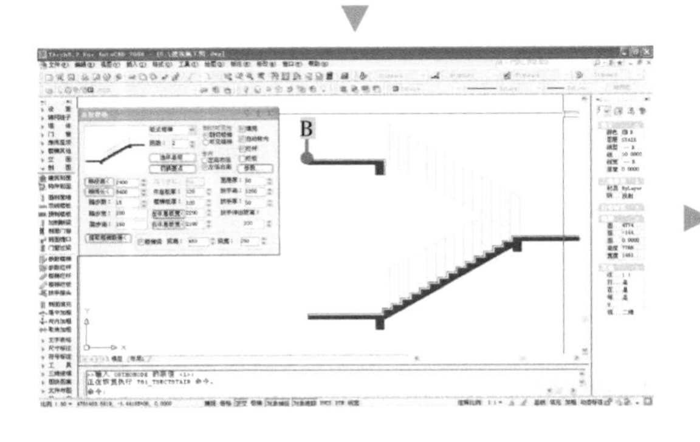

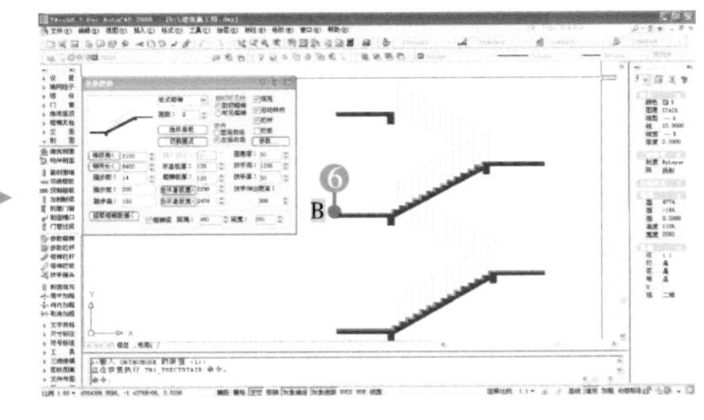

• 绘制不等跑楼梯的剖面时，可以先分梯段绘制，然后再进行组合。

由于梯段梁放置在构造柱上，因此必须上下对齐。但用天正软件绘制楼梯剖面时，楼梯梁不能自动对齐，需要手动修改楼梯梁的位置。

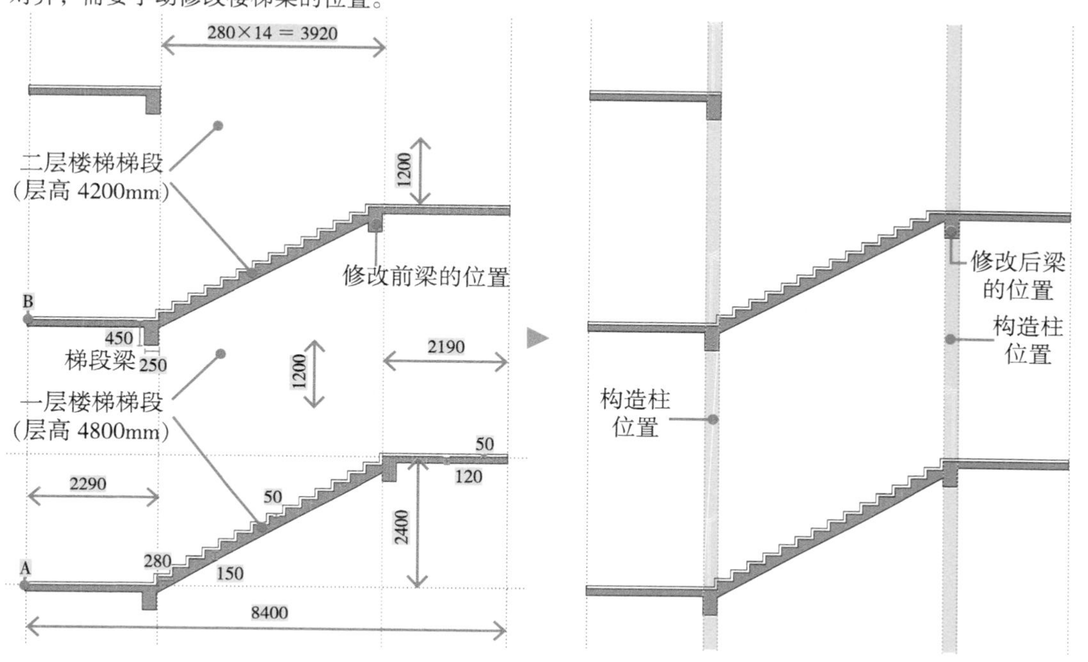

(3) 添加标高

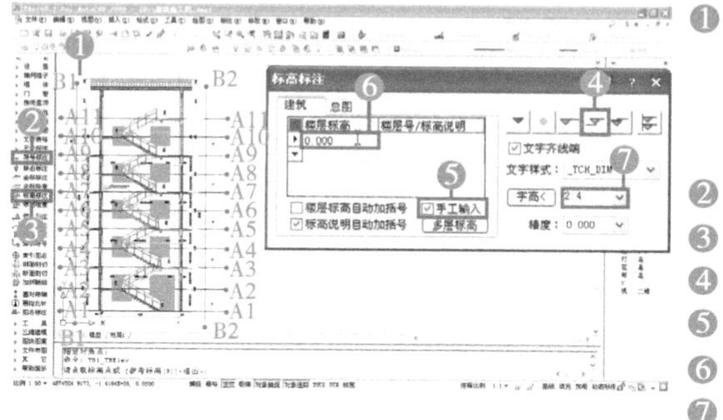

❶ 在"对位辅助线"图层（☞ P18）上，在每层楼地面的建筑面层及楼梯平台的建筑面层位置上，绘制水平辅助线 A1 ～ A11；在剖面左右两侧拟标注标高的位置上绘制垂直辅助线 B1 ～ B2

❷ 单击［符号标注］，展开菜单

❸ 选择［标高标注］，弹出对话框

❹ 单击［带基线］按钮

❺ 勾选［手工输入］

❻ 在［楼层标高］项输入 "0.000"

❼ 修改字高为 "2.4"（打印比例为 1 : 60，☞ P30）

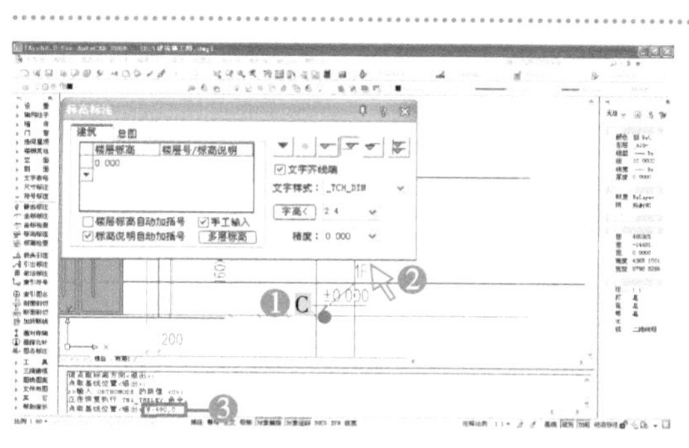

❶ 单击 A1 与 B2 对位辅助线交点 C

❷ 移动鼠标箭头至右上方，单击左键确定标高方向

❸ 在命令栏输入 "@-480，0"（打印比例为 1 : 60，打印后显示长度为 800），按 Enter 键或 Space 键，确定基线长度，完成 ±0.000 标高绘制

❶ 取消勾选［标高标注］对话框中的［手工输入］
❷ 单击交点E点，自动添加标高2.400
❸ 依次单击各交点，完成楼梯剖面左侧的标高标注，单击右键退出，对话框关闭

用同样的方法标注剖面右侧的标高。

5）楼梯详图的排版

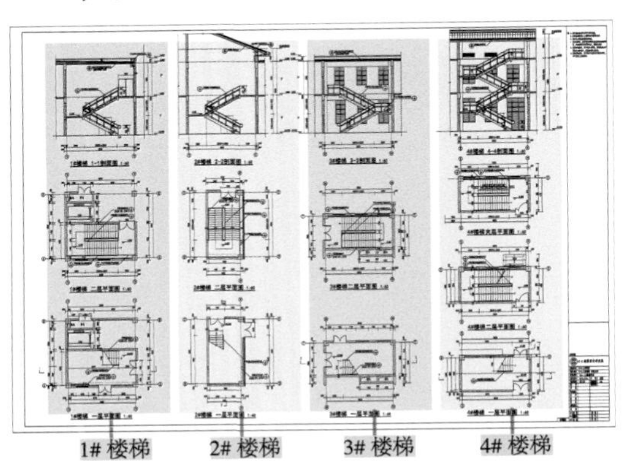

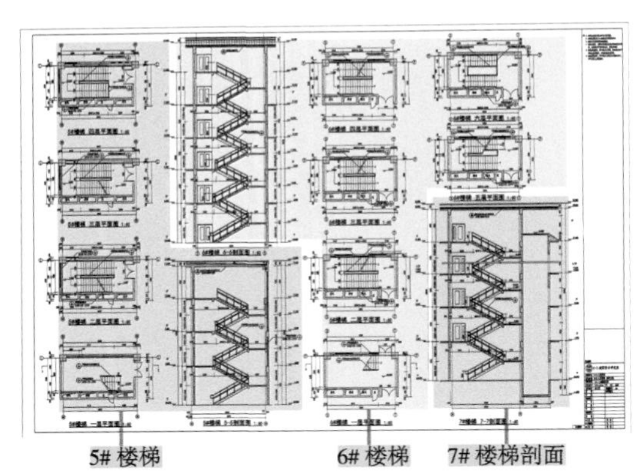

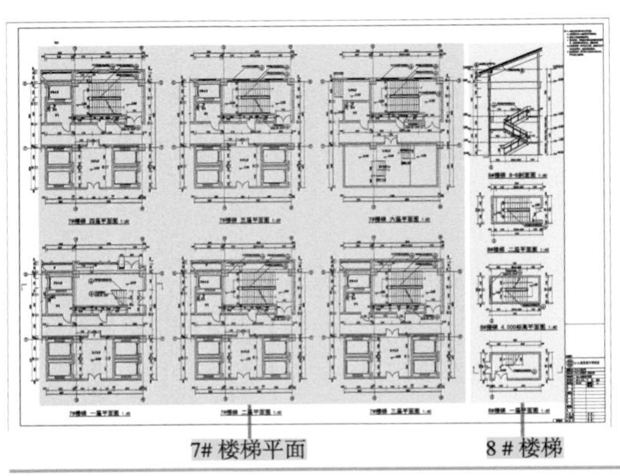

要点：

（1）楼梯详图应按照编号依次排列，以便阅读。

（2）整套施工图中，除目录为A4版面，施工说明为A1版面外，其余图幅要尽量一致。本工程楼梯详图均为A0版面。

（3）楼梯详图的打印比例为1：50或1：60。为便于排版，本工程选用1：60。

（4）尽量将同一个楼梯的平立剖面排在同一张图纸中。

（5）图面应均衡、饱满、整洁。例如，因7#楼梯剖面在第三页中排不下，故改排在版面较宽裕的第二页。

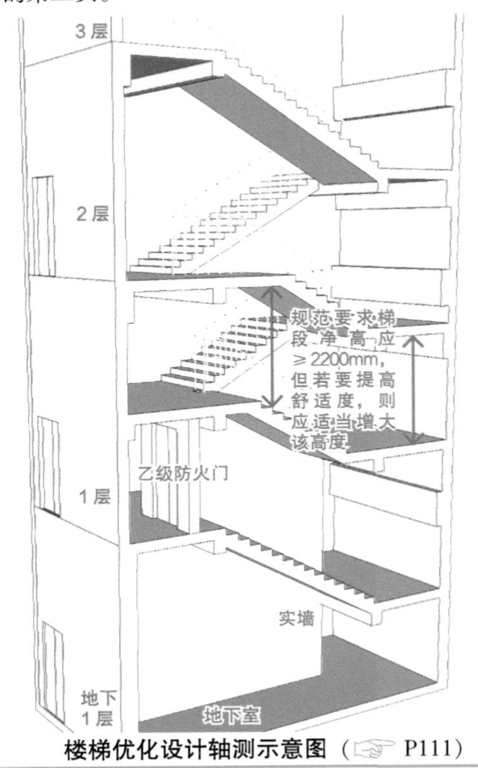

楼梯优化设计轴测示意图 （☞ P111）

2.8.3 楼梯优化设计

建筑物各层的层高往往不尽相同，通常一层较高，裙房次之，而标准层较低。层高不同将导致梯段长度需作相应调整，若梯段设置不当，可能会大大降低梯段间或楼梯平台间的净高，从而影响空间舒适度。因此有必要通过优化设计来确保梯段之间及楼梯平台之间有足够的净高。

以 5.2m 的层高为例，若踏高为 152.9mm，152.9mm×34 = 5200mm，即需设置 34 个踏高，宜采用四跑楼梯。如方案一所示，若不假思索地将四个梯段从下到上分别设 9、8、9、8 个踏高，此时楼梯平台层高为 2600mm ❶左右，但梯段净高仅有 2276mm ❷；虽满足了规范的最低要求，但因小于 2500mm，仍有一定的压抑感；若改为方案二的设置方法，平台层高增为 2752mm ❸，梯段净高增为 2428mm ❹，有一定的改观；若进一步采用方案三的设置方法，平台净高增至 3058mm ❺，而梯段净高增至 2735mm ❻，就能较好地满足空间舒适度的要求。

如下面的详图所示，方案二也可作如下优化。即不改变梯段踏步数，而向左平移第二梯段及第三梯段；此时虽不能增加平台净高，但可增加梯段净高 200mm 左右。

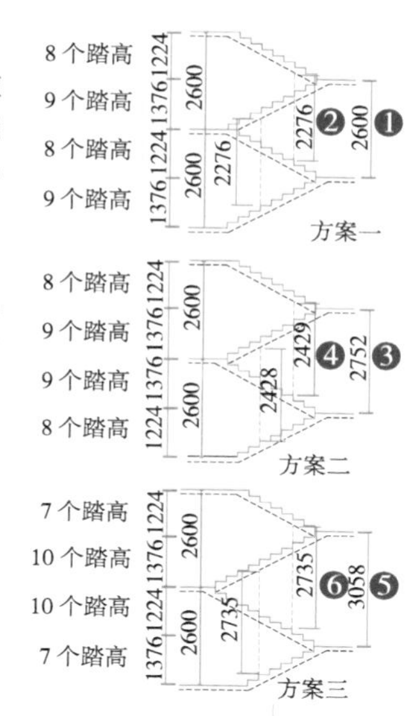

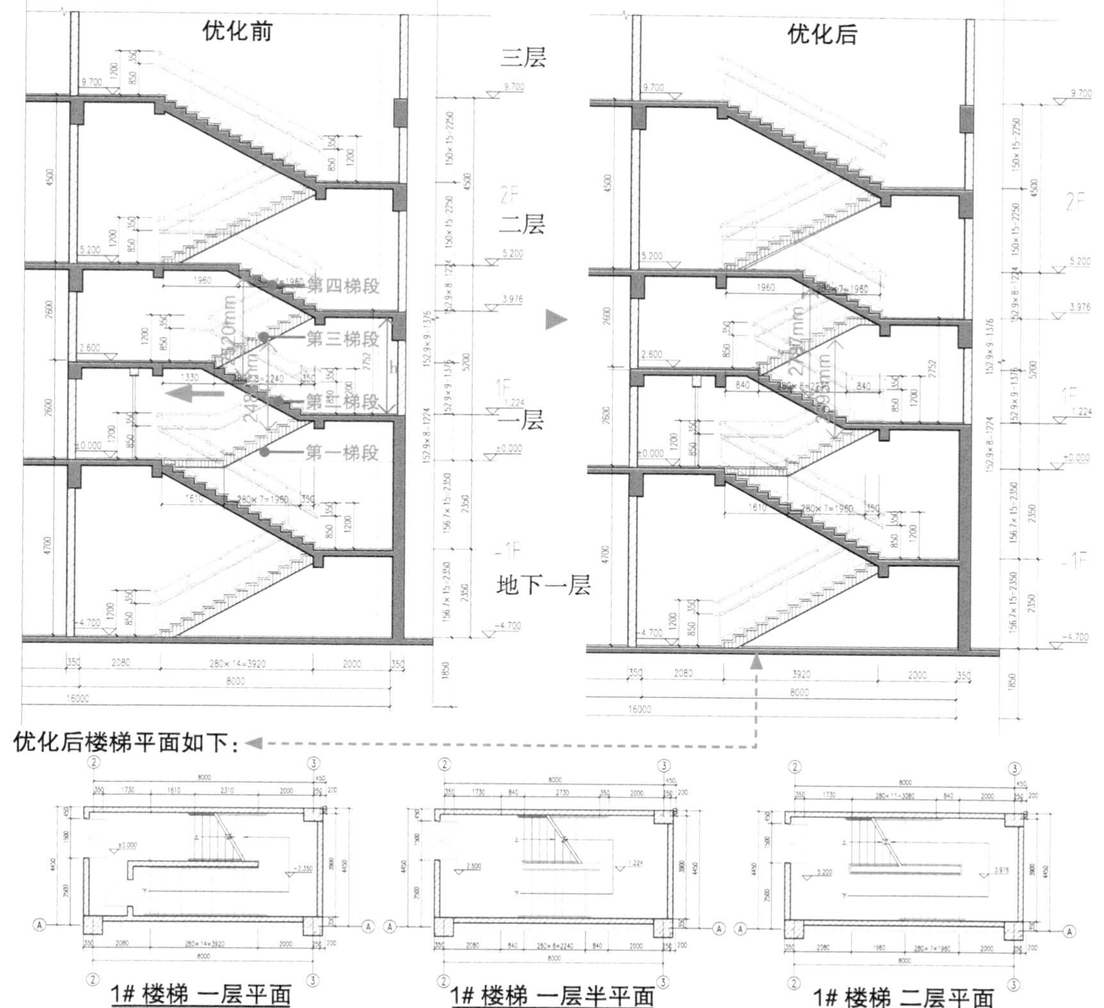

2.8.4 电梯

1) 电梯类型

(1) 用途

名称	运送对象
乘客电梯	普通乘客
客货 两用电梯	主要运送乘客，亦可运送货物
载货电梯	运送货物，人可随行
医用电梯	搬送病床（包括患者）
升降梯	药品、食品、污物等，轿厢不可进人

(2) 电梯机房

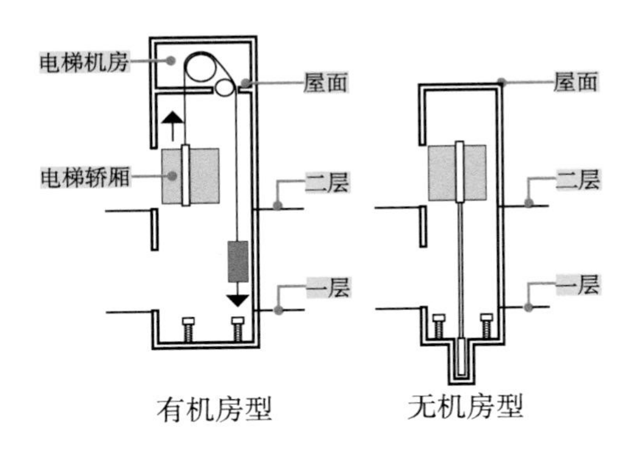

2) 电梯数量

确定电梯数量时需综合考虑建筑类型、层数、每层面积、人员、货物，以及电梯的技术参数等因素。

参考

- 《全国民用建筑工程设计技术措施(2009)——规划·建筑·景观》"第二部分 表 9.2.2"。

本工程共设 7 台电梯（含升降梯）。

(1) 门急诊交界处设 1 台医用电梯 ❶，以便将需要做手术的患者及时搬送至二层手术部，考虑到立面效果，该电梯选用无机房型电梯。

(2) 住院部电梯数量按 1 台 /70 病床计算，本工程住院部共 262 张病床，需设 4 台电梯，其中 2 台供患者及探视人员使用 ❷，2 台供工作人员使用 ❸；此外，住院部增设 1 台污物电梯 ❹，用来搬运污物。

(3) 手术部、计划生育手术室及中心消毒供应室共设 1 台污物升降梯 ❺。

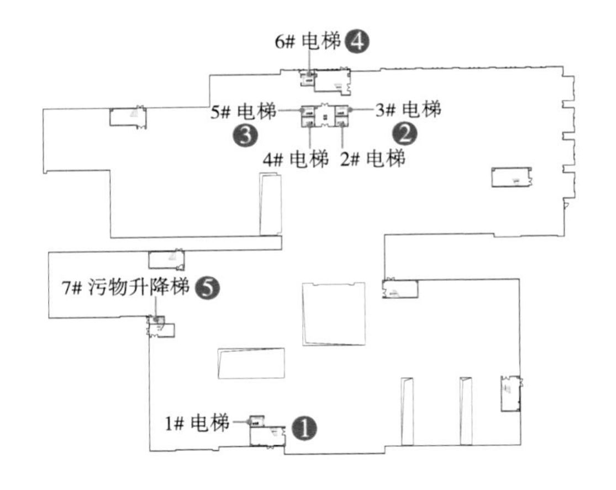

电梯设置情况如下表所示：

编号	吨位 (t)	提升高度 (m)	速度 (m/s)	停站 (站)	数量 (台)	备注
无机房电梯 1# ❶	1.6	4.80	1.5	2	1	无障碍医用电梯
患者及探视人员电梯 2#、3# ❷	1.6	17.00	1.5	5	2	无障碍医用电梯
工作人员用电梯 4#、5# ❸	1.6	17.00	1.5	5	2	医用电梯
污物电梯 6# ❹	1.6	17.00	1.5	5	1	医用电梯
污物升降梯 7# ❺	0.2	4.80	1.0	2	1	不能运送人员

出于立面造型的考量，1# 电梯选用无机房型电梯，其余均选用有机房型电梯。

3）确定电梯尺寸

（1）平面尺寸

通常施工图完成后才通过招投标的方式选择电梯厂商，因此在施工图阶段，尚不能选定电梯的品牌及型号。为此绘制施工图时宜按通用型号的最大参数值确定轿厢尺寸及电梯井尺寸，以免施工安装时因预留尺寸不足而造成不必要的损失。通常医用电梯的井道开间净宽宜≥2400mm，净深宜≥3000mm。

参考

▪《全国民用建筑工程设计技术措施（2009）——规划·建筑·景观》"第二部分 表9.2.4"

（2）剖面尺寸

除平面尺寸外，还需留意机房净高、顶层净高以及电梯井底坑深度等参数的取值。在施工图阶段，这三项参数可按下列指标确定：

机房净高不小于3000mm ❶；

顶层净高不小于4700mm ❷；

底坑深度一般取值1850mm ❸。

参考

▪《全国民用建筑工程设计技术措施（2009）——规划·建筑·景观》"第二部分 表9.2.5"。

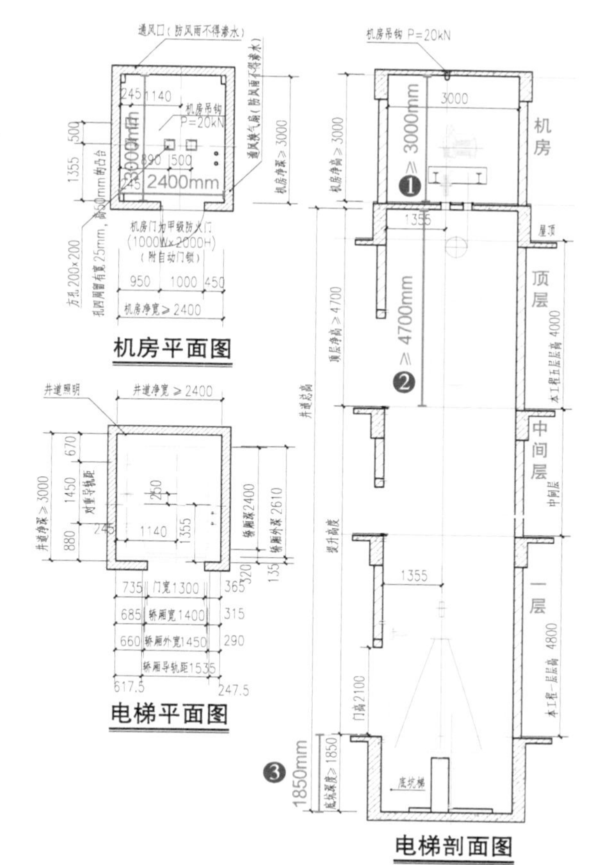

经验

• 电梯的**平面尺寸**主要取决于其用途，通常该尺寸依载货电梯、医用电梯、乘客电梯、住宅电梯的顺序递减；

• 电梯的**剖面尺寸**主要取决于其速度，一般速度较快的电梯所需的底坑深度与顶层净高较大。

（3）候梯厅的最小**深度**

多台单侧排列医用电梯的候梯厅最小深度

＝1.5× 电梯群中最大轿厢深度

＝1.5×2400mm

＝3600mm

参考

▪《全国民用建筑工程设计技术措施（2009）——规划·建筑·景观》"第二部分 表9.2.9"。

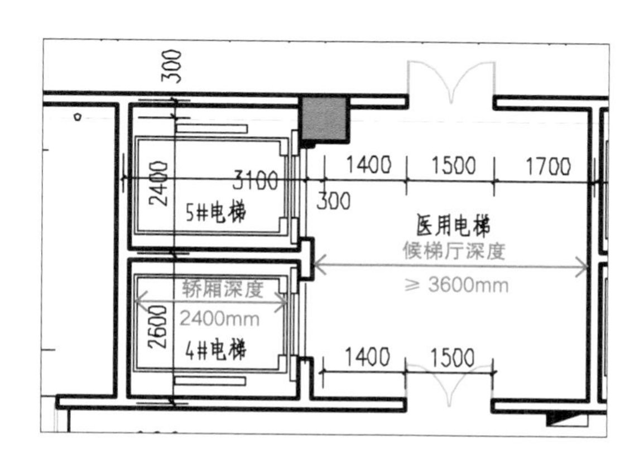

2.9 卫生间

2.9.1 编号及索引

绘制卫生间详图前需对其进行编号。平面相同的卫生间只需编一个号，但由于各层卫生间的位置与数量常常互不相同，卫生间编号一般比楼梯间复杂。

平面图中卫生间索引的标注方法可参考楼梯索引☞ P102。

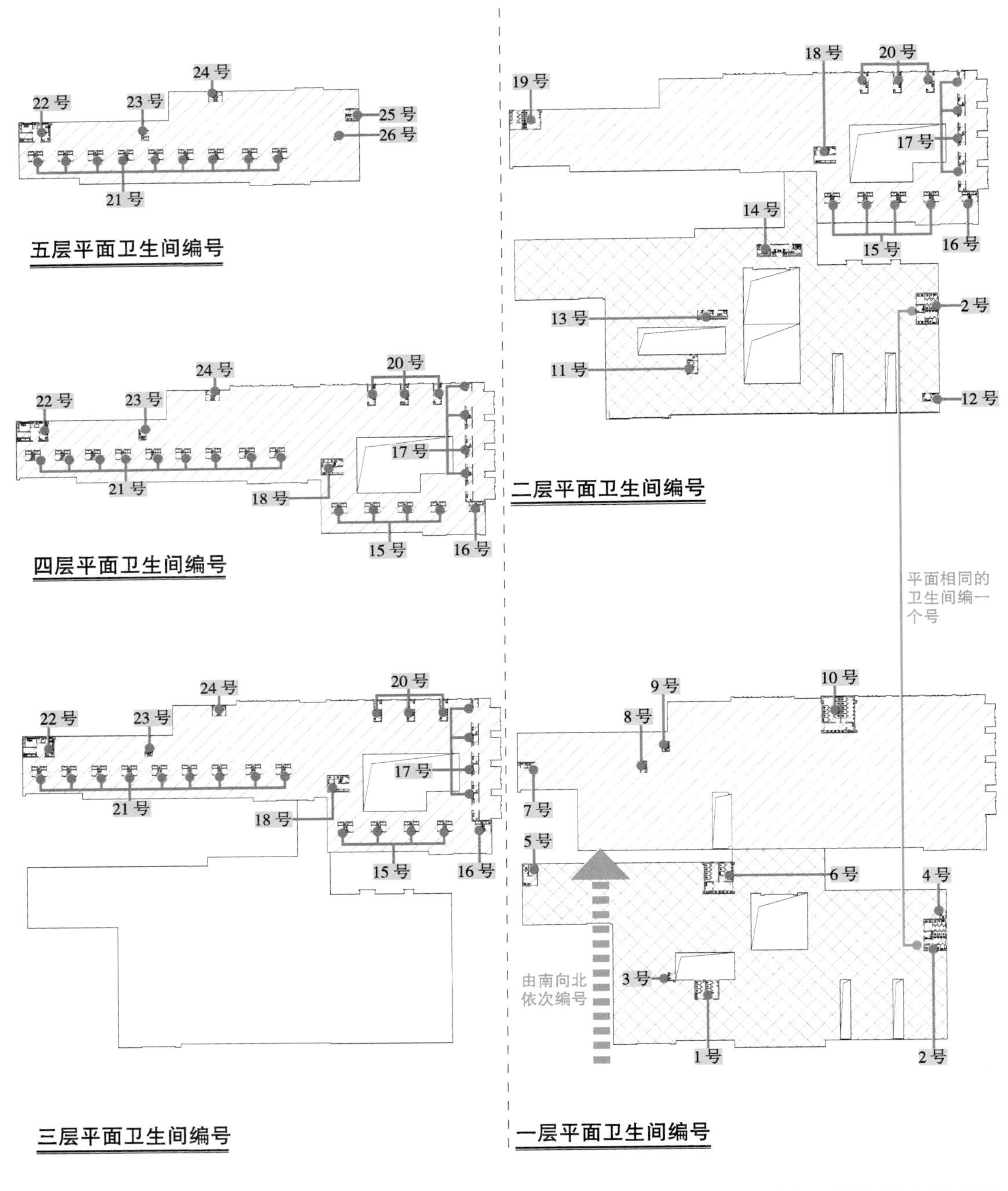

2.9.2 详图

1）门诊部公共卫生间

•医院卫生间宜用曲折的路径来遮挡视线，尽量不设门。原因在于：用手推门易传染细菌，用脚踢门易将门踢坏。

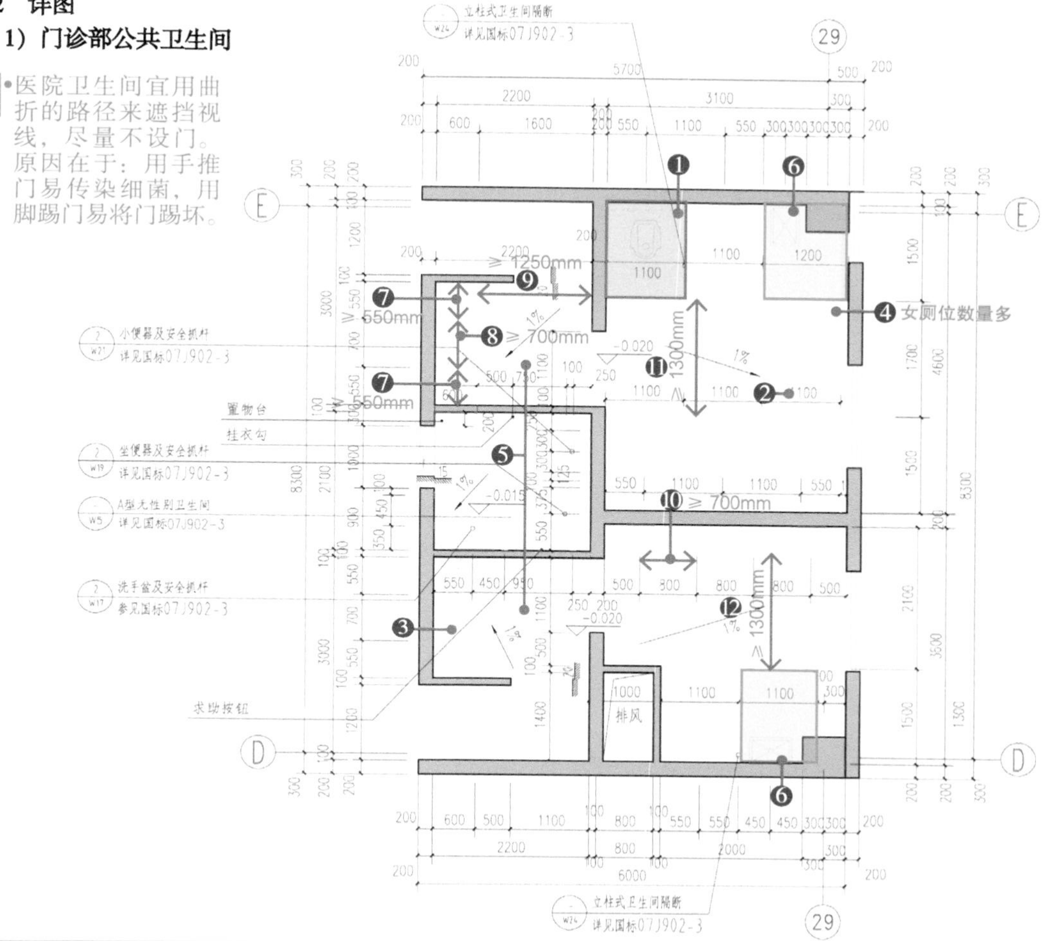

■《民用建筑设计统一标准》（GB 50352—2019）"6.6.4"：

• 医院患者专用厕所隔间平面尺寸不应＜ 1.1m×1.5m ❶；门应朝外开，门闩应能里外开启❷。

■《综合医院建筑设计规范》（GB 51039—2014）" 第 5.1.13 条 卫生间 "：

• 卫生间应设前室，并应设非手动开关的洗手设施❸。

■《民用建筑设计统一标准》（GB 50352—2019）"6.6.2 " 至 "6.6.3 "：

• 卫生器具配置的数量应符合国家现行相关建筑设计标准的规定。男女厕位的比例应根据使用特点、使用人数确定。在男女使用人数基本均衡时，男厕厕位（含大、小便器）与女厕厕位数量的比例宜为 1∶1 ～ 1∶1.5 ❹；在商场、体育场馆、学校、观演建筑、交通建筑、公园等场所，厕位数量比不宜小于 1∶1.5 ～ 1∶2。

• 公共厕所、公共浴室应防止视线干扰，宜分设前室❺。

• 公共厕所宜设置独立的清洁间❻。

■《民用建筑设计统一标准》（GB 50352—2019）"6.6.5 卫生设备间距应符合下列规定 "：

• 洗手盆或盥洗槽水嘴中心与侧墙面净距不应＜ 0.55m ❼。

• 并列洗手盆或盥洗槽水嘴中心间距不应＜ 0.7m ❽。

• 单侧并列洗手盆或盥洗槽外沿至对面墙的净距不应＜ 1.25m ❾。

• 并列小便器的中心距离不应＜ 0.7m ❿。

• 双侧厕所隔间之间的净距，当采用内开门时不应＜ 1.1m，当采用外开门时不应＜ 1.3m ⓫。

• 单侧厕所隔间至对面小便器或小便槽的外沿的净距，当采用外开门时不应小于 1.3m ⓬。

2）住院部卫生间

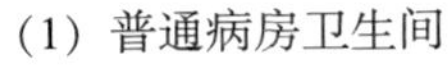

（1）普通病房卫生间

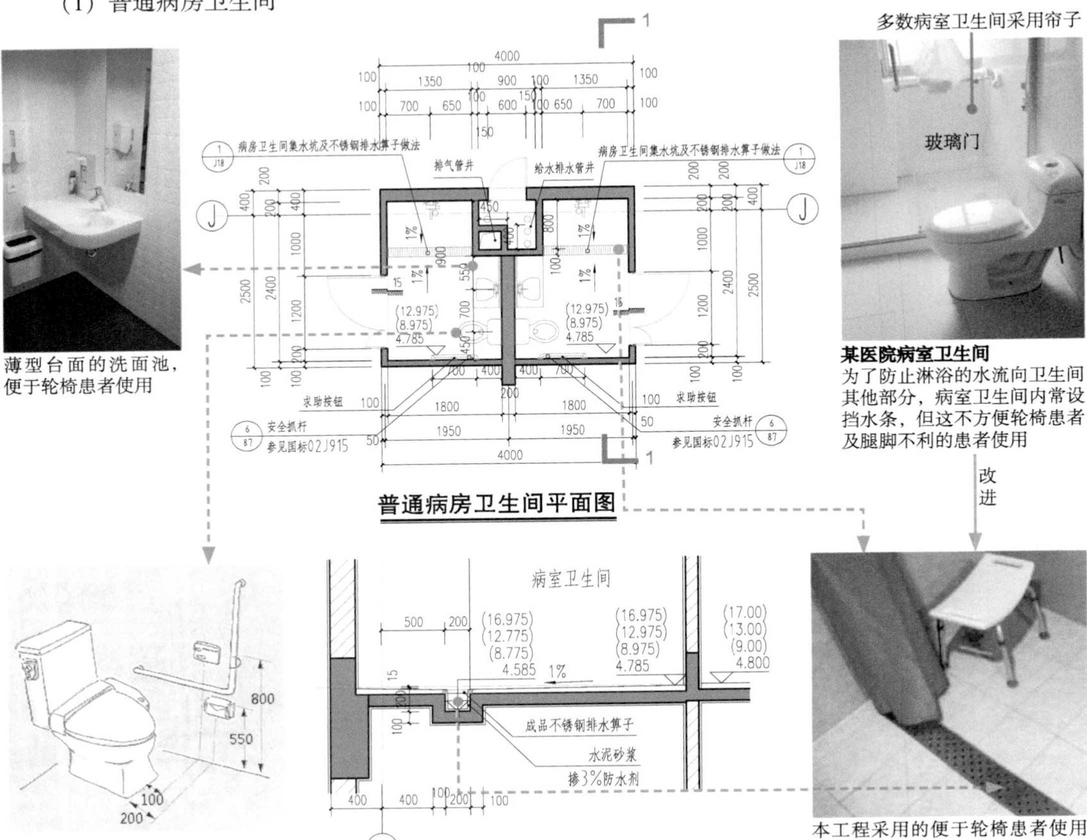

普通病房卫生间平面图

普通病房卫生间1-1剖面图

（2）干湿分离型病房卫生间

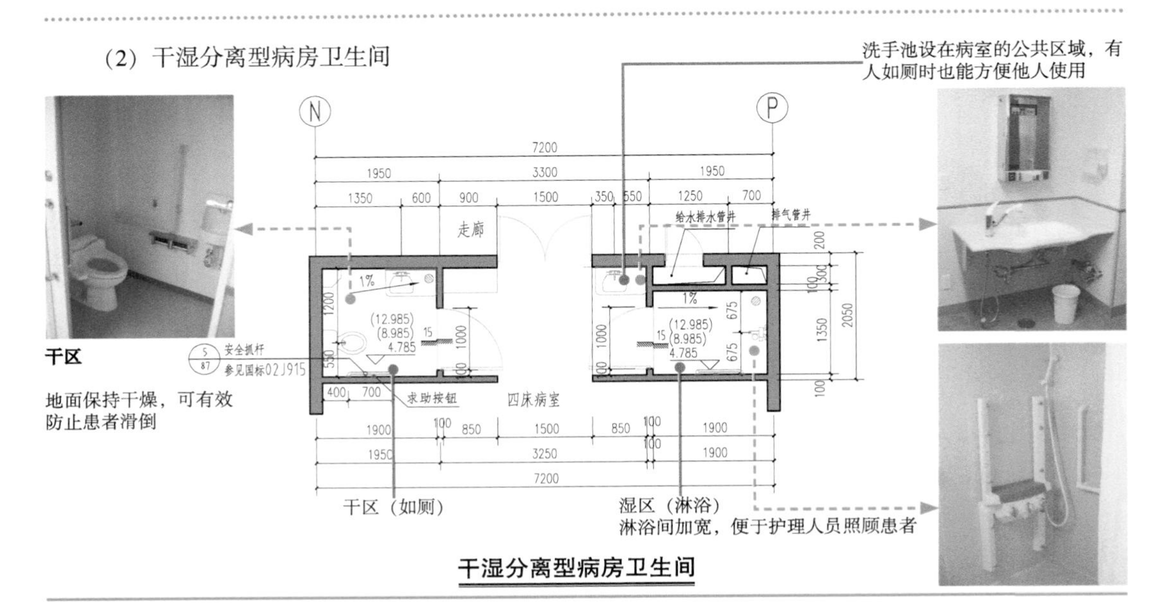

干湿分离型病房卫生间

（3）可使用移位机的卫生间

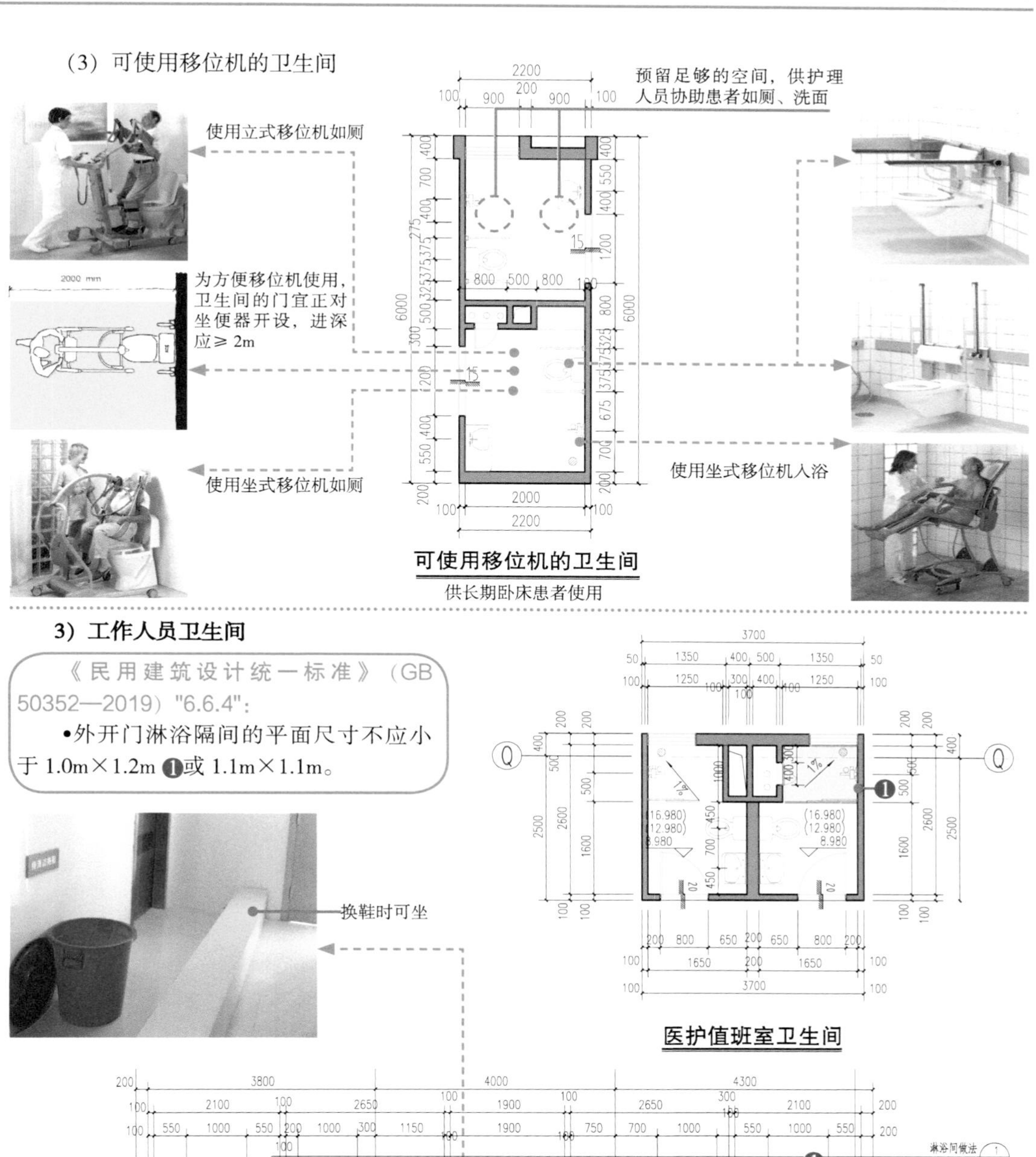

可使用移位机的卫生间

供长期卧床患者使用

3）工作人员卫生间

《民用建筑设计统一标准》（GB 50352—2019）"6.6.4"：

•外开门淋浴隔间的平面尺寸不应小于 1.0m×1.2m ❶或 1.1m×1.1m。

医护值班室卫生间

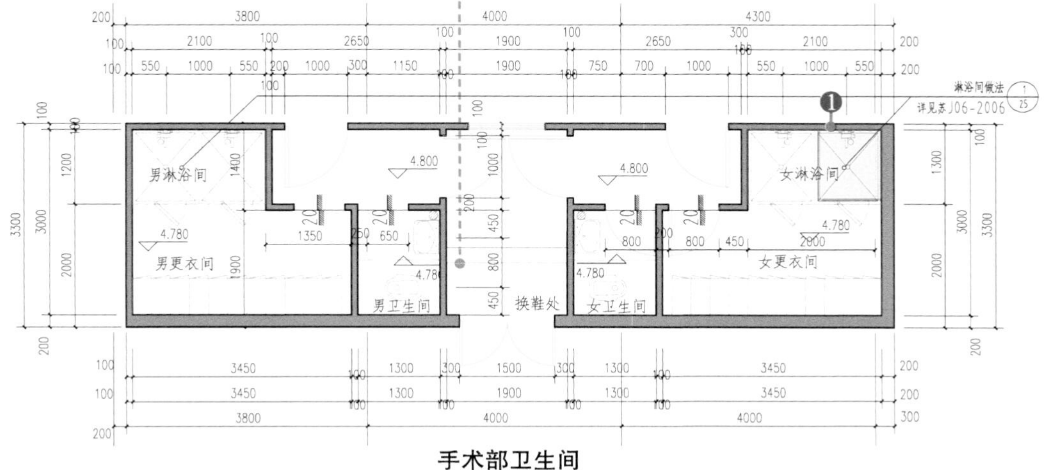

手术部卫生间

4）注意事项

（1）卫生间与相邻房间应有高差，普通卫生间低 20mm，无障碍卫生间低 15mm。

（2）卫生间地面应有 1% 的排水坡度。

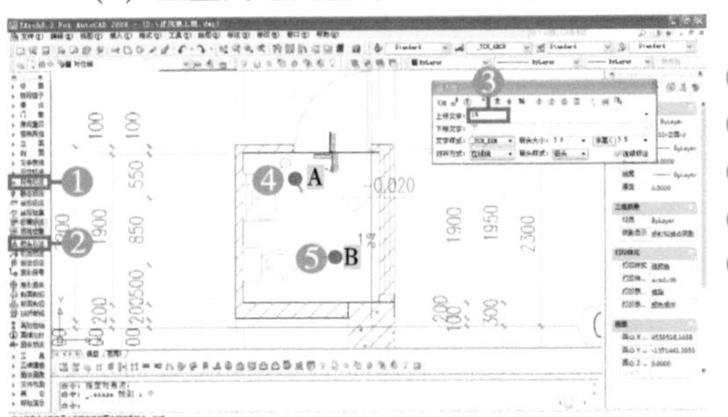

标注排水坡度：

① 单击 [符号标注]，展开菜单

② 选择 [箭头引注]，弹出对话框

③ 在上标文字栏输入 "1%"

④ 单击 A 点，确定箭头位置

⑤ 单击 B 点，确定终点位置，按 Enter 键或 Space 键退出

（3）卫生洁具下部设有排水管及防止臭气进入室内的存水弯。若卫生间的下层不是卫生间，该卫生间的楼板应作降板处理，将排水管及存水弯暗埋。如下图所示，本工程将相关卫生间的钢筋混凝土楼板下降 450mm，并用 1∶8 水泥陶粒填充找平。

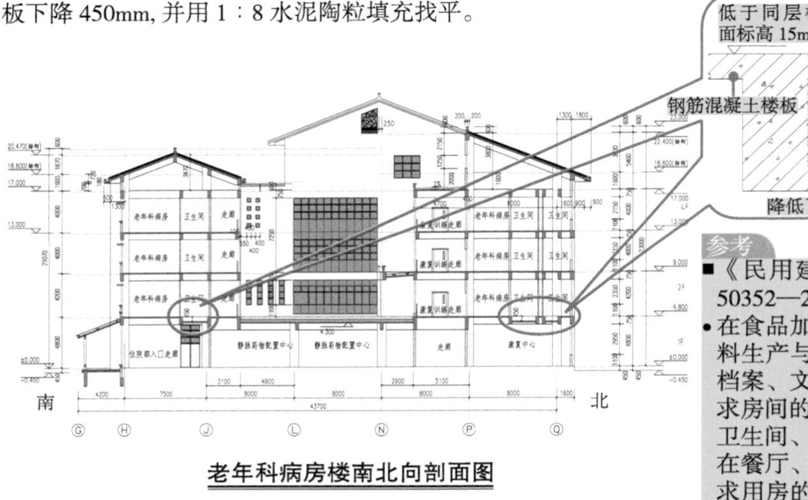

老年科病房楼南北向剖面图

参考

■《民用建筑设计统一标准》（GB 50352—2019）"6.6.1"：

• 在食品加工与贮存、医药及其原材料生产与贮存、生活供水、电气、档案、文物等有严格卫生、安全要求房间的直接上层，不应布置厕所、卫生间、盥洗室、浴室等有水房间；在餐厅、医疗用房等有较高卫生要求用房的直接上层，应避免布置厕所、卫生间、盥洗室、浴室等有水房间，否则应采取同层排水和严格的防水措施。

5）排版

将画好的卫生间详图按照编号顺序依次放入图纸，并排列整齐。

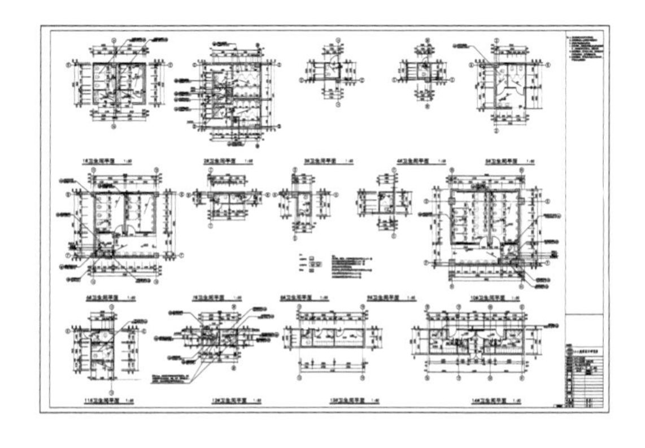

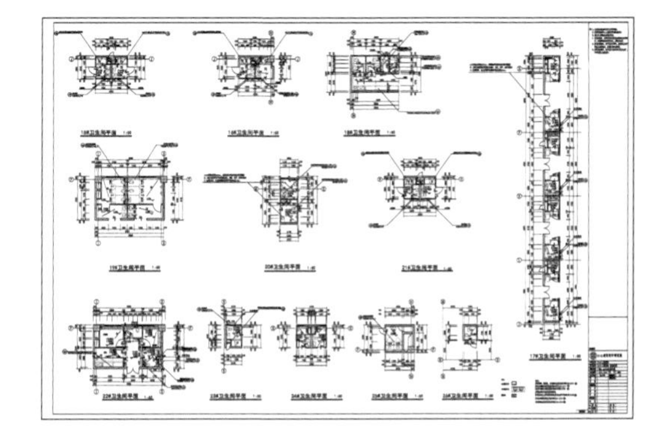

2.10 特殊房间

2.10.1 病室

病室设计应满足下列规范要求：

■《综合医院建筑设计规范》（GB 51039—2014）"第 5.5.5 条 病房"：

- 病床的排列应平行于采光窗墙面。单排不宜超过 3 床，双排不宜超过 6 床。
- 平行的两床净距不应小于 0.80m ❶，靠墙病床床沿与墙面的净距不应小于 0.60m ❷。
- 单排病床通道净宽不应小于 1.10m ❸，双排病床（床端）通道净宽不应小于 1.40m ❹。
- 病房门净宽不应小于 1.10m，门扇应设观察窗❺。

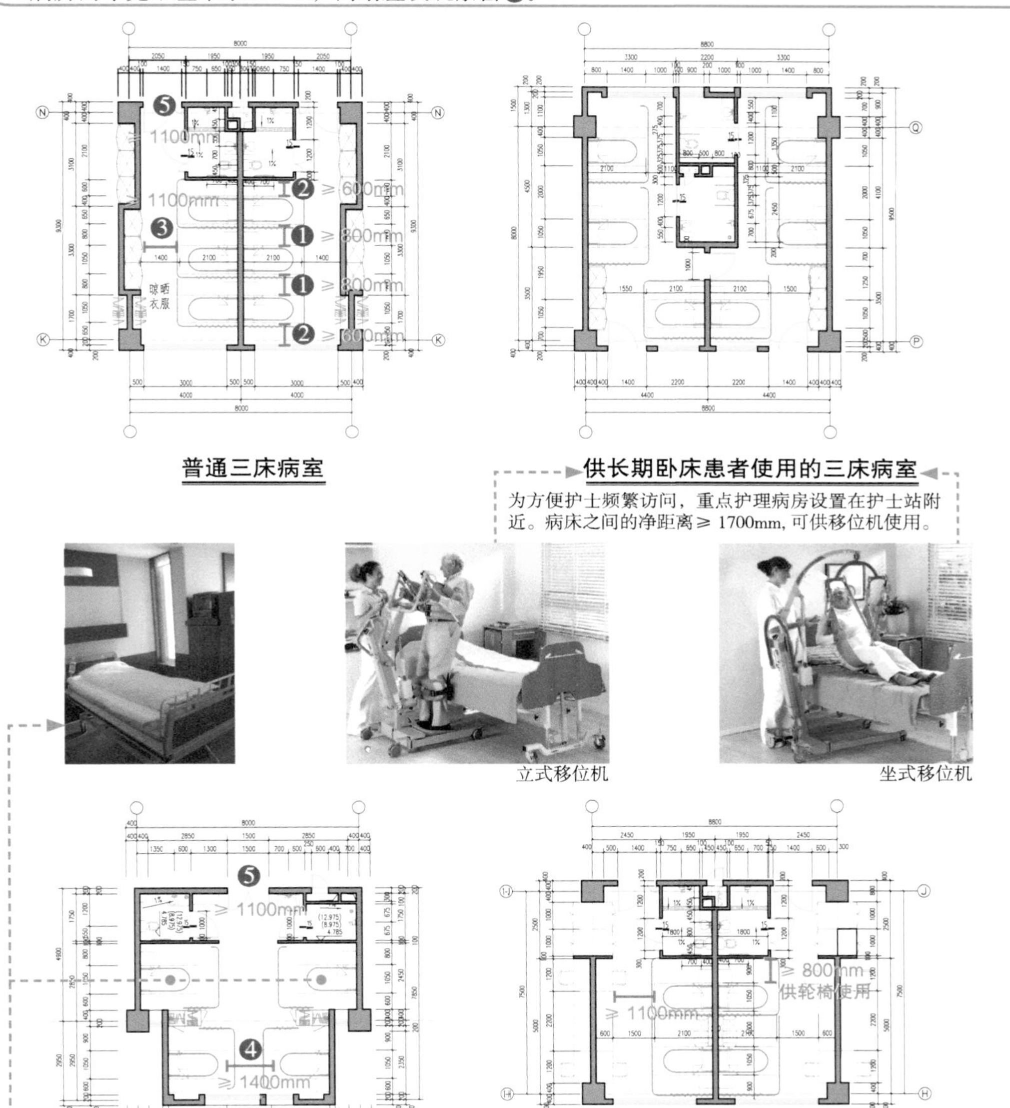

普通三床病室

供长期卧床患者使用的三床病室

为方便护士频繁访问，重点护理病房设置在护士站附近。病床之间的净距离≥ 1700mm，可供移位机使用。

立式移位机

坐式移位机

注重私密性的四床病室

靠卫生间一侧的患者卧床时也能看到窗外景色

供长期疗养的二床病室

有沙发、书桌等家具

2.10.2 放射线科

本工程共设 7 间放射线室，其平面布置方式及墙体、顶棚和楼地面构造如下图所示：

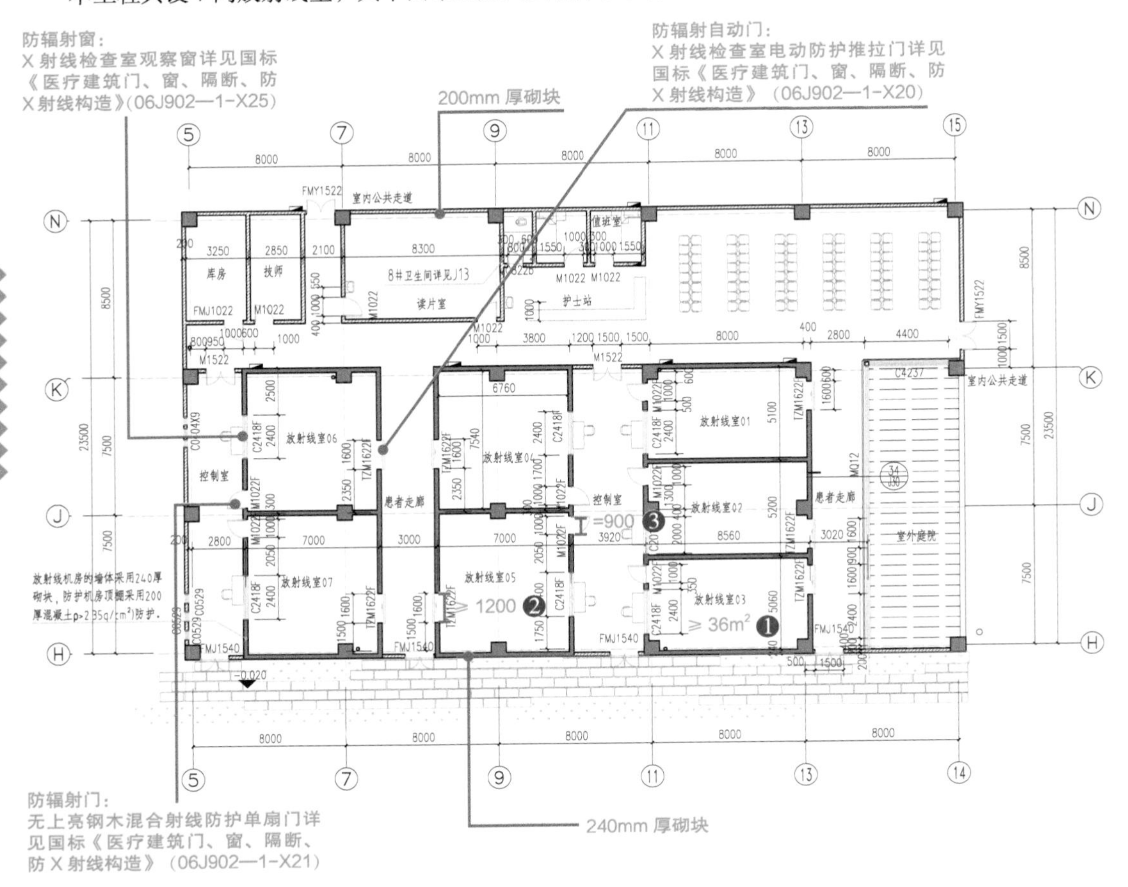

为防止 X 射线检查室产生的射线损害人员健康，可采取下列构造措施：

■《医疗建筑门、窗、隔断、防 X 射线构造》（06J 902—1-X1）X 射线检查室设计选用说明：

- 单管头 X 射线机机房净使用面积≥ 24m²，双管头 X 射线机房净使用面积宜≥ 36 m² ❶；
- 主防护墙：采用 240 厚砌块墙体，墙面两侧各粉刷 10 ～ 15 厚钡水泥（$\rho \geqslant 2.7\text{g/cm}^3$）防护；
- 其余三面墙：采用 240 厚砌块墙体，墙面两侧各粉刷 8 ～ 10 厚钡水泥（$\rho \geqslant 2.7\text{g/cm}^3$）防护；
- 地板：采用 250 厚混凝土（$\rho \geqslant 2.35\text{g/cm}^3$）防护；
- 顶棚：采用 200 厚混凝土（$\rho \geqslant 2.35\text{g/cm}^3$）或 150 厚混凝土（$\rho \geqslant 2.35\text{g/cm}^3$）防护。

■《综合医院建筑设计规范》（GB 51039—2014）"5.8.4" 至 "5.8.7"：

- 照相室最小净尺寸宜为 4.50m×5.40m，透视室最小净尺寸宜为 6.00m×6.00m。
- 放射设备机房门的净宽不应小于 1.20m，净高不应小于 2.80m；计算机断层扫描（CT）室的门净宽不应小于 1.20m ❷；控制室门净宽宜为 0.90m ❸。
- 透视室与 CT 室的观察窗净宽不应小于 0.80m，净高不应小于 0.60m。照相室观察窗的净宽不应小于 0.60m，净高不应小于 0.40m。
- 防护设计应符合国家现行有关医用 X 射线诊断卫生防护标准的规定。

2.11 屋面排水

2.11.1 屋面排水方式

屋面排水方式分无组织排水❶和有组织排水❷两大类。无组织排水指屋面雨水直接从檐口自由滴落至室外地面的排水方式；而有组织排水指雨水经天沟❸、雨水管❹等装置导流至地下管沟的排水方式。

无组织排水 → 无组织排水不需设天沟及雨水管，但自由下落的雨水易侵蚀外墙并影响人员通行，因而仅适用于二层及二层以下的低层建筑、檐高不超过 10m 的中小型建筑，以及干热少雨地区的建筑等场合。此时挑檐尺寸不宜小于 600mm，散水宽度宜宽出挑檐 300mm 左右，且不宜作暗散水。详见《建筑设计技术细则·建筑专业》"7.2.2" 及《全国民用建筑工程设计技术措施（2009）——规划·建筑·景观》" 第二部分 7.3.1"

当前各类建筑普遍采用有组织排水。该方式可细分为内排水、外排水两种类型，有时还根据实际情况把两者结合起来。由于外排水方式将雨水管设置在外墙面上，会影响立面效果，因而目前在公共建筑中已较少采用。

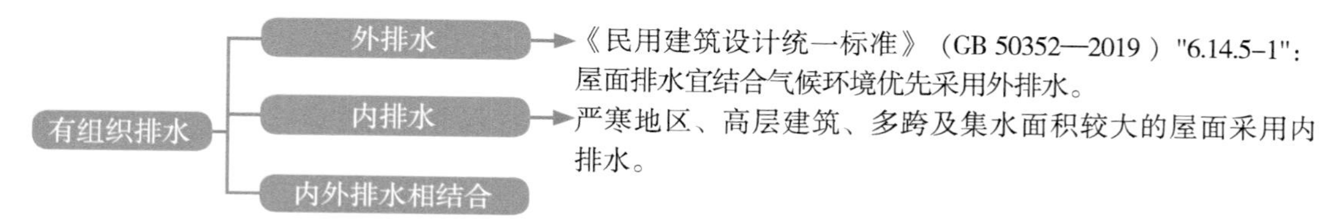

众所周知，医院建筑公共性强，各类人员进出频繁。如下图所示，本工程除少有人出入的一层屋面采用无组织排水❶外，其余屋面采用有组织排水❷，且无论平屋面或坡屋面，均用内排水方式。其中，坡屋面上的雨水从外檐天沟❸经由穿墙屋面雨水口流进室内雨水管❹排走。

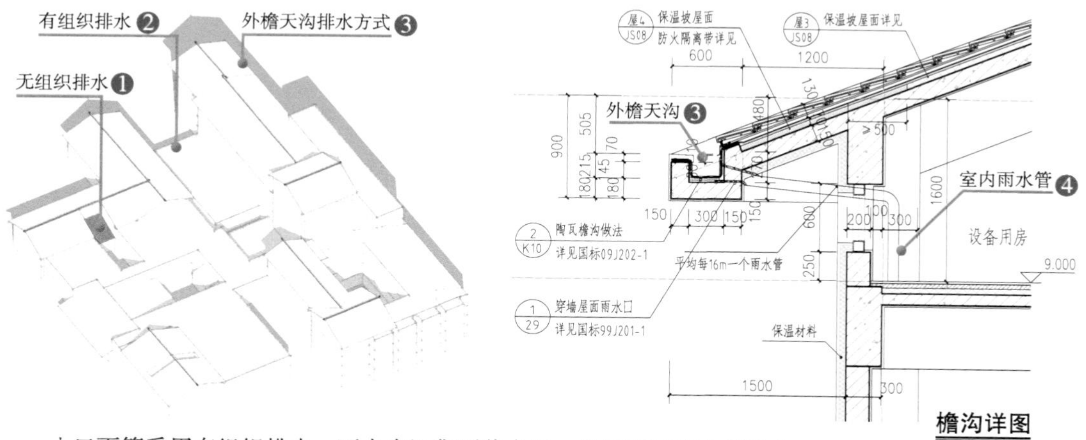

檐沟详图

入口雨篷采用有组织排水，雨水先汇集到落水沟，然后通过雨水管排走。

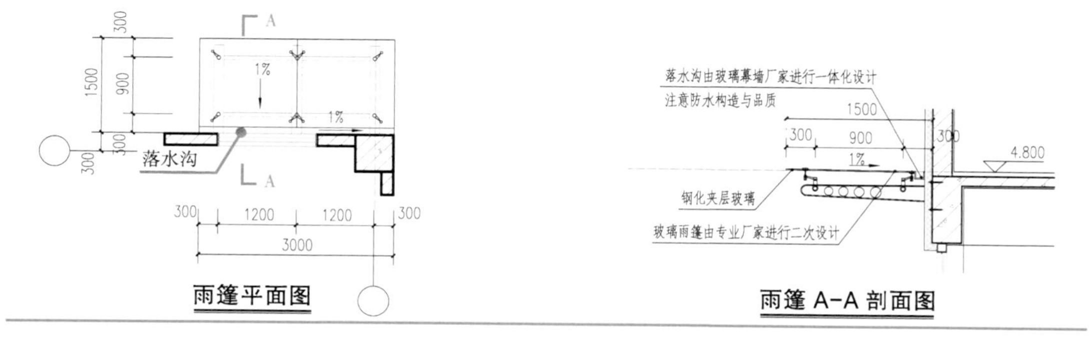

雨篷平面图

雨篷 A-A 剖面图

2.11.2 布置雨水口

1）最大允许汇水面积

屋顶雨水口的汇水面积指该雨水口在建筑屋顶处的受雨面积。屋顶雨水汇集到雨水口后通过雨水管排至市政管网。每个雨水口的汇水面积不得超过按当地降水条件计算所得最大值。

通常按两个柱网（8400×8400×2）的汇水面积设一个雨水管。

按设计重现期10年计，每个雨水口的最大允许汇水面积规定如下：

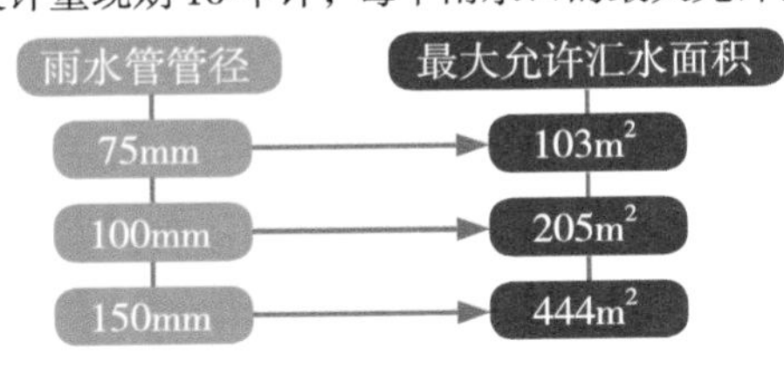

参考

■《建筑设计技术细则——建筑专业》（经济科学出版社，2005）" 表7.2.10 雨水斗（单斗）的最大允许汇水面积 "。

2）雨水口间距

相邻雨水口的间距不宜大于下列数值：外檐天沟为24m，平屋面内、外排水均为15m。

参考

■《建筑设计技术细则——建筑专业》（经济科学出版社，2005）"7.2.6"。

3）雨水口设置

汇水点❶必须设置雨水口。

正确　　○汇水点　○雨水管

错误

4）雨水口数量

每一屋面或天沟，一般不少于两个雨水口❷。

参考

■《建筑设计技术细则——建筑专业》（经济科学出版社，2005）"7.2.4"。

■《民用建筑设计统一标准》（GB 50352—2019）"6.14.5-5"：屋面雨水天沟、檐沟不得跨越变形缝和防火墙。

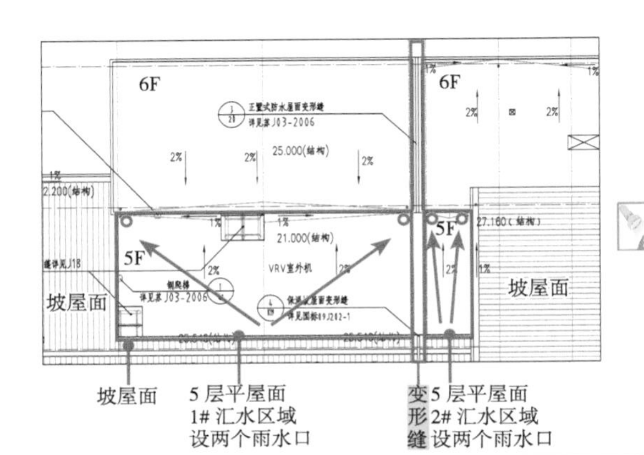

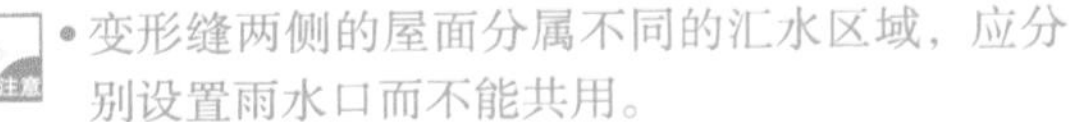

注意

• 变形缝两侧的屋面分属不同的汇水区域，应分别设置雨水口而不能共用。

5）平屋面找坡

平屋面若采用建筑材料找坡，坡度宜为 2%；对于 $a>9.0\text{m}$ 的屋面，宜采用结构找坡（将钢筋混凝土屋面板倾斜），此时坡度不应小于 3%。

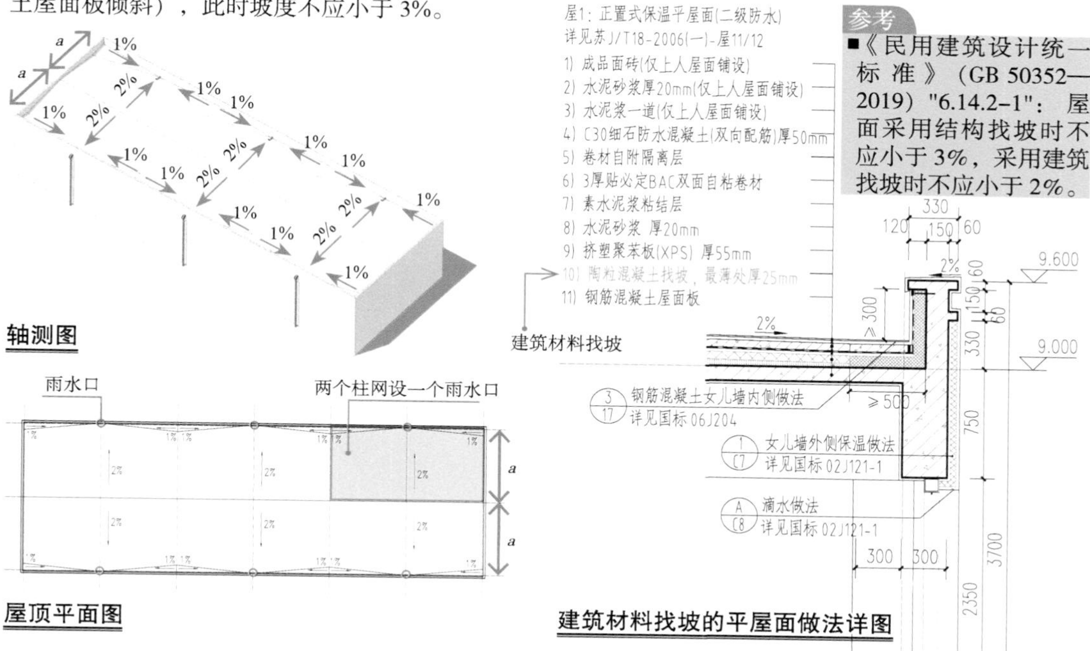

参考

■《民用建筑设计统一标准》（GB 50352—2019）"6.14.2-1"：屋面采用结构找坡时不应小于 3%，采用建筑找坡时不应小于 2%。

建筑材料找坡的平屋面做法详图

以本图为例，陶粒混凝土找坡层最厚处厚度＝ a 的长度 ×2%（坡度）＋最薄处厚度。

若 $a=9000\text{mm}$，则最厚处厚度＝ 9000mm×2% ＋ 25mm ＝ 205mm；

若 $a>9000\text{mm}$，则陶粒混凝土找坡层会因过厚而不经济，因此需采用结构找坡。

6）内排水的雨水管布置

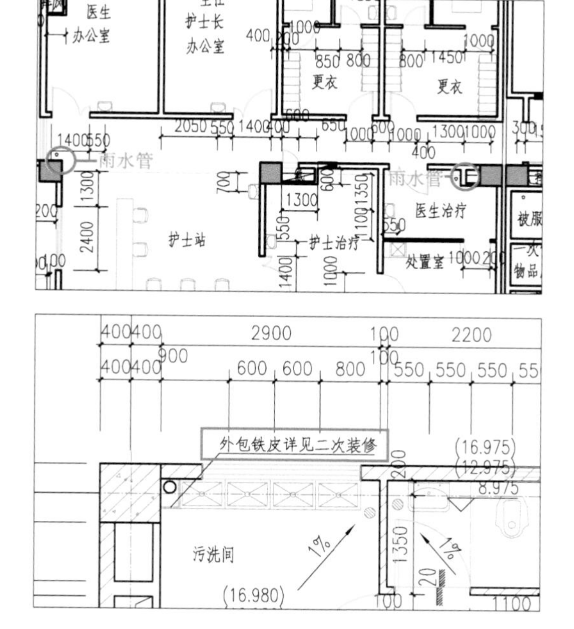

采用内排水方式时，每层平面图上都要画雨水管的位置。雨水管不能穿越风机房、配电间、UPS 间、强弱电间、库房、网络机房等设防火门的房间及楼梯间。

雨水管应尽量布置在房间的角落，以方便二次装修。

内排水方式的雨水管在病室、卫生间等详图中应注明 " 外包铁皮详见二次装修 "。

7）防漏措施

为防止玻璃天窗与侧墙间漏水，在两者之间设置檐沟。

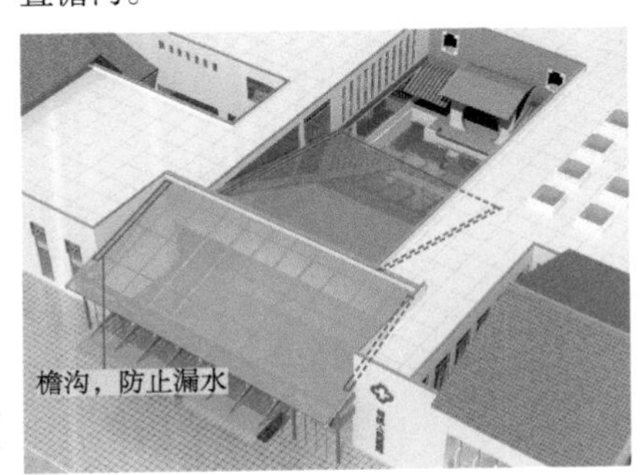

局部鸟瞰图

室内效果图

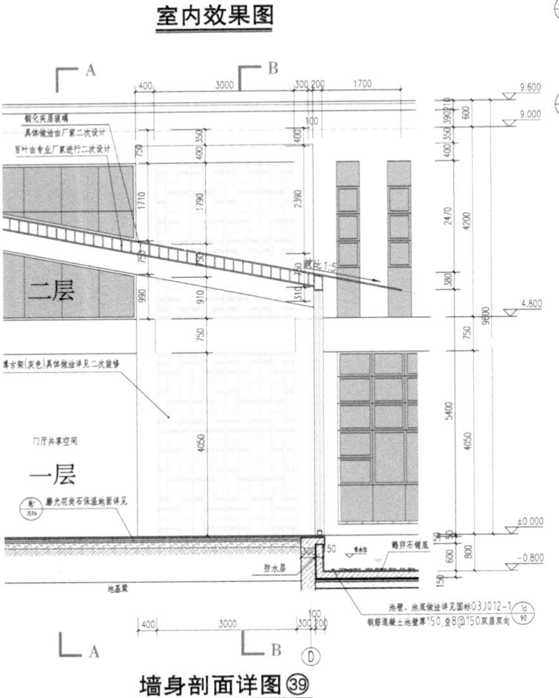

墙身剖面详图㊴

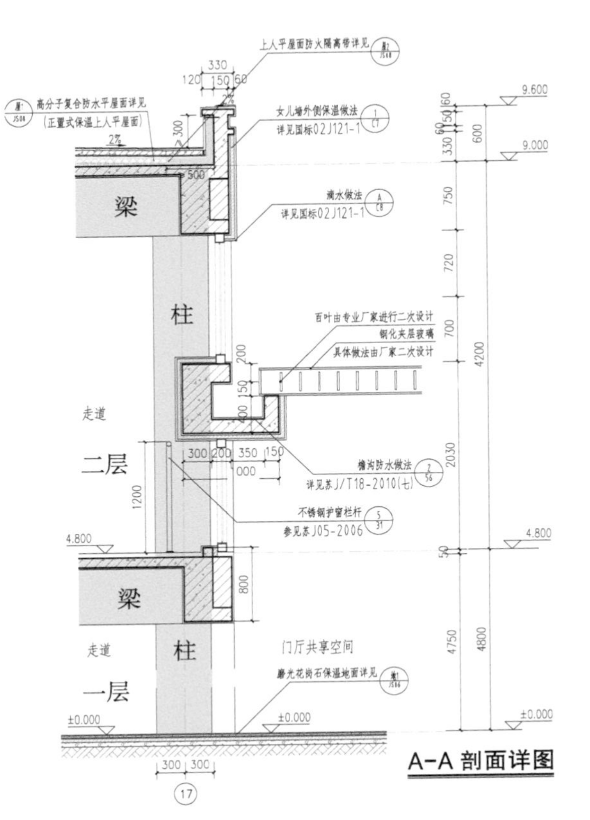

A-A 剖面详图

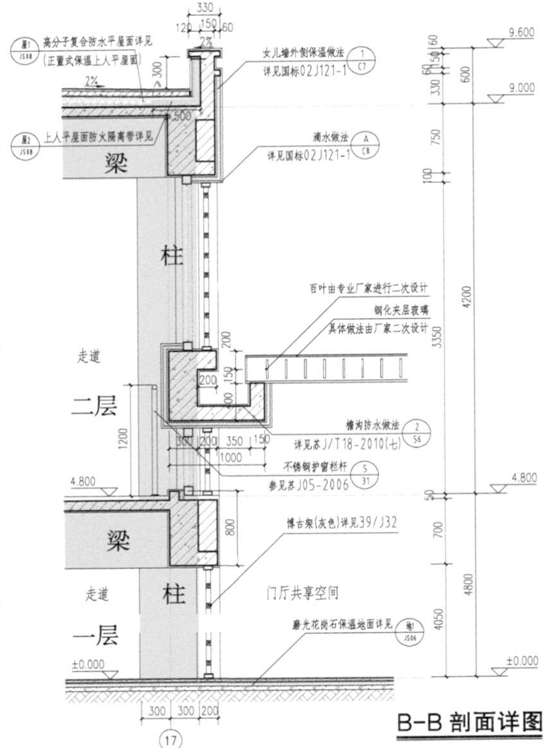

B-B 剖面详图

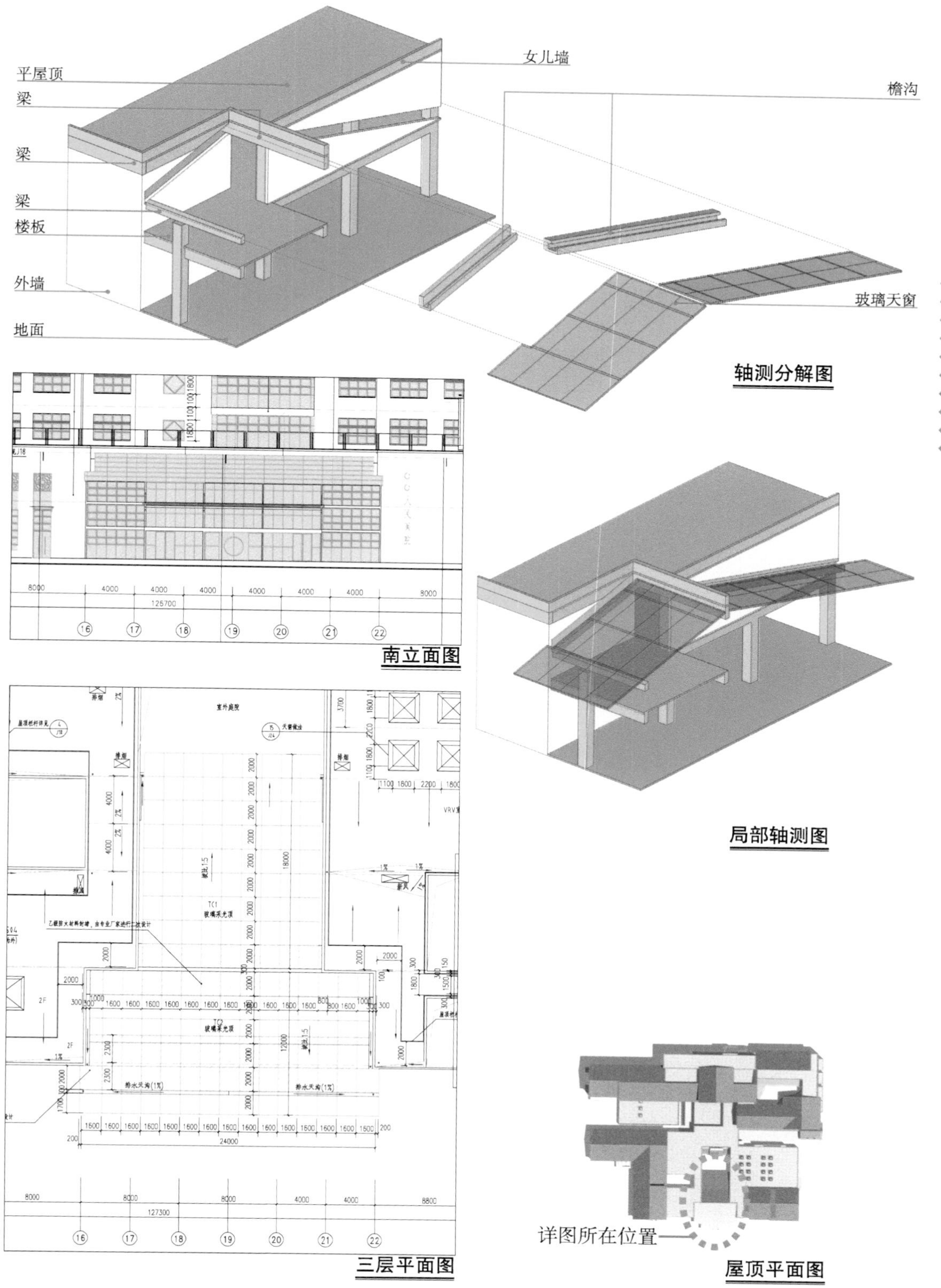

轴测分解图

南立面图

局部轴测图

三层平面图

详图所在位置

屋顶平面图

8）细部处理

（1）所有出屋面的门均设 300 mm 高的混凝土门槛，防止雨水倒流入室内❶；

（2）雨水口应避开门的位置❷；

（3）出屋面管井周边排水坡度应作特殊处理❸。

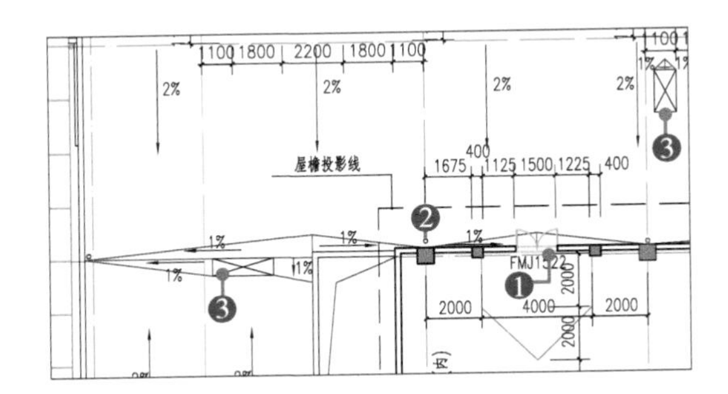

9）屋面排水示意图

下图表达了雨水口位置、屋面排水方向及各雨水口承担的屋面汇水面积。

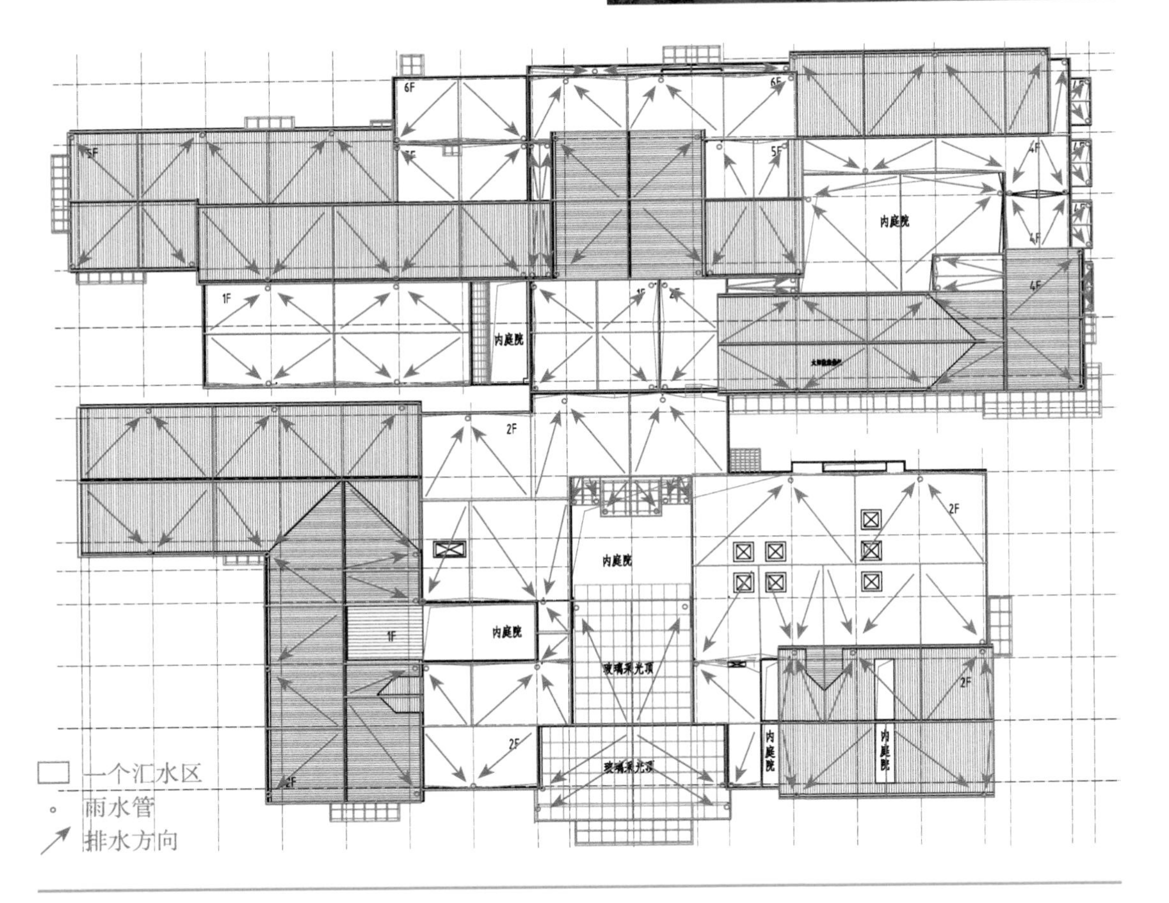

第3章 深入掌握

本章内容：

3.1 防火门窗与防火卷帘

3.1.1 分类

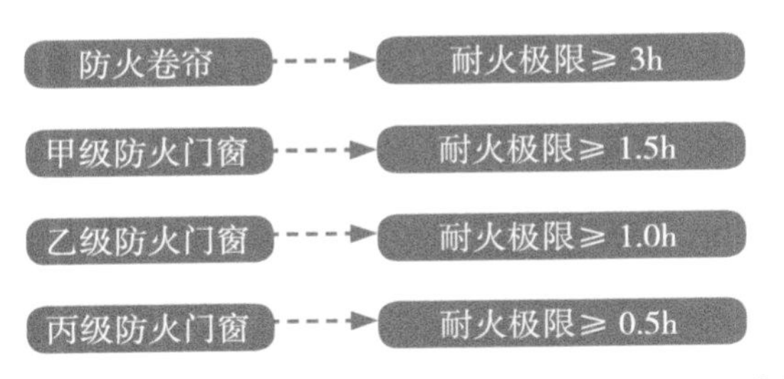

防火门窗按耐火极限分为甲级、乙级以及丙级共三个等级。防火门具有火灾时自行关闭、两侧均能手动开启等功能，详见《建筑设计防火规范》（GB 50016—2014）（2018年版）"6.5.1"。

采用防火卷帘分隔防火分区时，应符合《建筑设计防火规范》(GB 50016—2014)(2018年版)"6.5.3"的规定。

防火门窗的设置部位及等级详见《全国民用建筑工程设计技术措施（2009）——规划·建筑·景观》"第二部分 表10.7.5 防火门窗的设置"及《建筑设计规范常用条文速查手册》（第四版）"15.4 建筑中应设置防火门窗的部位"。

下面以本工程为例，说明防火门窗及防火卷帘的设置方法。

3.1.2 甲级防火门窗及防火卷帘

1）划分防火分区

（1）室外防火墙（☞ P98 "2.7.9 防火间距"）

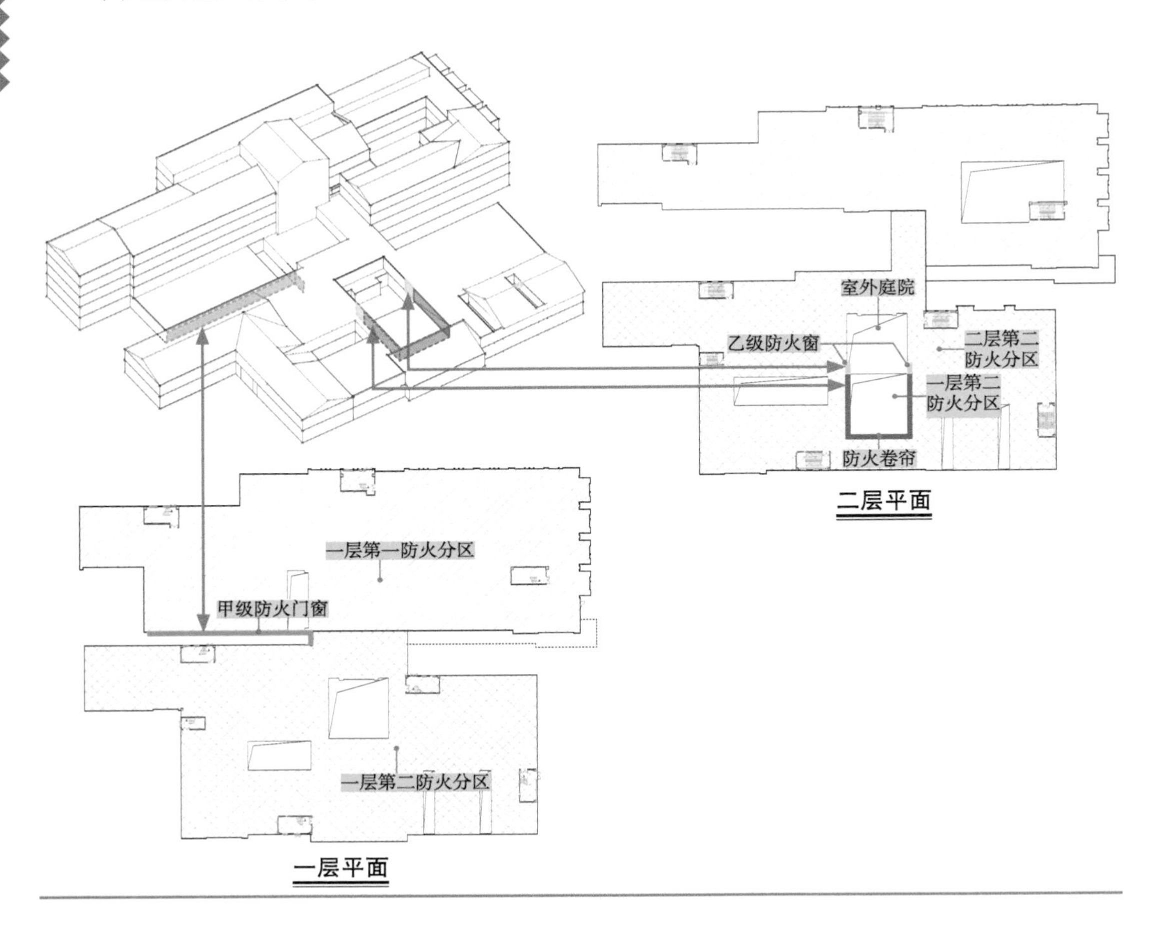

（2）室内防火墙（☞ P77）

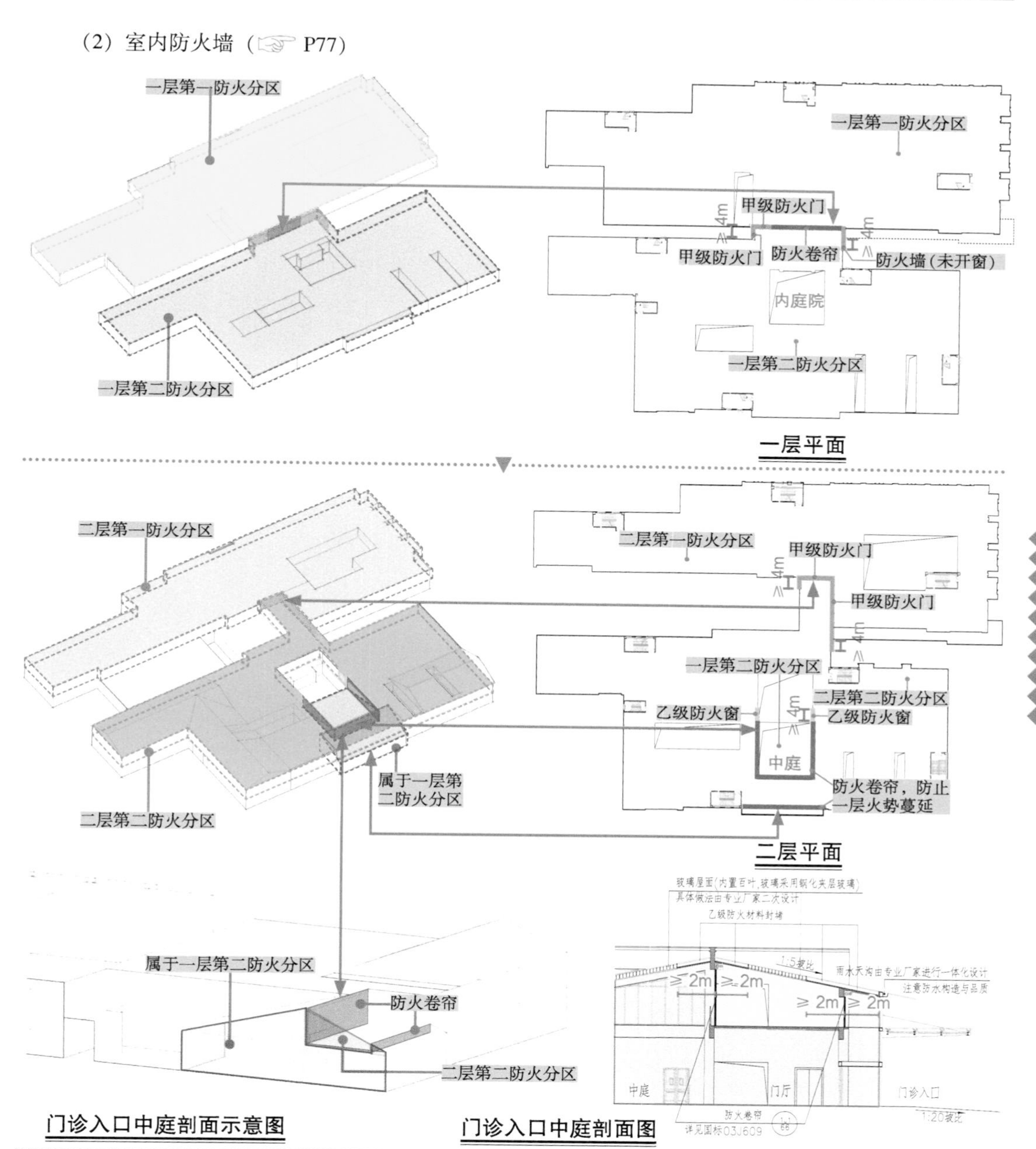

2）设备用房

（1）消防控制中心：净宽 1.2 ～ 1.5m 的外开甲级防火门［《民用建筑电气设计规范》（JGJ 16—2008）"23.3.2.1"］。

（2）附设在建筑内的消防水泵房，不应设置在地下三层及以下或室内地面与室外出入口地坪高差大于 10m 的地下楼层；疏散门应直通室外或安全出口，房门应为甲级防火门［《建筑设计防火规范》（GB 50016—2014）（2018 年版）"8.1.6"］。

（3）当数据中心与其他功能用房在同一个建筑内时，数据中心与建筑内其他功能用房之间应采用耐火极限不低于 2.0h 的防火隔墙和 1.5h 的楼板隔开，隔墙上开门应采用甲级防火门［《数据中心设计规范》（GB 50174—2017）"13.2.4 "］。

3）库房

（1）财务室设置甲级防火防盗门❶；

（2）病历档案室设置甲级防火防盗门❷；

（3）药房为乙类物品库，设甲级防火门窗或防火卷帘❸；

（4）图书室设置甲级防火门❹。

取药等待区

■《办公建筑设计规范》（JGJ 67—2006）"4.1.7" 及 "5.0.5"：

•机要办公室、财务办公室❶、重要档案库❷、贵重仪表间和计算机中心的门应采取防盗措施；

•机要室、档案室和重要库房❸应采用甲级防火门。

■《图书馆建筑设计规范》（JGJ 38—2015）"6.2.1"：

•基本书库、特藏书库、密集书库与其毗邻的其他部位之间应采用防火墙和甲级防火门分隔❹。

■储存物品的火灾危险性分类详见《建筑设计防火规范》（GB 50016—2014）" 表 3.1.3"。

取药窗口

工作人员发药区

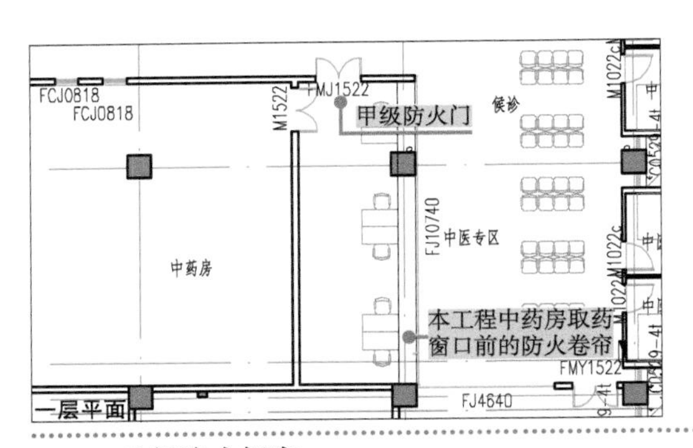

一层平面

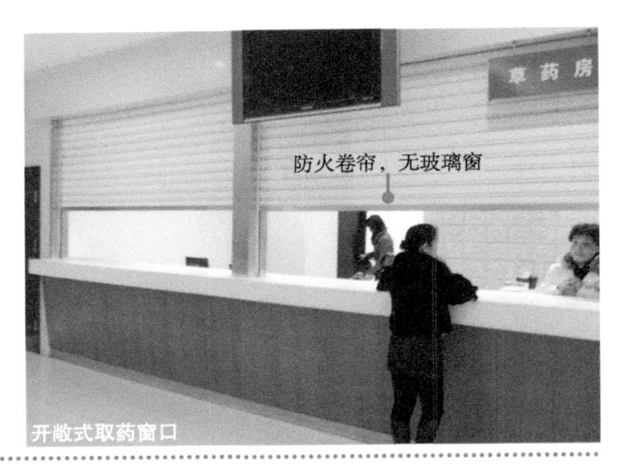

开敞式取药窗口

3.1.3 乙级防火门窗

1）防火分区内部的分隔

在一个防火分区内，对易起火的局部区域或较重要的部位，通过设置耐火极限不低于 2.00h 的隔墙作进一步分隔，把火势控制在更小的范围内，以保护重要部位，减少火灾损失。

■《建筑设计防火规范》（GB 50016—2014）（2018 年版）"5.5.27-1 " 至 "5.5.27-3 "：

•建筑高度＞21m、≤ 33m 的住宅建筑，当户门采用乙级防火门时，可采用敞开楼梯间；

•建筑高度＞33m 的住宅建筑应采用防烟楼梯间。户门不宜直接开向前室，确有困难时，每层开向同一前室的户门应≤ 3 樘且应采用乙级防火门。

■《建筑设计防火规范》（GB 50016—2014）（2018 年版）"6.2.3 "：建筑内的下列部位应采用耐火极限不低于 2h 的防火隔墙与其他部位分隔，墙上的门、窗应采用乙级防火门、窗，确有困难时，可采用防火卷帘，但应符合本规范第 6.5.3 条的规定：

•民用建筑内的附属库房，剧场后台的辅助用房；

•除居住建筑中套内的厨房外，宿舍、公寓建筑中的公共厨房和其他建筑内的厨房；

•附设在住宅建筑内的机动车库。

如下图所示，依据《建筑设计防火规范》(GB 50016—2014)（2018 年版），本工程采用耐火极限≥ 2.00h 的防火墙和 1.00h 的楼板以及乙级防火门、窗在防火分区内部作进一步分隔。

■《建筑设计防火规范》(GB 50016—2014)（2018 年版）"6.2.2"：

•医疗建筑内的手术室或手术部、产房、重症监护室、贵重精密医疗装备用房、储藏间、实验室、胶片室等，应采用耐火极限不低于 2.00h 的防火隔墙和 1.00h 的楼板与其他场所或部位分隔，墙上必须设置的门、窗应采用乙级防火门、窗❶。

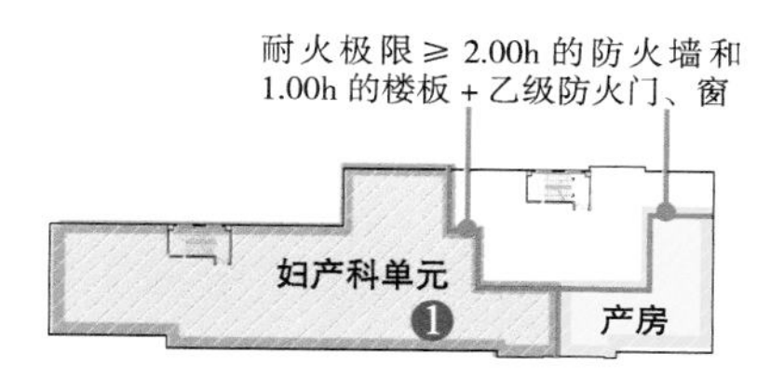

五层平面

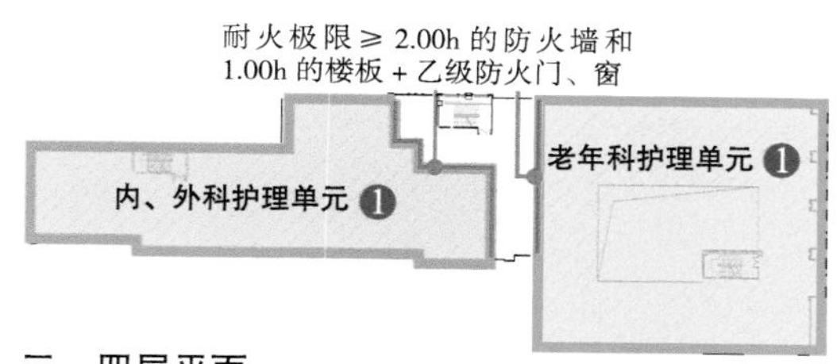

三、四层平面

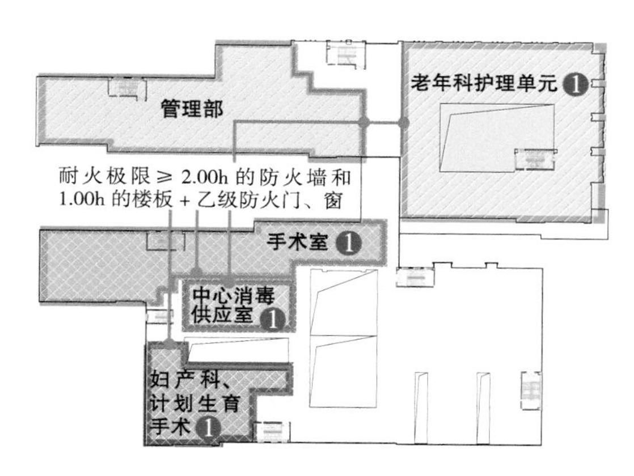

二层平面

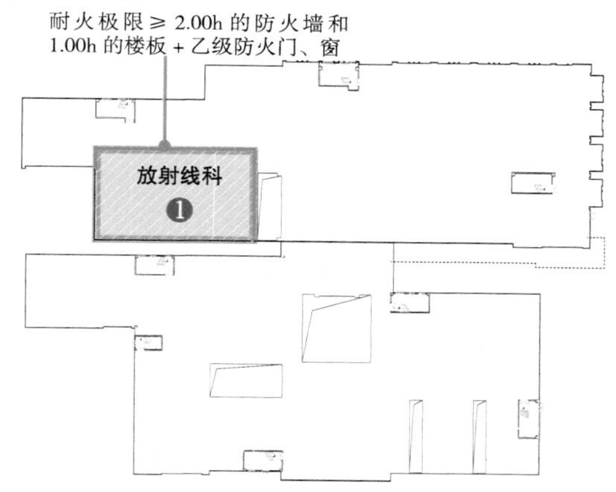

一层平面

2）楼梯间

•人员密集的公共建筑中的封闭楼梯间应符合《建筑设计防火规范》(GB 50016—2014)（2018 年版）"6.4.2-3"；

•疏散走道通向前室以及前室通向楼梯间的门应符合《建筑设计防火规范》(GB 50016—2014)（2018 年版）"6.4.3-4"；

•建筑的地下与地上确需共用楼梯间时，应在首层采用耐火极限≥ 2.00h 的防火隔墙❷和乙级防火门❸将地下或半地下部分与地上部分的连通部位完全分隔，并应设置明显的标志。详见《建筑设计防火规范》(GB 50016—2014)（2018 年版）"6.4.4-3"。

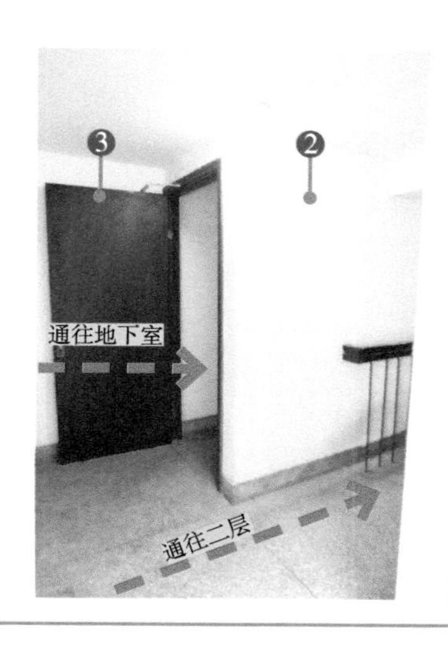

3）相邻防火分区交界处的外墙及门窗

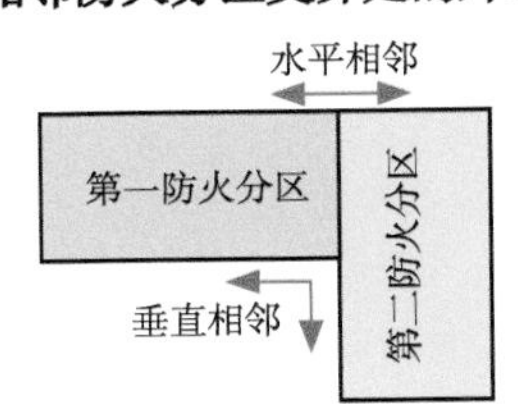

（1）水平相邻的防火分区

■《建筑设计防火规范》（GB 50016—2014）（2018年版）"6.1.3"：

• 建筑外墙为不燃性墙体时，防火墙可不凸出墙的外表面，紧靠防火墙两侧的门、窗、洞口之间最近边缘的水平距离不应小于2.0m；采取设置乙级防火窗等防止火灾水平蔓延的措施时，该距离不限。

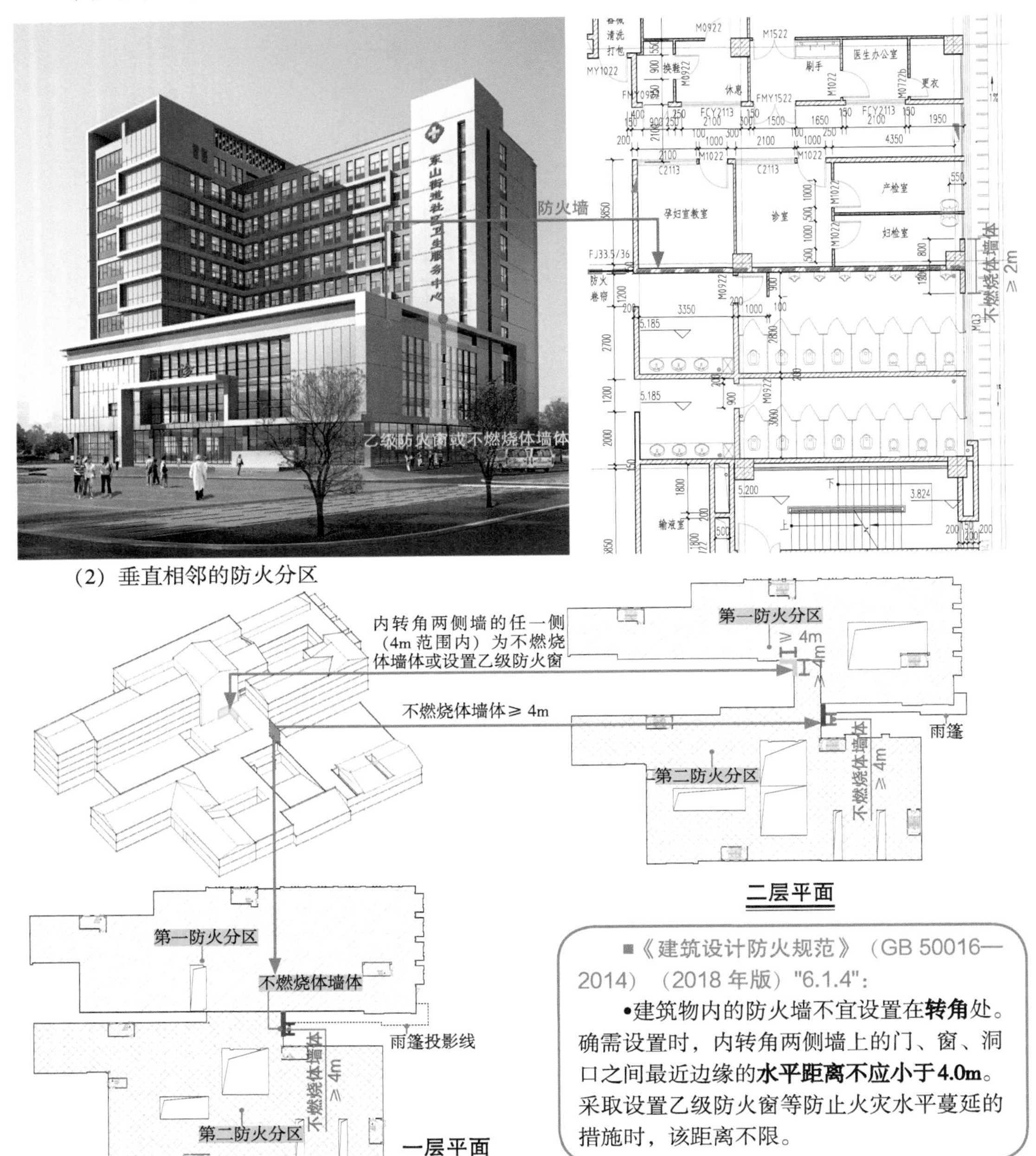

（2）垂直相邻的防火分区

■《建筑设计防火规范》（GB 50016—2014）（2018年版）"6.1.4"：

• 建筑物内的防火墙不宜设置在**转角**处。确需设置时，内转角两侧墙上的门、窗、洞口之间最近边缘的**水平距离不应小于4.0m**。采取设置乙级防火窗等防止火灾水平蔓延的措施时，该距离不限。

4）扩大的封闭楼梯间

对于不能直通室外的楼梯间，可在楼梯间的首层将走道与门厅等包括在楼梯间内，形成扩大的封闭楼梯间。但应采用乙级防火门等措施将扩大的楼梯间与其他走道或房间隔开，并须确保该楼梯间的门距离直通室外的安全出口不超过 15m。

由于本工程的 5# 楼梯不能直通室外（☞P86），故在一层设置了扩大的封闭楼梯间。

（1）如右图所示，火灾发生时，防火卷帘 FJ6740 和 FJ4640 自动下降，乙级防火门 FMY1522 自行关闭，可保证从楼梯疏散的人员通过前室安全疏散到室外❶。

（2）防火卷帘 FJ4640 北侧的人员可通过乙级防火门 FMY1522 先疏散到前室，再经由门 LM1540a 疏散到室外❷。

（3）防火卷帘 FJ6740 西侧的人员可经由门 LM3040 疏散到室外❸。

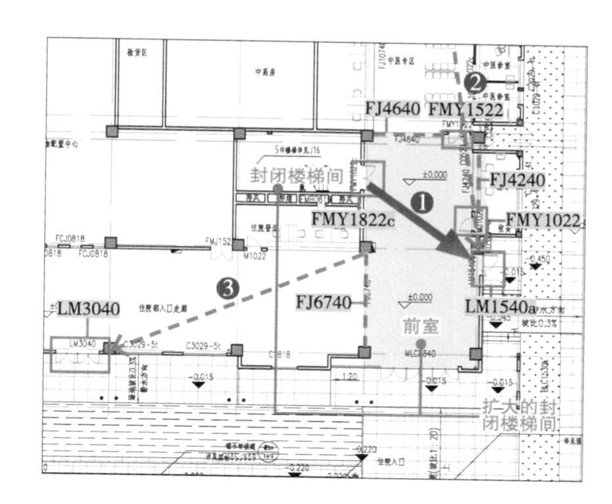

参考
■《建筑设计防火规范》（GB 50016—2014）（2018 年版）"5.5.17" 第 2 条及 "6.4.2 第 4 条"。

5）库房

储存物品的火灾危险性分类详见《建筑设计防火规范》（GB 50016—2014）（2018 年版）" 表 3.1.3"。办公用品多为可燃固体，办公用品库房属丙类仓库，应设乙级防火门。

参考
■《建筑设计防火规范》（GB 50016—2014）（2018 年版）"3.3.5"。

6）强电间和弱电间

检修门宜采用乙级防火门，并向公共通道外开。

7）提升设备的传递洞口

除电梯外，书库内部提升设备的井道井壁应为耐火极限不低于 2.00h 的不燃烧体，井壁上的传递洞口应安装不低于乙级的防火闸门。

参考
■图书馆建筑设计规范（JGJ 38—2015）"6.2.6"。

3.1.4 丙级防火门窗

1）竖向管道井

电缆井、管道井、排烟道、排气道、垃圾道等竖向井道，应分别独立设置。井壁的耐火极限不应低于 1.00h，井壁上的检查门应采用**丙级防火门**。

参考
■《建筑设计防火规范》（GB 50016—2014）（2018 年版）"6.2.9 第 2 条"。

2）变电所

变电所直接通向疏散走道（安全出口）的疏散门，以及变电所直接通向非变电所区域的门，应为**甲级防火门**。变电所直接通向室外的疏散门，应为不低于**丙级的防火门**。

参考
■《民用建筑设计统一标准》（GB 50352—2019）"8.3.2"。

3.2 自然排烟

前文已述（☞ P50），若采用自然排烟方式，需验算自然排烟窗（口）开启的有效面积。

3.2.1 设计流程

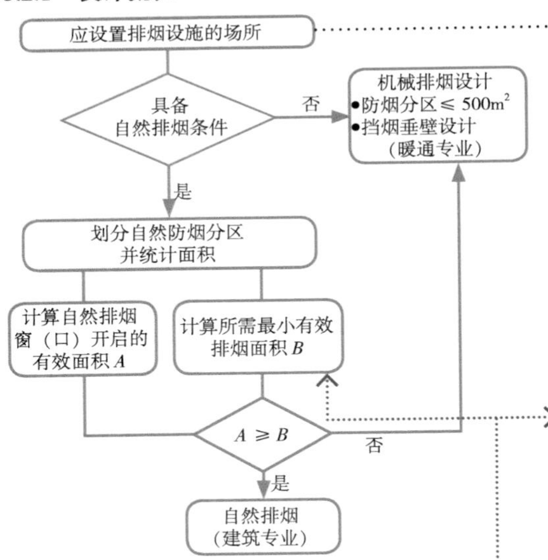

《建筑设计防火规范》（GB 50016—2014）（2018年版）

■8.5.3 民用建筑的下列场所或部位应设置排烟设施：

• 设置在一、二、三层且房间建筑面积大于 100m² 的歌舞娱乐放映游艺场所，设置在四层及以上楼层、地下或半地下的歌舞娱乐放映游艺场所；

• 中庭；

• 公共建筑内建筑面积大于 100m² 且经常有人停留的地上房间；公共建筑内建筑面积大于 300m² 且可燃物较多的地上房间；

• 建筑内长度大于 20m 的疏散走道。

■8.5.4 地下或半地下建筑（室）、地上建筑内的无窗房间，当总建筑面积大于 200m² 或一个房间建筑面积大于 50m²，且经常有人停留或可燃物较多时，应设置排烟设施。

《建筑防烟排烟系统技术标准》（GB 51251—2017）

■"4.6.3" 设置自然排烟设施的场所，其排烟量及自然排烟口面积计算如左下表所示。

■"4.3.2" 防烟分区内自然排烟窗（口）的面积、数量、位置应按标准第 4.6.3 条规定经计算确定，且防烟分区内任一点与最近的自然排烟窗（口）之间的水平距离不应大于 30m ❻。

3.2.2 排烟量和所需最小有效排烟面积指标

规范条文	空间类型		所需最小有效排烟面积（m²）/排烟量（×10⁴m³/h）（以厂房、其他公共建筑为例）
4.6.3–1	需要自然排烟的房间	空间净高 ≤ 6m	有效排烟面积≥该房间建筑面积 2%
4.6.3–2		6m	排烟量：喷淋无 15.0/ 有 7.0
		7m	排烟量：喷淋无 16.8/ 有 8.2
		8m ❶	排烟量：喷淋无 18.9/ 有 9.6 ❸
		9m ❷	排烟量：喷淋无 21.1/ 有 11.1 ❹
4.6.3–3	仅走廊和回廊排烟		走道两端（侧）设置≥ 2m² 的自然排烟口且距离≥走道 2/3
4.6.3–4	建筑房间内与走廊回廊均需排烟		有效排烟面积≥走廊、回廊建筑面积 2%
4.6.5	中庭	周围场所设有排烟系统	排烟量：按周围防烟分区最大排烟量 2 倍（≥ 107000m³/h）和排烟口风速≤ 0.5m/s 计算
		周围场所不需排烟系统	排烟量：按中庭排烟量≥ 40000m³/h 和风速≤ 0.4m/s 计算

3.2.3 所需最小有效排烟面积的计算

将南楼一层划分为 7 个面积小于 500m² 的自然排烟分区，下表为各分区所需最小有效排烟面积。

防烟分区	楼地面面积（m²）	所需最小有效排烟面积 计算方法	（m²）
A（门诊区）	422.20	楼地面面积 ×2%	8.44
B（门诊门厅）	498.60	排烟量 99750m³/h ❺ / 风速 0.74m/s×3600s/h	37.44
C（等待区）	452.66	楼地面面积 ×2%	9.05
D（急诊区）	322.12	楼地面面积 ×2%	6.44
E（儿童输液区）	183.56	楼地面面积 ×2%	3.67
F（成人输液区）	263.20	楼地面面积 ×2%	5.26
G（儿童保健区）	250.05	楼地面面积 ×2%	5.00

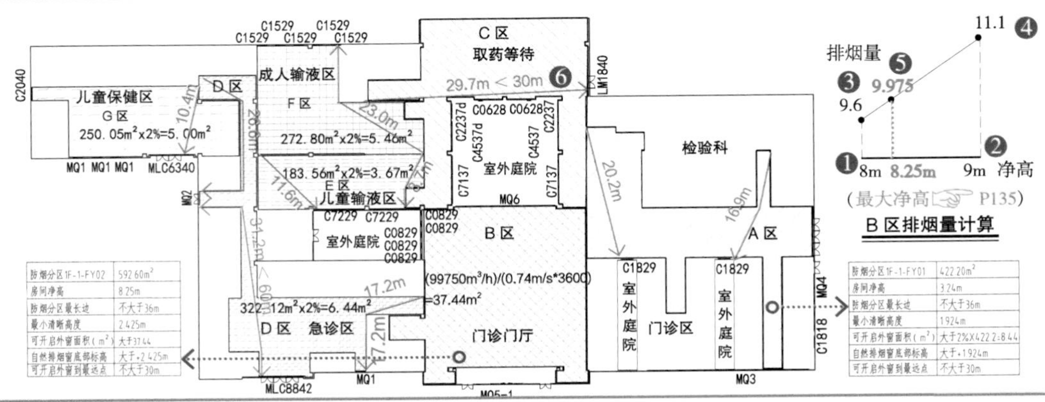

3.2.4 自然排烟窗开启的有效面积计算

1）计算公式（F_P 为自然排烟窗开启的有效面积）

参考
■《建筑防烟排烟系统技术标准》（GB 51251—2017）"4.3.5" 自然排烟窗（口）开启的有效面积计算方法，"4.6.9" 最小清晰高度计算方法。

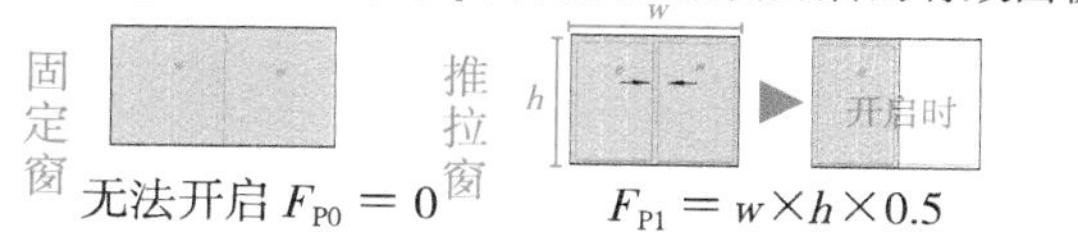

低于**最小清晰高度**的窗不计入自然排烟窗（口）开启的有效面积。

计算**最小清晰高度**：走道、室内空间净高≤ 3m 的区域，其最小清晰高度宜＞其净高的 1/2；

其他区域最小清晰高度计算应按如下公式计算：$H_q=1.6+0.1\cdot H'$

式中 H_q——最小清晰高度（m）；H'——对于单层空间，取排烟空间的建筑净高度（m）；对于多层空间，取最高疏散层的层高（m）。

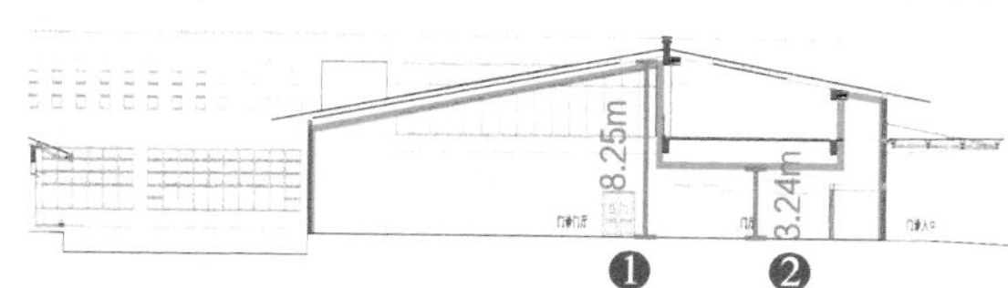

本工程**最小清晰高度计算**：

B 区：$H_q=1.6+0.1\times8.25$ ❶ $=2.425$m

其他：$H_q=1.6+0.1\times3.24$ ❷（☞ P38）$=1.924$m

2）B 区（门诊门厅）和 C 区

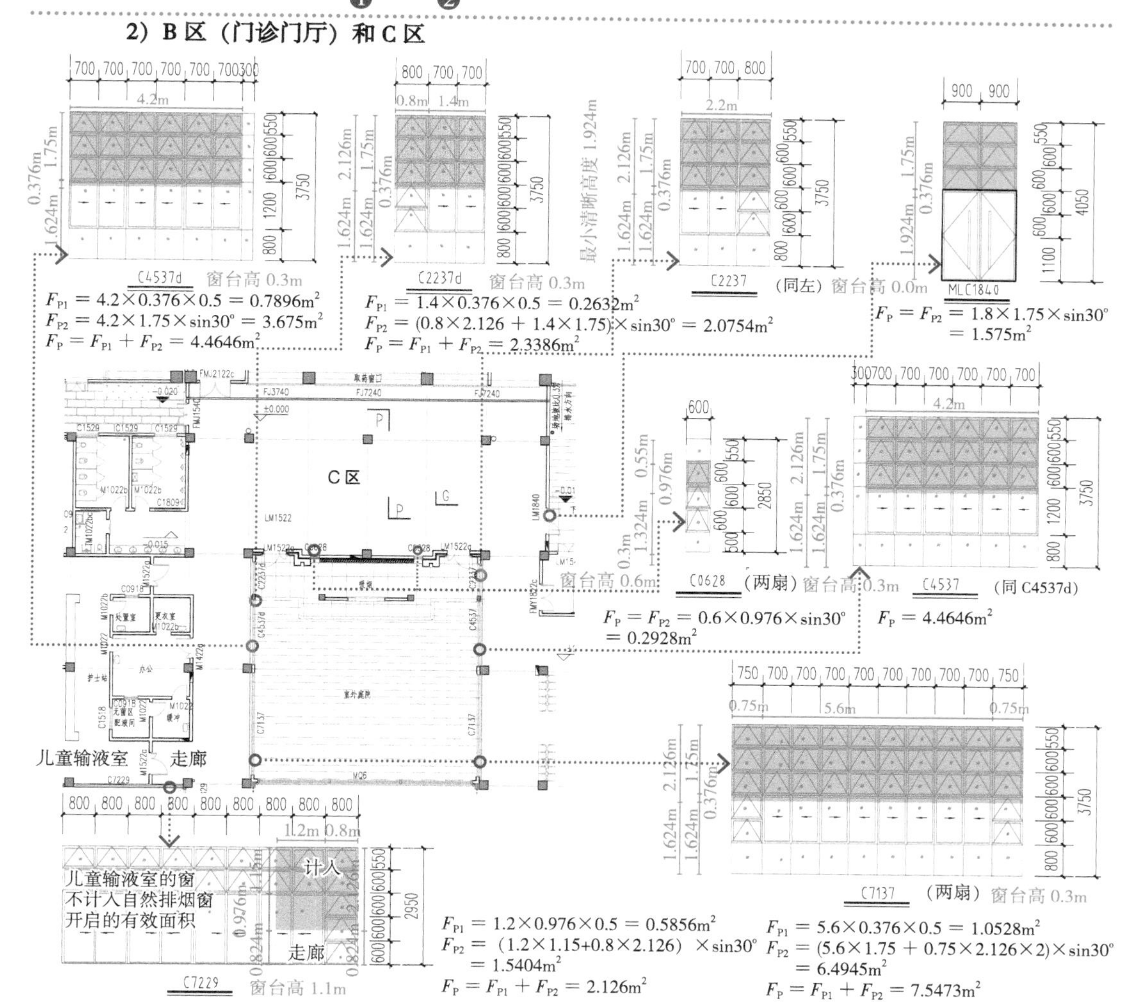

C4537d 窗台高 0.3m
$F_{P1}=4.2\times0.376\times0.5=0.7896m^2$
$F_{P2}=4.2\times1.75\times\sin30°=3.675m^2$
$F_P=F_{P1}+F_{P2}=4.4646m^2$
C2237d 窗台高 0.3m
$F_{P1}=1.4\times0.376\times0.5=0.2632m^2$
$F_{P2}=(0.8\times2.126+1.4\times1.75)\times\sin30°=2.0754m^2$
$F_P=F_{P1}+F_{P2}=2.3386m^2$
C2237（同左）窗台高 0.0m
最小清晰高度 1.924m
MLC1840
$F_P=F_{P2}=1.8\times1.75\times\sin30°=1.575m^2$
C区
C0628（两扇）窗台高 0.6m
$F_P=F_{P2}=0.6\times0.976\times\sin30°=0.2928m^2$
C4537 窗台高 0.3m（同 C4537d）
$F_P=4.4646m^2$
儿童输液室
走廊
C7137（两扇）窗台高 0.3m
儿童输液室的窗不计入自然排烟窗开启的有效面积
计入
C7229 窗台高 1.1m
$F_{P1}=1.2\times0.976\times0.5=0.5856m^2$
$F_{P2}=(1.2\times1.15+0.8\times2.126)\times\sin30°=1.5404m^2$
$F_P=F_{P1}+F_{P2}=2.126m^2$
$F_{P1}=5.6\times0.376\times0.5=1.0528m^2$
$F_{P2}=(5.6\times1.75+0.75\times2.126\times2)\times\sin30°=6.4945m^2$
$F_P=F_{P1}+F_{P2}=7.5473m^2$

C 区自然排烟窗开启的有效面积总和：

$(4.4646\times2+2.3386\times2+1.575+0.2928\times2+2.126+7.5473\times2)m^2=32.9876m^2$

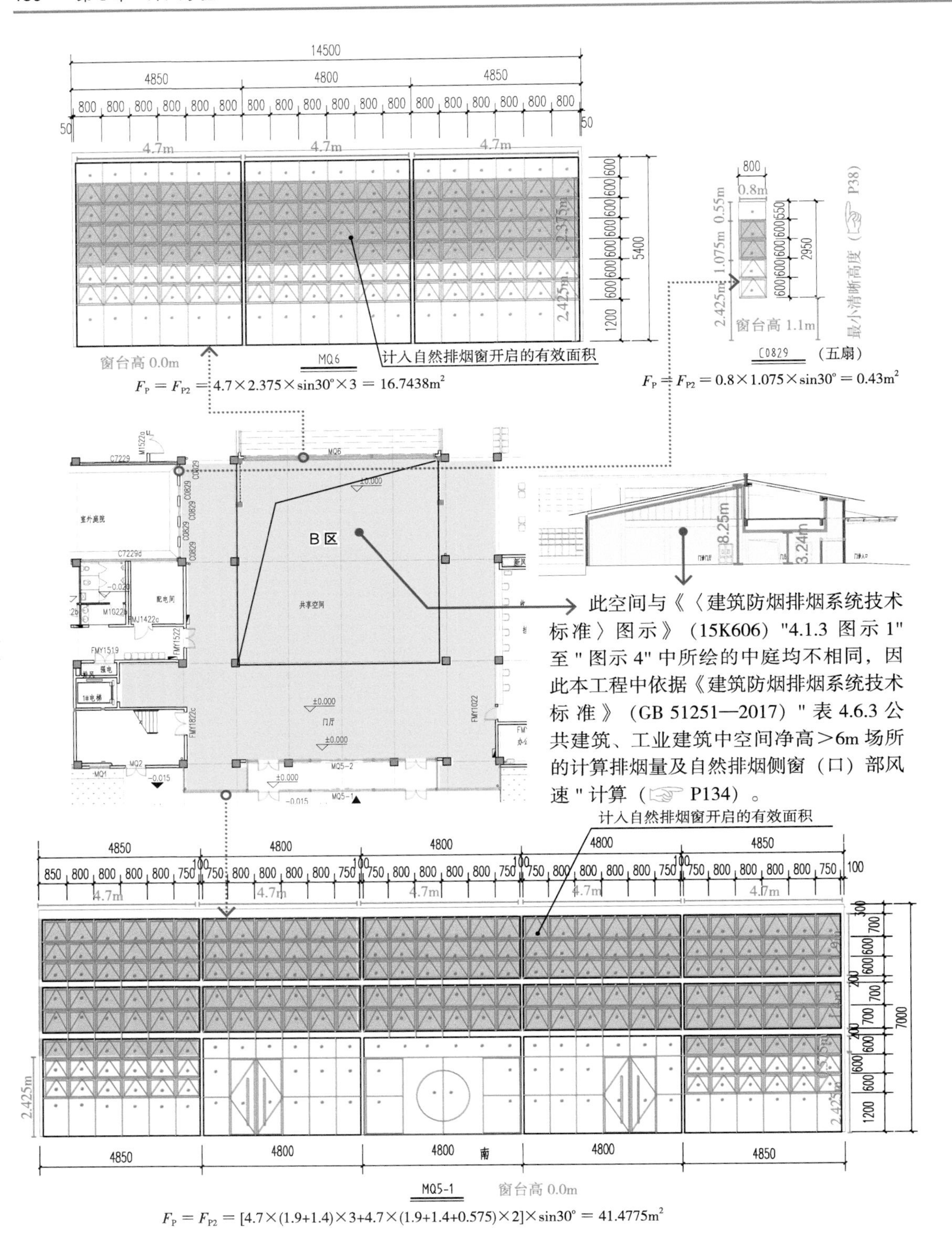

B 区自然排烟窗开启的有效面积总和：$(16.7438 + 0.43 \times 5 + 41.4775)m^2 = 60.3713m^2$

3）其他区域

■公共建筑、工业建筑防烟分区的最大允许面积及其**长边最大允许长度**详见《建筑防烟排烟系统技术标准》（GB 51251—2017）"表4.2.4"。A区空间净高3.24m＞3m且≤6m，防烟分区长边最大允许长度36m❶。

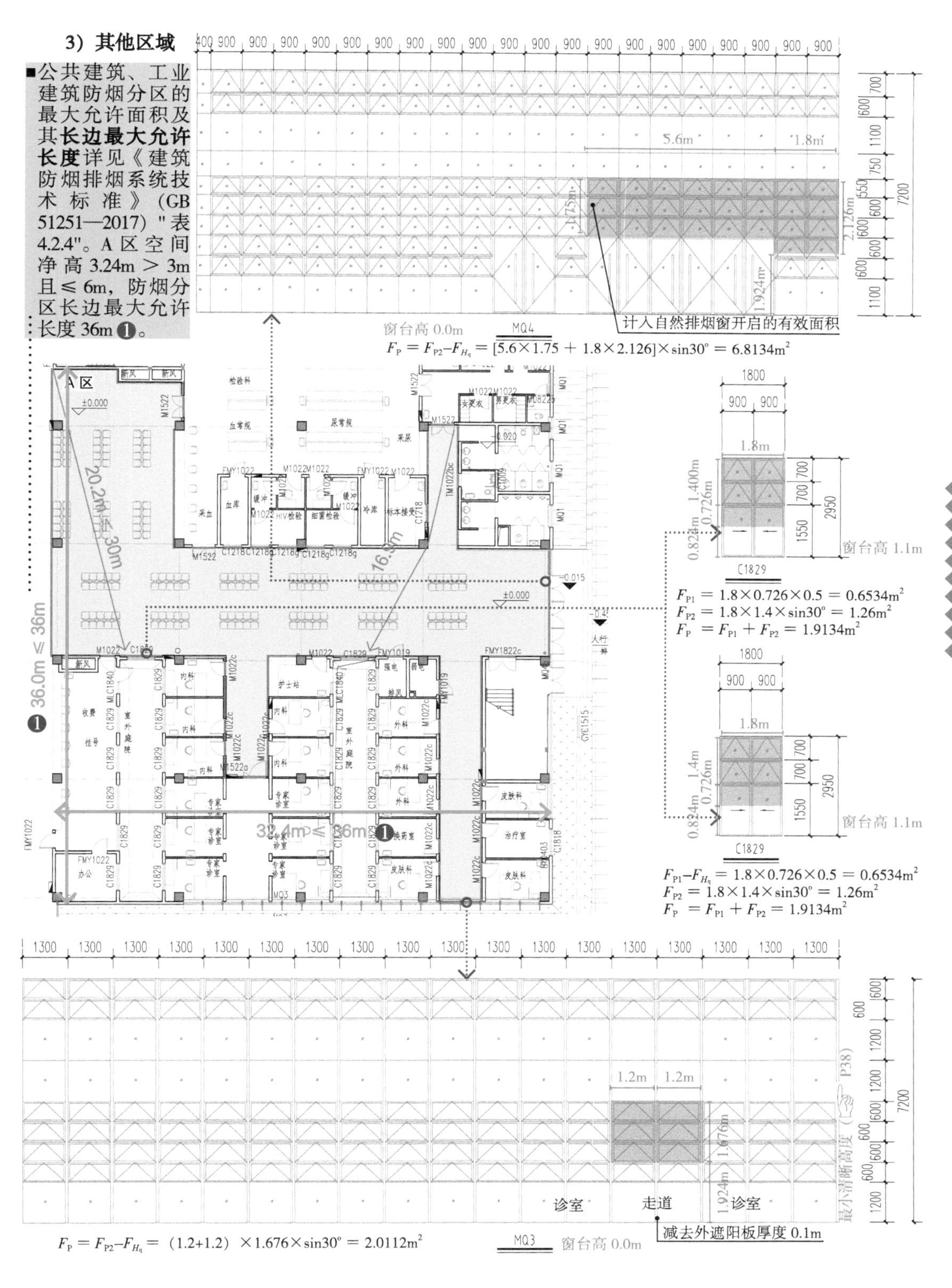

A区自然排烟窗开启的有效面积总和：$(6.8134 + 1.9134 + 1.9134 + 2.0112)m^2 = 12.6514m^2$

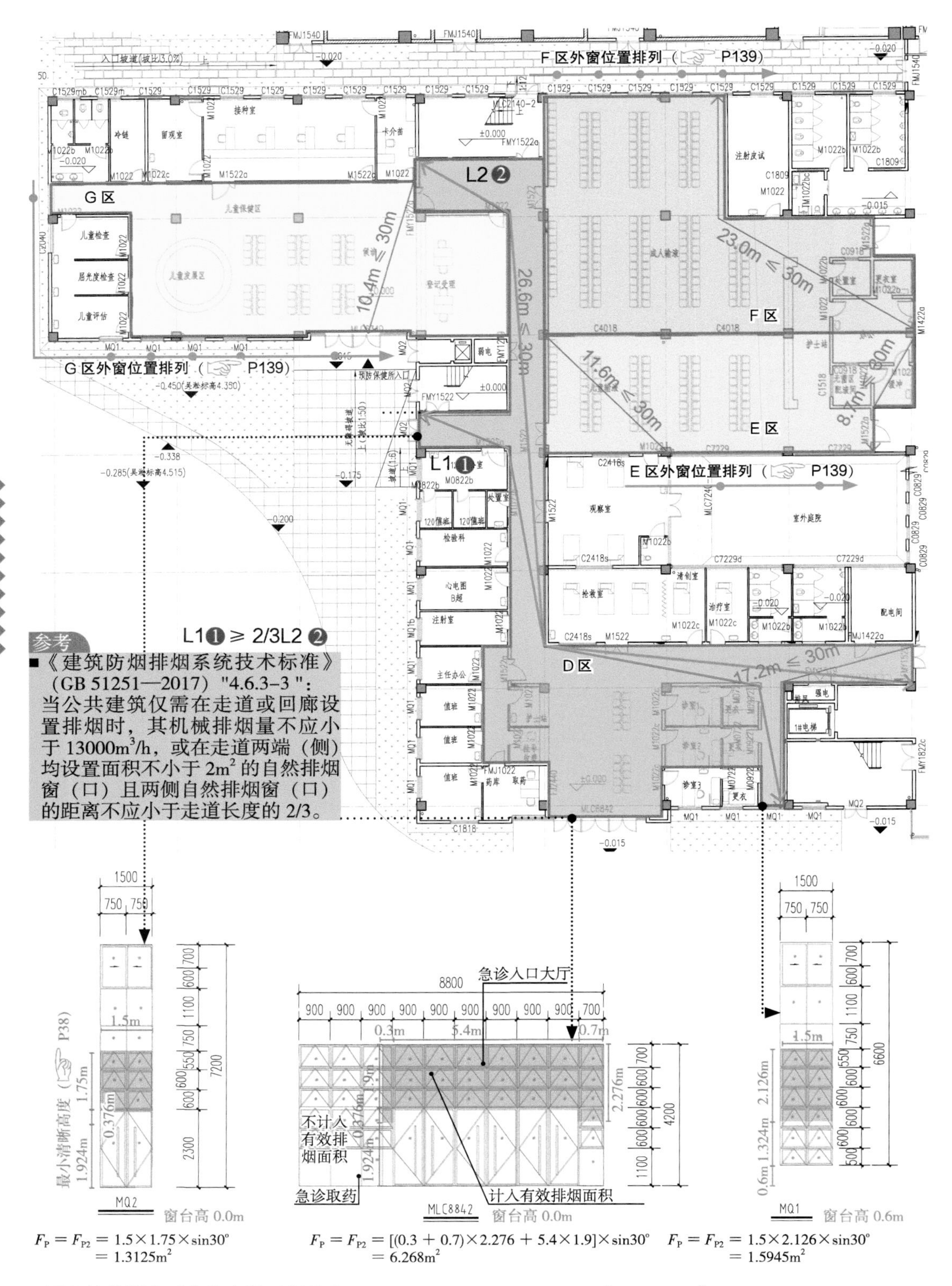

D 区自然排烟窗开启的有效面积总和：$(1.3125 + 6.268 + 1.5945)\text{m}^2 = 9.175\text{m}^2$

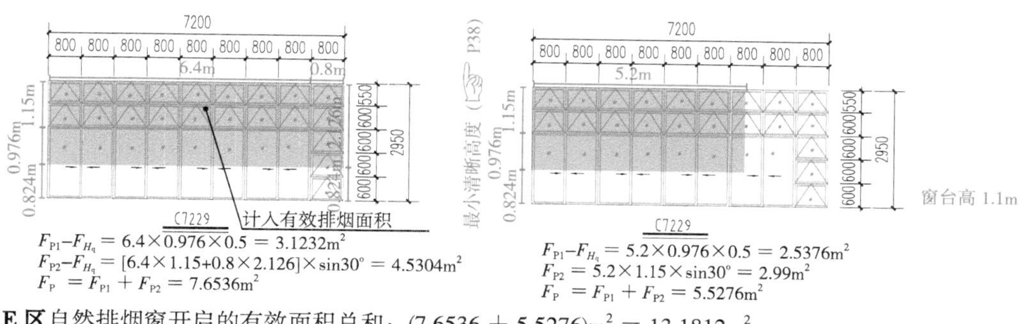

F_{P1}–F_{H_q} = 6.4×0.976×0.5 = 3.1232m²
F_{P2}–F_{H_q} = [6.4×1.15+0.8×2.126]×sin30° = 4.5304m²
F_P = F_{P1} + F_{P2} = 7.6536m²

F_{P1}–F_{H_q} = 5.2×0.976×0.5 = 2.5376m²
F_{P2} = 5.2×1.15×sin30° = 2.99m²
F_P = F_{P1} + F_{P2} = 5.5276m²

E 区自然排烟窗开启的有效面积总和：(7.6536 + 5.5276)m² = 13.1812m²

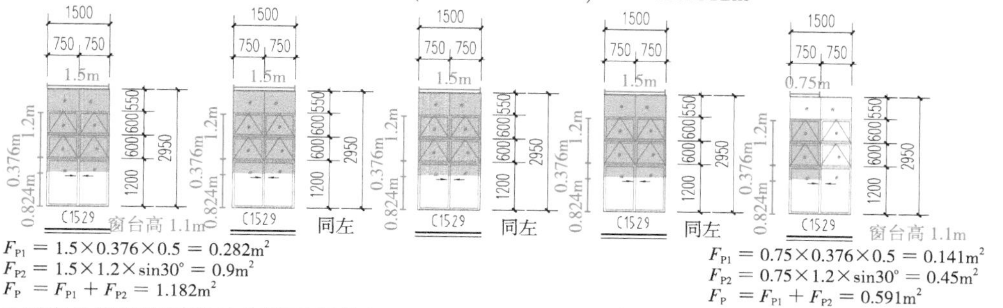

F_{P1} = 1.5×0.376×0.5 = 0.282m²
F_{P2} = 1.5×1.2×sin30° = 0.9m²
F_P = F_{P1} + F_{P2} = 1.182m²

F_{P1} = 0.75×0.376×0.5 = 0.141m²
F_{P2} = 0.75×1.2×sin30° = 0.45m²
F_P = F_{P1} + F_{P2} = 0.591m²

F 区自然排烟窗开启的有效面积总和：(1.182×4 + 0.591)m² = 5.319m²

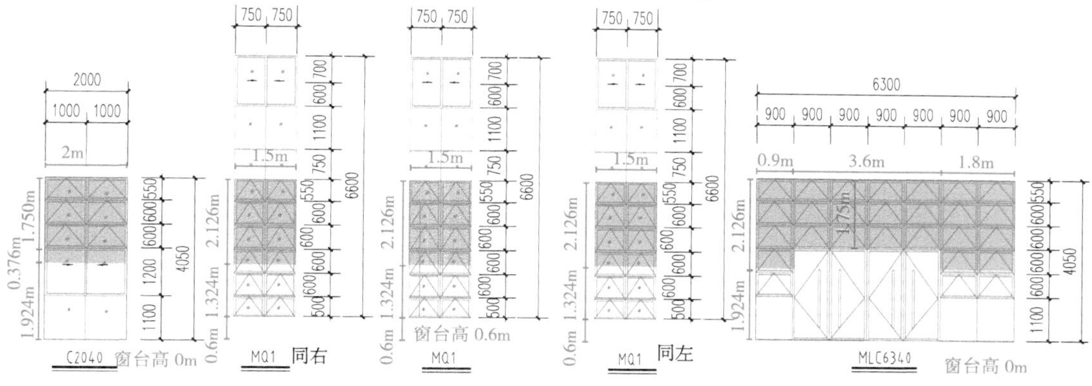

F_{P1} = 2×0.376×0.5 = 0.376m²
F_{P2} = 2×1.75×sin30° = 1.75m²
F_P = F_{P1} + F_{P2} = 2.126m²

F_P = F_{P2} = 1.5×2.126×sin30° = 1.5945m²

F_P = F_{P2} = [(0.9 + 1.8)×2.126 + 3.6×1.75]×sin30° = 6.0201m²

G 区自然排烟窗开启的有效面积总和：(2.126 + 1.5945×3 + 6.0201)m² = 12.9296m²

3.2.5 结论

因**所需最小有效排烟面积＜自然排烟窗开启的有效面积**，自然排烟可以满足要求。

区域	所需最小有效排烟面积 (m²)	自然排烟窗开启的有效面积 (m²)
A 区	8.44	12.65
B 区	37.44	60.37
C 区	9.05	32.99
D 区	6.44	9.18
E 区	3.67	13.18
F 区	5.26	5.32
G 区	5.00	12.93

• 可不设置防烟系统的楼梯间，也需验算自然排烟窗（口）开启的有效面积（☞ P43）。

3.3　施工做法

3.3.1　楼地面

1）楼面与地面

楼地面做法包括楼面做法及地面做法，下图分别为地砖面层的地面做法及楼面做法示例。

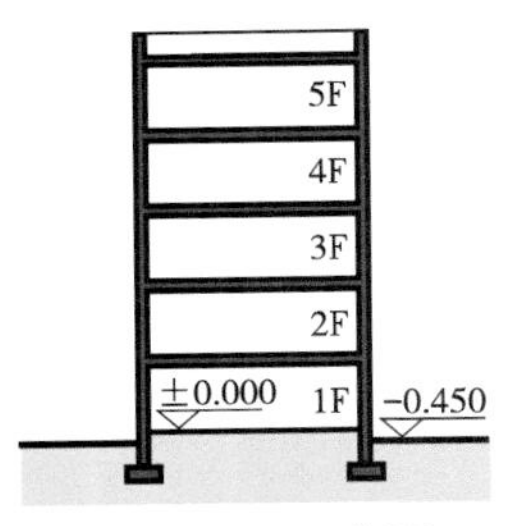

建筑剖面示意图

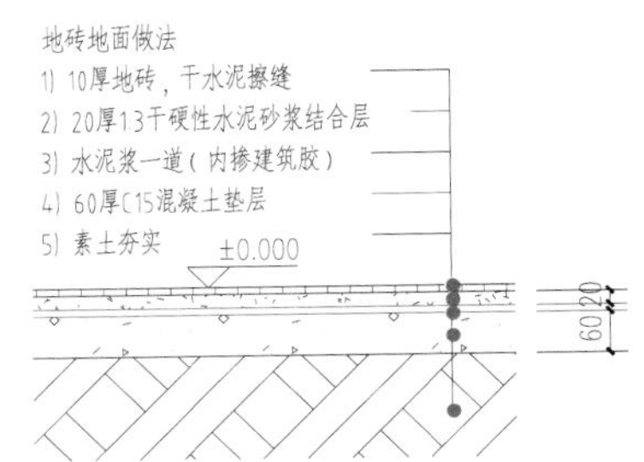

一层地砖地面做法

J909—地 12A/LD15

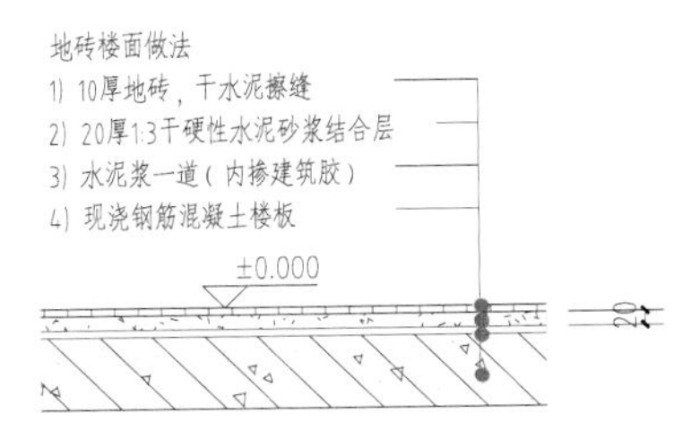

二层至五层地砖楼面做法

J909—楼 12A/LD15

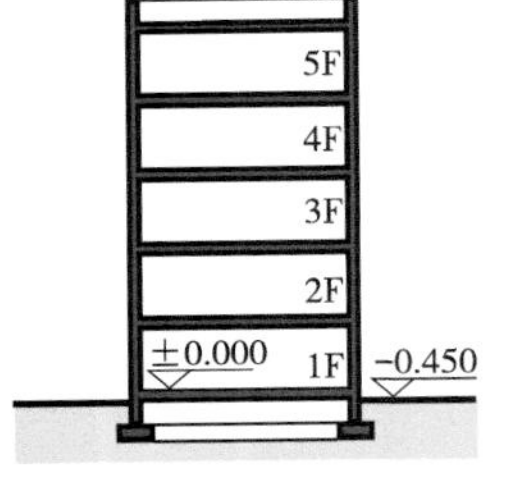

架空一层楼板

上述地面做法的缺点是：由于一层接地，地面常因潮湿而结露。要避免该问题，可采用左图中架空楼板的做法。

2）面层材料

常用楼地面材料的基本性能及附加性能如下图所示。

基本性能		附加性能
•价廉	•温馨感	•保温
•耐磨	•高贵感	•管线铺设便利
•易保洁	•噪声低	•防静电
•无菌	•防滑	•防水
•脚感	•防火	

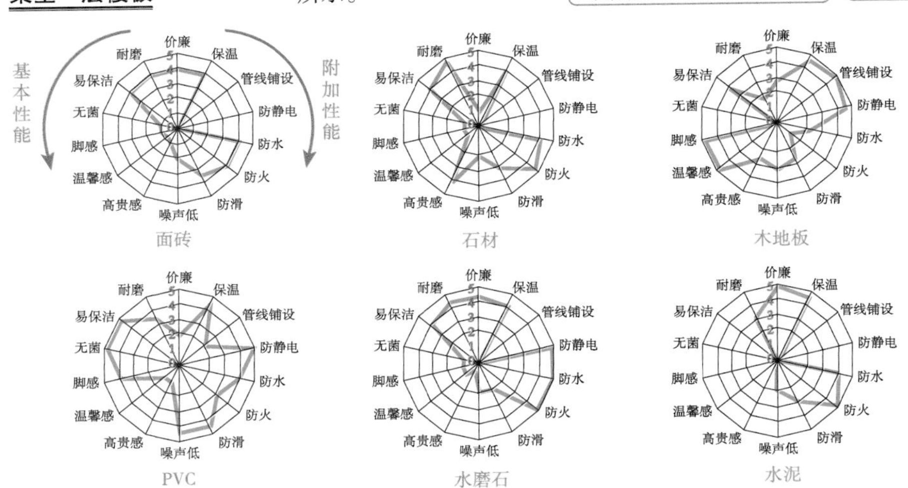

3）楼地面做法

下表中数字代表材料，字母代表性能，数字与字母的组合表示本工程采用的楼地面做法。

材料 性能	①地砖		②大理石、花岗石等石材	③木地板		④聚氯乙烯塑料（PVC）		⑤水磨石	⑥水泥砂浆	
ⓐ防滑	1a	1ab	2a 毛面，用于室外	—	3cd	—	4cd	—	—	6bd
ⓑ防水	1b	1abd	2b 用于高档卫生间	—		—		5b	6b	
ⓒ防静电	—	1ad	—	3c		4c		—	—	
ⓓ保温	1d		2d	3d		4d		—	—	

4）工程做法的组合

• 由于标准图集中的工程做法通常只具备单一性能；当需要同时具备多种性能时，可将标准图集中的若干工程做法进行组合。如下图所示，若要求地砖地面兼具防滑、防水、保温的性能 1abd，可选用国标《工程做法》（05J 909）中的 " 地 13A（地砖防水做法）" 及 " 地 82A（地砖保温做法）"，并进行组合。

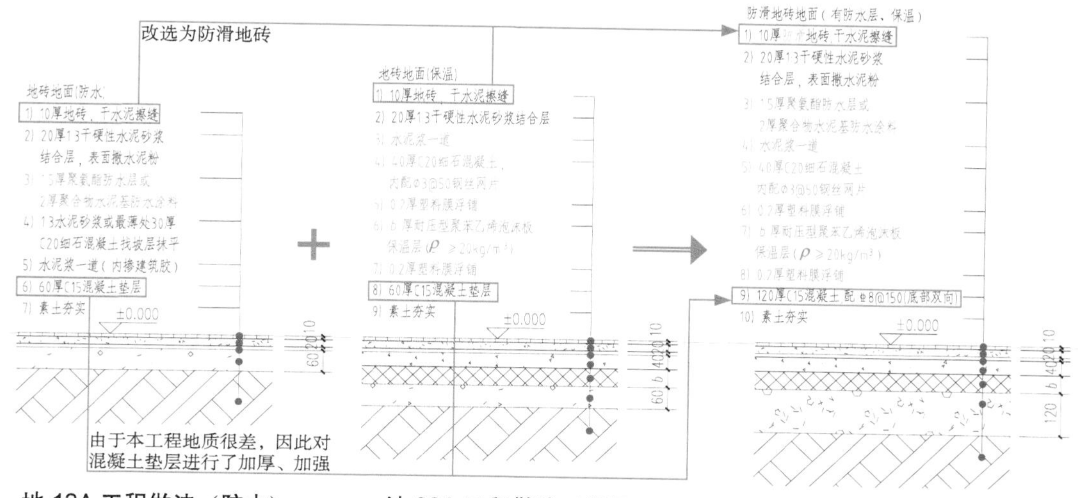

地 13A 工程做法（防水）　　地 82A 工程做法（保温）　　防滑地砖地面（有防水层、保温）

再如，保温花岗石地面也可采用下图所示的组合方式：

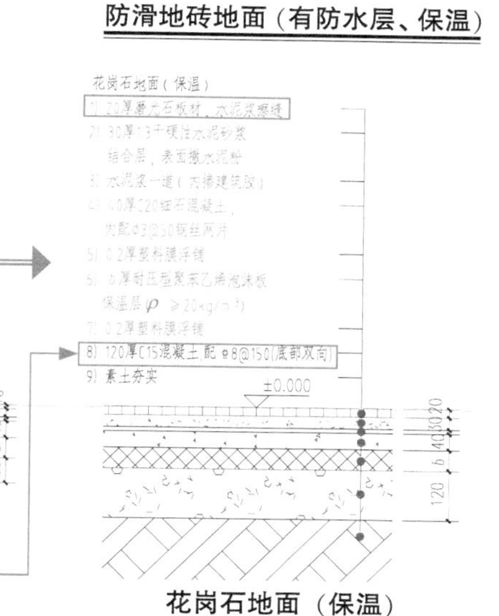

地 17A 工程做法（花岗石）　　地 82A 工程做法（保温）　　花岗石地面（保温）

5）常用做法

（1）地砖

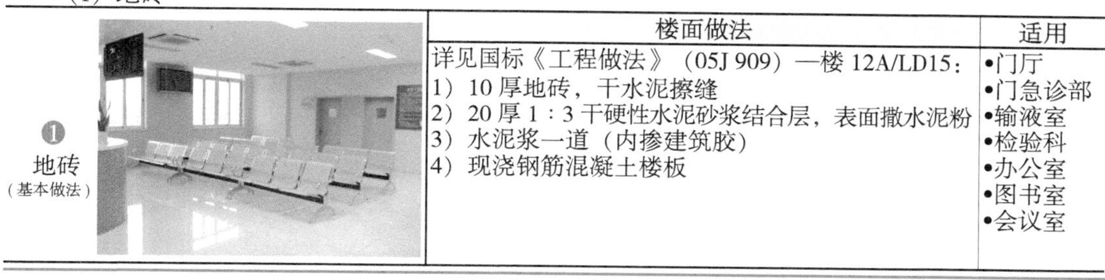

		楼面做法	适用
❶ 地砖（基本做法）		详见国标《工程做法》（05J 909）—楼 12A/LD15： 1）10 厚地砖，干水泥擦缝 2）20 厚 1∶3 干硬性水泥砂浆结合层，表面撒水泥粉 3）水泥浆一道（内掺建筑胶） 4）现浇钢筋混凝土楼板	•门厅 •门急诊部 •输液室 •检验科 •办公室 •图书室 •会议室

	楼面做法	适用
1a 地砖（防滑）	 参见国标《工程做法》(05J 909) —楼 12A/LD15： 1) 10 厚防滑地砖，干水泥擦缝 2) 20 厚 1：3 干硬性水泥砂浆结合层，表面撒水泥粉 3) 水泥浆一道（内掺建筑胶） 4) 现浇钢筋混凝土楼板	•楼梯间 地砖表面防滑处理  防滑条

	地面做法	适用
1d 地砖（保温）	 详见国标《工程做法》(05J 909) —地 82A/LD91： 1) 10 厚地砖，干水泥擦缝 2) 20 厚 1：3 干硬性水泥砂浆结合层，表面撒水泥粉 3) 水泥浆一道 4) 40 厚 C20 细石混凝土，内配 $\phi 3@50$ 钢丝网片 5) 0.2 厚塑料膜浮铺 6) b 厚耐压型聚苯乙烯泡沫板保温层（$\rho \geqslant 20kg/m^3$） 7) 0.2 厚塑料膜浮铺 8) 60 厚 C15 混凝土垫层 9) 素土夯实 (*b 为保温层厚度)	•门厅 •门急诊部 •输液室 •检验科 •办公室 •图书室 •会议室

	地面做法	楼面做法	适用
1ab 地砖（防滑、防水）	参见国标《工程做法》(05J 909) —地 13A/LD16： 1) 10 厚防滑地砖，干水泥擦缝 2) 20 厚 1：3 干硬性水泥砂浆结合层，表面撒水泥粉 3) 1.5 厚聚氨酯防水层 4) 1：3 水泥砂浆抹平 5) 水泥浆一道（内掺建筑胶）		地面： •一层卫生间 •浴室
	6) 60 厚 C15 混凝土垫层 7) 素土夯实	6) 现浇钢筋混凝土楼板	楼面： •内视镜中心 •抚触室 •沐浴室 •洗婴室

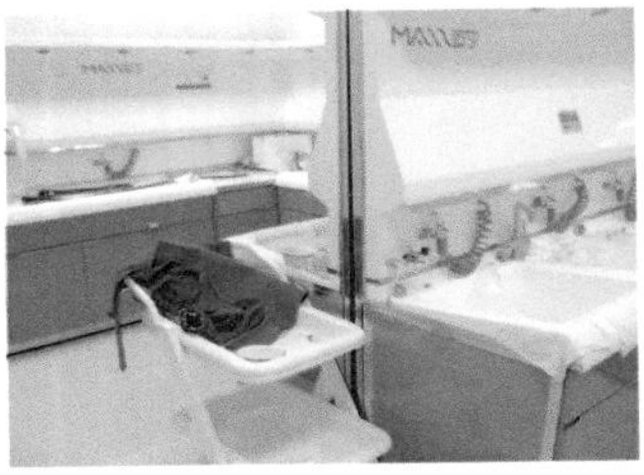

	地面做法	适用
1ad 地砖（防滑、保温）	 参见国标《工程做法》(05J 909) —地 12A/LD15 及地 82A/LD91： 1) 10 厚防滑地砖，干水泥擦缝 2) 20 厚 1：3 干硬性水泥砂浆结合层，表面撒水泥粉 3) 水泥砂一道（内掺建筑胶） 4) 40 厚 C20 细石混凝土，内配 $\phi 3@50$ 钢丝网片 5) 0.2 厚塑料膜浮铺 6) b 厚耐压型聚苯乙烯泡沫板保温层（$\rho \geqslant 20kg/m^3$） 7) 0.2 厚塑料膜浮铺 8) 60 厚 C15 混凝土垫层 9) 素土夯实 (*b 为保温层厚度)	•一层住院部入口大厅 地砖表面防滑处理 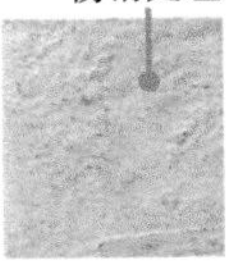

	地面做法	适用
1abd 地砖（防滑、防水、保温）	 参见国标《工程做法》(05J 909) —地 13A/LD16 及地 82A/LD91： 1) 10 厚防滑地砖，干水泥擦缝 2) 20 厚 1：3 干硬性水泥砂浆结合层，表面撒水泥粉 3) 1.5 厚聚氨酯防水层 4) 1：3 水泥砂浆抹平 5) 水泥浆一道（内掺建筑胶） 6) 40 厚 C20 细石混凝土，内配 $\phi 3@50$ 钢丝网片 7) 0.2 厚塑料膜浮铺 8) b 厚耐压型聚苯乙烯泡沫板保温层（$\rho \geqslant 20kg/m^3$） 9) 0.2 厚塑料膜浮铺 10) 60 厚 C15 混凝土垫层 11) 素土夯实 (*b 为保温层厚度)	•卫生间 •备餐间 •污洗间 •开水间 •淋浴间 •处置室 •洗衣 •拖把间 •更衣间

（2）石材

常用石材包括大理石、花岗石及人造大理石等。大理石与花岗石高贵气派，但价格较高；人造大理石则价格低廉。

大理石质地细腻，色泽美观，比花岗石软，易加工但也易受损；适宜作大厅的柱面、吧台等处的饰面。

花岗石结构均匀，质地坚硬，耐磨损，抗酸性好，能经受日晒雨淋；适用于建筑外墙饰面、厅堂地面、楼梯踏步、台阶等处。

人造大理石常用天然大理石或花岗石的碎石作为骨料，以水泥、石膏等为胶粘剂，经搅拌成型、研磨及抛光等工序制成。具有重量轻、强度高、耐腐蚀、可人为控制花纹图案，以及施工方便等优点。

大理石

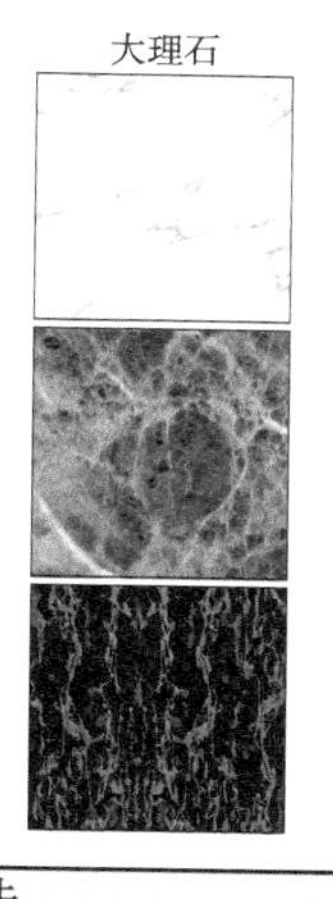

花岗石

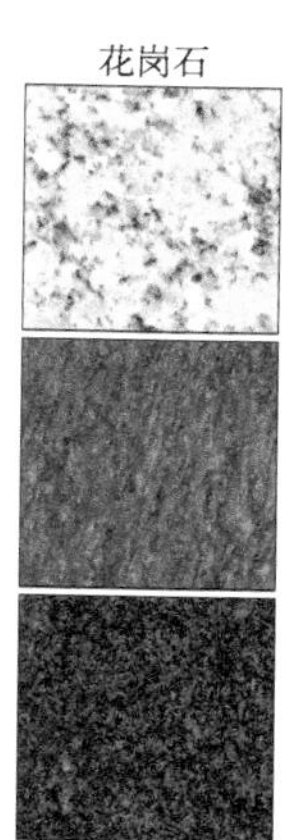

② 磨光花岗石（基本做法）	楼面做法	适用
	详见国标《工程做法》（05J 909）—楼 17A/LD20： 1）20 厚磨光石材板，水泥浆擦缝 2）30 厚 1：3 干硬性水泥砂浆结合层，表面撒水泥粉 3）水泥浆一道（内掺建筑胶） 4）现浇钢筋混凝土楼板	•电梯厅 •公共走道 •候诊大厅 •家属等待

2a 毛面花岗石（防滑）	地面做法	适用
	参见国标《工程做法》（05J 909）—地 17A/LD20： 1）20 厚毛面石材板，水泥浆擦缝 2）30 厚 1：3 干硬性水泥砂浆结合层，表面撒水泥粉 3）水泥浆一道（内掺建筑胶） 4）60 厚 C15 混凝土垫层 5）素土夯实	•室外铺地

2b 花岗石（防水）	地面做法	适用
	详见国标《工程做法》（05J 909）—地 18A/LD21： 1）20 厚磨光石材板，水泥浆擦缝 2）30 厚 1：3 干硬性水泥砂浆结合层，表面撒水泥粉 3）1.5 厚聚氨酯防水层 4）1：3 水泥砂浆抹平 5）水泥砂浆一道（内掺建筑胶） 6）60 厚 C15 混凝土垫层 7）素土夯实	•卫生间

2d 花岗石（保温）	地面做法	适用
	参见国标《工程做法》（05J 909）—地 17A/LD20 及地 82A/LD91： 1）20 厚磨光石材板，水泥浆擦缝 2）30 厚 1：3 干硬性水泥砂浆结合层，表面撒水泥粉 3）水泥砂浆一道（内掺建筑胶） 4）40 厚 C20 细石混凝土，内配 $\phi 3@50$ 钢丝网片 5）0.2 厚塑料膜浮铺 6）b 厚耐压型聚苯乙烯泡沫板保温层（$\rho \geq 20kg/m^3$） 7）0.2 厚塑料膜浮铺 8）60 厚 C15 混凝土垫层 9）素土夯实 （*b 为保温层厚度）	•门诊大厅 •出入院大厅 •主通道及公共走道 •候诊厅 •电梯厅 •接待室

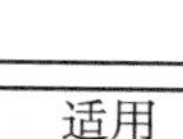
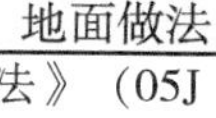
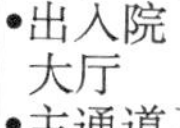

(3) 木地板

木地板广泛运用于居室、宾馆、办公建筑及体育建筑，具有脚感、温馨感佳，保温性好等优点。因便于铺设电源线、电缆线及安装地面插座，现代办公室中多采用架空木地板。为确保木地板的顶面与非木地板平齐，铺设木地板处的结构面层需比建筑面层低100mm左右。

由于木地板还具有弹性好，不易摔伤等优点，体育场馆、健身房、剧院等建筑常设置专用的运动木地板。

木地板的缺点是耐水、耐火性差，且有一定的噪声。

		楼面做法	适用
3 木地板 （基本做法）	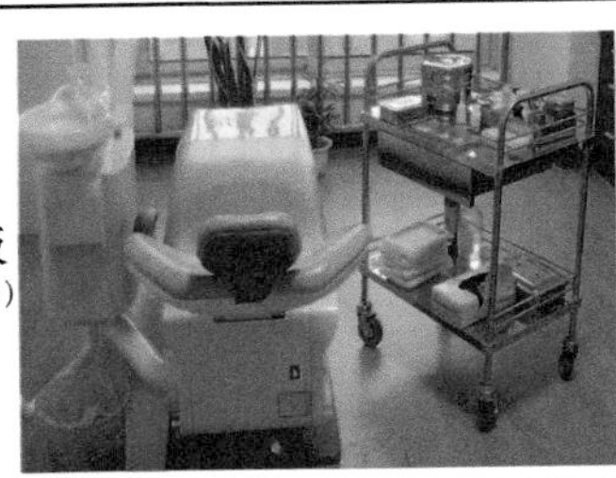	详见国标《工程做法》（05J 909）—楼 39A/LD42： 1）200μm 厚聚酯漆或聚氨酯漆 2）50×18 硬木企口拼花地板 3）18 厚松木毛底板 45° 斜铺，上铺防潮卷材一层 4）50×50 木龙骨 @400，表面刷防腐剂 5）现浇钢筋混凝土楼板	•口腔科 •管理部办公室 •会议室 •图书室 •病案室

		楼面做法	适用
 3c 木地板 （防静电）		参见国标《工程做法》（05J 909）—楼 57A/LD61： 1）150～250 高架空防静电活动木地板 2）面层涂刷地板漆 3）20 厚 1∶2.5 水泥砂浆，压实赶光 4）水泥浆一道（内掺建筑胶） 5）现浇钢筋混凝土楼板	•UPS 间 •网络中心机房

		地面做法	适用
 3d 木地板 （保温）	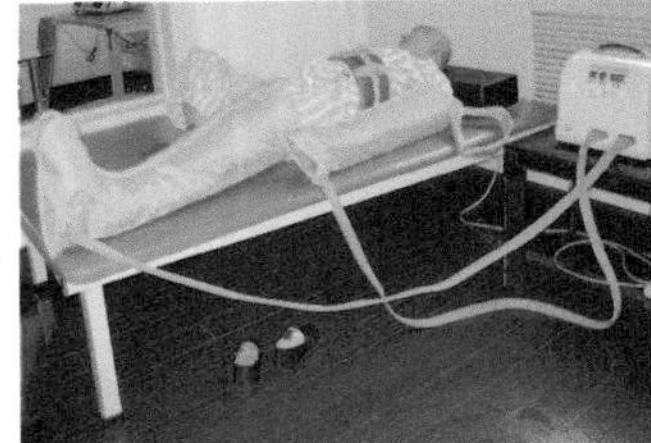	参见国标《工程做法》（05J 909）—地 39A/LD42 以及地 82A/LD91： 1）200μm 厚聚酯漆或聚氨酯漆 2）50×18 硬木企口拼花地板 3）18 厚松木毛底板 45° 斜铺，上铺防潮卷材一层 4）50×50 木龙骨 @400，表面刷防腐剂 5）水泥浆一道 6）40 厚 C20 细石混凝土，内配 $\phi 3@50$ 钢丝网片 7）0.2 厚塑料膜浮铺 8）b 厚耐压型聚苯乙烯泡沫板保温层（$\rho \geqslant 20kg/m^3$） 9）0.2 厚塑料膜浮铺 10）60 厚 C15 混凝土垫层 11）素土夯实 （*b 为保温层厚度）	•理疗室 •针灸治疗

		地面做法	适用
3cd 木地板 （防静电、保温）		参见国标《工程做法》（05J 909）—地 57A/LD61 及地 82A/LD91： 1）150～250 高架空防静电活动木地板 2）面层涂刷地板漆 3）20 厚 1∶2.5 水泥砂浆，压实赶光 4）水泥浆一道（内掺建筑胶） 5）40 厚 C20 细石混凝土，内配 $\phi 3@50$ 钢丝网片 6）0.2 厚塑料膜浮铺 7）b 厚耐压型聚苯乙烯泡沫板保温层（$\rho \geqslant 20kg/m^3$） 8）0.2 厚塑料膜浮铺 9）60 厚 C15 混凝土垫层 10）素土夯实 （*b 为保温层厚度）	•消防控制室 •UPS 机房

(4) 聚氯乙烯塑料（PVC）

PVC 色彩鲜艳，图案丰富，装饰效果好；有一定弹性，脚感好，易清洁；施工简单，造价适中；缺点是耐火性差，硬物刻划时易留痕。由于具有无菌特性，在医院建筑中广泛运用于手术部、中心消毒供应室、ICU 等无菌区的地面。

	楼面做法	适用
④ PVC（基本做法）	参见国标《工程做法》（05J 909）—楼 16A/LD19： 1）2 厚聚氯乙烯塑料板，用专用胶粘剂粘贴 2）20 厚 1∶2.5 水泥砂浆，压实抹光 3）水泥浆一道（内掺建筑胶） 4）现浇钢筋混凝土楼板	•中心消毒供应室

	楼面做法	适用
4c PVC（防静电） 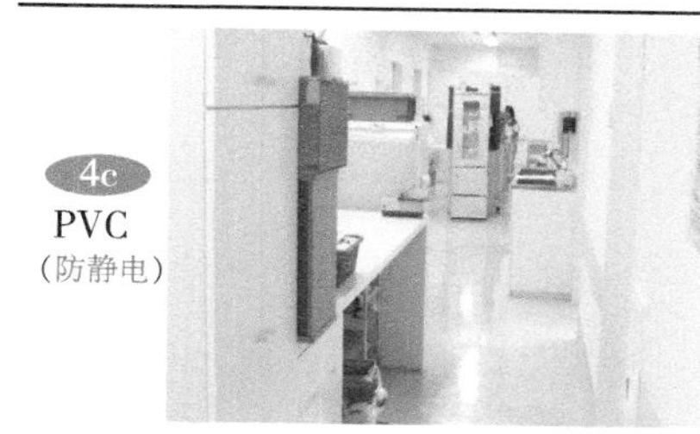	详见国标《工程做法》（05J 909）—楼 56A/LD60： 1）2 厚防静电软聚氯乙烯塑料板，胶粘剂粘结（基层面与塑料板背面同时涂胶），擦上光蜡 2）20 厚 1∶2.5 水泥砂浆，压实赶光 3）水泥浆一道（内掺建筑胶） 4）现浇钢筋混凝土楼板	•换床 •苏醒室 •洁净走道 •设备库房 •缓冲 •污物走道

	地面做法	适用
4d PVC（保温） 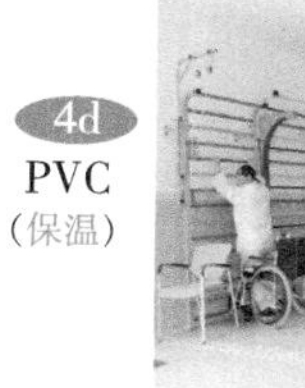 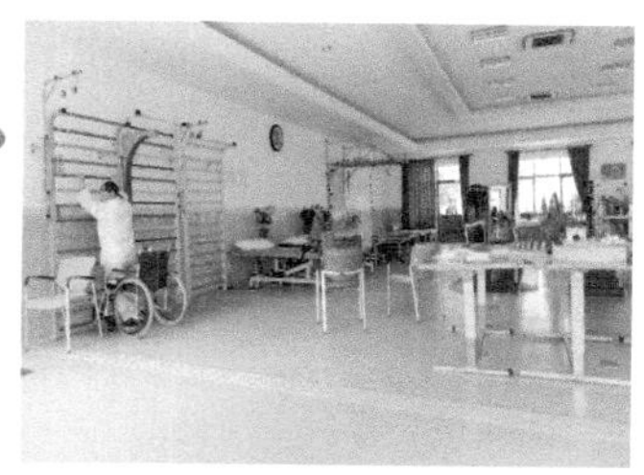	参见国标《工程做法》（05J 909）—地 16A/LD19 以及地 82A/LD91： 1）2 厚聚氯乙烯塑料板，用专用胶粘剂粘贴 2）20 厚 1∶2.5 水泥砂浆，压实抹光 3）水泥浆一道（内掺建筑胶） 4）40 厚 C20 细石混凝土，内配 $\phi3@50$ 钢丝网片 5）0.2 厚塑料膜浮铺 6）b 厚耐压型聚苯乙烯泡沫板保温层（$\rho \geq 20kg/m^3$） 7）0.2 厚塑料膜浮铺 8）60 厚 C15 混凝土垫层 9）素土夯实 （*b 为保温层厚度）	•康复中心 •静脉药物配制中心 •缓冲

	地面做法	适用
4cd PVC（防静电、保温） 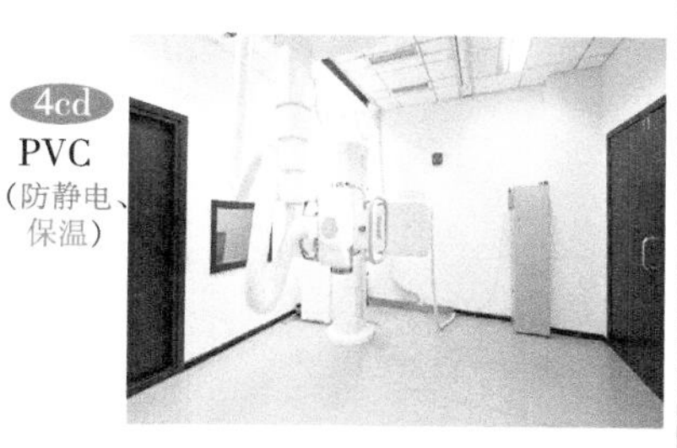	参见国标《工程做法》（05J 909）—地 56A/LD60 以及地 82A/LD91： 1）2 厚防静电软聚氯乙烯塑料板，胶粘剂粘结（基层面与塑料板背面同时涂胶），擦上光蜡 2）20 厚 1∶2.5 水泥砂浆，压实赶光 3）水泥浆一道（内掺建筑胶） 4）40 厚 C20 细石混凝土，内配 $\phi3@50$ 钢丝网片 5）0.2 厚塑料膜浮铺 6）b 厚耐压型聚苯乙烯泡沫板保温层（$\rho \geq 20kg/m^3$） 7）0.2 厚塑料膜浮铺 8）60 厚 C15 混凝土垫层 9）素土夯实 （*b 为保温层厚度）	•放射线室 •控制室

• 选用图集中的工程做法时，"详见"表示与图集中的做法完全一致，"参见"表示在图集基础上有所调整。

(5) 水磨石

水磨石具有良好的耐磨性、耐久性、防水性及防火性；兼具质地美观，表面光洁，不易起尘，易清洁，造价低等优点。缺点是费人工，施工周期长。

	地面做法	适用
5b 水磨石（防水）	详见国标《工程做法》（05J 909）—地 11A/LD14： 1）25 厚预制水磨石板，稀水泥浆灌缝并打蜡出光 2）20 厚 1：3 干硬性水泥砂浆结合层，表面撒水泥粉 3）1.5 厚聚氨酯防水层 4）1：3 水泥砂浆抹平 5）水泥浆一道（内掺建筑胶） 6）60 厚 C15 混凝土垫层 7）素土夯实	•变电所 •高压室

(6) 水泥砂浆

水泥砂浆具有构造简单、坚固、造较低等优点；缺点是冬天感觉较冷，且表面易起灰、不易清洁。

	楼面做法	适用
 6 水泥砂浆（基本做法）	详见国标《工程做法》（05J 909）—楼 1A/LD4： 1）20 厚 1：2.5 水泥砂浆 2）水泥浆一道（内掺建筑胶） 3）现浇钢筋混凝土楼板	•风机房

	楼面做法	适用
 6b 水泥砂浆（防水） 	详见国标《工程做法》（05J 909）—楼 2A/LD5： 1）15 厚 1：2.5 水泥砂浆 2）35 厚 C15 细石混凝土 3）1.5 厚聚氨酯防水层 4）1：3 水泥砂浆抹平 5）水泥浆一道（内掺建筑胶） 6）现浇钢筋混凝土楼板	•热水机房 •消防水箱设备间

	地面做法	适用
 6bd 水泥砂浆（防水、保温） 	参见国标《工程做法》（05J 909）—地 2A/LD5 以及楼 82A/LD91： 1）20 厚 1：2.5 水泥砂浆 2）35 厚 C15 细石混凝土 3）1.5 厚聚氨酯防水层 4）1：3 水泥砂浆抹平 5）水泥浆一道（内掺建筑胶） 6）40 厚 C20 细石混凝土，内配 $\phi3@50$ 钢丝网片 7）0.2 厚塑料膜浮铺 8）b 厚耐压型聚苯乙烯泡沫板保温层（$\rho \geq 20kg/m^3$） 9）0.2 厚塑料膜浮铺 10）60 厚 C15 混凝土垫层 11）素土夯实 （*b 为保温层厚度）	•除风机房外的设备间 •机房间

(7) 地毯

作为一种较高档的材料，地毯不仅美观、脚感舒适、有弹性，还具有吸声、隔声、防滑、保温等性能较好等优点，而且施工及更换也很方便。

高手之道

（1）住院部走道

要求：既便于轮椅与病床的搬运；又要尽可能保持安静，以免影响病人休息。

	PVC	木地板	地毯
材料		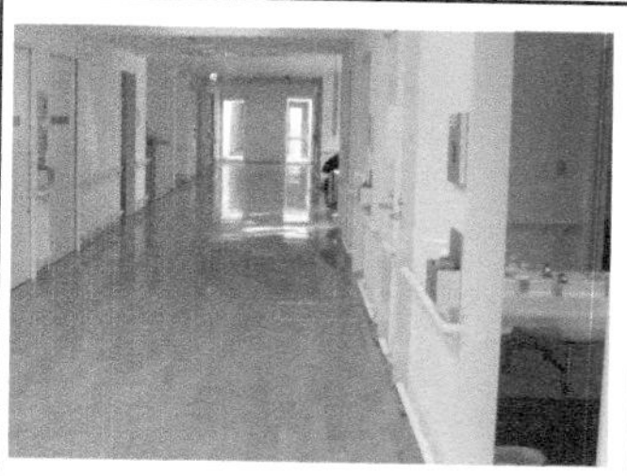	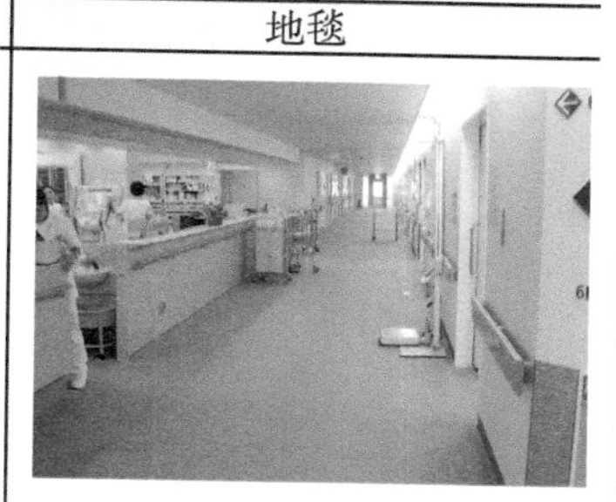
特点	•行走时噪声较小 •易清洁 •材质软，跌倒时不易受伤 •较缺温馨感	•行走时噪声较大 •较易清洁 •颇有温馨感 •缺高贵感	•行走时几乎没有噪声 •有高贵感 •可用专用吸尘器清扫 •摩阻力较大，病床及轮椅移动困难
建议	三种材料各有所长，设计时应根据实际需求选用。例如，对安静要求高时可选用地毯；对舒适度要求高时宜选用木地板；PVC 的性能较均衡，目前应用最广泛		

（2）防静电

要求：由于静电会影响大型机器设备的运行，故楼地面面层材料应具备防静电的性能。

房间	防静电 PVC	防静电木地板
CT 室 放射科		
UPS 机房 网络中心机房		
特点	•质软，脚感好	•温馨感佳 •因架空铺设，便于铺设管线
建议	两种材料各有所长，设计时应根据实际需求选用	

3.3.2　墙面

基本性能	附加性能
•无菌 •易保洁 •高贵感 •装饰性 •温馨感	•吸声 •防火 •防水

1) 材料性能

常用墙面材料的基本性能及附加性能如下图所示。

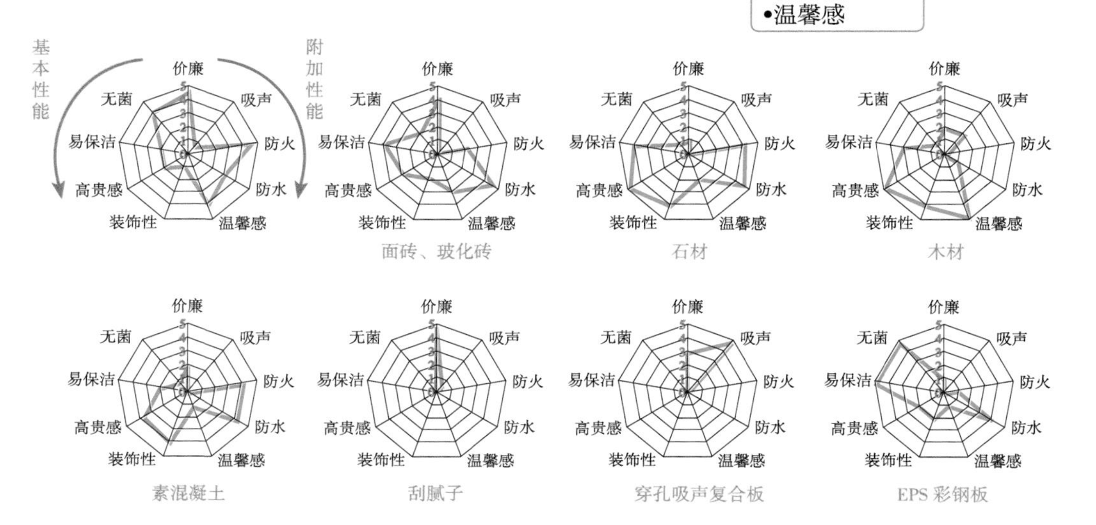

2) 内墙做法

下表中数字代表材料，字母代表性能，数字与字母的组合表示本工程采用的楼地面做法。

性能 \ 类型	❶涂料	❷面砖、玻化砖	❸石材	❹木材	❺素混凝土	❻刮腻子	❼穿孔吸声复合板吸声墙面	❽ EPS 彩钢板
ⓐ防火	1a	—	—	—	—	—	—	—
ⓑ防水	—	2b	—	—	—	—	—	—
ⓒ吸声	—	—	—	—	—	—	7c	—

3）常用做法

		内墙做法（乳胶漆墙面）	适用
❶ 涂料	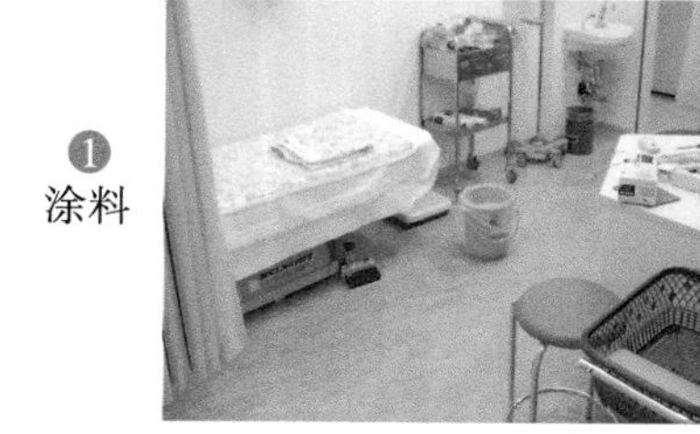	参见苏 J01—2005-9/33： 1）喷合成树脂乳液涂料两道饰面 2）封底漆一道 3）5 厚 1∶0.5∶2.5 水泥石灰膏砂浆找平 4）9 厚 1∶0.5∶2.5 水泥石灰膏砂浆打底扫毛或划出纹道 5）素水泥浆一道甩毛	•门急诊部 •输液室 •检验室 •办公室

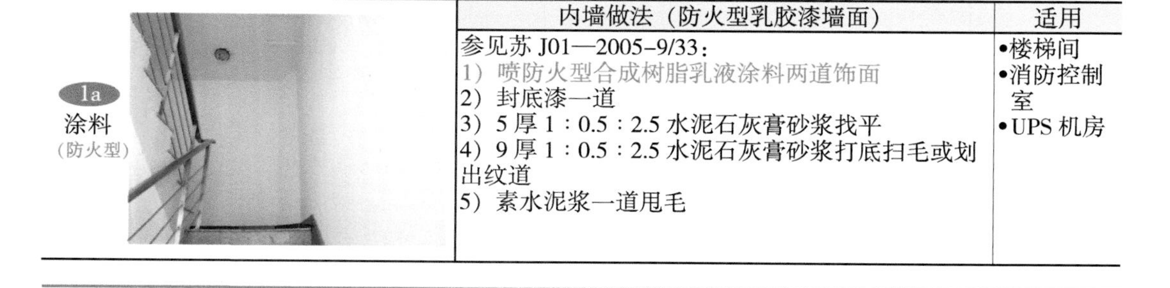

		内墙做法（防火型乳胶漆墙面）	适用
1a 涂料 （防火型）		参见苏 J01—2005-9/33： 1）喷防火型合成树脂乳液涂料两道饰面 2）封底漆一道 3）5 厚 1∶0.5∶2.5 水泥石灰膏砂浆找平 4）9 厚 1∶0.5∶2.5 水泥石灰膏砂浆打底扫毛或划出纹道 5）素水泥浆一道甩毛	•楼梯间 •消防控制室 •UPS 机房

	内墙做法	适用
❷ 面砖、玻化砖	详见国标《工程做法》（05J 909）—内墙 15C/NQ27： 1）白水泥擦缝 2）*h* 厚墙面砖（贴前墙砖充分浸湿） 3）5 厚 1∶2 建筑胶水泥砂浆粘结层 4）刷素水泥一道 5）9 厚 1∶3 水泥砂浆打底扫毛 6）刷素水泥浆一道甩毛（内掺建筑胶） （*h 为墙面砖厚度）	•电梯厅 •公共走廊 •候诊大厅 •家属等待

	内墙做法	适用
2b 面砖、玻化砖（防水） 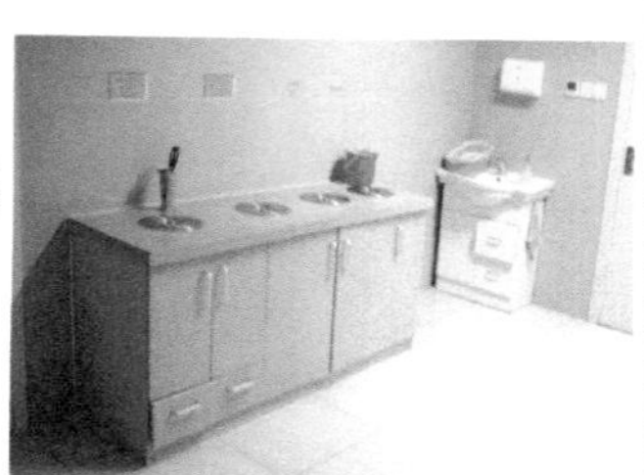	详见国标《工程做法》（05J 909）—内墙 16C/NQ31： 1）白水泥擦缝 2）*h* 厚墙面砖（粘贴前墙砖充分浸湿） 3）4 厚强力胶粉泥粘结层，揉挤压实 4）1.5 厚聚合物水泥基复合防水涂料防水层 5）9 厚 1∶3 水泥砂浆分层压实抹平 6）素水泥浆一道甩毛（内掺建筑胶） （*h 为墙面砖厚度）	•卫生间 •备餐间 •污洗间 •开水间 •淋浴间 •处置室 •拖把间 •内视镜中心 •中心消毒供应室 •洗婴室 •抚触室

❸ 石材	❹ 木材	❺ 素混凝土
详见国标《工程做法》（05J 909）—内墙 12C/NQ22	详见国标《工程做法》（05J 909）—内墙 23C/NQ53	详见国标《工程做法》（05J 909）—内墙 2B/NQ5
		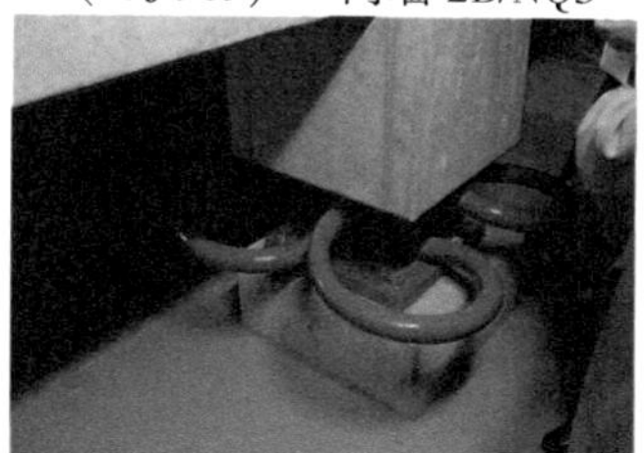
门诊大厅、主通道及公共走道、候诊厅、电梯厅、接待室	电梯厅、公共走道、候诊大厅、家属等待区	地下室、设备间等

❻ 刮腻子	❼ 穿孔吸声复合板吸声墙面	❽ EPS 彩钢板
详见国标《工程做法》（05J 909）—内墙 7C1/NQ12	详见国标《工程做法》（05J 909）—内墙 32C1/NQ67	由厂家二次设计
		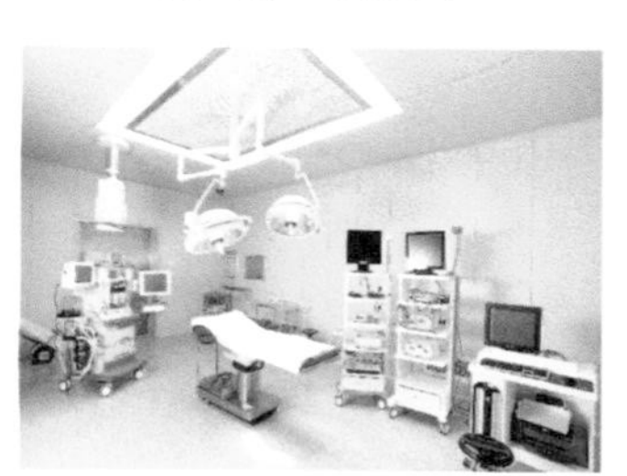
风机房、热水机房、消防水箱、设备间	除风机房外的设备机房间、餐厅与活动室	手术室、中心消毒供应室

3

高手之道

无菌处理：

手术室的顶面及墙面可采用无菌的 EPS 彩钢板或无菌涂料。墙与墙、墙与楼地面、墙与顶面处的转角均采用弧形过渡；室内各设备均嵌入墙体，不易积尘积菌，便于清洁消毒，从而可有效消除清洁死角。

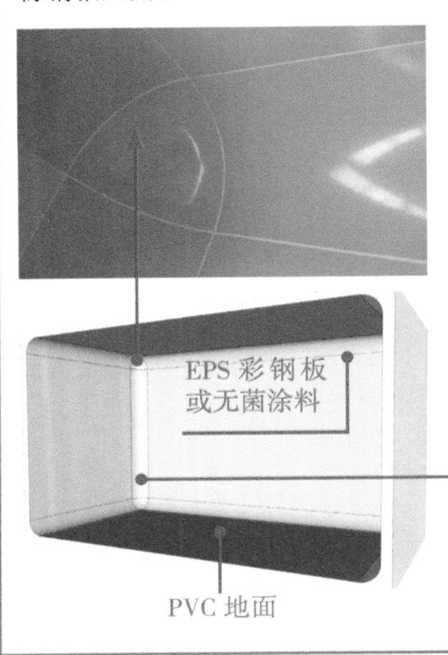

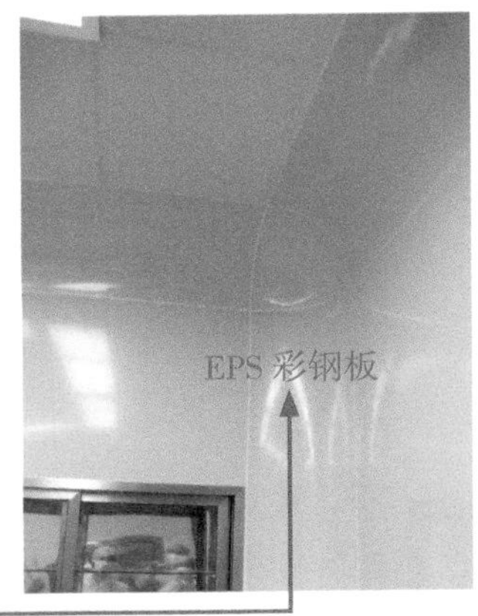

3.3.3 踢脚

踢脚材料与地面材料一致。

地砖踢脚	磨光花岗石踢脚	硬木踢脚
详见国标《工程做法》（05J 909）—踢 5C/TJ8 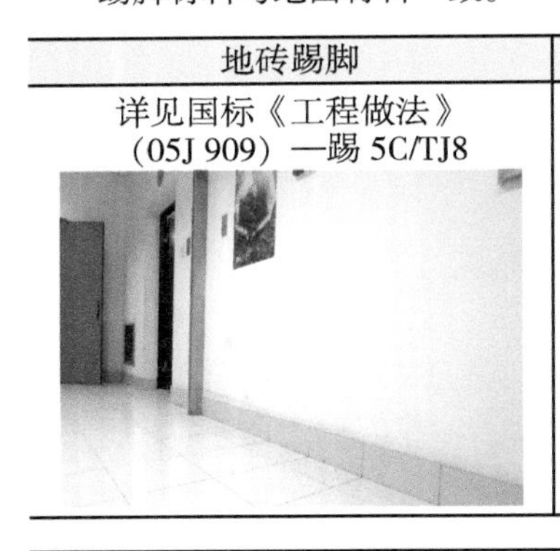	详见国标《工程做法》（05J 909）—踢 6C1/TJ9 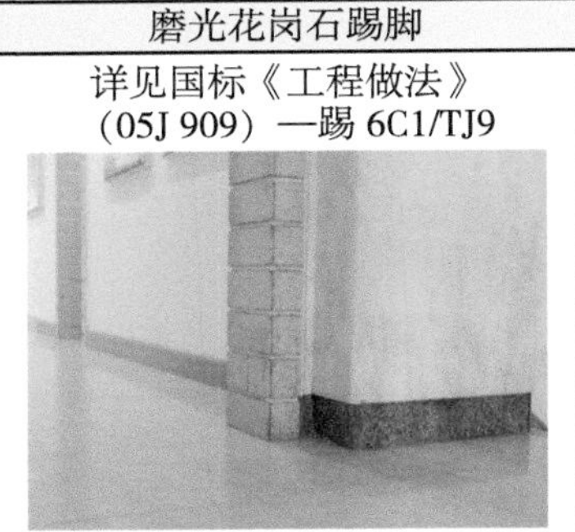	详见国标《工程做法》（05J 909）—踢 7C/TJ11 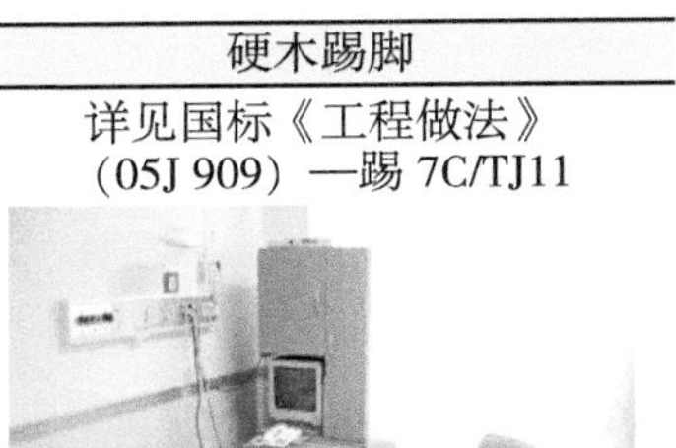

PVC 踢脚	水磨石踢脚	水泥踢脚
详见国标《工程做法》（05J 909）—踢 11C/TJ14 	详见国标《工程做法》（05J 909）—踢 3C2/TJ6 	详见国标《工程做法》（05J 909）—踢 1C/TJ2 

3.3.4 顶棚与吊顶

1）分类

2）石膏板与矿棉板的比较

矿棉板表面一般有无规则微孔，因此吸声及隔声性能好；此外还具有轻质、高强、不燃、隔热、防潮等优点。缺点是不够美观。

石膏板具有价廉、轻质、高强、稳定性好、收缩率小、不易老化、防虫蛀等优点；此外防火、吸声、隔声、隔热等性能也较好，还便于加工成各种造型。缺点是防潮性较差。

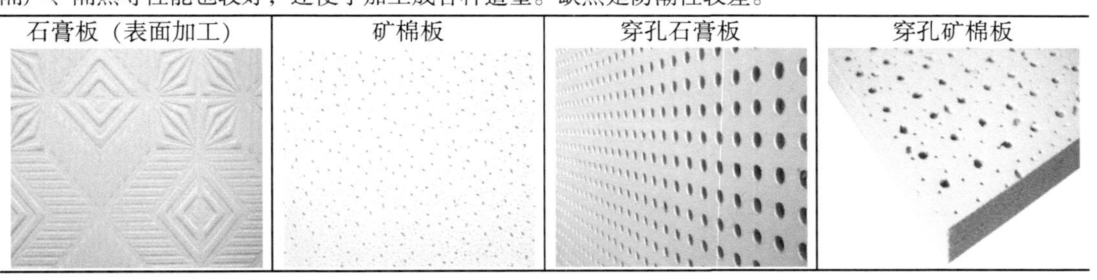

3）性能特征

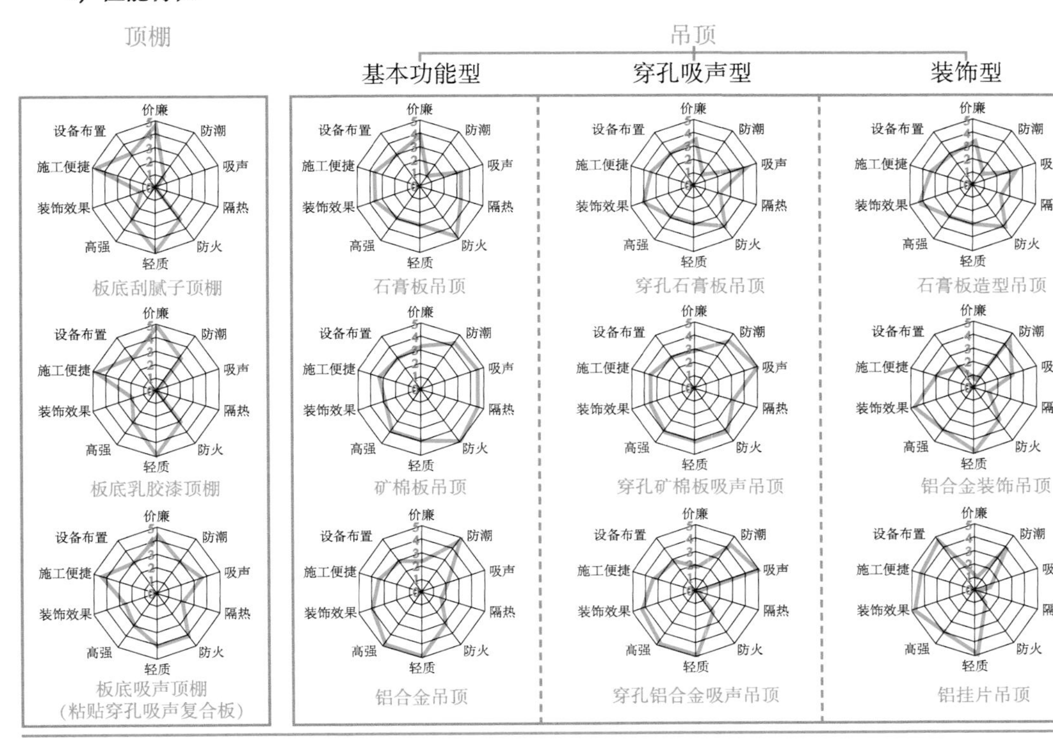

4）工程做法

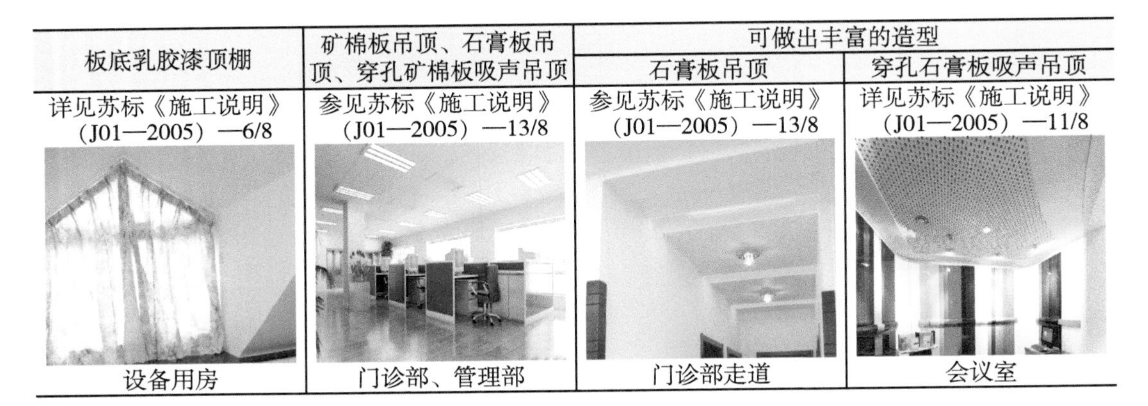

板底乳胶漆顶棚	矿棉板吊顶、石膏板吊顶、穿孔矿棉板吸声吊顶	可做出丰富的造型	
		石膏板吊顶	穿孔石膏板吸声吊顶
详见苏标《施工说明》（J01—2005）—6/8	参见苏标《施工说明》（J01—2005）—13/8	参见苏标《施工说明》（J01—2005）—13/8	详见苏标《施工说明》（J01—2005）—11/8
设备用房	门诊部、管理部	门诊部走道	会议室

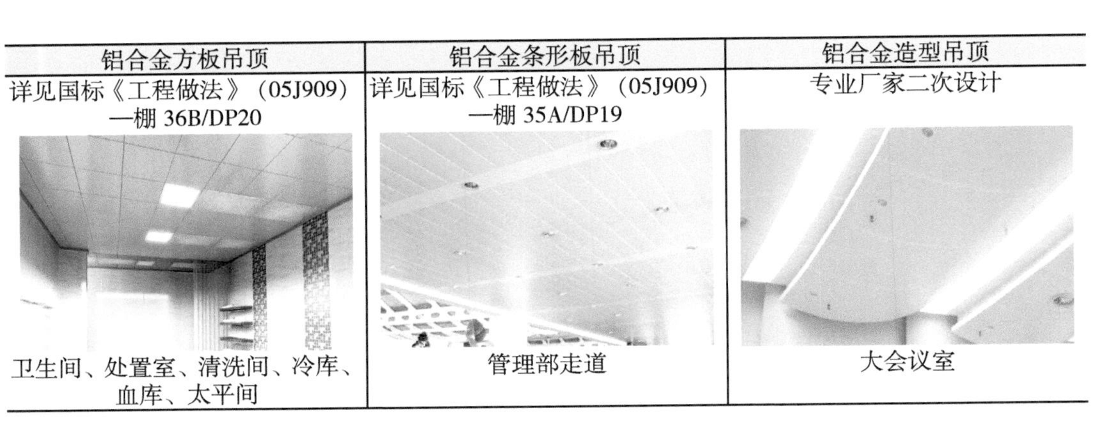

铝合金方板吊顶	铝合金条形板吊顶	铝合金造型吊顶
详见国标《工程做法》（05J909）—棚36B/DP20	详见国标《工程做法》（05J909）—棚35A/DP19	专业厂家二次设计
卫生间、处置室、清洗间、冷库、血库、太平间	管理部走道	大会议室

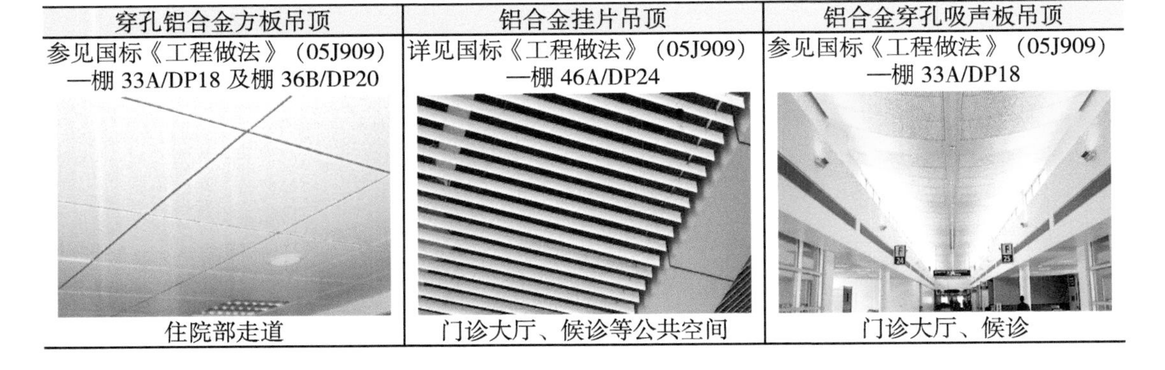

穿孔铝合金方板吊顶	铝合金挂片吊顶	铝合金穿孔吸声板吊顶
参见国标《工程做法》（05J909）—棚33A/DP18及棚36B/DP20	详见国标《工程做法》（05J909）—棚46A/DP24	参见国标《工程做法》（05J909）—棚33A/DP18
住院部走道	门诊大厅、候诊等公共空间	门诊大厅、候诊

3.3.5 建筑施工做法说明

1）主要内容

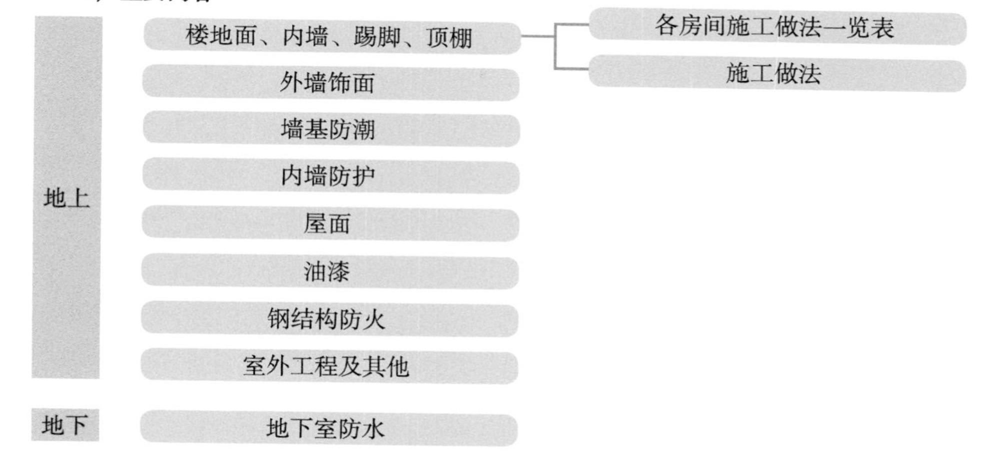

2）页面安排

第一页为各房间楼地面、墙面、踢脚及顶棚的施工做法一览表。

建筑施工做法说明（一）

○○建筑设计研究院

例如：

层别	房间名称	地 / 楼面	墙面	踢脚	顶棚	备注
二层	中心消毒供应室	楼5：PVC板楼面	内墙8：EPS彩钢板或无菌涂料	踢3：成品PVC板踢脚	棚3：轻钢龙骨铝合金方板吊顶	

第二页为楼地面、墙面、踢脚及顶棚的施工做法。

建筑施工做法说明（二）
楼面做法：
楼1:磨光花岗石楼面
(详见国标05J909-楼17A/LD20)
1) 20厚磨光石材板，水泥浆擦缝
2) 30厚1:3干硬性水泥砂浆结合层，表面撒水泥粉
3) 水泥浆一道(内掺建筑胶)
4) 现浇钢筋混凝土楼板
5) 石灰石膏砂浆 厚20mm

第三页为其他部位的施工做法。

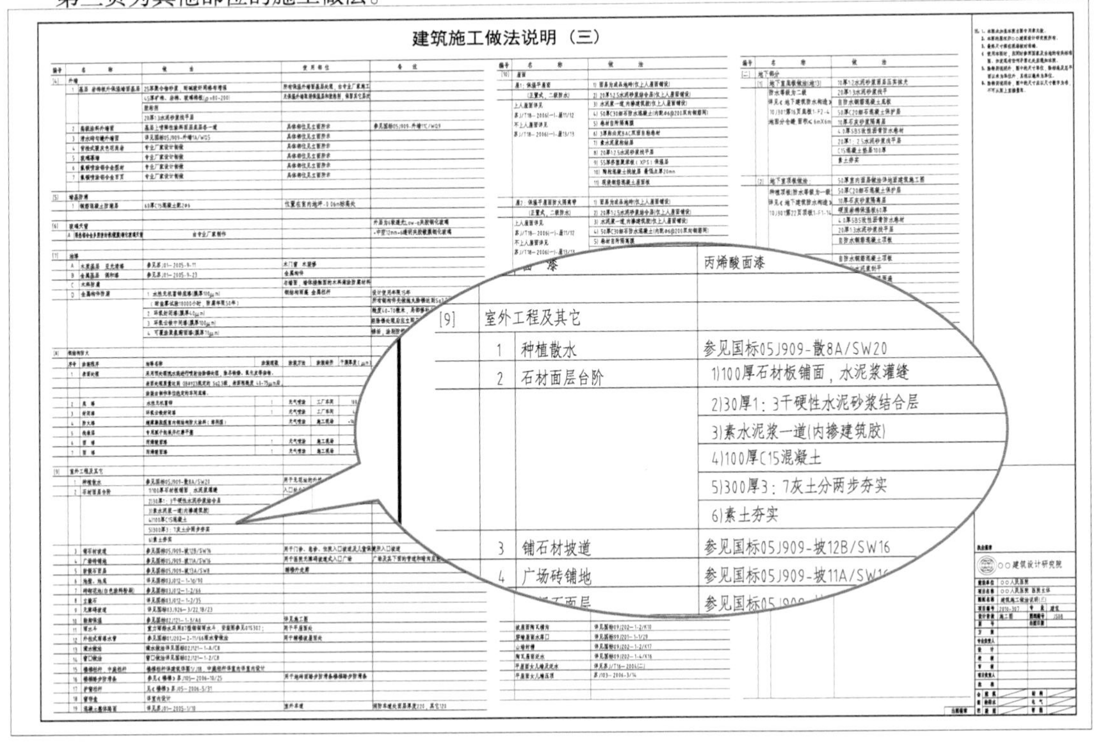

建筑施工做法说明（三）
丙烯酸面漆
[9] 室外工程及其它
1 种植散水 参见国标05J909-散8A/SW20
2 石材面层台阶
1)100厚石材板铺面，水泥浆灌缝
2)30厚1：3干硬性水泥砂浆结合层
3)素水泥浆一道(内掺建筑胶)
4)100厚C15混凝土
5)300厚3：7灰土分两步夯实
6)素土夯实
3 铺石材坡道 参见国标05J909-坡12B/SW16
4 广场砖铺地

3.4 墙身详图

3.4.1 绘制方法

墙身详图是建筑剖面图中外墙的局部放大图。它主要用来表达檐口、梁、窗过梁、柱、墙体、屋面、楼地面、阳台、雨篷、散水等墙身各处的尺寸、材料及做法等详细构造，同时也要标注标高及详图索引。

（1）墙身详图的绘制比例一般为1∶20或1∶30，由于比例较大，所有墙体应：①用细实线画出粉刷线❶；②绘制材料图例❷；③标注详细尺寸❸。

（2）如果中间各层的墙身构造相同，仅需绘制顶层、中间层及底层的墙身详图。

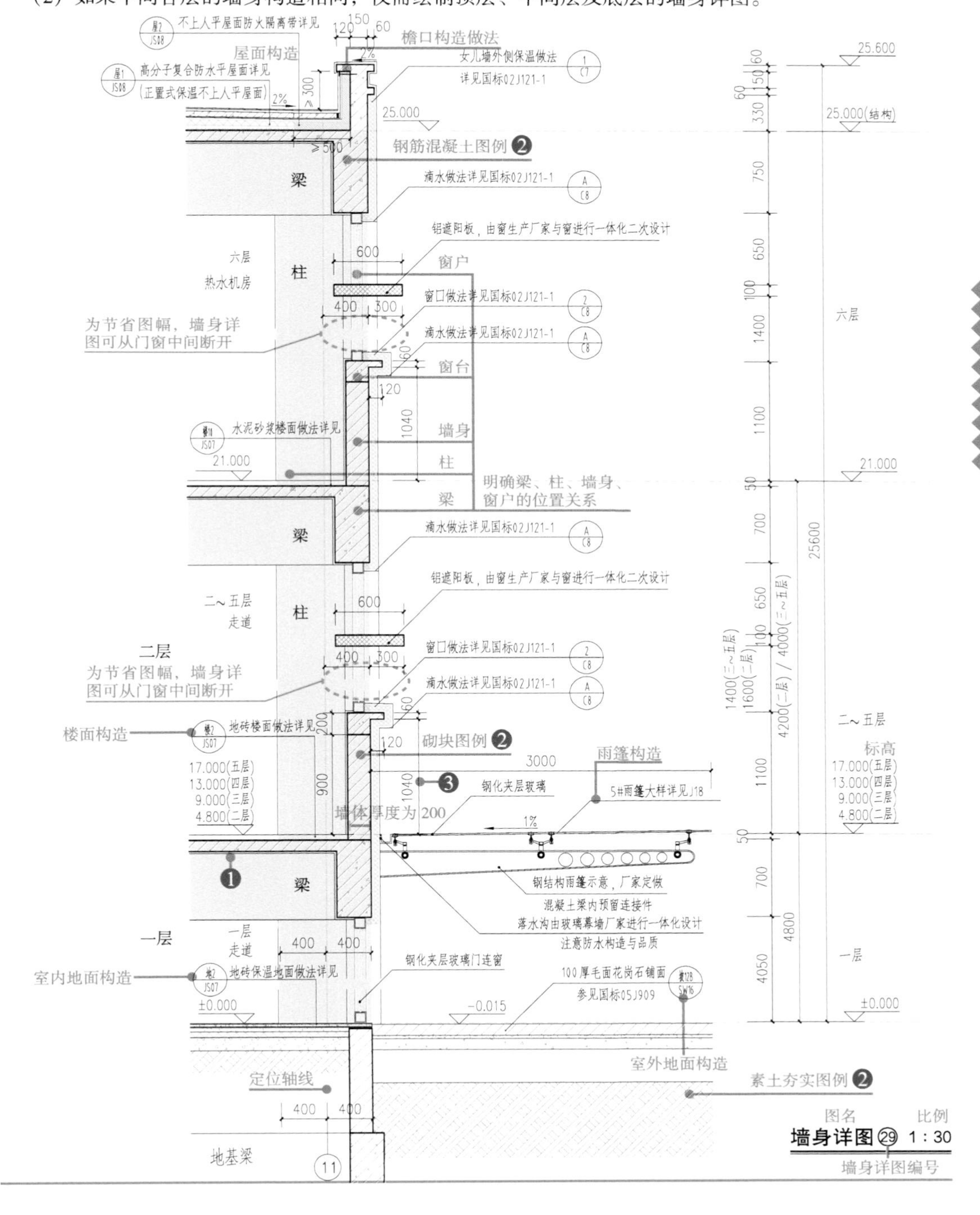

3.4.2　索引标注

1）立面

墙身详图需在立面图和平面图上标注索引。

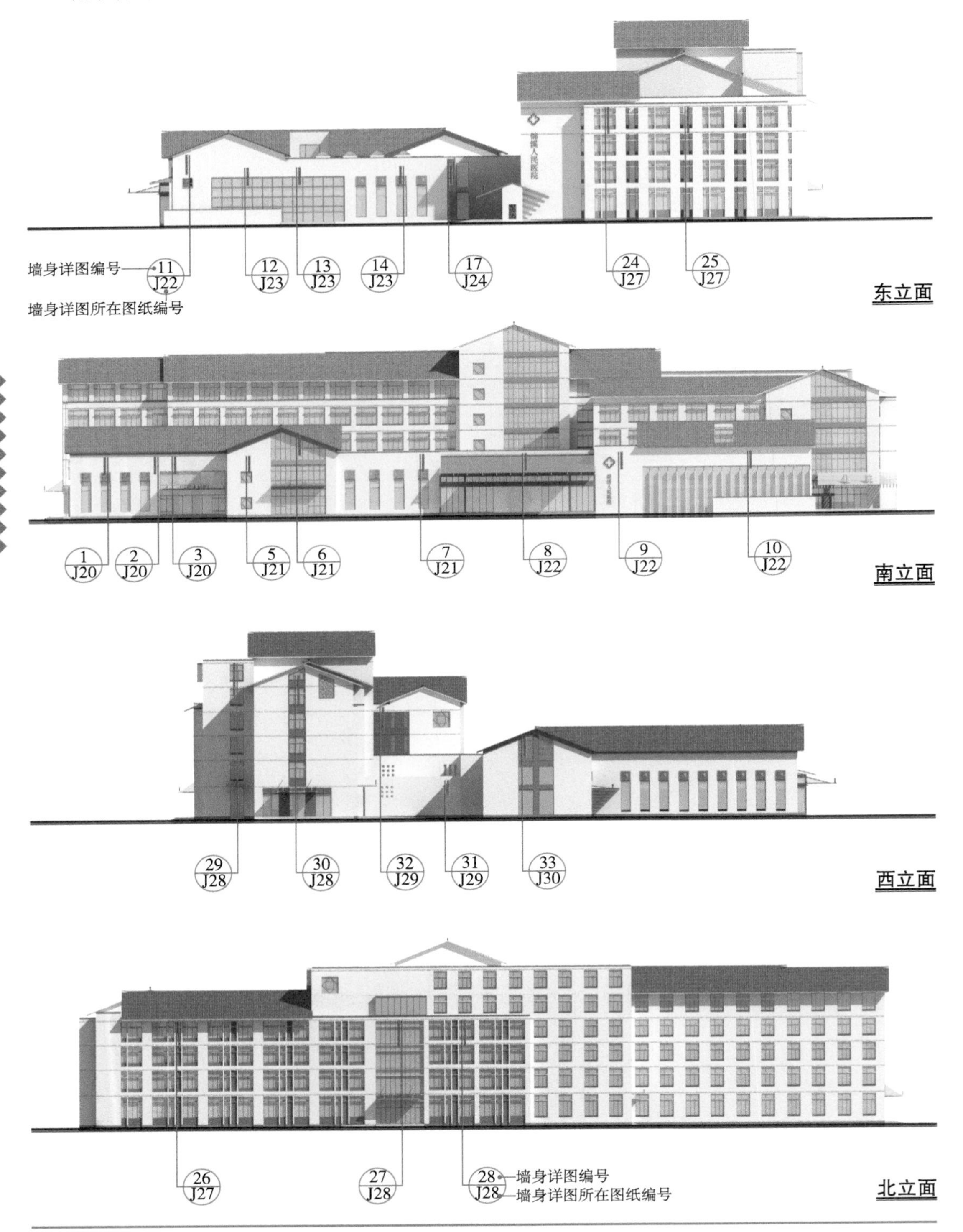

2）平面

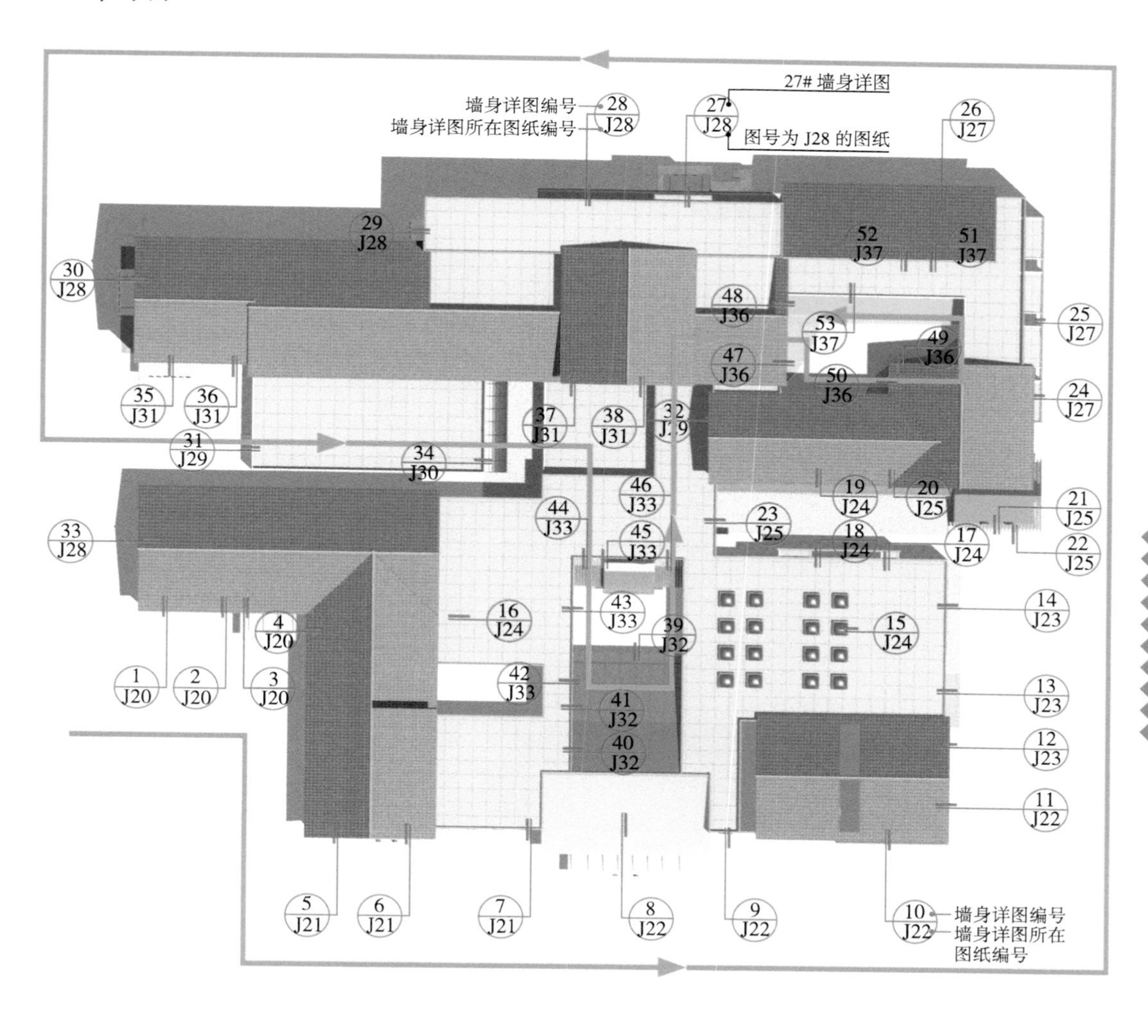

• 宜按一定的顺序编排墙身详图的编号，以便日后查阅。上图绿线显示了本工程墙身详图的编号顺序。

3.4.3 绘制详图

- 外遮阳百叶
- 窗户凹入
- 墙体凸出
- 小面积玻璃幕墙
- 大面积玻璃幕墙
- 双层表皮

1）外遮阳百叶

为减少西晒，建筑西立面常设置外遮阳。

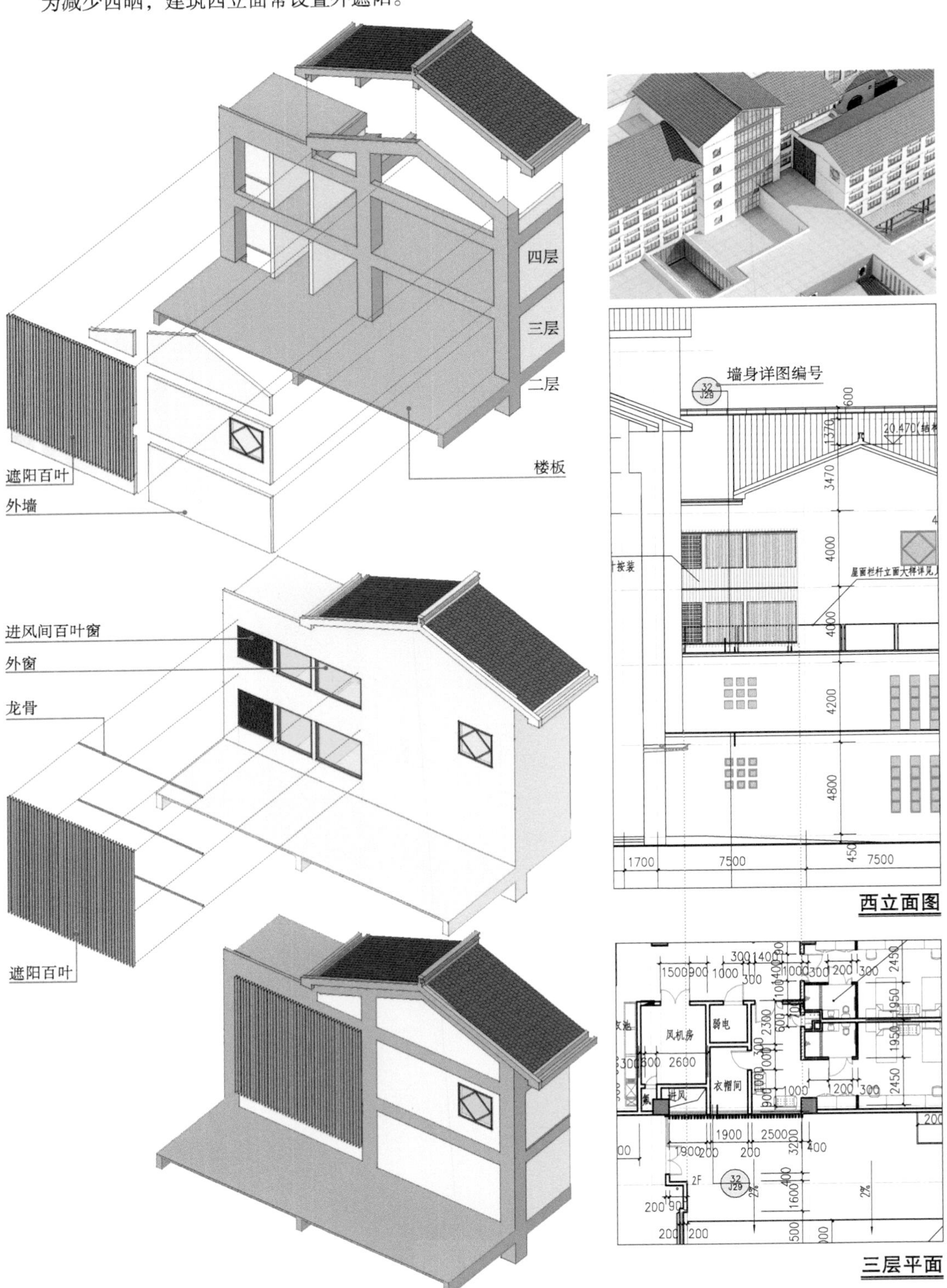

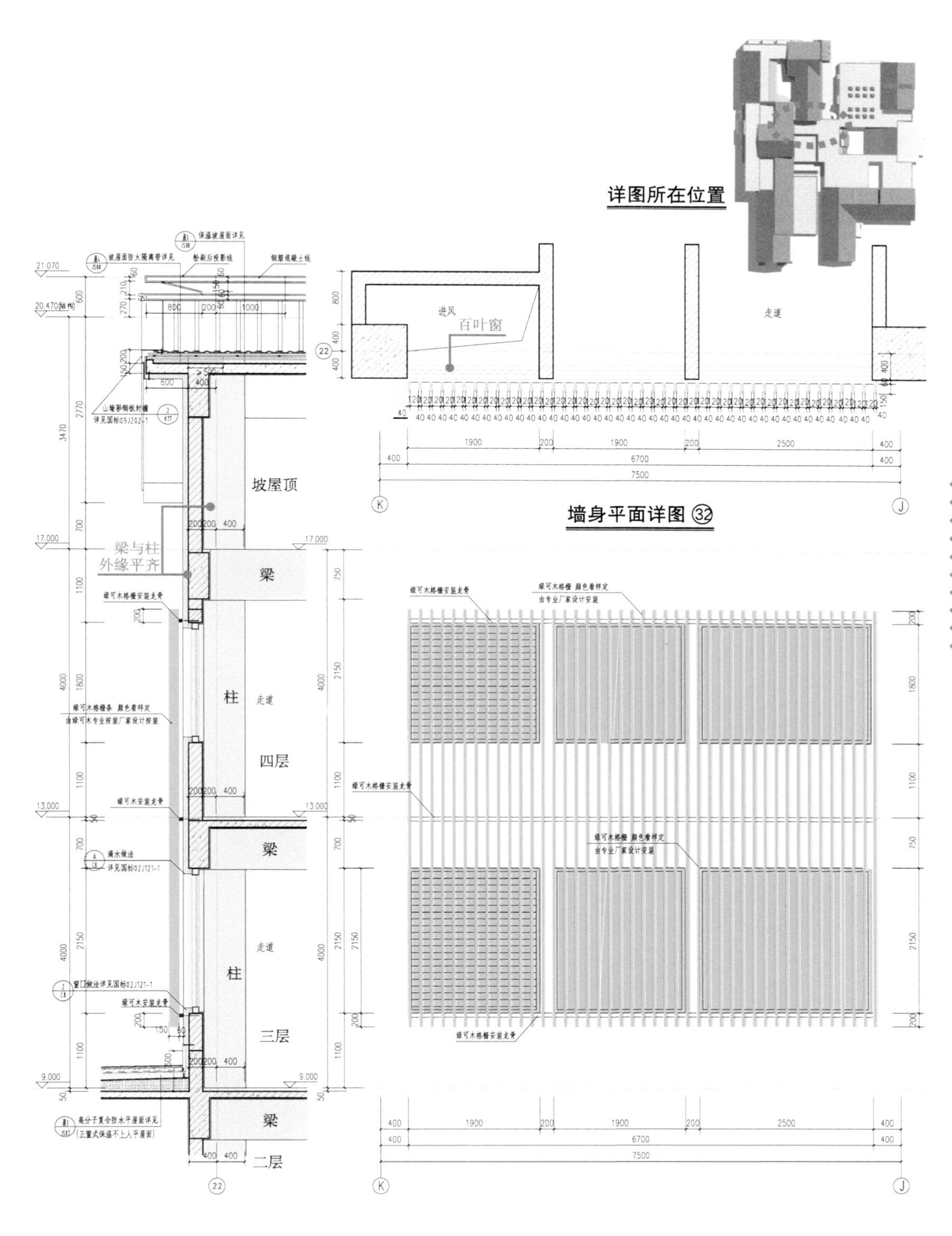
详图所在位置
进风
百叶窗
走道
墙身平面详图 ㉜
坡屋顶
梁与柱
外缘平齐
梁
柱
走道
四层
三层
二层
墙身剖面详图 ㉜
墙身立面详图 ㉜

3

2）窗户凹入

外窗凹入墙体，不仅丰富了立面层次，还可增加外遮阳效果。

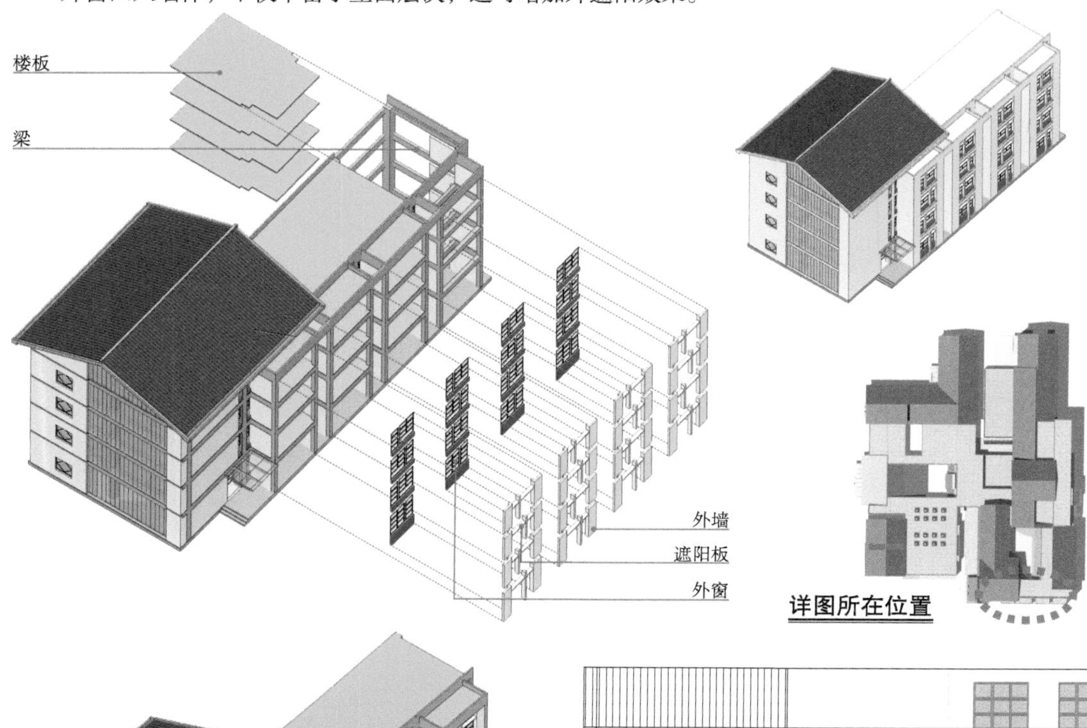

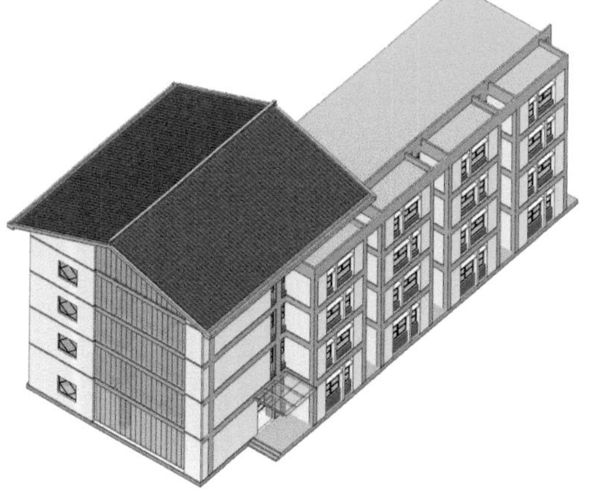

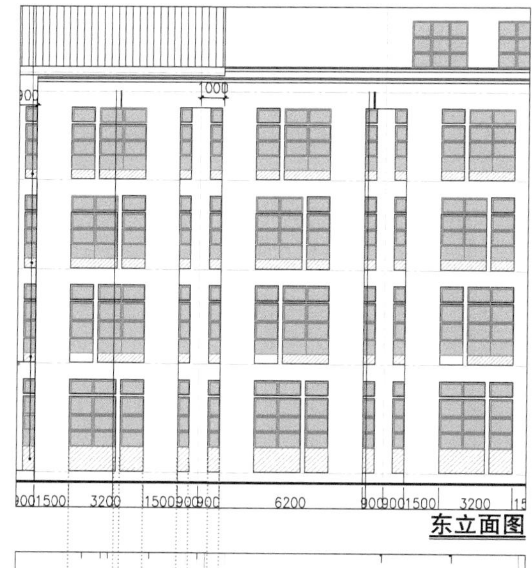

东立面图

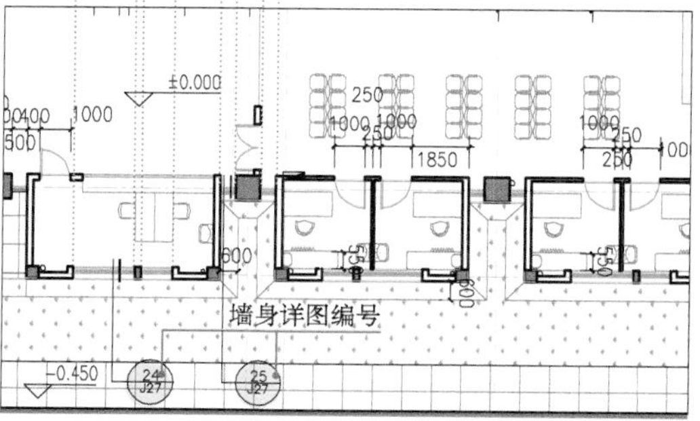

一层平面

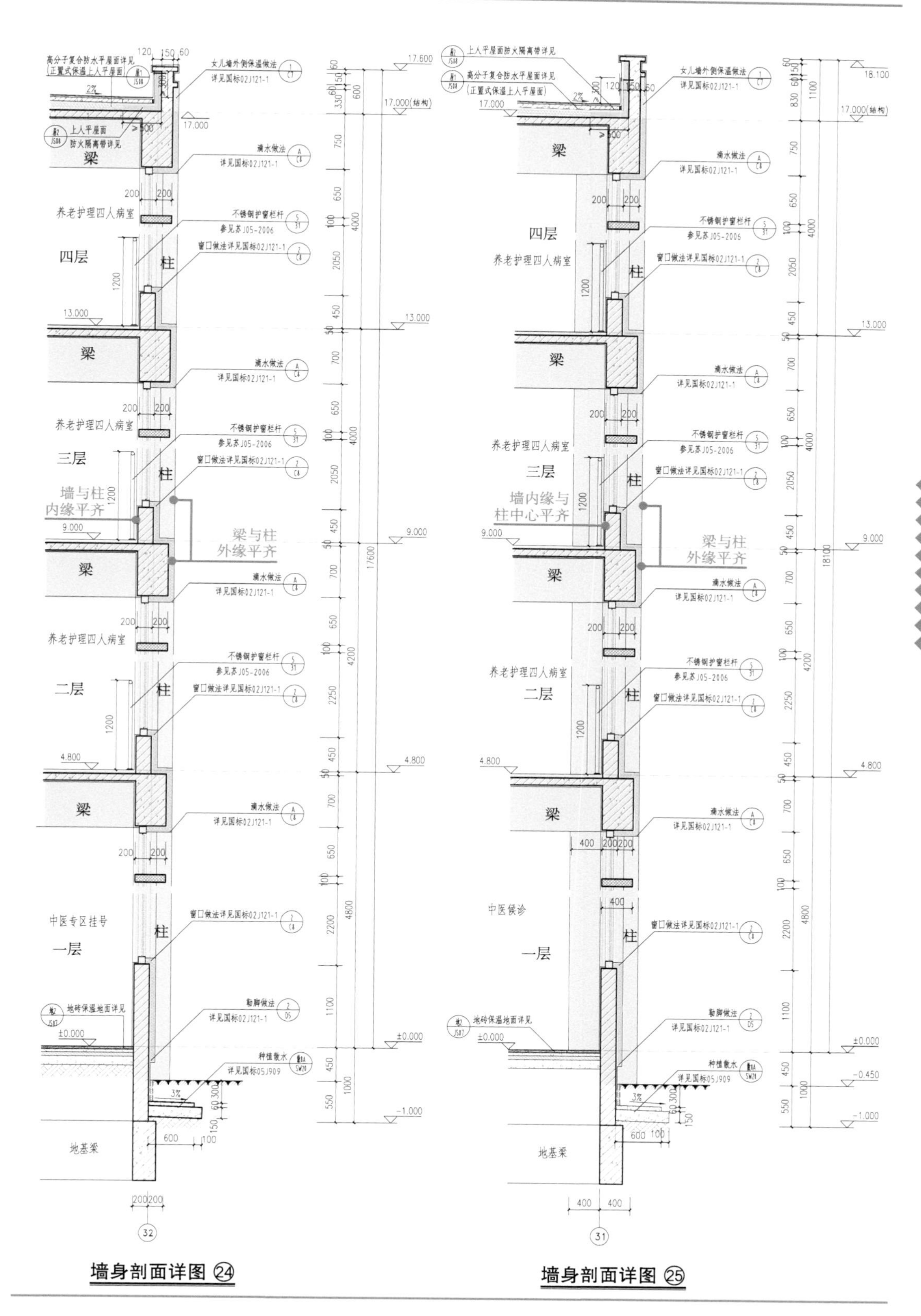

墙身剖面详图 ㉔

墙身剖面详图 ㉕

3）墙体凸出

为丰富立面层次，通过梁板的悬挑，将急诊部入口处的外墙向外凸出 0.9m。

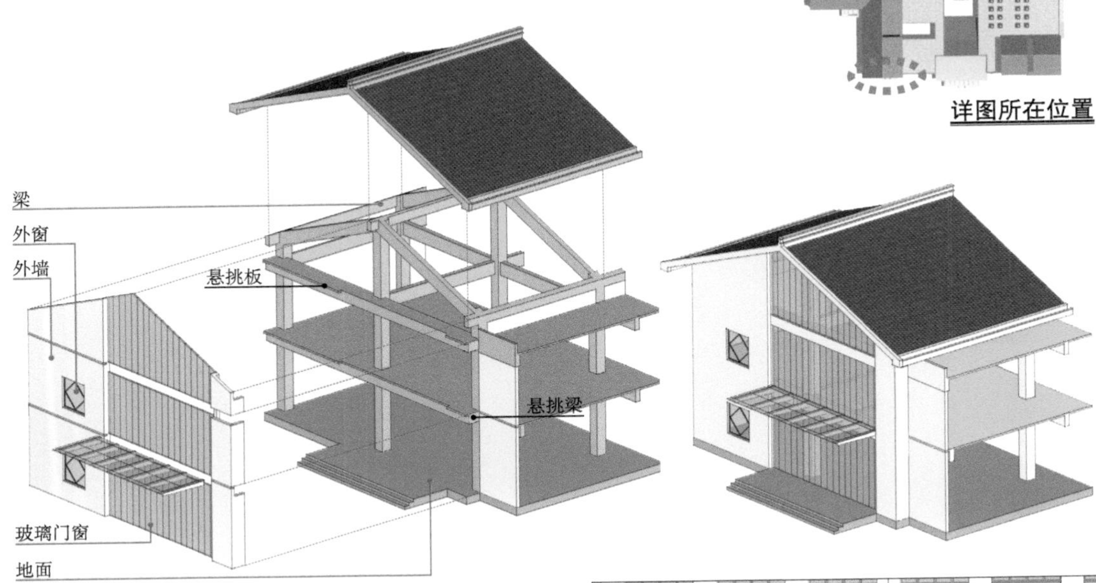

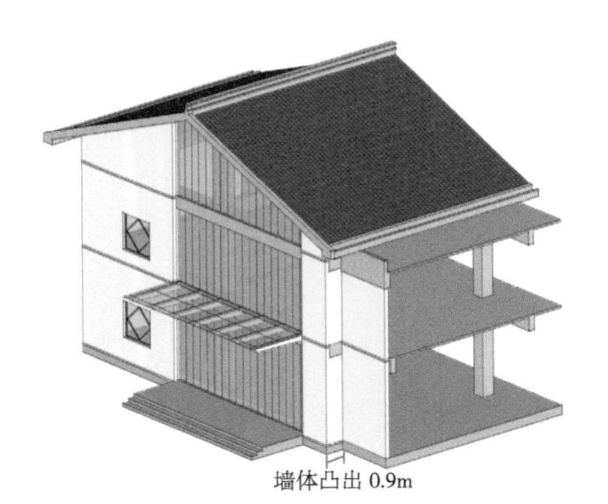
墙体凸出 0.9m

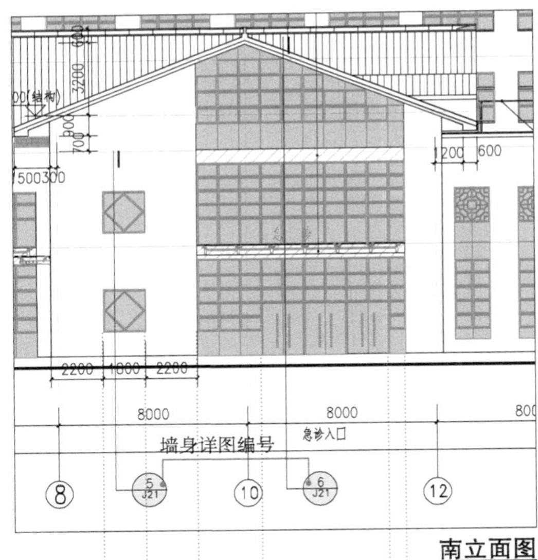

南立面图

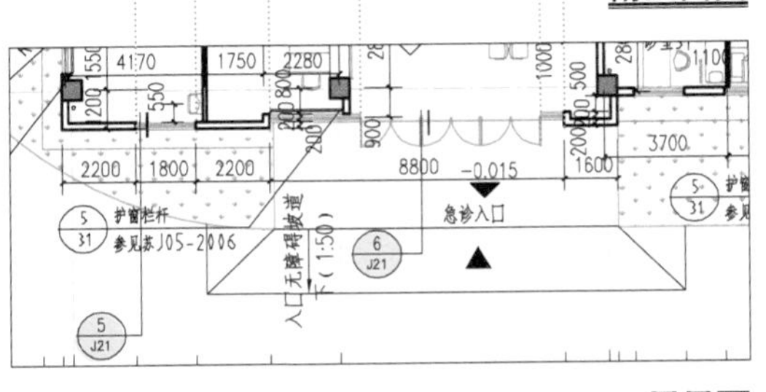

一层平面

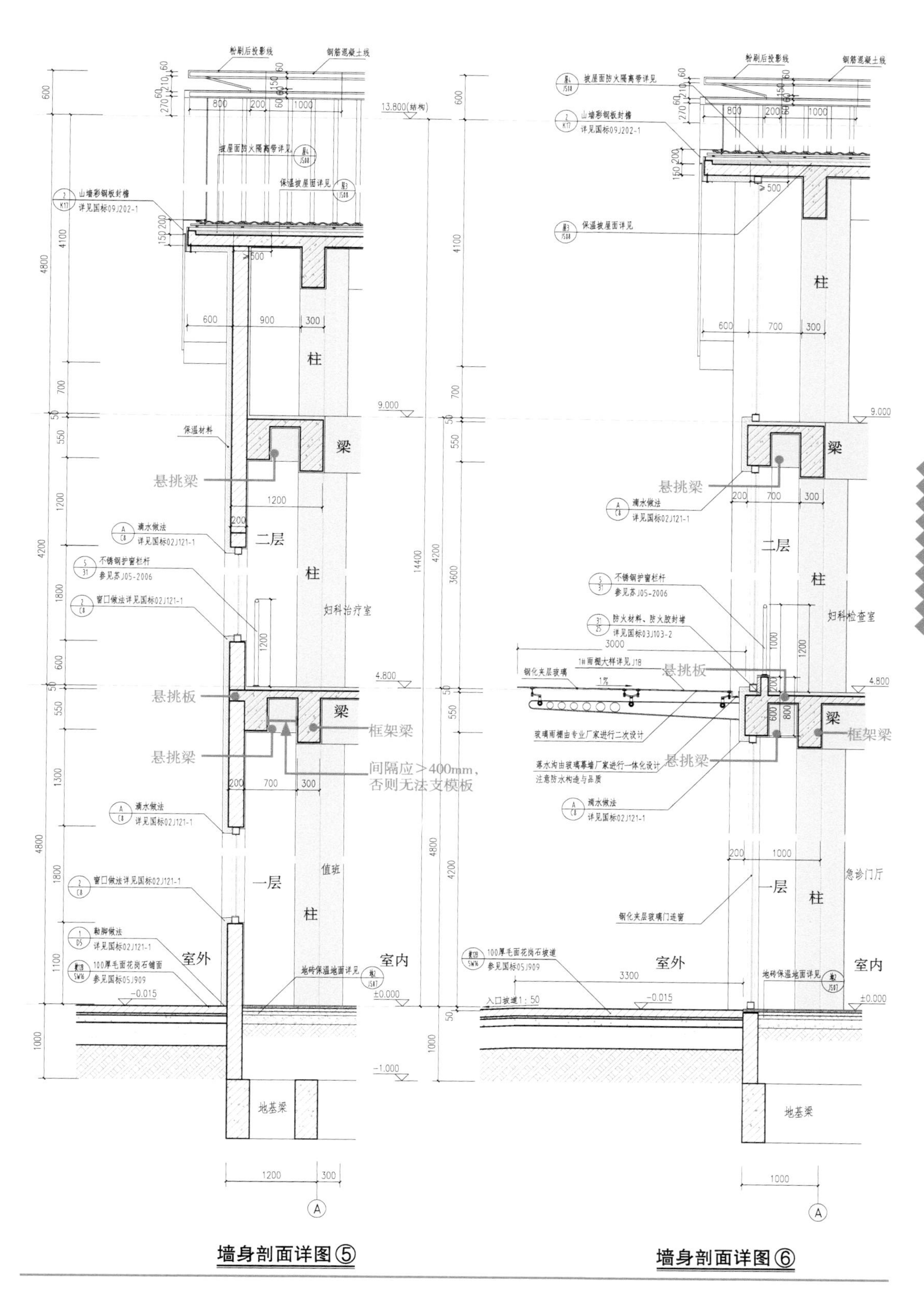

墙身剖面详图⑤

墙身剖面详图⑥

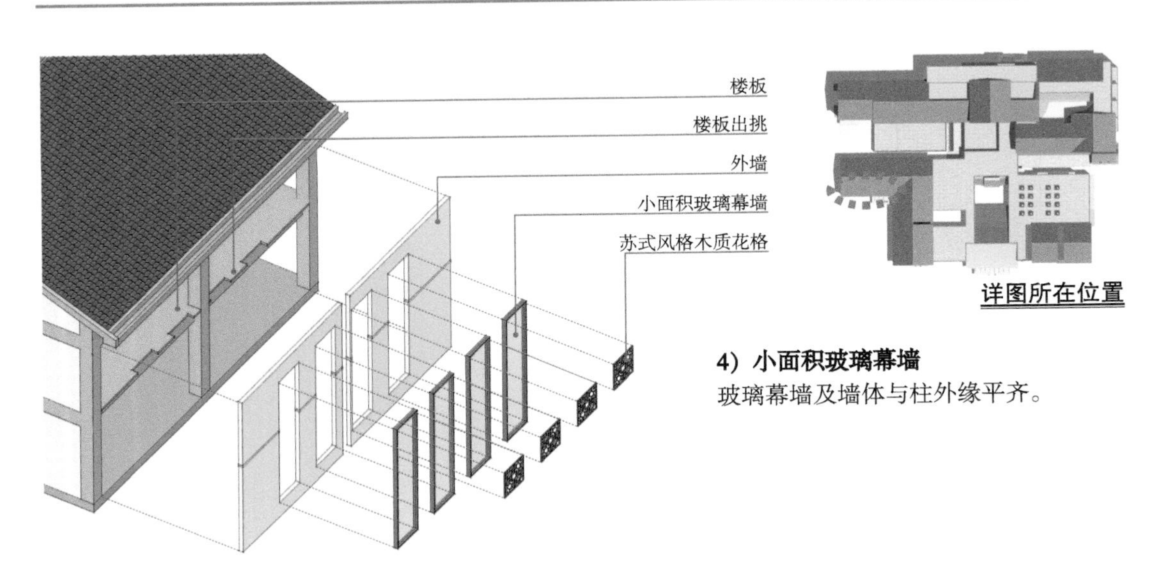

4）小面积玻璃幕墙

玻璃幕墙及墙体与柱外缘平齐。

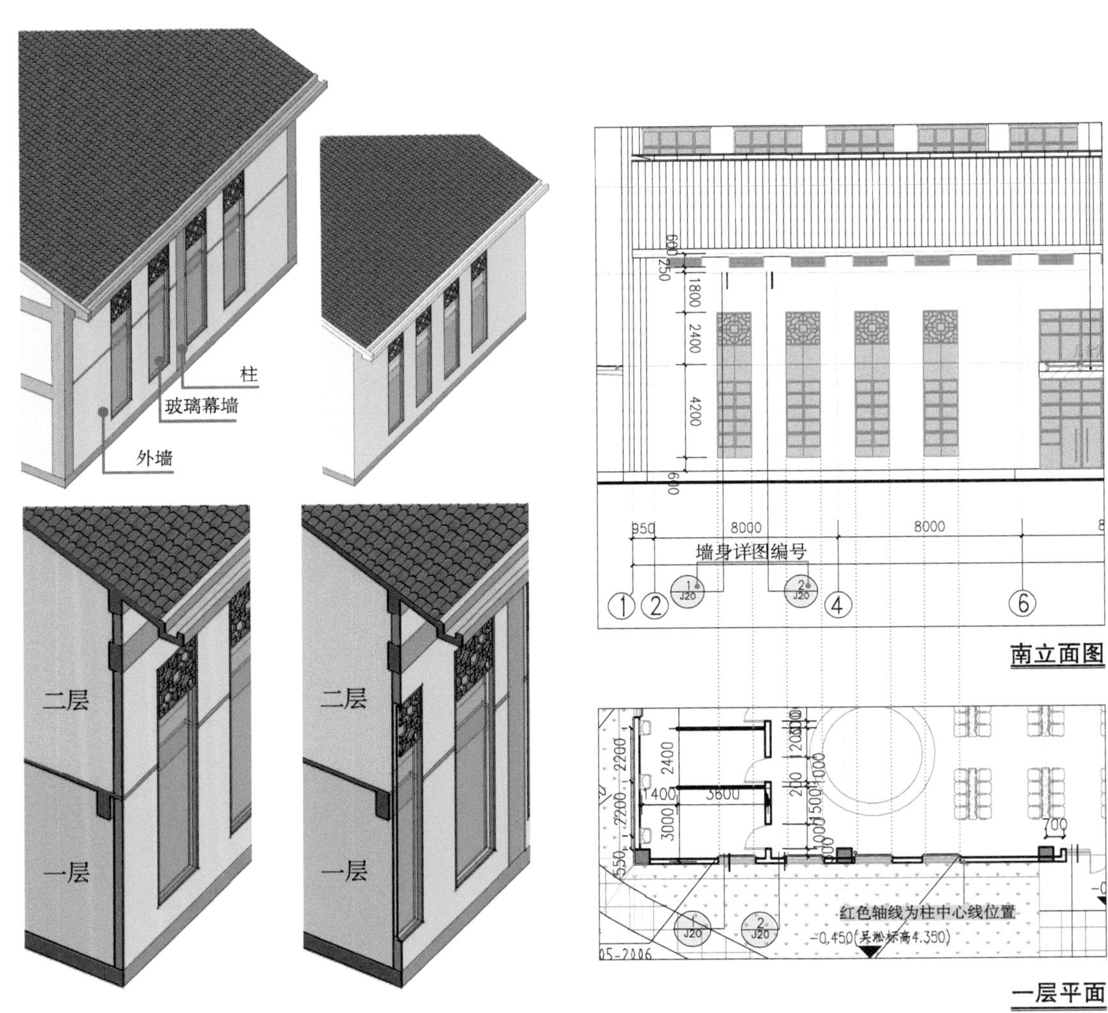

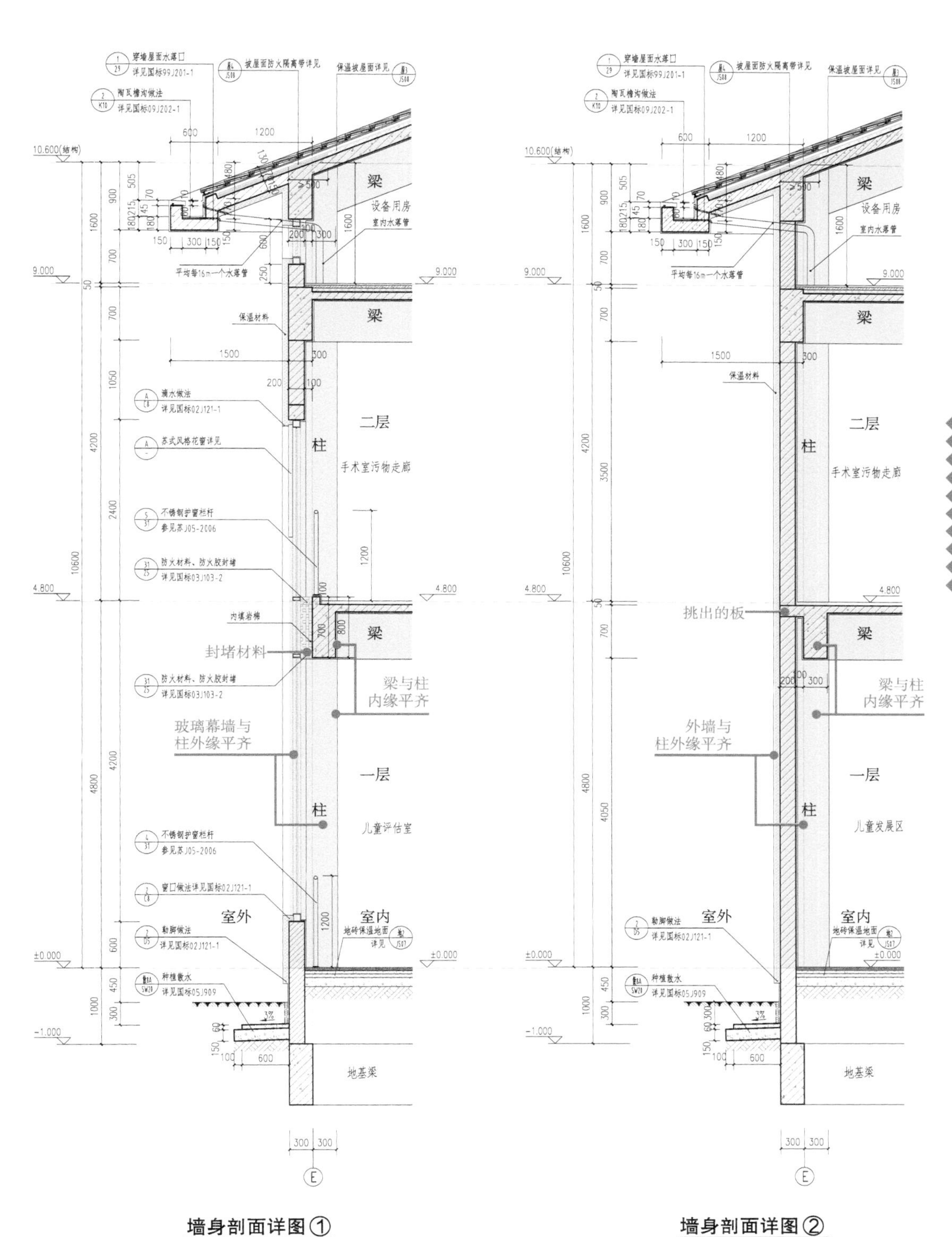

墙身剖面详图①

墙身剖面详图②

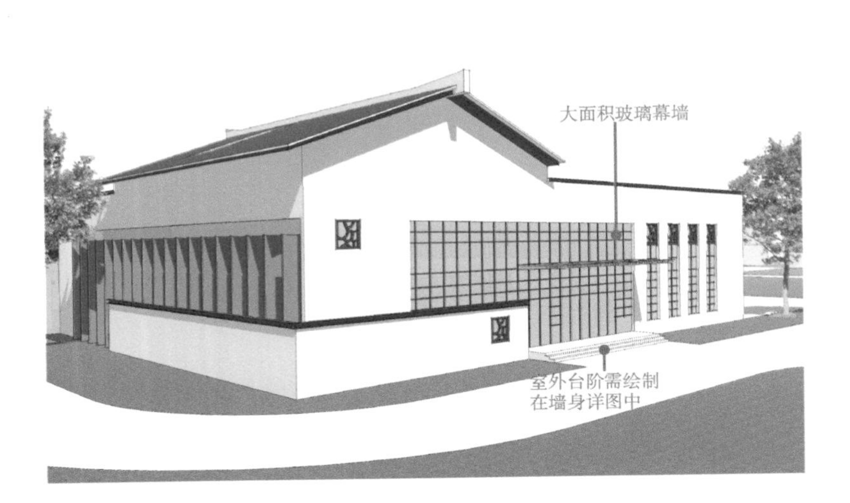

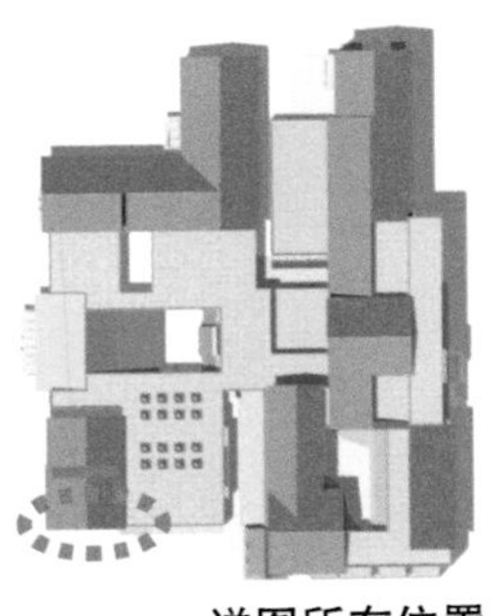
详图所在位置

3

5）大面积玻璃幕墙

大面积玻璃幕墙通常悬挂在梁柱外缘。

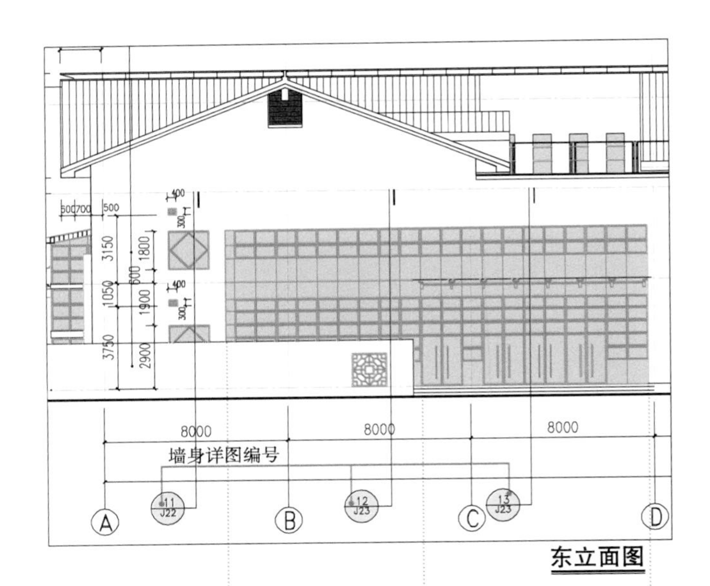

东立面图

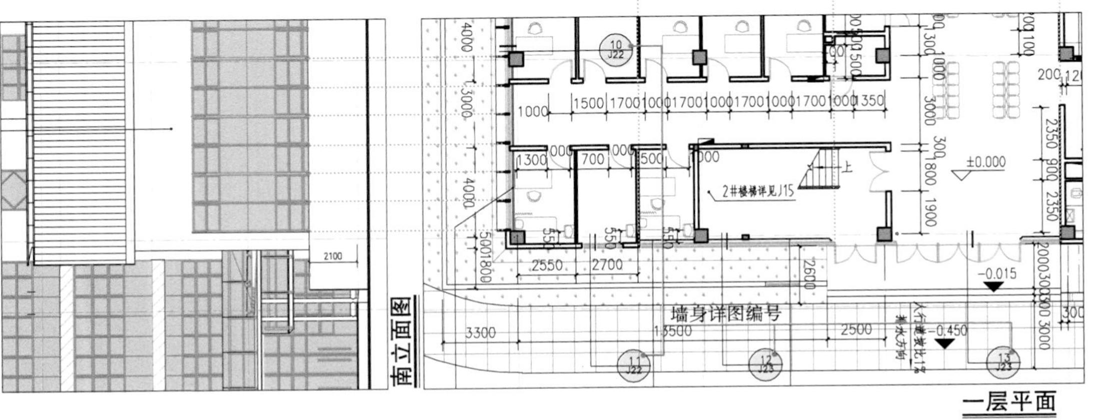

南立面图

一层平面

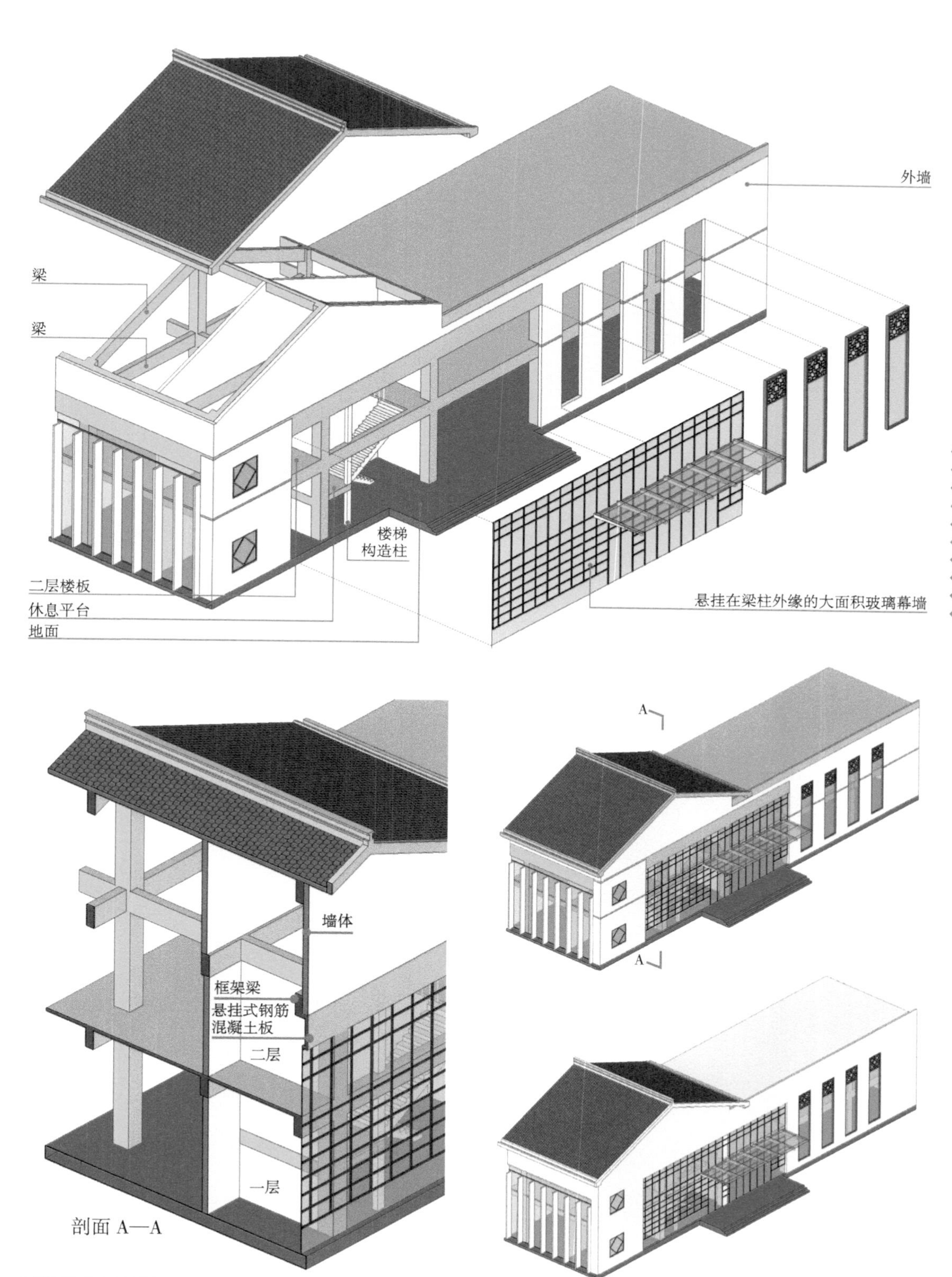

外墙
梁
梁
楼梯
构造柱
二层楼板
休息平台
地面
悬挂在梁柱外缘的大面积玻璃幕墙
墙体
框架梁
悬挂式钢筋
混凝土板
二层
一层
A
A
3

剖面 A—A

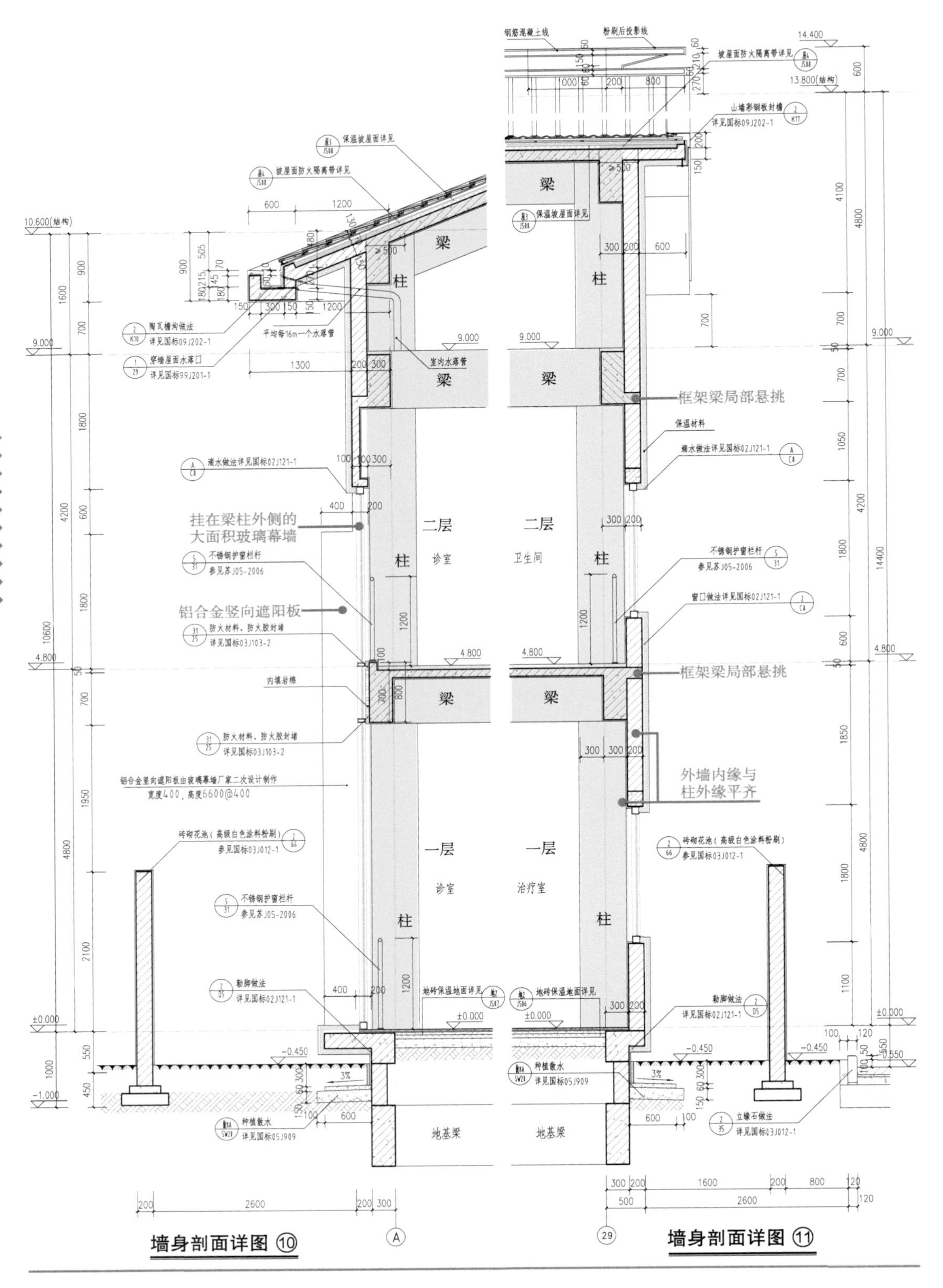

墙身剖面详图 ⑩

墙身剖面详图 ⑪

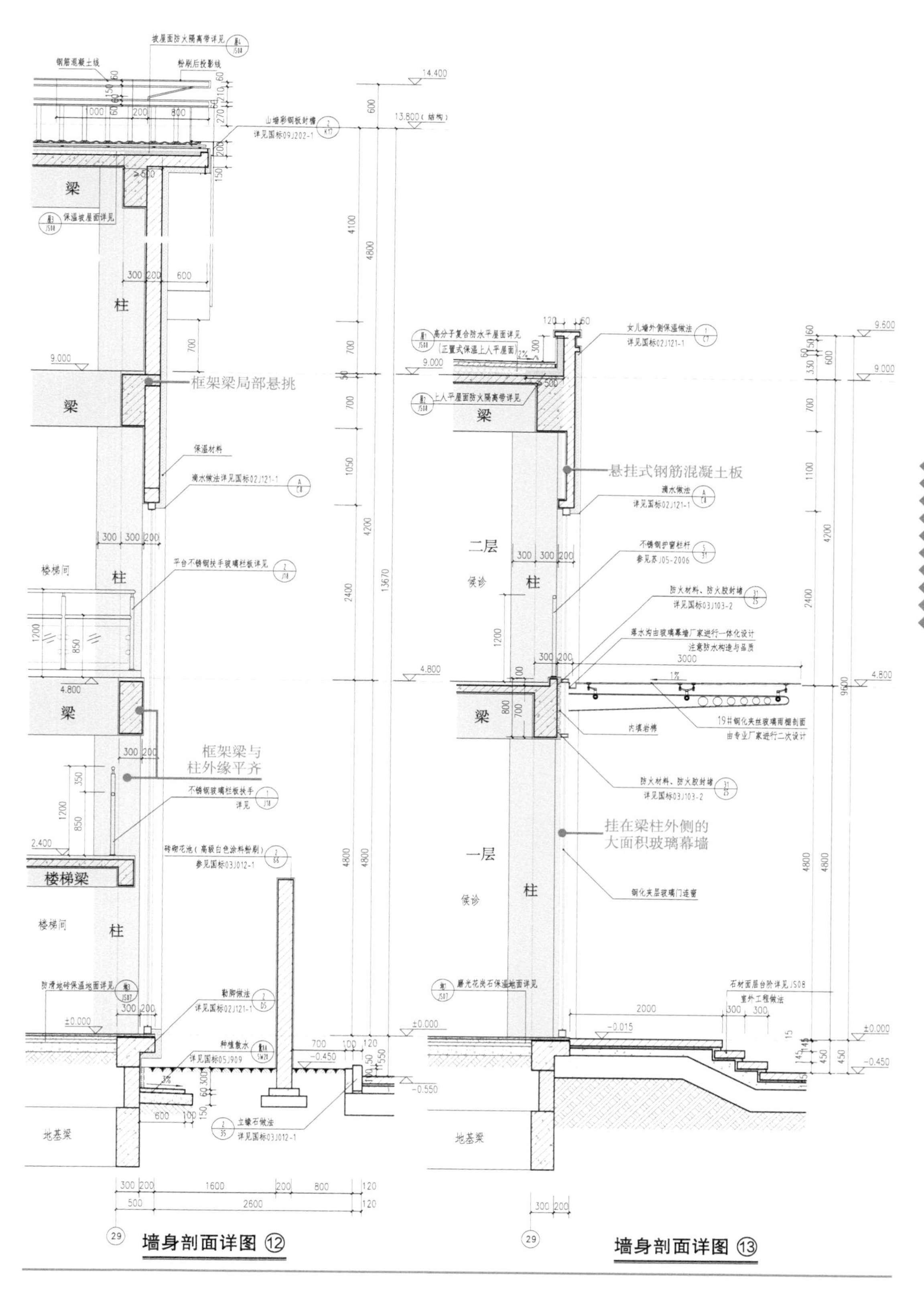

墙身剖面详图 ⑫

墙身剖面详图 ⑬

6）双层表皮

为避免北楼二层的老年科病房与南楼的B超中心及内视镜中心之间发生视线干扰，本工程采用了侧向开窗、双层表皮等做法。此外，还用墙身详图表达了苏式风格的瓦砌花格等细部做法。

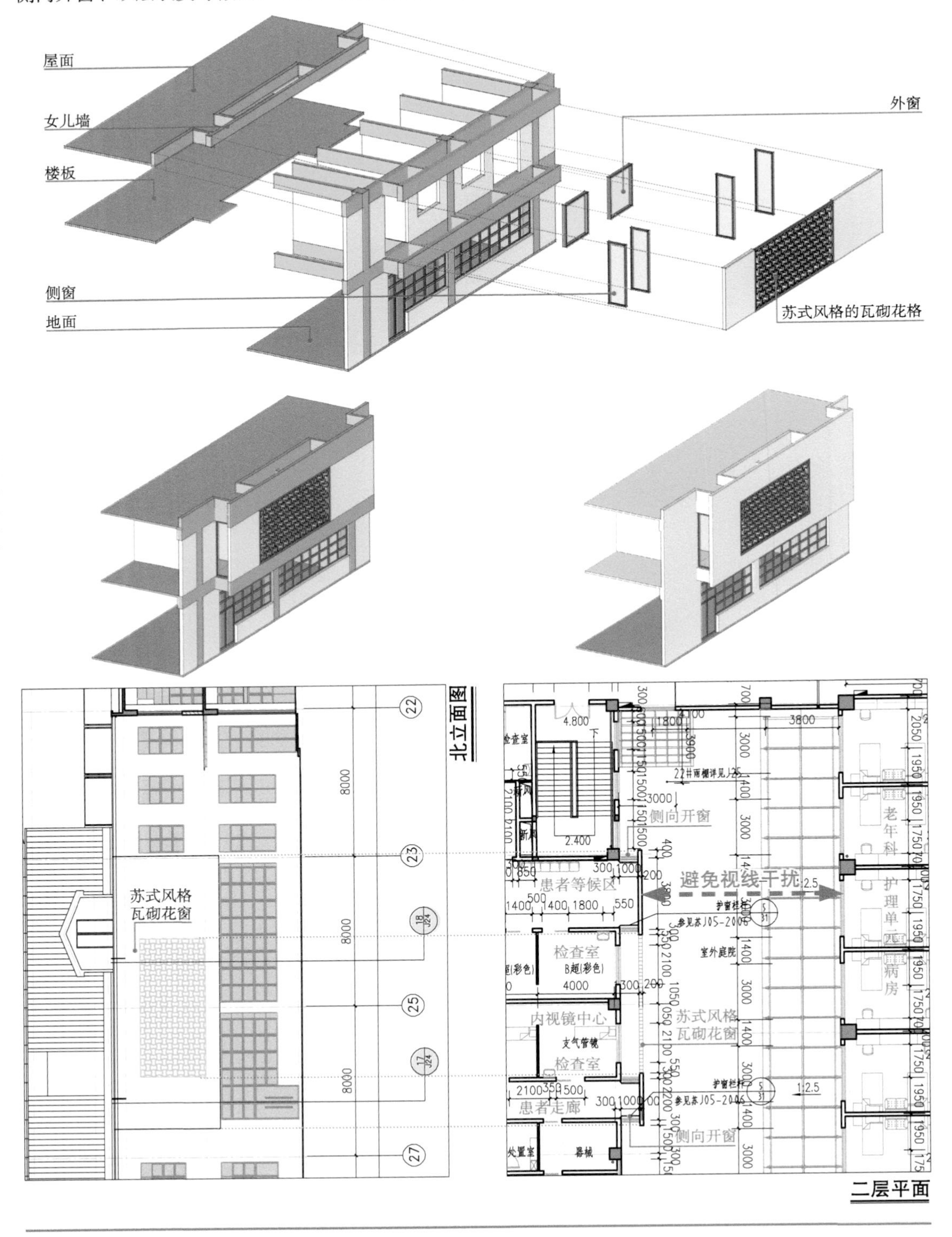

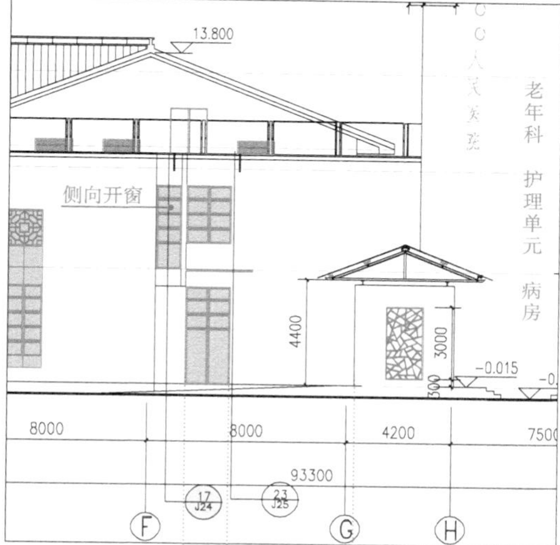

东立面图

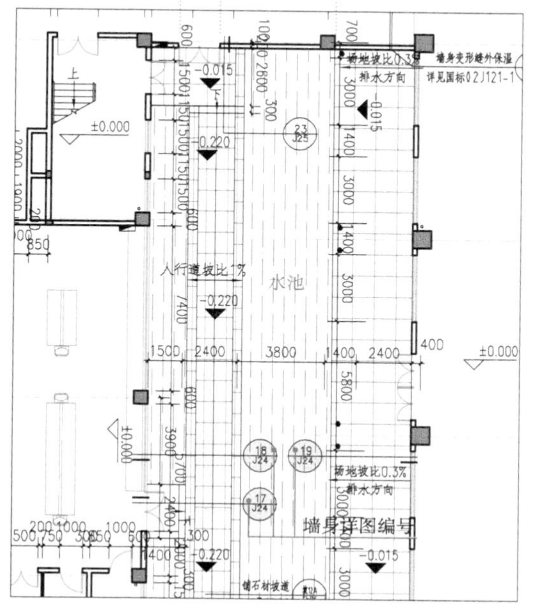

一层平面

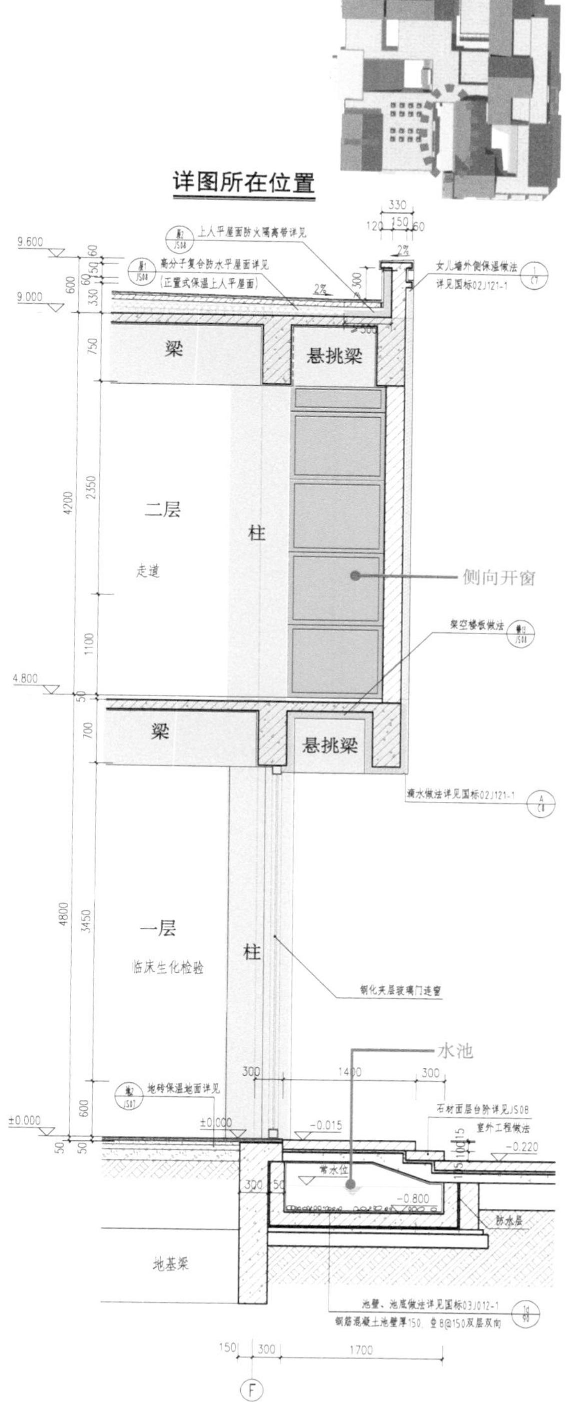

墙身剖面详图 ⑰

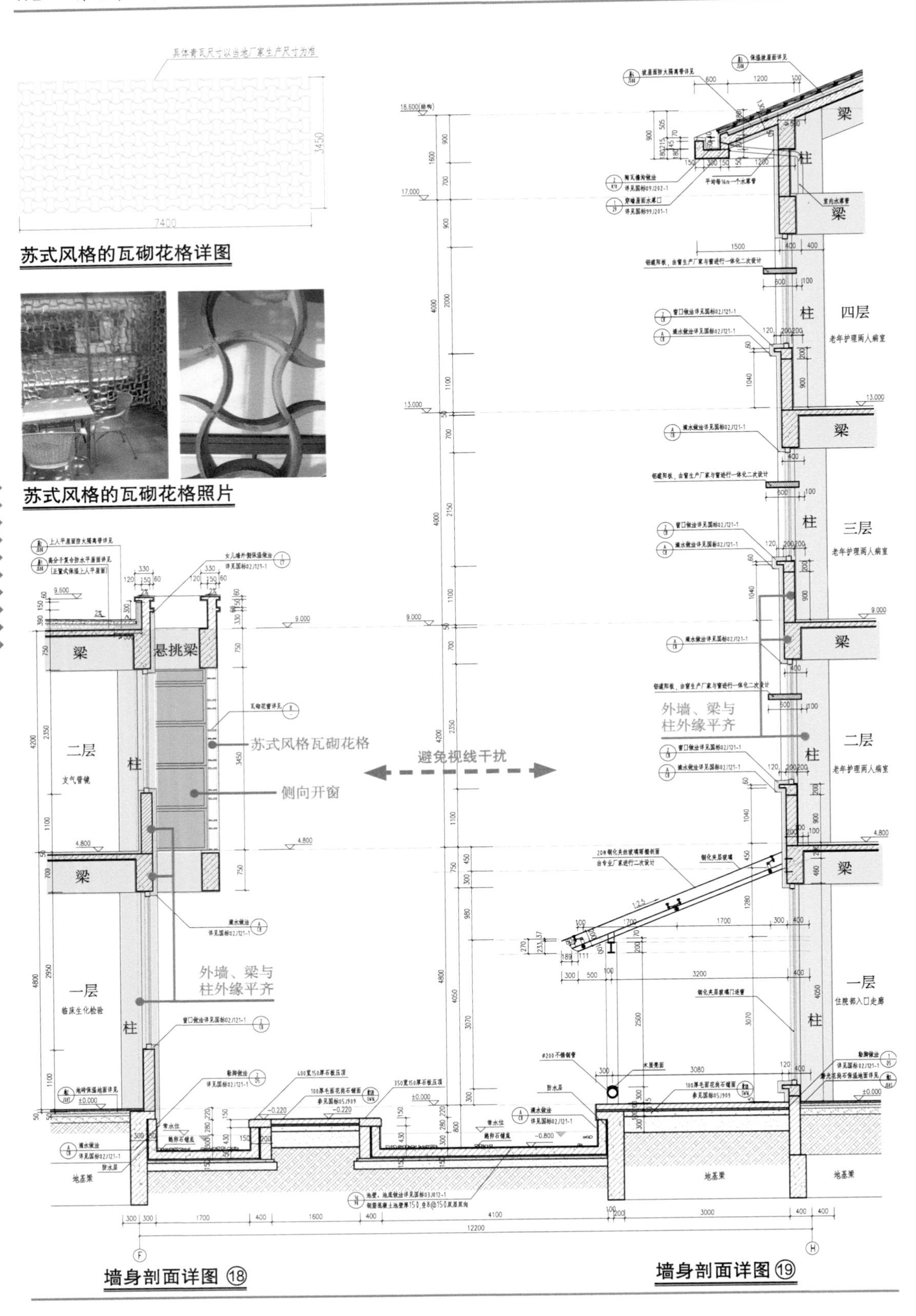

苏式风格的瓦砌花格详图

苏式风格的瓦砌花格照片

墙身剖面详图 ⑱

墙身剖面详图 ⑲

3.5 建筑节能设计

3.5.1 主要内容

- 体形系数——调整建筑形体，尽量使其简单、规则、方正
- 外墙、屋顶、架空楼板等——调整围护结构的保温层厚度
- 外窗、玻璃幕墙、天窗等——调整窗墙比；增加外遮阳；适当降低窗玻璃的遮阳系数

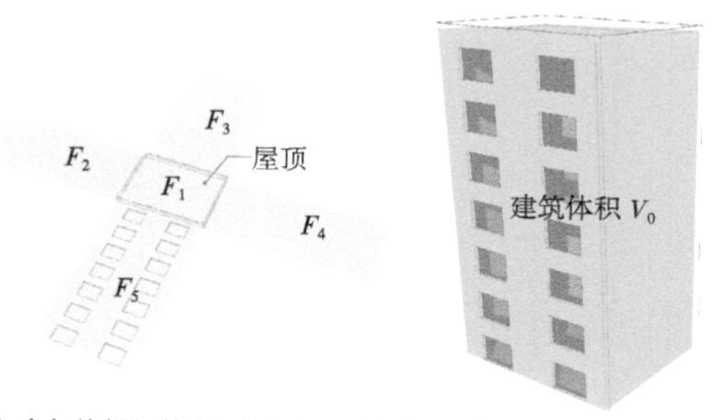

- 与大气接触的外表面积：$F_0 = F_1 + F_2 + F_3 + F_4 + F_5$
- 体形系数：$S = F_0 / V_0$

1）体形系数：

指建筑物与室外大气接触的外表面积与其包围的体积的比值。体形系数与建筑节能直接相关，体形系数越大，相同体积的建筑外表面积越大，与外界进行热交换的面积就越大，也就越不利于建筑节能。

参考

■《全国民用建筑工程设计技术措施（2007）——节能专篇·建筑》"2.3.1–5 夏热冬冷地区：条式建筑的体形系数应不大于0.35，点式建筑的体形系数应不大于0.40"。

2）外墙等围护结构

（1）墙体传热机理

当墙体两侧存在温差时，热量会从高温侧通过墙体向低温侧移动。

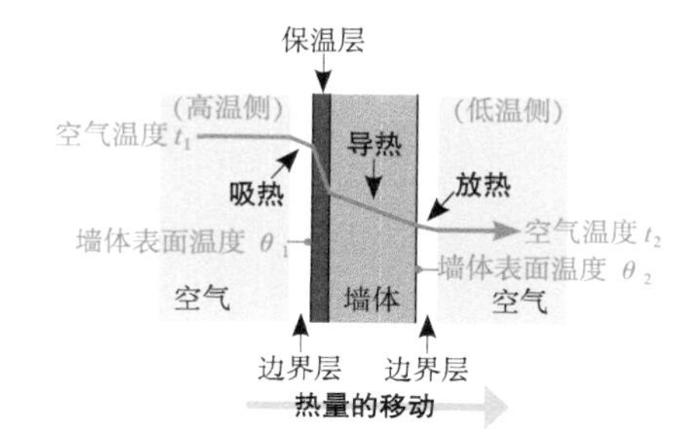

（2）墙体保温

保温层的作用是保温隔热。在墙体上做保温层，既可增加房间的舒适度，也能取得较好的节能效果。

如右图所示，若墙体材料的比热较大，虽开启空调后室温上升慢，但关闭空调后室温下降也慢；增加保温层后，不仅开启空调后室温上升时间缩短，关闭空调后也能较长时间保持一定的室温。可见，室温的变化主要取决于墙体材料与保温层两个方面。

室温随时间的变化

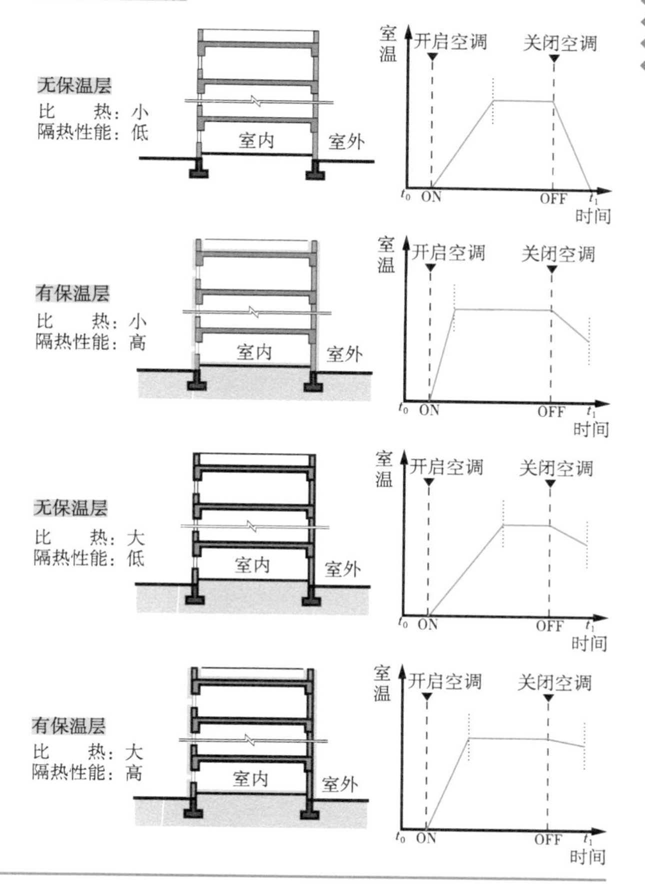

保温材料

保温材料的铺设

(3) 保温材料的性能指标

热阻是热量传递时受到的阻力，与导热系数成反比。保温材料的热阻越大，导热系数越低，保温性能就越好。

导热系数相同时，保温材料越厚，保温效果越好。因此，选择合适的保温材料，并计算其厚度是节能设计的一项重要内容。

另需注意，因保温材料的防火性能越来越受重视，当前普遍要求使用A级防火保温材料。

材料名称	导热系数 λ [W/(m·K)]	燃烧性能等级	抗压强度（MPa）	吸水率（%）	备注
矿棉、岩棉、玻璃板（ρ = 80 ~ 200）	0.045	A	≥ 0.01	6 ~ 10	修正系数为1.20
发泡陶瓷保温板(Ⅲ型)	0.050	A	≥ 0.68	≤ 0.7	修正系数为1.10
复合发泡水泥保温板	0.080	A	0.4 ~ 0.8	2 ~ 10	修正系数为1.5
挤塑聚苯板（XPS）	0.030	B1	0.2 ~ 0.7	≤ 1	用于屋面的修正系数为1.25 用于墙体的修正系数为1.15

由于保温材料的实际工作状态与实验室内的状态存在差异，因此计算保温材料的厚度时必须乘以大于1的修正系数。显然修正系数越大，保温材料的厚度就越大。

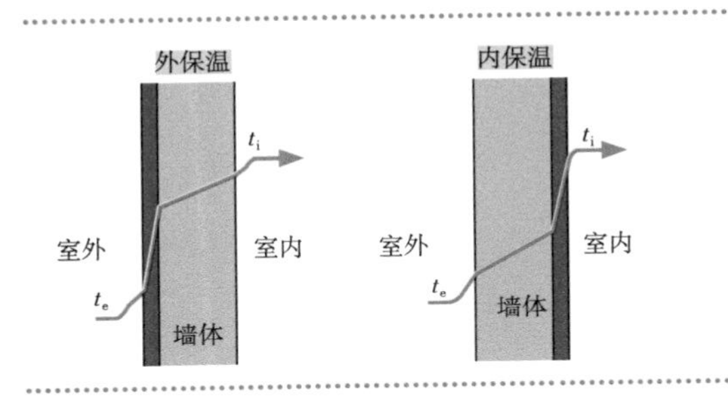

(4) 墙体保温方式

墙体保温方式按保温层的位置分为内保温及外保温两种。

如左图所示，若采用内保温方式，冬季时墙体温度与室温相差较大，有可能在墙体内表面结露；若采用外保温方式，则墙体温度与室温相差不大，加之还能发挥墙体的蓄热作用，因此既能有效避免结露，也有利于建筑节能。

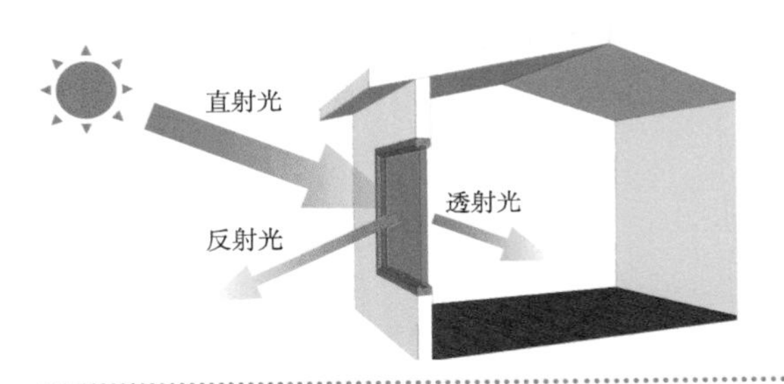

3) 外窗与天窗

(1) 可见光透射比 τ_v

透过透明材料的可见光光通量与投射在其表面上的可见光光通量之比。

典型玻璃的可见光透射比参见《全国民用建筑工程设计技术措施（2007）——节能专篇·建筑》"表6.3.1"。

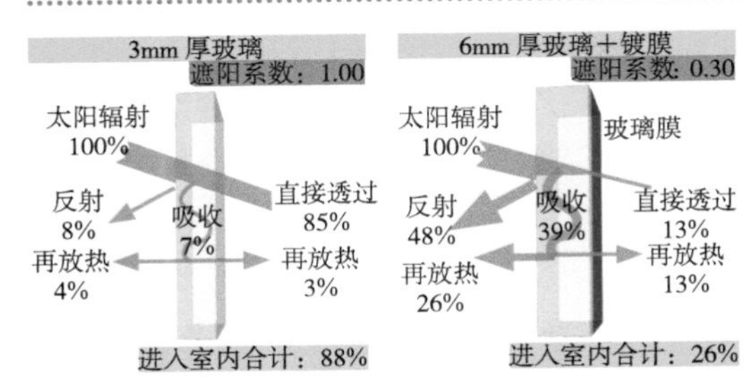

(2) 玻璃窗遮阳系数 SC

指实际透过窗玻璃的太阳辐射得热与透过3mm厚透明玻璃的太阳辐射得热的比值。

玻璃窗遮阳系数越小，阻挡阳光热量向室内辐射的性能越好。典型玻璃的遮阳系数参见《全国民用建筑工程设计技术措施（2007）——节能专篇·建筑》"表6.3.1"。

(3) 综合遮阳系数 S_w

考虑窗本身和窗口外遮阳装置的综合遮阳效果，综合遮阳系数为玻璃窗本身遮阳系数与窗口的建筑外遮阳系数的乘积，即 $S_w = SC \times SD$。

参考

■江苏省《公共建筑节能设计标准》（DGJ 32/J 96—2010）"术语"。

常用玻璃的光学、热工性能参数

玻璃品种及规格（mm）		可见光透射比 τ_v	太阳能总透射比 g_g	遮阳系数 SC	玻璃中部传热系数 K_g [W/(m²·K)]
中空玻璃	6 中透光 Low-E ＋ 12 空气＋ 6 透明	0.62	0.37	0.50	1.8
	6 较低透光 Low-E ＋ 12 空气＋ 6 透明	0.48	0.28	0.38	1.8
	6 低透光 Low-E ＋ 12 空气＋ 6 透明	0.35	0.20	0.30	1.8

常用玻璃配合窗框的整窗传热系数 K

[W/(m²·K)]

玻璃品种及规格（mm）		玻璃中部传热系数 K_g	整窗传热系数 K*
中空玻璃	6 中透光 Low-E ＋ 12 空气＋ 6 透明	1.8	2.6
	6 较低透光 Low-E ＋ 12 空气＋ 6 透明	1.8	2.6
	6 低透光 Low-E ＋ 12 空气＋ 6 透明	1.8	2.6

* 选用隔热金属型材窗框，且窗框面积不超过窗面积的 20%。

参考

■《全国民用建筑工程设计技术措施（2007）——节能专篇·建筑》"表 6.3.1" 及 "表 6.3.3-1"。

概念辨析

注意导热系数、传热系数及遮阳系数是不同的概念。

导热系数 λ 反映材料自身的传热性能，与材料的组成、结构、密度、含水率、温度等因素有关，但与材料厚度无关，单位是 W/（m·K）。

传热系数 K 用来衡量围护结构整体或局部的传热性能，不仅适用于外墙整体（☞ P201），还可用于外墙上的梁、柱等构件（☞ P200）或外窗。传热系数不仅与材料的导热系数有关，还与材料厚度及围护结构的构造有关，单位是 W/（m²·K）。无论冬季或夏季，寒冷地区还是夏热冬冷地区，若围护结构的传热系数越低，通过围护结构传递的热量就越少，因而越有利于建筑节能。

遮阳系数一般仅适用于外窗。遮阳系数越低，通过外窗玻璃传递的阳光热量越少。在夏热冬冷地区，由于夏季日照强烈，建筑制冷能耗较高，选用综合遮阳系数较低的窗户有利于建筑节能。但也并不是遮阳系数越低越好，因为建筑物需要通过玻璃实现自然采光，寒冷地区还需要通过玻璃获得阳光热量来降低冬季采暖能耗。因此遮阳系数过大或过小均不利于建筑综合节能或室内光环境；所在地区不同，遮阳系数的合理限值也不相同。

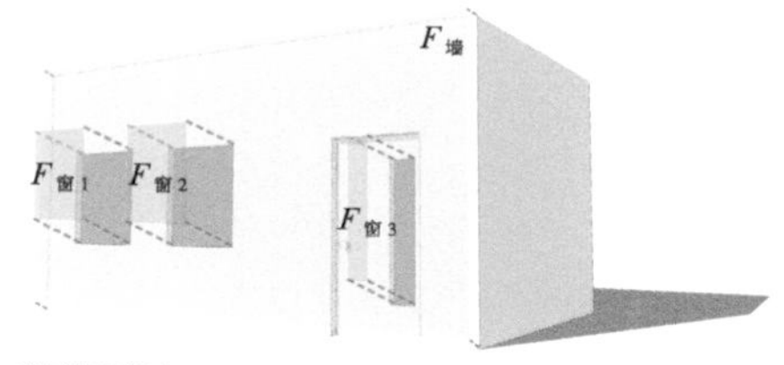

窗墙面积比＝（$F_{窗1}$＋$F_{窗2}$＋$F_{窗3}$）/ $F_{墙}$

（4）窗墙面积比

窗户洞口（包括外门透明部分）总面积与同朝向的墙面（包括外门窗的洞口）总面积的比值。

参考

■江苏省《公共建筑节能设计标准》（DGJ 32/J 96—2010）"表 3.4.1"。

夏热冬冷地区甲类建筑围护结构传热系数和遮阳系数限值

围护结构部位		传热系数 K[W/(m²·K)]			
屋面		≤ 0.60❶			
外墙（包括非透明幕墙）		≤ 0.80❷			
底面接触室外空气的架空或外挑楼板		≤ 0.80❸			
外窗（包括透明幕墙）		传热系数 K [W/(m²·K)]	遮阳系数 S_w（东、西向）	遮阳系数 S_w（南向）	遮阳系数 S_w（北向）
单一朝向外窗（包括透明幕墙）	窗墙面积比≤ 0.2 ❹	≤ 3.5 ❼	≤ 0.45❿	≤ 0.70	–
	0.2 ＜窗墙面积比≤ 0.3❺	≤ 3.0 ❽	≤ 0.35⓫	≤ 0.50	≤ 0.70
	0.3 ＜窗墙面积比≤ 0.4❻	≤ 2.8 ❾	≤ 0.32	≤ 0.45⓬	≤ 0.60⓭
	0.4 ＜窗墙面积比≤ 0.5	≤ 2.5	≤ 0.28	≤ 0.40	≤ 0.55
	0.5 ＜窗墙面积比≤ 0.7	≤ 2.3	≤ 0.25	≤ 0.35	≤ 0.50
屋顶透明部分		≤ 2.7	≤ 0.35	≤ 0.35	≤ 0.35

从上表不难发现，传热系数限值与朝向无关，而遮阳系数限值与朝向有关。具体而言，东西向的遮阳系数限值较低，南向次之，北向较高。因此，验算东西向遮阳系数是建筑节能计算的重点。

3.5.2 公共建筑节能设计专篇

作为建筑设计说明的重要组成部分，常用《公共建筑节能设计专篇（建筑专业）》来表达节能计算的成果，其内容主要包括计算结果及关键部位的详图。

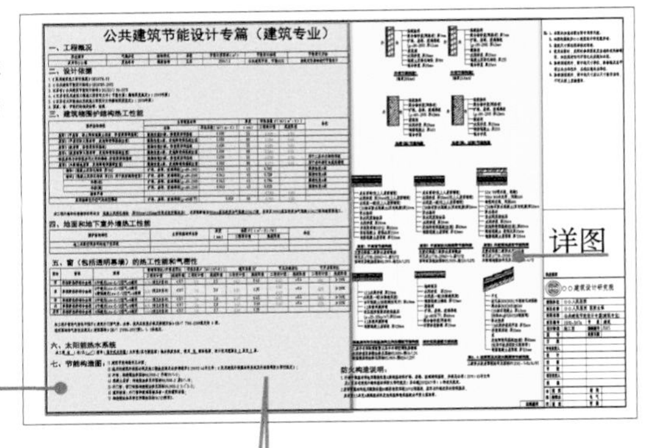

数据

一、工程概况

所在城市	气候分区	结构形式	层数	节能计算面积（m^2）	节能设计标准	节能设计方法
苏州市○○镇	夏热冬冷	框架结构	五层	25047.2	公共建筑甲类，节能65%	按规定性指标进行节能设计

二、设计依据

1. 《民用建筑热工设计规范》GB50176-93
2. 《公共建筑节能设计标准》GB50189-2005
3. 江苏省《公共建筑节能设计标准》DGJ32/J 96-2010
4. 《江苏省民用建筑工程施工图设计文件（节能专篇）编制深度规定》（2009年版）
5. 《江苏省太阳能热水系统施工图设计文件编制深度规定》（2008年版）
6. 国家、省、市现行的相关法律、法规

三、建筑物围护结构热工性能

围护结构部位	主要保温材料		厚度	传热系数 K[W/(m^2·K)]		备注
	名称	导热系数[W/(m·K)]	(mm)	工程设计值	规范限值	
屋面1（平屋面，粘土陶粒混凝土找坡，挤塑聚苯保温板）	燃烧性能B1级、挤塑聚苯保温板	0.030	55	0.569	0.60 ❶	P175
屋面2（平屋面防火隔离带，发泡陶瓷保温板Ⅲ型）	燃烧性能A级、发泡陶瓷保温板Ⅲ型	0.050	80	0.580	0.60	
屋面3（坡屋面，挤塑聚苯保温板）	燃烧性能B1级、挤塑聚苯保温板	0.030	55	0.580	0.60	
屋面4（坡屋面防火隔离带，发泡陶瓷保温板Ⅲ型）	燃烧性能A级、发泡陶瓷保温板Ⅲ型	0.050	80	0.584	0.60	
保温房间与非保温房间之间的楼板-挤塑聚苯保温板	燃烧性能B1级、挤塑聚苯保温板	0.030	55	0.578	0.60	用于二层手术部的顶板
屋面6（木板铺地屋面，发泡陶瓷保温板Ⅲ型）	燃烧性能A级、发泡陶瓷保温板Ⅲ型	0.050	80	0.573	0.60	用于老年病区内庭院楼板
墙体1（混凝土双排孔砌块 厚190）	矿棉、岩棉、玻璃棉板(ρ=80-200)	0.045	45	0.765		燃烧性能A级
墙体2（混凝土双排孔砌块 厚235 用于放射线检查室）	矿棉、岩棉、玻璃棉板(ρ=80-200)	0.045	45	0.728		燃烧性能A级
冷桥(柱)	矿棉、岩棉、玻璃棉板(ρ=80-200)	0.045	45	0.794		燃烧性能A级
冷桥(梁)	矿棉、岩棉、玻璃棉板(ρ=80-200)	0.045	45	0.833		燃烧性能A级
墙体平均				0.780	0.80 ❷	P175
底面接触室外空气的架空楼板	矿棉、岩棉、玻璃棉板(ρ=80以下)	0.050	60	0.789	0.80 ❸	P175

本工程外墙和内墙墙体材料均为 混凝土双排孔砌块 厚190mm\235mm(仅设在放射线机房)，轻质隔断墙为100mm蒸压轻质加气混凝土(ALC)板，按照苏J9803蒸压轻质加气混凝土(ALC)板构造图集施工.

四、地面和地下室外墙热工性能

围护结构部位	主要保温材料名称	厚度	热阻 R[(m^2·K)/W]		备注
		(mm)	工程设计值	规范限值	
地上采暖空调房间的地下室顶板					

五、窗（包括透明幕墙）的热工性能和气密性

朝向	窗框	玻璃	窗墙面积比/天窗屋面比		传热系数 K [W/(m^2·K)]		遮阳系数 SC		可见光透射比		可开启面积比	
			工程设计值	规范限值	工程设计值	规范限值	工程设计值	规范限值	工程设计值	规范限值	工程设计值	规范限值
西	单框断热桥铝合金框	6中透光Low-E+12空气+6透明	0.20（详见计算书）❹	<0.7	2.6 ❼	3.5	0.42 ❿	0.45	0.62	>0.4	31%	≥30%
东	单框断热桥铝合金框	6中透光Low-E+12空气+6透明 6较低透光Low-E+12空气+6透明	0.27（详见计算书）❺	<0.7	2.6 ❽	3.0	0.35 ⓫	0.35	0.62 0.48	>0.4	32%	≥30%
南	单框断热桥铝合金框	6中透光Low-E+12空气+6透明	0.39（详见计算书）❻	<0.7	2.6 ❾	2.8	0.37 ⓬	0.45	0.62	>0.4	38%	≥30%
北	单框断热桥铝合金框	6中透光Low-E+12空气+6透明	0.32（详见计算书）❻	<0.7	2.6 ❾	2.8	0.4 ⓭	0.60	0.62	>0.4	37%	≥30%
屋面	单框断热桥铝合金框	6低透光Low-E+12空气+6透明	5.83%（详见计算书）	<0.2	2.6	2.7	0.30	0.35				

本工程外窗的气密性不低于《建筑外门窗气密、水密、抗风压性能分级及检测方法》GB/T 7106-2008规定的 6 级.
透明幕墙的气密性应满足《建筑幕墙》GB/T 21086-2007第5、1、3条规定.

《公共建筑节能设计标准》（DGJ32/J96—2010）"表3.4.1-4"

《公共建筑节能设计标准》（DGJ32/J96—2010）"3.3.2"

《公共建筑节能设计标准》（DGJ32/J96—2010）"3.3.4"

六、太阳能热水系统

本工程 有 （有/无） ／ （型号） 集中式太阳能 （太阳能/其它新能源）热水供应系统，使用 电 辅助热源，设计使用范围自 2 层至 5 层.

3.5.3 指标计算与权衡判断

建筑专业的节能计算分为 " 围护结构热工性能指标计算 "（以下简称 " 指标计算 "）与 " 围护结构热工性能权衡判断 "（以下简称 " 权衡判断 "）两类。" 指标计算 " 指验算窗墙面积比、传热系数及遮阳系数等围护结构的热工指标的方法；但对于造型丰富的公共建筑，上述热工指标往往难以满足规定要求。此时，可改由计算并比较参照建筑与设计建筑的全年采暖和空调能耗的方式，来判定围护结构的总体热工性能是否满足节能要求，故称之为 " 权衡判断 "。

下面分别从计算内容、建模对象、计算特点及适用范围等方面比较 " 指标计算 " 与 " 权衡判断 "。

	计算内容	建模对象	计算特点	适用范围
指标计算	分别对外墙、外窗、架空楼板、屋顶等各项进行计算，每项均需满足相应的技术指标	•外墙 •外窗	•计算方法简单 •保温层较厚	•建筑物各朝向的窗（包括透明幕墙）墙面积比均不超过 0.70 •当窗墙面积比小于 0.40 时，玻璃（或其他透明材料）的可见光透射比不应小于 0.4 •屋顶透明部分的面积不超过屋顶总面积的 20% •传热系数及遮阳系数满足规定要求
权衡判断	不拘泥于围护结构局部的热工性能，而通过计算全年采暖及空气调节能耗的方式重点考察围护结构的总体热工性能是否满足节能标准	•外墙 •外窗 •室内采暖房间与非采暖房间的划分	•计算方法复杂 •保温层较薄	•不满足 " 指标计算 " 的适用范围 •" 指标计算 " 难以通过

参考

•《公共建筑节能设计标准》（DGJ 32/J 96—2010）。

• 天正节能软件通过静态计算的方式进行 " 指标计算 "；通过动态计算的方式实现 " 权衡判断 "。由于静态计算是建筑节能设计的基础且动态计算较复杂，本书仅介绍天正静态计算的方法与流程。

3.5.4 静态计算的流程

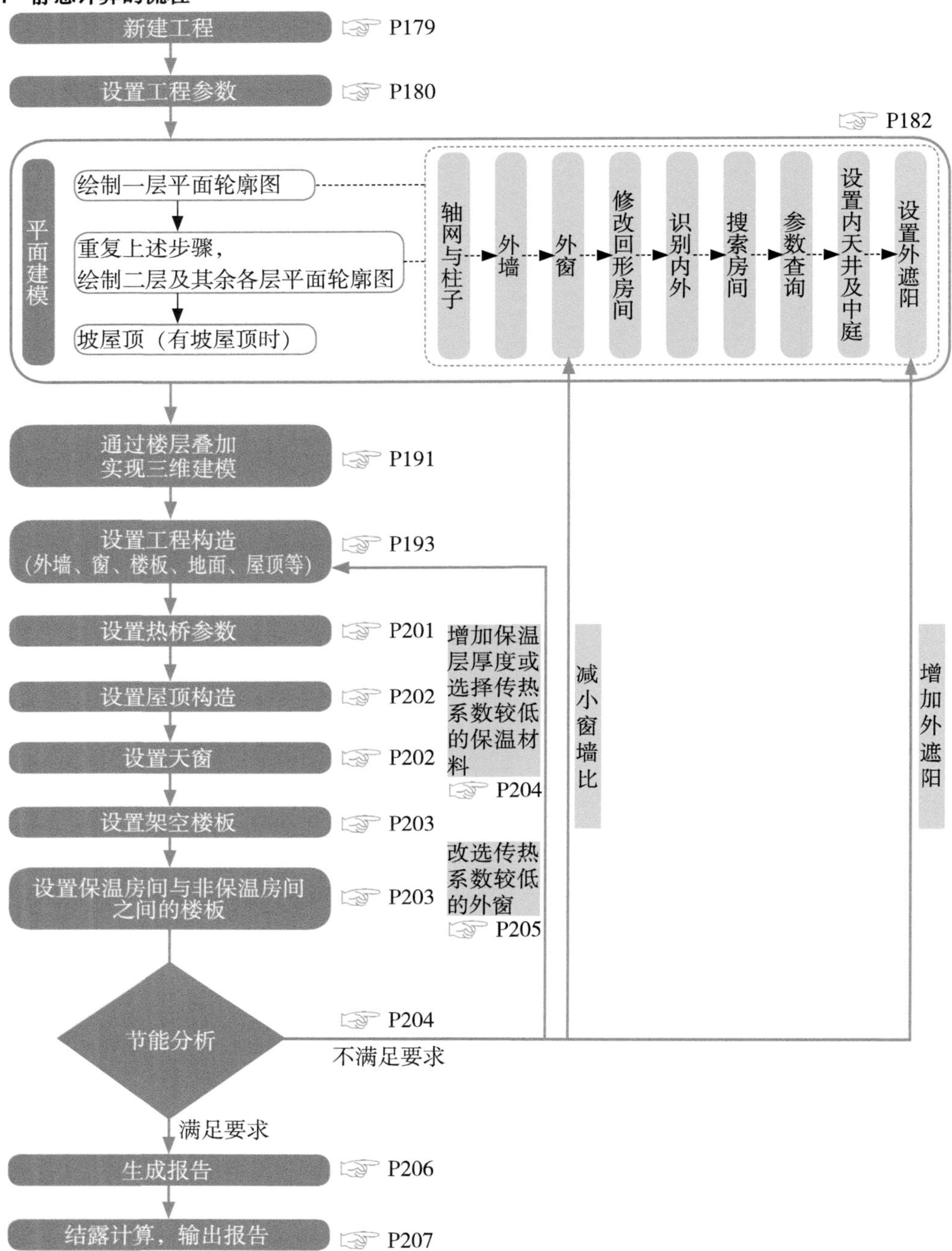

新建工程
P179
设置工程参数
P180
P182
平面建模
绘制一层平面轮廓图
重复上述步骤，
绘制二层及其余各层平面轮廓图
坡屋顶（有坡屋顶时）
轴网与柱子
外墙
外窗
修改回形房间
识别内外
搜索房间
参数查询
设置内天井及中庭
设置外遮阳
通过楼层叠加
实现三维建模
P191
设置工程构造
（外墙、窗、楼板、地面、屋顶等）
P193
设置热桥参数
P201
设置屋顶构造
P202
设置天窗
P202
设置架空楼板
P203
设置保温房间与非保温房间
之间的楼板
P203
增加保温层厚度或选择传热系数较低的保温材料
P204
改选传热系数较低的外窗
P205
减小窗墙比
增加外遮阳
节能分析
P204
不满足要求
满足要求
生成报告
P206
结露计算，输出报告
P207

3.5.5 计算步骤

1）新建工程

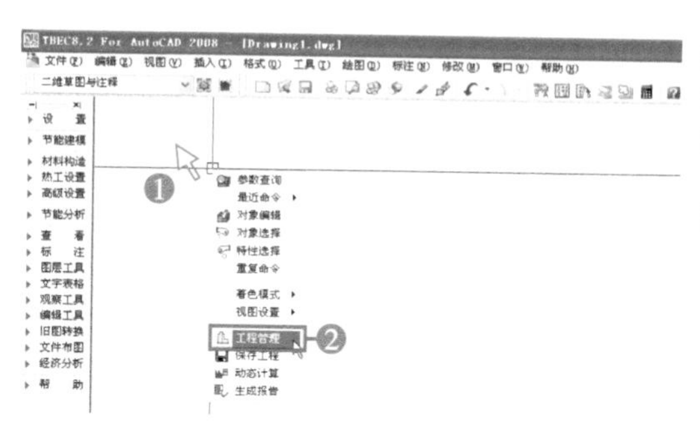

打开天正节能 8.2 软件：

❶ 在图纸任意空白处右击，弹出下拉式菜单

❷ 选择［工程管理］

❸ 弹出［工程管理］面板

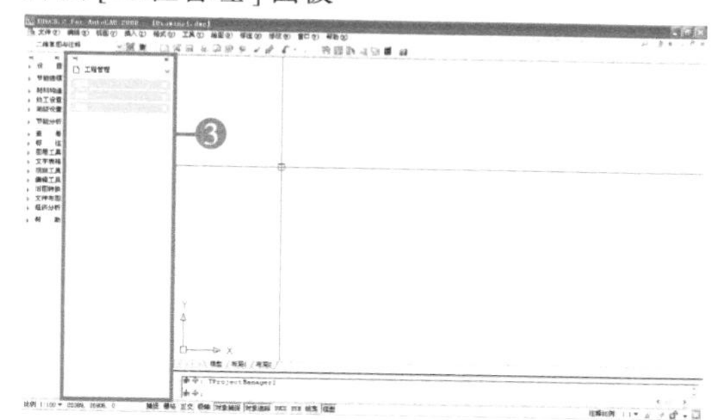

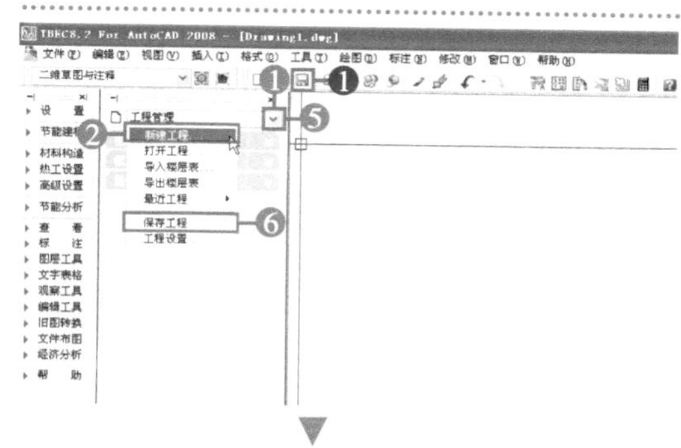

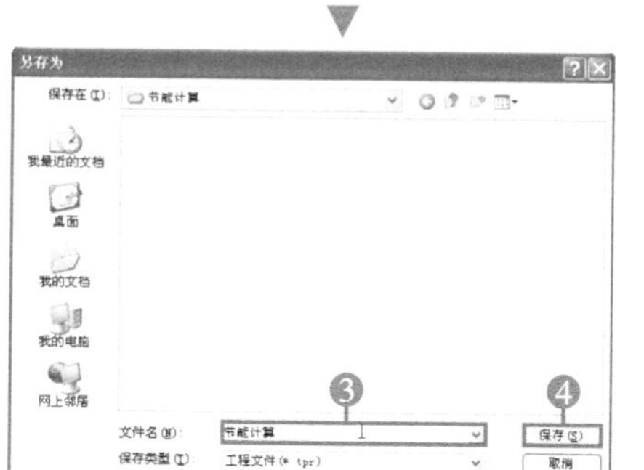

新建及保存工程：

❶ 单击 ▼ 按钮，弹出下拉式菜单

❷ 选择［新建工程］，弹出对话框

❸ 在［文件名］项输入 " 节能计算 "

❹ 单击［保存］，对话框关闭

❺ 单击 ▼ 按钮，弹出下拉式菜单

❻ 选择［保存工程］

•点击［保存工程］时，将保存 CAD 图形、工程构造、参数等全部工程信息。

❶ 点击保存按钮时，仅保存 CAD 图形。

打开工程：

❶ 单击 ▼ 按钮，弹出下拉式菜单

❷ 选择［打开工程］，弹出对话框

❸ 选择配套资源中 "02_ 节能计算 " 文件夹内 " 节能计算 .tpr" 文件

❹ 单击［打开］，对话框关闭

❺ 单击［图纸］，展开菜单

❻ 单击［平面图］前 ⊞ 按钮，展开菜单

❼ 双击［平面模型］，绘图区显示图形

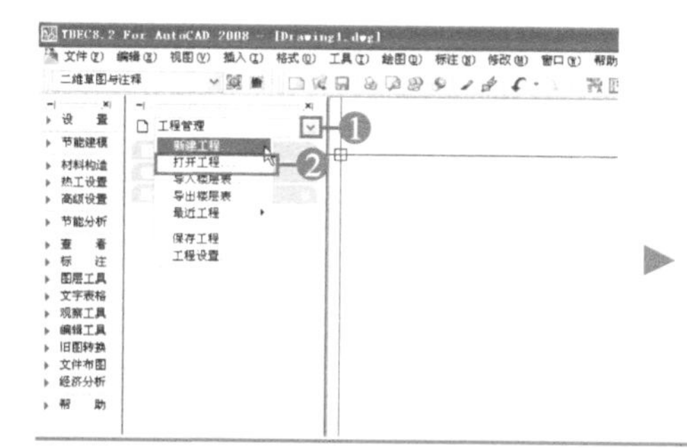

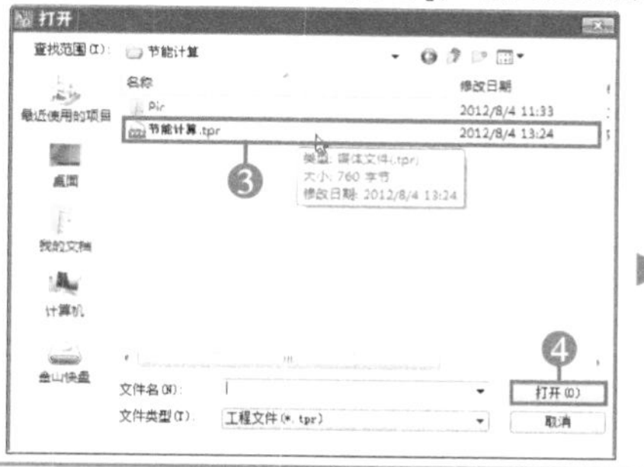

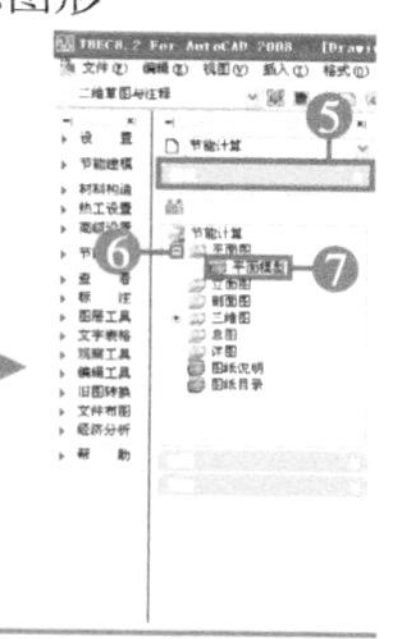

2）设置工程参数

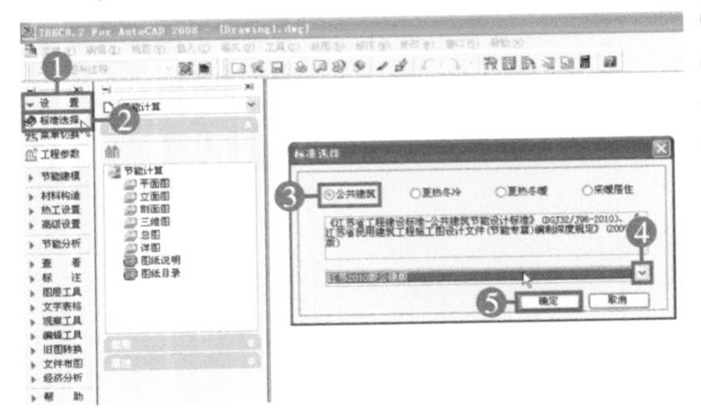

❶ 单击［设置］，展开菜单
❷ 选择［标准选择］，弹出对话框
❸ 点选［公共建筑］
❹ 单击 ▼ 按钮，弹出下拉式菜单，选择［江苏 2010 版公建版］
❺ 单击［确定］，对话框关闭

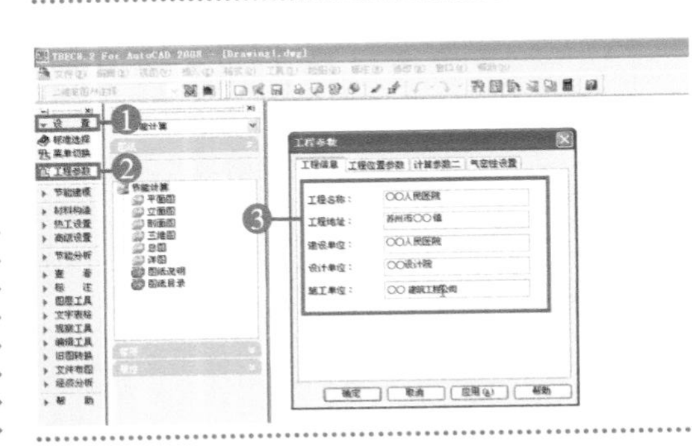

❶ 单击［设置］，展开菜单
❷ 选择［工程参数］，弹出对话框
❸ 输入工程信息，包括工程名称、工程地址、建设单位、设计单位、施工单位 5 项，这些信息会出现在生成的《公共建筑节能计算报告书》中

❶ 单击［工程位置参数］
❷ 单击［计算地点］右侧的 ⋯ 按钮，弹出对话框
❸ 选择［江苏 – 苏州］
❹ 单击［确定］，该对话框关闭
❺ ［指北针方向］项输入 "97.82"（见本页左下角）
❻ 点选［宾馆建筑］
❼ 点选［甲类建筑］
❽ 取消勾选［地下室采暖］（因本工程无地下室）

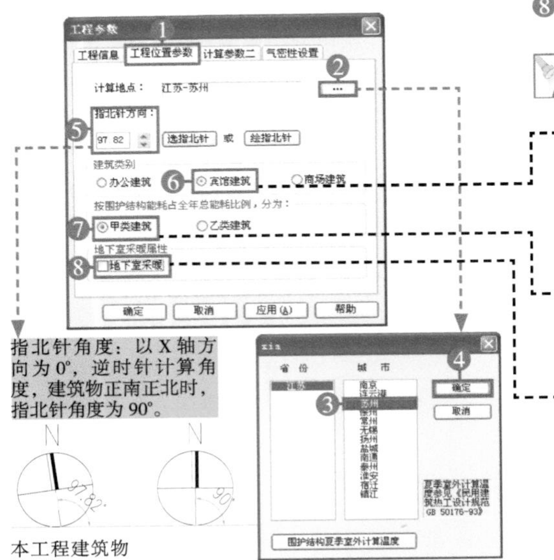

建筑类型	运营时间	空间特征
办公建筑	日间	小空间或大空间
宾馆建筑	24h	小空间的集合体
商场建筑	10 ～ 14h	大空间

- 医院是小空间的集合体，且多数部门 24h 运营，这些特征与宾馆建筑相似
- 依据江苏省《公共建筑节能设计标准》（DGJ 32/J 96—2010）"3.1 公共建筑分类"（☞ P Ⅵ）
- 设有地下室时，若地下室中仅有设备用房或地下车库，不需要采暖制冷；若地下室还有办公、商场等使用功能，则需要采暖制冷，此时应勾选［地下室采暖］

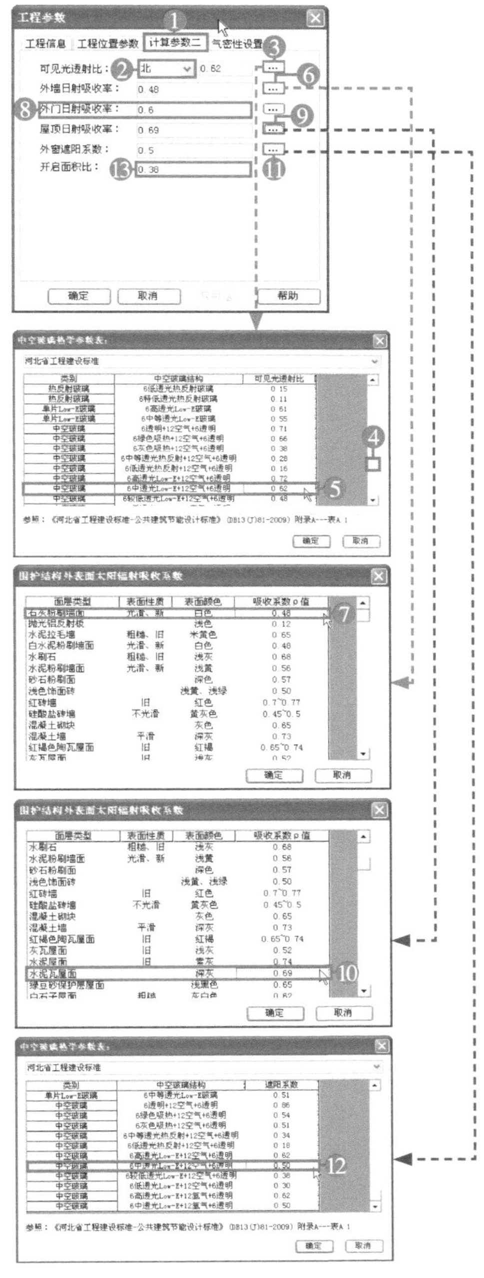

❶ 单击 [计算参数二]

❷ 单击 [可见光透射比] 的 ▼ 按钮，选择 [北]

❸ 单击 [可见光透射比] 右侧的 ··· 按钮，弹出 [中空玻璃热学参数表] 对话框

❹ 按住鼠标左键，向下拖动窗口右侧的滚动条

❺ 双击 [中空玻璃　6 中透光 Low-E+12 空气 +6 透明　0.62]，对话框关闭

重复步骤❷～❺，依次设置东、南、西三个朝向的可见光透射比。

❻ 单击 [外墙日射吸收率] 右侧的 ··· 按钮，弹出 [围护结构外表面太阳辐射吸收系数] 对话框

❼ 双击 [石灰粉刷外墙　光滑、新　白色　0.48]，对话框关闭

❽ 在 [外门日射吸收率] 项输入 "0.6"（单击 ··· 按钮后弹出的对话框中，没有所需围护结构外表面面层材料，则手动输入相关参数）

❾ 单击 [屋顶日射吸收率] 右侧的 ··· 按钮，弹出 [围护结构外表面太阳辐射吸收系数] 对话框

❿ 双击 [水泥瓦屋面　深灰　0.69]，对话框关闭

⓫ 单击 [外窗遮阳系数] 右侧的 ··· 按钮，弹出 [中空玻璃热学参数表] 对话框

⓬ 双击 [中空玻璃　6 中透光 Low-E+12 空气 +6 透明　0.50]，对话框关闭

⓭ 在 [开启面积比] 项输入 "0.38"

开启面积比＝外窗可开启面积 / 窗面积，其中外窗可开启面积的计算方法详见《全国民用建筑工程设计技术措施（2009）——规划·建筑·景观》" 第二部分 10.4.8"。

参考

■江苏省《公共建筑节能设计标准》（DGJ 32/J 96—2010）"3.3.4"：

• 外窗的可开启面积不应小于窗面积的 30%。

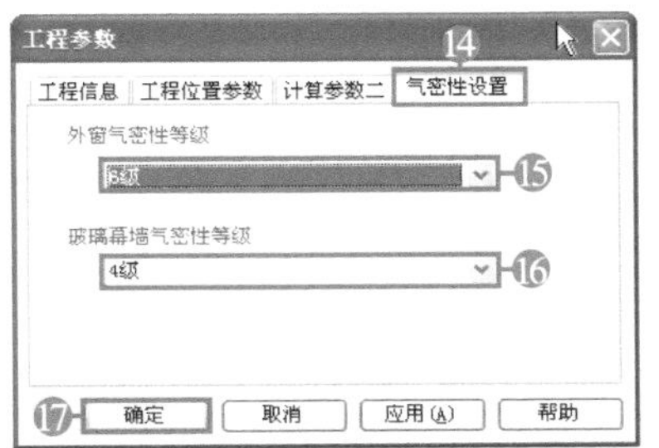

⓮ 单击 [气密性设置]

⓯ 单击 [外窗气密性等级] 的 ▼ 按钮，弹出下拉式菜单，选择 [6 级]

⓰ 单击 [玻璃幕墙气密性等级] 的 ▼ 按钮，弹出下拉式菜单，选择 [4 级]

⓱ 单击 [确定]，[工程参数] 对话框关闭

至此，所有 " 工程参数 " 设置完毕，下面进行节能建模。

参考

■外窗气密性等级参考《建筑外门窗气密、水密、抗风压性能分级及检测方法》（GB/T 7106—2008）；

■玻璃幕墙气密性等级参考《建筑幕墙》（GB/T 21086—2007）。

3

3）平面建模

（1）轴网与柱子

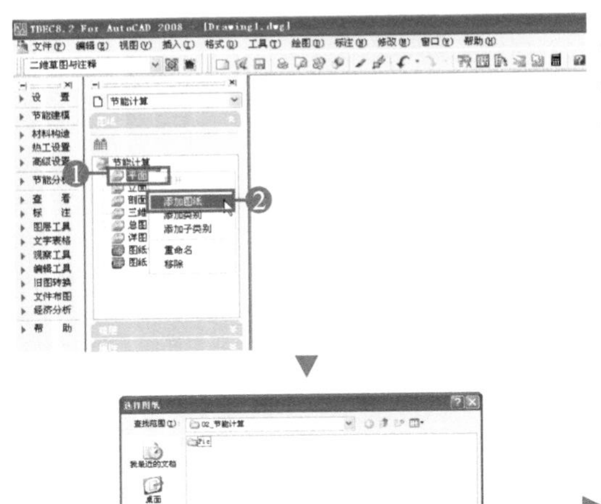

❶ 右击 [图纸] 项的 [平面图]，弹出下拉式菜单
❷ 选择 [添加图纸]，弹出 [选择图纸] 对话框
❸ 在 [文件名] 项输入 " 平面模型 "（若该名称已存在，可另起名）
❹ 单击 [打开]，对话框关闭
❺ [工程管理] 面板 [平面图] 项下出现 " 平面模型 " 的图名

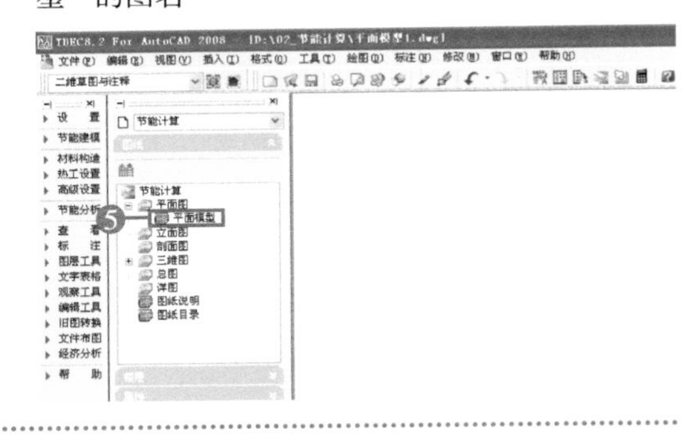

❶ 双击 " 平面模型 "，打开该图纸
❷ 单击 [节能建模]，展开菜单
❸ 选择 [墙体]，展开菜单
❹ 选择 [绘制轴网]，弹出对话框，具体步骤详见 P60 "2.5.1 绘制轴网 "

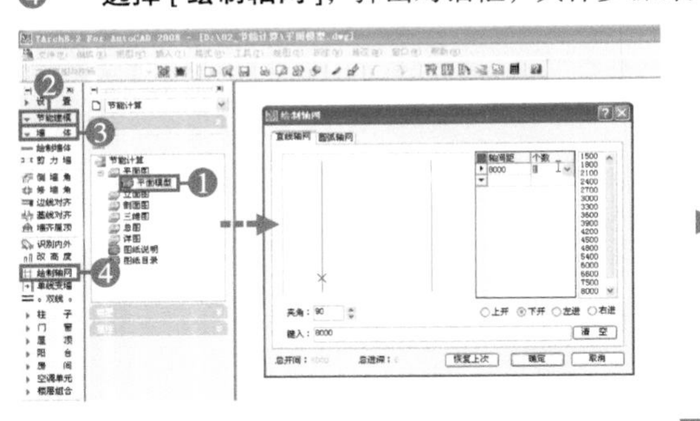

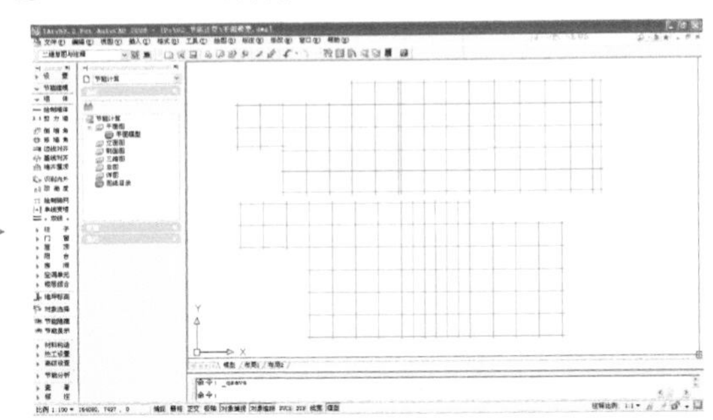

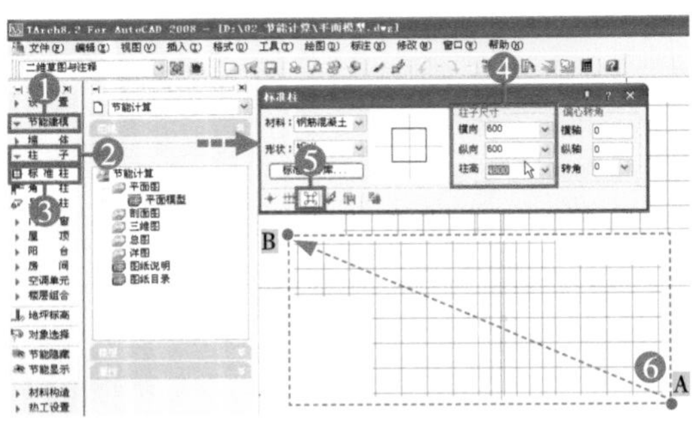

绘制南楼柱子：

❶ 单击 [节能建模]，展开菜单
❷ 选择 [柱子]，展开菜单
❸ 选择 [标准柱]，弹出对话框
❹ 输入柱子尺寸：横向 "600"，纵向 "600"，柱高 "4800"（柱子尺寸必须准确，否则会影响后面的三维模型生成）
❺ 单击 按钮
❻ 单击 A 点，再单击 B 点，框选南楼轴网，柱子自动生成

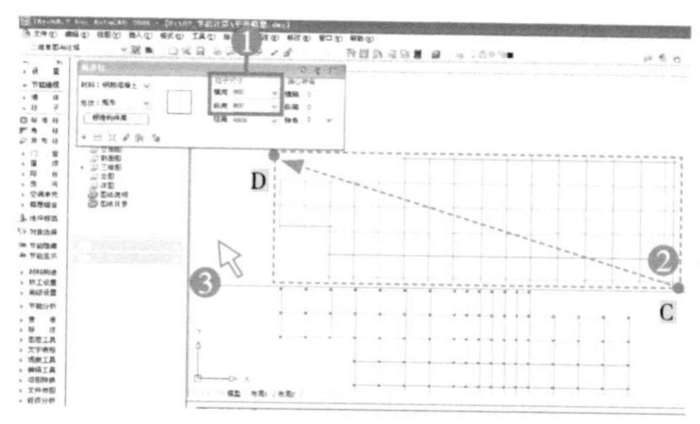

绘制北楼柱子：

❶ 在［标准柱］对话框中，**输入柱子尺寸：横向"800"，纵向"800"**

❷ **单击 C 点，再单击 D 点**，框选北楼轴网，柱子自动生成

❸ **单击右键**，对话框关闭

删除内庭院及中庭处的多余柱子。

（2）墙体

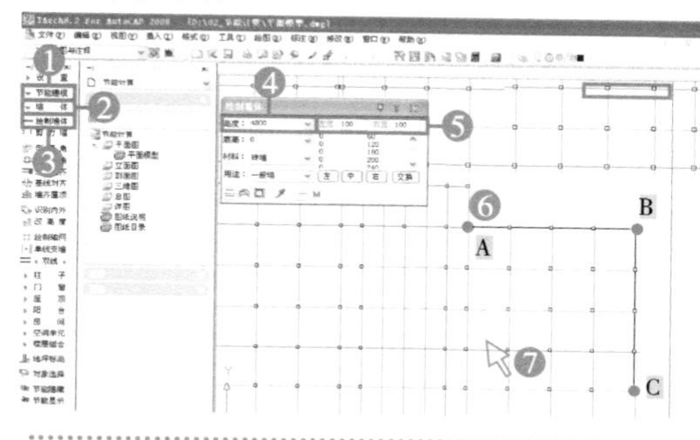

绘制墙体：

❶ **单击［节能建模］**，展开菜单

❷ **选择［墙体］**，展开菜单

❸ **选择［绘制墙体］**，弹出对话框

❹ 设置一层墙体高度，**［高度］项输入"4800"**（墙体高度须准确，否则会影响三维模型生成）

❺ **［左宽］项输入"100"，［右宽］项输入"100"**

❻ **依次单击 A 点、B 点、C 点**，绘制墙体 ABC

❼ **单击右键两次**，对话框关闭

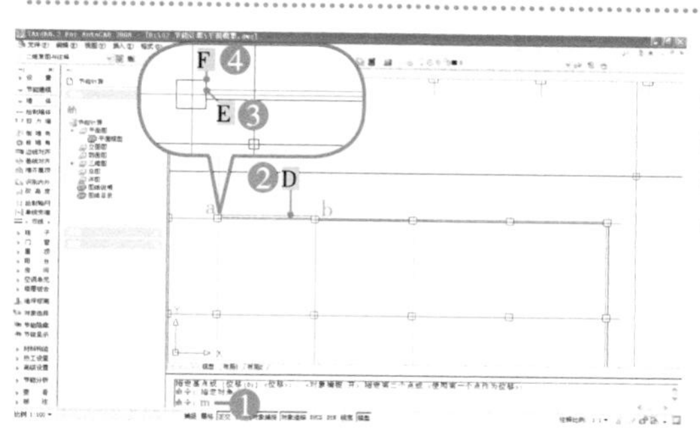

调整墙体位置：

❶ **在命令栏输入"m"**，按 Enter 键或 Space 键

❷ **单击 D 点**，选中 ab 段墙，按 Enter 键或 Space 键

❸ **单击 E 点**，作为基点

❹ **单击 F 点**，移动墙体至其外边缘与柱子平齐

同样方法绘制或修改其余墙体。

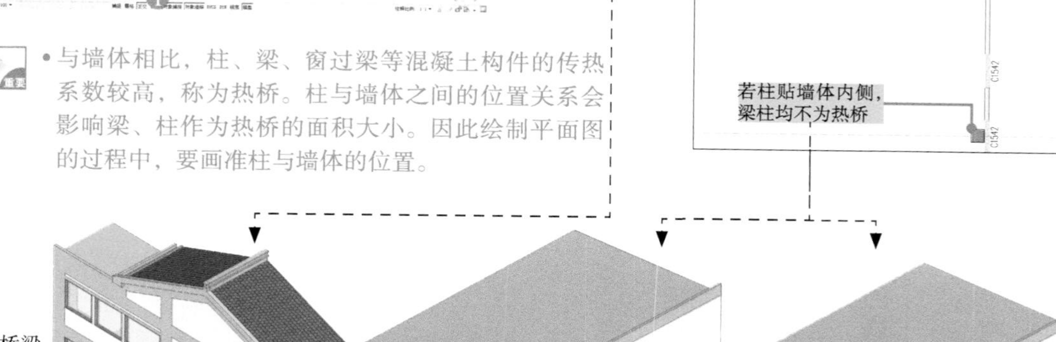

• 与墙体相比，柱、梁、窗过梁等混凝土构件的传热系数较高，称为热桥。柱与墙体之间的位置关系会影响梁、柱作为热桥的面积大小。因此绘制平面图的过程中，要画准柱与墙体的位置。

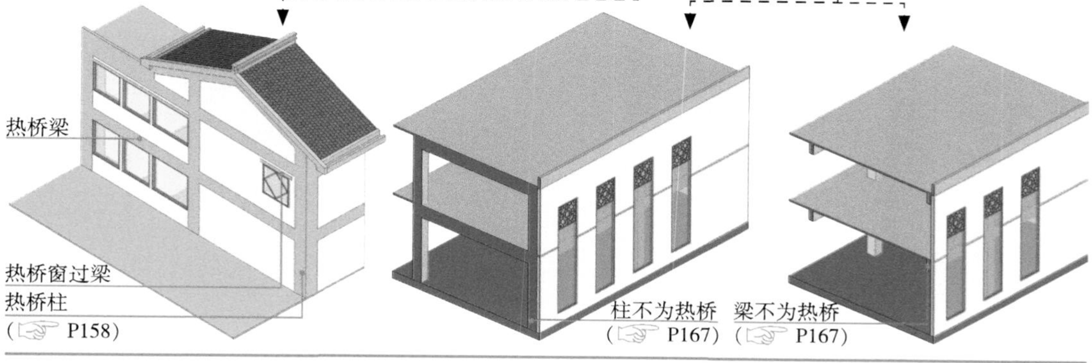

（☞ P158）（☞ P167）（☞ P167）

天正节能软件以房间为单元来设置构造。对于设有架空楼板、天窗、中庭等特殊构造的空间，需通过绘制虚拟内墙的方式，将该空间划分为独立的房间。

剖透视　二层平面　(架空楼板 ☞ P195，203)　门诊入口鸟瞰图　(天窗 ☞ P202)　二层平面

(3) 外窗

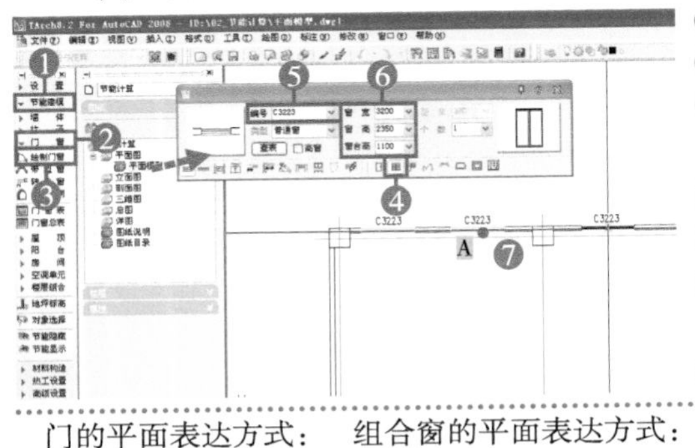

❶ 单击 [节能建模]，展开菜单
❷ 选择 [门窗]，展开菜单
❸ 选择 [绘制门窗]，弹出对话框（绘制门窗的方法与天正建筑相同）
❹ 单击 [插窗] 按钮
❺ [编号] 项输入 "C3223"
❻ [窗宽] 项输入 "3200"，[窗高] 项输入 "2350"，[窗台高] 项输入 "1100"
❼ 单击外墙上任一点 A 墙线插入窗，单击右键，对话框关闭

按此方法绘制所有门窗。

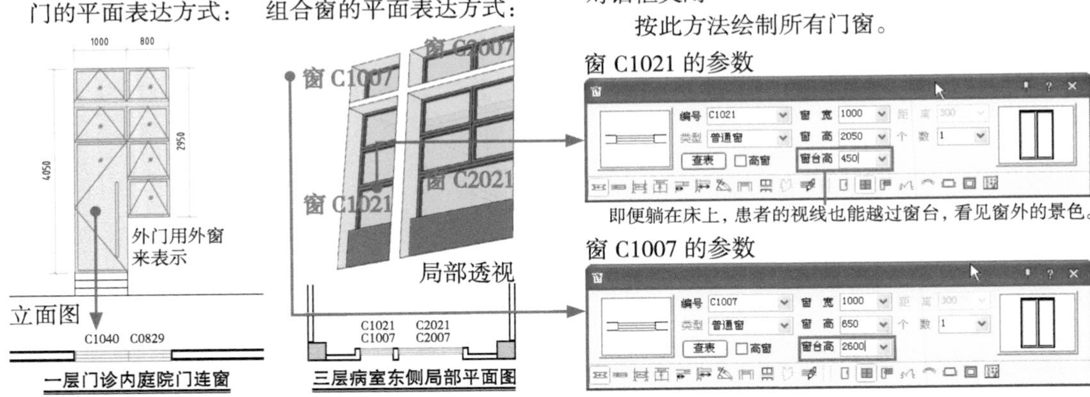

即便躺在床上，患者的视线也能越过窗台，看见窗外的景色。

一层门诊内庭院门连窗　三层病室东侧局部平面图

(4) 修改回形房间

天正节能软件无法识别 " 回 " 字形房间，需要将 " 回 " 字形房间修改为非 " 回 " 字形房间。

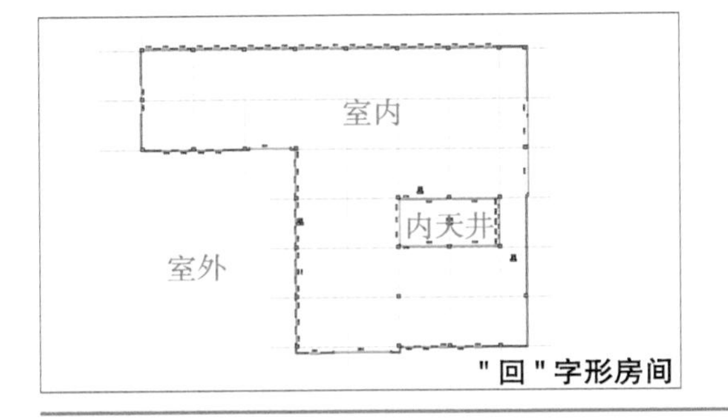

" 回 " 字形房间

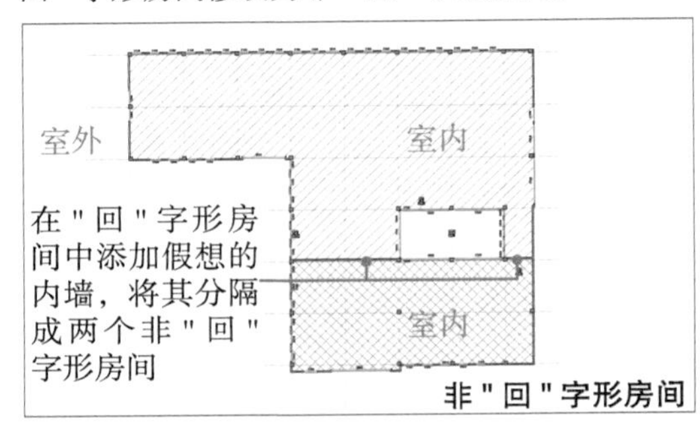

在 " 回 " 字形房间中添加假想的内墙，将其分隔成两个非 " 回 " 字形房间

非 " 回 " 字形房间

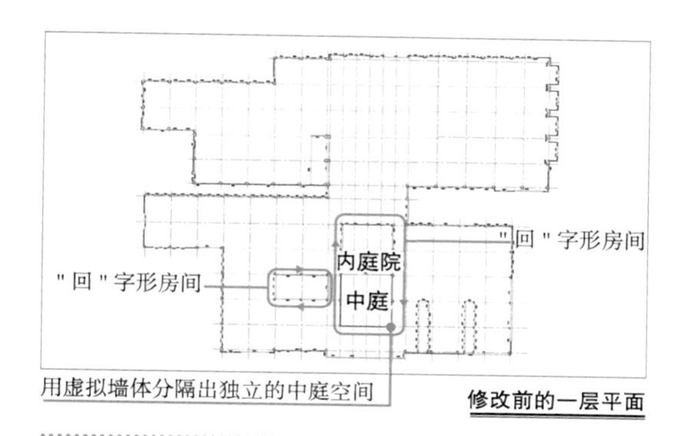

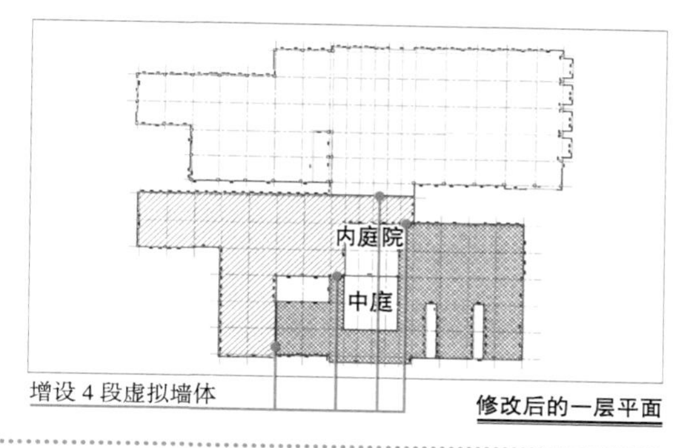

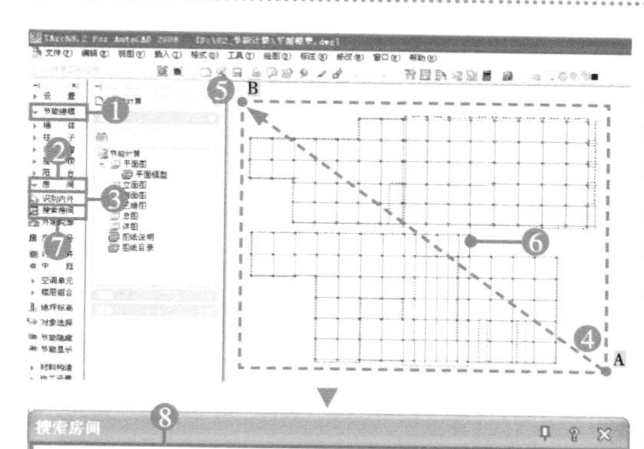

(5) 识别内外

❶ 单击 [节能建模]，展开菜单

❷ 选择 [房间]，展开菜单

❸ 选择 [识别内外]，鼠标箭头变为 "□"

❹ 单击 A 点

❺ 再单击 B 点，按 Enter 键或 Space 键退出

❻ 确认外轮廓显示为红色虚线，表示识别成功

按此步骤依次识别各层房间。

搜索房间

☑显示房间名称 ☑标注面积 ☑三维地面 板厚： 120 ☑生成建筑面积

☐显示房间编号 ☐面积单位 ☑屏蔽背景 起始编号： 1010 ☑建筑面积忽略柱子 ☑识别内外

(6) 搜索房间

❼ 单击 [搜索房间]，弹出对话框

❽ 保持默认选项

❾ 重复步骤❹～❺，对话框关闭

❿ 单击图纸空白处，所选区域的建筑面积显示在单击的位置

⓫ 图形中增加各房间的名称与面积，单击该文字

⓬ 即能显示该房间的范围

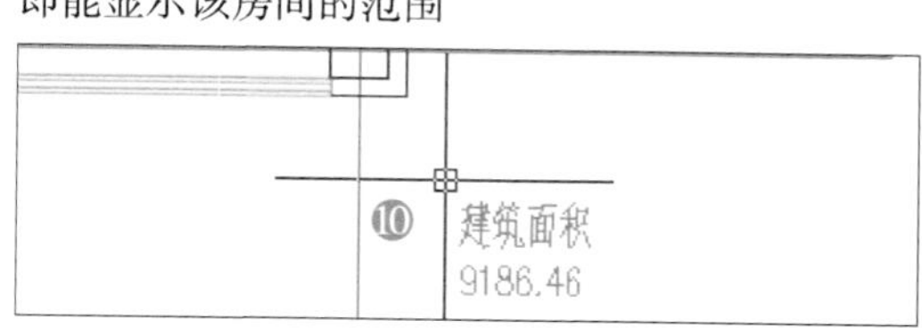

(7) 参数查询

❶ 在图纸空白处单击右键，弹出下拉式菜单

❷ 选择 [参数查询]，鼠标箭头变为 "□"

❸ 移动鼠标箭头至任一图形或文字，即可查看该处的参数，单击右键退出

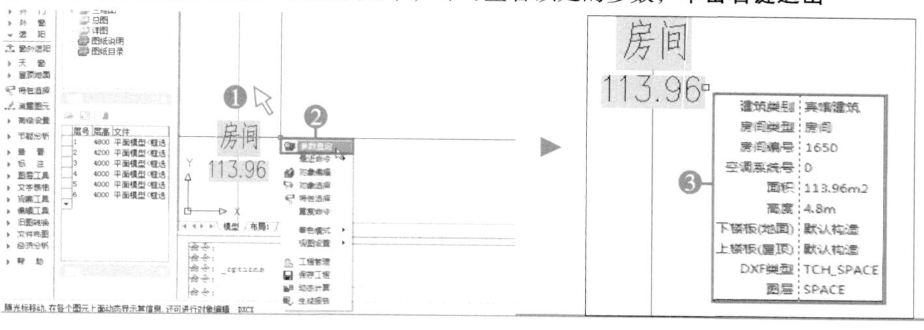

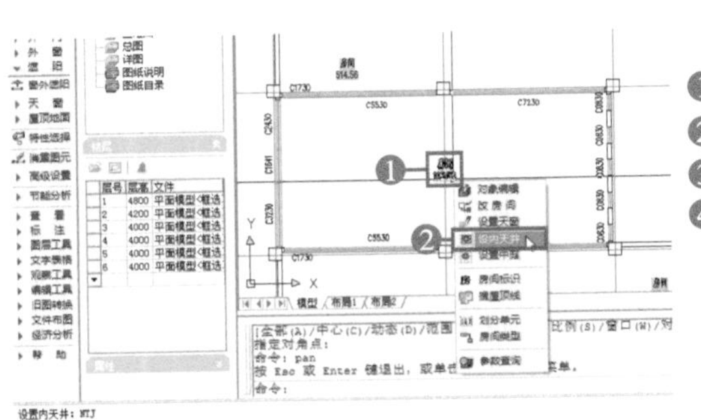

(8) 设置内天井与中庭

❶ 右击房间名称，弹出下拉式菜单

❷ 选择 [设内天井]，弹出浮动窗口

❸ 选择 [设置内天井（Y）]，浮动窗口消失

❹ 原房间名称由 " 房间 " 变为 " 内天井 "

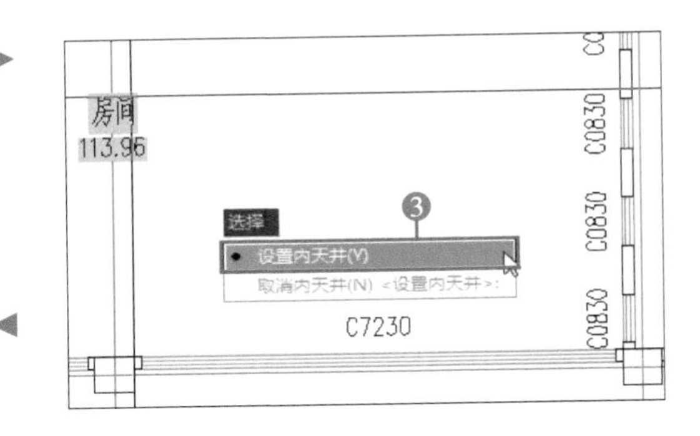

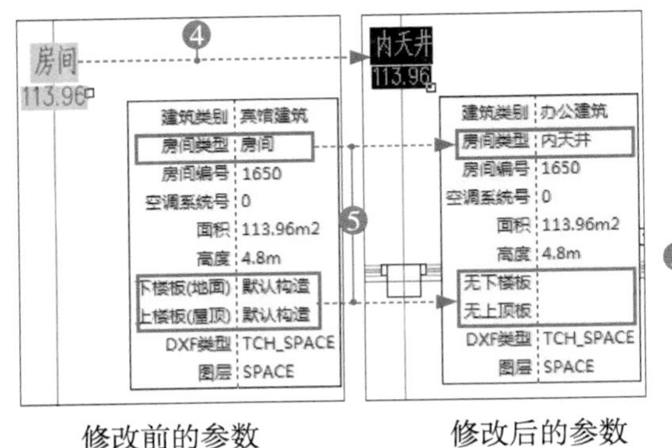

修改前的参数　　修改后的参数

❺ 使用 [参数查询]，比较 [设内天井] 前后的参数，确认房间类型及上下楼板等参数都发生了改变

中庭的设置方法与内天井相同。

(9) 设置外遮阳

如下图所示，天正节能软件江苏公建 2010 版中共有五种外遮阳形式，实际工程中，可选用其中一种，或将其中两种进行组合。

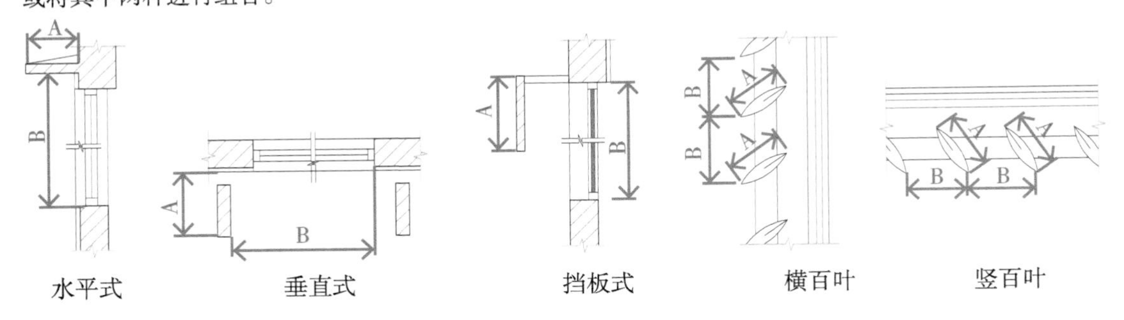

水平式　垂直式　挡板式　横百叶　竖百叶

下面列举了本工程使用的七种外遮阳做法，其中前三种做法的外遮阳系数为 0.85 ～ 0.87，中间两种分别为 0.74 及 0.68，最后两种的外遮阳形式比较复杂。

高手之道

最初本工程中外窗均选用 " 隔热金属型材 " ＋ "6 中透光 Low-E ＋ 12 空气＋ 6 透明玻璃 "，遮阳系数 SC ＝ 0.50。由于本工程东临河流，景观较好，因而东向墙上开设了大面积玻璃窗；窗墙比达 0.27，查表得综合遮阳系数 S_w 需 ≤ 0.35。若依旧选用上述型号的窗户，则外遮阳系数 SD 需 ≤ 0.70，而这难以做到；因此，最终将东向部分窗户改为 " 隔热金属型材 " ＋ "6 较低透光 Low-E ＋ 12 空气＋ 6 透明玻璃 "，遮阳系数 SC ＝ 0.38（☞ P190，205）。此时若要满足综合遮阳系数 S_w ≤ 0.35，只需外遮阳系数 SD ≤ 0.92 即可。由此可见，成熟的建筑师一定要在窗墙比控制、窗户选型以及外遮阳系数选择等方面做到心中有数。

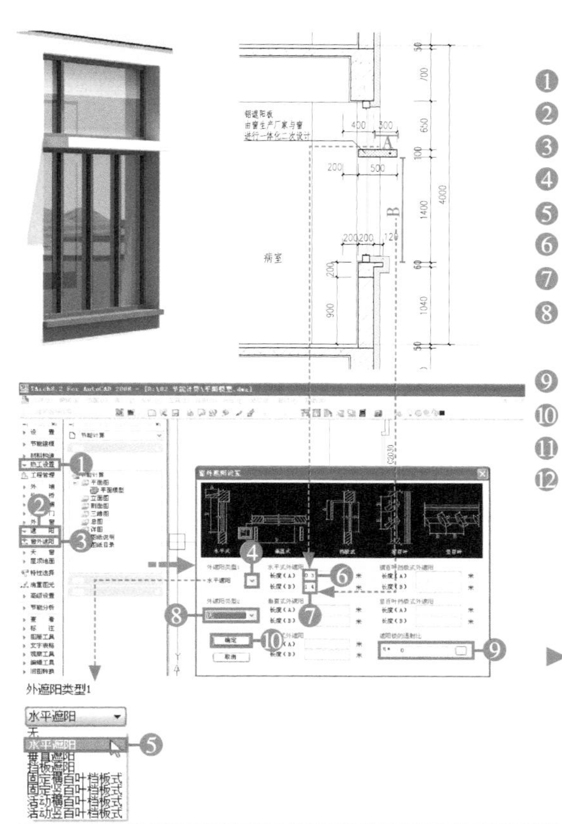

•住院部病室窗户的水平外遮阳：

❶ 单击 [热工设置]，展开菜单
❷ 选择 [遮阳]，展开菜单
❸ 选择 [窗外遮阳]，弹出对话框
❹ 单击 [外遮阳类型 1] ▼ 按钮，弹出下拉式菜单
❺ 选择水平遮阳
❻ 在 [长度（A）] 项输入 "0.3"
❼ 在 [长度（B）] 项输入 "1.4"
❽ 单击 [外遮阳类型 2] ▼ 按钮，弹出下拉式菜单，选择 [无]
❾ 确认 [遮阳板的透射比] 为 "0"
❿ 单击 [确定]，对话框关闭，鼠标箭头变为 " □ "
⓫ 单击需设置遮阳的窗户，按 Enter 键或 Space 键
⓬ 使用 [参数查询] 命令，查询设置后的参数

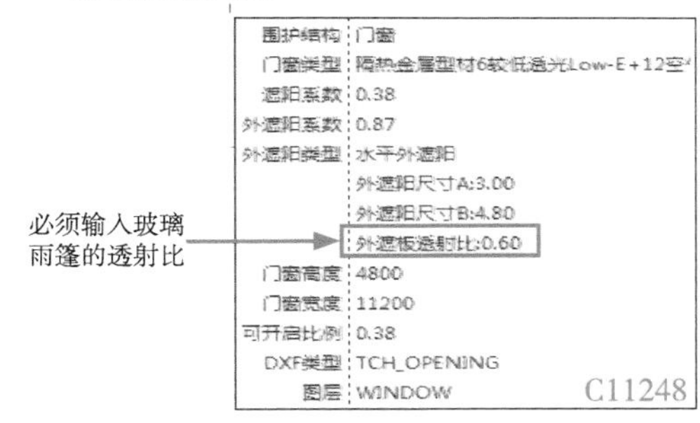

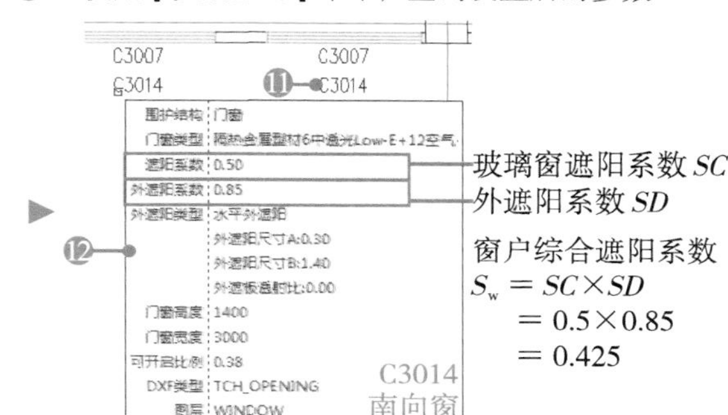

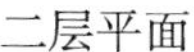

玻璃窗遮阳系数 *SC*
外遮阳系数 *SD*
窗户综合遮阳系数
$S_w = SC \times SD$
$= 0.5 \times 0.85$
$= 0.425$

•玻璃雨篷遮阳:

围护结构	门窗
门窗类型	隔热金属型材6较低透光Low-E+12空
遮阳系数	0.38
外遮阳系数	0.87
外遮阳类型	水平外遮阳
	外遮阳尺寸A:3.00
	外遮阳尺寸B:4.80
	外遮板透射比:0.60
门窗高度	4800
门窗宽度	11200
可开启比例	0.38
DXF类型	TCH_OPENING
图层	WINDOW

C11248

必须输入玻璃雨篷的透射比

C11248 外遮阳设置方法

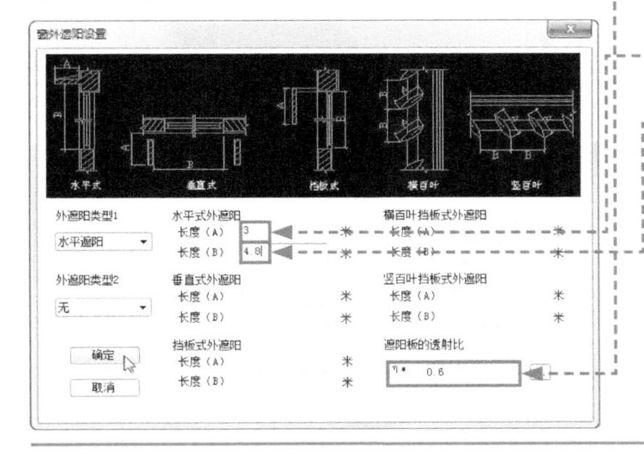

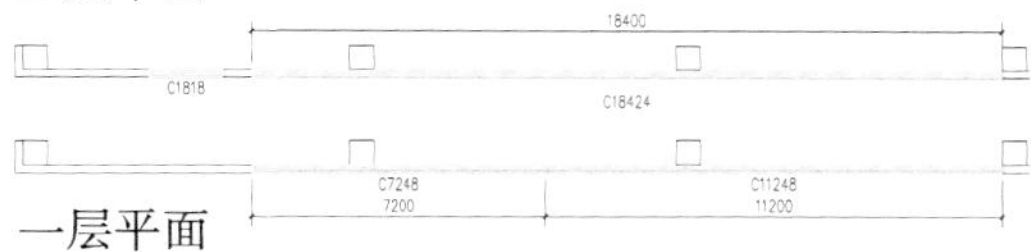

二层平面

一层平面

玻璃雨篷的遮阳板透射比为 0.6

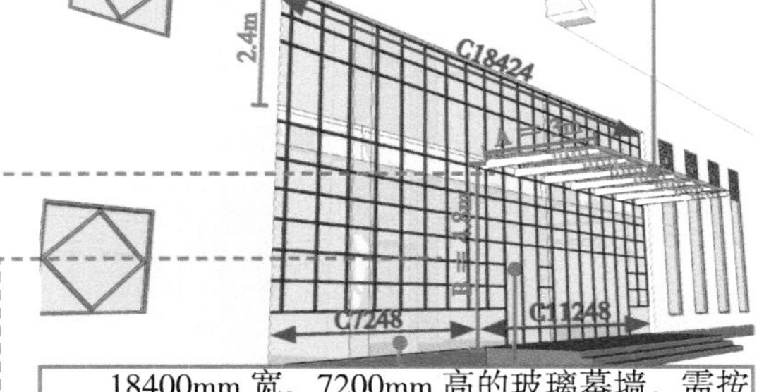

18400mm 宽、7200mm 高的玻璃幕墙，需按实际尺寸在一层及二层平面中进行分配。

在二层平面中绘制 18400mm 宽、2400mm 高的 C18424 窗。

在一层平面中为考虑玻璃雨篷的遮阳效果，先绘制与玻璃雨篷同宽的 C11248 窗，其余 7200mm 宽、4800mm 高的幕墙则用 C7248 窗表示。

•水平遮阳＋垂直遮阳:

遮阳板透射比为 "0"。

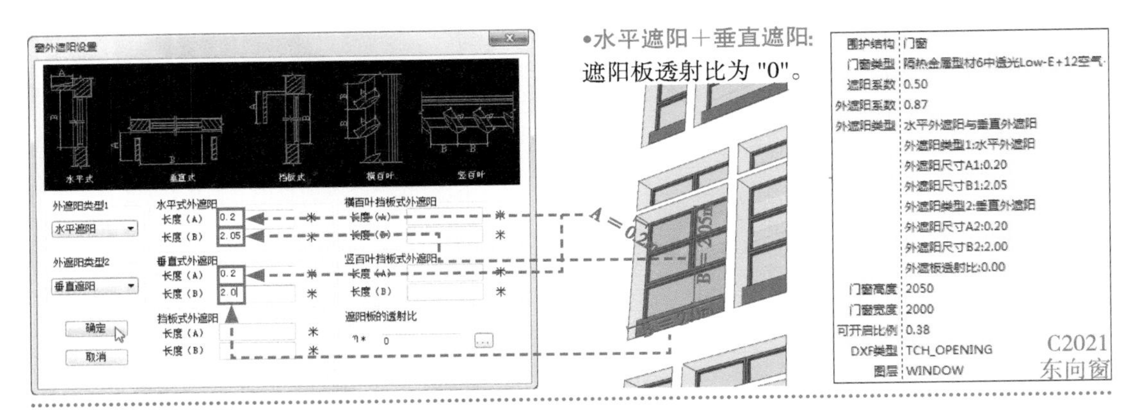

•挡板式固定竖百叶:

铝板竖百叶的遮阳板透射比为 "0"。

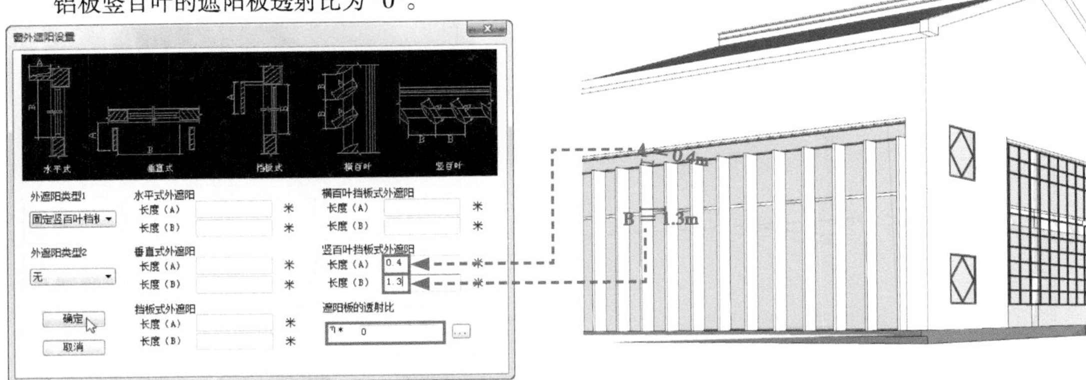

围护结构	门窗
门窗类型	隔热金属型材6中透光Low-E+12空气
遮阳系数	0.50
外遮阳系数	0.79
外遮阳类型	固定竖百叶挡板外遮阳
	外遮阳尺寸A:0.40
	外遮阳尺寸B:1.30
	外遮板透射比:0.00
门窗高度	1800
门窗宽度	23400
可开启比例	0.38
DXF类型	TCH_OPENING
图层	WINDOW

C23418 南向窗

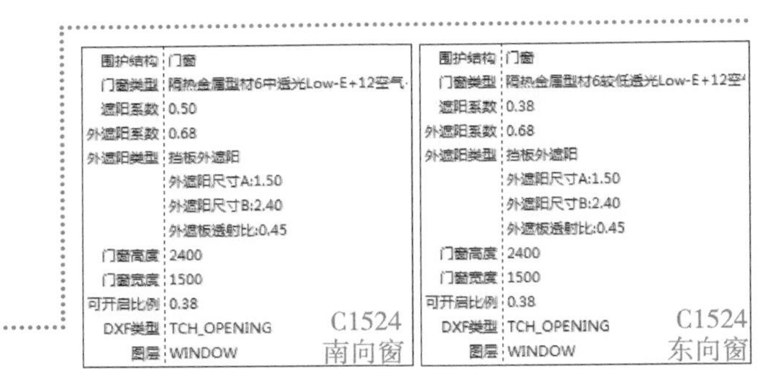

围护结构	门窗
门窗类型	隔热金属型材6中透光Low-E+12空气
遮阳系数	0.50
外遮阳系数	0.68
外遮阳类型	挡板外遮阳
	外遮阳尺寸A:1.50
	外遮阳尺寸B:2.40
	外遮板透射比:0.45
门窗高度	2400
门窗宽度	1500
可开启比例	0.38
DXF类型	TCH_OPENING
图层	WINDOW

C1524 南向窗

围护结构	门窗
门窗类型	隔热金属型材6较低透光Low-E+12空气
遮阳系数	0.38
外遮阳系数	0.68
外遮阳类型	挡板外遮阳
	外遮阳尺寸A:1.50
	外遮阳尺寸B:2.40
	外遮板透射比:0.45
门窗高度	2400
门窗宽度	1500
可开启比例	0.38
DXF类型	TCH_OPENING
图层	WINDOW

C1524 东向窗

•木质花格遮阳:

木质花格的遮阳板透射比为 "0.45"。

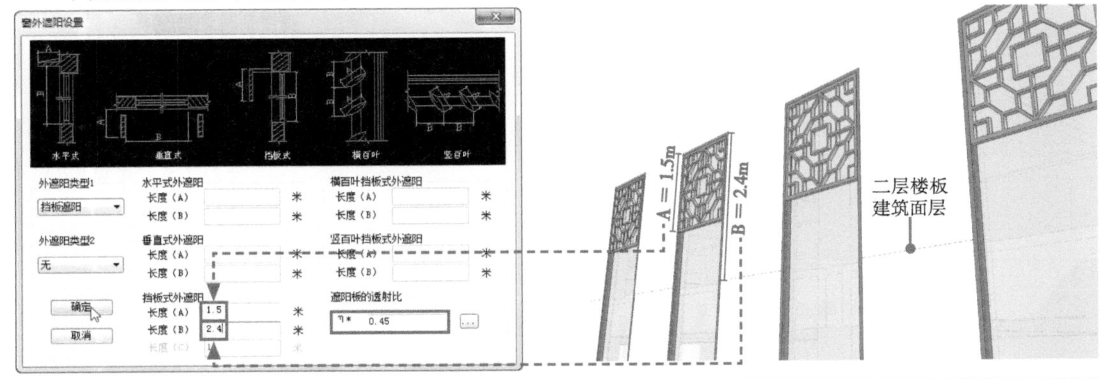

•墙体作为垂直外遮阳：

建筑形体凹凸的变化，会影响到外窗的采光。如下图所示，AB 段墙体可作为 BC 段外窗的垂直外遮阳板，CD 段墙体可作为 DE 段外窗的垂直外遮阳板。因此在节能建模中门窗的定位要准确，以方便直接读取相关尺寸。

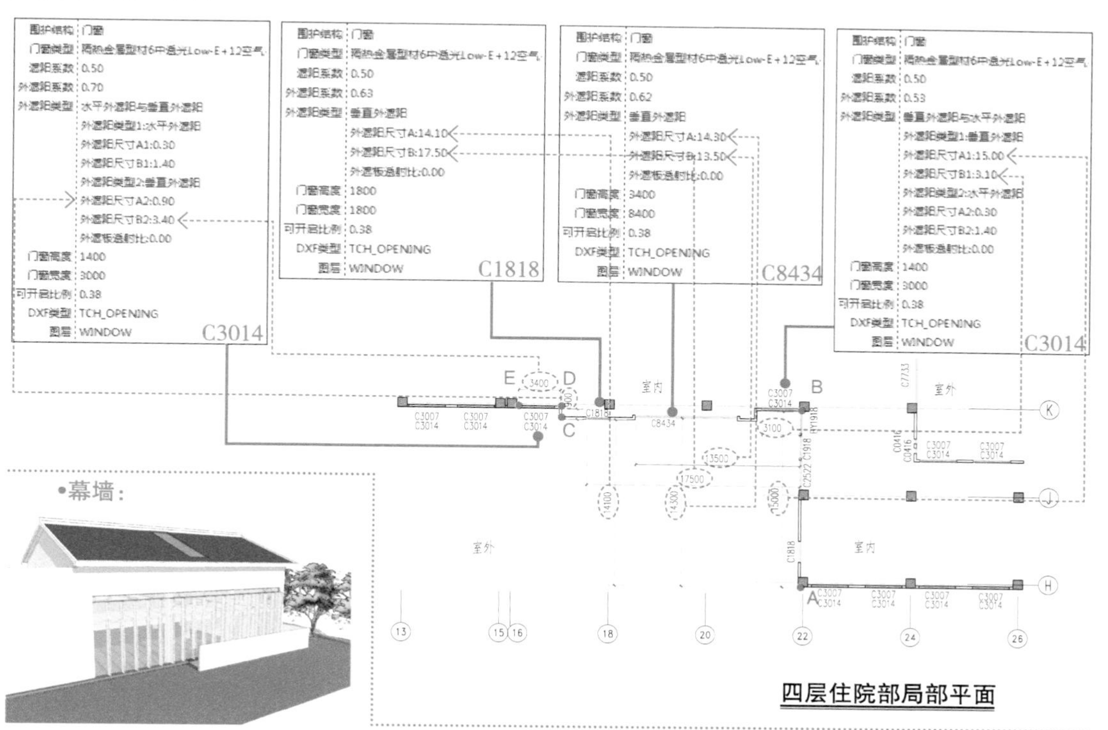

•幕墙：

四层住院部局部平面

依据外遮阳效果的差异，同一块大面积外窗或幕墙需要分成若干小窗进行平面建模。现在以 MQ3 为例进行说明，MQ3 共分为 4 块小窗进行建模。

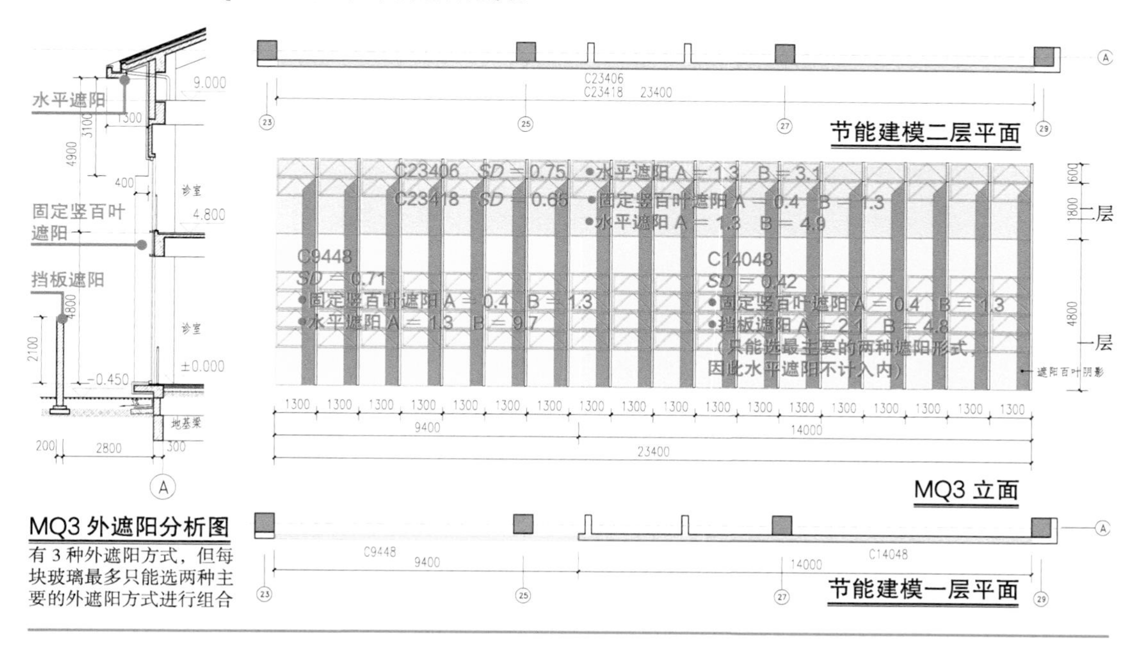

节能建模二层平面

MQ3 立面

节能建模一层平面

MQ3 外遮阳分析图

有 3 种外遮阳方式，但每块玻璃最多只能选两种主要的外遮阳方式进行组合

•本工程立面开窗策略：

3.5.1 节曾提及东西向遮阳系数是节能设计的重点。为使这两个方向的验算顺利通过，常常需要采取相应的策略。

东向外窗：将南楼 22 轴与 29 轴一层和二层外窗，以及北楼 31 轴与 32 轴一层外窗改为 " 隔热金属型材 " + "6 较低透光 Low-E + 12 空气+ 6 透明玻璃 "（☞ P186，205），其余东向窗户依然选用 " 隔热金属型材 " + "6 中透光 Low-E + 12 空气+ 6 透明玻璃 "。

外墙面积（m^2）	外窗面积（m^2）	朝向窗墙比	朝向平均综合遮阳系数 S_W	传热系数 K	可见光透射比
1491.54	408.82	0.27	0.35	2.60	0.62 或 0.48
标准规定	夏热冬冷地区，甲类建筑，东向窗墙比应≤ 0.50，$K \leqslant 3.00$，$S_w \leqslant 0.35$ 窗墙面积比＜ 0.4 时，可见光透射比应≥ 0.4				
结论	窗墙比满足要求，传热系数满足要求，遮阳系数满足要求，可见光透射比满足要求				

策略：选择遮阳系数较低的玻璃窗。

东立面

南向外窗：" 隔热金属型材 " + "6 中透光 Low-E + 12 空气+ 6 透明玻璃 "，遮阳系数 SC = 0.50。

外墙面积（m^2）	外窗面积（m^2）	朝向窗墙比	朝向平均综合遮阳系数 S_W	传热系数 K	可见光透射比
3749.34	1464.43	0.39	0.37	2.60	0.62
标准规定	夏热冬冷地区，甲类建筑，东向窗墙比应≤ 0.70，$K \leqslant 2.80$，$S_w \leqslant 0.45$ 窗墙面积比＜ 0.4 时，可见光透射比应≥ 0.4				
结论	窗墙比满足要求，传热系数满足要求，遮阳系数满足要求，可见光透射比满足要求				

南立面

西向外窗：" 隔热金属型材 " + "6 中透光 Low-E + 12 空气+ 6 透明玻璃 "，遮阳系数 SC = 0.50。

外墙面积（m^2）	外窗面积（m^2）	朝向窗墙比	朝向平均综合遮阳系数 S_W	传热系数 K	可见光透射比
1485.21	292.57	0.20	0.42	2.60	0.62
标准规定	夏热冬冷地区，甲类建筑，东向窗墙比应≤ 0.50，$K \leqslant 3.50$，$S_w \leqslant 0.45$ 窗墙面积比＜ 0.4 时，可见光透射比应≥ 0.4				
结论	窗墙比满足要求，传热系数满足要求，遮阳系数满足要求，可见光透射比满足要求				

策略：将窗墙比控制在 0.2 以下。

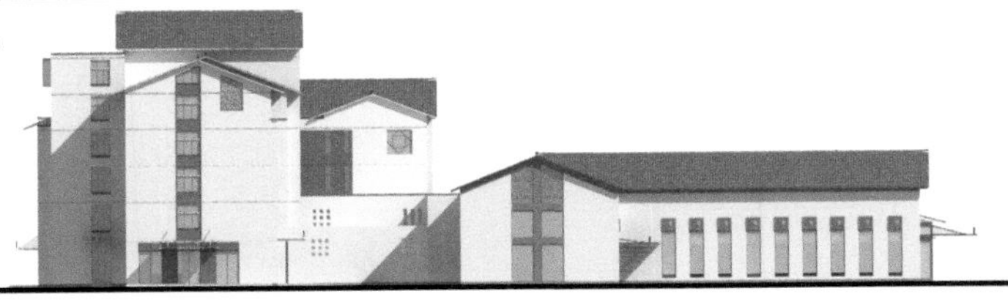

西立面

北向外窗：" 隔热金属型材 " + "6 中透光 Low-E + 12 空气+ 6 透明玻璃 "，遮阳系数 SC = 0.50。

外墙面积（m^2）	外窗面积（m^2）	朝向窗墙比	朝向平均综合遮阳系数 S_W	传热系数 K	可见光透射比
3749.19	1191.37	0.32	0.41	2.60	0.62
标准规定	夏热冬冷地区，甲类建筑，东向窗墙比应≤ 0.70，$K \leqslant 2.80$，$S_w \leqslant 0.45$ 窗墙面积比＜ 0.4 时，可见光透射比应≥ 0.4				
结论	窗墙比满足要求，传热系数满足要求，遮阳系数满足要求，可见光透射比满足要求				

北立面

(10) 坡屋面

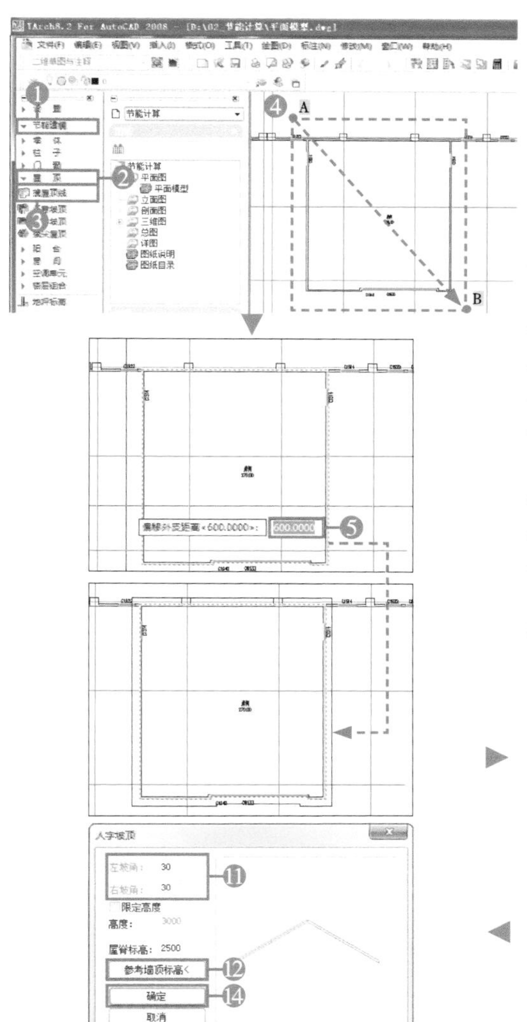

❶ 单击 [节能建模]，展开菜单
❷ 选择 [屋顶]，展开菜单
❸ 选择 [搜屋顶线]
❹ 依次单击 A、B，框选要加设坡屋顶的墙体，按 Enter 键或 Space 键
❺ 输入屋顶线偏移外皮距离 "600"，按 Enter 键或 Space 键，生成屋顶线
❻ 调整屋顶线，将其下边缘拉平，将东西两侧各向外拉伸 900，以符合坡屋顶实际投影形状
❼ 单击 [人字坡顶]
❽ 单击屋顶线上任一点 M，选择屋顶线
❾ 单击中点 C，确定屋脊线起点
❿ 启用垂足捕捉方式（☞ P 10），单击 D 点，确定屋脊线终点，弹出 [人字坡顶] 对话框
⓫ [左坡角] 输入 "30"，[右坡角] 输入 "30"
⓬ 单击 [参考墙顶标高 <]，对话框消失
⓭ 单击东向墙上任一点 N，确定墙顶标高，显示对话框
⓮ 单击 [确定]，对话框关闭，生成人字坡顶，可在下页的三维模型中查看到

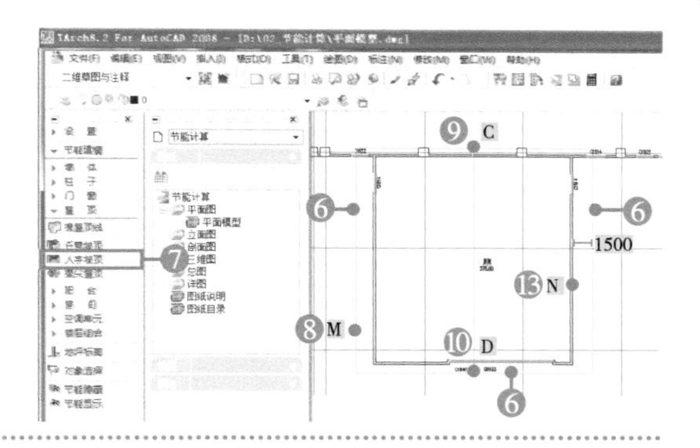

3

4）楼层叠加

通过楼层叠加，实现三维模型：

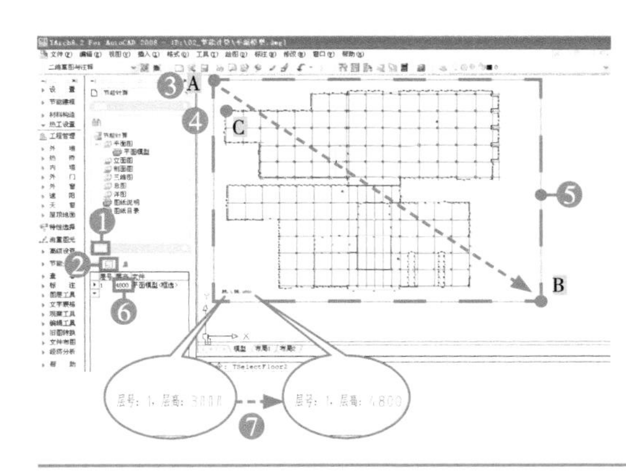

❶ 单击 [楼层]，展开菜单
❷ 单击 按钮
❸ 单击 A 点，再单击 B 点，框选 1 层平面模型
❹ 单击 C 点（该点为每层的定位点）
❺ 出现一个以 A、B 两点为对角线的框，框内左下角会显示层号及层高
❻ 单击 [层高] 列中的 [3000]，输入当前层高 "4800"（系统默认生成的层高均为 3000）
❼ 确认框内左下角的层高变为 "4800"

重复步骤 ❶ ～ ❻，定义 2 ～ 6 层。

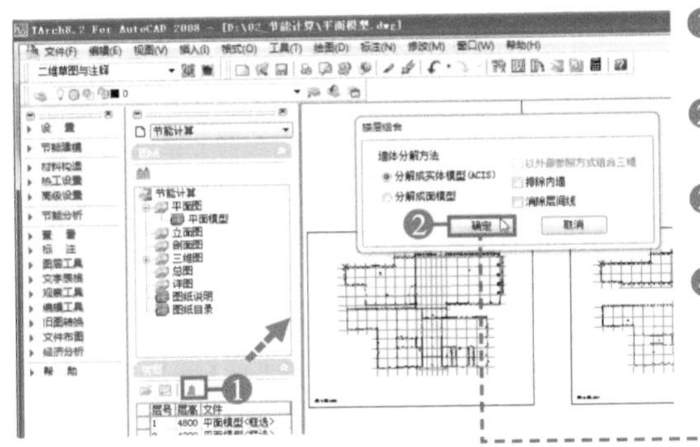

1. 单击 [楼层] 项的按钮，弹出 [楼层组合] 对话框
2. 单击 [确定]，弹出 [输入要生成的三维文件] 对话框
3. 在 [文件名] 栏输入 " 立体模型 "（若该名称已存在，可另起名）
4. 单击 [保存]，对话框关闭

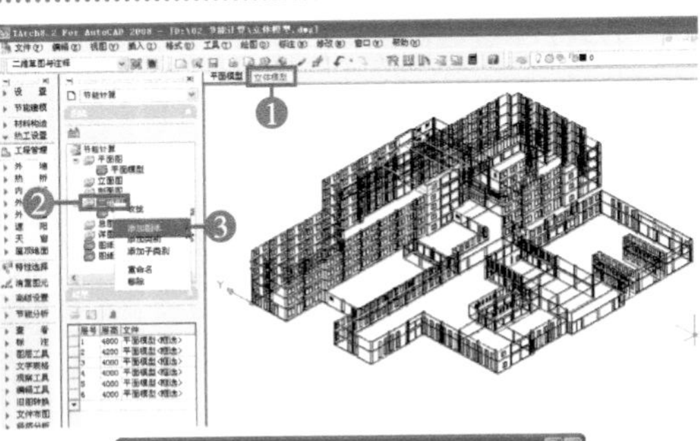

1. 该三维模型文件自动打开
2. 右击 [图纸] 栏中的 [三维图]，弹出下拉式菜单
3. 单击 [添加图纸]，弹出对话框
4. 选择 " 立体模型 .dwg"
5. 单击 [打开]，对话框关闭

渲染三维模型，检查模型是否准确：

1. 单击菜单栏的 [视图]，弹出下拉式菜单
2. 将鼠标箭头移至 [渲染]，弹出下拉式菜单
3. 选择 [渲染]
4. 弹出 [渲染] 对话框
5. 关闭对话框

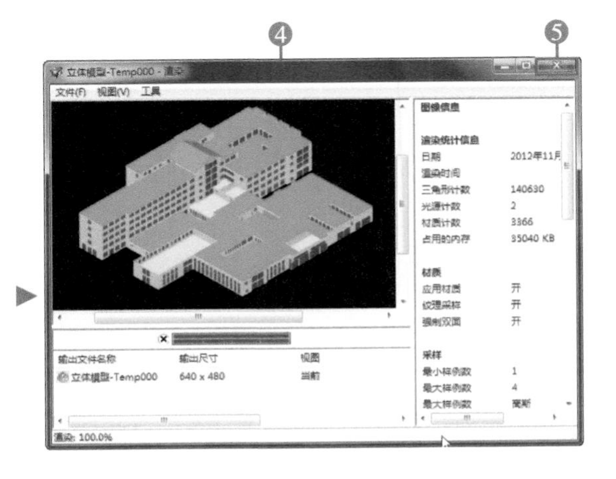

5）设置工程构造

天正节能软件有三个库，分别是工程构造库、天正材料库及天正构造库。

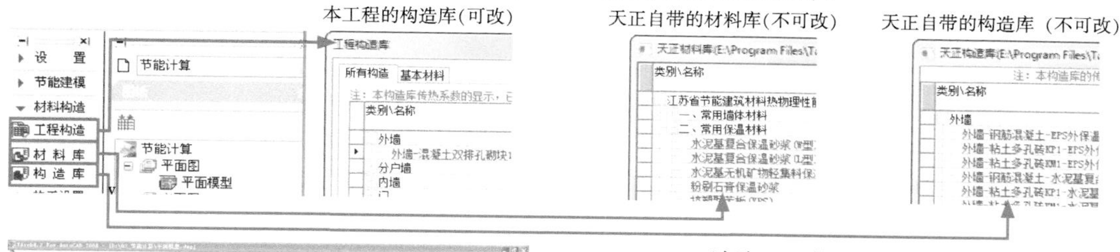

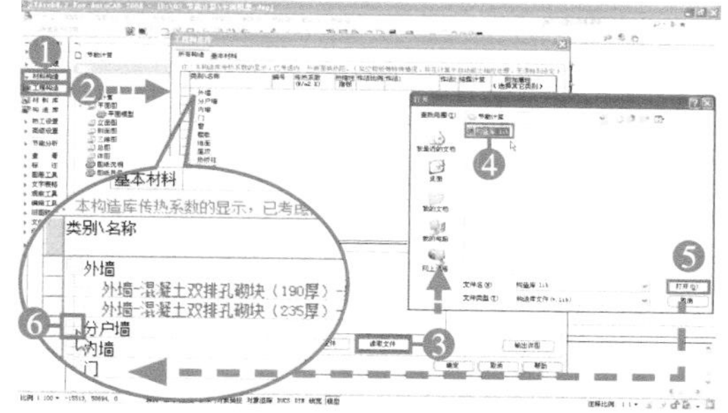

（1）读取工程构造

读取配套资源中的构造库

❶ 单击 [材料构造]，展开菜单

❷ 选择 [工程构造]，弹出对话框

❸ 单击 [读取文件]，弹出 [打开] 对话框

❹ 选择配套资源 [02_ 节能计算] 中的 " 构造库 .lib"

❺ 单击 [打开]，[打开] 对话框关闭

❻ 依次点击 ⊞ 按钮，展开所有条目

本工程使用下列构造：

工程构造库

所有构造 基本材料

注：本构造库传热系数的显示，已考虑内、外表面换热阻。（架空楼板等特殊情况，将在计算中自动做出相应处理，无须特别设定）

类别\名称	编号	传热系数 (W/m2.K)	热惰性指标	作法比例	作法1
外墙 （☞ P155，174）					
外墙-混凝土双排孔砌块（190厚）-岩棉外保温	1	0.760	2.926	1.000	44*1(1.00),65*45(1.20)
外墙-混凝土双排孔砌块（235厚）-岩棉外保温	17	0.730	3.323	1.000	44*1(1.00),65*45(1.20)
分户墙 （☞ P120）					
ALC加气混凝土砌块	2	1.030	3.906	1.000	15*20(1.00),19*190(1.3
内墙					
ALC加气混凝土砌块	3	1.120	3.906	1.000	15*20(1.00),19*190(1.3
门					
夹板门	4	2.500	0.000	1.000	
窗 （☞ P175）					
隔热金属型材6中透光Low-E+12空气+6透明	5	2.600	0.000	1.000	
隔热金属型材6较低透光Low-E+12空气+6透明	23	2.600	0.000	1.000	
隔热金属型材6低透光Low-E+12空气+6透明	18	2.600	0.000	1.000	
楼板					
楼板-钢筋混凝土	6	2.370	1.843	1.000	15*20(1.00),17*120(1.0
架空楼板-岩棉 （☞ P184，195）	15	0.790	2.397	1.000	15*20(1.00),17*120(1.0
地面 （☞ P140～147）					
地面	7	4.990	1.420	1.000	15*20(1.00),67*120(1.0
屋顶 （☞ P194）					
平屋面-粘土陶粒混凝土-挤塑聚苯板	25	0.570	3.201	1.000	78*50(1.00),15*20(1.00
平屋面防火隔离带-发泡陶瓷保温板	20	0.580	2.870	1.000	78*50(1.00),15*20(1.00
坡屋面-挤塑聚苯板	27	0.580	2.744	1.000	79*40(1.00),15*15(1.00
坡屋面防火隔离带-发泡陶瓷保温板	26	0.580	2.714	1.000	79*40(1.00),15*15(1.00
保温房间与非保温房间之间的楼板-挤塑聚苯板	24	0.580	2.402	1.000	72*20(1.00),79*40(1.00
木板铺地屋面-发泡陶瓷保温板 （☞ P195）	28	0.580	2.773	1.000	79*40(1.00),68*80(1.10
热桥柱					
柱-钢筋混凝土-岩棉外保温 （☞ P199～201）	9	0.790	5.172	1.000	44*1(1.00),66*45(1.20)
热桥梁					
梁-钢筋混凝土-岩棉外保温 （☞ P199～201）	10	0.830	4.191	1.000	44*1(1.00),66*45(1.20)
热桥过梁					
梁-钢筋混凝土-岩棉外保温 （☞ P199～201）	11	0.870	3.211	1.000	44*1(1.00),66*45(1.20)
外挑梁板					
楼板-钢筋混凝土-岩棉外保温	12	0.790	2.395	1.000	29*20(1.00),28*120(1.0

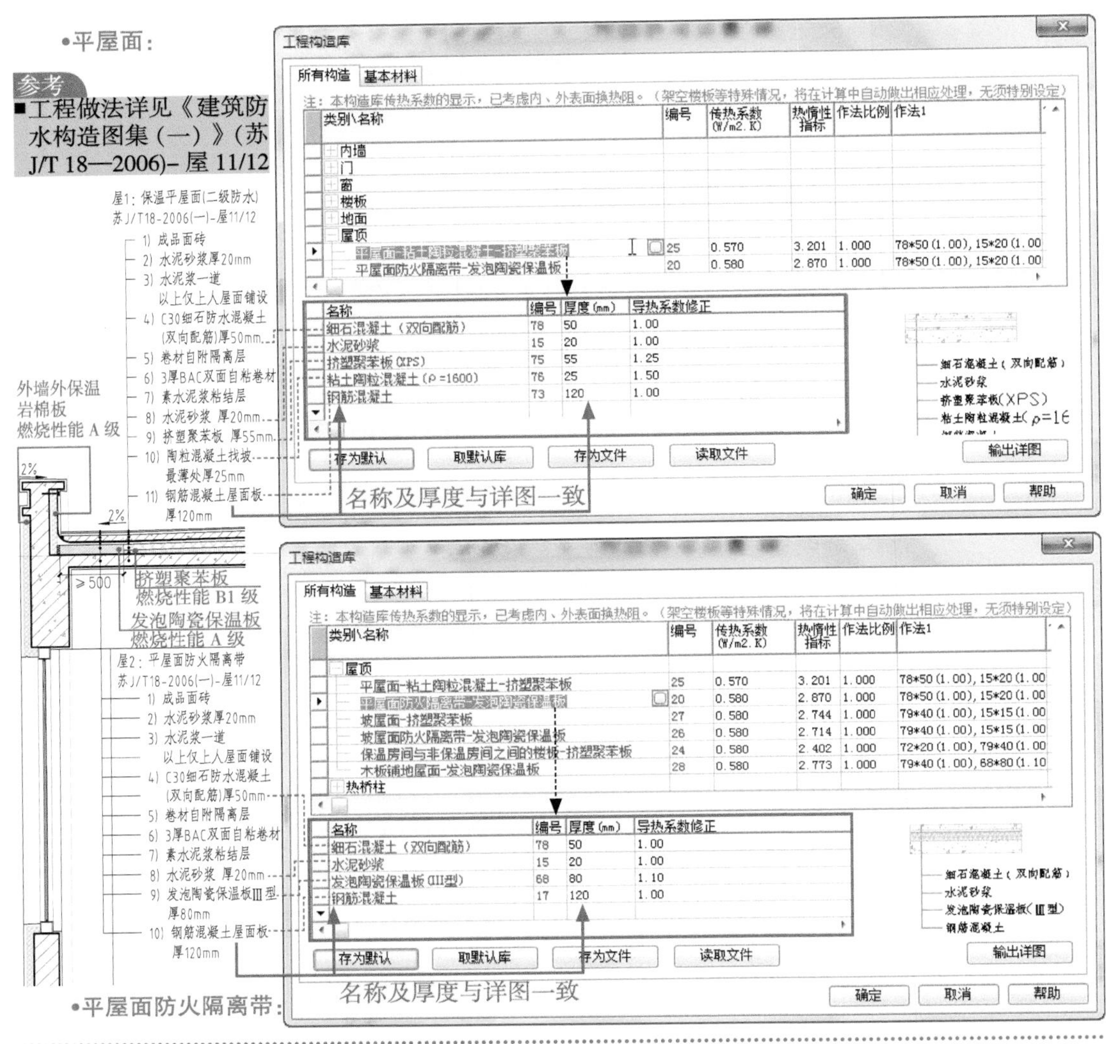

•平屋面：
参考
■工程做法详见《建筑防水构造图集（一）》（苏J/T 18—2006)- 屋 11/12
屋1：保温平屋面(二级防水)
苏J/T18-2006(一)-屋11/12
1) 成品面砖
2) 水泥砂浆厚20mm
3) 水泥浆一道
以上仅上人屋面铺设
4) C30细石防水混凝土(双向配筋)厚50mm
5) 卷材自附隔离层
6) 3厚BAC双面自粘卷材
7) 素水泥浆粘结层
8) 水泥砂浆 厚20mm
9) 挤塑聚苯板 厚55mm
10) 陶粒混凝土找坡 最薄处厚25mm
11) 钢筋混凝土屋面板 厚120mm
外墙外保温
岩棉板
燃烧性能 A 级
2%
2%
≥500
挤塑聚苯板
燃烧性能 B1 级
发泡陶瓷保温板
燃烧性能 A 级
屋2：平屋面防火隔离带
苏J/T18-2006(一)-屋11/12
1) 成品面砖
2) 水泥砂浆厚20mm
3) 水泥浆一道
以上仅上人屋面铺设
4) C30细石防水混凝土(双向配筋)厚50mm
5) 卷材自附隔离层
6) 3厚BAC双面自粘卷材
7) 素水泥浆粘结层
8) 水泥砂浆 厚20mm
9) 发泡陶瓷保温板Ⅲ型 厚80mm
10) 钢筋混凝土屋面板 厚120mm
•平屋面防火隔离带：
工程构造库
所有构造 基本材料
注：本构造库传热系数的显示，已考虑内、外表面换热阻。（架空楼板等特殊情况，将在计算中自动做出相应处理，无须特别设定）
类别\名称 编号 传热系数(W/m2.K) 热惰性指标 作法比例 作法1
内墙
门
窗
楼板
地面
屋顶
平屋面-粘土陶粒混凝土-挤塑聚苯板 25 0.570 3.201 1.000 78*50(1.00),15*20(1.00
平屋面防火隔离带-发泡陶瓷保温板 20 0.580 2.870 1.000 78*50(1.00),15*20(1.00
名称 编号 厚度(mm) 导热系数修正
细石混凝土（双向配筋） 78 50 1.00
水泥砂浆 15 20 1.00
挤塑聚苯板(XPS) 75 55 1.25
粘土陶粒混凝土(ρ=1600) 76 25 1.50
钢筋混凝土 73 120 1.00
细石混凝土（双向配筋）
水泥砂浆
挤塑聚苯板(XPS)
粘土陶粒混凝土(ρ=16
存为默认 取默认库 存为文件 读取文件 输出详图
确定 取消 帮助
名称及厚度与详图一致
工程构造库
所有构造 基本材料
注：本构造库传热系数的显示，已考虑内、外表面换热阻。（架空楼板等特殊情况，将在计算中自动做出相应处理，无须特别设定）
类别\名称 编号 传热系数(W/m2.K) 热惰性指标 作法比例 作法1
屋顶
平屋面-粘土陶粒混凝土-挤塑聚苯板 25 0.570 3.201 1.000 78*50(1.00),15*20(1.00
平屋面防火隔离带-发泡陶瓷保温板 20 0.580 2.870 1.000 78*50(1.00),15*20(1.00
坡屋面-挤塑聚苯板 27 0.580 2.744 1.000 79*40(1.00),15*15(1.00
坡屋面防火隔离带-发泡陶瓷保温板 26 0.580 2.714 1.000 79*40(1.00),15*15(1.00
保温房间与非保温房间之间的楼板-挤塑聚苯板 24 0.580 2.402 1.000 72*20(1.00),79*40(1.00
木板铺地屋面-发泡陶瓷保温板 28 0.580 2.773 1.000 79*40(1.00),68*80(1.10
热桥柱
名称 编号 厚度(mm) 导热系数修正
细石混凝土（双向配筋） 78 50 1.00
水泥砂浆 15 20 1.00
发泡陶瓷保温板(III型) 68 80 1.10
钢筋混凝土 17 120 1.00
细石混凝土（双向配筋）
水泥砂浆
发泡陶瓷保温板(Ⅲ型)
钢筋混凝土
存为默认 取默认库 存为文件 读取文件 输出详图
确定 取消 帮助
名称及厚度与详图一致

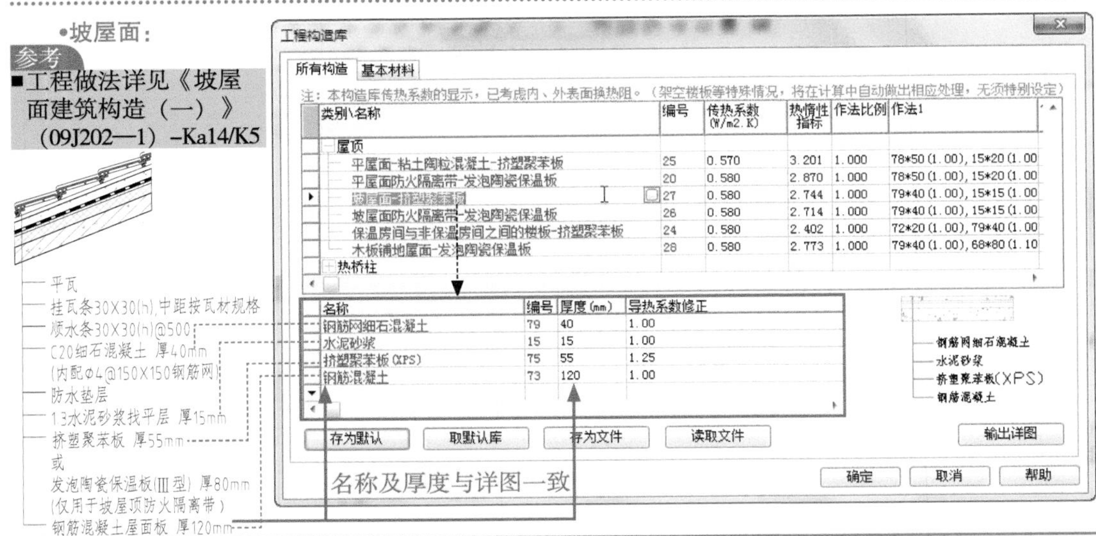

•坡屋面：
参考
■工程做法详见《坡屋面建筑构造（一）》(09J202—1) –Ka14/K5
平瓦
挂瓦条30X30(h),中距按瓦材规格
顺水条30X30(h)@500
C20细石混凝土 厚40mm
(内配φ4@150X150钢筋网)
防水垫层
1:3水泥砂浆找平层 厚15mm
挤塑聚苯板 厚55mm
或
发泡陶瓷保温板(Ⅲ型) 厚80mm
(仅用于坡屋顶防火隔离带)
钢筋混凝土屋面板 厚120mm
工程构造库
所有构造 基本材料
注：本构造库传热系数的显示，已考虑内、外表面换热阻。（架空楼板等特殊情况，将在计算中自动做出相应处理，无须特别设定）
类别\名称 编号 传热系数(W/m2.K) 热惰性指标 作法比例 作法1
屋顶
平屋面-粘土陶粒混凝土-挤塑聚苯板 25 0.570 3.201 1.000 78*50(1.00),15*20(1.00
平屋面防火隔离带-发泡陶瓷保温板 20 0.580 2.870 1.000 78*50(1.00),15*20(1.00
坡屋面-挤塑聚苯板 27 0.580 2.744 1.000 79*40(1.00),15*15(1.00
坡屋面防火隔离带-发泡陶瓷保温板 26 0.580 2.714 1.000 79*40(1.00),15*15(1.00
保温房间与非保温房间之间的楼板-挤塑聚苯板 24 0.580 2.402 1.000 72*20(1.00),79*40(1.00
木板铺地屋面-发泡陶瓷保温板 28 0.580 2.773 1.000 79*40(1.00),68*80(1.10
热桥柱
名称 编号 厚度(mm) 导热系数修正
钢筋网细石混凝土 79 40 1.00
水泥砂浆 15 15 1.00
挤塑聚苯板(XPS) 75 55 1.25
钢筋混凝土 73 120 1.00
钢筋网细石混凝土
水泥砂浆
挤塑聚苯板(XPS)
钢筋混凝土
存为默认 取默认库 存为文件 读取文件 输出详图
确定 取消 帮助
名称及厚度与详图一致

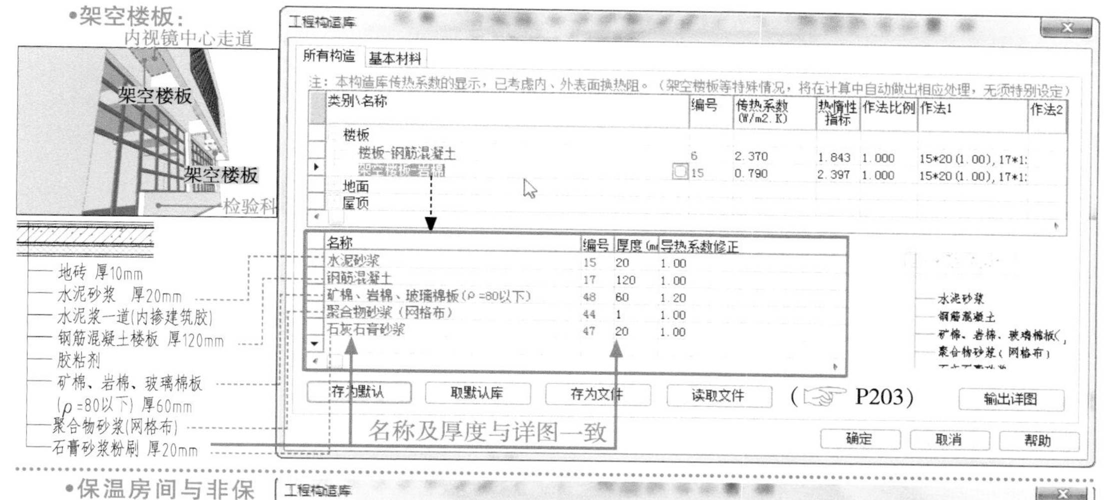

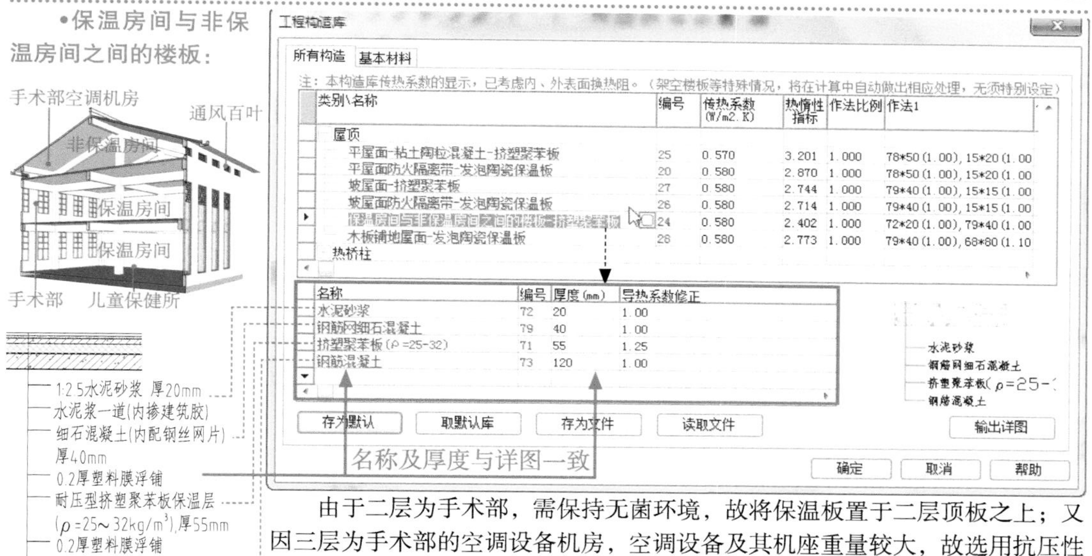

由于二层为手术部，需保持无菌环境，故将保温板置于二层顶板之上；又因三层为手术部的空调设备机房，空调设备及其机座重量较大，故选用抗压性能较高的挤塑聚苯板作为保温材料（P203）。

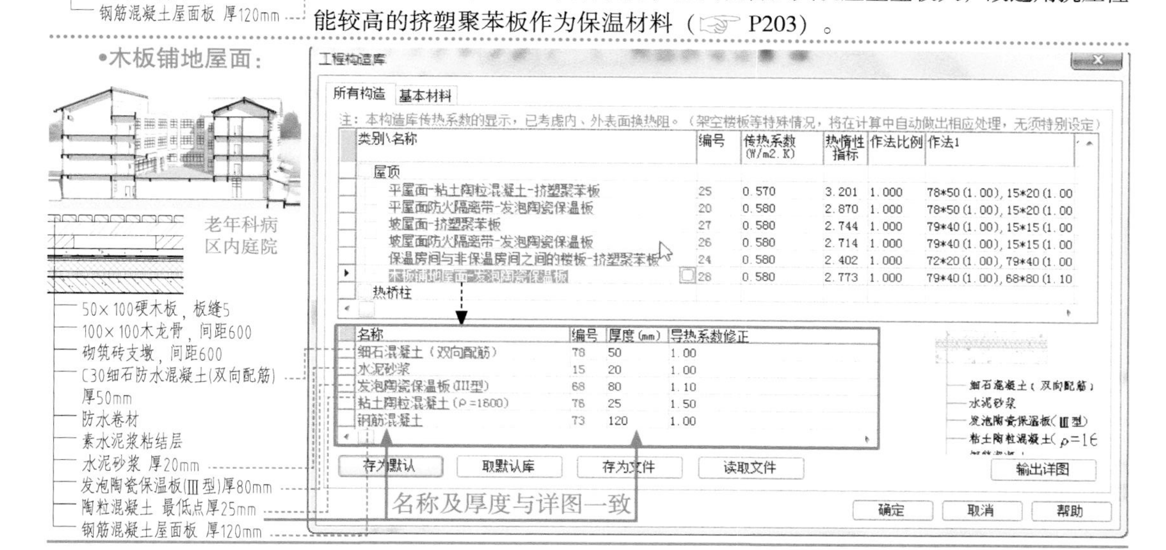

(2) 新建工程构造

以墙体为例，说明新建工程构造的步骤：

❶ 单击 [材料构造]，展开菜单

❷ 选择 [工程构造]，弹出对话框

❸ 单击 [外墙] 左側的 ⊞ 按钮

❹ 单击出现的空白行，会出现一个 ☐ 按钮

❺ 双击 ☐ 按钮，弹出对话框

❻ 单击 [外墙] 左側的 ⊞ 展开该项，显示多种外墙做法

❼ 双击 [外墙 - 混凝土双排孔砌块 190-XPS 外保温] 左側的 ☐ 按钮，该对话框关闭

❽ 该做法将自动出现在 [工程构造库] 对话框中

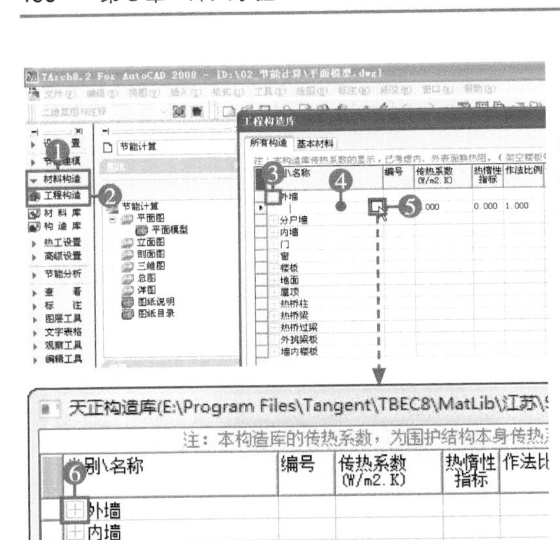

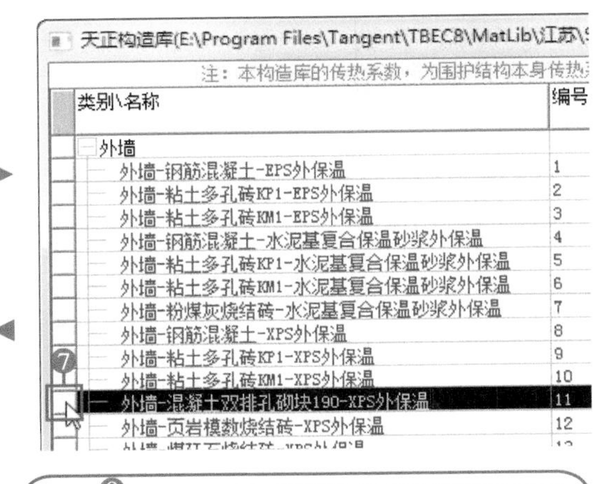

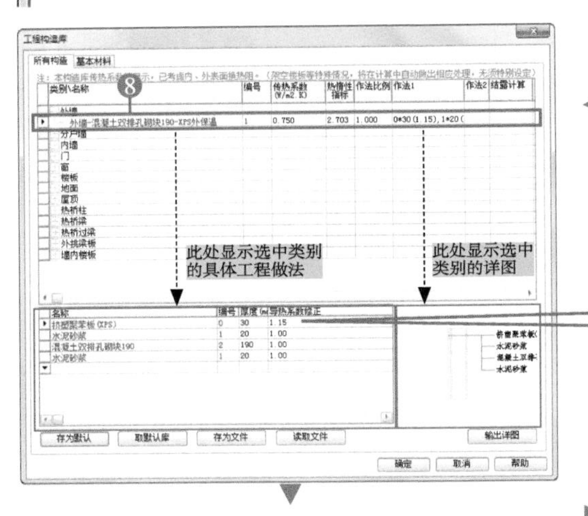

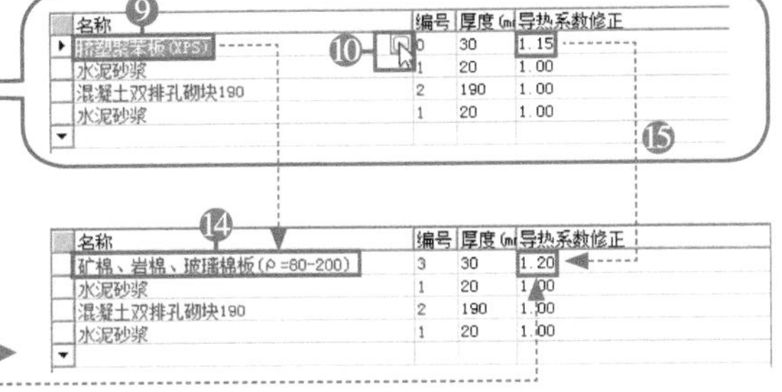

修改保温材料

❾ 单击要修改的材料 [挤塑聚苯板（XPS）]，出现 ☐ 按钮

❿ 单击 ☐ 按钮，弹出 [天正材料库] 对话框

⓫ 单击 [五、热绝缘材料] 左側的 ⊞ 按钮

⓬ 单击 [5.1 纤维材料] 左側的 ⊞ 按钮

⓭ 双击 [矿棉、岩棉、玻璃棉板（$\rho = 80 \sim 200$）] 材料左側的 ☐ 按钮，该对话框关闭

⓮ 矿棉、岩棉、玻璃棉板（$\rho = 80 \sim 200$）替代了原来的挤塑聚苯板（XPS）

⓯ 将原有的修正系数 "1.15" 改为 "1.20"

注：由于人员密集场所的建筑外墙外保温材料必须是 A 级防火材料，而 " 挤塑聚苯板 " 是 B1 级防火材料，因此必须改用 A 级防火材料 " 矿棉、岩棉、玻璃棉板 "。

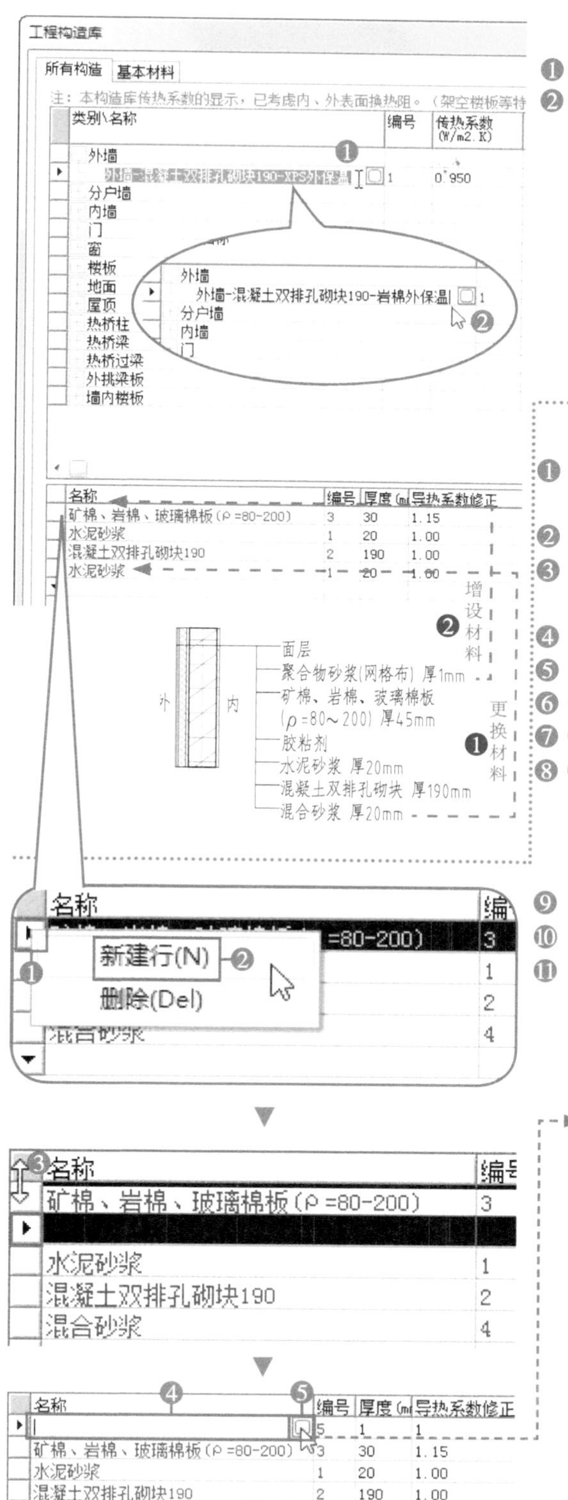

修改构造名称

❶ 单击［外墙－混凝土双排孔砌块 190-XPS 外保温］

❷ 将名称改为［外墙－混凝土双排孔砌块 190-岩棉外保温］

对比本工程墙体的工程做法，需将"水泥砂浆"换为"混合砂浆"❶，并增设工程材料"聚合物砂浆（网格布）"❷。

水泥砂浆更换为混合砂浆❶的方法请参考前页［矿棉、岩棉、玻璃棉板（$\rho=80\sim200$）］替换［挤塑聚苯板（XPS）］的方法。

下面讲述增设工程材料❷的方法：

❶ 右击［矿棉、岩棉、玻璃棉板（$\rho=80\sim200$）］左侧的 □ 按钮，弹出菜单

❷ 选择［新建行（N）］

❸ 按住新建行左侧的 ▸ 按钮并向上拖动至［矿棉、岩棉、玻璃棉板（$\rho=80\sim200$）］的上一行

❹ 单击该空白行，出现 □ 按钮

❺ 单击 □ 按钮，弹出［天正材料库］对话框

❻ 单击［其他整理添加］左侧的 ⊞ 按钮

❼ 单击［二、砂浆］左侧的 ⊞ 按钮

❽ 双击［聚合物砂浆（网格布）］材料左侧的 □ 按钮，该对话框关闭

若备注中未显示修正系数，该值默认为"1"。

❾ 该材料被添加至新建行

❿ 在该行［厚度］项输入"1"

⓫ 在［导热系数修正］项输入"1"

工程构造创建完成。

名称	编号	厚度	导热系数修正
矿棉、岩棉、玻璃棉板（ρ=80-200）	3		
水泥砂浆	1		
混凝土双排孔砌块190	2		
混合砂浆	4		

名称	编号	厚度	导热系数修正
	5	1	1
矿棉、岩棉、玻璃棉板（ρ=80-200）	3	30	1.15
水泥砂浆	1	20	1.00
混凝土双排孔砌块190	2	190	1.00
混合砂浆	4	20	1.00

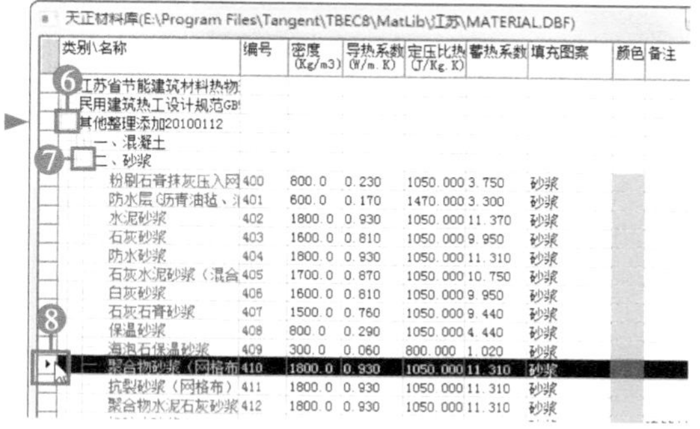

名称	编号	厚度	导热系数修正
聚合物砂浆（网格布）	5	1	1
矿棉、岩棉、玻璃棉板（ρ=80-200）	3	30	1.15
水泥砂浆	1	20	1.00
混凝土双排孔砌块190	2	190	1.00
混合砂浆	4	20	1.00

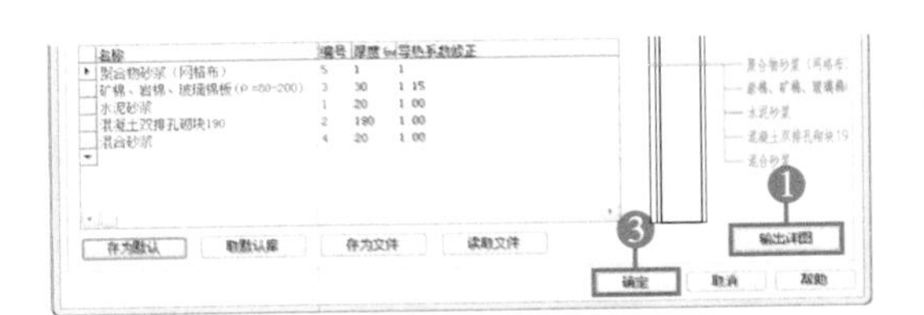

输出详图

❶ 单击［输出详图］，［工程构造库］对话框消失

❷ 单击绘图区任一空白位置A点，恢复该对话框

❸ 单击［确定］，对话框关闭

❹ 确认绘图区中已插入的详图

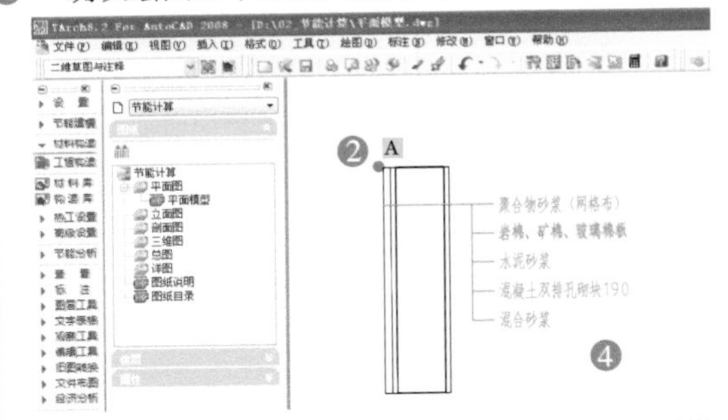

新建放射科机房235厚砌块的外墙构造（☞ P120）：

❶ 右击［外墙］-［混凝土双排孔砌块190-岩棉外保温］左侧的▶按钮，弹出菜单

❷ 单击［新建行］

❸ 新建行中自动复制墙体构造［混凝土双排孔砌块190-岩棉外保温］

❹ 单击该外墙构造的［混凝土双排孔砌块190］右侧的□按钮，弹出［天正材料库］，查找厚度为235的双排孔砌块

❺ 由于材料库中没有所需的砌块，因此仍使用原材料，关闭［天正材料库］对话框

❻ 将该材料厚度改为"235"

❼ 将该外墙构造名称改为"混凝土双排孔砌块235-岩棉外保温"

工程构造创建完成。

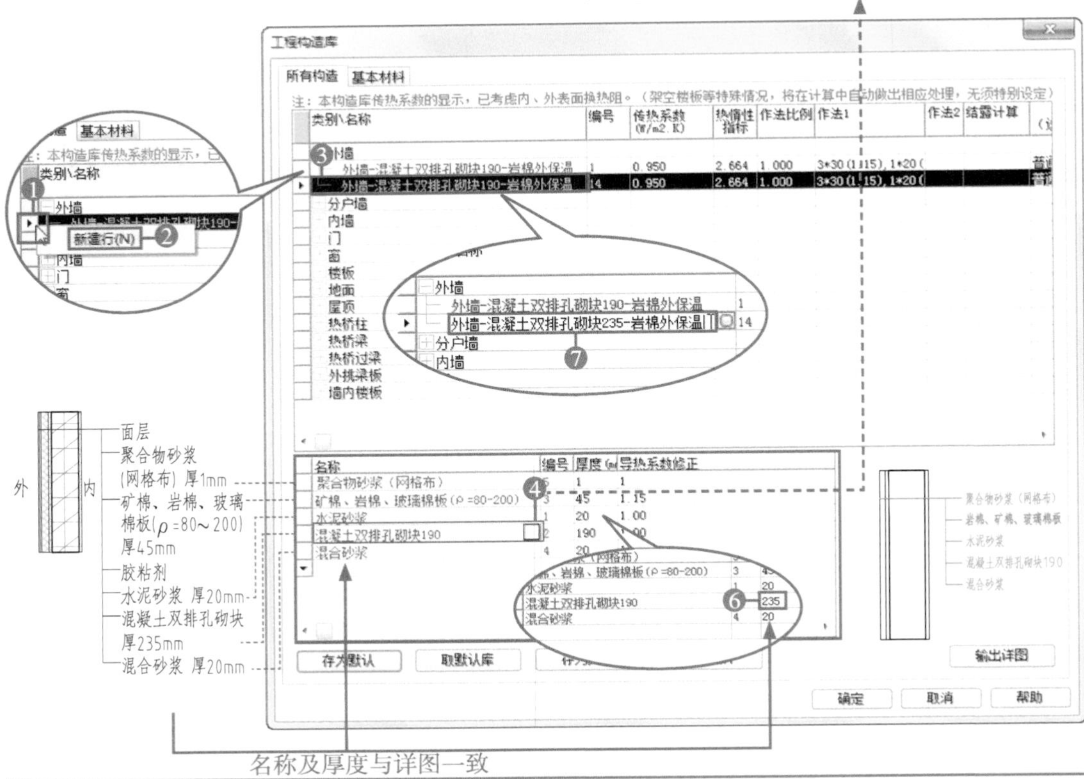

按照上面的步骤完成热桥（☞ P183）的构造设置。

•柱

本工程中最小柱截面尺寸为 400mm×400mm。

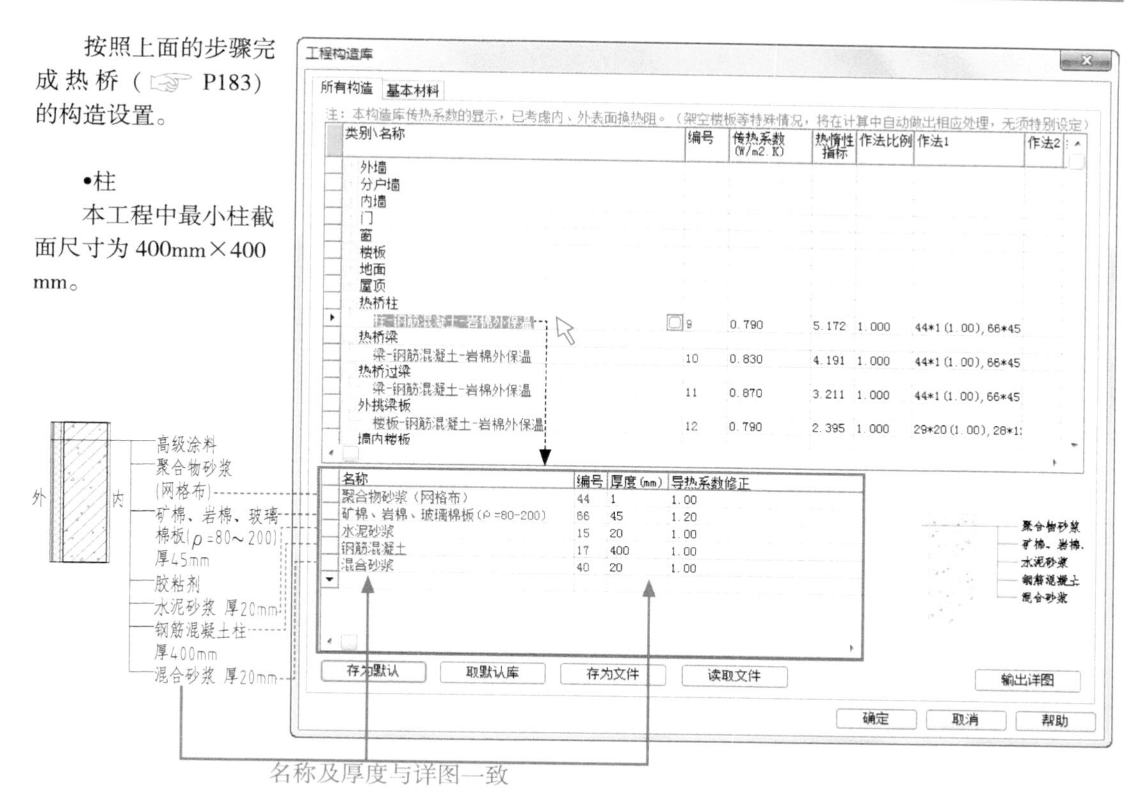

•窗过梁

窗过梁的截面宽度为 200mm。

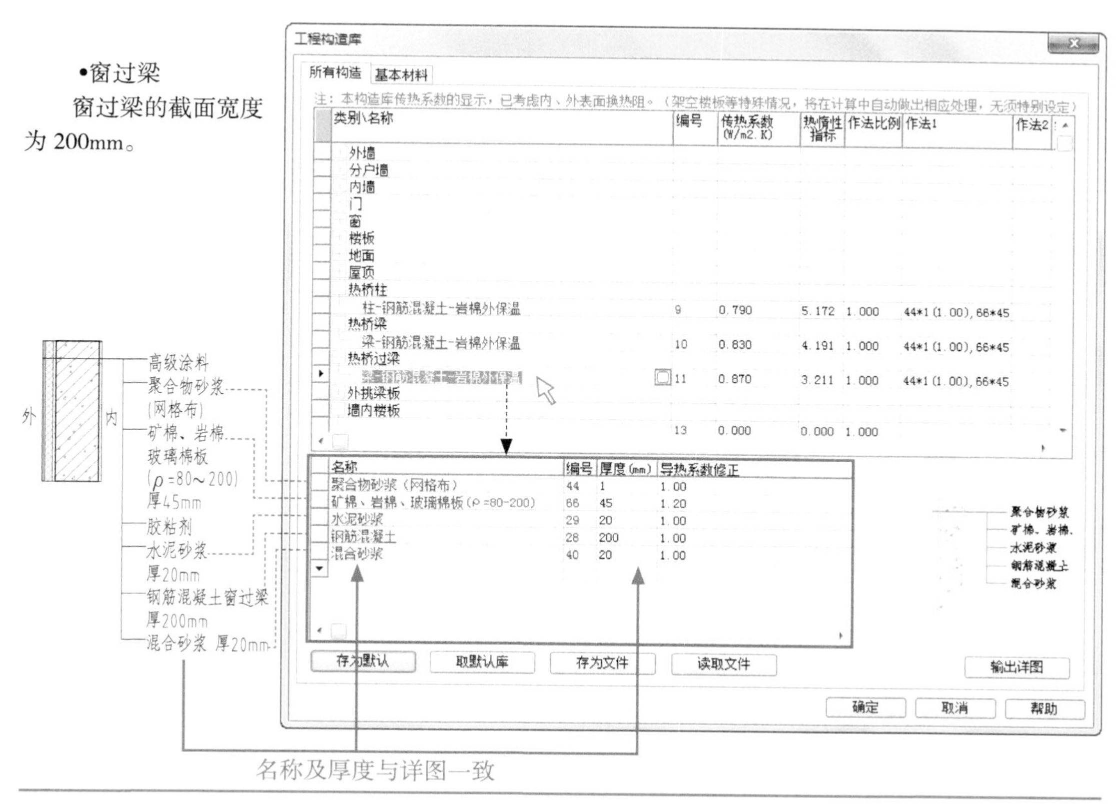

节能计算书中外墙构造的热工计算结果如下：

外墙主体部位热工计算

外墙类型2（南向外墙）：外墙—混凝土双排孔砌块（190厚）—岩棉外保温

各层材料名称	厚度（mm）	导热系数λ [W/(m·K)]	修正系数	修正后导热系数λ [W/(m·K)]	蓄热系数S [W/(m²·K)]	修正后蓄热系数S [W/(m²·K)]	热阻R [(m²·K)/W]	热惰性指标D＝R·S
聚合物砂浆（网格布）	1	0.930	1.00	0.930	11.310	11.310	0.001	0.012
矿棉、岩棉、玻璃棉板（ρ＝80～200）	45	0.045	1.20	0.054	0.750	0.900	0.833	0.750
水泥砂浆	20	0.930	1.00	0.930	11.310	11.310	0.022	0.243
混凝土双排孔砌块190	190	0.680	1.00	0.680	6.000	6.000	0.279	1.676
混合砂浆	20	0.870	1.00	0.870	10.630	10.630	0.023	0.244
合计	276	—	—	—	—	—	1.158	2.93
墙主体传热阻 [(m²·K)/W]		$R_0=R_i+\Sigma R+R_e=1.308$			注：R_i取0.11，R_e取0.04		附加热阻R_s	0.00
墙主体传热系数 [W/(m²·K)]					$K=1/R_0=0.765$			

不同厚度　相同材料　不同热阻

外墙类型3（南向外墙）：外墙—混凝土双排孔砌块（235厚）—岩棉外保温

各层材料名称	厚度（mm）	导热系数λ [W/(m·K)]	修正系数	修正后导热系数λ [W/(m·K)]	蓄热系数S [W/(m²·K)]	修正后蓄热系数S [W/(m²·K)]	热阻R [(m²·K)/W]	热惰性指标D＝R·S
聚合物砂浆（网格布）	1	0.930	1.00	0.930	11.310	11.310	0.001	0.012
矿棉、岩棉、玻璃棉板（ρ＝80～200）	45	0.045	1.20	0.054	0.750	0.900	0.833	0.750
水泥砂浆	20	0.930	1.00	0.930	11.310	11.310	0.022	0.243
混凝土双排孔砌块235	235	0.680	1.00	0.680	6.000	6.000	0.346	2.074
混合砂浆	20	0.870	1.00	0.870	10.630	10.630	0.023	0.244
合计	321	—	—	—	—	—	1.224	3.32
墙主体传热阻 [(m²·K)/W]		$R_0=R_i+\Sigma R+R_e=1.374$			注：R_i取0.11，R_e取0.04		附加热阻R_s	0.00
墙主体传热系数 [W/(m²·K)]					$K=1/R_0=0.728$			

热桥主体部位热工计算

热桥类型4（南向柱）：柱—钢筋混凝土—岩棉外保温

各层材料名称	厚度（mm）	导热系数λ [W/(m·K)]	修正系数	修正后导热系数λ [W/(m·K)]	蓄热系数S [W/(m²·K)]	修正后蓄热系数S [W/(m²·K)]	热阻R [(m²·K)/W]	热惰性指标D＝R·S
聚合物砂浆（网格布）	1	0.930	1.00	0.930	11.310	11.310	0.001	0.012
矿棉、岩棉、玻璃棉板（ρ＝80～200）	45	0.045	1.20	0.054	0.750	0.900	0.833	0.750
水泥砂浆	20	0.930	1.00	0.930	11.310	11.310	0.022	0.243
钢筋混凝土	400	1.740	1.00	1.740	17.060	17.060	0.230	3.922
混合砂浆	20	0.870	1.00	0.870	10.630	10.630	0.023	0.244
合计	486	—	—	—	—	—	1.109	5.17
墙主体传热阻 [(m²·K)/W]		$R_0=R_i+\Sigma R+R_e=1.259$			注：R_i取0.11，R_e取0.04		附加热阻R_s	0.00
墙主体传热系数 [W/(m²·K)]					$K=1/R_0=0.794$			

导热系数相同的材料，因厚度不同，导致传热系数相异

热桥类型6（南向过梁）：梁—钢筋混凝土—岩棉外保温

各层材料名称	厚度（mm）	导热系数λ [W/(m·K)]	修正系数	修正后导热系数λ [W/(m·K)]	蓄热系数S [W/(m²·K)]	修正后蓄热系数S [W/(m²·K)]	热阻R [(m²·K)/W]	热惰性指标D＝R·S
聚合物砂浆（网格布）	1	0.930	1.00	0.930	11.310	11.310	0.001	0.012
矿棉、岩棉、玻璃棉板（ρ＝80～200）	45	0.045	1.20	0.054	0.750	0.900	0.833	0.750
水泥砂浆	20	0.930	1.00	0.930	11.310	11.310	0.022	0.243
钢筋混凝土	200	1.740	1.00	1.740	17.060	17.060	0.115	1.961
混合砂浆	20	0.870	1.00	0.870	10.630	10.630	0.023	0.244
合计	286	—	—	—	—	—	0.994	3.21
墙主体传热阻 [(m²·K)/W]		$R_0=R_i+\Sigma R+R_e=1.144$			注：R_i取0.11，R_e取0.04		附加热阻R_s	0.00
墙主体传热系数 [W/(m²·K)]					$K=1/R_0=0.874$*			

*注：虽单个热桥的传热系数≥0.8，但只要墙体的综合传热系数≤0.8，就可满足要求。

保存 " 构造库 .lib" 文件

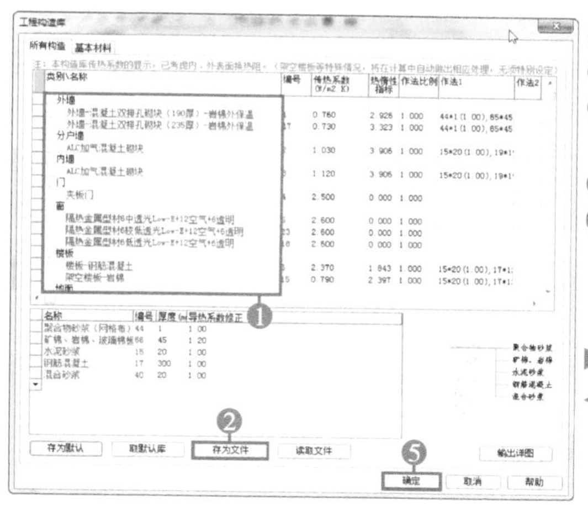

❶ 按照上述方法将各部位的构造做法添加完整

❷ **单击 [存为文件]**，弹出对话框

❸ **在 [文件名] 项输入 " 构造库 "**（若该名称已存在，可另起名）

❹ **单击 [保存]**，对话框关闭

❺ **单击 [确定]**，[工程构造库] 对话框关闭

读取构造库的方法详见 P193。

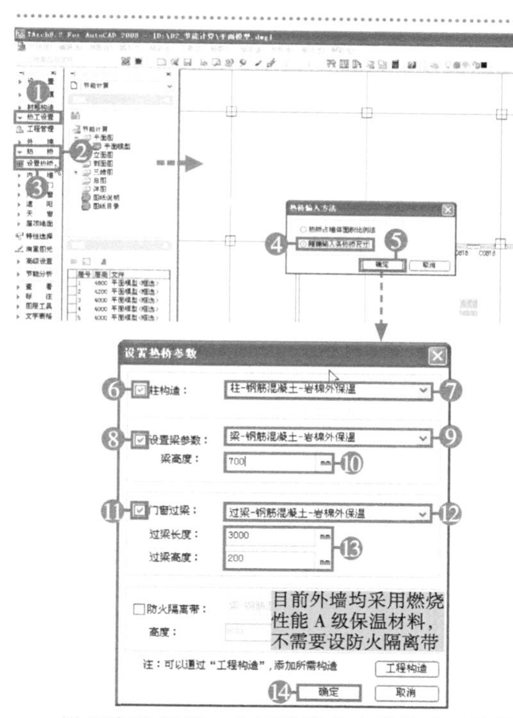

6）设置热桥参数（P183）

❶ **单击 [热工设置]**，展开菜单

❷ **选择 [热桥]**，展开菜单

❸ **选择 [设置热桥]**，弹出对话框

❹ **点选 [精确输入各热桥尺寸]**

❺ **单击 [确定]**，弹出对话框

❻ **勾选 [构造柱]**

❼ **单击▼按钮，选择 [柱 – 钢筋混凝土 – 岩棉外保温]**

❽ **勾选 [设置梁参数]**

❾ **单击▼按钮，选择 [梁 – 钢筋混凝土 – 岩棉外保温]**

❿ **在 [梁高度] 项输入 "700"**

⓫ **勾选 [门窗过梁]**

⓬ **单击▼按钮，选择 [过梁 – 钢筋混凝土 – 岩棉外保温]**

⓭ **在 [过梁长度] 项输入 "3000"**（估算出的平均值），**在 [过梁高度] 项输入 "200"**

⓮ **单击 [确定]**，对话框关闭

⓯ **在绘图区单击 A 点，再单击 B 点，框选所有平面，按 Enter 键或 Space 键**，完成热桥参数设置

设置完热桥后，节能计算书中的外墙平均热工参数计算表中就会显示下列计算结果：

外墙平均热工参数计算

构造类型	墙主体	柱	梁	门窗过梁
面积（m^2）	4489.51	809.20	1460.76	358.62
百分比（%）	63.07	11.37	20.52	5.04
传热系数 [W/(m^2·K)]	0.76	0.79	0.83	0.87
热惰性指标	2.94	5.17	4.19	3.21
外墙平均传热系数 [W/(m^2·K)]	0.78			
外墙平均热惰性指标	3.09			
标准规定	夏热冬冷地区，甲类建筑，$K \le 0.80$			
结论	满足要求			

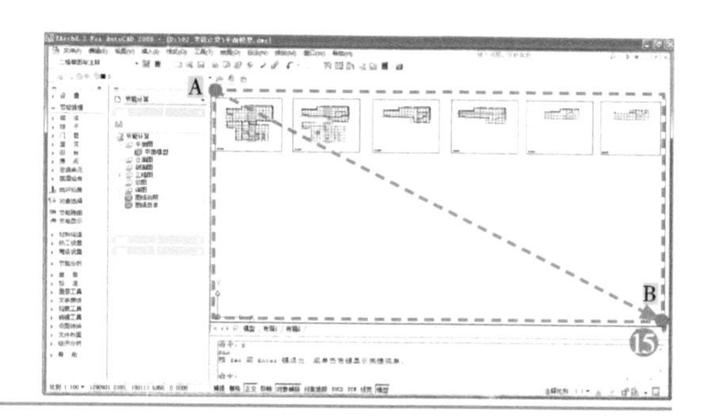

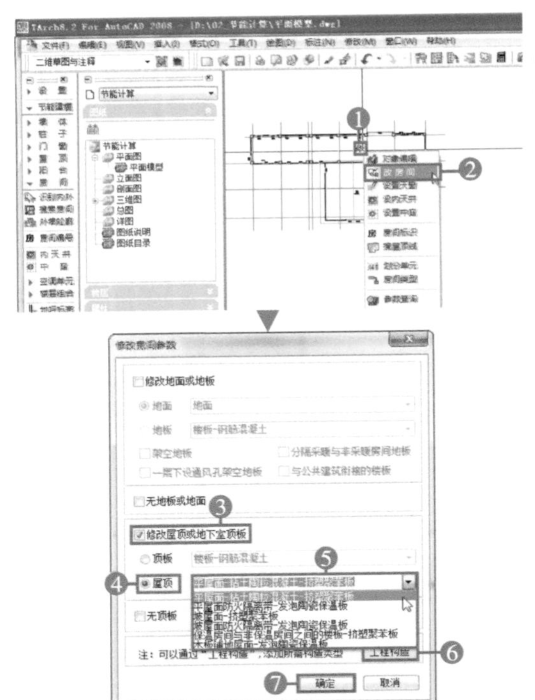

7）设置屋顶构造

❶ 右击顶层平面中北侧"房间"，弹出下拉式菜单

❷ 选择[改房间]，弹出对话框

❸ 勾选[修改屋顶或地下室顶板]

❹ 点选[屋顶]

❺ 单击▼按钮，弹出下拉式菜单，选择[平屋面－黏土陶粒混凝土－挤塑聚苯板]（☞ P194）

❻ 若下拉式菜单中没有所需的构造，单击[工程构造]，弹出[工程构造库]对话框，进行添加（☞ P197）

❼ 单击[确定]，对话框关闭，观察房间四周墙体中心线位置上出现闭合的蓝色线条

同理可设置坡屋顶。

• 在天正节能软件中，一种类型的屋顶构造只需在一个房间中设置即可，在节能分析后可得到该类型屋顶构造的传热系数等指标。此方法可大大减少工作量。

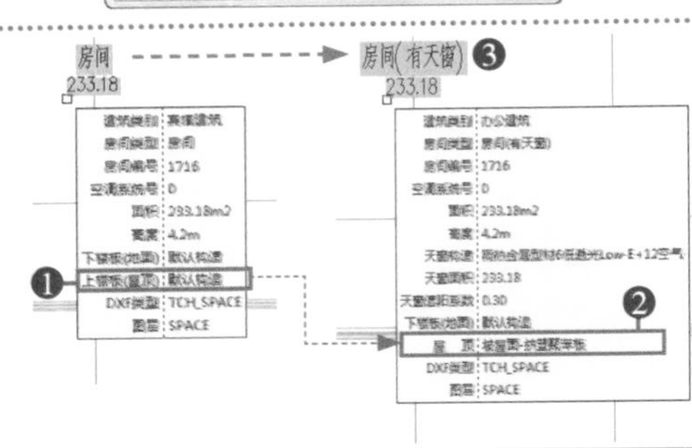

8）设置天窗（☞ P184）

由于天窗必须设置在屋顶上，首先通过[改房间]命令，把需设天窗的房间的上楼板从"默认构造❶"改为"屋顶❷"。

按照"7）设置屋顶构造"的步骤，在二层平面中门诊入口大厅的房间上设置屋顶。

在该房间设置天窗：

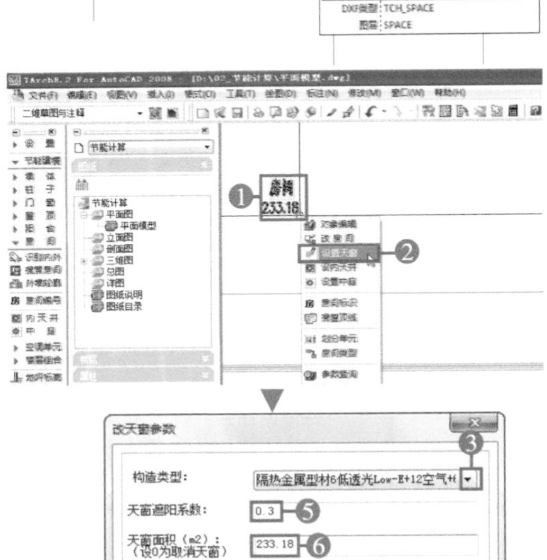

❶ 右击"房间"，弹出下拉式菜单

❷ 选择[设置天窗]，弹出对话框

❸ 单击▼按钮，弹出下拉式菜单，选择[隔热金属型材6低透光 Low-E＋12空气＋6透明]

❹ 若下拉式菜单中没有所需的构造，单击[工程构造]，弹出[工程构造库]对话框，进行添加（☞ P197）

❺ 在[天窗遮阳系数]项输入"0.3"(详见《全国民用建筑工程设计技术措施（2007）——节能专篇/建筑》"续表6.3.1")

❻ 在[天窗面积]项输入"233.18"（天窗面积不应大于该房间面积）

❼ 单击[确定]，对话框关闭

房间名称由"房间"变为"房间（有天窗）"，修改成功❸。

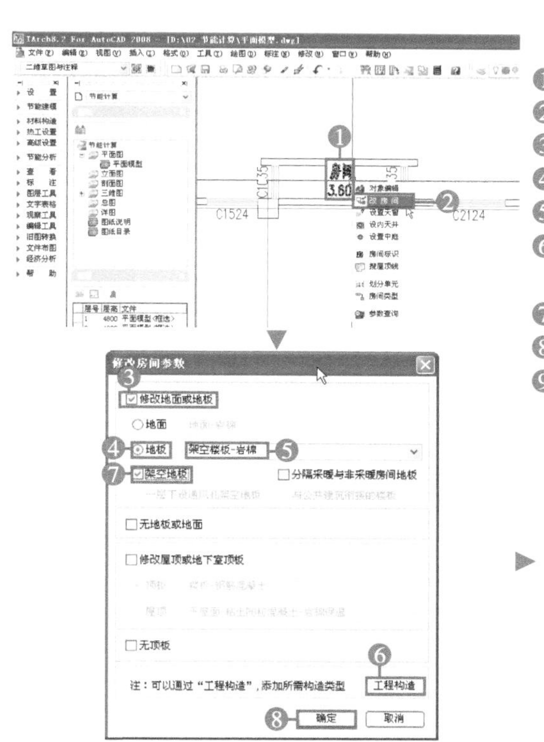

9）设置架空楼板（☞ P184，195）

❶ 右击需设架空楼板的"房间"，弹出下拉式菜单
❷ 选择［改房间］，弹出对话框
❸ 勾选［修改地面或地板］
❹ 点选［地板］
❺ 单击 ▼ 按钮，选择［架空楼板 – 岩棉］
❻ 若下拉式菜单中没有所需的构造，单击［工程构造］，弹出［工程构造库］对话框，进行添加
❼ 勾选［架空地板］
❽ 单击［确定］，对话框关闭
❾ 设置完成后，使用［参数查询］命令查看修改结果

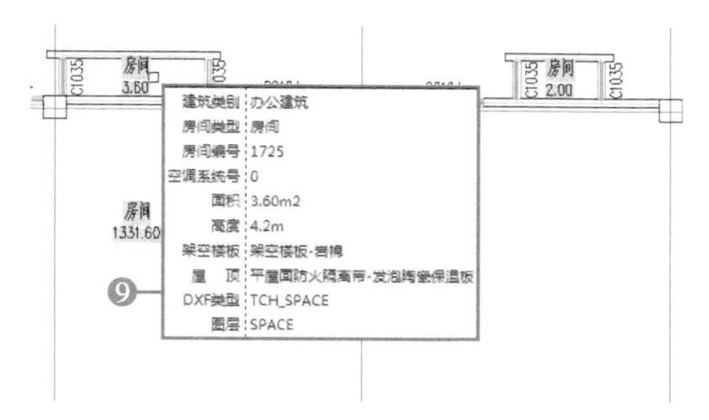

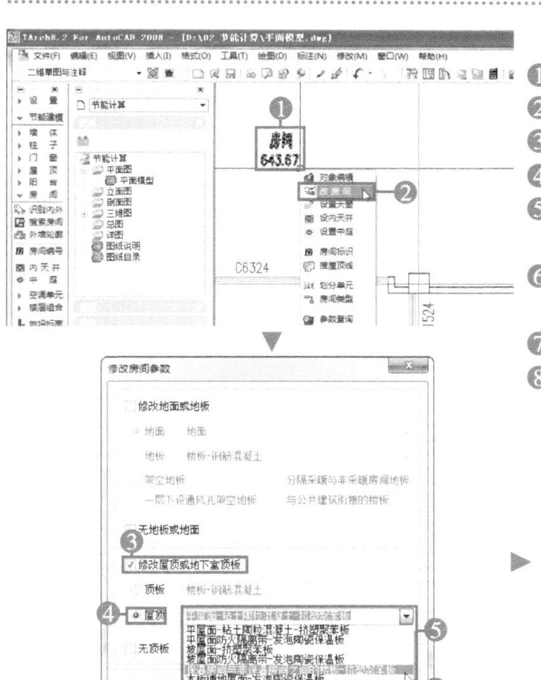

10）设置保温房间与非保温房间之间的楼板

❶ 右击"房间"，弹出下拉式菜单
❷ 选择［改房间］，弹出对话框
❸ 勾选［修改屋顶或地下室顶板］
❹ 点选［屋顶］
❺ 单击 ▼ 按钮，选择［保温房间与非保温房间之间的楼板 – 挤塑聚苯板］（☞ P195）
❻ 若下拉式菜单中没有所需的构造，单击［工程构造］，弹出［工程构造库］对话框，进行添加
❼ 单击［确定］，对话框关闭
❽ 设置完成后使用［参数查询］命令查看修改结果

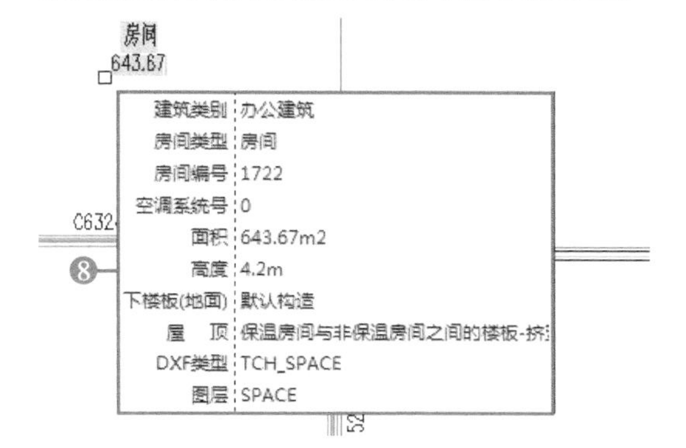

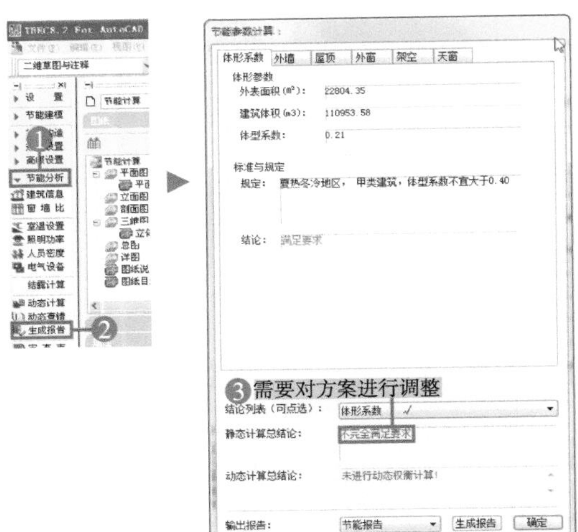

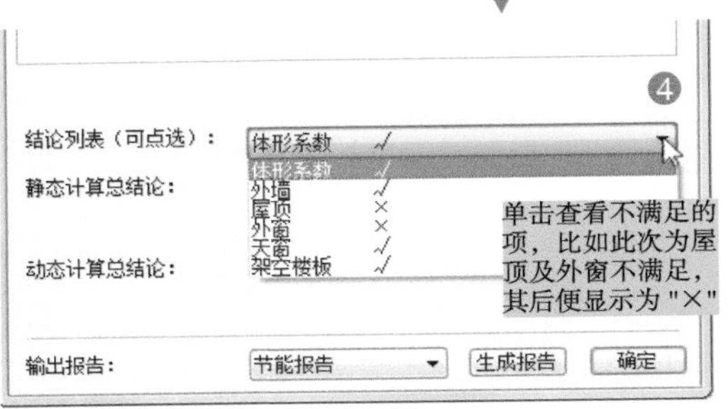

打开配套资源中 "02_ 节能计算（不通过版）" 文件夹内 " 节能计算 .tpr" 文件

11）节能分析

❶ 单击 [节能分析]，展开菜单

❷ 选择 [生成报告]，弹出对话框

❸ [静态计算总结论] 为 " 不完全满足要求 "

❹ 单击 [结论列表] ▼ 按钮，弹出下拉式菜单，显示 [体形系数]、[外墙]、[天窗]、[架空楼板] 满足要求，[屋顶]、[外窗] 不满足要求

12）增加保温层厚度

❺ 单击 [屋顶]

❻ 屋顶类型默认为 [平屋面 – 黏土陶粒混凝土 – 挤塑聚苯板]

❼ 结论显示满足要求

❽ 单击 [屋顶类型] 右侧的 ▼ 按钮

❾ 依次选择其他类型屋面，发现 [木板铺地屋面 – 发泡陶瓷保温板] 不满足要求（☞ P195）

❿ 单击 [确定]，对话框关闭

⓫ 单击 [材料构造]，展开菜单

⓬ 选择 [工程构造]，弹出对话框

⓭ 单击 [屋顶] 左侧的 ⊞ 按钮

⓮ 选择屋顶构造 [木板铺地屋面 – 发泡陶瓷保温板]

⓯ 该构造保温材料 [发泡陶瓷保温板（Ⅲ型）] 厚度为 50

⓰ （以 5 为增量）增加该厚度值并重复步骤❷～⓫，直至计算结果满足要求

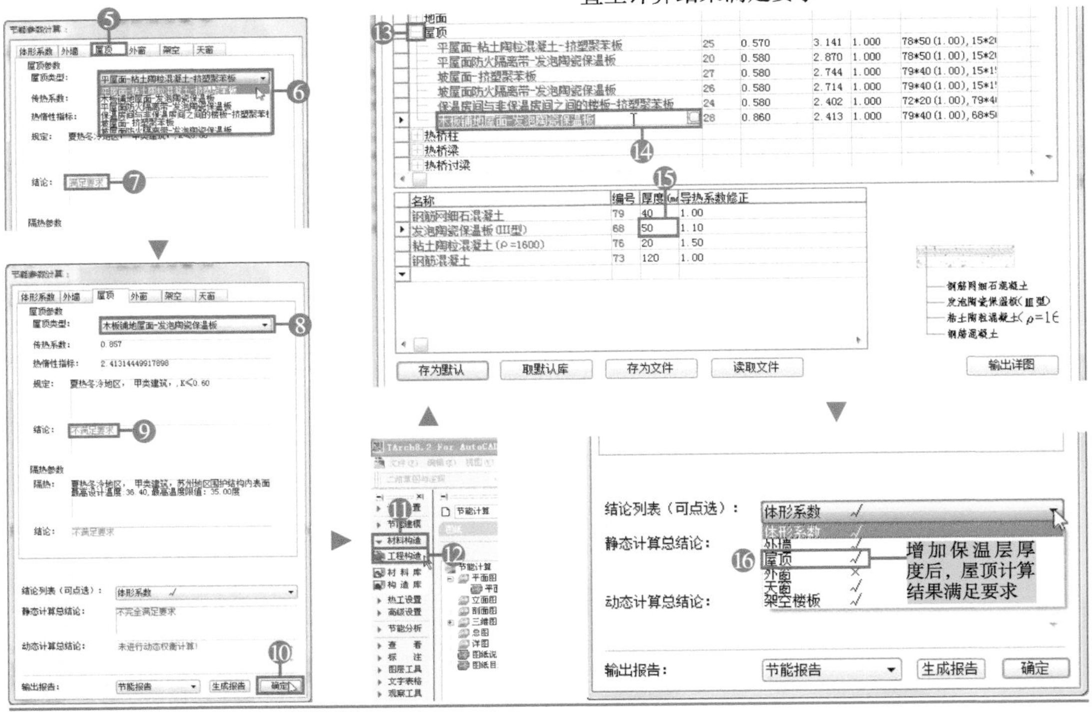

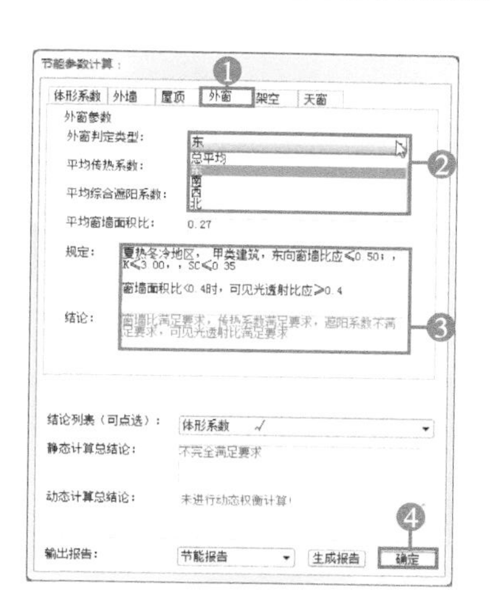

13）改选外窗

❶ 单击［外窗］

❷ 单击［外窗判定类型］的 ▼ 按钮，弹出下拉式菜单，单击［东］

❸ 结论中显示［窗墙比］、［传热系数］、［可见光透射比］满足要求，［遮阳系数］不满足要求

❹ 单击［确定］，对话框关闭

• 当窗墙比略大于 0.2、0.3 或 0.4 等规范规定的临界值时，通过减少窗户面积，使窗墙比小于等于规定的临界值，从而放宽遮阳系数限值（☞ P175），是达到节能设计指标的有效方法。

• 熟悉各种外遮阳系数，合理设置外遮阳形式，是提高遮阳效果的有效手段。但改变外遮阳的设置会改变建筑立面；当不想改变立面时，只能选择传热系数更低的玻璃窗（☞ P186，190）。

•增设较低透光玻璃窗的工程构造

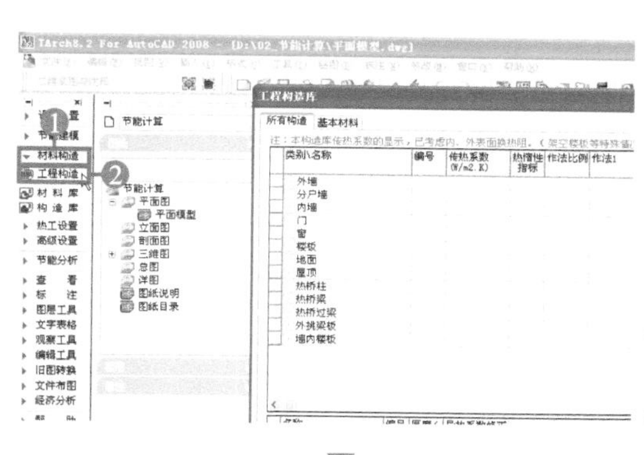

❶ 单击［材料构造］，展开菜单

❷ 选择［工程构造］，弹出对话框

❸ 单击［窗］左侧的 ⊞ 按钮

❹ 右击［隔热金属型材 6 中透光 Low-E + 12 空气+ 6 透明］左侧的 □ 按钮，弹出下拉式菜单

❺ 选择［新建行］

❻ 新建行中自动复制［隔热金属型材 6 中透光 Low-E + 12 空气+ 6 透明］

❼ 单击［隔热金属型材 6 中透光 Low-E + 12 空气+ 6 透明］右侧的 ▢ 按钮，弹出［天正构造库］

❽ 双击［隔热金属型材 6 较低透光 Low-E + 12 空气+ 6 透明］左侧的 □ 按钮，该对话框关闭

❾ 外窗构造［隔热金属型材 6 较低透光 Low-E + 12 空气+ 6 透明］添加完成

❿ 单击［确定］，［工程构造库］对话框关闭

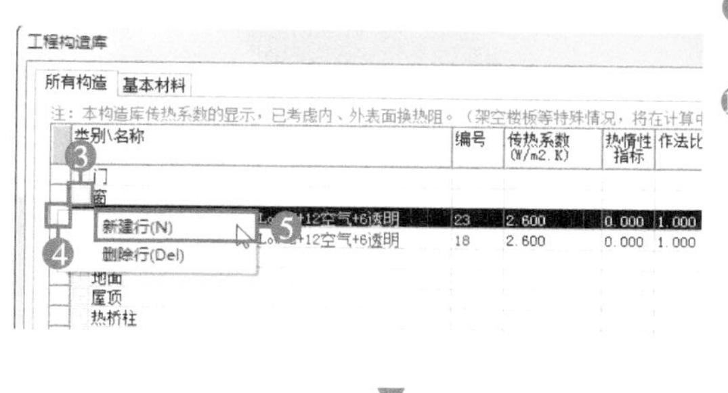

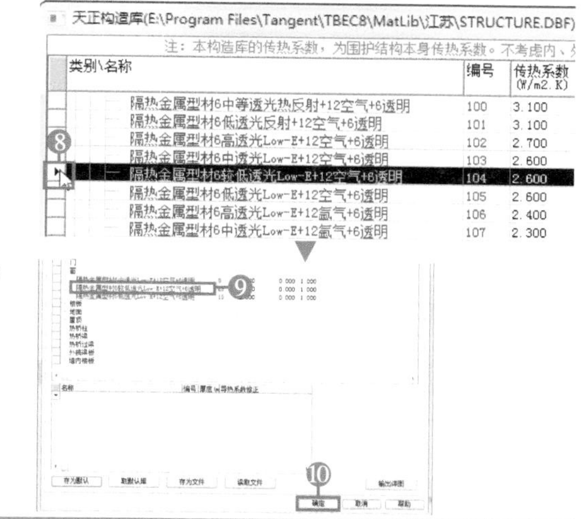

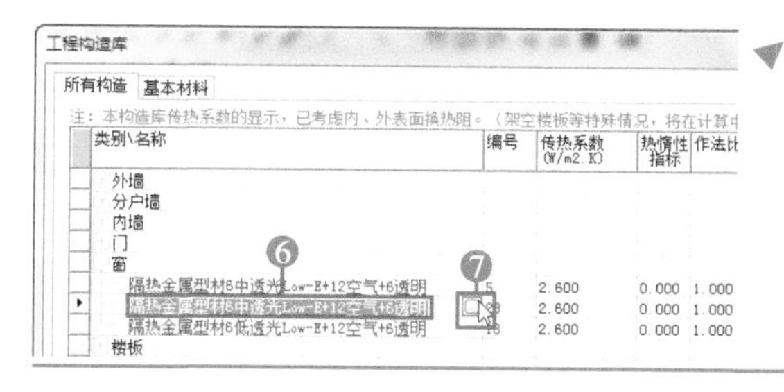

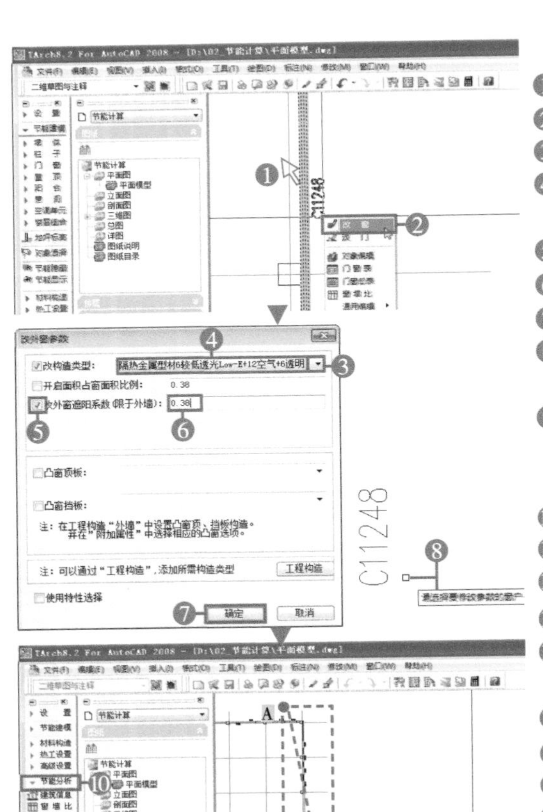

•改窗

① 右击东侧窗 C11248，弹出下拉式菜单

② 选择［改窗］，弹出对话框

③ 单击［改构造类型］的 ▼ 按钮，弹出下拉式菜单

④ 选择［隔热金属型材 6 较低透光 Low-E + 12 空气+ 6 透明］

⑤ 勾选［改外窗遮阳系数（限于外墙）］

⑥ 在该项输入 "0.38"

⑦ 单击［确定］，对话框关闭

⑧ 鼠标箭头变为 " □ "，出现浮动窗口，提示 " 请选择要修改参数的窗户 "

⑨ 依次单击 A 点、B 点，框选南楼 22 轴与 29 轴一层、二层所有东侧外窗，同理框选北楼 31 轴与 32 轴一层所有东侧外窗，单击右键退出

⑩ 单击［节能分析］，展开菜单

⑪ 选择［生成报告］，弹出对话框

⑫ 确认［外窗］项的已变为 " √ "

⑬ 单击［外窗］

⑭ ［静态计算总结论］为［完全满足要求］

14）生成报告

⑮ 单击［生成报告］，弹出［另存为］对话框

⑯ 在［文件名］输入 " 公共建筑节能计算报告书 "

⑰ 单击［保存］，弹出［报告模式］对话框

⑱ 点选［生成报告全文］

⑲ 单击［确定］，对话框关闭，运算一段时间后，弹出 " 公共建筑节能计算报告书 " 的 Word 文件

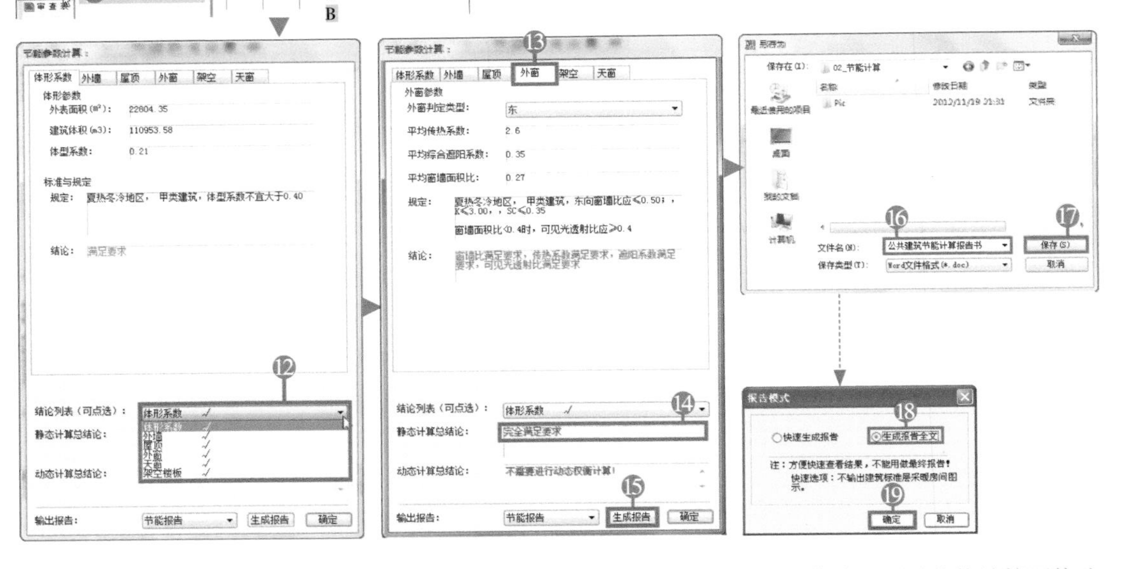

• 必须始终保持节能计算书中的参数设置与建筑施工图一致。例如：若为了通过节能计算而修改了保温层厚度，则应在 " 施工图做法说明 " 中修改相应的保温层厚度（☞ P271）；同样，若减少了开窗面积，也应在建筑平、立、剖面图中作相应修改。

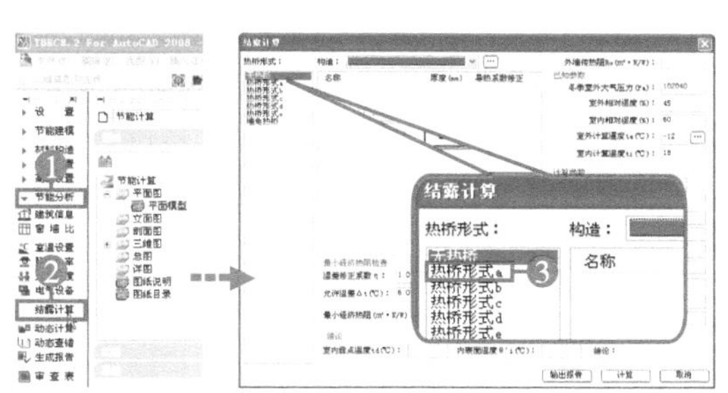

15) 结露计算

(1) 外墙

❶ 单击 [节能分析]，展开菜单

❷ 选择 [结露计算]，弹出对话框

❸ 选择 [热桥形式 a]，柱与墙体外缘平齐（☞ P519）

❹ 单击 [构造] 的 ⋯ 按钮，弹出对话框

❺ 单击 [热桥梁] 左侧的 ⊞ 按钮

❻ 选择 [梁 – 钢筋混凝土 – 岩棉外保温]

❼ 单击 [确定]，对话框关闭

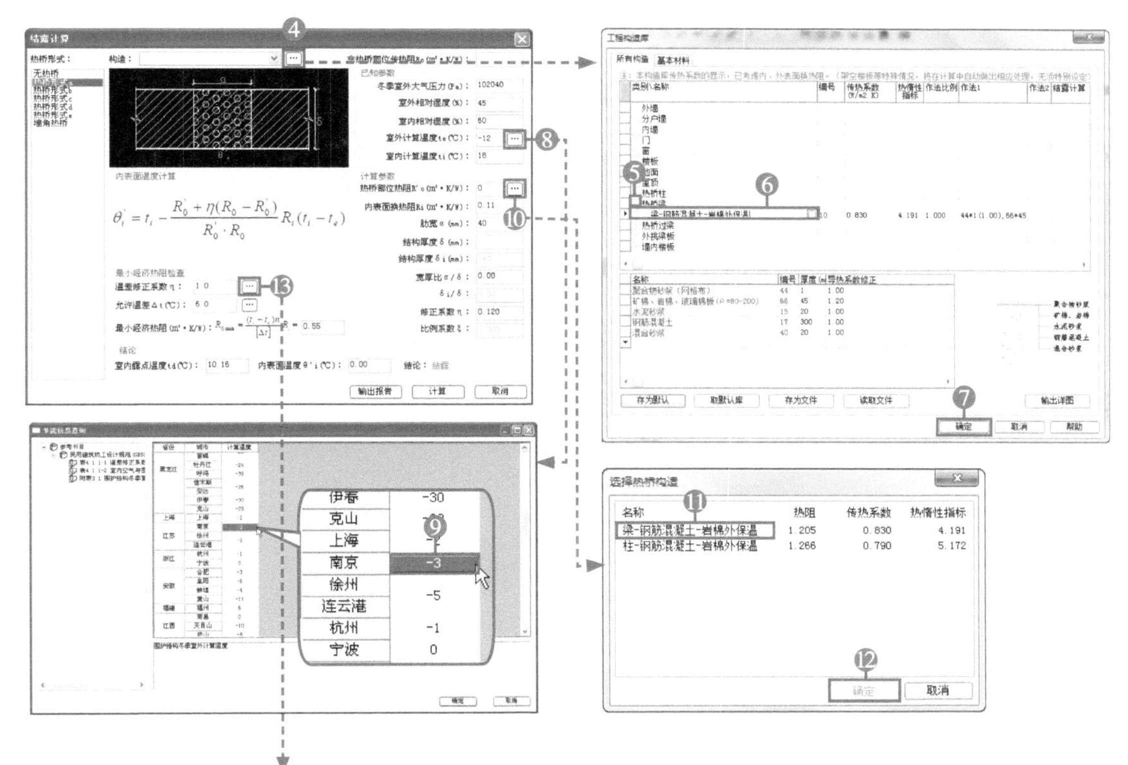

❽ 单击 [室外计算温度 t_e（℃）] 右侧的 ⋯ 按钮，弹出 [节能信息查询] 对话框

❾ 双击 [江苏 – 南京] 右侧的 [–3]，对话框关闭，修改室外计算温度。虽本工程在苏州，但由于没有 [苏州] 选项，因此选择就近的地点

❿ 单击 [热桥部位热阻 R'_0（m^2·K / W）] 右侧的 ⋯ 按钮，弹出 [选择热桥构造] 对话框

⓫ 选择 [梁 – 钢筋混凝土 – 岩棉外保温]

⓬ 单击 [确定]，对话框关闭，完成热阻设置

⓭ 单击 [温度修正系数 η] 右侧的 ⋯ 按钮，弹出 [节能信息查询] 对话框

⓮ 双击 [外墙、平屋顶及与室外空气直接接触的楼板等] 右侧的 [1.00]，对话框关闭

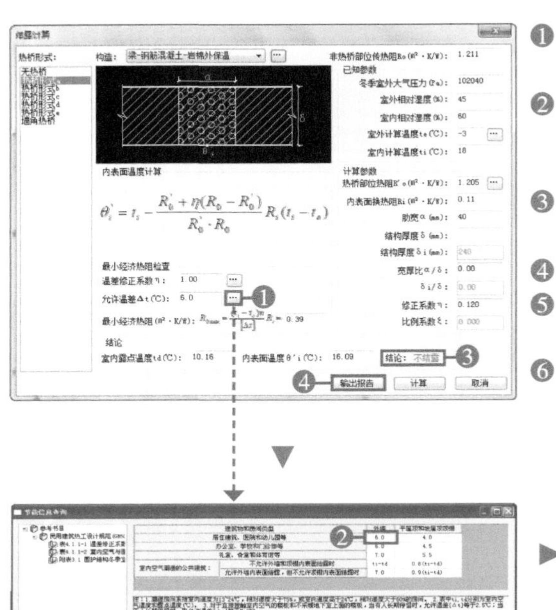

❶ 单击［允许温差Δt(℃)］右侧的 ⋯ 按钮，弹出［节能信息查询］对话框

❷ 双击［居住建筑，医院和幼儿园等］项右侧的[6.0]（根据建筑类型选择允许的温差值），该对话框关闭

❸ 确认［结论：不结露］，若为［结论：结露］，则需调整设计

❹ 单击［输出报告］，弹出［另存为］对话框

❺ 在［文件名］项输入"外墙热桥部位结露设计计算书"

❻ 单击［保存］，对话框关闭，一段时间后，会自动弹出"外墙热桥部位结露设计计算书"的Word文件

3

（2）屋面

❶ 单击［节能分析］，展开菜单

❷ 选择［结露计算］，弹出对话框

❸ 选择［无热桥］（屋顶均为钢筋混凝土现浇板，无热桥）

❹ 单击［构造］右侧的 ⋯ 按钮，弹出对话框

❺ 单击［屋顶］左侧的 ⊞ 按钮

❻ 选择［平屋面－黏土陶粒混凝土－挤塑聚苯板］，单击［确定］，该对话框关闭

❼ 单击［允许温差Δt(℃)］右侧的 ⋯ 按钮，弹出［节能信息查询］对话框

❽ 双击［居住建筑，医院和幼儿园等］项右侧的[4.0]，根据建筑类型选择允许的温差值，该对话框关闭

［室外计算温度］、［温差修正系数］项的填写方法同"（1）外墙"。

❾ 确认［结论：不结露］，输出报告步骤同"（1）外墙"

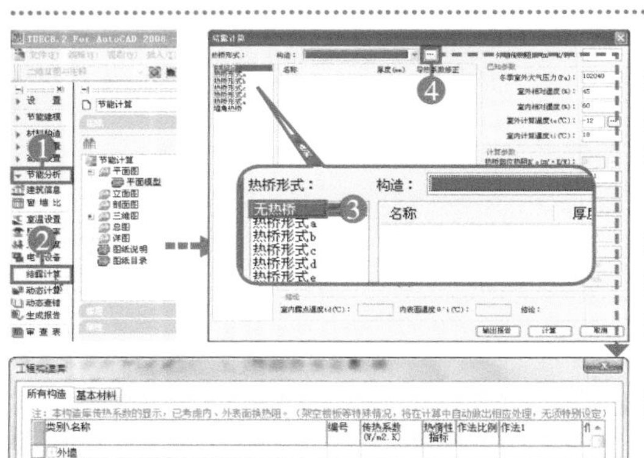

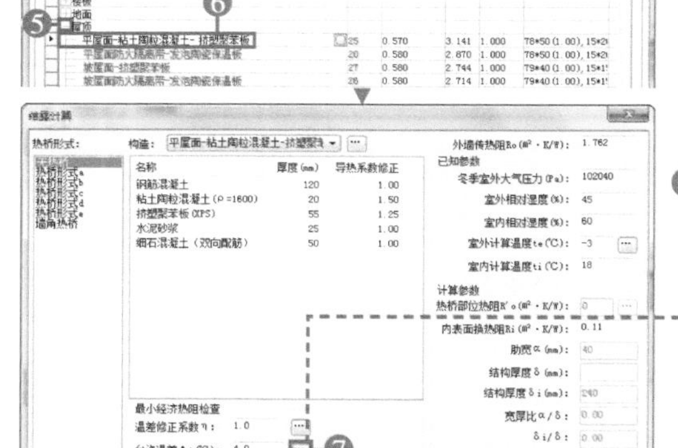

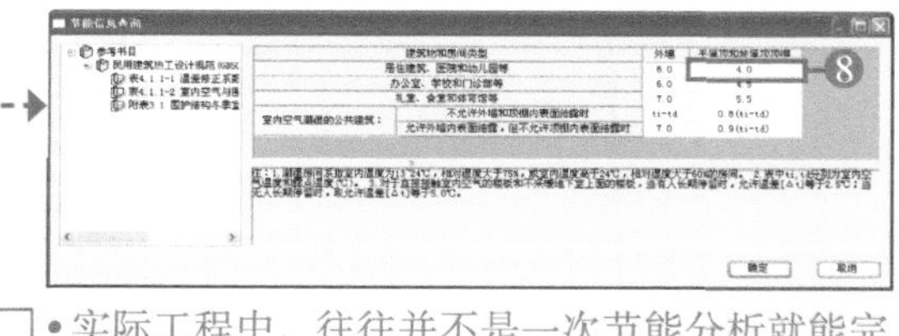

注意
• 实际工程中，往往并不是一次节能分析就能完全满足要求；此时需要对方案进行调整，直至各项指标全部达标为止。

3.5.6 建筑节能设计说明书

天正节能软件生成的《节能计算报告书》已包含了该工程节能计算的详细内容，通常只需添加设计院的专用封面即可提交送审。

•供设计院盖章的专用封面

OO 设计院

建筑节能计算书

（公共建筑）

项目编号：______ 设计阶段：______
项目名称：______
建设单位：______

专业负责人：______ 日期：______
计算人：______ 日期：______
校核人：______ 日期：______
审核人：______ 日期：______

执业章：

+

•天正软件生成的节能计算报告书

天正软件 Tangent

公共建筑节能计算报告书

项目名称：______
计 算 人：______
校 对 人：______
审 核 人：______

设计单位：OO 设计院
计算工具：天正建筑节能分析软件 TBEC（江苏版）
软件开发单位：北京天正公司
软件版本号：8.2Build120604
计算时间：2012 年 12 月 12 日 12：12

公共建筑节能计算书的内容

一、项目概况
二、建筑信息
三、设计依据
四、设计选用材料
五、围护结构基本组成
六、体形系数
七、空调面积比
八、外墙
九、特殊墙体
十、屋顶
十一、架空或外挑楼板
十二、外窗（含阳台门透明部分）
十三、天窗
十四、采暖、空调地下室地面
十五、采暖、空调地下室外墙
十六、地上采暖、空调房间的地下室顶板
十七、结论
十八、节能计算标准层设计图
十九、外墙热桥部位结露设计计算书
二十、屋面结露设计计算书

3.6 总平面竖向设计

3.6.1 主要内容

1）基本概念

总平面竖向设计包括合理组织场地的土石方工程，场地排水设计以及场地无障碍设计等内容。因本工程场地较平整，故重点介绍场地排水设计及场地无障碍设计。

南京军区南京总医院门诊楼无障碍入口广场

南京明基医院急诊部无障碍入口广场

庭院绿地内的道路与绿地的标高关系

车行道与绿地的标高关系

车行道与路边停车场及绿地的标高关系

车行道与人行道及绿地的标高关系

2) 场地排水设计

（1）排水方向

场地排水包括地面排水及路面排水。通常场地范围内车行道的标高最低，因此一般先将雨水汇集到车行道上，再流入车行道上的集水井或集水沟，最后排入市政雨水管网。

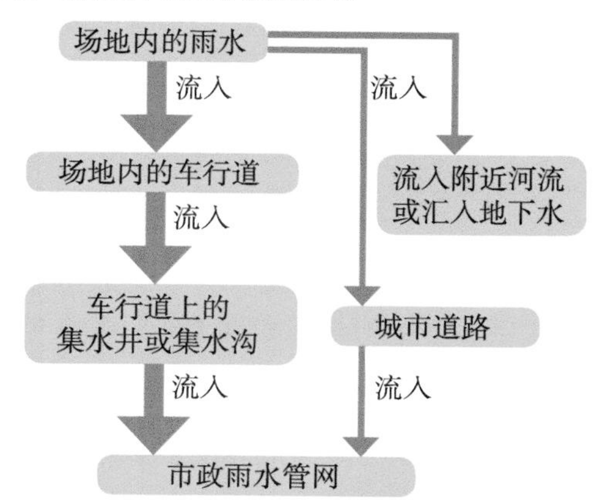

■《全国民用建筑工程设计技术措施（2009）——规划·建筑·景观》第一部分

"表 3.2.2 各种场地设计坡度 (%)"

场地名称	适用坡度	最大坡度
密实性地面和广场	0.3~3.0	3.0
停车场	0.25~0.5	1.0~2.0
室外一般场地	0.2	—
绿地	1.5~10.0	33

"表 4.3.1 居住区道路纵坡控制坡度（%）"

道路类别	最小纵坡	最大纵坡
机动车道	≥ 0.2	≤ 8.0，L ≤ 200m
非机动车道	≥ 0.2	≤ 3.0，L ≤ 50m
步行道	≥ 0.2	≤ 8.0

*L 为坡长 (m)

"4.3.2　道路横坡"：

•机动车、非机动车道路统称车行道，其横向坡为 1.5%~2.5% ❶；

•人行道横坡为 1.0%~2.0% ❷。

（2）排水方案

本工程因场地东临河流，南、西、北三面临接城市道路，场地排水设计的基本思路是利用场地中间高、四周低的特点，将雨水排到场地外。

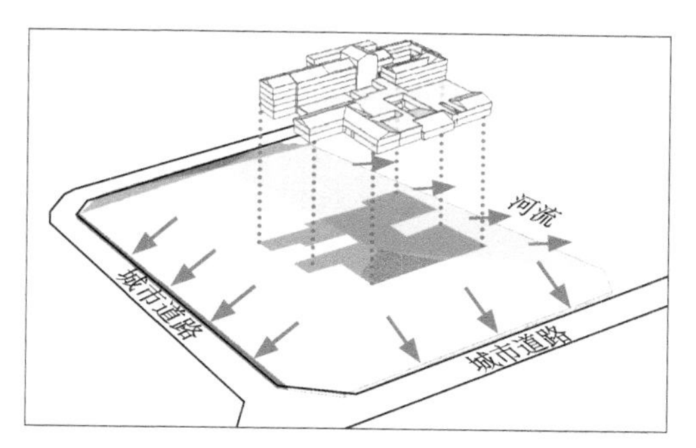

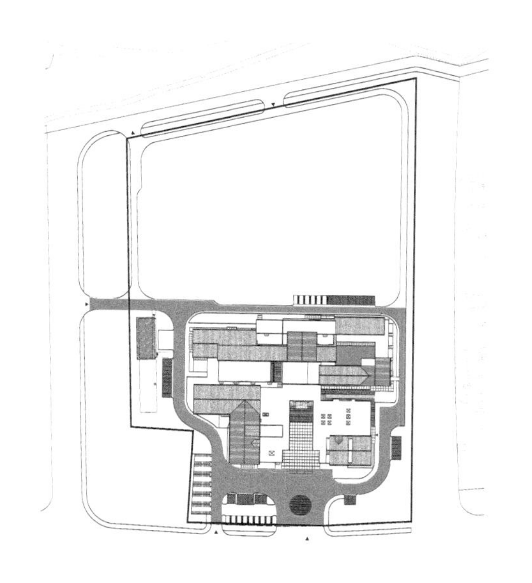

右图中的红色区域为场地排水的设计范围，通过设计该范围内广场及道路的排水坡度，有组织地将雨水排入市政雨水管网。具体设计步骤将在下节介绍。

3) 场地无障碍设计

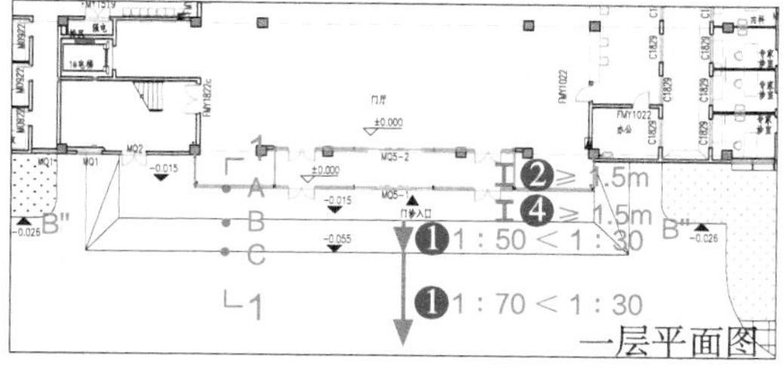

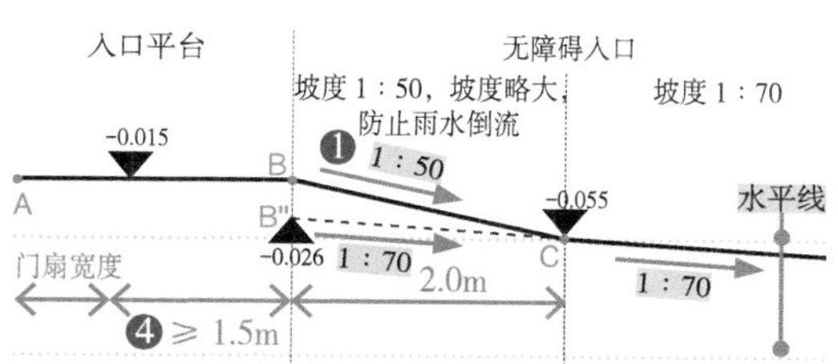

剖面 1-1 示意图

《无障碍设计规范》（GB 50763—2012）

"3.3 无障碍出入口"：

3.3.3-1 平坡出入口的地面坡度不应大于 1：20，当场地条件比较好时，不宜大于 1：30 ❶。

3.3.2-5 建筑物无障碍出入口的门厅、过厅如设置两道门，门扇同时开启时两道门的间距不应小于 1.50m ❷。

3.3.2-6 建筑物无障碍出入口的上方应设置雨篷❸。

"3.4 轮椅坡道"：

3.4.6 轮椅坡道起点、终点和中间休息平台的水平长度不应小于 1.50m ❹。

• 目前我国医院普遍采用无障碍入口，设置坡度≤1：30 的坡道，而不设置台阶。

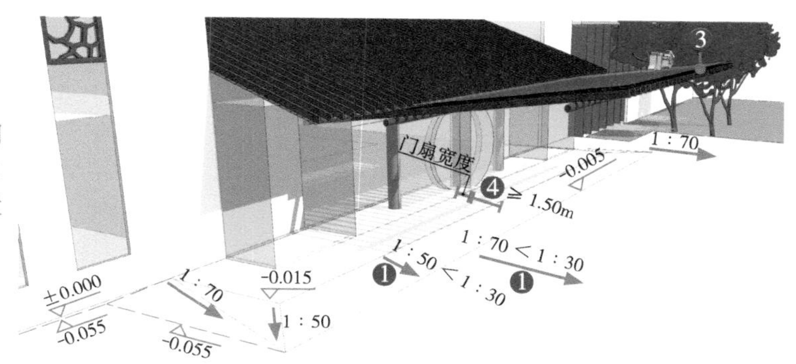

3.6.2 场地排水设计

1）相对标高与绝对标高

场地及建筑物的高度用标高来表示，标高分为相对标高与绝对标高。相对标高以室内地面为基准，用以表达平、立、剖等建筑施工图中各部分的高度；而绝对标高以黄海平均海平面为基准，多用于总平面竖向设计。总平面图中必须说明室内地面的绝对标高。

本工程的绝对标高采用以吴淞口附近的平均海平面为基准的吴淞标高。如右图所示，场地及周边道路最高处绝对标高的实测值为 4.300m，最低处为 4.030m，场地较平整。

为防止雨水进入室内，本工程室内地面绝对标高＝4.300m（场地最高处绝对标高）＋0.450m（室内外高差）＋0.050m（储备）＝4.800m。

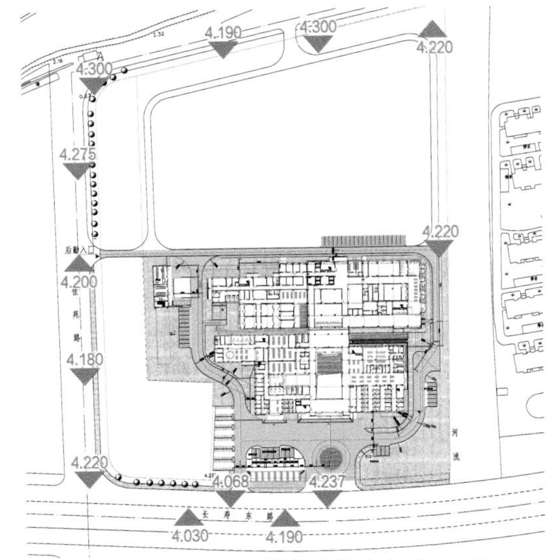

2）设计思路

（1）选择与城市道路相交的用地内南北两侧的道路，并计算其关键点标高。

（2）依据南北两侧道路的关键点（S、D"、B'、T点）标高，计算东西两侧道路的关键点标高。

（3）校核下列指标是否满足要求：

•建筑主要出入口的室内外高差为 0.450m；

•路缘处人行道与车行道之间的高差≤0.10m（☞《无障碍设计规范》（GB 50763—2012）"3.1.1-2"）；

•人行道、车行道及广场的纵坡与横坡坡度满足规范（☞ P210）。

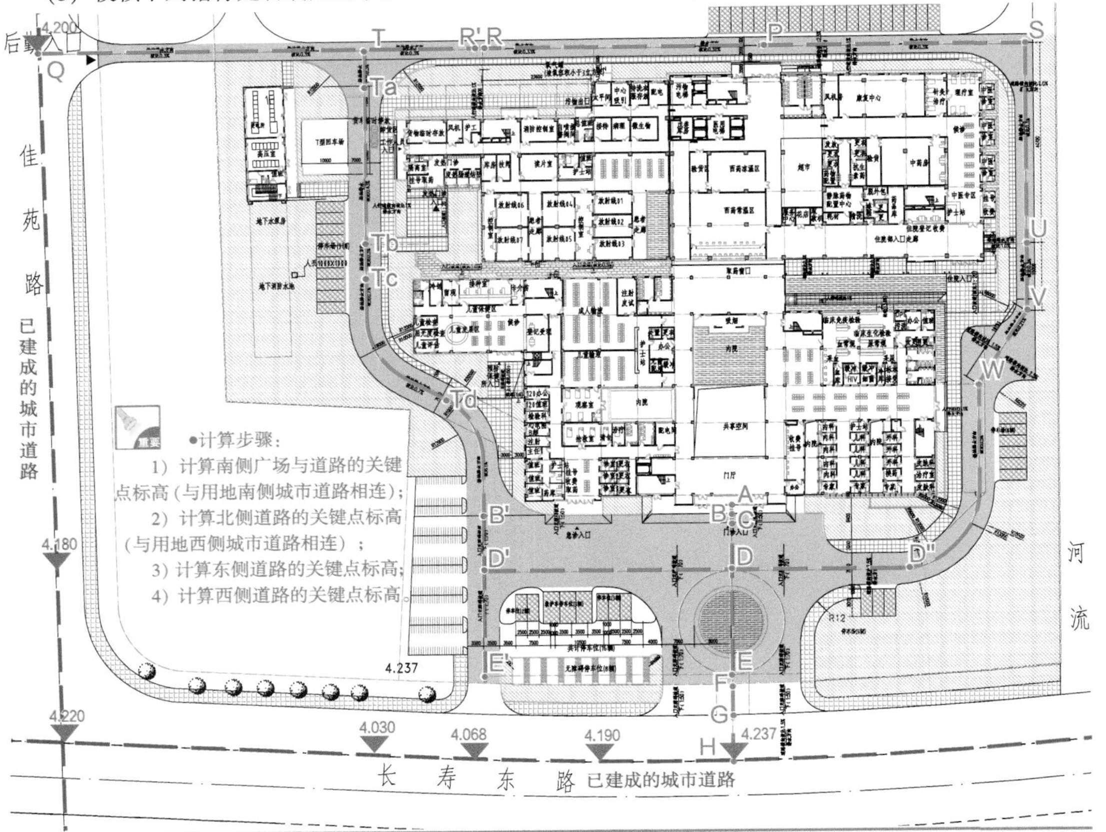

(1) 计算南侧广场与道路的标高

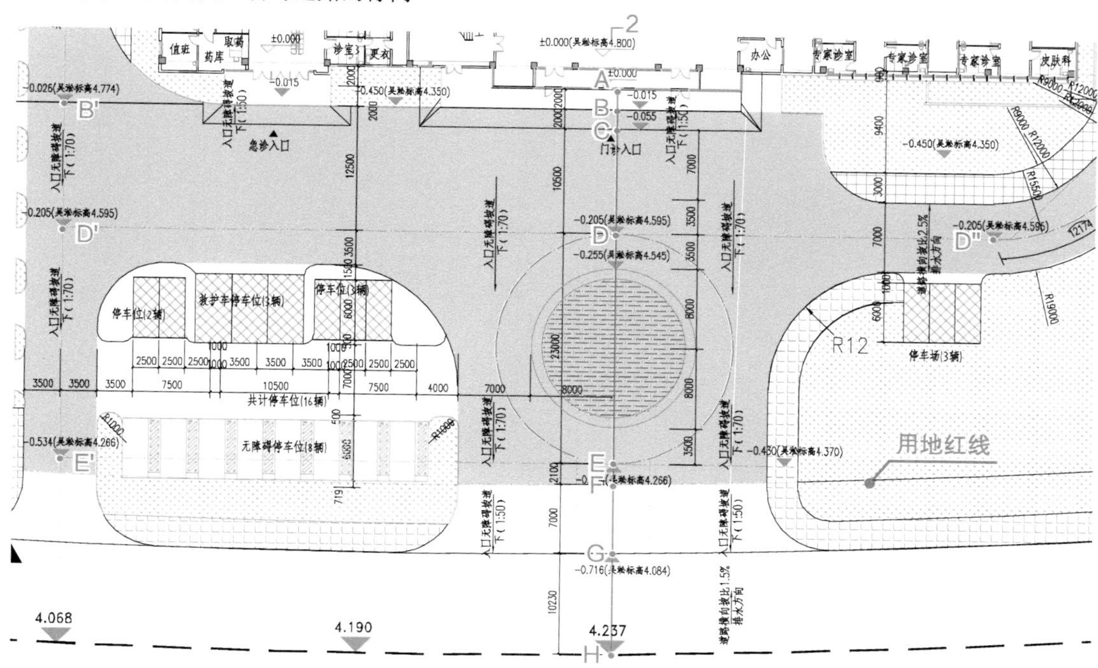

(1-1) 基本思路

主入口 BG 段设无障碍入口坡道，依据《全国民用建筑工程设计技术措施（2009）——规划·建筑·景观》" 第二部分 14.4.2"，排水坡度宜为 1% ～ 2%。为防止雨水向室内倒流，BC 段的坡度设为 2%；为防止雨水向场地倒流，EG 段的坡度也设为 2%；CE 段的坡度较缓，设为 1∶70（1.43%）。D'、D" 的标高与 D 一致，B' 的标高与 B 一致，E' 的标高与 E 一致，由此可以计算出场地南面出入口处 F 的标高。

(1-2) 计算 C 标高

C 标高＝ B 标高－ BC 距离 ×BC 坡度

＝ -0.015 － 2×2% ＝ -0.055m

(1-3) 计算 E 标高

E 标高＝ C 标高－ CE 距离 ×CE 坡度

＝ -0.055 － (10.5 ＋ 23)×1/70 ＝ -0.534m

(1-4) 计算 G 标高

G 标高＝ E 标高－ EG 距离 ×EG 坡度

＝ -0.534 － (2.1 ＋ 7)×2% ＝ -0.716m

(1-5) 计算 HG 的坡度

HG 坡度＝ (H 标高－ G 标高) / HG 距离

＝ (-0.563 ＋ 0.716) / 10.23 ＝ 1.5%，满足要求

1.5% ≤ HG 坡度≤ 2.5%，满足车行道横坡坡度的要求（☞ P210）

(1-6) 计算 D 标高

D 标高＝ C 标高－ CD 距离 ×CD 坡度

＝ -0.055 － 10.5×1/70 ＝ -0.205m

(1-7) 计算 F 标高

F 标高＝ E 标高－ EF 距离 ×EF 坡度

＝ -0.534 － 2.1×2% ＝ -0.576m

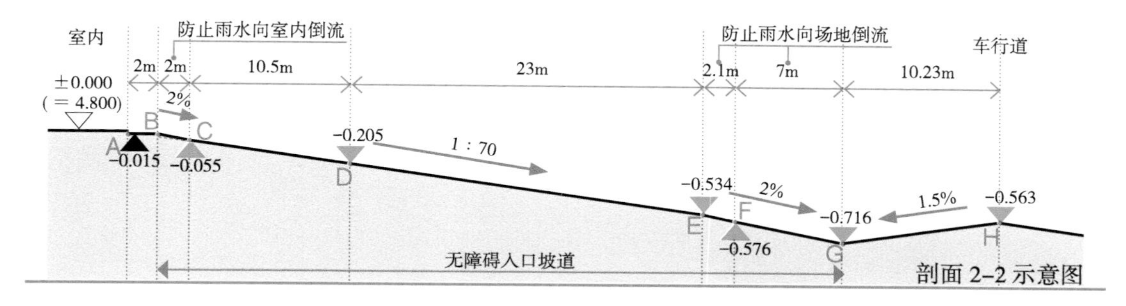

剖面 2-2 示意图

（2）计算北侧道路的标高

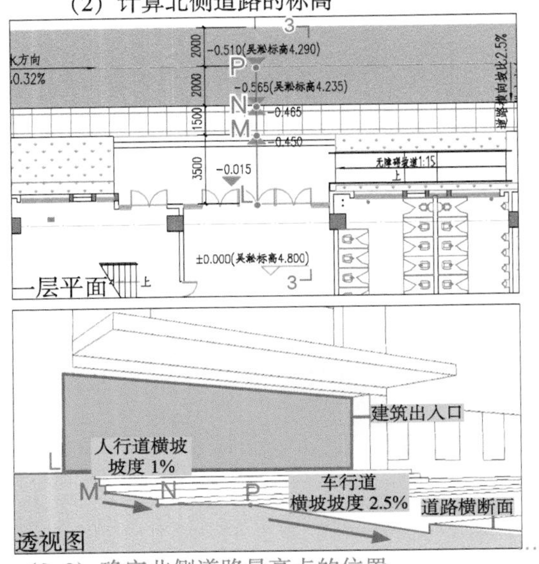

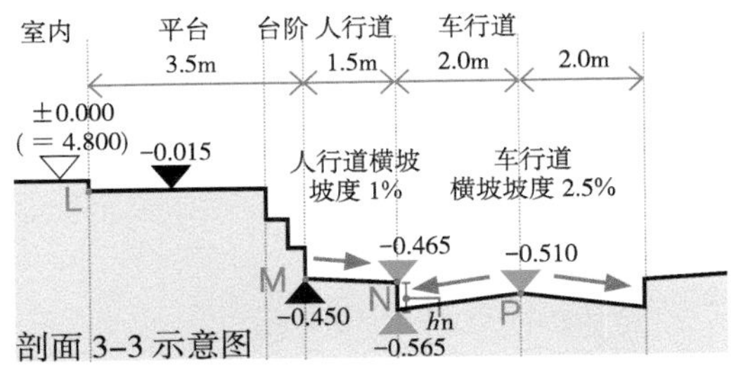

（2–1）求 P 标高

M 标高＝ –0.450m（室内外高差）

N 人行道路面标高

＝ M 标高－人行道宽度 × 人行道横坡坡度

＝ –0.450 － 1.5×1% ＝ –0.465m

N 车行道路面标高＝ N 人行道路面标高－ hn（最大不超过 0.10m，详见《无障碍设计规范》（GB 50763—2012）"3.1.1–2"）

＝ –0.465 － 0.1 ＝ –0.565m

P 标高＝ N 车行道路面标高＋ PN 距离 × 车行道横坡坡度

＝ –0.565 ＋ 2×2.5% ＝ –0.515m，取 –0.510m

换算成绝对标高为 4.290m（吴淞标高）

（2–2）确定北侧道路最高点的位置

Q、P 标高已知，初步设 R' 为道路最高点，QR' 及 R'P 的纵坡坡度均为 0.3%。

$$\begin{cases} R' \text{标高} = Q \text{标高} + x_1 \times 0.3\% = P \text{标高} + x_2 \times 0.3\% \\ x_1 + x_2 = QP \text{距离} \end{cases}$$

$$\rightarrow \begin{cases} 4.200 + x_1 \times 0.3\% = 4.290 + x_2 \times 0.3\% \\ x_1 + x_2 = 156.680\text{m} \end{cases} \rightarrow \begin{cases} x_1 = 93.340\text{m} \\ x_2 = 63.340\text{m} \end{cases}$$

→为方便定位，将北侧道路最高点从 R' 点移至 5 号轴线与道路中心线的交点 R 处

（2–3）求 R、T、S 标高及 RP 纵坡坡度

R 标高＝ Q 标高＋ QR 距离 ×QR 纵坡坡度＝ 4.200 ＋ 95.73050×0.3% ＝ 4.490 m

T 标高＝ Q 标高＋ QT 距离 ×QT 纵坡坡度＝ 4.200 ＋ 70.23050×0.3% ＝ 4.410m

S 标高＝ P 标高－ PS 距离 × PS 纵坡坡度＝ 4.290 － 56.2×0.3% ＝ 4.120m

RP 纵坡坡度＝ (R 标高－ P 标高) / RP 距离＝ (4.490 － 4.290) / 60.950 ＝ 0.33% ⩾ 0.2%，满足要求

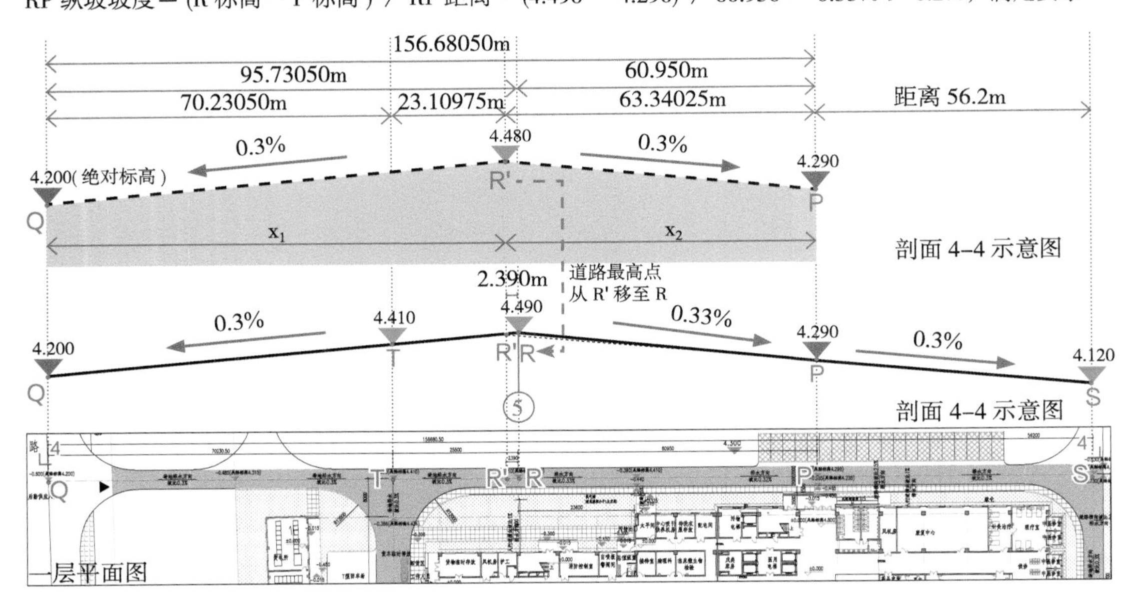

（3）计算东侧道路的标高

（3-1）基本分析

D" 标高＝ -0.205m（相对标高）

S 标高 ＝ -0.680m

D"S 距离 ＝ 129.3m

D"S 纵坡坡度＝ (D" 标高－ S 标高) ／ D"S 距离

＝ (-0.205 ＋ 0.680) ／ 129.3 ＝ 0.367%

0.2% ≤ 0.367% ≤ 3.0%（☞ P210），满足规范

（3-2）基本思路

为保证面向东侧道路的三个主要建筑出入口的室内外高差为 0.450m，在其附近选择 W、V、U 三点。将 WV 纵坡坡度设为 0.21%（最小车行道纵坡坡度），并略微提高 D"W 纵坡坡度，将其设为 0.5%。

计算 W、V、U 点的标高后，在规范允许的范围内（☞ P212）通过调节路缘处人行道与车行道的高差，以及人行道与车行道的横坡坡度来保证建筑出入口的室内外高差为 0.450m。

（3-3）计算 W 标高

W 标高＝ D" 标高－ D"W 距离 ×D"W 纵坡坡度

＝ -0.205 － (12.174 ＋ 2.080 ＋ 12.174 ＋ 24)×0.5%

＝ -0.205 － 50.428×0.5% ＝ -0.460m

（3-4）计算 V 标高

V 标高＝ W 标高－ WV 距离 ×WV 纵坡坡度

＝ -0.460 － 19.193×0.21%

＝ -0.460 － 0.040 ＝ -0.500m

（3-5）计算 VS 纵坡坡度

VS 纵坡坡度＝（V 标高－ S 标高）／ VS 距离

＝ (-0.500 ＋ 0.680) ／（15 ＋ 44.7）

＝ 0.180 ／ 44.7 ＝ 0.3%，满足规范要求

（3-6）计算 Ve 标高

Ve 标高＝ W 标高－ WVe 距离 ×WVe 纵坡坡度

＝ -0.460 － 8.324×0.21% ＝ -0.477m

（3-7）计算 U 标高

U 标高＝ V 标高－ UV 距离 ×UV 纵坡坡度

＝ -0.500 － 15×0.3% ＝ -0.545m

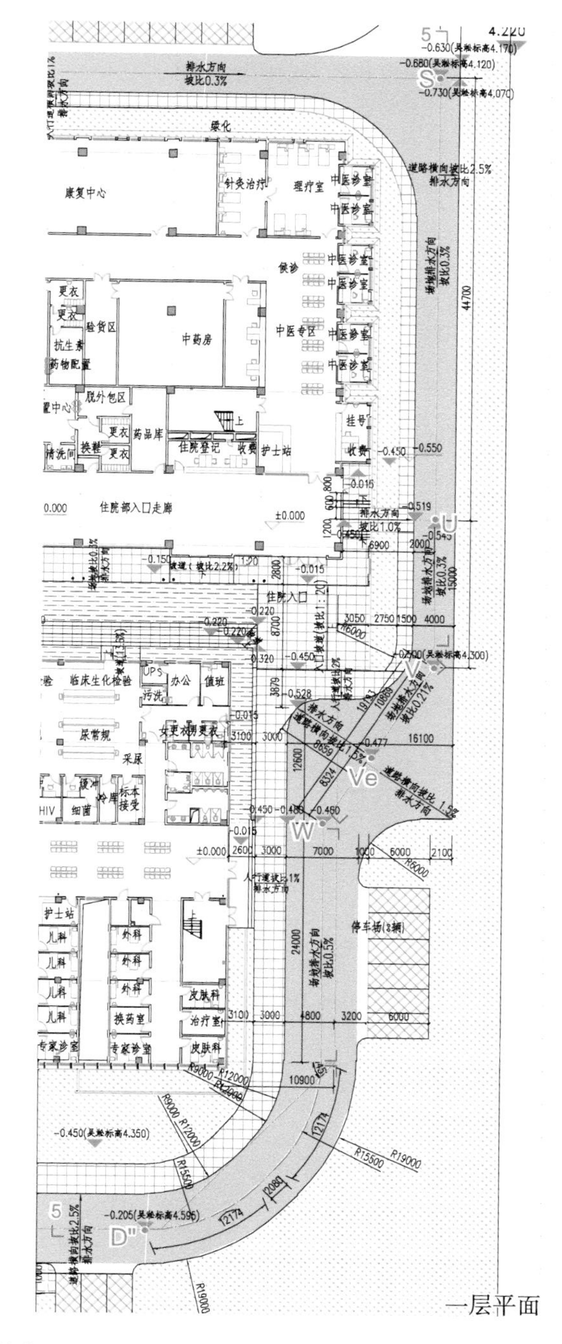

一层平面

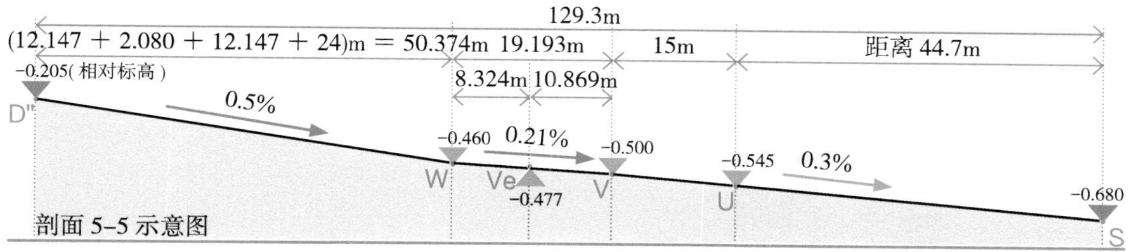

剖面 5-5 示意图

（3-8）核对 Wc 处人行道与车行道的高差≤ 0.10m

Wb 标高＝ 0 －室内外高差＝ -0.450m

Wc 人行道路面标高

＝ Wb 标高－人行道宽度 × 人行道横坡坡度

＝ -0.450 － 3×1% ＝ -0.480m

Wc 车行道路面标高

＝ W 标高－ WWc 距离 ×WWc 车行道横坡坡度

＝ -0.460 － 3.5×2.5% ＝ -0.548m

Wc 人行道与车行道路面之间的高差 $h$wc

＝ Wc 人行道路面标高－ Wc 车行道路面标高

＝ -0.480 ＋ 0.548 ＝ 0.068m ≤ 0.10m，满足要求

（3-9）核对 Vd 处人行道与车行道的高差≤ 0.10m

Vc 标高＝ 0 －室内外高差＝ -0.450m

Vd 人行道路面标高

＝ Vc 标高－人行道宽度 × 人行道横坡坡度

＝ -0.450 － 3.879×2% ＝ -0.528m

Vd 车行道路面标高

＝ Ve 标高－ VdVe 距离 ×VdVe 车行道横坡坡度

＝ -0.477 － 8.659×1.5% ＝ -0.607m

Vd 人行道路与车行道路面之间的高差 $h$vd

＝ Vd 人行道路面标高－ Vd 车行道路面标高

＝ -0.528 ＋ 0.607 ＝ 0.079 ≤ 0.10m，满足要求

（3-10）核对 Ud 处人行道与车行道高差≤ 0.10m

Ub 标高＝ 0 －室内外高差＝ -0.450m

Uc 标高＝ 0 －室内外高差＝ -0.450m

Ud 人行道路面标高

＝ Uc 标高－ UcUd 距离 ×UcUd 坡度

＝ -0.450 － 6.9×1.0% ＝ -0.519m

Ud 车行道路面标高

＝ U 标高－ UUd 距离 ×UUd 车行道横坡坡度

＝ -0.545 － 2×2.5% ＝ -0.595m

Ud 人行道与车行道路面之间的高差 $h$ud

＝ Ud 人行道路面标高－ Ud 车行道路面标高

＝ -0.519 ＋ 0.595 ＝ 0.076m ≤ 0.10m，满足要求

参考

■《无障碍设计规范》（GB 50763—2012）"3.1.1"：

• 2. 缘石坡道的坡口与车行道之间有高差时，高出车行道的地面不应大于 10mm。

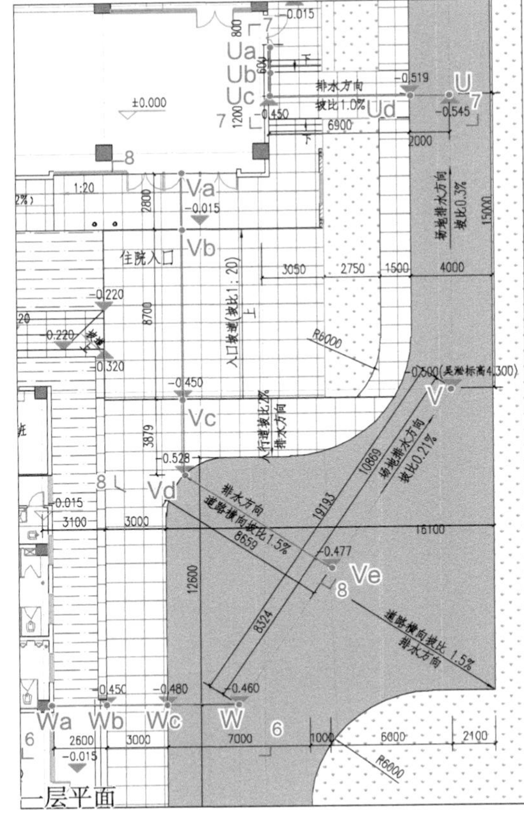

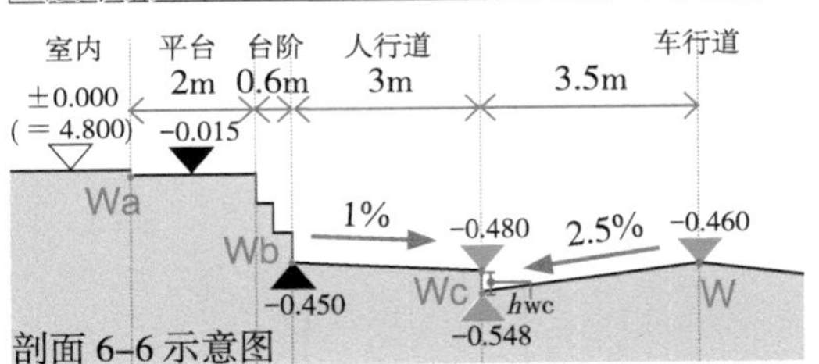

剖面 6-6 示意图

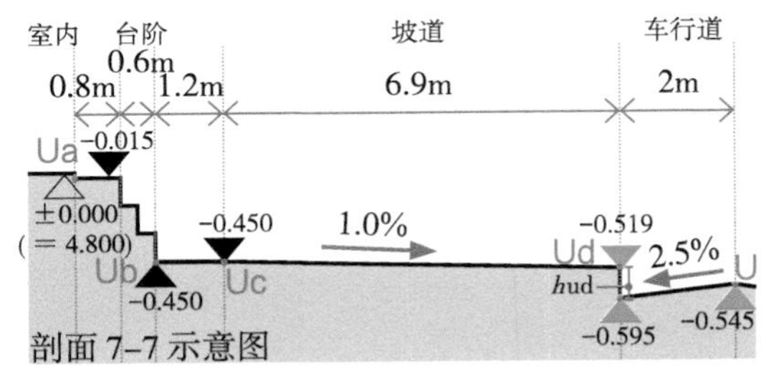

剖面 7-7 示意图

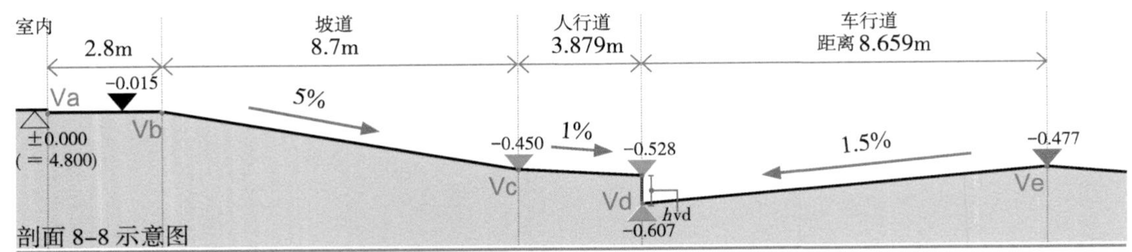

剖面 8-8 示意图

(4) 计算西侧道路的标高

(4-1) 基本思路

B' 标高＝ −0.026m

T 标高＝ −0.388m

B'T 距离＝ 115.284m

由于西侧道路上有发热门诊入口及儿童保健所入口，为保证这两个入口处的室内外高差为0.450m，西侧道路需从 B' 点及 T 点处向中间降坡。

为避开发热门诊入口与西侧道路的交点 Tb 及儿童保健所入口与西侧道路的交点 Td，应在 Tb 与 Td 间选择合适位置作为道路最低点。通过在该点设集水井，将雨水有组织地排入市政管网。

沿此思路，继续检查 T 周边雨水流向。从 R 经 T 流向医院西门的雨水也会流入西侧道路。

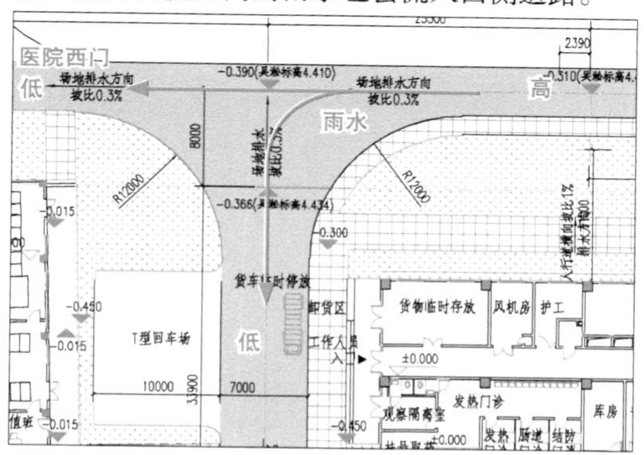

为此，需在 Ta 局部加高。

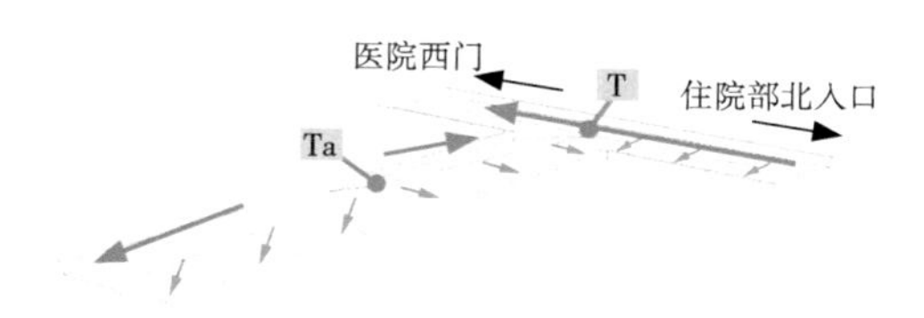

(4-2) 计算 Ta 标高

Ta 标高＝ T 标高＋ TTa 距离 ×TTa 纵坡坡度

＝ −0.390 ＋ 8×0.3%

＝ −0.390 ＋ 0.024 ＝ −0.366m

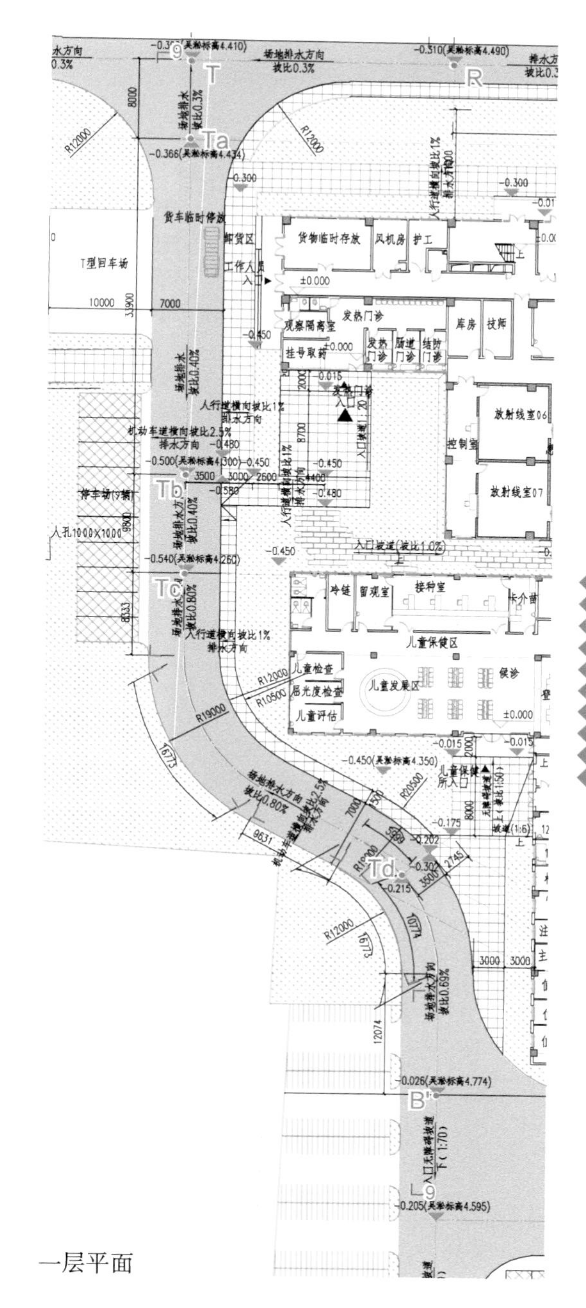

一层平面

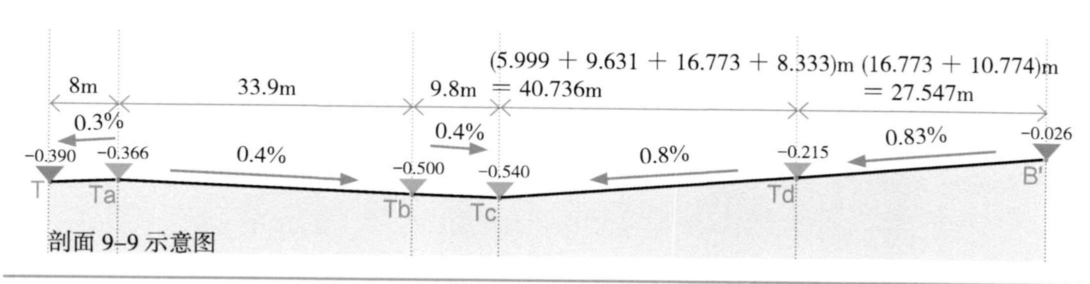

剖面 9-9 示意图

(4-3) 计算 Tb 标高

Zc 标高

= Zb 标高 − ZbZc 距离 ×ZbZc 坡度

= −0.015 − 8.7×5% = −0.450m

Zd 标高 = Zc 标高 = −0.450m

Ze 人行道路面标高

= Zd 标高 − 人行道宽度 × 人行道横坡坡度

= −0.450 − 3×1% = −0.480m

hze（Ze 人行道与车行道路面之间的高差）= 0.10m

Ze 车行道路面标高

= Ze 人行道路面标高 −*hze*

= −0.480 − 0.10 = −0.580m

Tb 标高

= Ze 车行道路面标高 + ZeTb 距离 × 车行道横坡坡度 = −0.580 + 3.5×2.5% ≈ −0.500m

(4-4) 核对 0.2% ≤ TaTb 纵坡坡度 ≤ 3.0%

TaTb 纵坡坡度

= (Ta 标高 − Tb 标高) / TaTb 距离

= (−0.366 + 0.500) / 33.9 = 0.4%，满足要求

(4-5) 计算 Tc 标高

Tc 标高

= Tb 标高 − TbTc 距离 ×TbTc 纵坡坡度

= −0.500 − 9.8×0.40% ≈ −0.540m

(4-6) 计算 Td 标高

Ic 标高

= Ib 标高 − IbIc 距离 ×IbIc 坡度

= −0.015 − 8×2% = −0.175m

Id 人行道路面标高

= Ic 标高 − IcId 距离 ×IcId 坡度

= −0.175 − 2.745×1% = −0.202m

hid(Id 人行道与车行道路面之间的高差) = 0.10m

Id 车行道路面标高 = Id 人行道路面标高 − 0.10

= −0.202 − 0.10 = −0.302m

Td 标高

= Id 车行道路面标高 + IdTd 距离 × 车行道横坡坡度 = −0.302 + 3.5×2.5% = −0.215m

(4-7) 核对 0.2% ≤ B'Td 纵坡坡度 ≤ 3.0%

B'Td 纵坡坡度

= (B' 标高 − Td 标高) / B'Td 距离

= (−0.026 + 0.215) / (10.774 + 16.773) = 0.69%，满足要求

(4-8) 核对 0.2% ≤ TcTd 纵坡坡度 ≤ 3.0%

TdTc 纵坡坡度

= (Td 标高 − Tc 标高) / TdTc 距离

= (−0.215 + 0.540) / (5.999 + 9.631 + 16.773 + 8.333) = 0.80%，满足要求

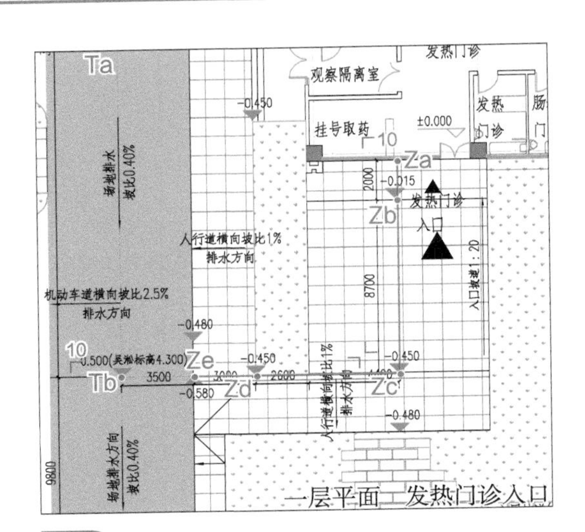

一层平面 发热门诊入口

参考

■《全国民用建筑工程设计技术措施（2009）——规划·建筑·景观》"第二部分 表 8.4.2"：只设坡道的建筑入口的最大坡度为 1：20（5%）。

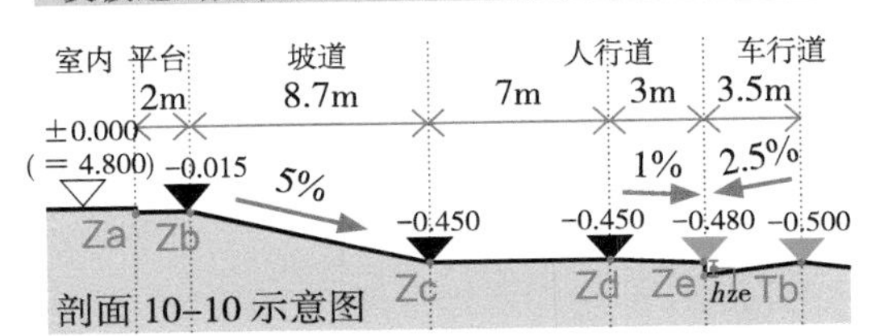

剖面 10-10 示意图

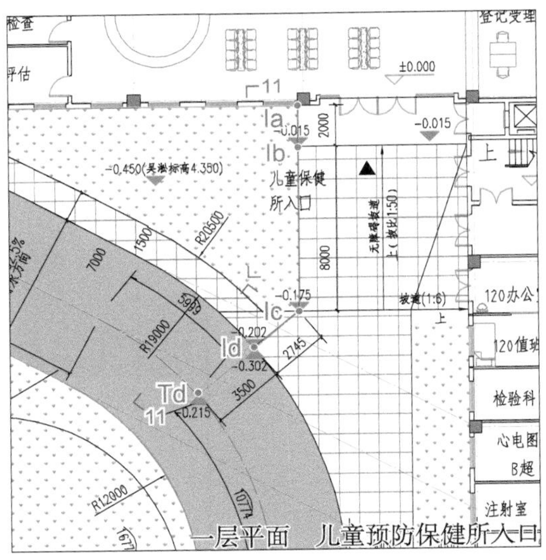

一层平面 儿童预防保健所入口

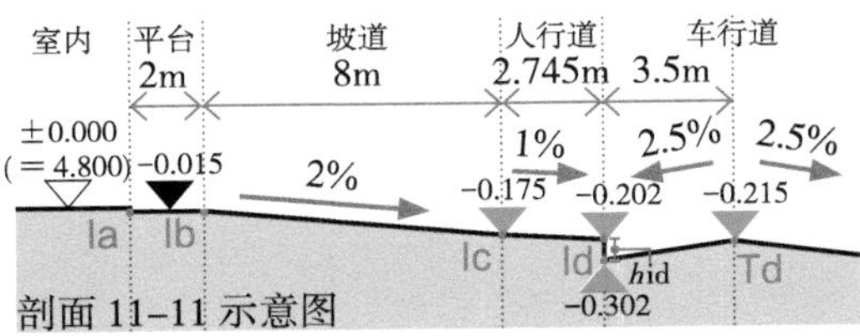

剖面 11-11 示意图

3.6.3 场地设计图

1) 内容

- 总平面图
- 竖向布置图
- 消防流线图
- 道路平面图（道路复杂时）
- 土石方图（需要时）
- 管道综合图

总平面图与竖向布置图可合二为一

2) 总平面图

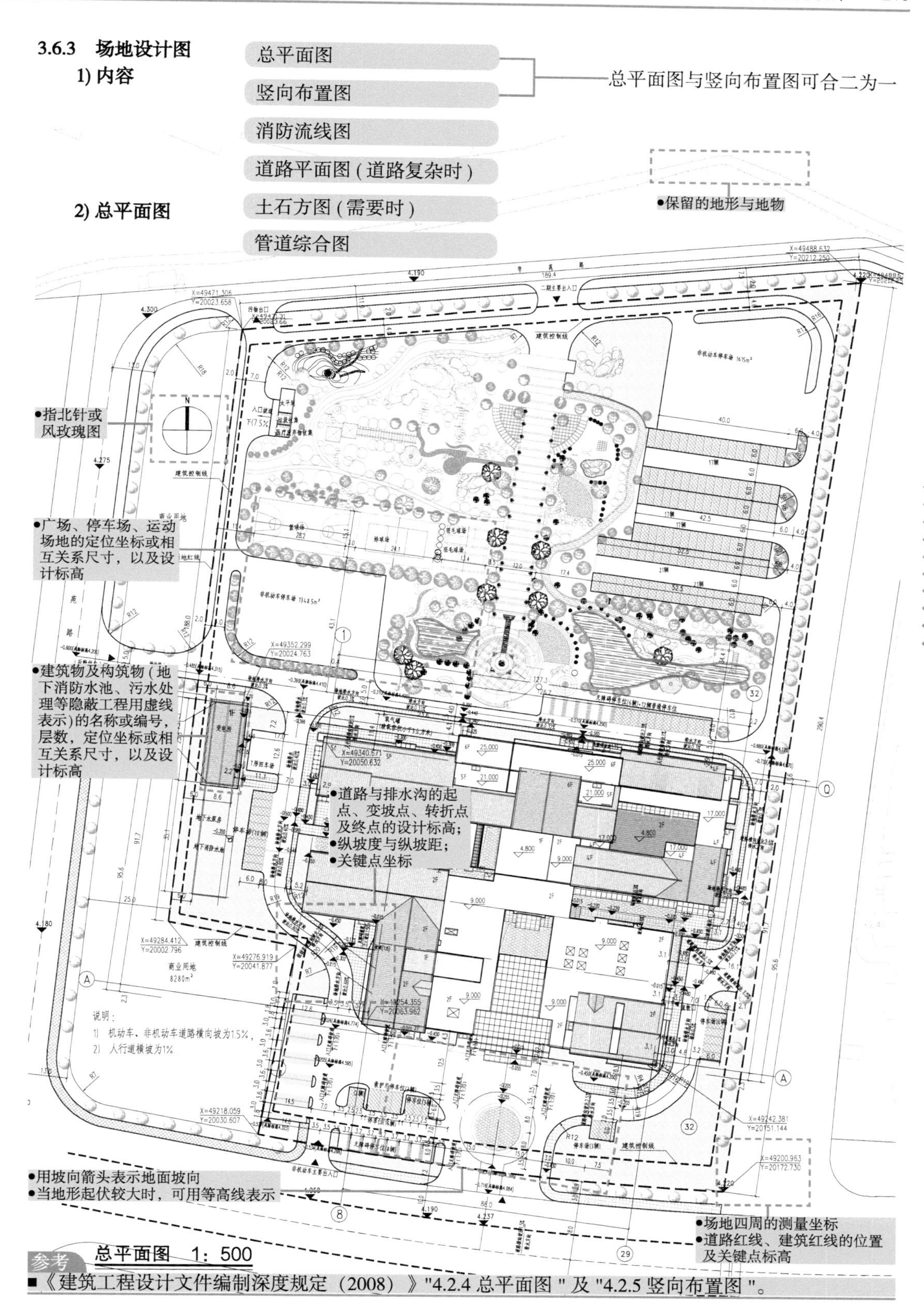

●保留的地形与地物
●指北针或风玫瑰图
●广场、停车场、运动场地的定位坐标或相互关系尺寸，以及设计标高
●建筑物及构筑物（地下消防水池、污水处理等隐蔽工程用虚线表示）的名称或编号，层数，定位坐标或相互关系尺寸，以及设计标高
●道路与排水沟的起点、变坡点、转折点及终点的设计标高；
●纵坡度与纵坡距；
●关键点坐标
●用坡向箭头表示地面坡向
●当地形起伏较大时，可用等高线表示
●场地四周的测量坐标
●道路红线、建筑红线的位置及关键点标高
说明：
1) 机动车、非机动车道路横向坡为1.5%，
2) 人行道横坡为1%
商业用地
8280m²

总平面图 1：500

参考

■《建筑工程设计文件编制深度规定（2008）》"4.2.4 总平面图" 及 "4.2.5 竖向布置图"。

3

3）总平面图的附加说明

(1) 设计依据；

(2) 总平面图中的标注单位；

(3) 建筑定位角点（通常为轴线交点）；

(4) 注明建筑室内地面的绝对标高；

(5) 图中尺寸标注方式（通常建筑尺寸标至外墙外缘，道路尺寸标至路缘石外沿）。

序号	名称	单位	备注
1	总用地面积	hm^2	
2	总建筑面积	m^2	地上、地下部分可分开表示
3	建筑占地面积	hm^2	
4	道路广场总面积	hm^2	含停车场面积，并应注明停车泊位数
5	绿地总面积	hm^2	可加注公共绿地面积
6	容积率		地上总建筑面积／总用地面积
7	建筑密度	%	建筑占地面积／总用地面积
8	绿地率	%	绿地总面积／总用地面积
9	小汽车停车泊位数	辆	室内、室外分开表示
10	自行车停放数量	辆	

4）消防流线图

绘制方法详见 "2.6.4 基地道路"。

消防流线图　1：500

3.7 各专业会签前的协调

各专业会签前，首先要相互确认对方是否满足本专业提出的要求，并防止彼此间的遗漏、错误或抵触；然后还需将对方的设计成果绘制在本专业施工图中。下面介绍建筑专业与其他专业会签前的协调工作。

3.7.1 结构

结构专业计算后才能确定梁柱等构件的精确尺寸，但该尺寸可能与建筑专业预估的尺寸有所不同。因此，建筑专业要仔细核对结构施工图中的梁柱位置及详细尺寸，以防因构件尺寸调整所带来的问题。

本工程重点核对：(1) 结构专业提供的梁宽是否满足电梯井净宽的设计要求（☞ P113）；(2) 外墙与梁柱的位置关系是否满足建筑设计要求。

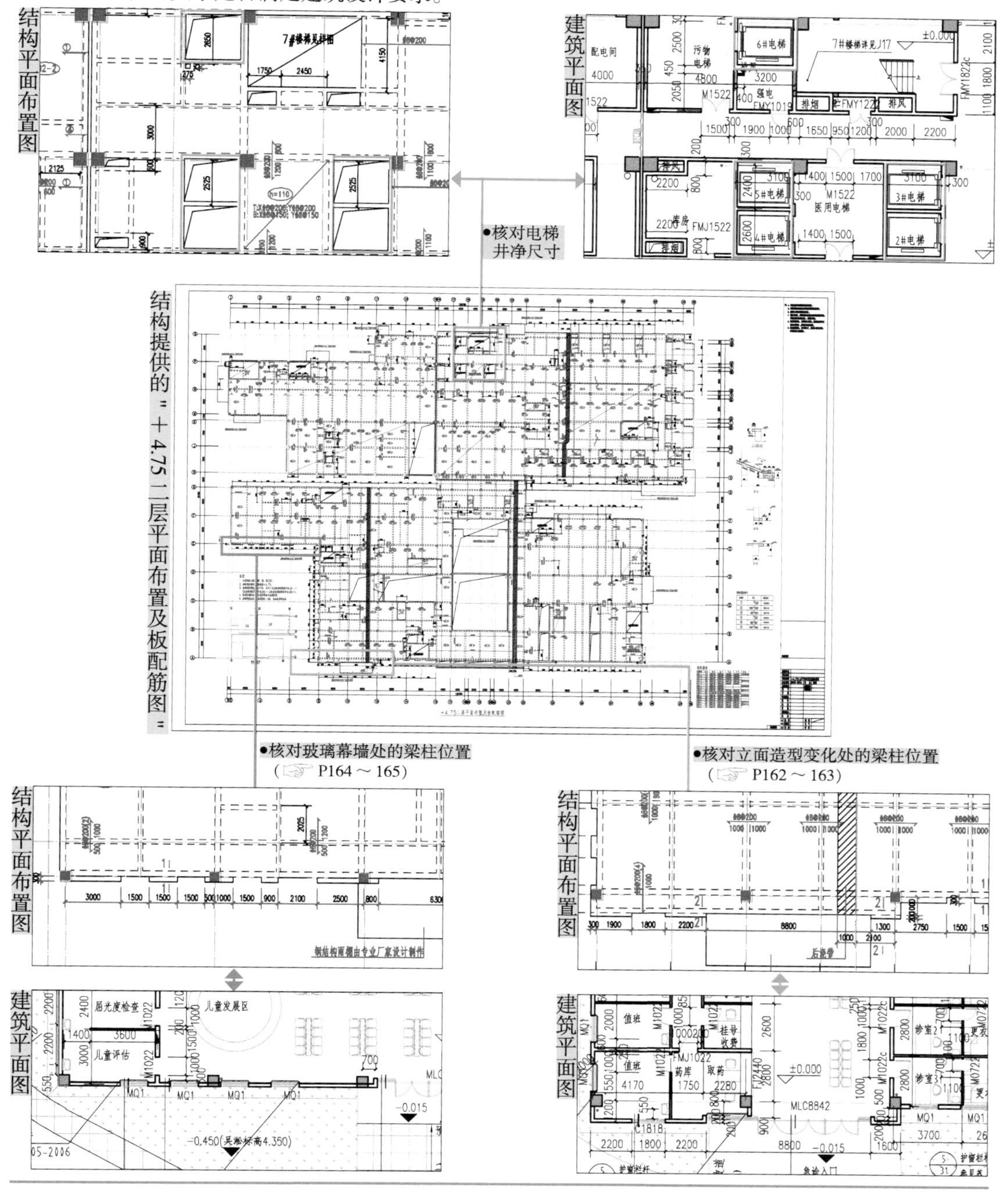

3.7.2　给水排水

将给水排水施工图中的＂消火栓＂及＂太阳能设备机座＂复制到建筑施工图中，并标注其定位尺寸。

1) 消火栓

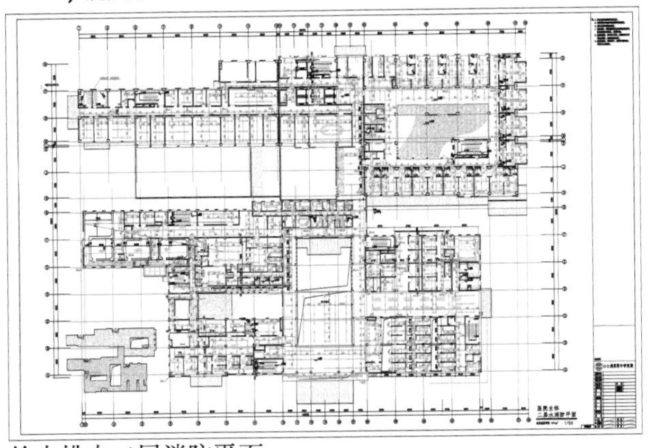
给水排水二层消防平面

（1）将给排水施工图中的＂消火栓＂复制到建筑平面图中

消火栓图例

（2）核对并标注消火栓的位置

逐个核对消火栓的位置，以防消火栓暗埋在防火墙及防辐射墙中，影响防火及防辐射效果；然后标注其定位尺寸，并通知给水排水专业。

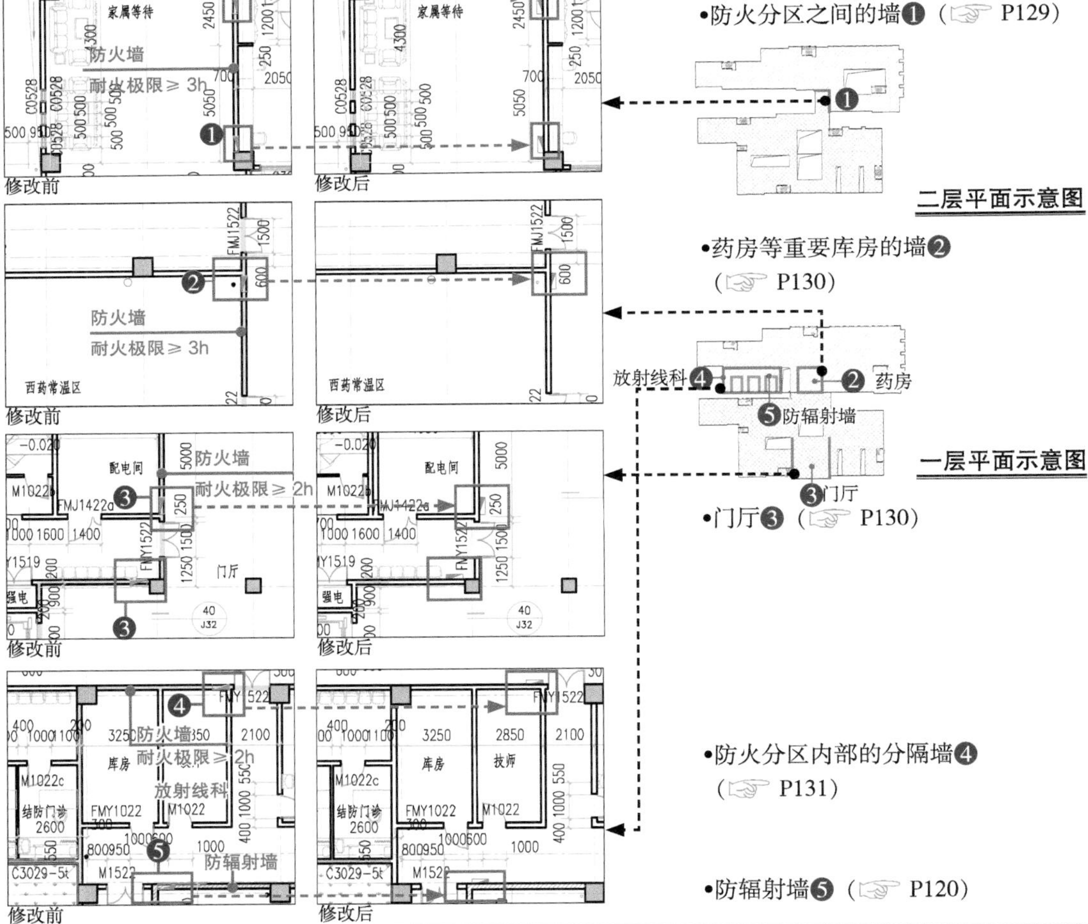

•防火分区之间的墙❶（☞ P129）

•药房等重要库房的墙❷（☞ P130）

•门厅❸（☞ P130）

•防火分区内部的分隔墙❹（☞ P131）

•防辐射墙❺（☞ P120）

2）太阳能集热板支架

依据给水排水屋顶平面图中的太阳能集热板位置，在建筑屋顶平面图中绘制太阳能集热板支架并标注其定位尺寸。

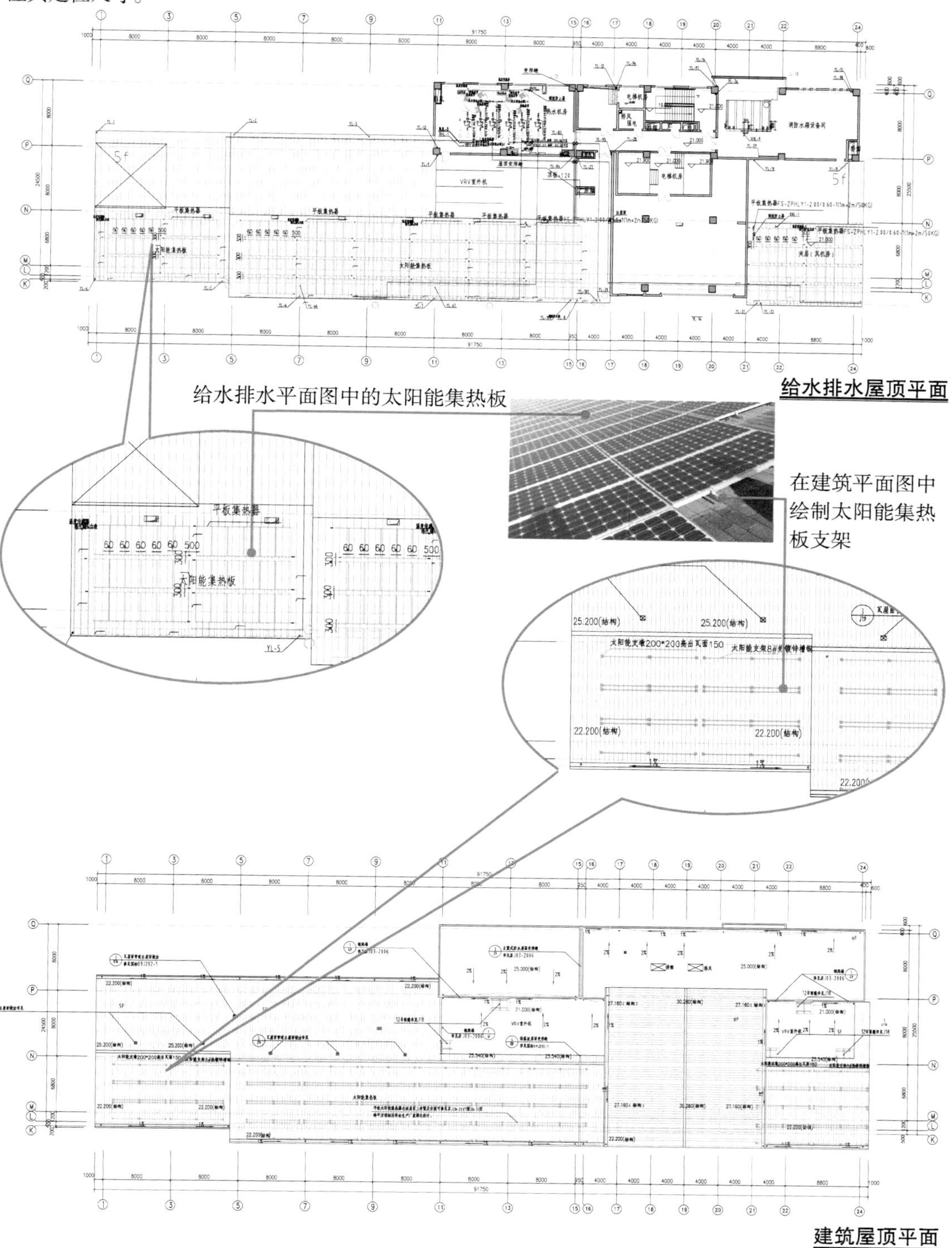

3.7.3 暖通

•将暖通施工图中的"挡烟垂壁"及其编号复制到建筑平面图中。

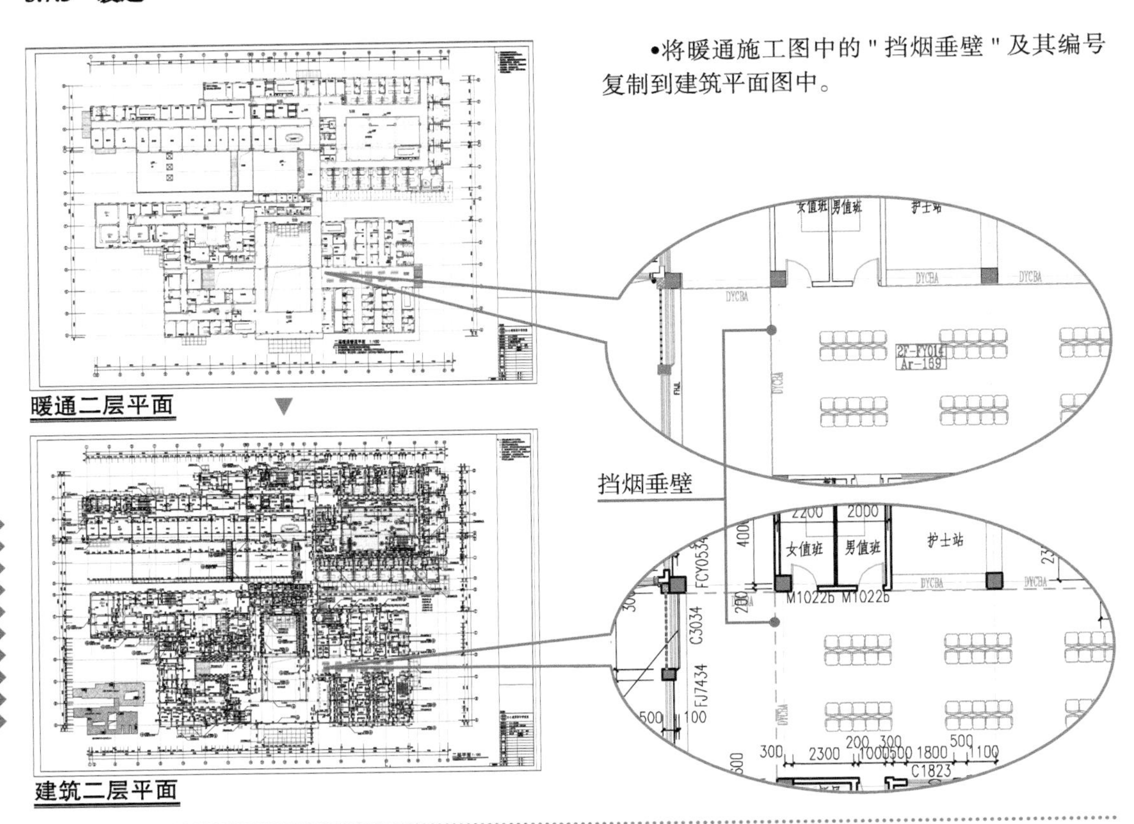

•将暖通施工图中的"空调设备机座"及"出屋面的管道井"复制到建筑平面图中并标注其定位尺寸。

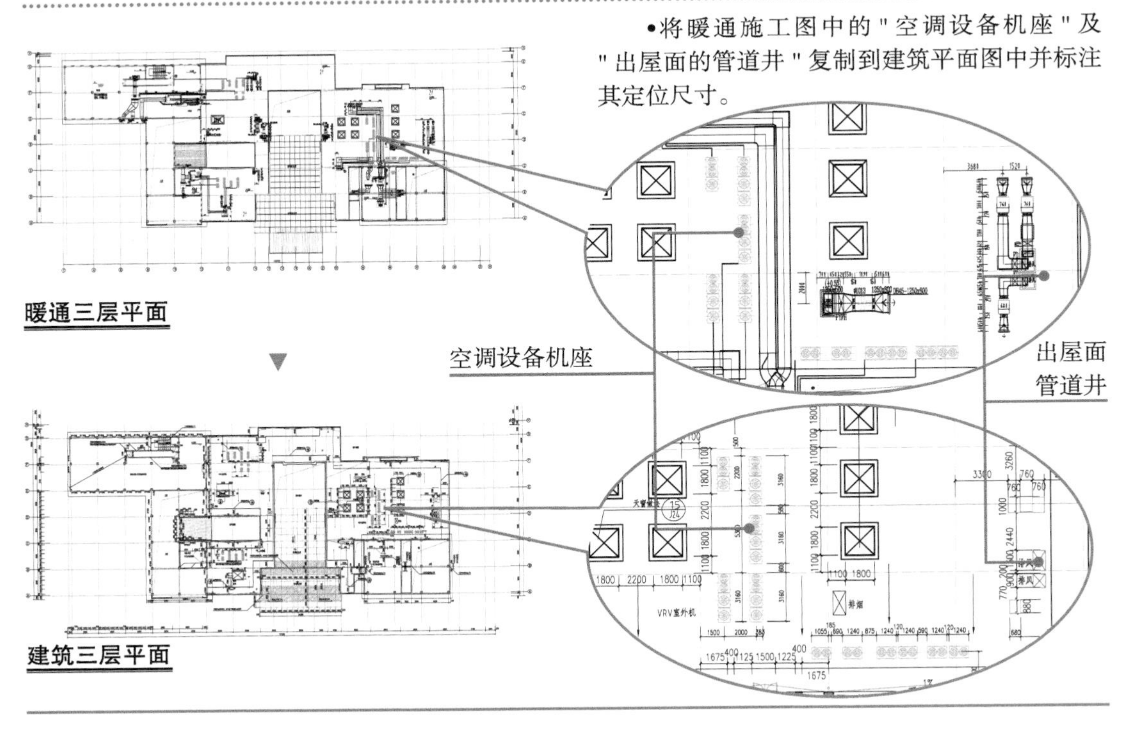

3.8 建筑设计说明

一般设计院均有专用的《建筑设计说明》书写格式，并有针对不同的建筑类型的范本。因此编写设计说明时通常只需在相应范本的基础上，根据工程实际情况进行修改。但由于各类规范、标准不断更新，编写设计说明时应注意与最新的规范保持一致。

建筑设计说明一般包括下列内容：

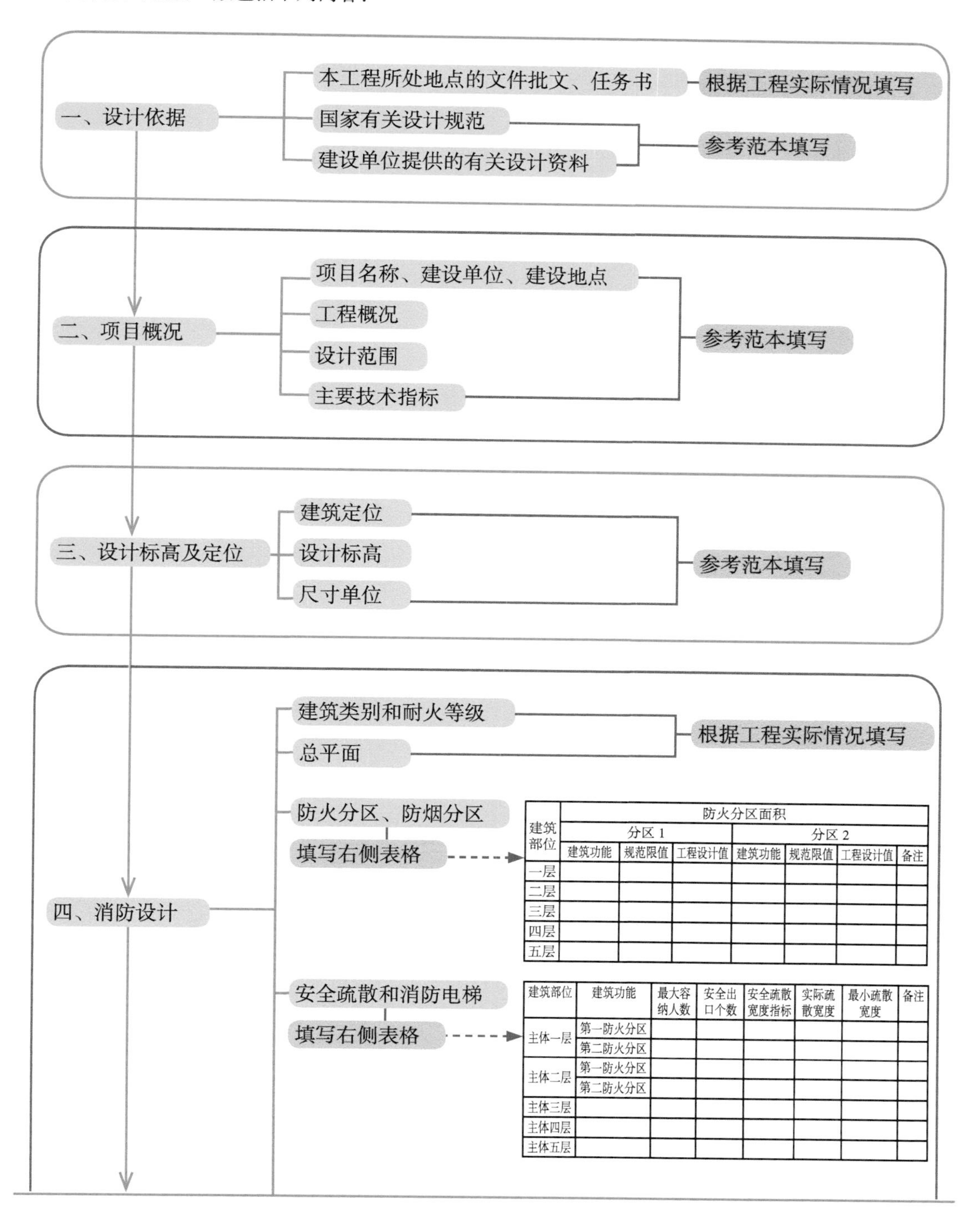

建筑部位	防火分区面积						
	分区 1			分区 2			
	建筑功能	规范限值	工程设计值	建筑功能	规范限值	工程设计值	备注
一层							
二层							
三层							
四层							
五层							

建筑部位	建筑功能	最大容纳人数	安全出口个数	安全疏散宽度指标	实际疏散宽度	最小疏散宽度	备注
主体一层	第一防火分区						
	第二防火分区						
主体二层	第一防火分区						
	第二防火分区						
主体三层							
主体四层							
主体五层							

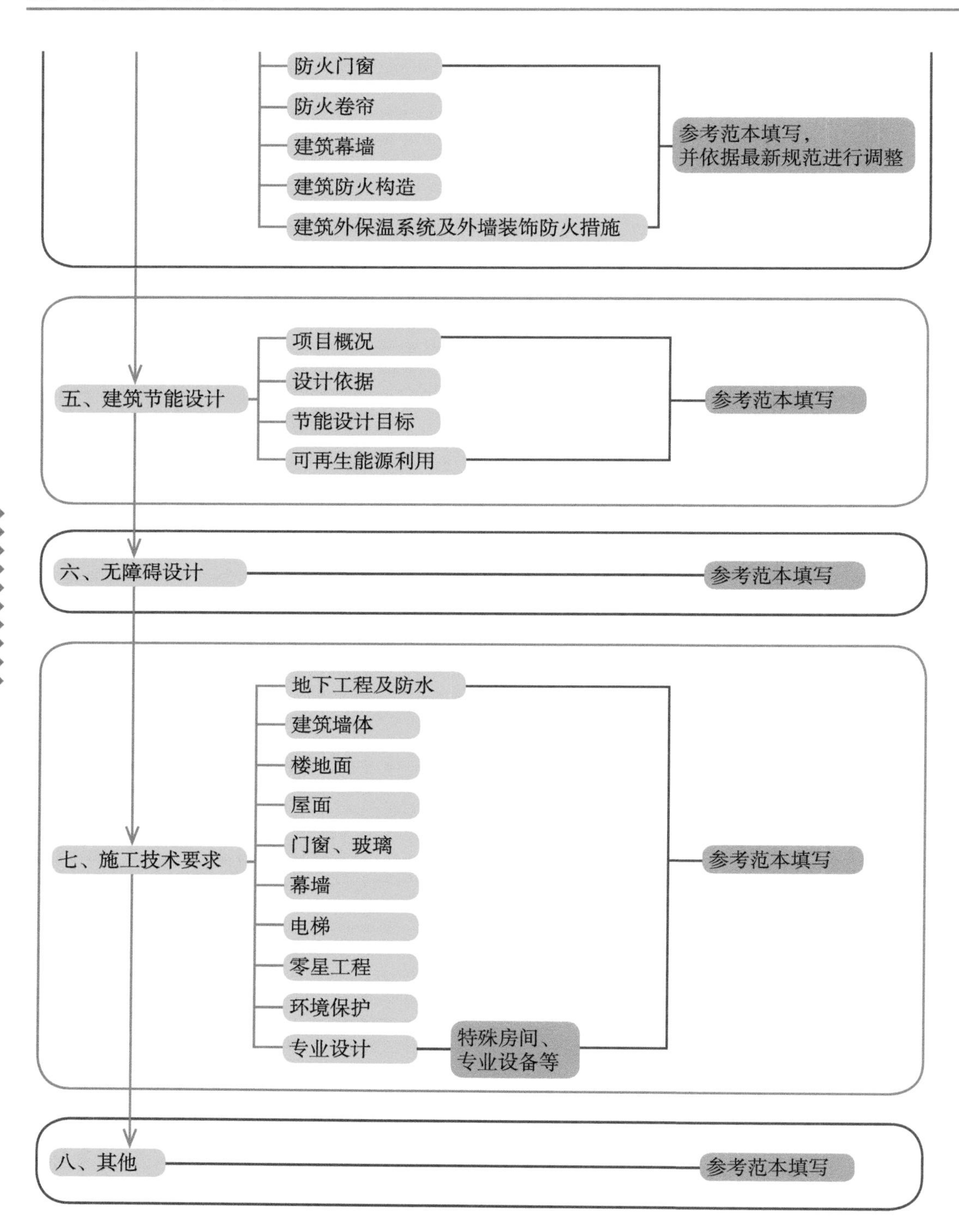
防火门窗
防火卷帘
建筑幕墙
建筑防火构造
建筑外保温系统及外墙装饰防火措施
参考范本填写，
并依据最新规范进行调整
五、建筑节能设计
项目概况
设计依据
节能设计目标
可再生能源利用
参考范本填写
六、无障碍设计
参考范本填写
七、施工技术要求
地下工程及防水
建筑墙体
楼地面
屋面
门窗、玻璃
幕墙
电梯
零星工程
环境保护
专业设计
特殊房间、
专业设备等
参考范本填写
八、其他
参考范本填写

3

3.9 图纸编号与目录

3.9.1 项目编号

本工程的项目编号为 2010–307，其中医院主体与辅楼的编号分别为 2010–307a 及 2010–307b。这两栋建筑共用建筑设计说明、建筑施工做法说明、总平面图及消防流线图。

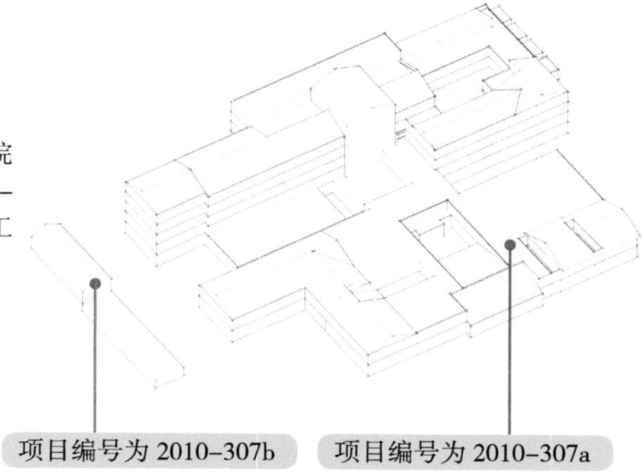

建设单位	○○人民医院		
项目名称	○○人民医院 医院主体		
图纸名称	一层平面		
项目编号	2010-307a	专 业	建筑
设计阶段	施工图	图纸编号	J01
版 号		出图日期	

建设单位	○○人民医院		
项目名称	○○人民医院 辅楼		
图纸名称	地下一层平面、一层平面		
项目编号	2010-307b	专 业	建筑
设计阶段	施工图	图纸编号	J01
版 号		出图日期	

建设单位	○○人民医院		
项目名称	○○人民医院		
图纸名称	建筑设计说明（一）		
项目编号	2010-307	专 业	建筑
设计阶段	施工图	图纸编号	JS01
版 号		出图日期	

3.9.2 图纸编号

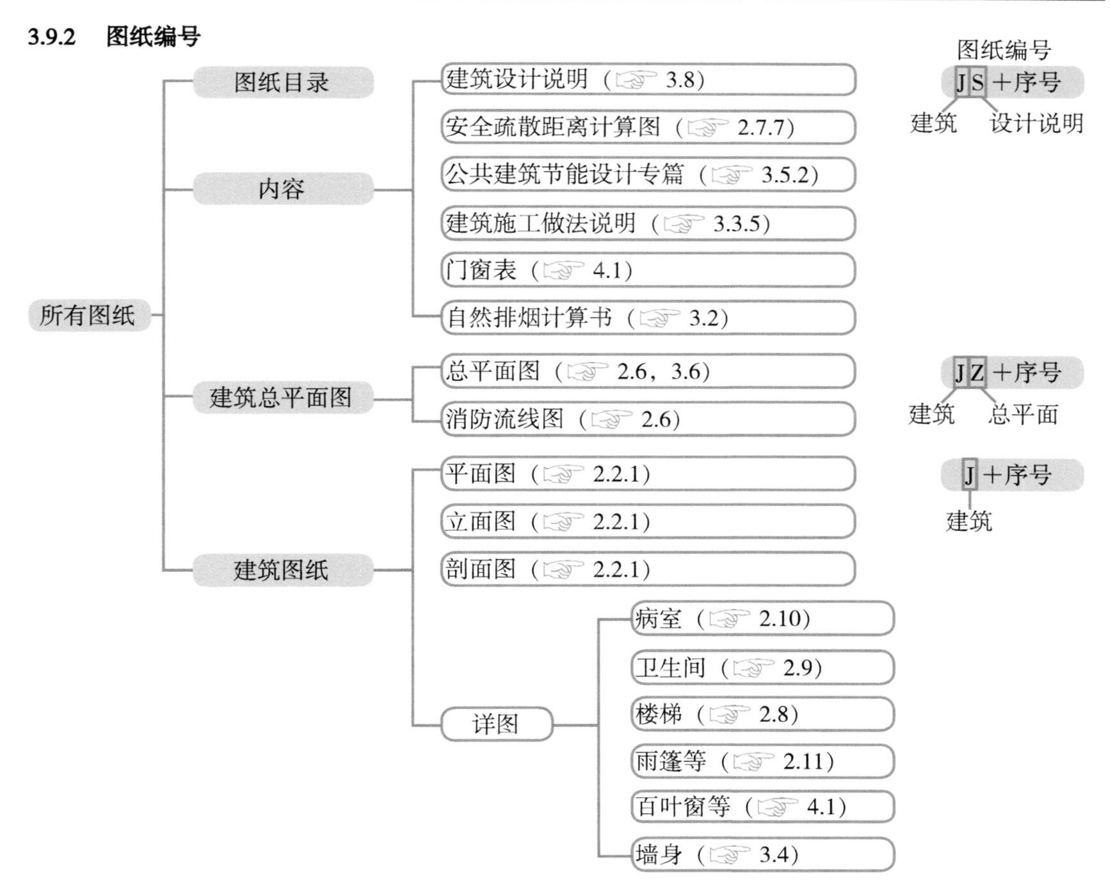

3

3.9.3 图纸目录

医院主体图纸目录第 1 页

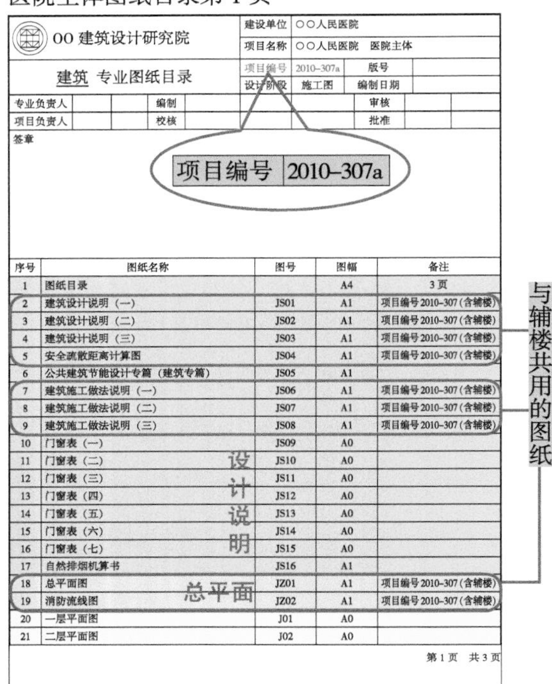

OO 建筑设计研究院

建设单位 ○○人民医院 | 项目名称 ○○人民医院 医院主体 | 项目编号 2010–307a | 版号 | 设计阶段 施工图 | 编制日期

建筑 专业图纸目录

专业负责人 | 编制 | 审核 | 项目负责人 | 校核 | 批准

签章

序号	图纸名称	图号	图幅	备注
1	图纸目录		A4	3 页
2	建筑设计说明（一）	JS01	A1	项目编号 2010–307（含辅楼）
3	建筑设计说明（二）	JS02	A1	项目编号 2010–307（含辅楼）
4	建筑设计说明（三）	JS03	A1	项目编号 2010–307（含辅楼）
5	安全疏散距离计算图	JS04	A1	项目编号 2010–307（含辅楼）
6	公共建筑节能设计专篇（建筑专篇）	JS05	A1	
7	建筑施工做法说明（一）	JS06	A1	项目编号 2010–307（含辅楼）
8	建筑施工做法说明（二）	JS07	A1	项目编号 2010–307（含辅楼）
9	建筑施工做法说明（三）	JS08	A1	项目编号 2010–307（含辅楼）
10	门窗表（一）	JS09	A0	
11	门窗表（二）	JS10	A0	
12	门窗表（三）	JS11	A0	
13	门窗表（四）	JS12	A0	
14	门窗表（五）	JS13	A0	
15	门窗表（六）	JS14	A0	
16	门窗表（七）	JS15	A0	
17	自然排烟机算书	JS16	A1	
18	总平面图	JZ01	A1	项目编号 2010–307（含辅楼）
19	消防流线图	JZ02	A1	项目编号 2010–307（含辅楼）
20	一层平面图	J01	A0	
21	二层平面图	J02	A0	

第 1 页 共 3 页

第 2 页

OO 建筑设计研究院

建设单位 ○○人民医院 | 项目名称 ○○人民医院 医院主体 | 项目编号 2010–307a | 版号 | 设计阶段 施工图 | 编制日期

建筑 专业图纸目录（续页）

专业负责人 | 编制 | 审核 | 项目负责人 | 校核 | 批准

序号	图纸名称	图号	图幅	备注
22	三层平面图	J03	A0	
23	四层平面图	J04	A0	
24	五层平面图、设备层平面图	J05	A0	
25	屋顶平面、南立面、剖面 A–A	J06	A0	
26	东立面、西立面、北立面	J07	A0	
27	庭院 1、2、3、4、5、6 立面展开图	J08	A0	
28	剖面 B–B、C–C、D–D、E–E	J09	A0	
29	剖面 F–F、H–H、G–G、L–L	J10	A0	
30	剖面 P–P、M–M、N–N	J11	A0	
31	病室详图	J12	A0	
32	1# ~ 14# 卫生间详图	J13	A0	
33	15# ~ 26# 卫生间详图	J14	A0	
34	1# ~ 4# 楼梯详图	J15	A0	
35	5# ~ 6# 楼梯详图	J16	A0	
36	7# ~ 8# 楼梯详图	J17	A0	
37	1# ~ 15# 雨篷、栏杆、集水坑详图图	J18	A1	
38	1# ~ 4# 百叶窗、管道井出屋面、屋面变形缝踏步详图	J19	A1	
39	1# ~ 4# 墙身详图，16# ~ 17# 雨篷详图	J20	A0	
40	5# ~ 7# 墙身详图	J21	A1	
41	8# ~ 11# 墙身详图，18# 雨篷详图，MQ3 详图	J22	A0	
42	12# ~ 14# 墙身详图，19# 雨篷详图图	J23	A1	
43	15# ~ 16# 天窗详图，17# ~ 19# 墙身详图	J24	A0	
44	20# ~ 23# 墙身详图，22# 雨篷详图	J25	A0	
45	20# ~ 21# 雨篷平、立、剖详图图	J26	A1	
46	24# ~ 26# 墙身详图	J27	A0	
47	27# ~ 30# 墙身详图	J28	A0	
48	31# ~ 32# 墙身详图	J29	A1	
49	33# ~ 34# 墙身详图，MQ12 立面详图图	J30	A1	

平立剖

详图

第 2 页 共 3 页

第 3 页

OO 建筑设计研究院

建设单位 ○○人民医院 | 项目名称 ○○人民医院 医院主体 | 项目编号 2010–307a | 版号 | 设计阶段 施工图 | 编制日期

建筑 专业图纸目录（续页）

专业负责人 | 编制 | 审核 | 项目负责人 | 校核 | 批准

序号	图纸名称	图号	图幅	备注
50	35# ~ 38# 墙身详图	J31	A0	
51	39# ~ 41# 墙身详图	J32	A1	
52	42# ~ 44# 墙身详图	J33	A1	
53	45# ~ 46# 墙身详图	J34	A0	
54	22# ~ 23# 雨篷及所在墙体平、立、剖详图	J35	A1	
55	47# ~ 50# 墙身详图	J36	A1	
56	51# ~ 53# 墙身详图	J37	A0	

详图

第 3 页 共 3 页

医院辅楼图纸目录第 1 页

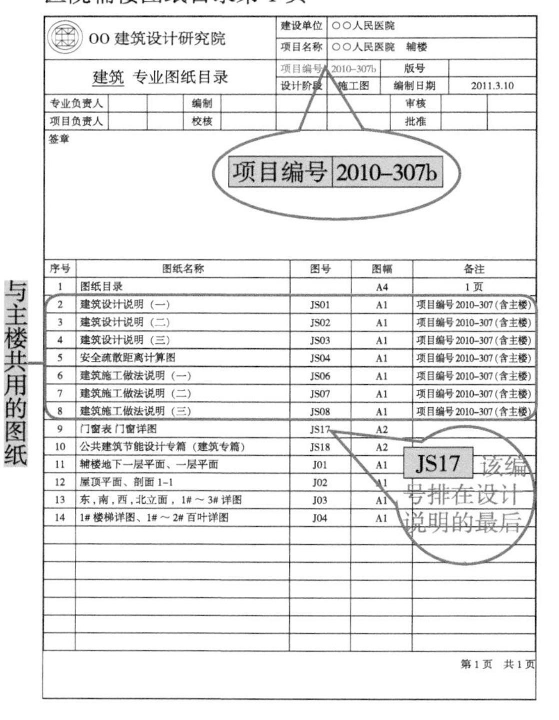

OO 建筑设计研究院

建设单位 ○○人民医院 | 项目名称 ○○人民医院 辅楼 | 项目编号 2010–307b | 版号 | 设计阶段 施工图 | 编制日期 2011.3.10

建筑 专业图纸目录

专业负责人 | 编制 | 审核 | 项目负责人 | 校核 | 批准

签章

序号	图纸名称	图号	图幅	备注
1	图纸目录		A4	1 页
2	建筑设计说明（一）	JS01	A1	项目编号 2010–307（含主楼）
3	建筑设计说明（二）	JS02	A1	项目编号 2010–307（含主楼）
4	建筑设计说明（三）	JS03	A1	项目编号 2010–307（含主楼）
5	安全疏散距离计算图	JS04	A1	项目编号 2010–307（含主楼）
6	建筑施工做法说明（一）	JS06	A1	项目编号 2010–307（含主楼）
7	建筑施工做法说明（二）	JS07	A1	项目编号 2010–307（含主楼）
8	建筑施工做法说明（三）	JS08	A1	项目编号 2010–307（含主楼）
9	门窗表 门窗详图	JS17	A2	
10	公共建筑节能设计专篇（建筑专篇）	JS18	A2	
11	辅楼地下一层平面、一层平面	J01	A1	
12	屋顶平面、剖面 1–1	J02	A1	
13	东，南，西，北立面，1# ~ 3# 详图	J03	A1	
14	1# 楼梯详图、1# ~ 2# 百叶详图	J04	A1	

第 1 页 共 1 页

第4章 实用技巧

本章内容：

4.1 门窗的编号与统计

4.1.1 门窗编号

1）门窗类型

按照性能、材料及开启方式，可将门窗分为多种类型。下表列举了本工程选用的门窗，均为常用类型。

类型		类型代号
防火性能	防火卷帘	FJ
	甲级防火门	FMJ
	乙级防火门	FMY
	丙级防火门	FMB
材料	铝合金门	LM
	木门	M
开启方式	推拉门	TM
	推拉自动门	TZM

（LM、M：默认为平开门；TM、TZM：门的开启方式需用编号表达）

类型		类型代号
乙级防火窗		FCY
铝合金	外窗	C
	内窗 （默认窗下墙为 900）	C
	内高窗 （窗最高点控制在吊顶高度以下）	C
	门连窗	MLC
装饰窗	冰裂纹工艺窗	BLC
	瓦砌花格（☞ P172）	WQC
百叶		BY

（C、MLC：窗的开启方式应在立面详图中表达，不需用编号表达）

类型		类型代号
其他	玻璃幕墙	MQ
	天窗	TC

为简洁醒目，门窗的类型代号采用汉语拼音第一个字母的组合。例如：FMJ（防火 门 甲级） FCY（防火 窗 乙级）

2）基本编号

一般按照门窗洞口的宽度及高度进行编号。

编号方法：类型代号＋洞口宽度 w ＋洞口高度 h

由于玻璃幕墙及天窗的尺寸较大且数量不多，宜用序号进行编号。例如 "TC2" 表示 2 号天窗，"MQ7" 表示 7 号幕墙。

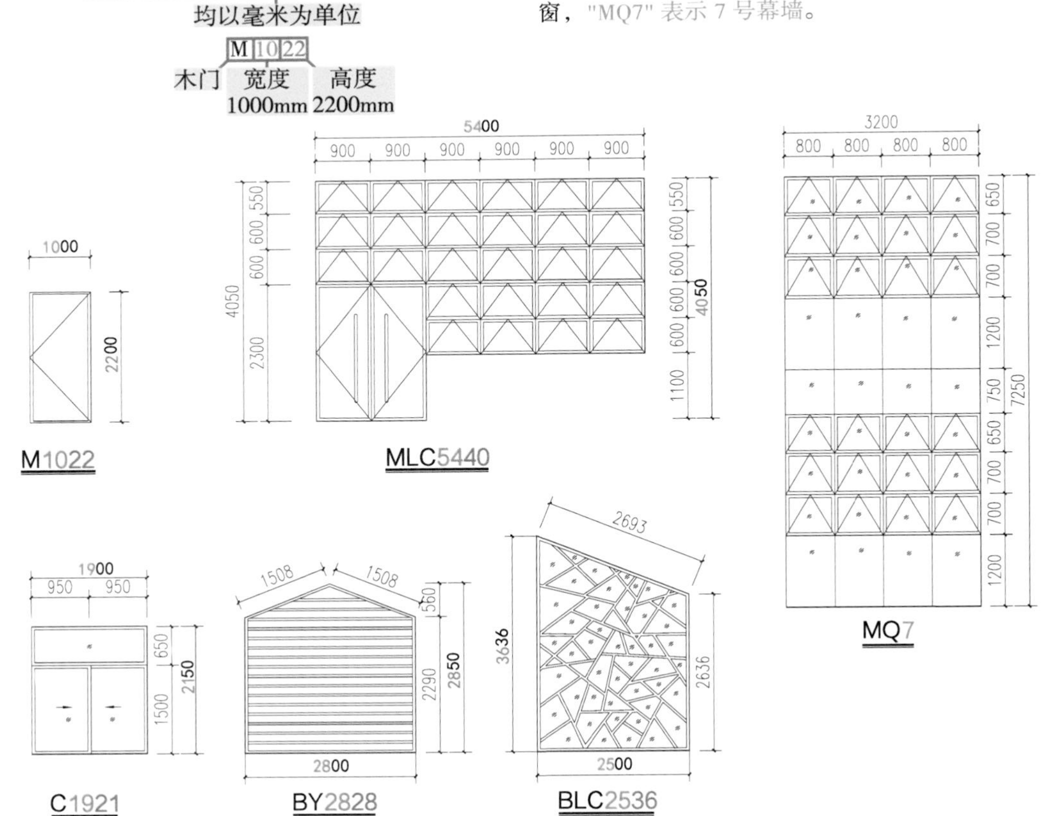

3）后缀

为区分类型及洞口尺寸均相同，但细部不同的门窗，宜在基本编号后添加后缀。

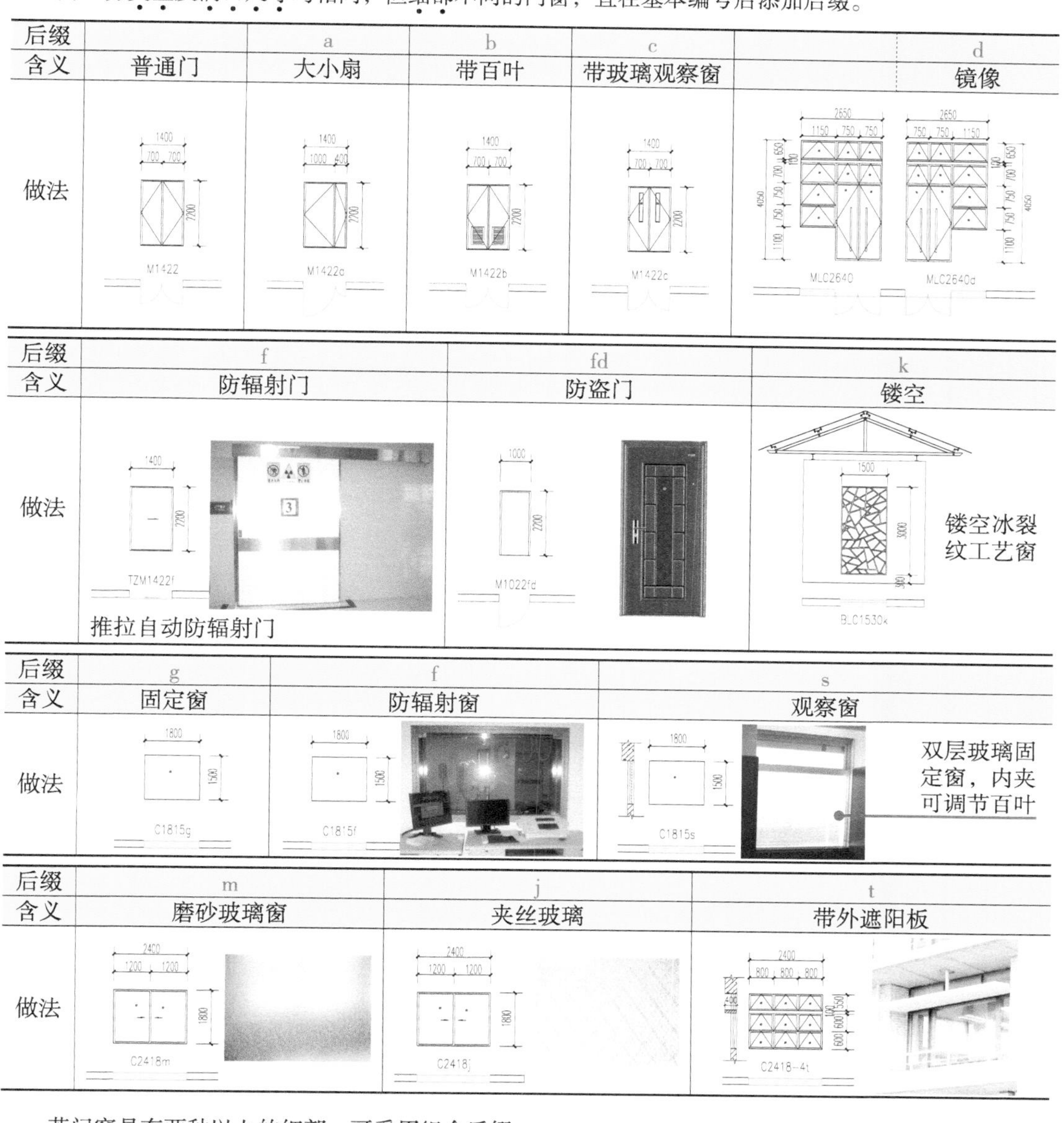

后缀		a	b	c		d
含义	普通门	大小扇	带百叶	带玻璃观察窗		镜像
做法	M1422	M1422a	M1422b	M1422c	MLC2640	MLC2640d

后缀	f	fd	k
含义	防辐射门	防盗门	镂空
做法	TZM1422f 推拉自动防辐射门	M1022fd	BLC1530k 镂空冰裂纹工艺窗

后缀	g	f	s
含义	固定窗	防辐射窗	观察窗
做法	C1815g	C1815f	C1815s 双层玻璃固定窗，内夹可调节百叶

后缀	m	j	t
含义	磨砂玻璃窗	夹丝玻璃	带外遮阳板
做法	C2418m	C2418j	C2418-4t

若门窗具有两种以上的细部，可采用组合后缀。

后缀	ab	ac	bc	fc
含义	带百叶大小扇门	带玻璃窗大小扇门	带百叶和玻璃窗的推拉门	带玻璃观察窗的防辐射门
做法	M1422ab	M1422ac	TM1022bc	M1022fc

4.1.2 门窗检查

1）内庭院设门

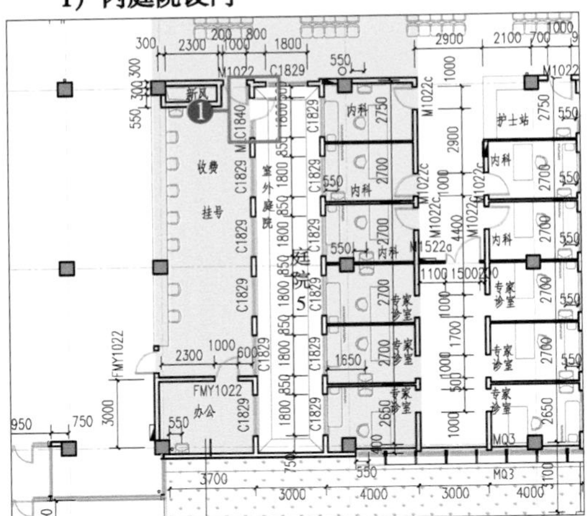

庭院 5 及其周边房间一层平面

为方便清扫，所有内庭院均需设门。检查时要特别留意专为通风采光而设置的内庭院❶。

2）外墙开窗

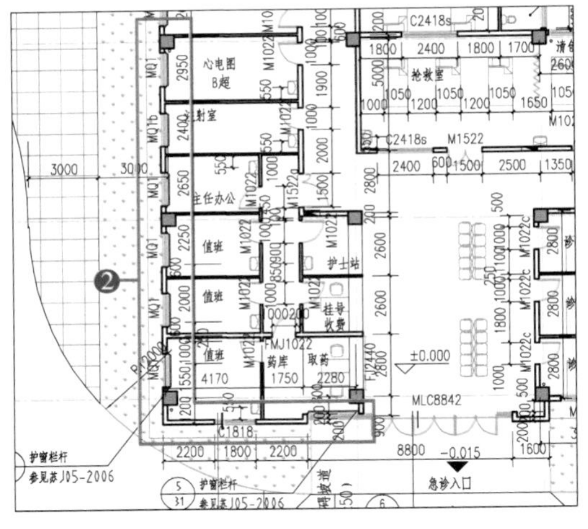

一层平面

（建筑施工图）

依据建筑效果图绘制施工图时，不经意间容易遗漏外墙开窗，甚至造成黑房间。因此统计门窗数量前，有必要仔细检查外墙开窗。在不影响立面效果的前提下，应尽量避免黑房间❷。

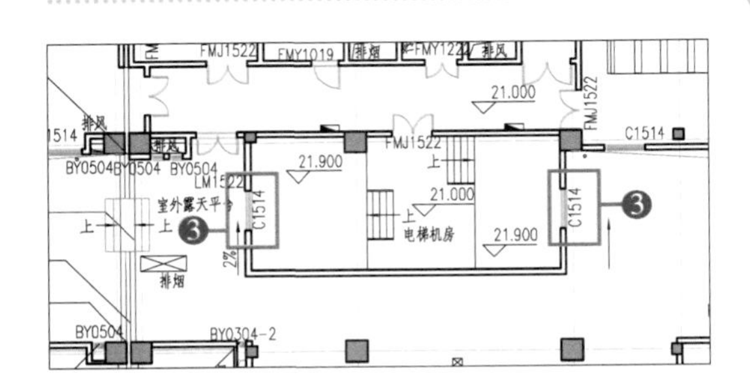

设备层平面

（建筑施工图）

屋顶上设备用房的外墙开窗容易遗漏。左图为屋顶的电梯机房，设置外窗有利于通风采光❸。

3）设置百叶

施工图设计过程中，暖通专业常要求建筑专业在进风及出风的位置设百叶，为此建筑师常结合外窗设置百叶。

（1）在外窗上设置百叶

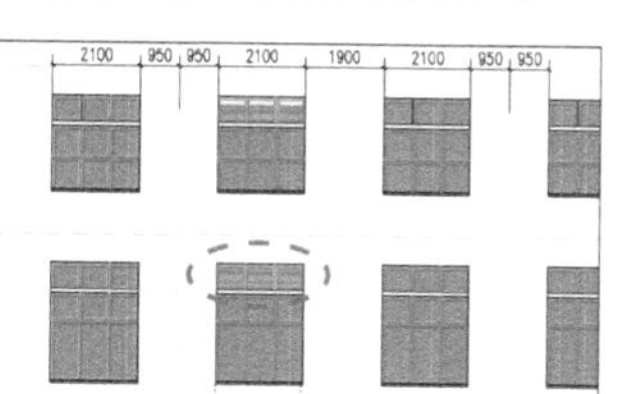

北立面
（建筑施工图）

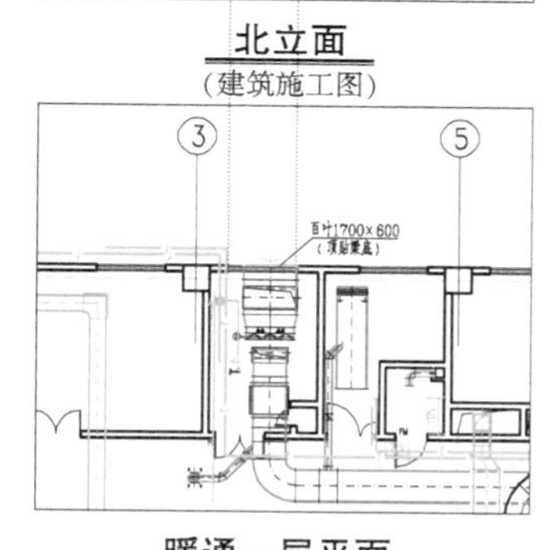

暖通一层平面
（暖通专业提给建筑专业的资料）

（2）在幕墙上设置百叶

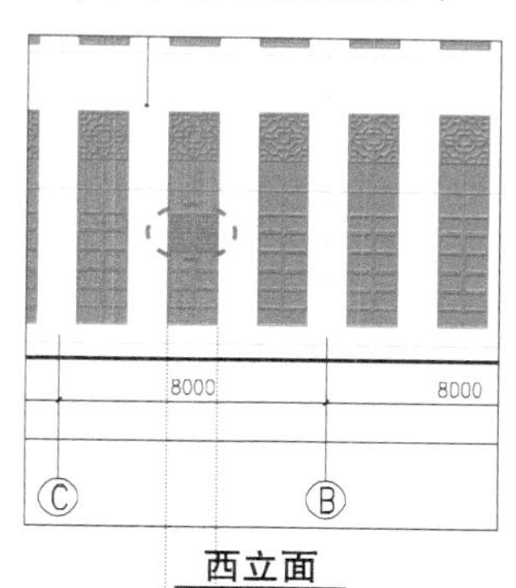

西立面
（建筑施工图）

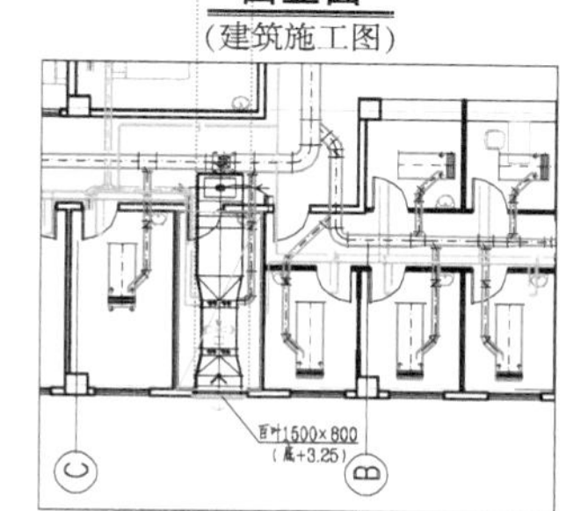

暖通一层平面
（暖通专业提给建筑专业的资料）

（3）单独设置百叶

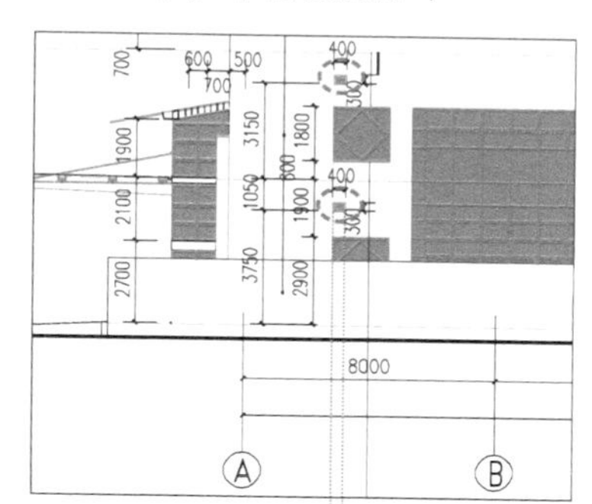

东立面
（建筑施工图）

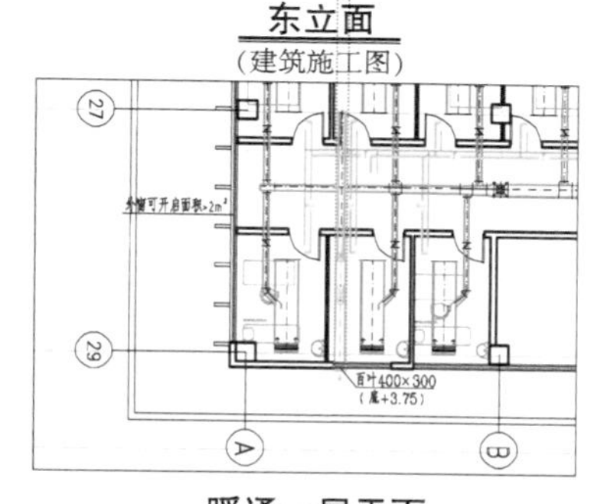

暖通一层平面
（暖通专业提给建筑专业的资料）

4）黑房间

（1）进深较大的建筑容易出现黑房间。例如本工程中，一层的西药房及二层的中心消毒供应室均为黑房间。如下图所示，为改善工作人员的使用环境，可在人员逗留时间较长的地方设置可看见室外的内窗。

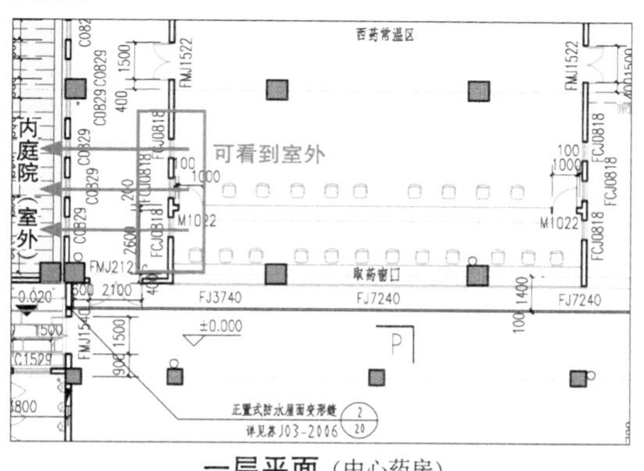

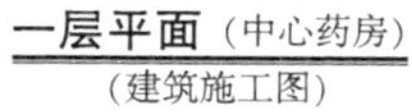

一层平面（中心药房）
（建筑施工图）

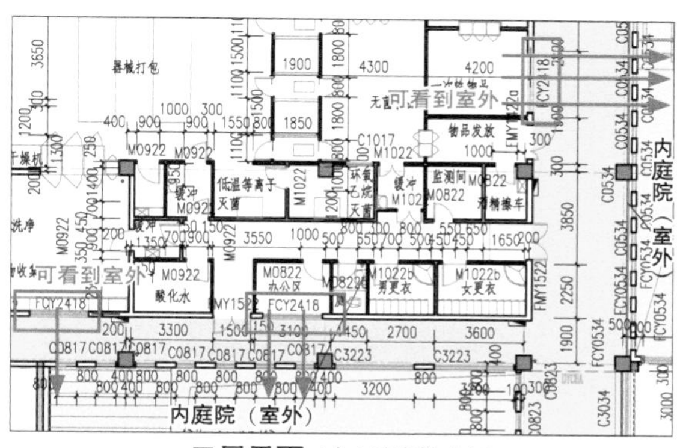

二层平面（中心消毒供应室）
（建筑施工图）

E－E 剖面

二层平面（内视镜中心）

（2）如左图所示，还可以通过开设天窗来改善顶层黑房间的通风与采光。

4.1.3 门窗统计

天正门窗编号与非天正门窗编号的对比

天正门窗编号 非天正门窗编号

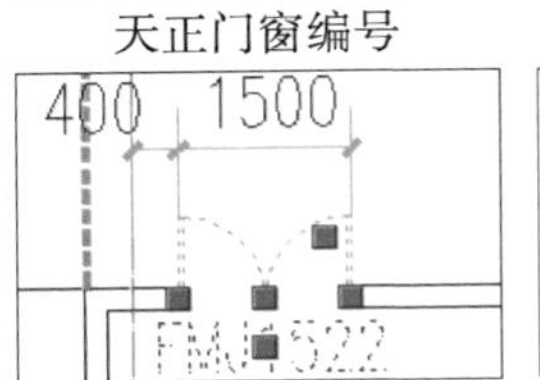

天正门窗与编号为一体，单击其一，门窗与编号同时被选中

非天正门窗与编号不为一体，单击编号时只能选中编号

本节使用 "AutoCAD2008 ＋天正建筑 8.2" 及 Excel 统计门窗数量。但需注意，本节方法仅适用于天正绘制的门窗，而不适用于用 "Text" 命令所作的门窗编号。

1）天正绘制门窗及编号

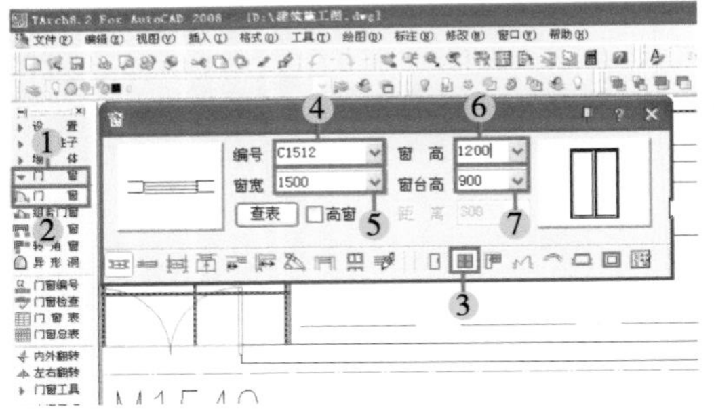

在天正绘制的墙体上插入编号为 "C1512"（宽 1500，高 1200）的窗：

1. 单击［门窗］，展开菜单
2. 选择［门窗］，弹出对话框
3. 单击［插窗］按钮
4. 在［编号］项输入 "C1512"
5. 在［窗宽］项输入 "1500"
6. 在［窗高］项输入 "1200"
7. 在［窗台高］项输入 "900"

注意 • 只有当墙体高度大于窗高＋窗台高时才能使用上述命令。

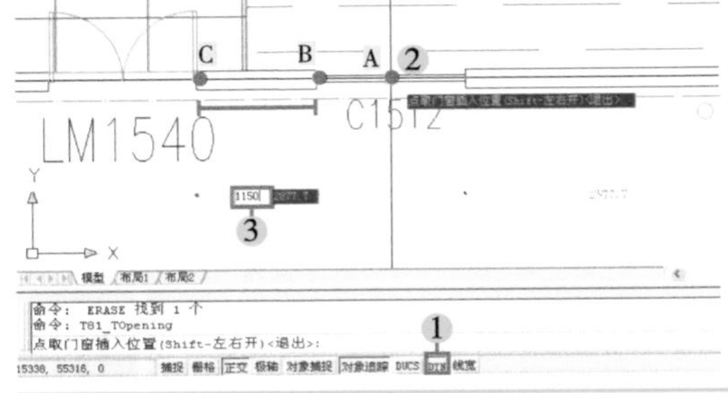

1. 单击 DYN 按钮，开启动态输入
2. 移动鼠标箭头至墙体上任意点 A
3. 在浮动窗口中输入墙体左端 C 点至窗左端 B 点的间距 "1150"，按 Enter 键，窗按指定位置插入墙体

注意 • DYN 为动态输入按钮，启用后会自动选择图中鼠标箭头附近的墙体，并显示出浮动窗口，供插入窗定位。

2）修改门窗编号

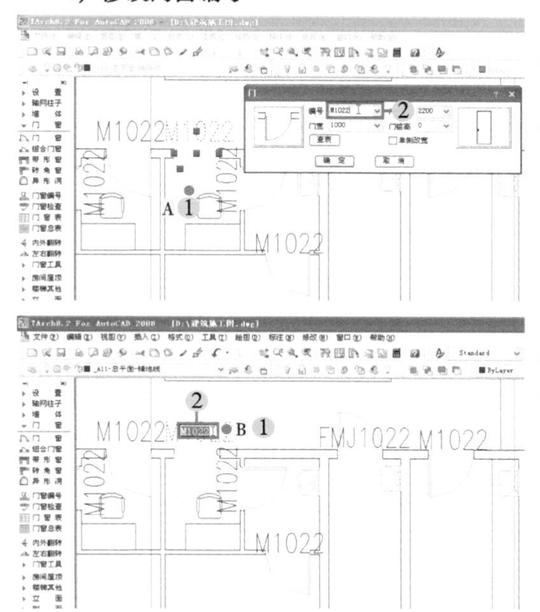

方法 1：

1 **双击拟修改编号的门窗图形（A 点），弹出对话框**

2 **在 [编号] 项输入新的门窗编号**

或

方法 2：

1 **双击拟修改的门窗编号（B 点）**

2 变为可编辑状态后，**输入新的门窗编号**

3）门窗数量统计

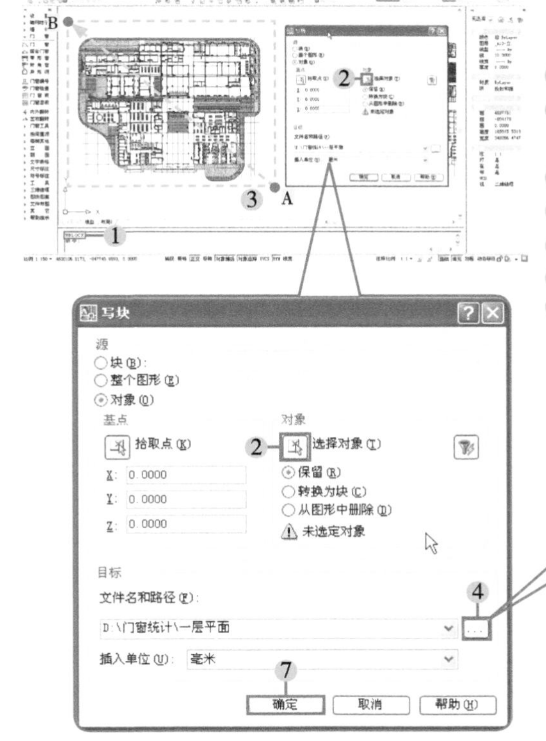

（1）制作各层平面的 CAD 文件

为了绘图方便，常将平、立、剖图绘制在一个 CAD 文件中。但为统计各层门窗数量，需用 "WBLOCK" 命令制作若干个仅含某层平面的 CAD 文件。

1 打开某一含有平、立、剖面的 CAD 文件，**在命令栏输入 "wblock"，**按 Enter 键或 Space 键，弹出 [写块] 对话框

2 **单击 [选择对象]** 按钮，对话框消失

3 **单击 A 点，再单击 B 点，**框选一层平面，按 Enter 键或 Space 键，显示 [写块] 对话框

4 **单击 … 按钮，**弹出 [浏览图形文件] 对话框

5 **在 [文件名] 项中输入 " 一层平面图 "**

6 **单击 [保存]，**[浏览图形文件] 对话框关闭

7 **单击 [确定]，**[写块] 对话框关闭

8 确认文件夹中生成了 " 一层平面图 .dwg" 文件。

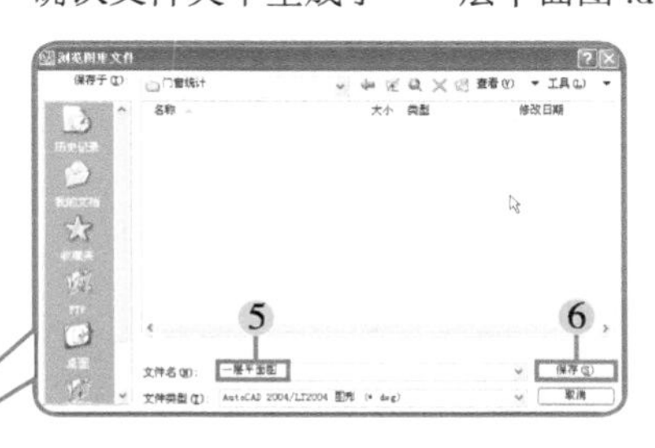

重复上述步骤，将其余各层平面分别作成一个 CAD 文件 。

（2）制作 Excel 统计表格

使用 Excel 表格可以快速准确地统计门窗数量。参照☞ P81 中介绍的方法制作下面的表格。

打开配套资源中 "03_ 参考图 " 文件夹内 "P4.1.3_ 门窗数量统计 .xlsx" 文件。

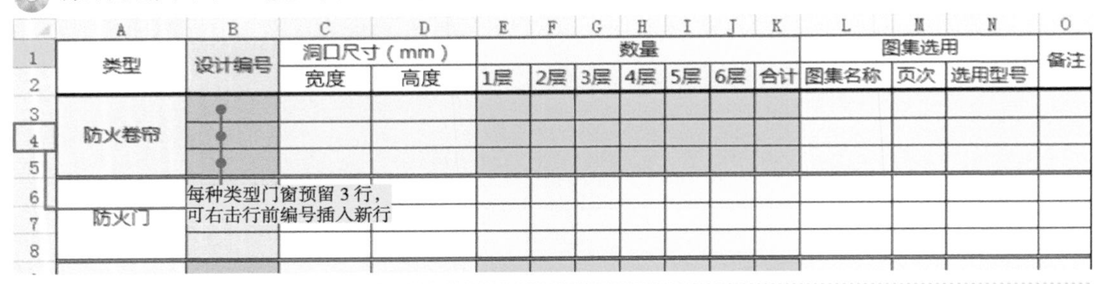

类型	设计编号	洞口尺寸（mm）		数量							图集选用			备注
		宽度	高度	1层	2层	3层	4层	5层	6层	合计	图集名称	页次	选用型号	
防火卷帘														
防火门	每种类型门窗预留 3 行，可右击行前编号插入新行													

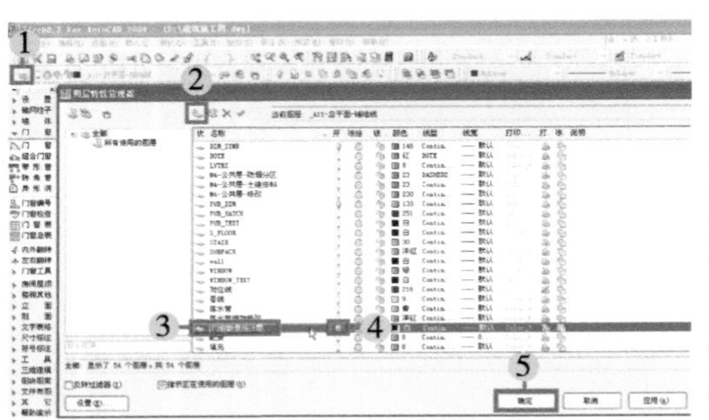

（3）使用 " 快速选择 " 命令统计门窗数量

打开配套资源中 "01_ 施工图 " 文件夹内 "a20_J01_ 一层平面 .dwg" 文件

1. 单击 按钮，弹出 [图层特性管理器] 对话框
2. 单击 按钮，新建一个图层
3. 在编辑状态下，按 Delete 键删除 " 图层 1"，输入 " 门窗数量统计层 "，对该图层进行重命名
4. 单击该栏的 按钮，使之变为 ，关闭该图层
5. 单击 [确定]，对话框关闭

1. 单击工具栏的 [特性] 按钮（若 [特性] 面板已打开，此步骤可省略）
2. 单击 [快速选择] 按钮，弹出对话框

或

按 Ctrl + 1 打开 [特性] 面板

2. 单击 [快速选择] 按钮，弹出对话框

3. 单击 [对象类型] 的 ▼ 按钮，弹出下拉式菜单
4. 选择 [门窗]
5. 按住鼠标左键向下拖动滚动条
6. 选择 [编号]
7. 单击 [运算符] 的 ▼ 按钮，弹出下拉式菜单
8. 选择 [＝等于]
9. 在 [值] 项输入门窗编号 "M1522"
10. 单击 [确定] 按钮，[快速选择] 对话框关闭

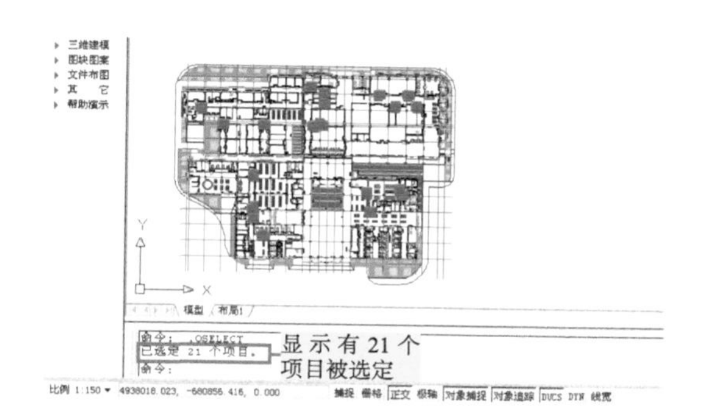

该层所有编号为"M1522"的门均被选定，命令栏显示其总数为21个。

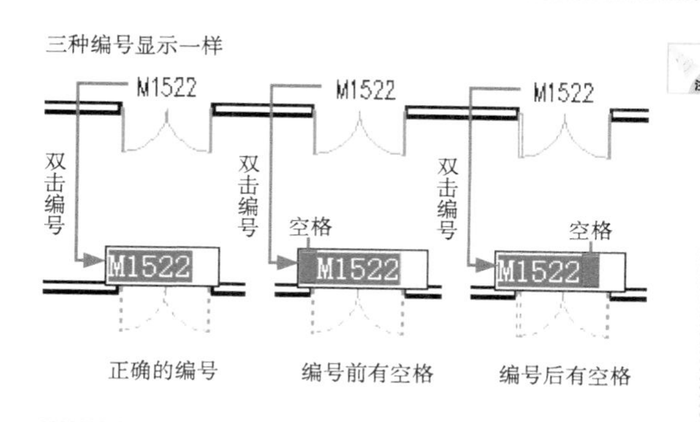

注意

• 用本方法统计门窗数量时，需确保门窗名准确无误。若不慎将门窗名输错，这些门窗将不会被选定。注意不能在门窗名中输入多余空格，如错将"M1522"输为"　M1522"或"M1522　"，虽然门窗名已错，但在CAD图中却难以发现。

由于同一张图中包含了多种门窗，为防止遗漏某种门窗类型，选中某一类门窗后，宜将其隐藏后再选其他类型，直至图中所有门窗都被隐藏为止。

下面以"M1522"为例，介绍隐藏门窗的方法:

1. **单击 ▼ 按钮**，弹出下拉式菜单
2. **选择［门窗数量统计层］**，弹出对话框，将选定的"M1522"放入该图层，由于该图层关闭，"M1522"将从图中隐藏
3. **单击［确定］按钮**，对话框关闭

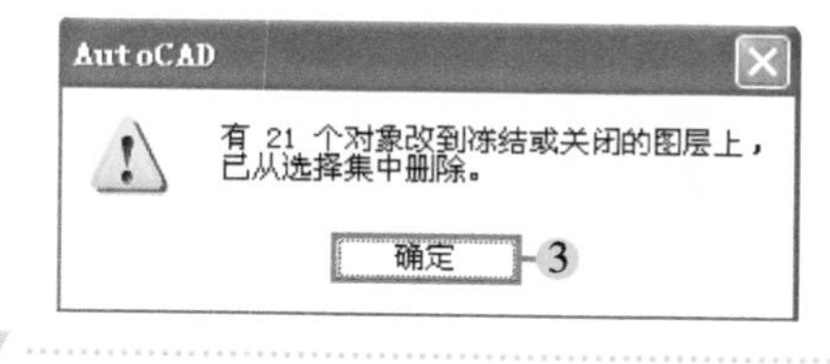

	A	B	C	D	E	F	G	H	I
1	类型	设计编号	洞口尺寸（mm）		数量				
2			宽度	高度	1层	2层	3层	4层	5层
12	木门	M1522	1500	2200	21				
13									
14									
15	推拉门								
16									
17									

如左图所示，将结果输入Excel表格。

T44

	A	B	C	D	E	F	G	H	I
1	类型	设计编号	洞口尺寸（mm）		数量				
2			宽度	高度	1层	2层	3层	4层	5层
35	木门	M1022	1000	2200	49				
36		M1022b	1000	2200	15				
37		M1022c	1000	2200	28				
38		M1422a	1400	2200	2				
39		M1522	1500	2200	21				
40		M1522a	1500	2200	15				

重复上述步骤，直至一层所有门窗都被隐藏，一层门窗统计完成。

(4) 计算各层门窗总数

如左图所示，依次统计其余各层的门窗数量，并输入 Excel 表格。然后用自动求和函数 [Σ] ❶ 合计整幢建筑中各类门窗的总数（☞ P84）。

(5) 门窗排序

统计完门窗数量后，需对门窗排序，以便查看。下面以防火门为例，介绍排序方法。

按照防火等级及尺寸对防火门进行排序：

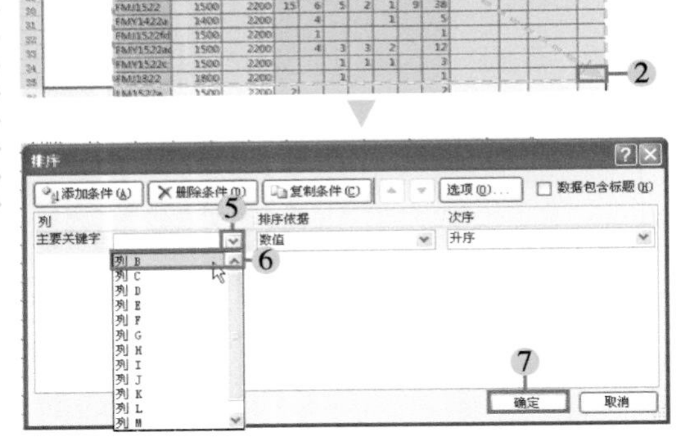

1. 单击 B15 单元格
2. 按住鼠标左键向右下方拖动至 O35 单元格，选中所有防火门及其数据
3. 单击 [数据]，调出数据面板
4. 单击 [排序]，弹出对话框

将防火门按甲、乙、丙防火等级排序：

5. 单击 [主要关键字] 的 ▼ 按钮，弹出下拉式菜单
6. 选择 [列 B]
7. 单击 [确定] 按钮，关闭对话框

确认防火门如左图排列。

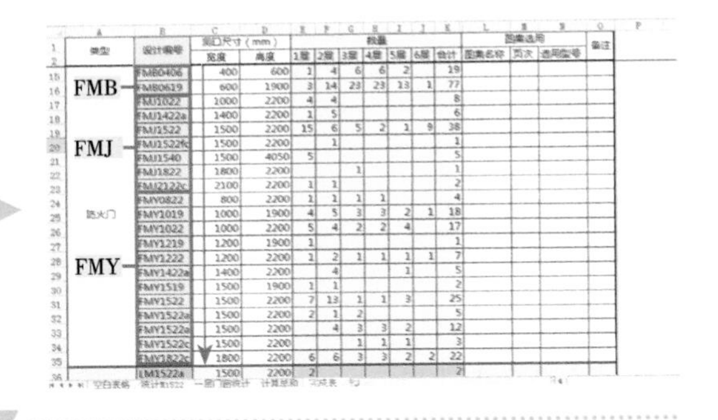

门窗表中，防火门通常按**甲级**（FMJ）→**乙级**（FMY）→**丙级**（FMB）排列。但 Excel 中按字母升序的排列顺序却是 FMB → FMJ → FMY，因此还需在 Excel 中调整防火门的排列顺序，方法如下：

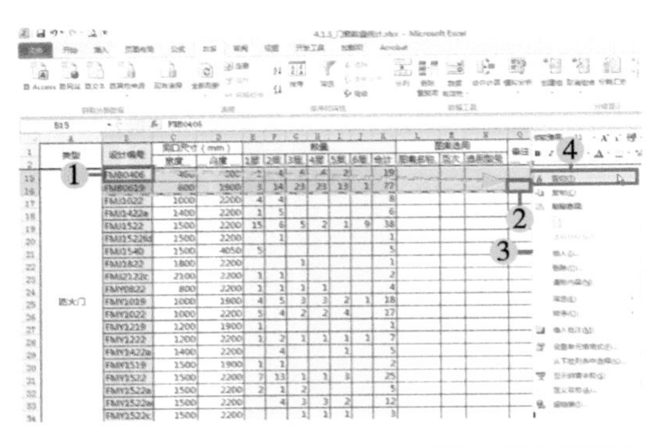

1. 单击 B15 单元格
2. 按住鼠标左键向右下方拖至 O16 单元格，选中所有 FMB 及其数据
3. 单击右键，弹出下拉式菜单
4. 选择 [剪切]

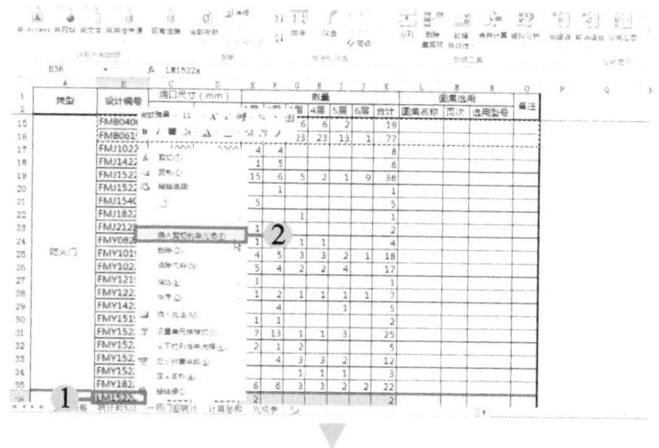

1 单击 B36 单元格，单击右键，弹出下拉式菜单
2 选择［插入剪切的单元格］

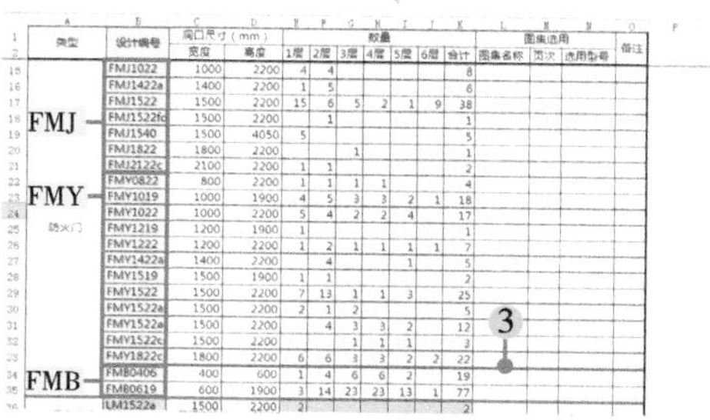

插入后表格如左图所示。
3 将双线边框改为单线（☞ P83）

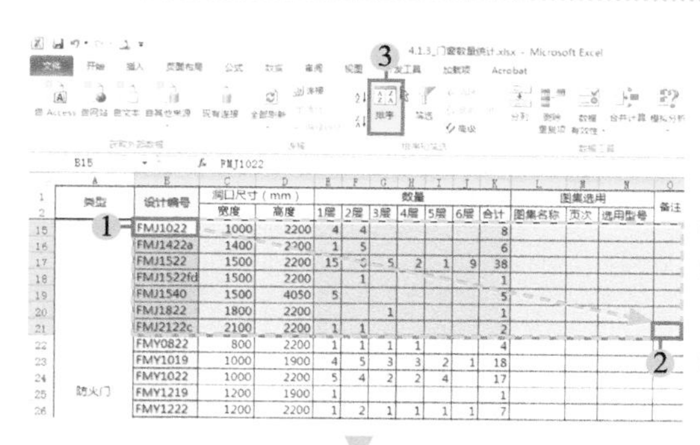

将同级别的防火门按尺寸大小排列：

排列原则：为方便门窗详图的排版（☞ P241），需先按洞口高度（列 D）从小到大排列，高度相同时再按洞口宽度（列 C）从小到大排列。

1 单击 B15 单元格
2 按住鼠标左键向右下方拖至 O21 单元格，选中所有 FMJ 及其数据
3 单击［排序］按钮，弹出对话框

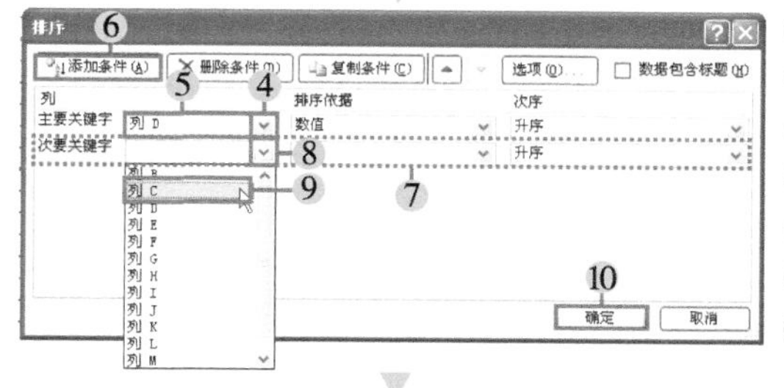

4 单击［主要关键字］的 ▼ 按钮，弹出下拉式菜单
5 选择［列 D］高度
6 单击［添加条件］按钮
7 出现［次要关键字］栏
8 单击［次要关键字］的 ▼ 按钮，弹出下拉式菜单
9 选择［列 C］宽度
10 单击［确定］按钮，关闭［排序］对话框

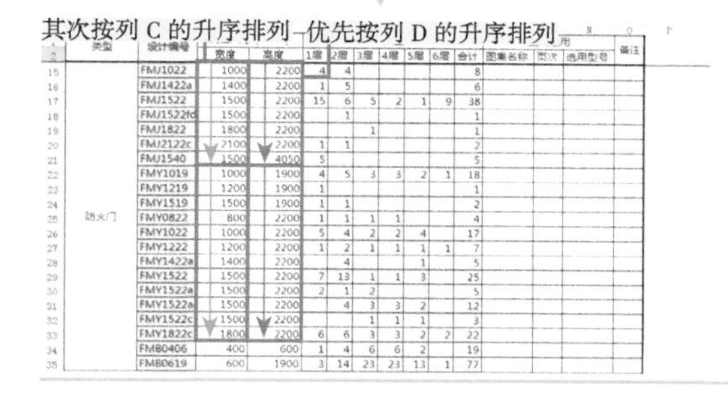

重复上述步骤，对 FMY 排序，结果如左图所示。

按照上述方法，将其他类型的门窗也按尺寸大小进行排列。

（6）制作 CAD 门窗表

如下图所示，将 Excel 统计结果绘制到 CAD 文件中。

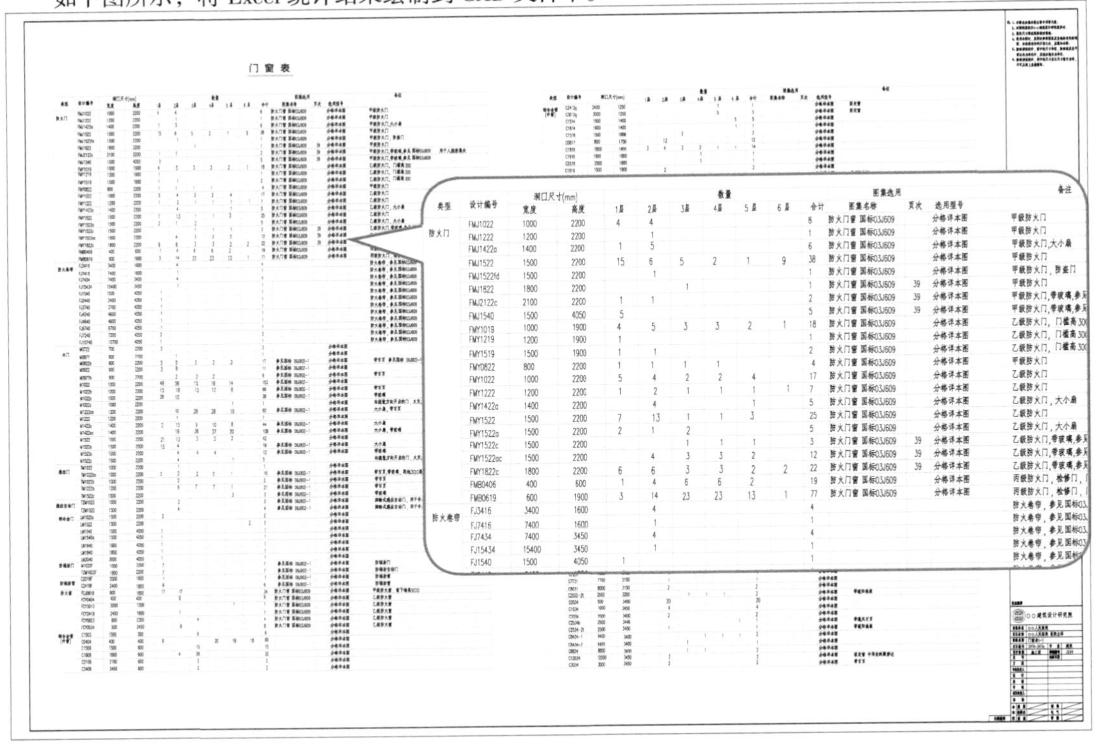

门窗表

类型	设计编号	洞口尺寸(mm) 宽度	高度	数量 1层	2层	3层	4层	5层	6层	合计	图集选用 图集名称	页次	选用型号	备注
防火门	FMJ1022	1000	2200	4	4					8	防火门窗 国标03J609		分格详本图	甲级防火门
	FMJ1222	1200	2200		1					1	防火门窗 国标03J609		分格详本图	甲级防火门
	FMJ1422a	1400	2200	1	5					6	防火门窗 国标03J609		分格详本图	甲级防火门，大小扇
	FMJ1522	1500	2200	15	6	5	2	1	9	38	防火门窗 国标03J609		分格详本图	甲级防火门
	FMJ1522fd	1500	2200		1					1	防火门窗 国标03J609		分格详本图	甲级防火门，防盗门
	FMJ1822	1800	2200			1				1	防火门窗 国标03J609	39	分格详本图	甲级防火门
	FMJ2122c	2100	2200	1	1					2	防火门窗 国标03J609	39	分格详本图	甲级防火门，带玻璃，参见
	FMJ1540	1500	4050	5						5	防火门窗 国标03J609	39	分格详本图	甲级防火门，带玻璃，参见
	FMY1019	1000	1900	4	5	3	3	2	1	18	防火门窗 国标03J609		分格详本图	乙级防火门，门槛高300
	FMY1219	1200	1900	1						1	防火门窗 国标03J609		分格详本图	乙级防火门，门槛高300
	FMY1519	1500	1900	1	1					2	防火门窗 国标03J609		分格详本图	乙级防火门，门槛高300
	FMY0822	800	2200	1	1	1	1			4	防火门窗 国标03J609		分格详本图	甲级防火门
	FMY1022	1000	2200	5	4	2	2	4		17	防火门窗 国标03J609		分格详本图	乙级防火门
	FMY1222	1200	2200	1	2	1	1	1	1	7	防火门窗 国标03J609		分格详本图	乙级防火门
	FMY1422a	1400	2200		4			1		5	防火门窗 国标03J609		分格详本图	乙级防火门，大小扇
	FMY1522	1500	2200	7	13	1	1	3		25	防火门窗 国标03J609		分格详本图	乙级防火门
	FMY1522a	1500	2200	2	1	2				5	防火门窗 国标03J609		分格详本图	乙级防火门，大小扇
	FMY1522c	1500	2200			1	1	1		3	防火门窗 国标03J609	39	分格详本图	乙级防火门，带玻璃，参见
	FMY1522ac	1500	2200		4	3	3	2		12	防火门窗 国标03J609	39	分格详本图	乙级防火门，带玻璃，参见
	FMY1822c	1800	2200	6	6	3	3	2	2	22	防火门窗 国标03J609	39	分格详本图	乙级防火门，带玻璃，参见
	FMB0406	400	600	1	4	6	6	2		19	防火门窗 国标03J609		分格详本图	丙级防火门，检修门，
	FMB0619	600	1900	3	14	23	23	13	1	77	防火门窗 国标03J609		分格详本图	丙级防火门，检修门，
防火卷帘	FJ3416	3400	1600		4					4				防火卷帘，参见国标03
	FJ7416	7400	1600		1					1				防火卷帘，参见国标03
	FJ7434	7400	3450		4					4				防火卷帘，参见国标03
	FJ15434	15400	3450		1					1				防火卷帘，参见国标03
	FJ1540	1500	4050	1						1				防火卷帘，参见国标

4.1.4 门窗详图及排版

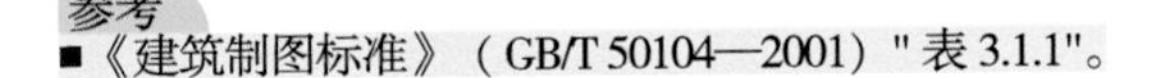

参考

■《建筑制图标准》（GB/T 50104—2001）"表 3.1.1"。

1）门窗详图

（1）门窗外轮廓线应加粗❶；

（2）应标明门窗编号、打印比例❷及详细尺寸❸；

（3）门窗类别及开启方式应表达清楚❹。

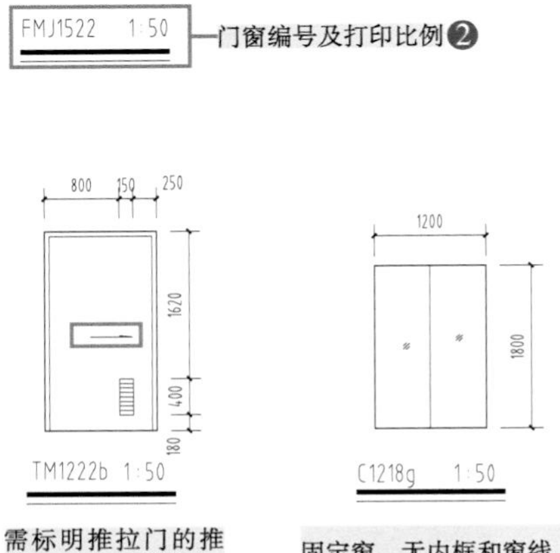

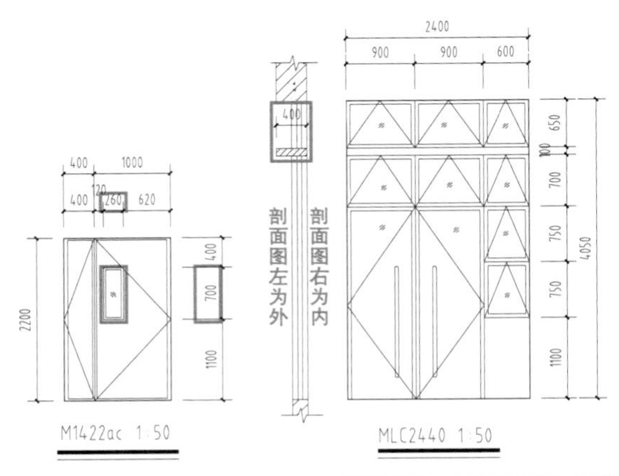

需标出大小门扇及观察窗的尺寸

除准确表达门扇及窗扇尺寸外，还需绘制剖面图，标出挑檐出挑距离

需标明推拉门的推拉方向及百叶尺寸

固定窗，无内框和窗线

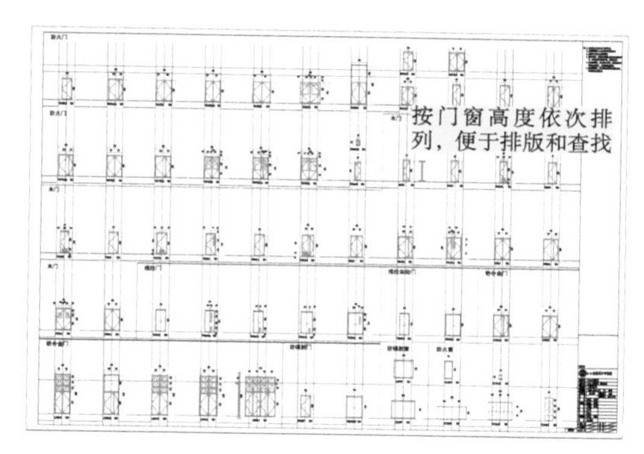

2）排版

运用对位辅助线排版（☞ P18）。

按前页门窗表编号，依次绘制门窗详图。

门窗详图

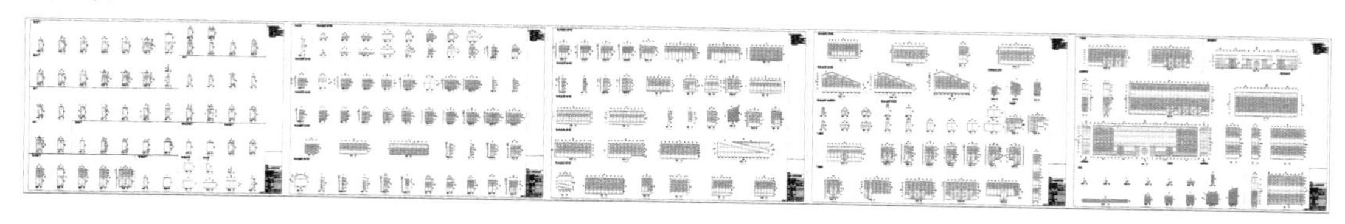

4.1.5 验证统计结果

若某类型门窗总数等于各层门窗数量之和，则可判定统计结果正确。下面以 "FMJ1022" 为例，说明操作步骤。将 1 ～ 6 层平面图放入同一个 CAD 文件，命名为 " 建筑平面图 .dwg"。

1. 单击 [特性] 面板中的 [快速选择] 按钮，选择平面图中所有的 "FMJ1022"（☞ P236）
2. 命令栏显示其数量为 8
3. Excel 表中 "FJM1022" 的总数也为 8，两者相等，说明 "FMJ1022" 统计无误

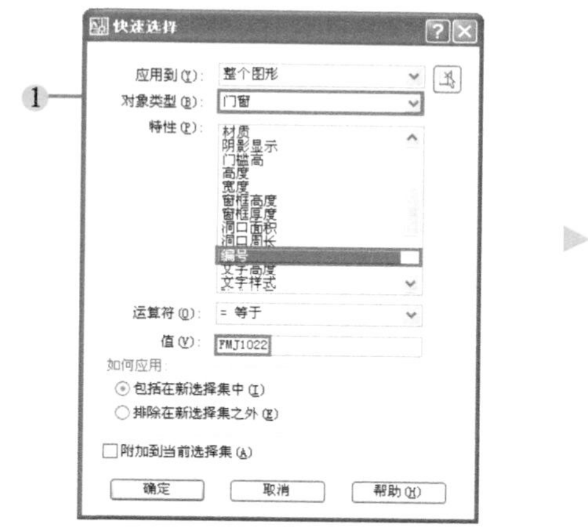

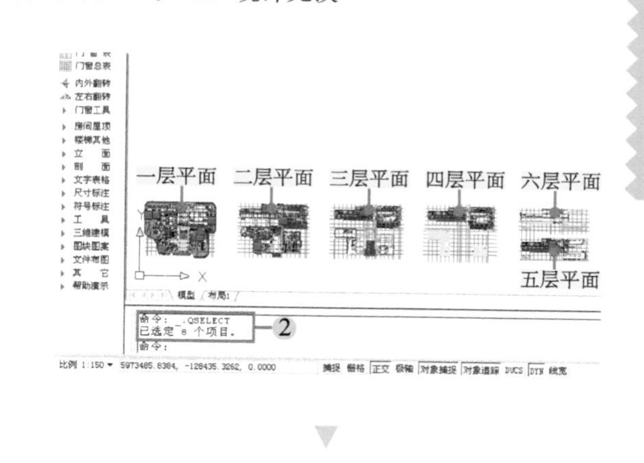

设计编号	洞口尺寸（mm）		数量							图集选用			备注
	宽度	高度	1层	2层	3层	4层	5层	6层	合计	图集名称	页次	选用型号	
FMJ1022	1000	2200	4	4					8				
FMJ1422a	1400	2200	1	5					6				
FMJ1522	1500	2200	15	6	5	2	1	9	38				
FMJ1522fd	1500	2200		1					1				
FMJ1822	1800	2200			1				1				

同样方法验证其他类型门窗，查找并修改统计错误。

4.2 快速修改标注

4.2.1 天正标注类型

使用特性面板中的 " 快速选择 " 命令可快速修改各种天正标注，从而提高绘图效率。下图为常用的天正标注。

1）引出标注

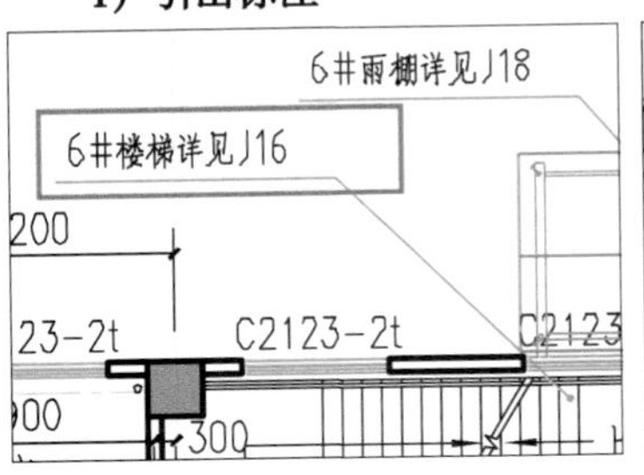

命令 : LIST
选择对象 : 找到 1 个
选择对象 :
DXF 名称： TCH_MULTILEADER
对象句柄 : 3F4D
图层 : DIM_LEAD
颜色 : 随层
比例 : 150
对象类型 : 引出标注
文字 1: 6# 楼梯详见 J16
文字 2:
文字样式 : _gbxwxt-gbhzfs
文字高度 : 3.5P

2）标高标注

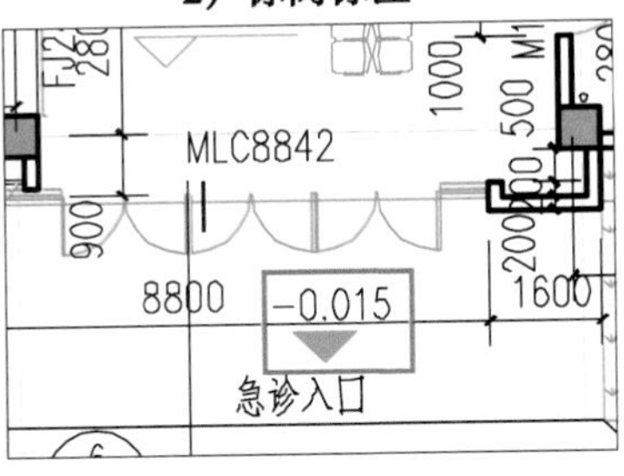

命令 : LIST
选择对象 : 找到 1 个
选择对象 :
DXF 名称： TCH_ELEVATION
对象句柄 : 385E
图层 : DIM_ELEV
颜色 : 随层
比例 : 150
对象类型 : 标高标注
文字内容 : -0.015
文字样式 : _TCH_DIM
文字高度 : 3.5P
引线 : 无
基线 : 无

3）剖切符号

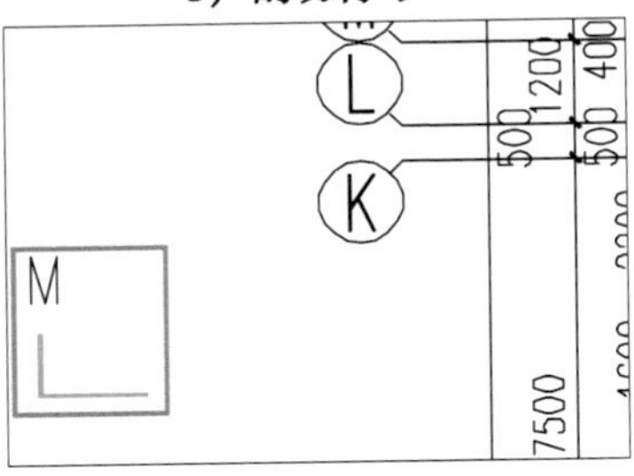

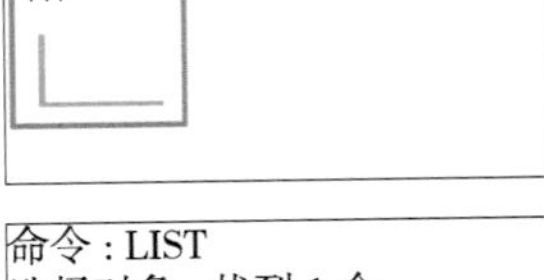

命令 : LIST
选择对象 : 找到 1 个
选择对象 :
DXF 名称： TCH_SYMB_SECTION
对象句柄 : 38E6
图层 : DIM_SYMB
颜色 : 随层
比例 : 150
对象类型 : 剖切符号
剖切号 : M
字高 : 5.3P

4）指向索引

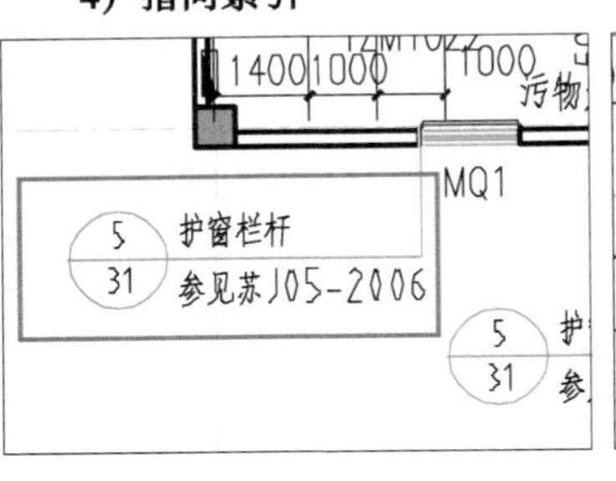

命令 : LIST
选择对象 : 找到 1 个
选择对象 :
DXF 名称： TCH_INDEXPOINTER
对象句柄 : 404E
图层 : DIM_LEAD
颜色 : 随层
比例 : 150
对象类型 : 指向索引
被索引图编号 : 31
文字说明 1: 护窗栏杆
文字说明 2: 参见苏J05—2006
索引编号 : 5
文字样式 : _gbxwxt-gbhzfs

5）箭头标注

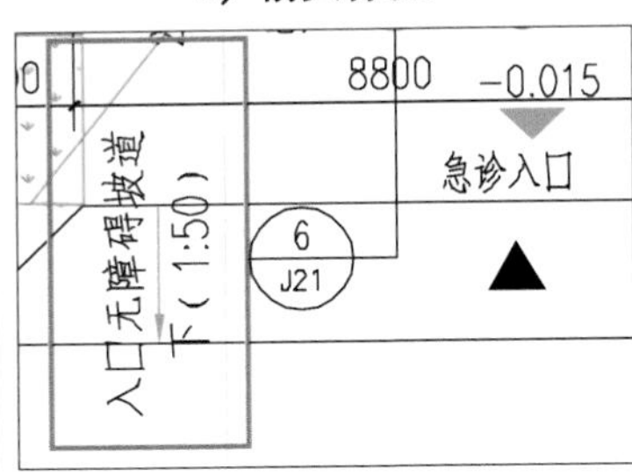

命令 : LIST
选择对象 : 找到 1 个
选择对象 :
DXF 名称： TCH_ARROW
对象句柄 : 3EB8
图层 : DIM_SYMB
颜色 : 随层
比例 : 150
对象类型 : 箭头标注
文字内容 : 入口无障碍坡道
文字内容 2: 下 （1 : 50）
文字样式 : _TCH_DIM
文字高度 : 4.0P
箭头大小 : 3.0P

6）剖切索引

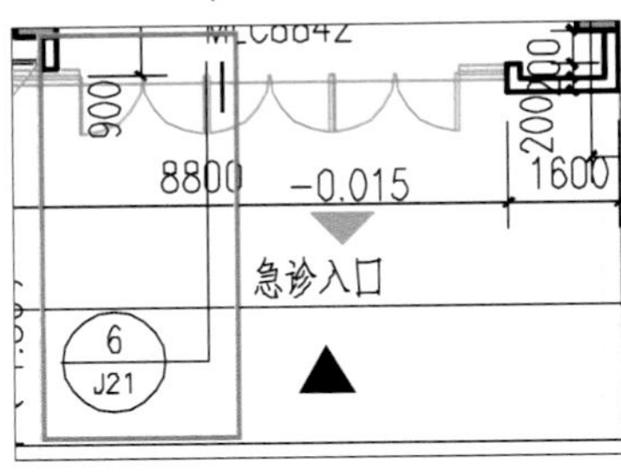

命令 : LIST
选择对象 : 找到 1 个
选择对象 :
DXF 名称： TCH_INDEXPOINTER
对象句柄 : 3AEA
图层 : PUB_DIM
颜色 : 随层
比例 : 150
对象类型 : 剖切索引
被索引图编号 : J21
文字说明 1:
文字说明 2:
索引编号 : 6
文字样式 : _TCH_LABEL

4.2.2　标注修改

下面以修改 6# 楼梯的引出标注为例，说明修改标注的方法。

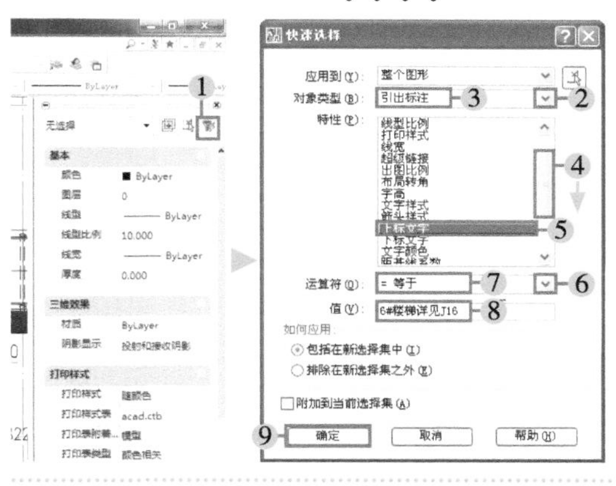

使用特性面板中的 " 快速选择 " 命令选中所有相同标注：

1. 单击 [快速选择] 按钮，弹出对话框
2. 单击 [对象类型] 的 ▼ 按钮，弹出下拉式菜单
3. 选择 [引出标注]
4. 按住鼠标左键向下拖动 [特性] 项的滚动条
5. 选择 [上标文字]
6. 单击 [运算符] 的 ▼ 按钮，弹出下拉式菜单
7. 选择 [＝等于]
8. 在 [值] 项中输入 "6# 楼梯详见 J16"
9. 单击 [确定]，[快速选择] 对话框关闭

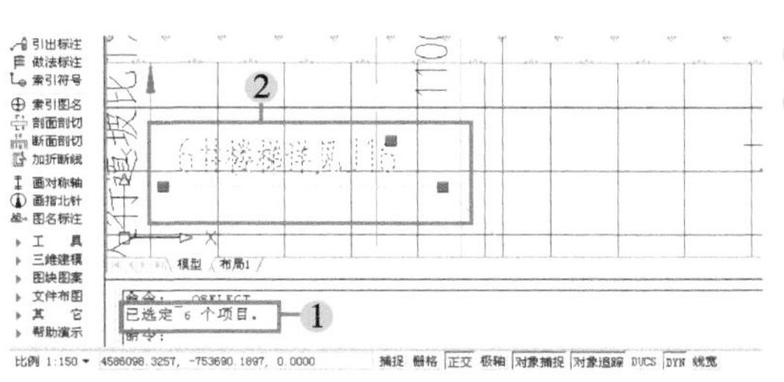

1. 命令栏显示 " 已选定 6 个项目 "
2. 确认 6# 楼梯的引出标注为选择状态

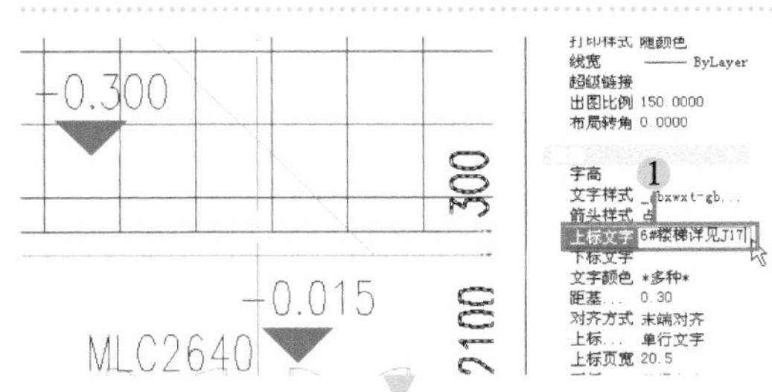

1. 单击 [特性] 面板中 [上标文字] 项，进入编辑状态，将 "6# 楼梯详见 J16" 中的 "J16" 更改为 "J17"，按 Enter 键确定，按 Esc 键退出选择状态

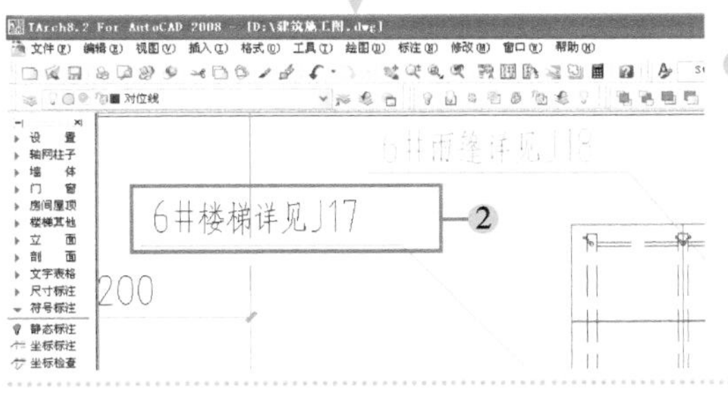

2. 确认 6# 楼梯的引出标注已改为 "6# 楼梯详见 J17"

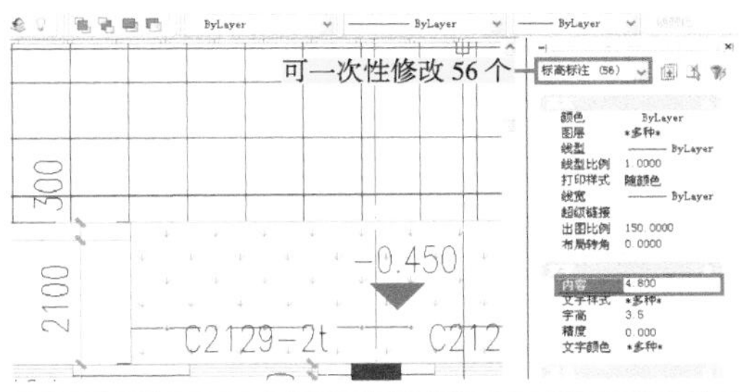

上述方法可快速准确地修改各类标注。以标高为例，若需将所有标为 "4.800"（共 56 个）的标高修改为 "5.000"，可先按上述步骤选中所有的 "4.800" 标高，然后在 [特性] 面板中将 [内容] 项的 "4.800" 改为 "5.000"，这 56 个标注就全部修改为 "5.000"。

4.3　图框及排版

4.3.1　插入图框

通常设计院使用专用图框出图，因此需按打印比例插入图框并合理排版。

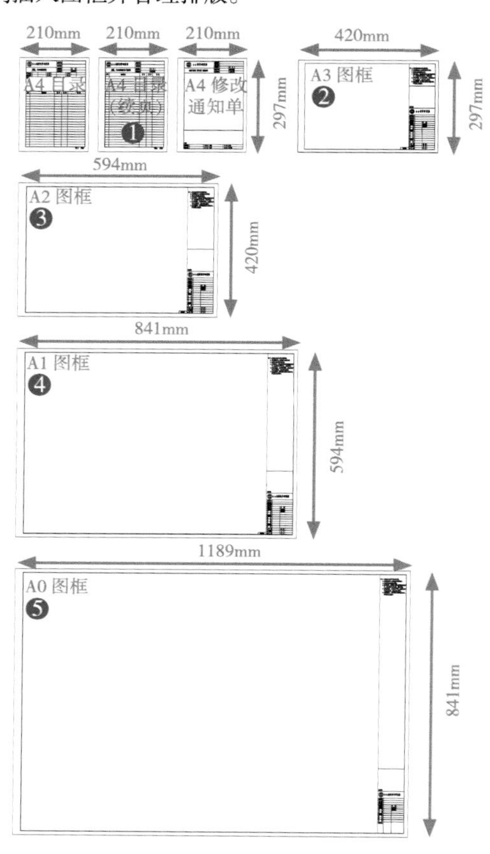

1）图框种类

打开配套资源中 "05_ 标准图框 " 文件夹

建筑施工图常用 A4 ❶、A3 ❷、A2 ❸、A1 ❹、A0 ❺五种图幅的图框。

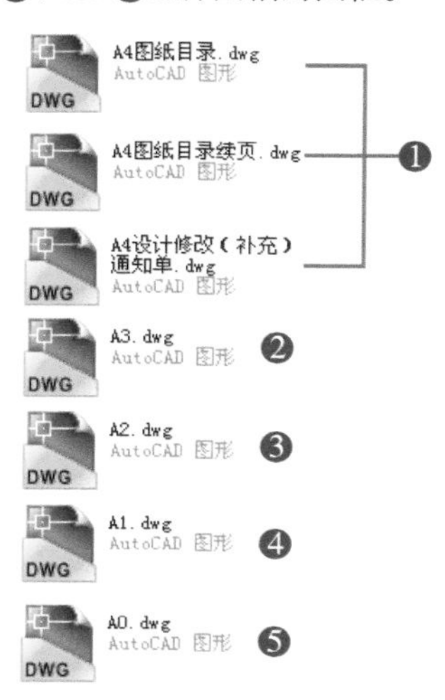

通常建筑施工图的绘图比例为 1∶1，建筑平、立、剖图纸的打印比例为 1∶100；而设计院的图框则按实际图面尺寸绘制。因此，插入图框时需将图框按打印比例放大后框住图形，出图时再按相同的打印比例打印（☞ P10）。

2）插入图框的方法

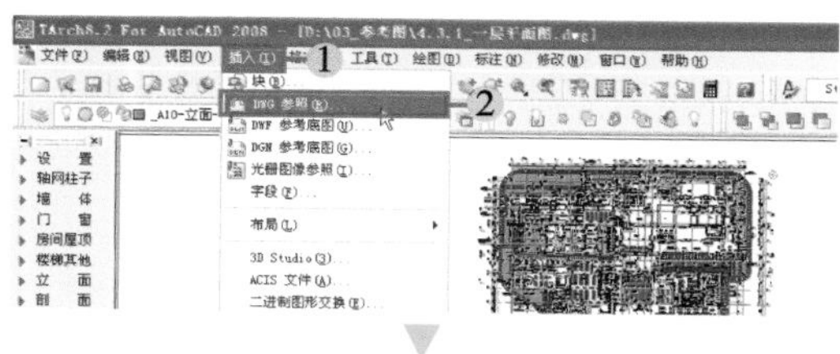

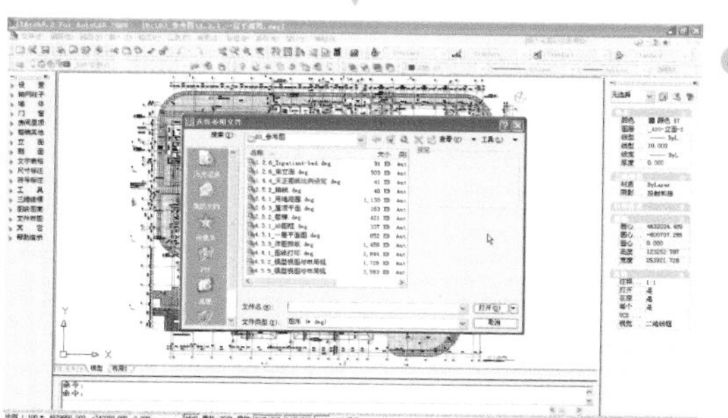

在一层平面中插入图框，打印比例为 1∶150。

打开配套资源中 "03_ 参考图 " 文件夹内 "4.3.1_一层平面图 .dwg"

1. 单击 [插入]，弹出下拉式菜单
2. 选择 [DWG 参照]，弹出 [选择参照文件] 对话框
3. 选择 "03_参考图 " 文件夹内 "4.3.1_A0 图框 .dwg" 文件
4. 单击 [打开]，弹出 [外部参照] 对话框

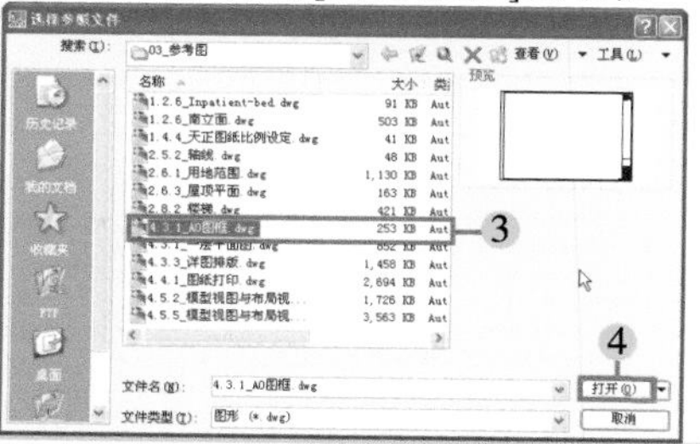

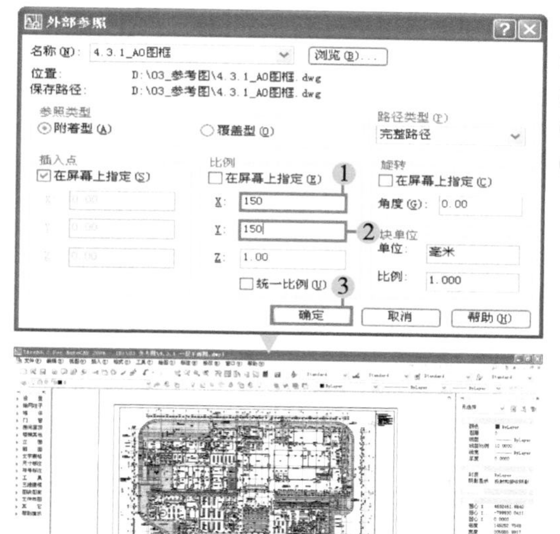

在 [外部参照] 对话框中输入缩放比例：

1 在 [X] 项输入 "150"
2 在 [Y] 项输入 "150"
3 单击 [确定]，对话框关闭
4 单击 A 点，在屏幕上指定插入位置

插入图框后将其调整到合适位置。

左图中，插入的图框正好框住一层平面图。

4.3.2 图纸排版

一套建筑施工图包含多张图纸，绘图时常将全部图纸绘制在一个 dwg 文件中。为提高绘图效率，宜将该文件中的所有图纸分门别类地排列整齐。

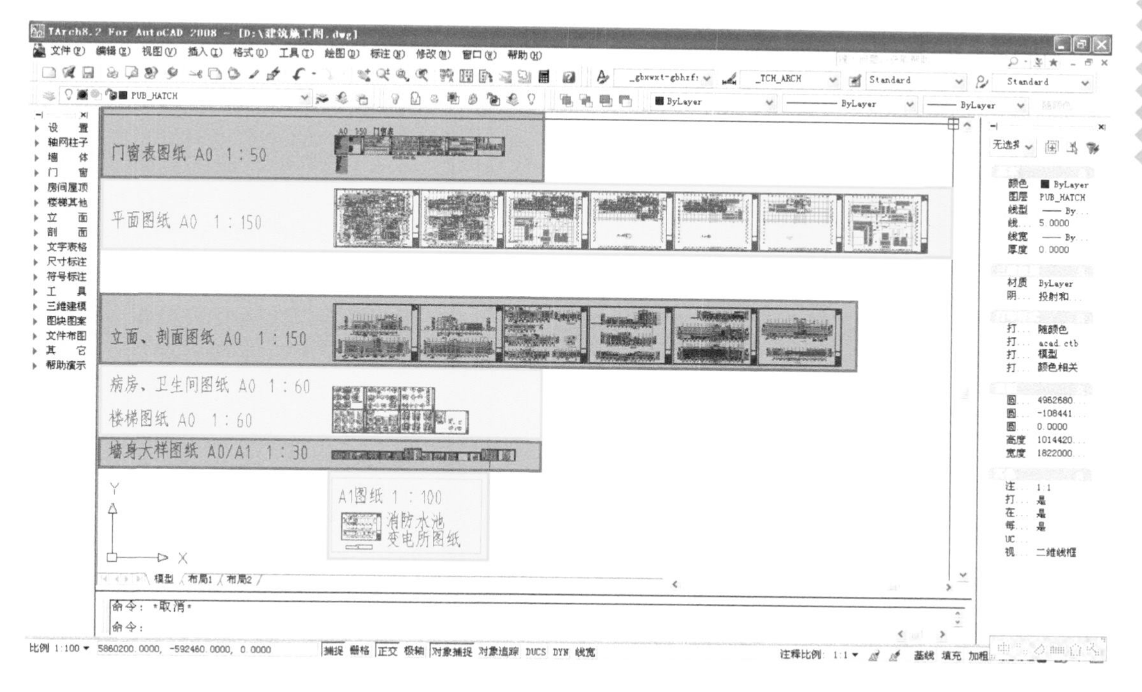

4.3.3　不同比例图纸的排版

在施工图排版的过程中，常常需要将不同比例的图形排在同一张图纸中，此时宜使用一定的技巧。如下图所示，需要在打印比例为 1：30 的图纸中插入一个比例为 1：10 的木质花格详图。

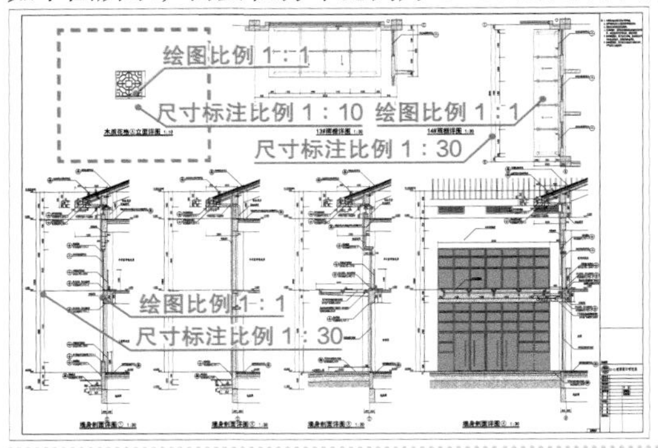

较理想的做法是，先将木质花格详图（绘图比例 1：1 ☞ P10）连同尺寸标注（标注比例 1：10 ☞ P26）做成 " 块 (Block)" 后，再放大 3 倍插入，此时木质花格详图连同尺寸标注一起被放大。打印时，再一起缩小到 1/30，木质花格详图在打印图纸上达到 1：10 的比例，因此其尺寸标注的打印字高与图中其他详图相同。

1）制作一个名为 " 木质花格 " 的块

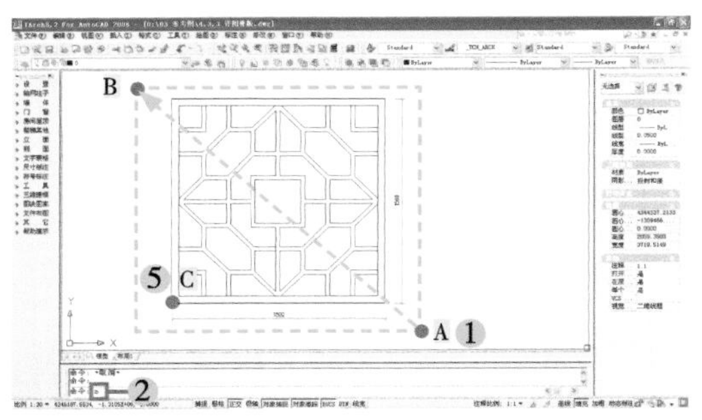

打开配套资源中 "03_ 参考图 " 文件夹内 "4.3.3_ 详图排版 .dwg" 文件

1. **先单击 A 点，再单击 B 点**，选中木质花格
2. **在命令栏中输入 "b"，按** Enter 键或 Space 键，弹出 [块定义] 对话框
3. **在 [名称] 项输入 " 木质花格 "**
4. **单击 [拾取点] 按钮**，对话框消失
5. **单击 C 点**，指定拾取点，[块定义] 对话框出现
6. **单击 [确定]**，对话框关闭

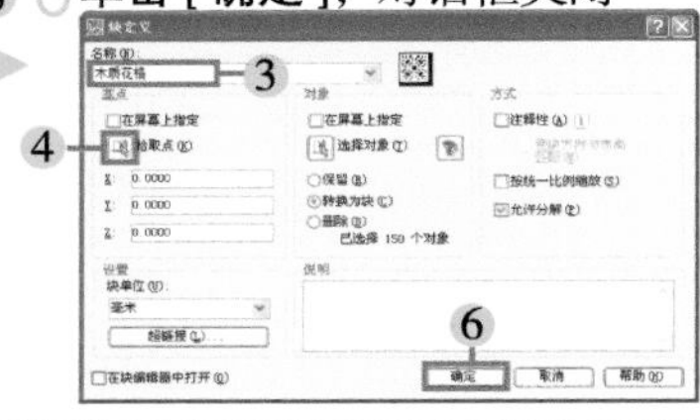

2) 按比例插入块

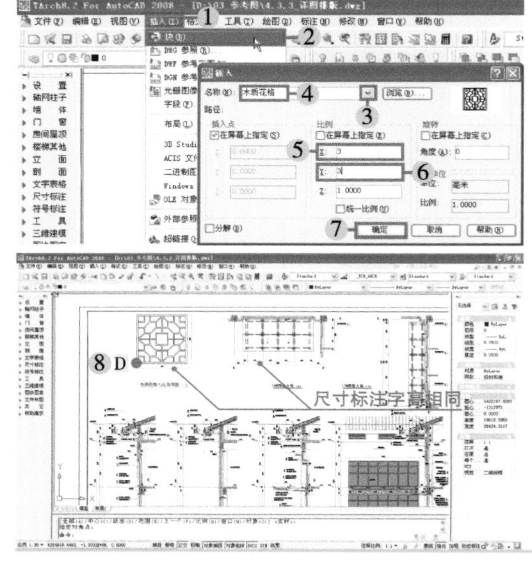

1. **单击 " 插入 "**，弹出下拉式菜单
2. **选择 " 块 "（或在命令栏输入 "i"）**，弹出对话框
3. **单击 ▼ 按钮**，弹出下拉式菜单，
4. **选择 [木质花格]**
5. **在 [X] 项输入 " 3"**
6. **在 [Y] 项输入 "3"**
7. **单击 [确定]**
8. **单击 D 点**，插入该块

木质花格已放大 3 倍插入。若双击该块打开 " 块编辑器 "，可发现木质花格的绘图比例仍保持 1：1。

4.4 图纸打印

4.4.1 调整图层顺序

为获得较好的打印效果，理想的显示顺序应该是：填充图案最下，轴线次之，其他图形在上，尺寸标注前置。为此，CAD 的操作顺序是先后置轴线图层❶，再后置填充图案❷。从下图不难看出，调整图层顺序后的打印效果较佳。

未调整图层顺序的打印效果

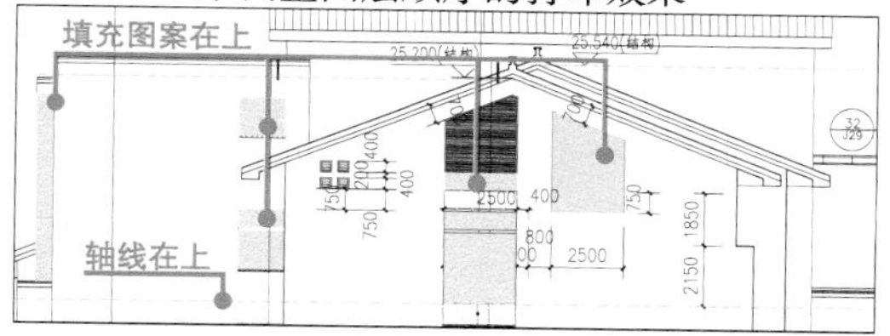

调整图层顺序后的打印效果

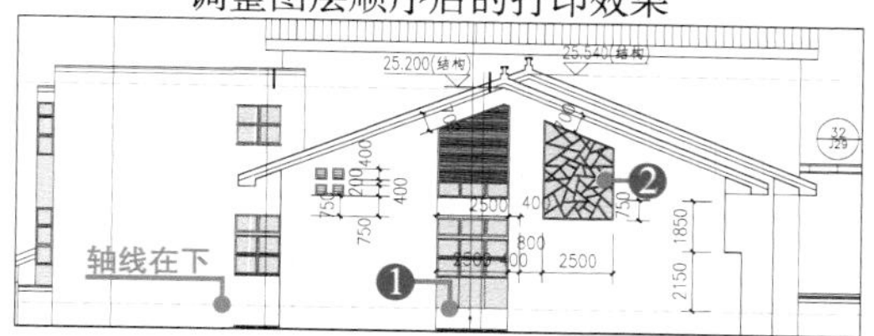

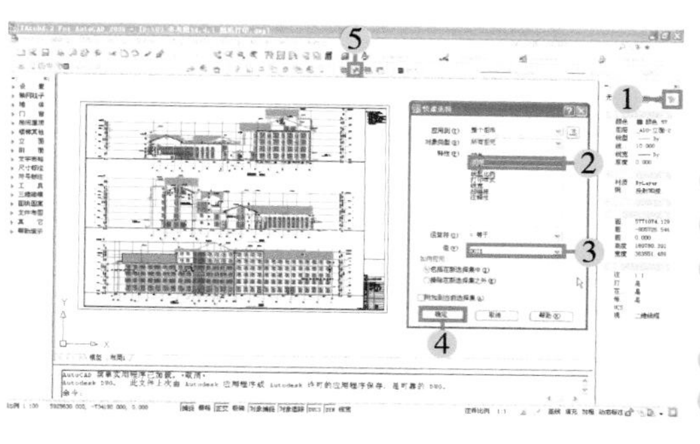

打开配套资源中 "03_ 参考图 " 文件夹内 "4.4.1_ 图纸打印 .dwg" 文件

后置轴线图层：

1. 单击 [快速选择] 按钮，弹出对话框
2. 在 [特性] 项中选择 [图层]
3. 单击 [值] 的 ▼ 按钮，弹出下拉式菜单，选择 [DOTE] 图层
4. 单击 [确定]，对话框关闭，选中所有轴线
5. 单击 [后置] 按钮（调出 [绘图次序] 工具栏的方法详见 P22），将选中的轴线后置

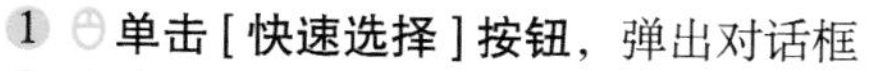

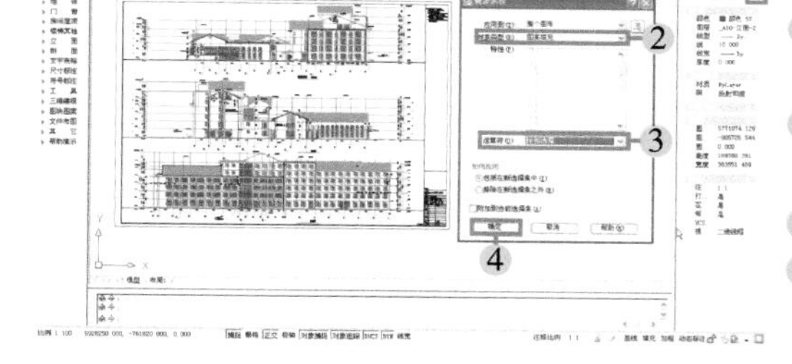

后置填充图案：

1. 单击 [快速选择] 按钮，弹出对话框
2. 单击 [对象类型] 的 ▼ 按钮，弹出下拉式菜单，选择 [图案填充]
3. 单击 [运算符] 的 ▼ 按钮，弹出下拉式菜单，选择 [全部选择]
4. 单击 [确定]，对话框关闭，选中所有填充图案
5. 单击 [后置] 按钮，将填充图案后置

4.4.2 图纸尺寸及打印比例

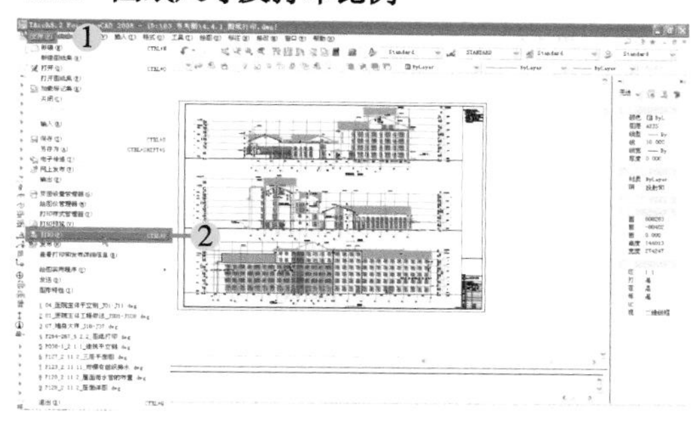

1. 单击 [文件]，弹出下拉式菜单
2. 选择 [打印]，弹出 [打印—模型] 对话框

（或使用快捷键 Ctrl + P ，可直接弹出 [打印—模型] 对话框）

经验

• 设计院一般设有打印中心，若直接将 dwg 文件发给打印中心，常会产生字体显示不正常、线型或线宽设置不正确等问题影响打印效果。为此，可在计算机中添加施工图专用打印机。打印时勾选 " 打印到文件 " ❶；再按下列步骤操作，就可生成打印文件 "*.prn"。只要将该文件发给打印中心，就可以打印出完全符合建筑师要求的图纸。

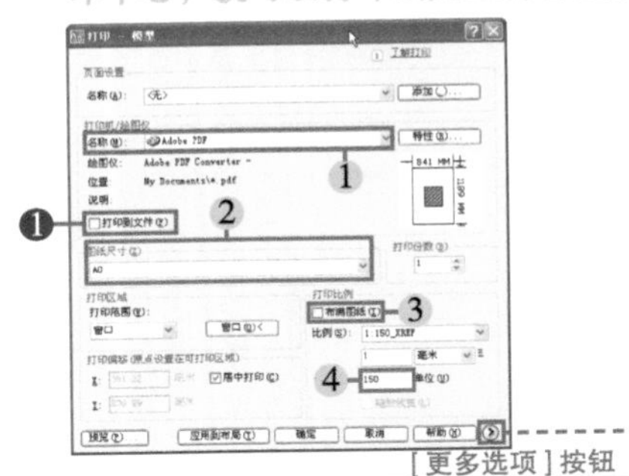

鉴于许多读者没有安装施工图专用打印机，现以 "Adobe PDF" 虚拟打印机为例介绍相关操作步骤：

1. 单击 [名称] 的 ▼ 按钮，弹出下拉式菜单，选择 [Adobe PDF]
2. 单击 [图纸尺寸] 的 ▼ 按钮，弹出下拉式菜单，选择 [A0]
3. 取消勾选 [布满图纸]
4. 在 [单位] 项输入 "150"

[更多选项] 按钮

注意

以平面图为例，默认图形单位为 " 毫米 "，绘图比例为 1：1 时，图形单位数等于实际尺寸（☞ P10）

[打印比例] 设为 1：150 时，150 个图形单位将打印成 1 毫米

此时按 1：150 的比例出图意味着将实际尺寸 150 毫米打印成 1 毫米

4.4.3 打印样式表

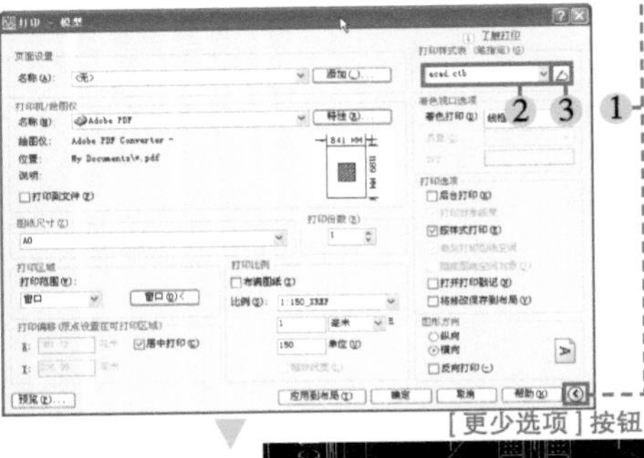

[更少选项] 按钮

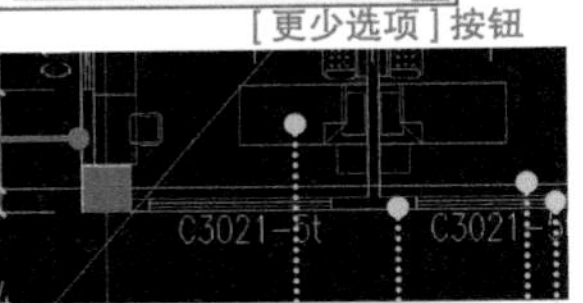

通常情况下，绘图区背景颜色为黑色，墙体颜色最亮，为黄色

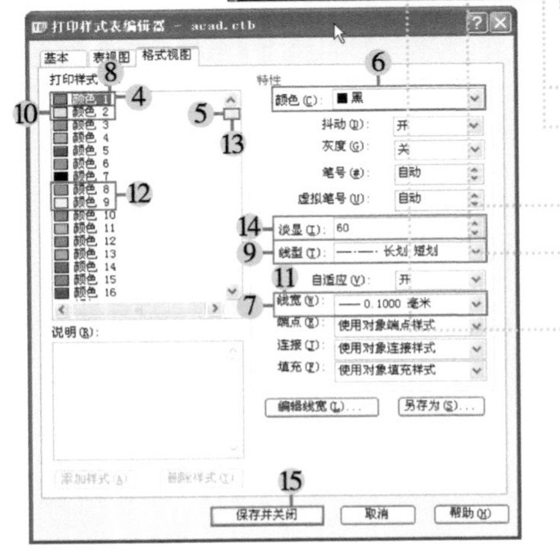

1）编辑打印样式表

在 [打印—模型] 对话框中：

1. 单击 [更多选项] 按钮，展开右侧的更多选项
2. 单击 [打印样式表（笔指定）] ▼ 按钮，弹出下拉式菜单，选择 [acad.ctb]
3. 单击 [编辑] 按钮，弹出对话框

整体设置：

4. 单击 [颜色 1]
5. 拖动滚动条至底部，按住 Shift 键的同时单击 [颜色 255]，选中所有颜色
6. 单击 [颜色] 的 ▼ 按钮，弹出下拉式菜单，选择 [黑]
7. 单击 [线宽] 的 ▼ 按钮，弹出下拉式菜单，选择 [0.1000 毫米]

个别设置：

8. 单击 [颜色 1]，选中轴线颜色
9. 单击 [线型] 的 ▼ 按钮，弹出下拉式菜单，选择 [长划 短划]（☞ P8）
10. 单击 [颜色 2]，选中墙体颜色
11. 单击 [线宽] 的 ▼ 按钮，弹出下拉式菜单，选择 [0.2500 毫米]
12. 单击 [颜色 8]，按住 Ctrl 键的同时选中 [颜色 9]
13. 拖动滚动条至底部，按住 Ctrl 键的同时依次单击 [颜色 250] ～ [颜色 255]，选中所有填充及铺地颜色
14. 在 [淡显] 项输入 "60"
15. 单击 [保存并关闭]，对话框关闭

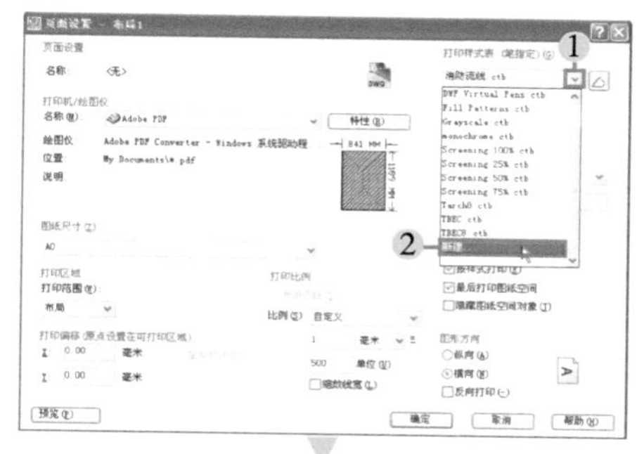

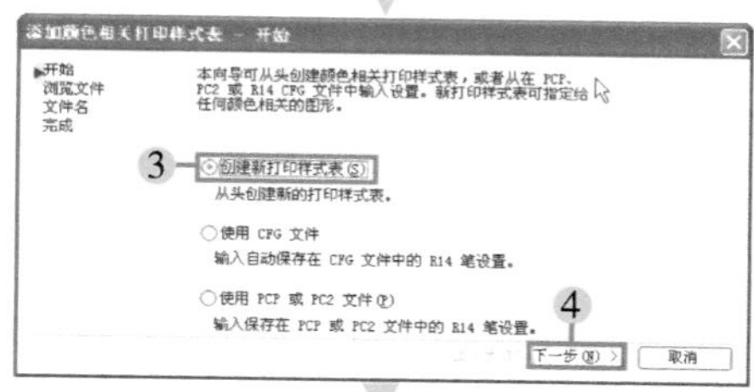

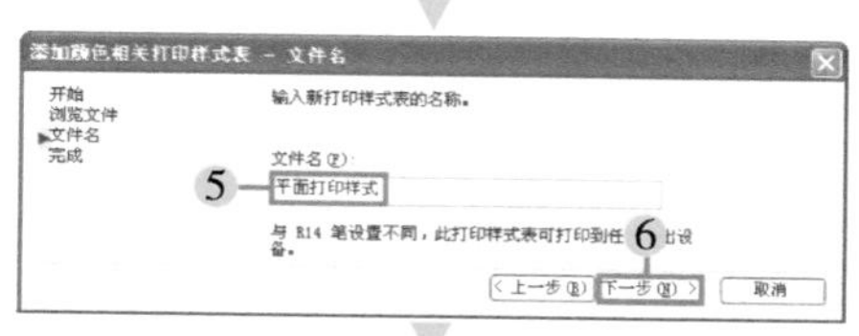

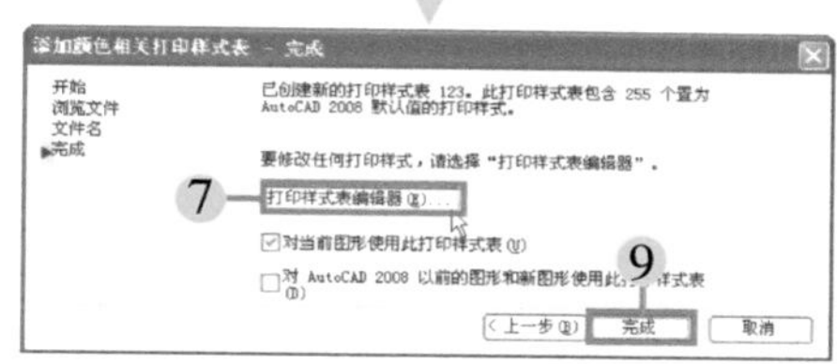

2）创建新的打印样式表

1 单击［打印样式表（笔指定）］的 ▼ 按钮，弹出下拉式菜单

2 选择［新建］，弹出对话框

3 点选［创建新打印样式表］

4 单击［下一步］

5 输入文件名＂平面打印样式＂

6 单击［下一步］

7 单击［打印样式表编辑器］，弹出对话框
重复前页步骤，设置打印样式

8 单击［保存并关闭］，［打印样式表编辑器—平面打印样式 .ctb］对话框关闭

9 单击［完成］，［添加颜色相关打印样式表］对话框关闭，打印样式表创建完成

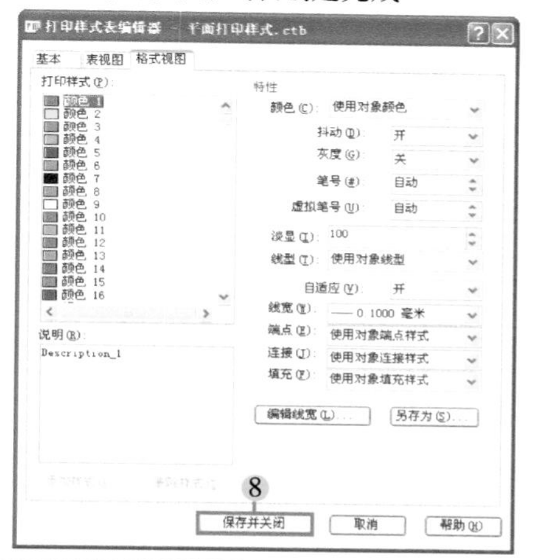

未设置打印样式的打印结果

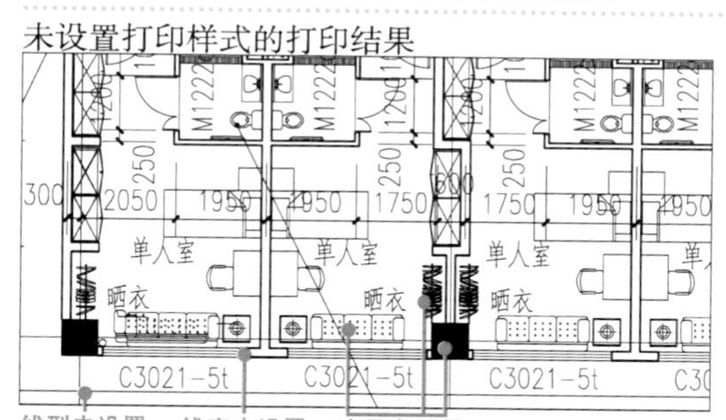

线型未设置　线宽未设置　淡显未设置

设置打印样式后的打印结果

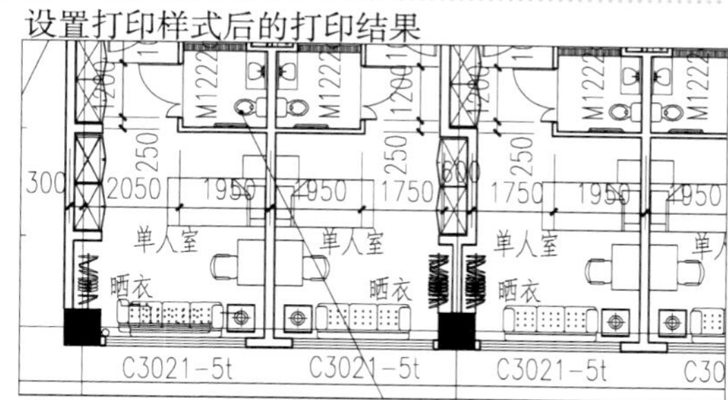

粗细分明，深浅相宜，便于阅读

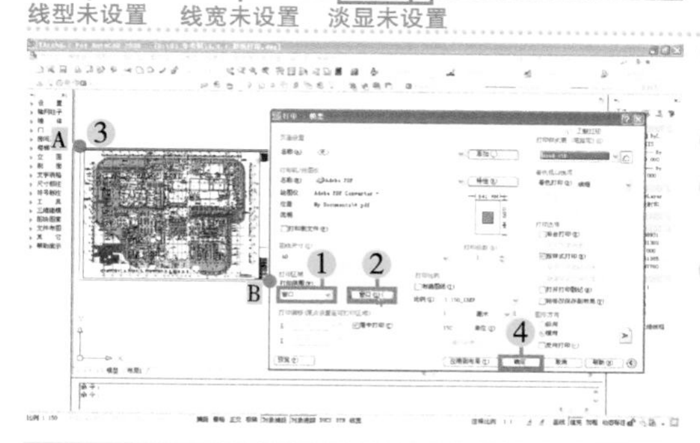

1 单击［打印范围］的 ▼ 按钮，弹出下拉式菜单，选择［窗口］

2 单击［窗口］按钮，［打印—模型］对话框消失

3 单击 A 点，再单击 B 点，框选打印范围，该对话框出现

4 单击［确定］，对话框关闭，开始打印

本书默认打印机为 Adobe PDF，因此会弹出［另存 PDF 文件为］对话框，输入文件名后将生成一个 PDF 文件。

4.4.4 打印成果

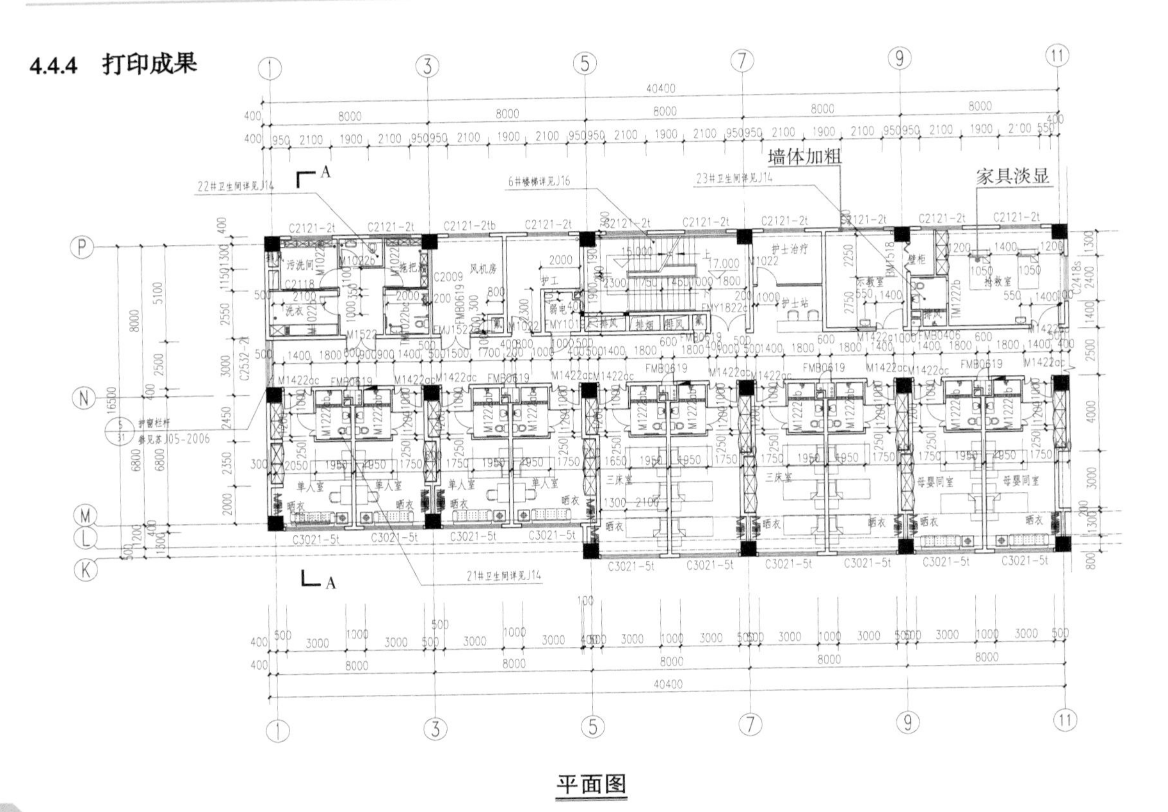

平面图

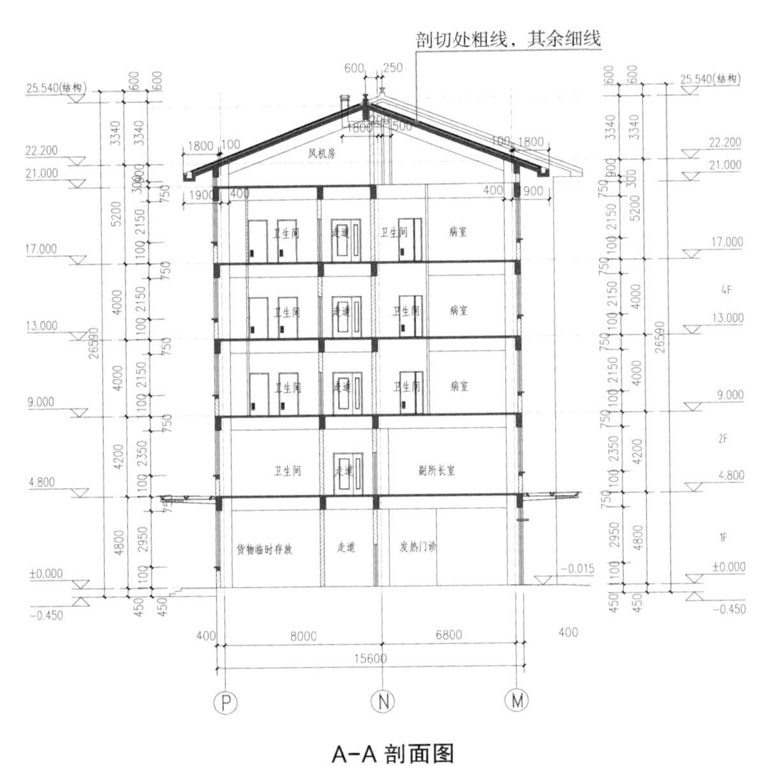

A–A 剖面图

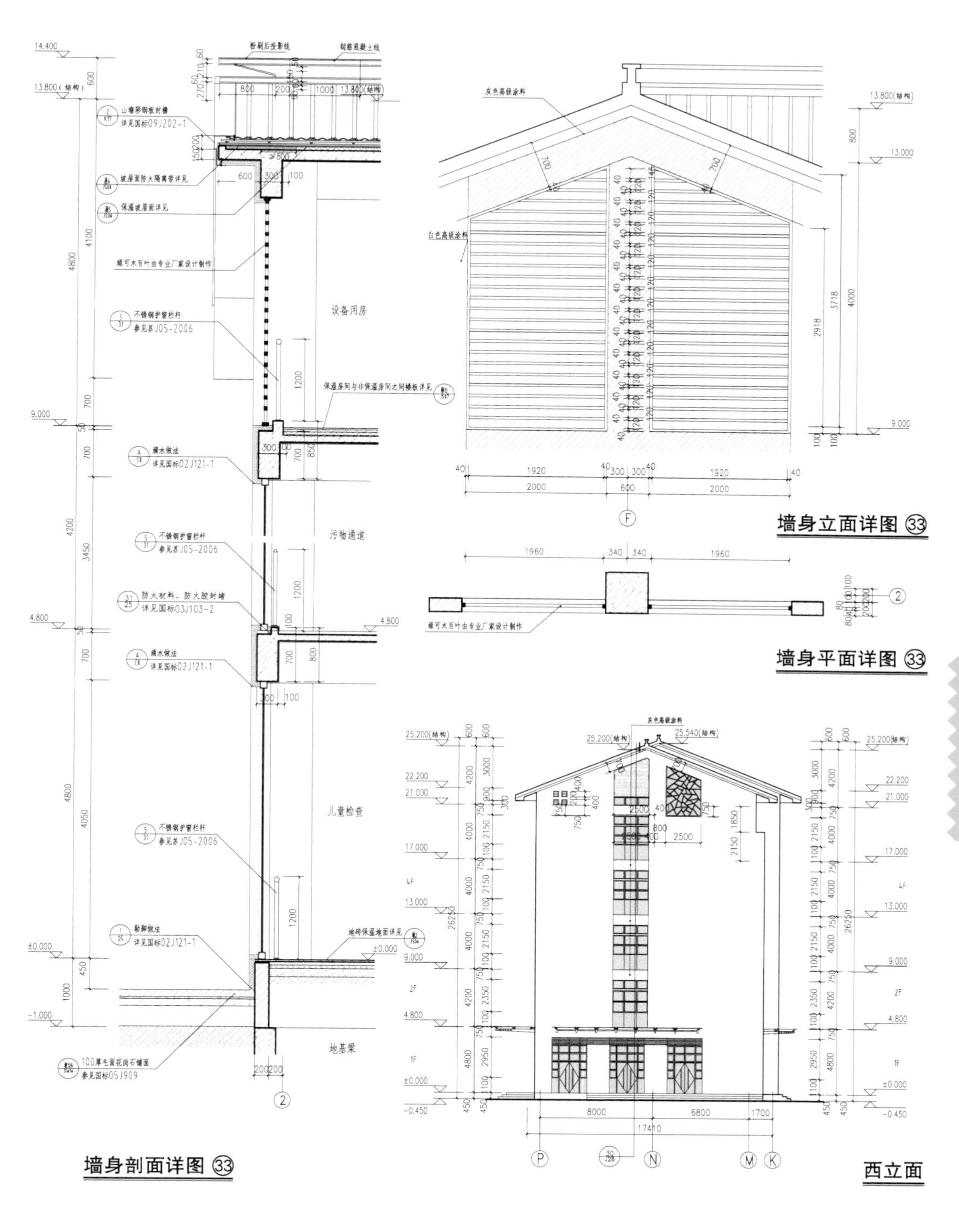

墙身剖面详图 ㉝

墙身立面详图 ㉝

墙身平面详图 ㉝

西立面

注意 • 平面墙体（含柱）及剖面剖切处线型最粗，立面轮廓线次之，其余为细线，填充图案淡显并后置。

4.5 模型视图与布局视图

4.5.1 基本概念

AutoCAD 设有"模型视图"与"布局视图"选项卡，分别用于图形绘制与图形排版及打印。"模型视图"广为人知，但熟悉"布局视图"的人不多，能熟练运用"布局视图"绘制建筑施工图的人则更少。实践证明，掌握"布局视图"可大大提高排版及打印效率。

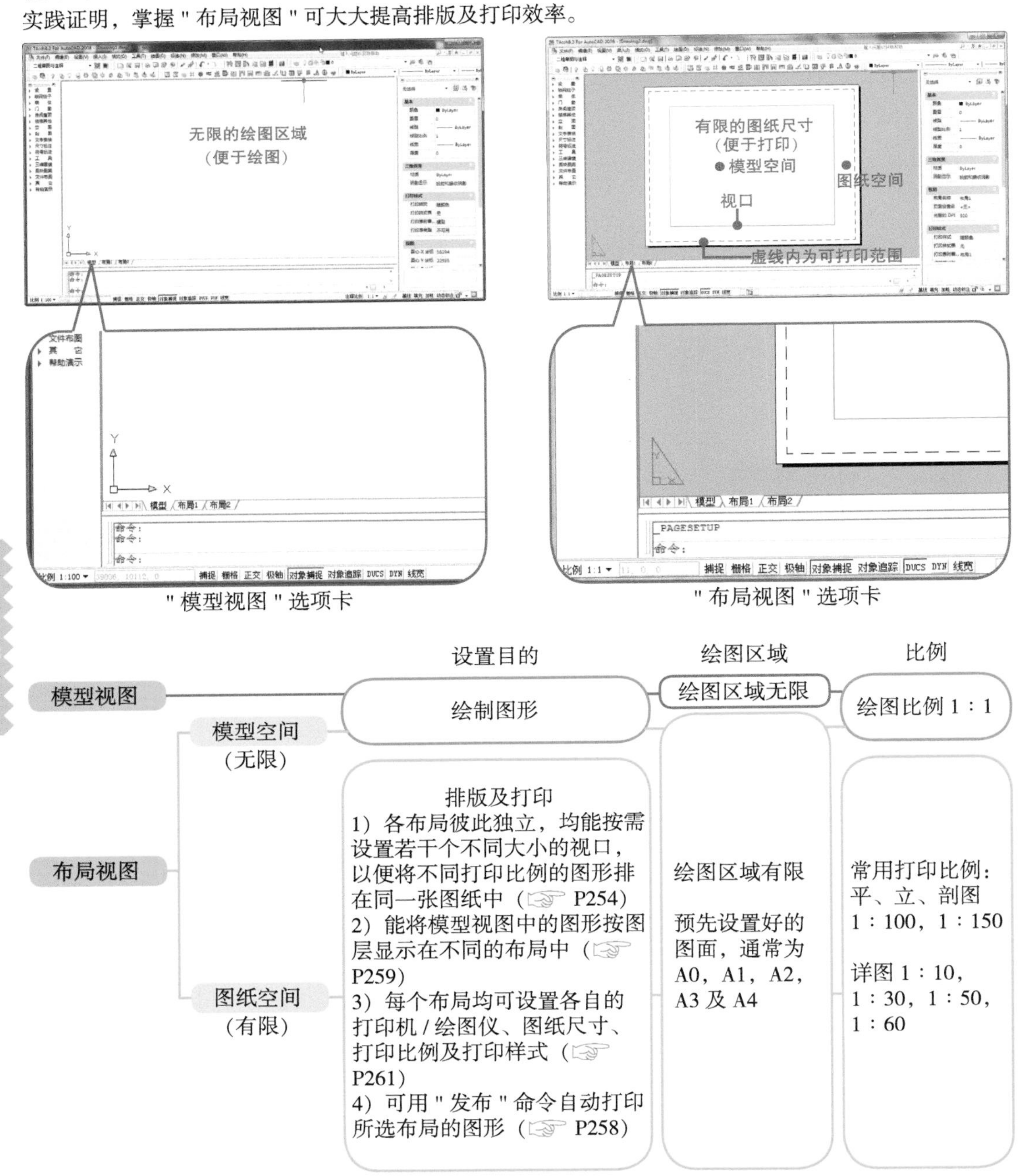

注意 • 若仅使用模型视图，将不同比例的图形排在同一张图纸中时，需使用"块"命令 (☞ P246)；且每次打印时均需设置打印比例及样式 (☞ P251)，不仅步骤烦琐，还容易出错。

4.5.2 设置图框

以 A0 图框（打印比例 1：150）为例。

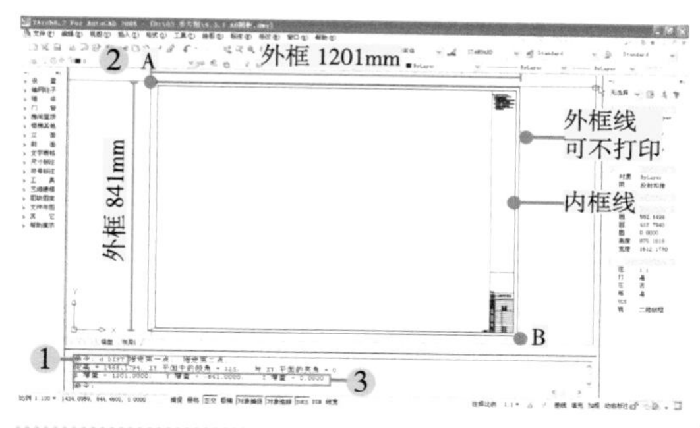

打开配套资源中 "03_ 参考图 " 文件夹内 "4.3.1_A0 图框 .dwg" 文件

确认图框为 1：1 绘制：

1. 在命令栏输入 "di"，按 Enter 键或 Space 键
2. 单击 A 点，再单击 B 点（两点均为外框交点）
3. 命令栏显示 "X 增量 ＝ 1201.0000， Y 增量 ＝ −841.0000"

注意：在布局视图虚线范围内的图形才能被打印，由于布局视图默认的 A1 图纸尺寸为 841mm×1188mm，小于设计院图框尺寸，因此应选取合适的插入点，以确保图框的内框线在虚线范围内。

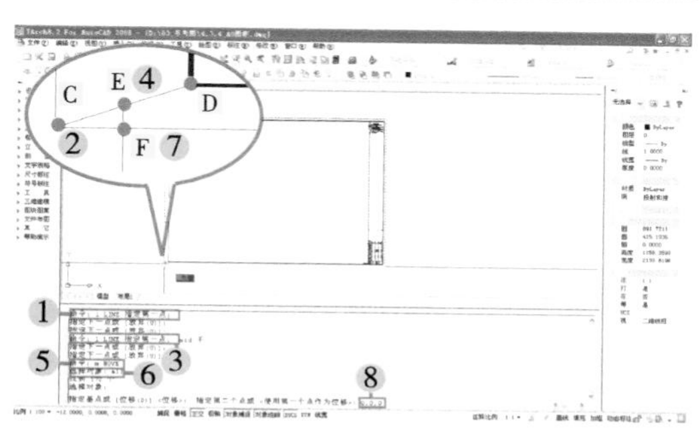

1. 在命令栏输入 "l"，按 Enter 键或 Space 键
2. 单击 C 点（外框交点），再单击 D 点（内框交点），绘制辅助线 CD，单击右键退出
3. 在命令栏输入 "l"，按 Enter 键或 Space 键
4. 单击 CD 的中点 E，在正交状态下绘制辅助线 EF，单击右键退出

当 dwg 文件作为 " 块 (block)" 插入图纸中时，默认插入点是该 dwg 图形的坐标原点（0,0,0）。因此，在此需将 F 点移至坐标原点（0,0,0）。

5. 在命令栏输入 "m"，按 Enter 键或 Space 键
6. 在命令栏输入 "all"，按 Enter 键两次，选择图框
7. 单击 F 点
8. 在命令栏输入 "0,0,0"，按 Enter 键或 Space 键

删除辅助线 CD、EF，保存后关闭该文件。

4.5.3 平面图布局

打开配套资源中 "03_ 参考图 " 文件夹内 "4.5.2_ 模型视图与布局视图 .dwg" 文件

CAD 文件默认显示模型视图❶，该视图中有一层平面❷、一层消防分区示意图❸、四层平面❹，四层消防分区示意图❺以及详图❻。

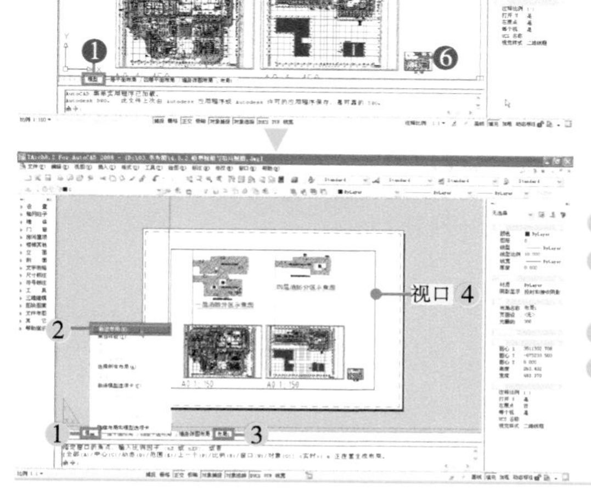

1）新建布局

1. 右击 [模型]，弹出菜单
2. 选择 [新建布局]，生成一个名为 [布局 1] 的新布局视图
3. 单击 [布局 1]，切换到该布局
4. 在命令栏输入 "e"，按命令栏提示的步骤删除自动生成的视口

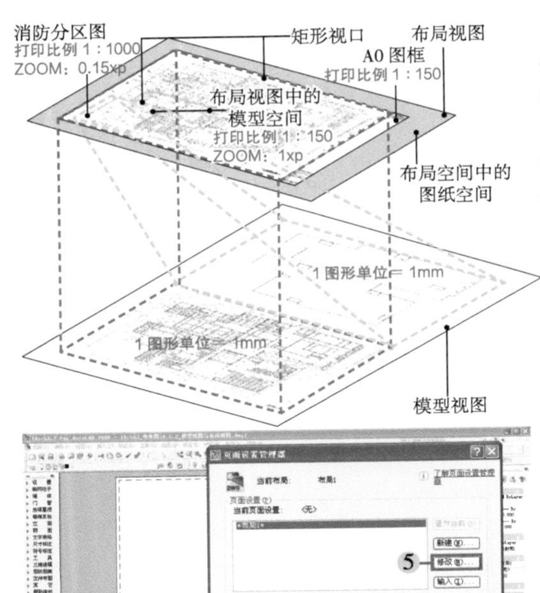

2）页面设置

1 确认当前为布局视图 (本例为布局 1)

2 在命令栏输入 "pagesetup"，按 Enter 键或 Space 键，弹出 [页面设置管理器] 对话框

3 勾选 [创建新布局时显示]

4 默认的 [打印大小] 为 A4：209.97×297.03 毫米（横向）

5 单击 [修改]，弹出 [页面设置—布局 1] 对话框

6 单击 [名称] 的 ▼ 按钮，弹出下拉式菜单，选择 [Adobe PDF](☞ P248)

7 单击 [图纸尺寸] 的 ▼ 按钮，弹出下拉式菜单，选择 [A0]

8 在 [单位] 项输入 "150"

9 单击 [打印样式表（笔指定）] 的 ▼ 按钮，弹出下拉式菜单，选择 [平面打印样式 .ctb]（☞ P249），该打印样式只适用于当前布局

10 单击 [确定]，对话框关闭

11 [打印大小] 变为 A0：841.00×1188.80 毫米（横向）

12 单击 [关闭]，关闭 [页面设置管理器] 对话框

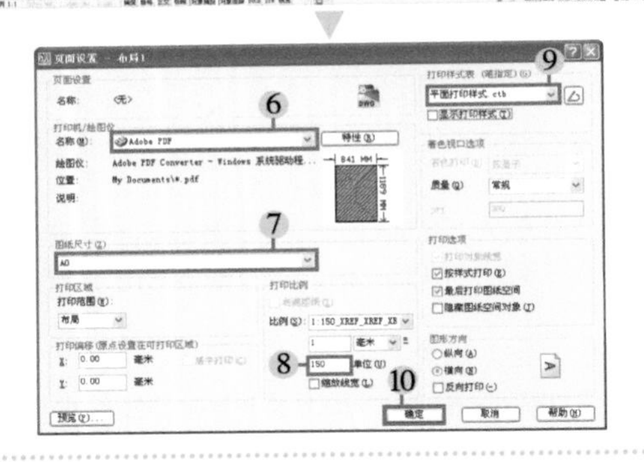

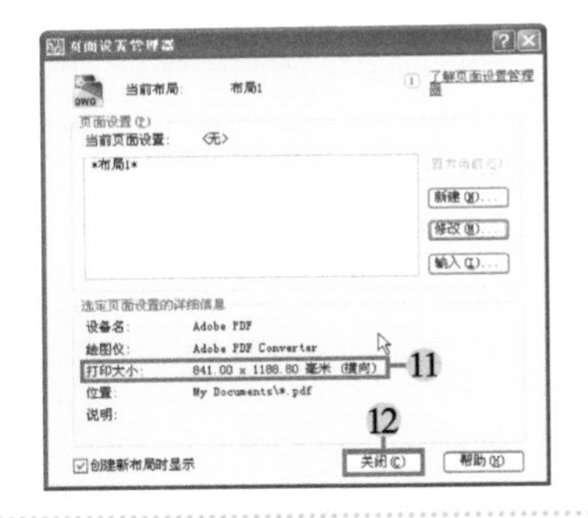

3）插入图框

将 A0 图框放大 150 倍插入布局视图：

1 在命令栏输入 "i"，按 Enter 键或 Space 键，弹出 [插入] 对话框

2 单击 [浏览]，打开 "4.3.1_A0 图框 .dwg" 文件

3 取消勾选 [插入点] 的 [在屏幕上指定]，确认 [X]、[Y]、[Z] 的值均为 "0.000"

4 在 [比例] 的 [X] 项输入 "150"，[Y] 项输入 "150"

5 单击 [确定]，对话框关闭

图框插入后，确认内框线在虚线内。

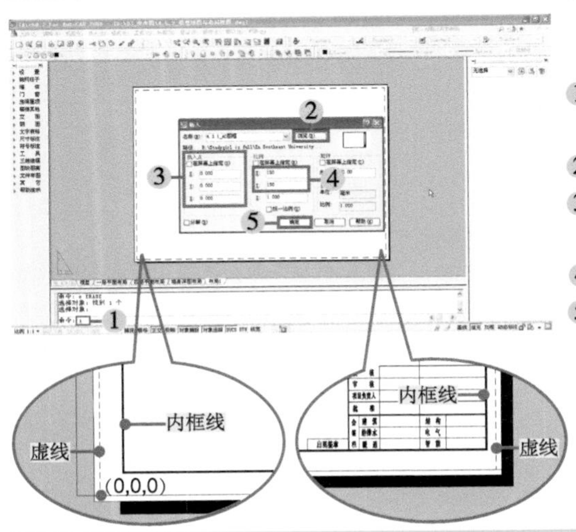

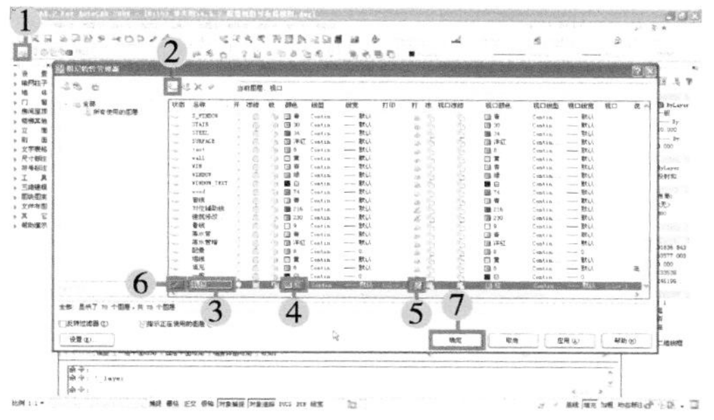

4）新建"视口"图层

1. 单击按钮，弹出[图层特性管理器]对话框
2. 单击按钮，新建一个图层
3. 将图层名称改为"视口"（配套资源提供的文件中该图层已存在，可直接使用）
4. 将图层颜色设为红色（☞ P18）
5. 单击图标，将其变为，不打印该图层
6. 双击图标，将其变为，设为当前图层
7. 单击[确定]，对话框关闭

5）新建视口

1. 单击[视图]，弹出下拉式菜单
2. 移动鼠标箭头至[视口]，弹出下拉式菜单
3. 选择[一个视口]
4. 单击B点，再单击C点，设置视口范围

如左图所示，设置完成后将出现红色的视口边线。

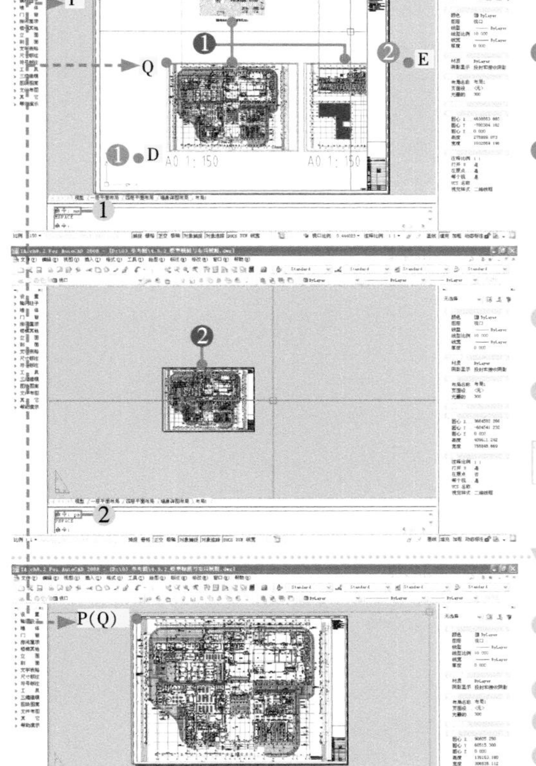

6）布局视图中模型空间与图纸空间的切换

鼠标操作的方式：

❶ 双击视口内任意点D，视口被激活，边线变粗，进入模型空间。在模型空间中绘制的图形既显示在模型视图中，也显示在图纸空间中

❷ 双击视口外任意点E，退出视口，进入图纸空间。在图纸空间中绘制的图形仅显示在图纸空间中，而不显示在模型视图中

或

输入命令的方式：

1. 在命令栏输入"ms"，按 Enter 键或 Space 键，视口被激活，边线变粗，进入模型空间
2. 在命令栏输入"ps"，按 Enter 键或 Space 键，退出视口，进入图纸空间

注意
- 视口激活后，滚动鼠标滚轮时，缩放的对象局限在视口内❶；退出视口后，缩放的对象变为整张图纸❷。

7）设置视口内图纸的比例

1. 在命令栏输入"ms"，按 Enter 键或 Space 键，视口激活，进入模型空间
2. 在命令栏输入"z"，按 Enter 键或 Space 键
3. 在命令栏输入"1xp"，按 Enter 键或 Space 键
4. 在命令栏输入"pan"，按 Enter 键或 Space 键，鼠标箭头变为手形，平移视口内图形，显示一层平面。按 Esc 键或 Enter 键，退出该命令

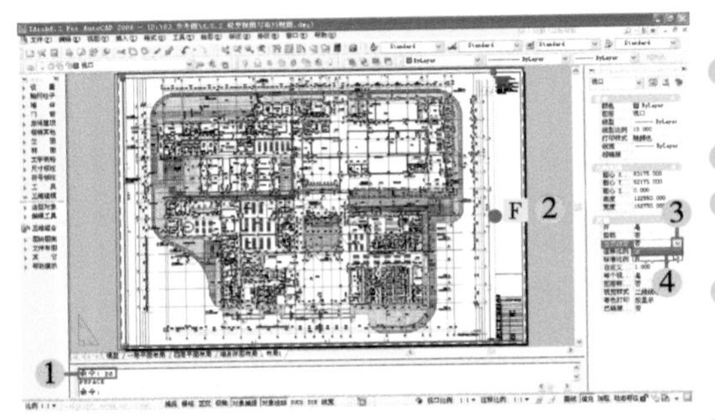

8）锁定视口

1. 在命令栏输入 "ps"，按 Enter 键或 Space 键，退出视口，进入图纸空间
2. 单击视口边线上的任意点 F，选中视口
3. 单击 [特性] 面板中 [显示锁定] 的 ▼ 按钮，弹出下拉式菜单
4. 选择 [是]，该视口内的一层平面位置被锁定，按 Esc 键退出

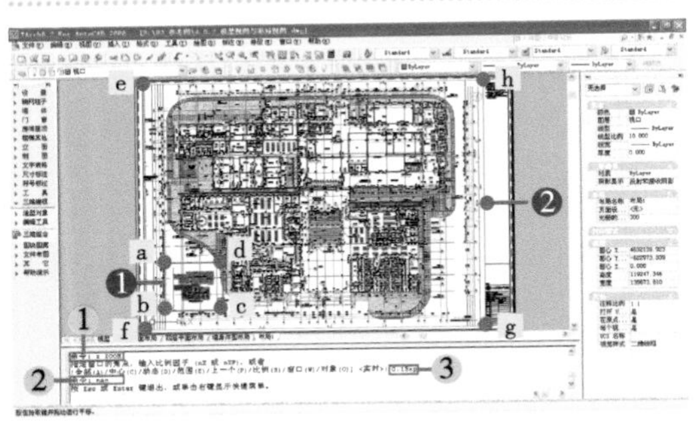

9）布置防火分区示意图

重复 ☞ P255 步骤 5）及 7），新建一个视口 abcd 并激活，将防火分区示意图放入该视口。

1. 在命令栏输入 "z"，按 Enter 键或 Space 键
2. 在命令栏输入 "0.15xp"，按 Enter 键或 Space 键
3. 在命令栏输入 "pan"，调整好图形位置，按 Esc 键或 Enter 键退出该命令

重复步骤 8），退出视口 abcd 并将其锁定。

注意
• 激活视口 abcd 后❶，按 Ctrl + R 键可切换至视口 efgh ❷；同理可实现多个视口间的切换。

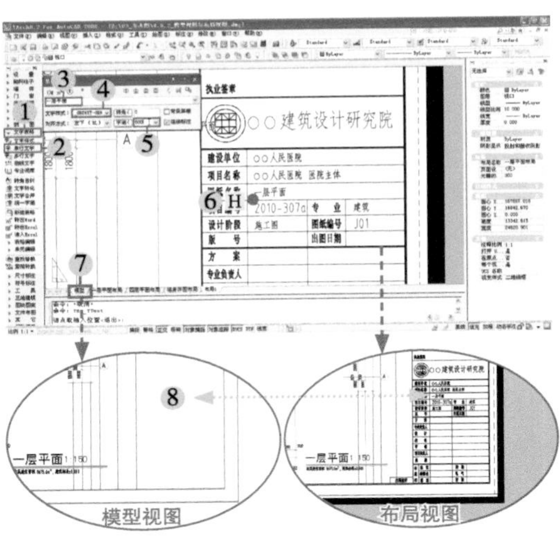

10）填写图签内容

确认当前为 [布局 1] 视图的图纸空间。

1. 单击 [文字表格]，展开菜单
2. 选择 [单行文字]，弹出对话框
3. 输入 " 一层平面 "
4. 单击 [文字样式] 的 ▼ 按钮，弹出下拉式菜单，选择 [_gbxwxt-gbhzfs]（☞ 1.4.4）
5. 在 [字高] 项输入 "600"，即显示字高 4mm（☞ P9）×150 倍
6. 单击 H 点，确定插入位置，单击右键退出，[单行文字] 对话框关闭

重复上述步骤，输入其他内容。

7. 单击 [模型]，将视图切换至模型视图
8. 确认模型视图中相同位置不显示图框、图签及文字，说明在图纸空间中绘制的图形及输入的文字将不显示在模型视图中

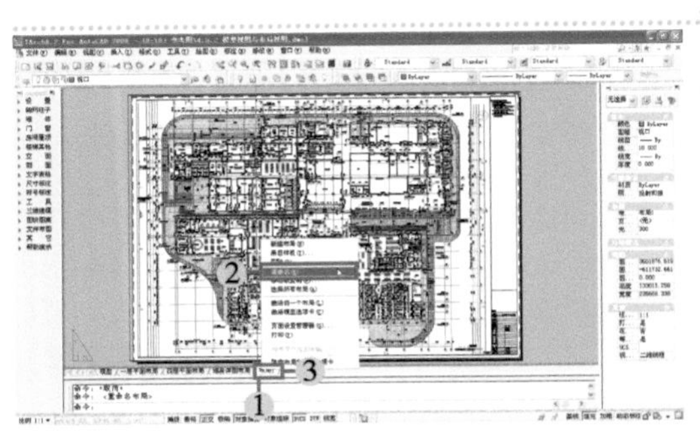

11）布局命名

1. 右键单击 [布局 1]，弹出下拉式菜单
2. 选择 [重命名]
3. 在编辑状态下，按 Delete 删除 " 布局 1"，输入 " 一层平面布局 "（若该名称已存在，可另起名），按 Enter 键完成重命名

重复上述步骤，完成其他平面的布局。

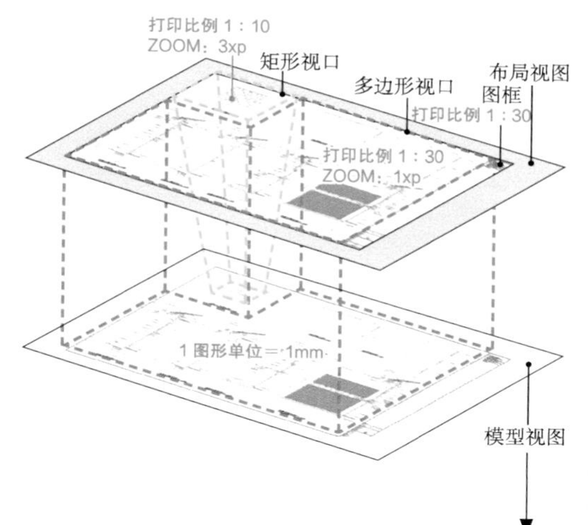

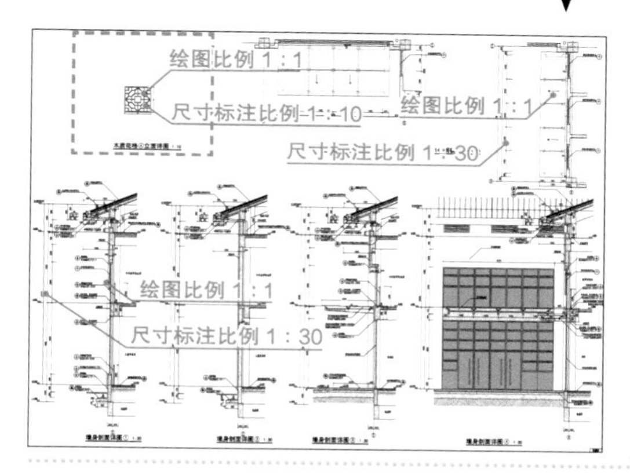

4.5.4 详图布局

以将墙身详图（打印比例为 1：30）与木质花格详图（打印比例为 1：10）在 A0 图纸上排版为例，介绍详图布局的操作步骤：

1）重复 P253 步骤 **"1）新建布局"**

2）重复 P254 步骤 **"2）页面设置"**，选择打印机，设置图纸尺寸为 A0，打印比例为 1：30，并将打印样式设置为 " 墙身详图打印样式 .ctb"

3）重复 P254 步骤 **"3）插入图框"**，插入 [X]、[Y] 比例均为 "30" 的 A0 图框

4）新建多边形视口

1. 单击 [视图]，弹出下拉式菜单
2. 移动鼠标箭头至 [视口]，弹出下拉式菜单
3. 选择 [多边形视口]
4. 依次单击 A、B、C、D、E、F 点
5. 在命令栏输入 "c"，按 Enter 键或 Space 键闭合视口

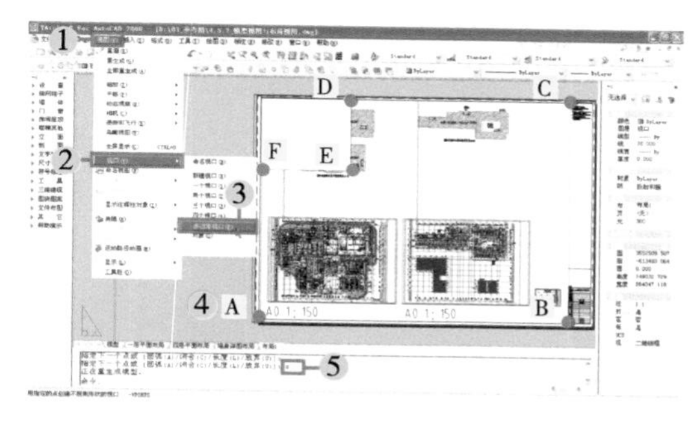

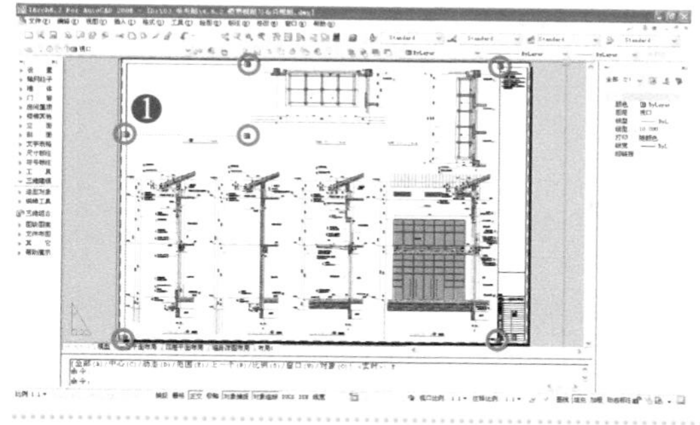

5）重复 P255 步骤 **"7）设置视口内图纸比例"**，按 "1xp" 的比例设置视口内的图形，并通过 "Pan" 命令调整图形位置来显示所需详图

注意 • 单击视口边线后，可通过拖动夹点❶来调整视口范围。

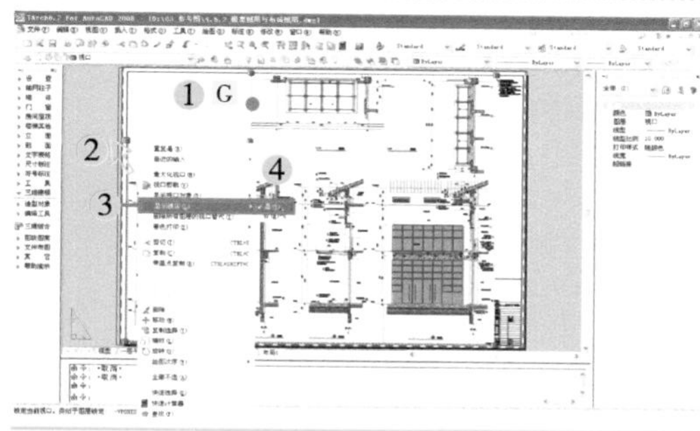

6）锁定视口

1. 单击多边形视口边线上任意点 G，选中该多边形视口
2. 单击鼠标右键，弹出下拉式菜单
3. 移动鼠标箭头至 [显示锁定]，弹出下拉式菜单
4. 选择 [是]，锁定该视口

4

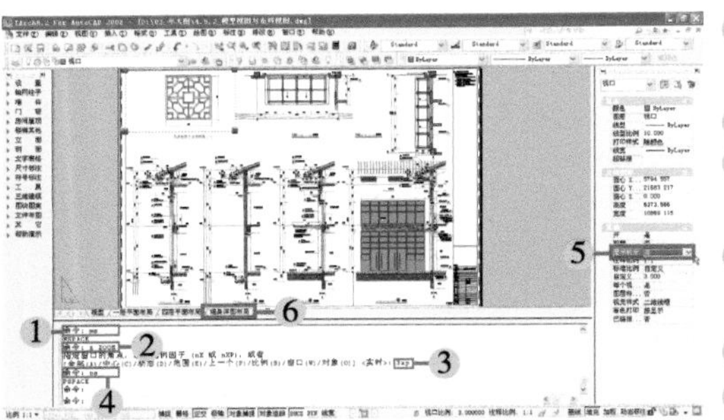

7）新建木质花格详图的视口

1. **单击 [视图]**，弹出下拉式菜单
2. **移动鼠标箭头至 [视口]**，弹出下拉式菜单
3. **选择 [一个视口]**
4. **单击 H 点，再单击 J 点**，新建视口

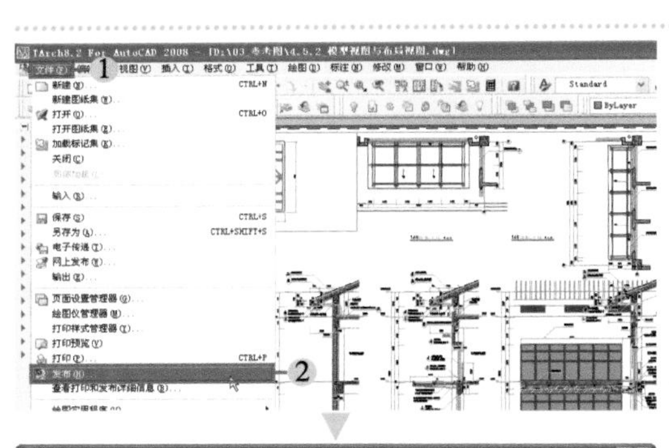

8）布局木质花格详图

1. **在命令栏输入 "ms"**，按 Enter 键或 Space 键，激活视口，进入模型空间
2. **在命令栏输入 "z"**，按 Enter 键或 Space 键
3. **在命令栏输入 "3xp"**，按 Enter 键或 Space 键，并使用 "pan" 命令调整木质花格到合适位置
4. **在命令栏输入 "ps"**，按 Enter 键或 Space 键，退出视口，进入图纸空间
5. 重复 P256 步骤 "8）**锁定视口**"
6. 重复 P256 步骤 "11）**布局命名**"，将该布局名称重命名为 " 墙身详图布局 "（若该名称已存在，可另起名），完成布局

4.5.5 发布图纸

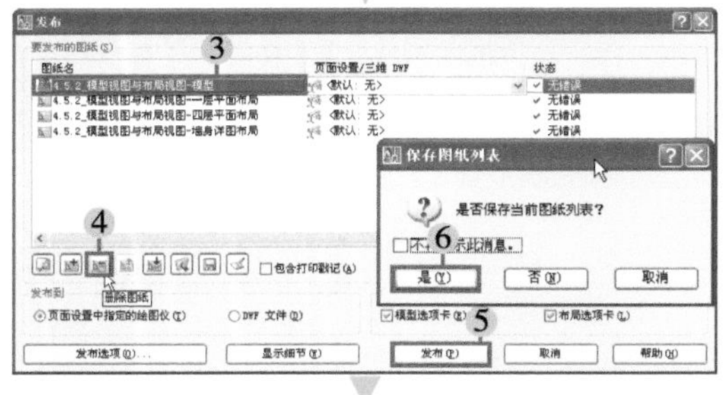

1. 完成所有布局后，**单击 [文件]**，弹出下拉式菜单
2. **选择 [发布]**，弹出 [发布] 对话框
3. **单击 [4.3.4_ 模型空间与图纸空间—模型]**
4. **单击 [删除图纸] 按钮**，删除不需打印的图纸
5. **单击 [发布]**，弹出 [保存图纸列表] 对话框
6. **单击 [是]**，弹出 [正在处理后台作业] 对话框
7. **单击 [确定]**，开始打印

由于本书默认打印机为 Adobe PDF，因此单击 [确定] 后，会连续三次弹出 [另存 PDF 文件为] 对话框：

8. **依次输入文件名 " 一层平面图 "，" 四层平面图 "，" 详图 "**
9. **单击 [保存]**，经过一段时间后，会依次弹出三张 PDF 文件

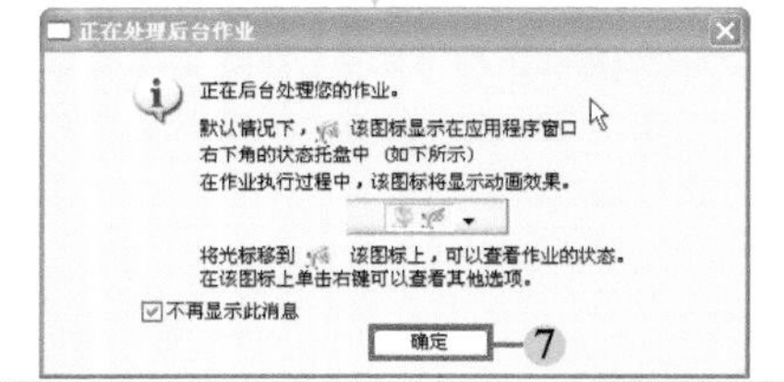

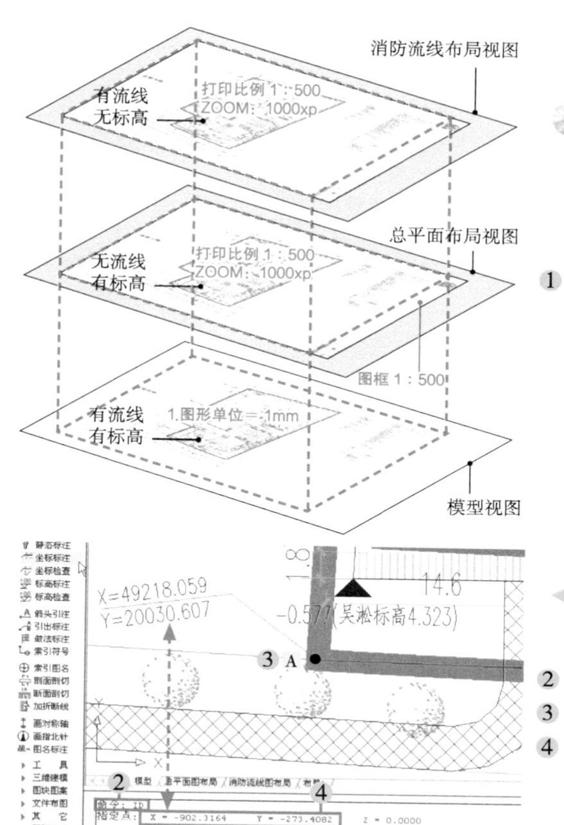

4.5.6 总平面图布局

1）模型视图

打开配套资源 "03_ 参考图 " 文件夹内 "4.5.5_ 模型视图与布局视图 _ 总平面 .dwg" 文件

参照其中 "06_ 打印样式 " 文件夹内 " 打印样式使用方法 .docx" 文件将 " 总平面打印样式 " 及 " 消防流线打印样式 " 复制到指定文件夹。

1 重复 P69 步骤，在模型视图中，设置 "UCS" 与 " 平面视图 " 同步，设置 "**用地右边垂直**" **坐标系为 [当前 UCS]**，使建筑物横平竖直，便于绘图

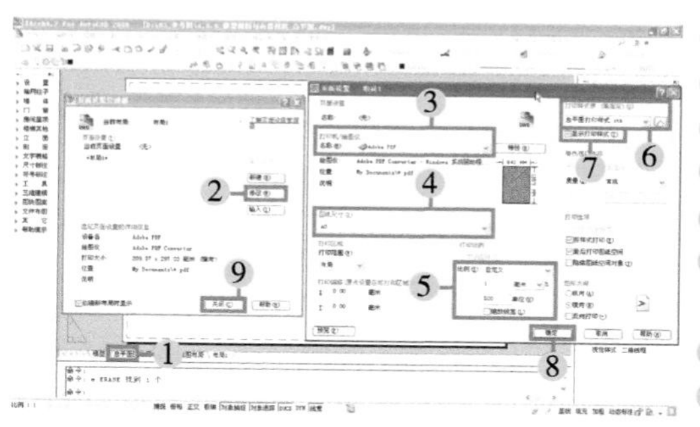

2 **在命令栏输入 "id"，按 Enter 键或 Space 键**

3 **单击 A 点**

4 发现测得的坐标与原有坐标不一致（因当前 UCS 的原点 E' 与 WCS 的原点不重合 P69），因此建筑的定位坐标不能在用户坐标系下的模型视图中标注，但可在世界坐标系下的布局视图的模型空间中标注。操作步骤如下：

（1）页面设置

1 **单击 [布局 1]**，弹出 [页面设置管理器] 对话框

2 **单击 [修改]**，弹出 [页面设置—布局 1] 对话框

3 **设置打印机为 [Adobe PDF]**

4 **修改 [图纸尺寸] 为 "A0"**

5 **修改 [比例] 为 "1：500"**

6 **单击 [打印样式表（笔指定）] 的 ▼ 按钮**，弹出下拉式菜单，**选择 [总平面打印样式]**

7 **勾选 [显示打印样式]**

8 **单击 [确定]**，[页面设置—布局 1] 对话框关闭

9 **单击 [关闭]**，关闭 [页面设置管理器] 对话框

（2）插入图框

删除自动生成的视口（ P253），然后

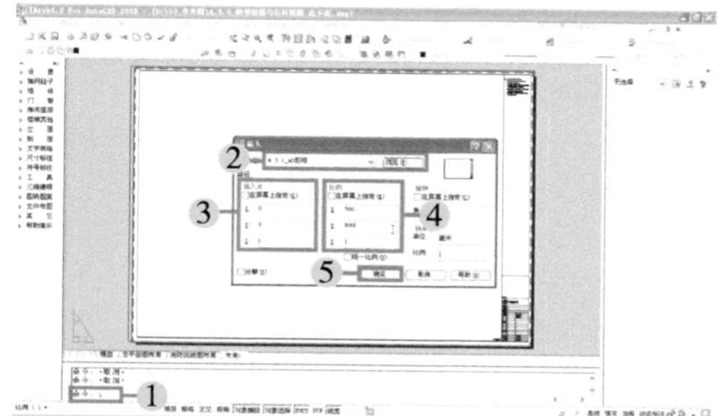

1 **在命令栏输入 "i"，按 Enter 键或 Space 键**，弹出 [插入] 对话框

2 选择配套资源中 "03_ 参考图 " 文件夹内 "4.3.4_A0 图框 .dwg" 文件

3 确认 [插入点] 的 [X]、[Y]、[Z] 项的值均为 0

4 **在 [比例] 的 [X] 项输入 "500"，[Y] 项输入 "500"**

5 **单击 [确定]**，[插入] 对话框关闭，插入图框

（3）设置 "UCS" 与 " 平面视图 " 同步

1 重复☞ P255 步骤 "4）～5）"，新建 " 视口 " 图层并置为当前，然后新建一个视口

2 单击 [工具]，弹出下拉式菜单

3 选择 [命名 UCS]，弹出 [UCS] 对话框

4 单击 [设置]

5 勾选 [修改 UCS 时更新平面视图]

6 单击 [确定]，对话框关闭

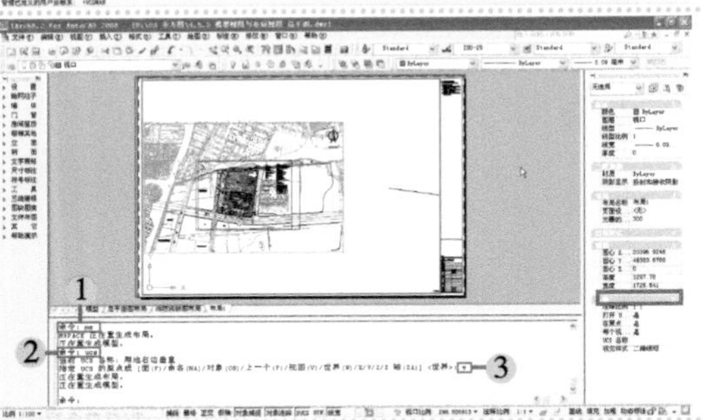

（4）将视口内 [当前 UCS] 设为 " 世界 " 坐标系

1 在命令栏输入 "ms"，按 Enter 键或 Space 键，激活视口

2 在命令栏输入 "ucs"，按 Enter 键或 Space 键

3 在命令栏输入 "w"，按 Enter 键或 Space 键，将 " 世界 " 置为当前 UCS

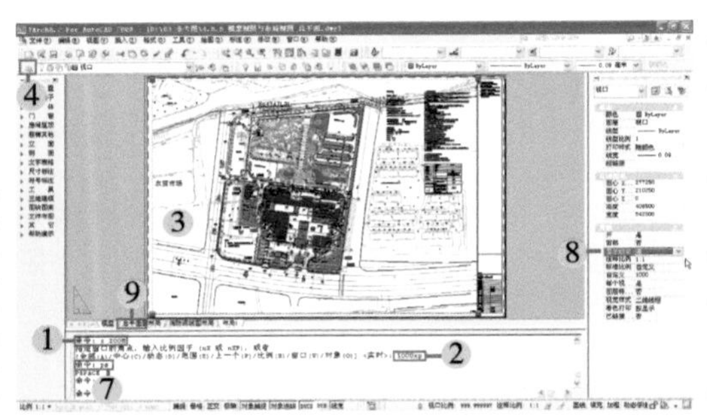

（5）设置视口内的比例

1 在命令栏输入 "z"，按 Enter 键或 Space 键

2 在命令栏输入 "1000xp"，按 Enter 键或 Space 键（总平面以 m 为单位，放大 1000 倍以 mm 为单位）

3 使用 "pan" 命令，平移总平面图到合适位置

（6）冻结不需要显示的图层

4 单击 按钮，弹出 [图层特性管理器] 对话框

5 单击 " 总平面流线 " 图层 [视口冻结] 列的 图标，将其变为 ，冻结该图层

6 单击 [确定]，对话框关闭，确认布局视图中的 " 总平面流线 " 图层不显示

（7）锁定视口并重命名布局

7 在命令栏输入 "ps"，按 Enter 键或 Space 键，退出视口，进入图纸空间

8 重复☞ P256 步骤 "8）锁定视口 "

9 重复☞ P256 步骤 "11）布局命名 "，重命名 " 布局 1" 为 " 总平面图布局 "（若该名称已存在，可另起名）

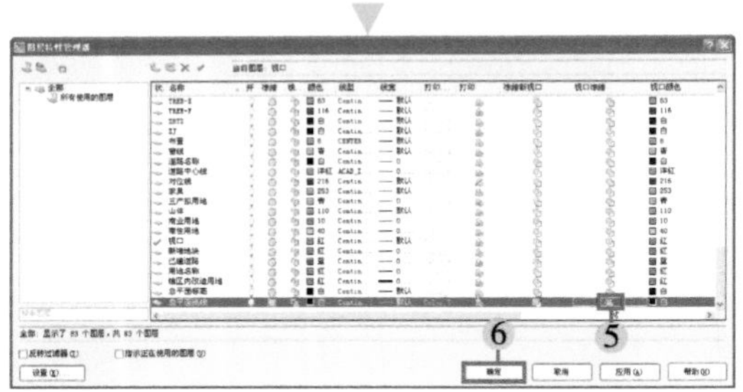

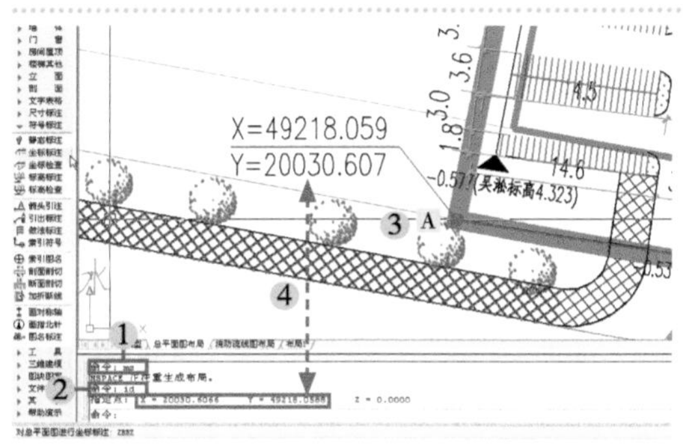

1 在命令栏输入 "ms"，按 Enter 键或 Space 键，进入视口

2 在命令栏输入 "id"，按 Enter 键或 Space 键

3 单击 A 点

4 发现测得的坐标与原有坐标完全一致

不难发现，在布局视图的模型空间中标注的建筑定位坐标（☞ P70）比旋转图形（☞ P67）后标注的坐标更为准确。

高手之道

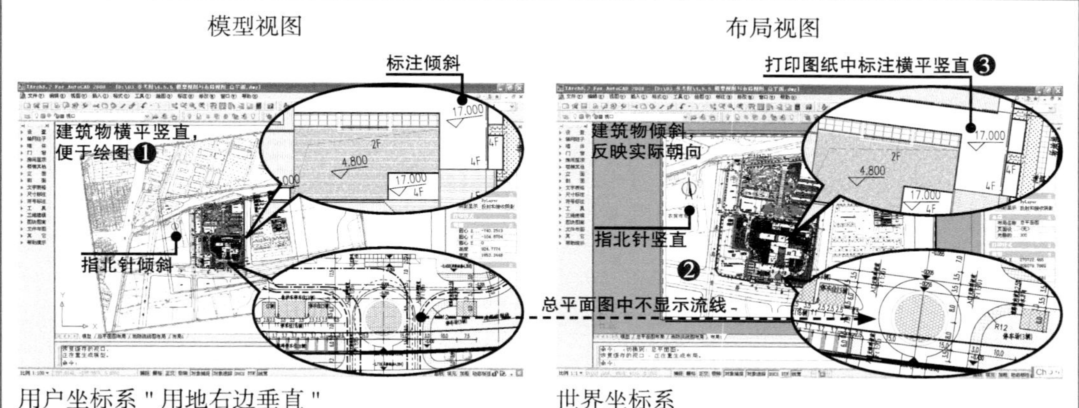

用户坐标系 " 用地右边垂直 "
"UCS" 与 " 平面视图 " 同步（☞ P68）

世界坐标系
"UCS" 与 " 平面视图 " 同步（☞ P68）

本工程中建筑物平行于东侧的用地红线布置。若保持指北针竖直，由于建筑物既不水平也不竖直，作图不方便。若旋转总平面（☞ P65），使建筑物横平竖直，又容易产生定位坐标的误差。

另一方面，通过合理设置 " 模型视图 " 与 " 布局视图的模型空间 " 的用户坐标系，并充分利用 " 模型视图 " 与 " 布局视图的模型空间 " 共享绘图结果的特性，在 " 模型视图 " 中绘图❶，而在 " 布局视图的模型空间 " 中标注建筑物的定位坐标（标注方法☞ P70）❷，可保证定位坐标准确无误。此外，若在 " 布局视图的模型空间 " 进行文字标注，还可保证打印图纸中标注不倾斜❸。因而可显著提高绘图的效率与效果。

2）消防流线图

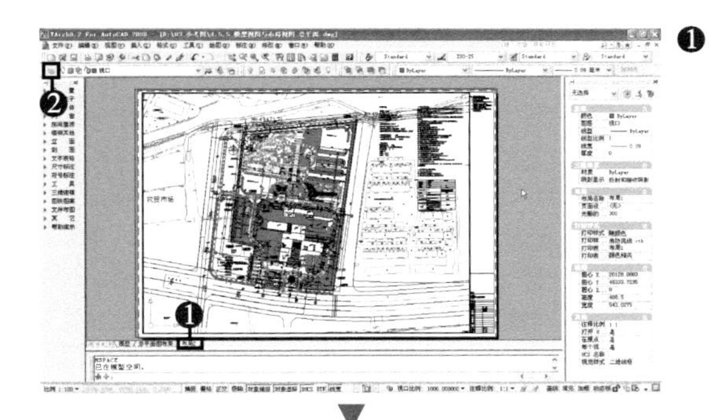

❶ **单击 [布局 2]**，弹出 [页面设置管理器] 对话框，重复☞ P259 ~ 260 步骤 "（1） ~（5）"，**设置页面，选择 [消防流线图打印样式]，插入打印比例为 1：500 的 A0 图框，新建视口，并将视口内 [当前 UCS] 设为 " 世界 " 坐标系**，同时设置 "UCS" 与 " 平面视图 " 同步，然后**设置视口内的绘图比例并将图形调整到合适的位置**。

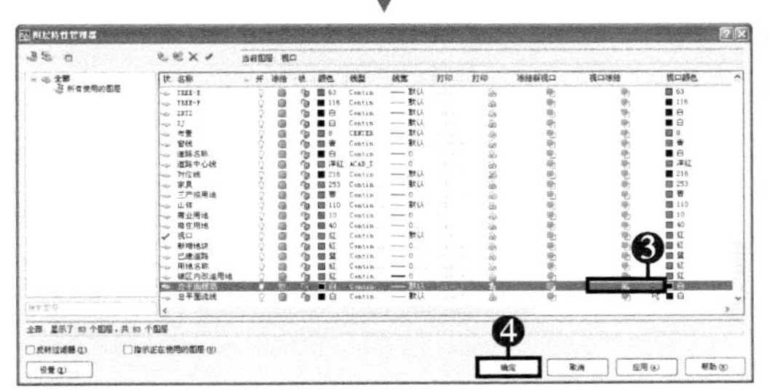

❷ **单击** 按钮，弹出 [图层特性管理器] 对话框

❸ **单击 " 总平面标高 " 图层 [视口冻结] 列的图标**，将其变为，冻结该图层

❹ **单击 [确定]**，对话框关闭，使 " 总平面标高 " 图层不显示

重复☞ P256 步骤 "8）" 及 "11）"，锁定视口并将该布局重命名为 " 消防流线图布局 "（若该名称已存在，可另起名）。

注意

• 如果更改了打印样式表，则需激活视口，并使用 "re" 命令重新生成图形，否则图形显示不会变化。

高手之道

总平面图布局视图

有标高
无流线

消防流线图布局视图

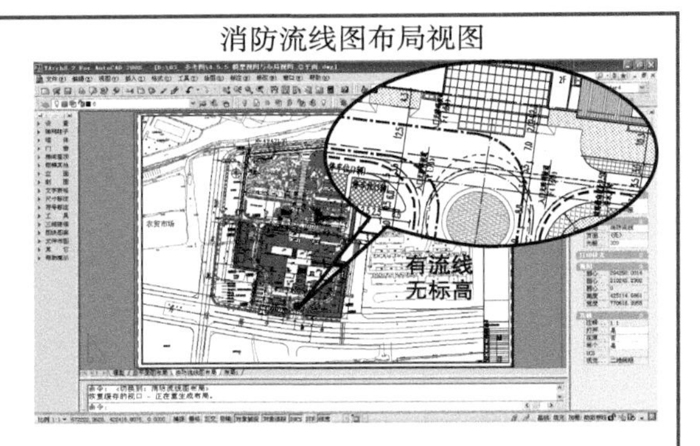

在布局视图中，通过冻结不需要显示的图层、设置打印样式表等手段，将模型视图中的同一图形表达为总平面图及消防流线图两种布局。此外修改图形时，仅需在模型视图中修改一次，就能将修改结果同时反映在总平面图及消防流线图中。

第5章 交图前后

本章内容：

5.1 最终检查

5.2 施工图送审

5.3 修改通知单

5.4 施工配合

5.5 结语

5.1 最终检查

全套施工图类目繁多，内容庞杂，绘制完成后仍难免存在诸如不满足设计规范、内容遗漏等问题。因此提交施工图前，还需作详尽的最终检查。

现将最终检查的内容分述如下：

5.1.1 图纸编号

首先应按图纸目录，依次校对每张图纸的编号。

○○建筑设计研究院

建设单位	○○人民医院		
项目名称	○○人民医院 医院主体		
项目编号	2010-307a	版 号	
设计阶段	施工图	编制日期	

建筑 专业图纸目录（续页）

序号	图纸名称	图 号	图 幅	备 注
22	三层平面图	J03	A0	
23	四层平面图	J04	A0	
24	五层平面图、设备层平面图	J05	A0	
25	屋顶平面、南立面、剖面A-A	J06	A0	
26	东立面、西立面、北立面	J07	A0	
27	庭院1、2、3、4、5、6立面展开图	J08	A0	
28	剖面B-B、C-C、D-D、E-E	J09	A0	
29	剖面F-F、H-H、G-G、L-L	J10	A0	
30	剖面P-P、M-M、N-N	J11	A0	
31	病室详图	J12	A0	
32	1#～14#卫生间详图	J13	A0	
33	15#～26#卫生间详图	J14	A0	
34	1#～4#楼梯详图	J15	A0	
35	5#～6#楼梯详图	J16	A0	
36	7#～8#楼梯详图	J17	A0	
37	1#～12#雨棚、栏杆、集水坑详图	J18	A1	
38	1#～4#百叶窗、管道井出屋面、屋面变形缝踏步详图	J19	A1	
39	1#～4#墙身详图，13#～14#雨棚详图	J20	A0	
40	5#～7#墙身详图	J21	A1	
41	8#～11#墙身详图，15#雨棚详图，MQ3详图	J22	A0	
42	12#～14#墙身详图，16#雨棚详图	J23	A1	
43	15#～16#天窗详图，17#～19#墙身详图	J24	A0	
44	20#～23#墙身详图，19#雨棚详图	J25	A0	
45	17#～18#雨棚平、立、剖详图	J26	A0	
46	24#～26#墙身详图	J27	A1	
47	27#～30#墙身详图	J28	A0	
48	31#～32#墙身详图	J29	A1	
49	33#～34#墙身详图，MQ12立面详图	J30	A1	

第2页 共3页

图纸目录

建设单位	○○人民医院		
项目名称	○○人民医院 医院主体		
图纸名称	三层平面		
项目编号	2010-307a	专 业	建筑
设计阶段	施工图	图纸编号	J03
版 号		出图日期	

图纸编号

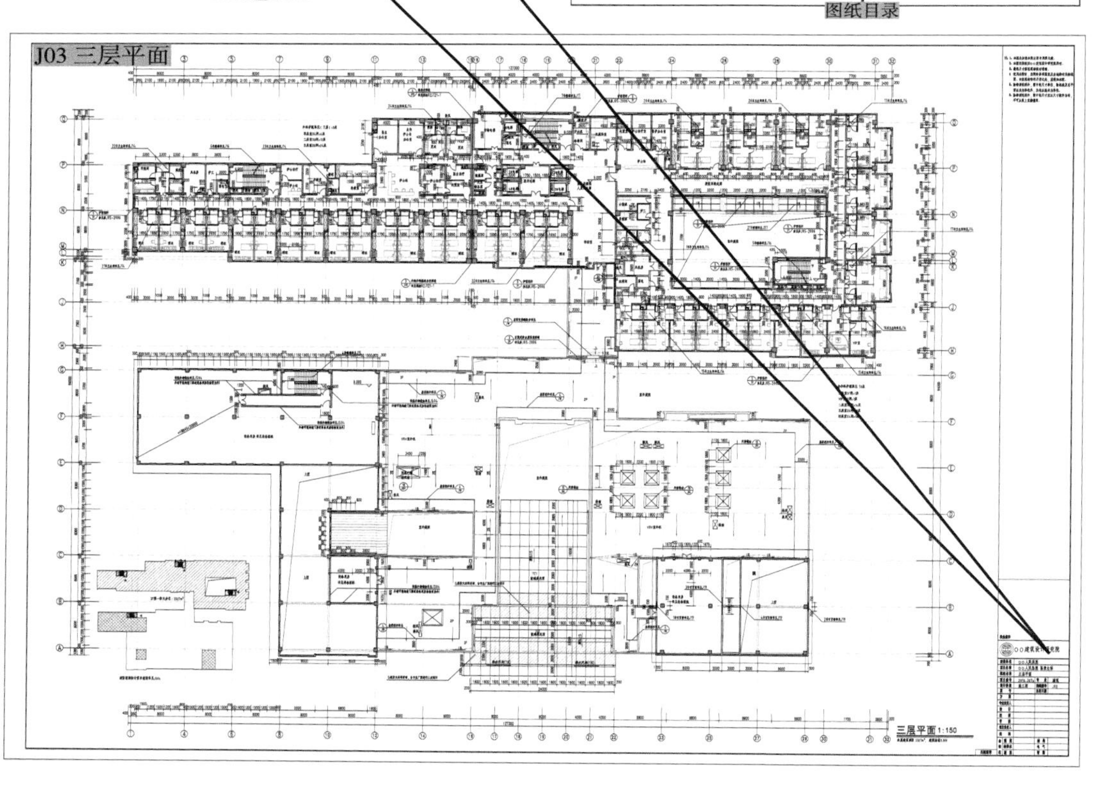

5.1.2 建筑面积

绘制施工图的过程中，难免会调整建筑平面。因此提交施工图前，有必要再次核算建筑面积，并确保“建筑设计说明”“总平面图”及“各层平面图”中的建筑面积指标一致。

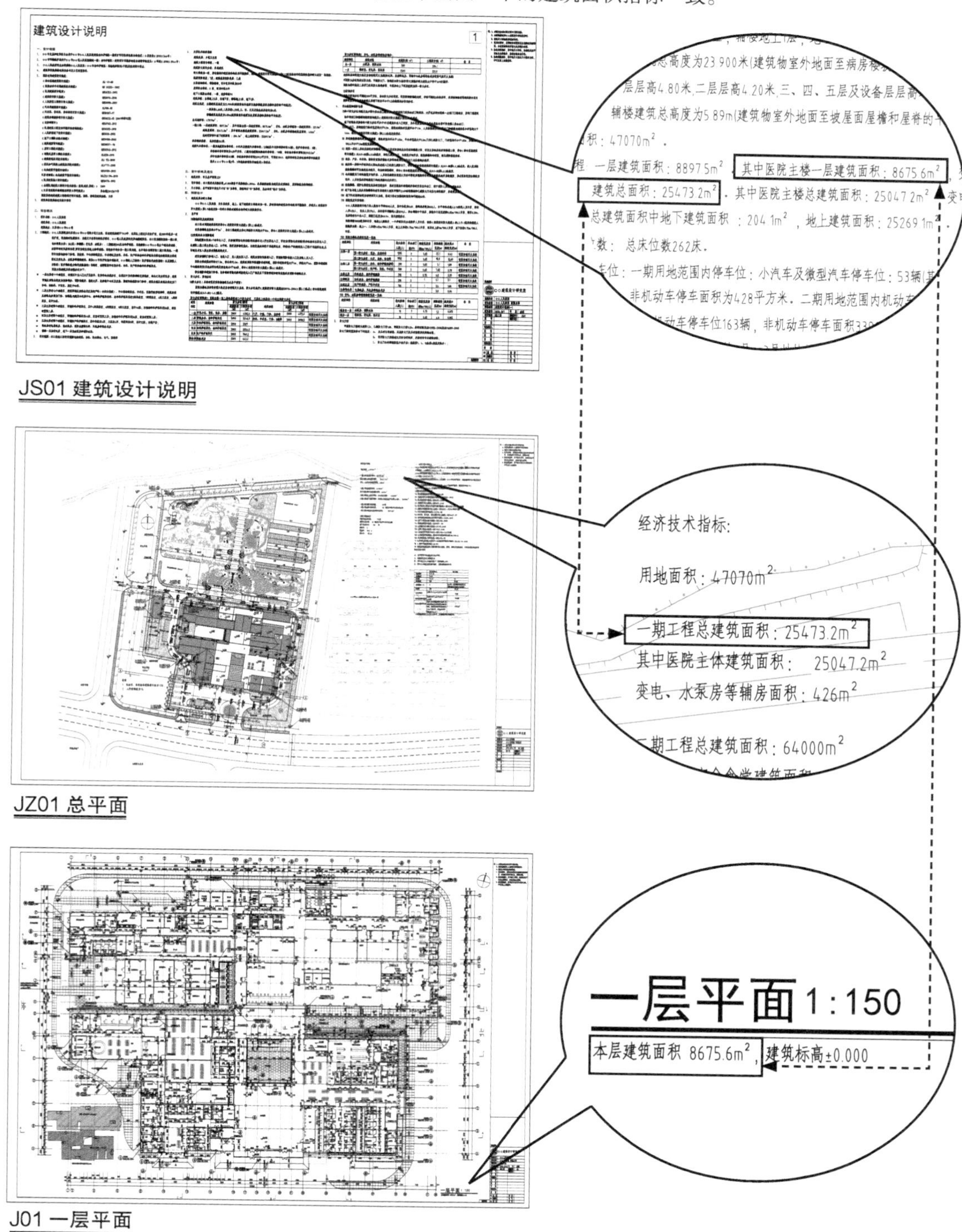

JS01 建筑设计说明

JZ01 总平面

J01 一层平面

5.1.3 剖切符号与剖面图

依次检查一层平面图中的全部剖切符号，并确保其编号与剖面图的编号一致。

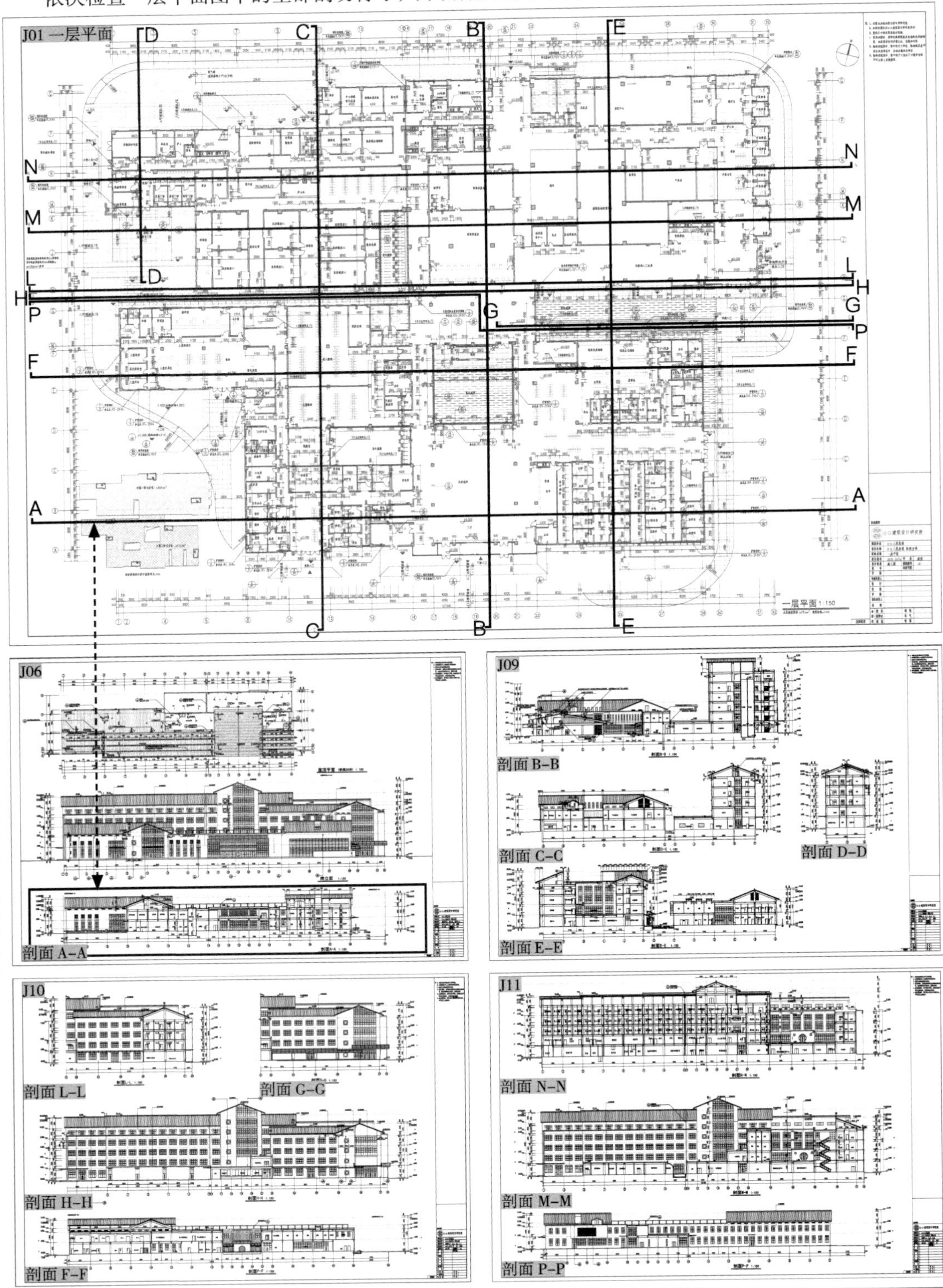

5.1.4 索引

提交施工图前，必须确保：平面图中索引标注中的**详图编号**与被索引的**详图编号**一致，平面图索引标注中的**图纸编号**与详图所在的**图纸编号**一致。下面分别以楼梯、卫生间及墙身为例加以说明。

1）楼梯

（1）检查平面图中楼梯索引标注中的**楼梯编号**与详图中的**楼梯编号**是否一致❶；

（2）检查平面图中楼梯索引标注中的**图纸编号**与楼梯详图所在的**图纸编号**是否一致❷。

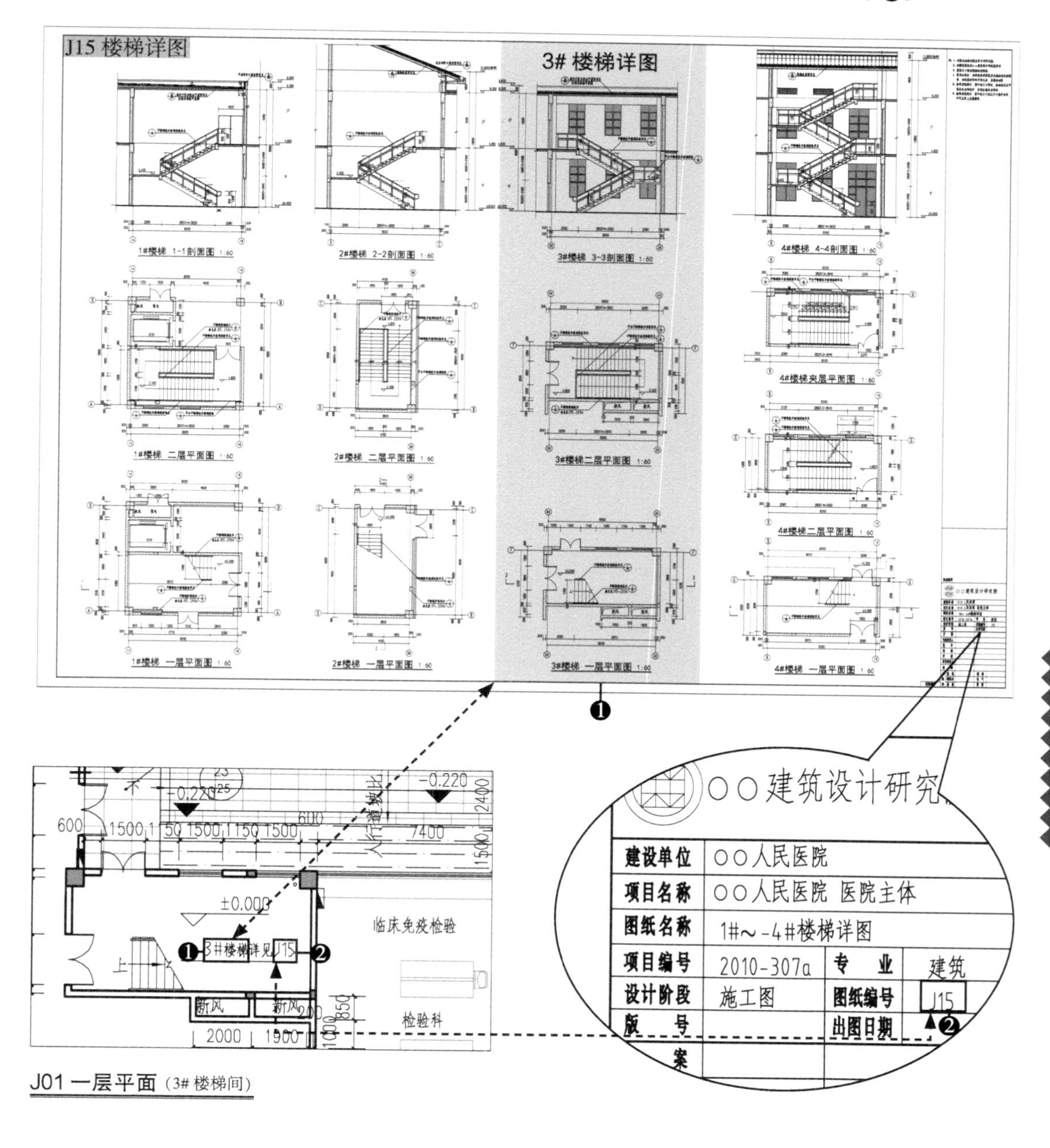

J01 一层平面（3# 楼梯间）

2）卫生间

（1）检查平面图中卫生间索引标注中的**卫生间编号**与详图中的**卫生间编号**是否一致❶；

（2）检查平面图中卫生间索引标注中的**图纸编号**与卫生间详图所在的**图纸编号**是否一致❷。

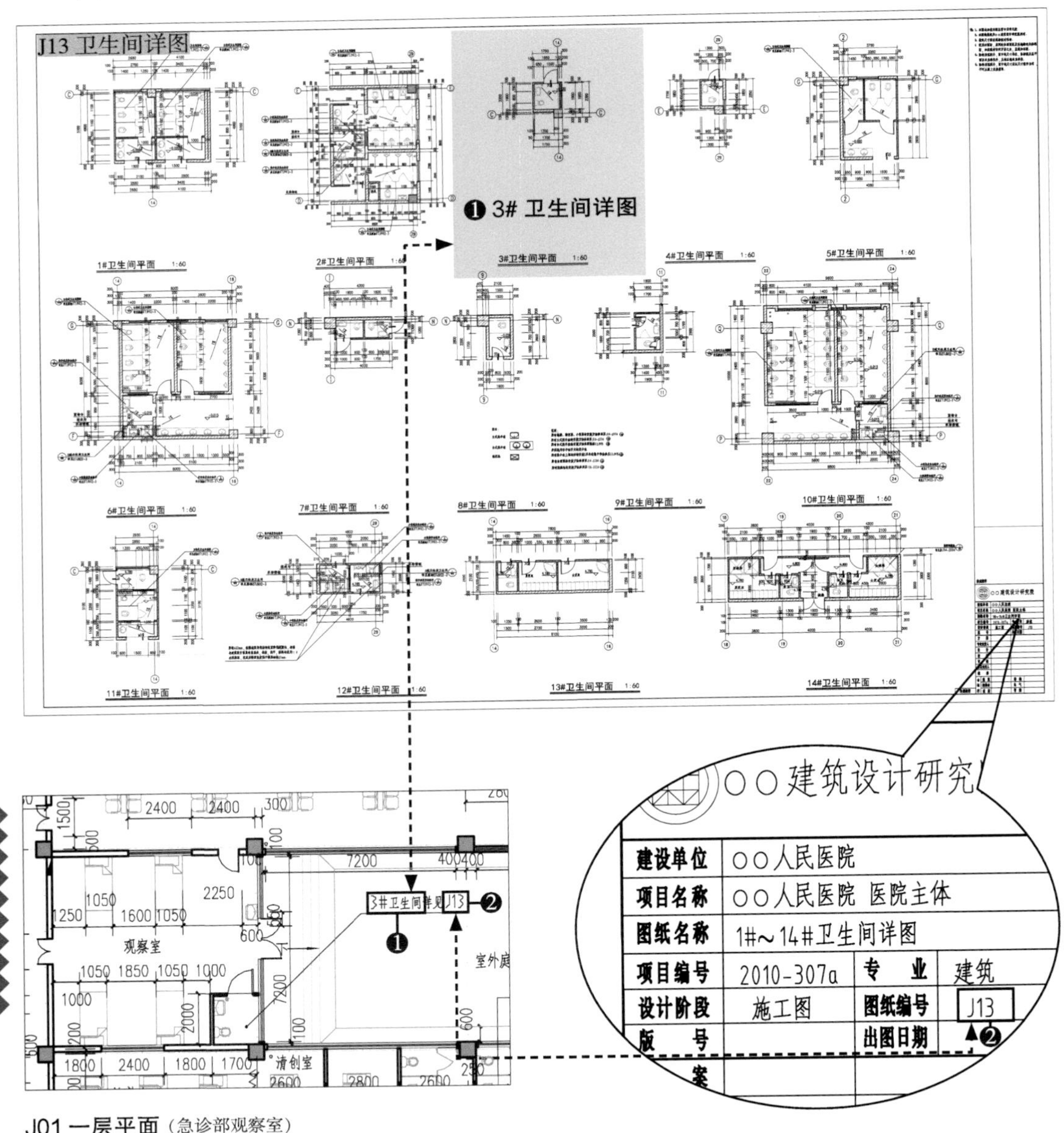

J01 一层平面（急诊部观察室）

3）墙身详图

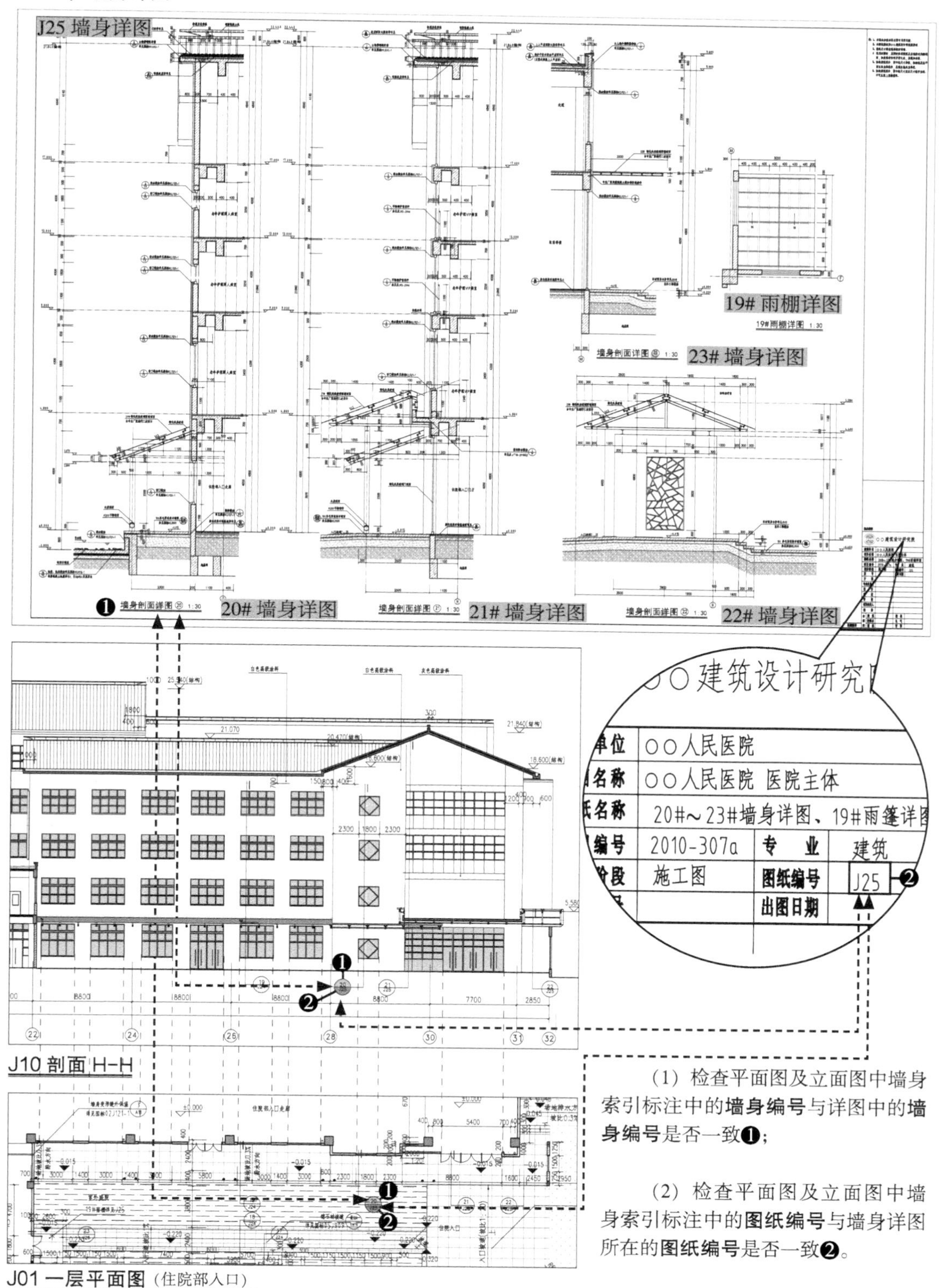

（1）检查平面图及立面图中墙身索引标注中的**墙身编号**与详图中的**墙身编号**是否一致❶；

（2）检查平面图及立面图中墙身索引标注中的**图纸编号**与墙身详图所在的**图纸编号**是否一致❷。

4）施工做法

检查墙身详图中索引的施工做法与《建筑施工做法说明》是否一致❶。

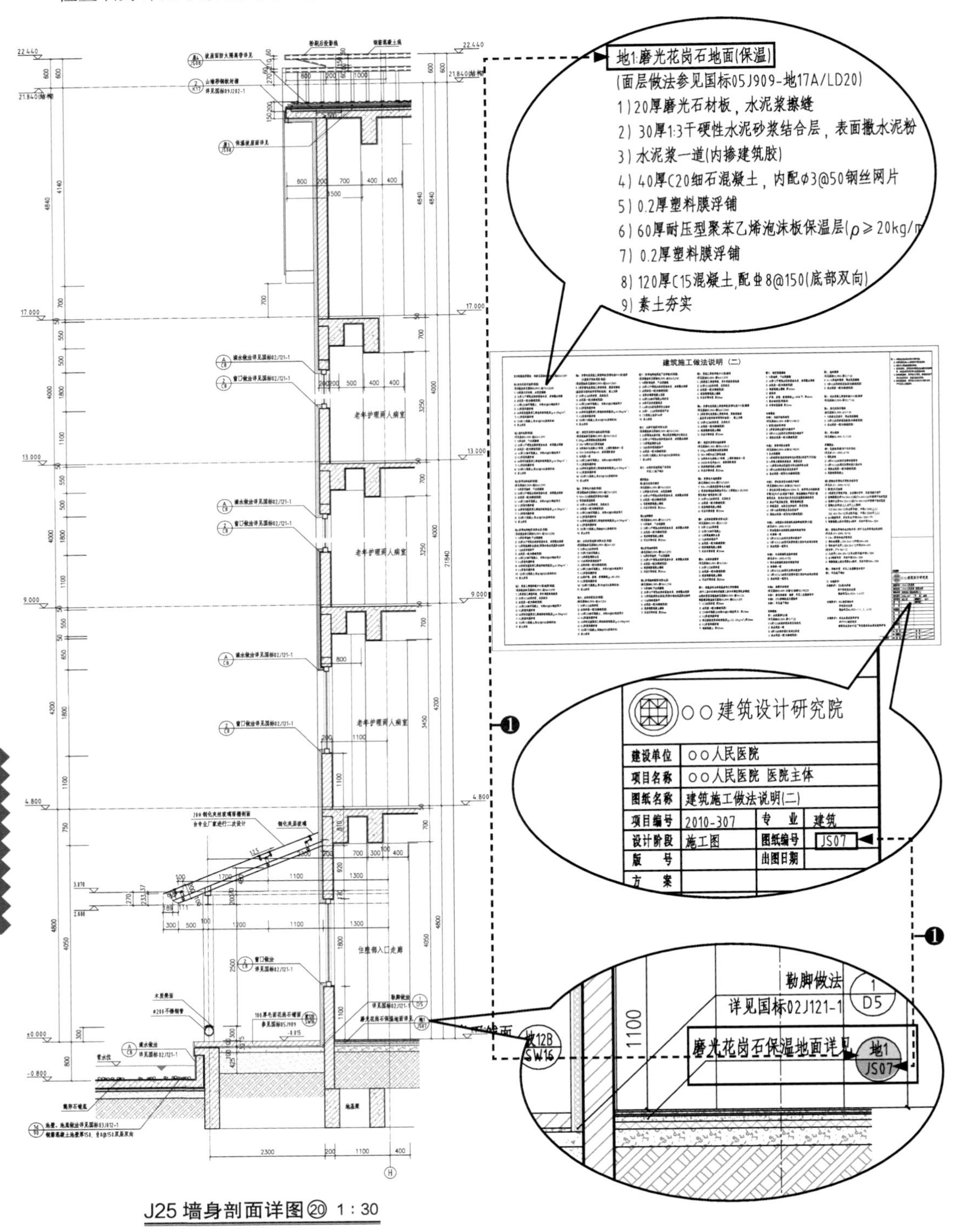

J25 墙身剖面详图⑳ 1：30

5.1.5 节能

1) 围护结构的保温层厚度

检查《公共建筑节能计算报告书》《公共建筑节能设计专篇（建筑专业）》以及《建筑施工做法说明》中的保温材料厚度是否一致❶。

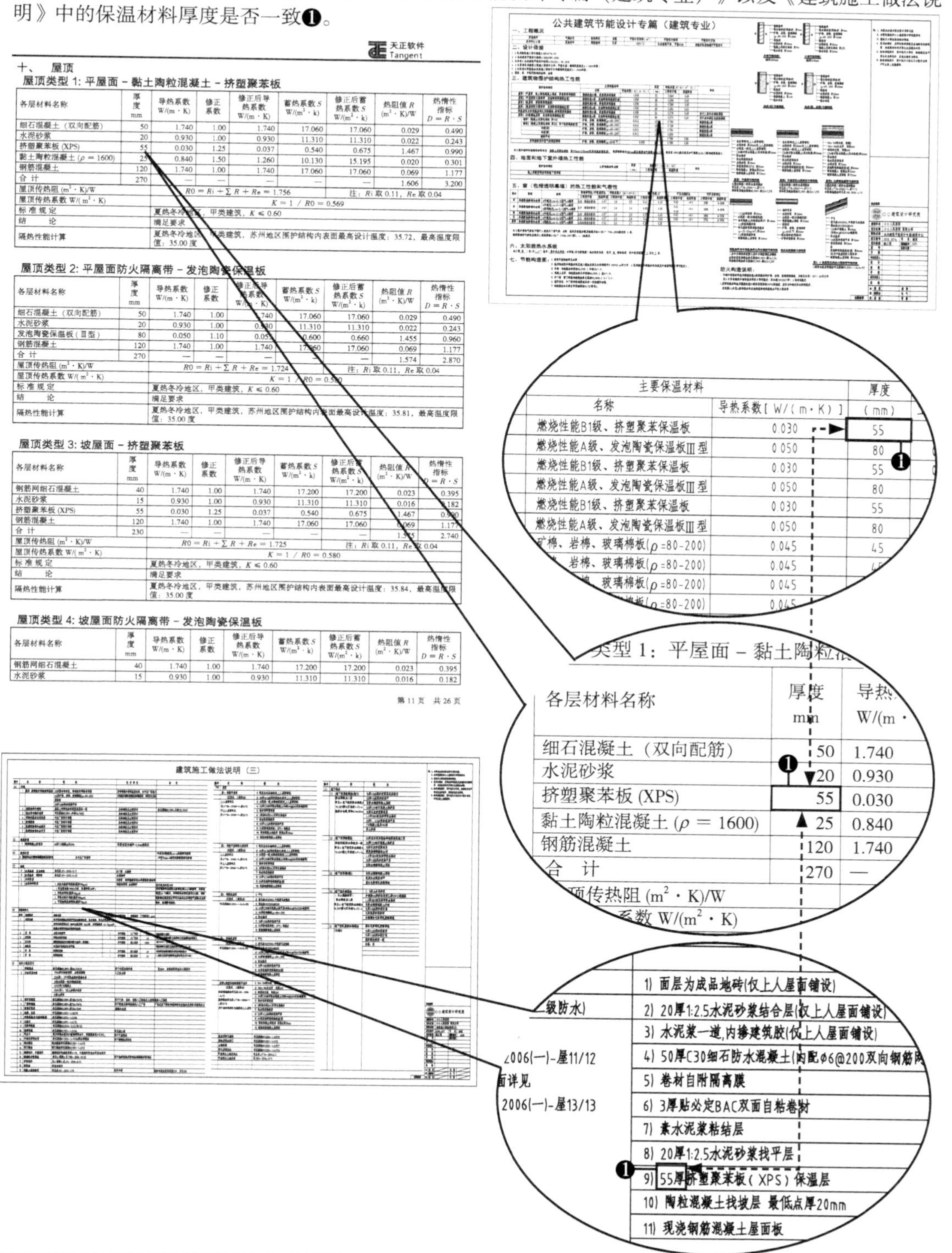

天正软件 Tangent

十、 屋顶

屋顶类型 1: 平屋面 – 黏土陶粒混凝土 – 挤塑聚苯板

各层材料名称	厚度 mm	导热系数 W/(m·K)	修正系数	修正后导热系数 W/(m·K)	蓄热系数 S W/(m²·k)	修正后蓄热系数 S W/(m²·k)	热阻值 R (m²·K)/W	热惰性指标 D = R·S
细石混凝土（双向配筋）	50	1.740	1.00	1.740	17.060	17.060	0.029	0.490
水泥砂浆	20	0.930	1.00	0.930	11.310	11.310	0.022	0.243
挤塑聚苯板 (XPS)	55	0.030	1.25	0.037	0.540	0.675	1.467	0.990
黏土陶粒混凝土 (ρ = 1600)	25	0.840	1.50	1.260	10.130	15.195	0.020	0.301
钢筋混凝土	120	1.740	1.00	1.740	17.060	17.060	0.069	1.177
合 计	270	—	—	—	—	—	1.606	3.200
屋顶传热阻 (m²·K)/W	$R0 = Ri + \sum R + Re = 1.756$				注：Ri 取 0.11，Re 取 0.04			
屋顶传热系数 W/(m²·K)	$K = 1 / R0 = 0.569$							
标准规定	夏热冬冷地区，甲类建筑，$K \leqslant 0.60$							
结 论	满足要求							
隔热性能计算	夏热冬冷地区，甲类建筑，苏州地区围护结构内表面最高设计温度：35.72，最高温度限值：35.00 度							

屋顶类型 2: 平屋面防火隔离带 – 发泡陶瓷保温板

各层材料名称	厚度 mm	导热系数 W/(m·K)	修正系数	修正后导热系数 W/(m·K)	蓄热系数 S W/(m²·k)	修正后蓄热系数 S W/(m²·k)	热阻值 R (m²·K)/W	热惰性指标 D = R·S
细石混凝土（双向配筋）	50	1.740	1.00	1.740	17.060	17.060	0.029	0.490
水泥砂浆	20	0.930	1.00	0.930	11.310	11.310	0.022	0.243
发泡陶瓷保温板（Ⅲ型）	80	0.050	1.10	0.055	0.600	0.660	1.455	0.960
钢筋混凝土	120	1.740	1.00	1.740	17.060	17.060	0.069	1.177
合 计	270	—	—	—	—	—	1.574	2.870
屋顶传热阻 (m²·K)/W	$R0 = Ri + \sum R + Re = 1.724$				注：Ri 取 0.11，Re 取 0.04			
屋顶传热系数 W/(m²·K)	$K = 1 / R0 = 0.580$							
标准规定	夏热冬冷地区，甲类建筑，$K \leqslant 0.60$							
结 论	满足要求							
隔热性能计算	夏热冬冷地区，甲类建筑，苏州地区围护结构内表面最高设计温度：35.81，最高温度限值：35.00 度							

屋顶类型 3: 坡屋面 – 挤塑聚苯板

各层材料名称	厚度 mm	导热系数 W/(m·K)	修正系数	修正后导热系数 W/(m·K)	蓄热系数 S W/(m²·k)	修正后蓄热系数 S W/(m²·k)	热阻值 R (m²·K)/W	热惰性指标 D = R·S
钢筋网细石混凝土	40	1.740	1.00	1.740	17.200	17.200	0.023	0.395
水泥砂浆	15	0.930	1.00	0.930	11.310	11.310	0.016	0.182
挤塑聚苯板 (XPS)	55	0.030	1.25	0.037	0.540	0.675	1.467	0.990
钢筋混凝土	120	1.740	1.00	1.740	17.060	17.060	0.069	1.177
合 计	230	—	—	—	—	—	1.575	2.740
屋顶传热阻 (m²·K)/W	$R0 = Ri + \sum R + Re = 1.725$				注：Ri 取 0.11，Re 取 0.04			
屋顶传热系数 W/(m²·K)	$K = 1 / R0 = 0.580$							
标准规定	夏热冬冷地区，甲类建筑，$K \leqslant 0.60$							
结 论	满足要求							
隔热性能计算	夏热冬冷地区，甲类建筑，苏州地区围护结构内表面最高设计温度：35.84，最高温度限值：35.00 度							

屋顶类型 4: 坡屋面防火隔离带 – 发泡陶瓷保温板

各层材料名称	厚度 mm	导热系数 W/(m·K)	修正系数	修正后导热系数 W/(m·K)	蓄热系数 S W/(m²·k)	修正后蓄热系数 S W/(m²·k)	热阻值 R (m²·K)/W	热惰性指标 D = R·S
钢筋网细石混凝土	40	1.740	1.00	1.740	17.200	17.200	0.023	0.395
水泥砂浆	15	0.930	1.00	0.930	11.310	11.310	0.016	0.182

第 11 页 共 26 页

2）外窗与天窗

检查《公共建筑节能计算报告书》与《公共建筑节能设计专篇（建筑专业）》中窗墙比、天窗屋顶面积比、传热系数、遮阳系数等指标是否一致。

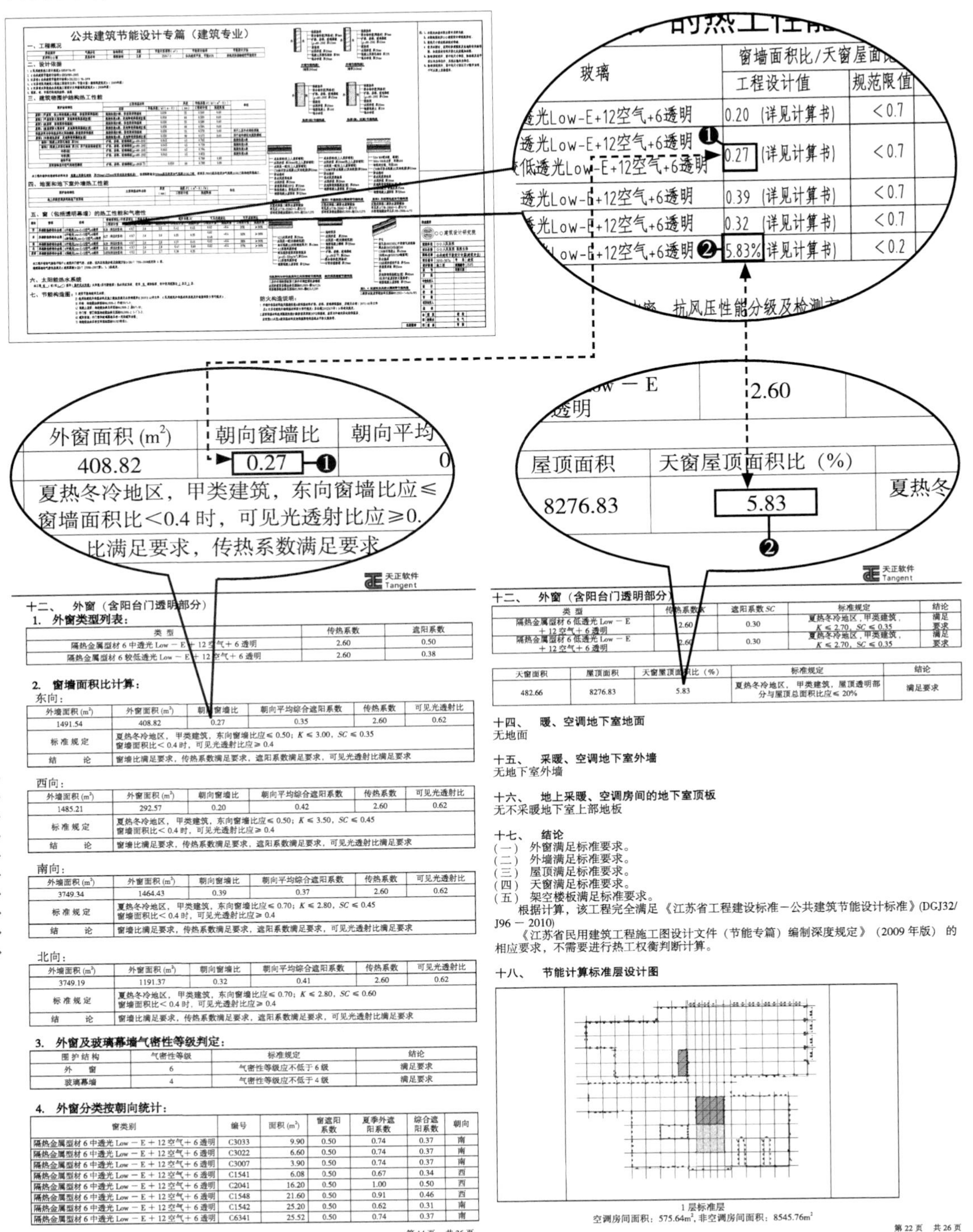

十二、　外窗（含阳台门透明部分）

1. 外窗类型列表：

类型	传热系数	遮阳系数
隔热金属型材 6 中透光 Low－E＋12 空气＋6 透明	2.60	0.50
隔热金属型材 6 较低透光 Low－E＋12 空气＋6 透明	2.60	0.38

2. 窗墙面积比计算：

东向：

外墙面积 (m²)	外窗面积 (m²)	朝向窗墙比	朝向平均综合遮阳系数	传热系数	可见光透射比
1491.54	408.82	0.27	0.35	2.60	0.62
标准规定	夏热冬冷地区，甲类建筑，东向窗墙比应≤0.50；$K \leq 3.00$，$SC \leq 0.35$ 窗墙面积比<0.4 时，可见光透射比应≥0.4				
结　论	窗墙比满足要求，传热系数满足要求，遮阳系数满足要求，可见光透射比满足要求				

西向：

外墙面积 (m²)	外窗面积 (m²)	朝向窗墙比	朝向平均综合遮阳系数	传热系数	可见光透射比
1485.21	292.57	0.20	0.42	2.60	0.62
标准规定	夏热冬冷地区，甲类建筑，东向窗墙比应≤0.50；$K \leq 3.50$，$SC \leq 0.45$ 窗墙面积比<0.4 时，可见光透射比应≥0.4				
结　论	窗墙比满足要求，传热系数满足要求，遮阳系数满足要求，可见光透射比满足要求				

南向：

外墙面积 (m²)	外窗面积 (m²)	朝向窗墙比	朝向平均综合遮阳系数	传热系数	可见光透射比
3749.34	1464.43	0.39	0.37	2.60	0.62
标准规定	夏热冬冷地区，甲类建筑，东向窗墙比应≤0.70；$K \leq 2.80$，$SC \leq 0.45$ 窗墙面积比<0.4 时，可见光透射比应≥0.4				
结　论	窗墙比满足要求，传热系数满足要求，遮阳系数满足要求，可见光透射比满足要求				

北向：

外墙面积 (m²)	外窗面积 (m²)	朝向窗墙比	朝向平均综合遮阳系数	传热系数	可见光透射比
3749.19	1191.37	0.32	0.41	2.60	0.62
标准规定	夏热冬冷地区，甲类建筑，东向窗墙比应≤0.70；$K \leq 2.80$，$SC \leq 0.60$ 窗墙面积比<0.4 时，可见光透射比应≥0.4				
结　论	窗墙比满足要求，传热系数满足要求，遮阳系数满足要求，可见光透射比满足要求				

3. 外窗及玻璃幕墙气密性等级判定：

围护结构	气密性等级	标准规定	结论
外　窗	6	气密性等级应不低于 6 级	满足要求
玻璃幕墙	4	气密性等级应不低于 4 级	满足要求

4. 外窗分类按朝向统计：

窗类别	编号	面积 (m²)	窗遮阳系数	夏季外遮阳系数	综合遮阳系数	朝向
隔热金属型材 6 中透光 Low－E＋12 空气＋6 透明	C3033	9.90	0.50	0.74	0.37	南
隔热金属型材 6 中透光 Low－E＋12 空气＋6 透明	C3022	6.60	0.50	0.74	0.37	南
隔热金属型材 6 中透光 Low－E＋12 空气＋6 透明	C3007	3.90	0.50	0.74	0.37	南
隔热金属型材 6 中透光 Low－E＋12 空气＋6 透明	C1541	6.08	0.50	0.67	0.34	西
隔热金属型材 6 中透光 Low－E＋12 空气＋6 透明	C2041	16.20	0.50	1.00	0.50	西
隔热金属型材 6 中透光 Low－E＋12 空气＋6 透明	C1548	21.60	0.50	0.91	0.46	西
隔热金属型材 6 中透光 Low－E＋12 空气＋6 透明	C1542	25.20	0.50	0.62	0.31	南
隔热金属型材 6 中透光 Low－E＋12 空气＋6 透明	C6341	25.52	0.50	0.74	0.37	南

第 14 页　共 26 页

十二、　外窗（含阳台门透明部分）

类型	传热系数 K	遮阳系数 SC	标准规定	结论
隔热金属型材 6 低透光 Low－E＋12 空气＋6 透明	2.60	0.30	夏热冬冷地区，甲类建筑，$K \leq 2.70$，$SC \leq 0.35$	满足要求
隔热金属型材 6 低透光 Low－E＋12 空气＋6 透明	2.60	0.30	夏热冬冷地区，甲类建筑，$K \leq 2.70$，$SC \leq 0.35$	满足要求

天窗面积	屋顶面积	天窗屋顶面积比（%）	标准规定	结论
482.66	8276.83	5.83	夏热冬冷地区，甲类建筑，屋顶透明部分与屋顶总面积比应≤20%	满足要求

十四、　暖、空调地下室地面

无地面

十五、　采暖、空调地下室外墙

无地下室外墙

十六、　地上采暖、空调房间的地下室顶板

无不采暖地下室上部地板

十七、　结论

（一）外窗满足标准要求。
（二）外墙满足标准要求。
（三）屋顶满足标准要求。
（四）天窗满足标准要求。
（五）架空楼板满足标准要求。

根据计算，该工程完全满足《江苏省工程建设标准－公共建筑节能设计标准》(DGJ32/J96－2010)

《江苏省民用建筑工程施工图设计文件（节能专篇）编制深度规定》（2009 年版）的相应要求，不需要进行热工权衡判断计算。

十八、　节能计算标准层设计图

1 层标准层

空调房间面积：575.64m², 非空调房间面积：8545.76m²

第 22 页　共 26 页

5.1.6 绘制护窗栏杆

当窗下墙高度小于 800mm 时，应在平面图及墙身详图中绘制护窗栏杆❶，并标注索引。

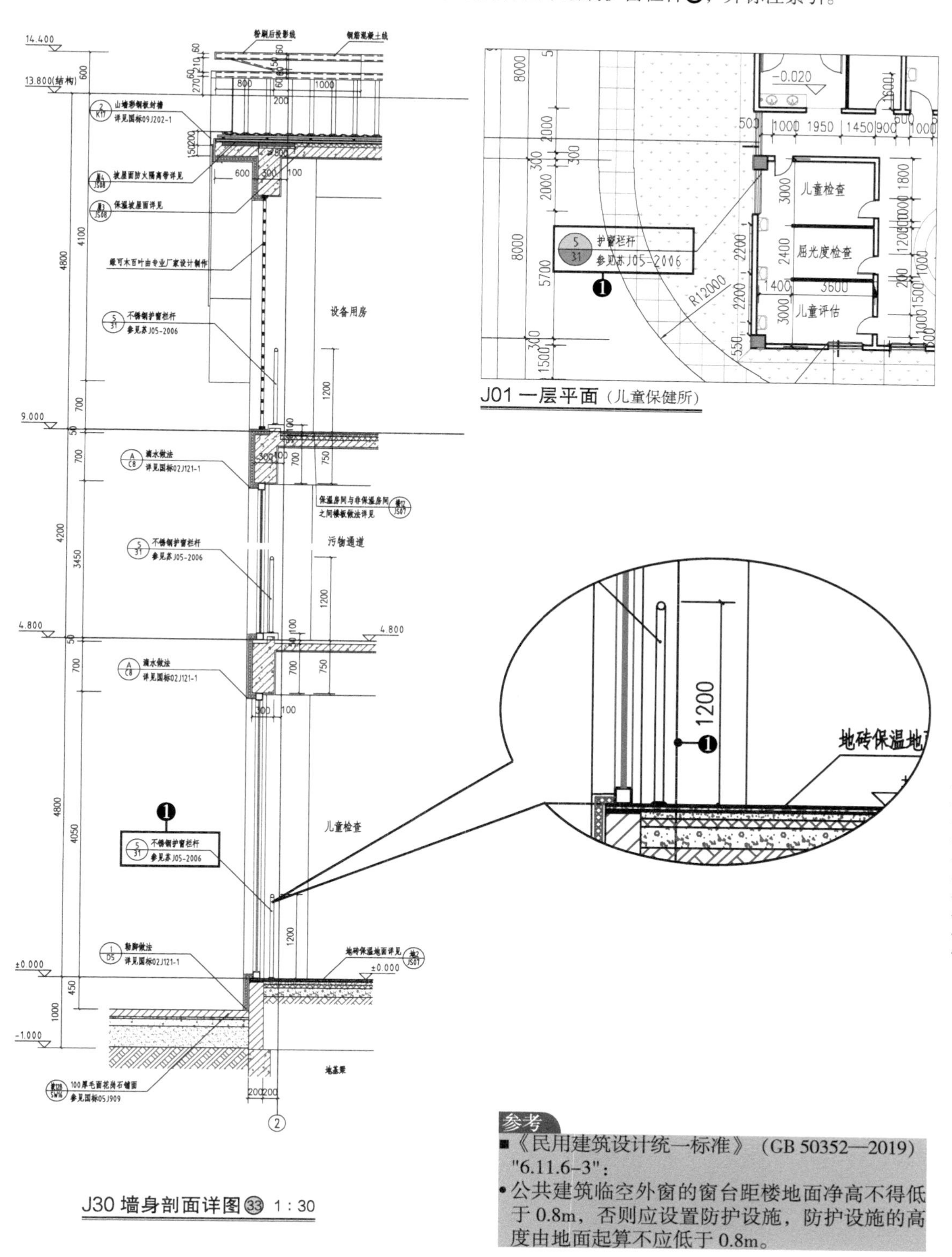

J01 一层平面（儿童保健所）

J30 墙身剖面详图㉝ 1：30

参考

■《民用建筑设计统一标准》（GB 50352—2019）"6.11.6-3"：

• 公共建筑临空外窗的窗台距楼地面净高不得低于 0.8m，否则应设置防护设施，防护设施的高度由地面起算不应低于 0.8m。

5.1.7 规范

对照主要规范，核对相关内容。以本工程为例，提交施工图前对照《综合医院建筑设计规范》（GB 51039—2014），逐条进行核对。

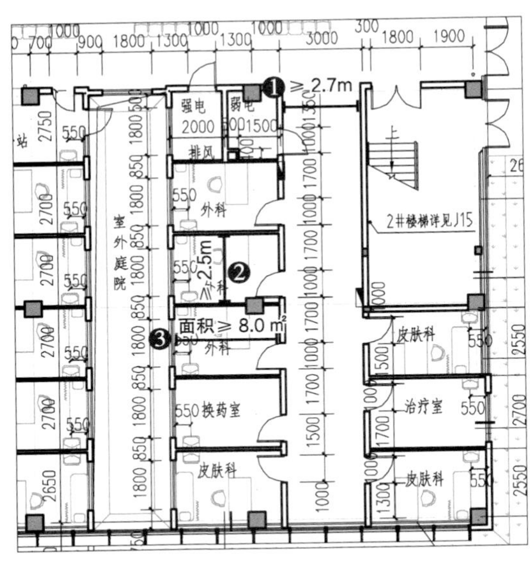

J01 一层平面（门诊）

1）门诊诊室

参考

■ " 第 5.2.3 条　候诊用房 "：

- 利用走道单侧候诊时，走道净宽不应小于 2.40m；两侧候诊时，走道净宽不应小于 3.00m ❶。

■ " 第 5.2.4 条　诊查用房 "：

- 双人诊查室的开间净尺寸不应小于 3.00m，使用面积不应小于 12.00m²。
- 单人诊查室的开间净尺寸不应小于 2.50m ❷，使用面积不应小于 8.00m² ❸。

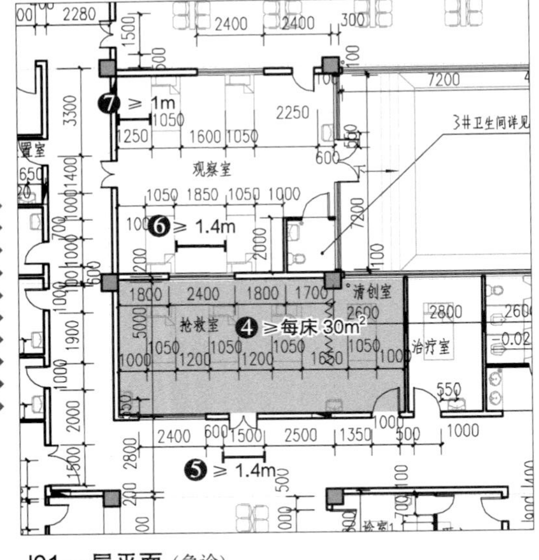

J01 一层平面（急诊）

2）抢救室

参考

■ " 第 5.3.4 条　抢救用房 "：

- 抢救室应直通门厅，有条件时宜直通急救车停车位；面积不应小于每床 30.00m² ❹，门的净宽不应小于 1.40m ❺。

3）观察室

参考

■ " 第 5.3.6 条　观察用房 "：

- 平行排列的观察床净距不应小于 1.20m，有吊帘分隔时不应小于 1.40m ❻；床沿与墙面的净距不应小于 1.00m ❼。

5.1.8 绘图深度

对照《建筑工程设计文件编制深度规定（2017）》"4 施工图设计 4.3 建筑"，逐条检查是否达到设计深度要求。

参考

■"4.3.4 平面图"：

• 7 主要结构和建筑构造部件的位置、尺寸和做法索引，如中庭、天窗、地沟、地坑、**重要设备或设备基础的位置尺寸**、各种平台、夹层、人孔、阳台、雨篷、台阶、坡道、散水、明沟等。

对照检查：

J05、J06 施工图中屋顶平面上标注了太阳能集热板支架（☞ P223）及室外空调机的设备机座（☞ P224）的位置及尺寸。

参考

■"4.3.5 立面图"：

• 9 各个方向的立面应绘齐全，但差异小、左右对称的立面可简略；**内部院落或看不到的局部立面，可在相关剖面图上表示，若剖面图未能表示完全时，则需单独绘出**。

对照检查：

J08 施工图中包含了所有内庭院的立面展开图。

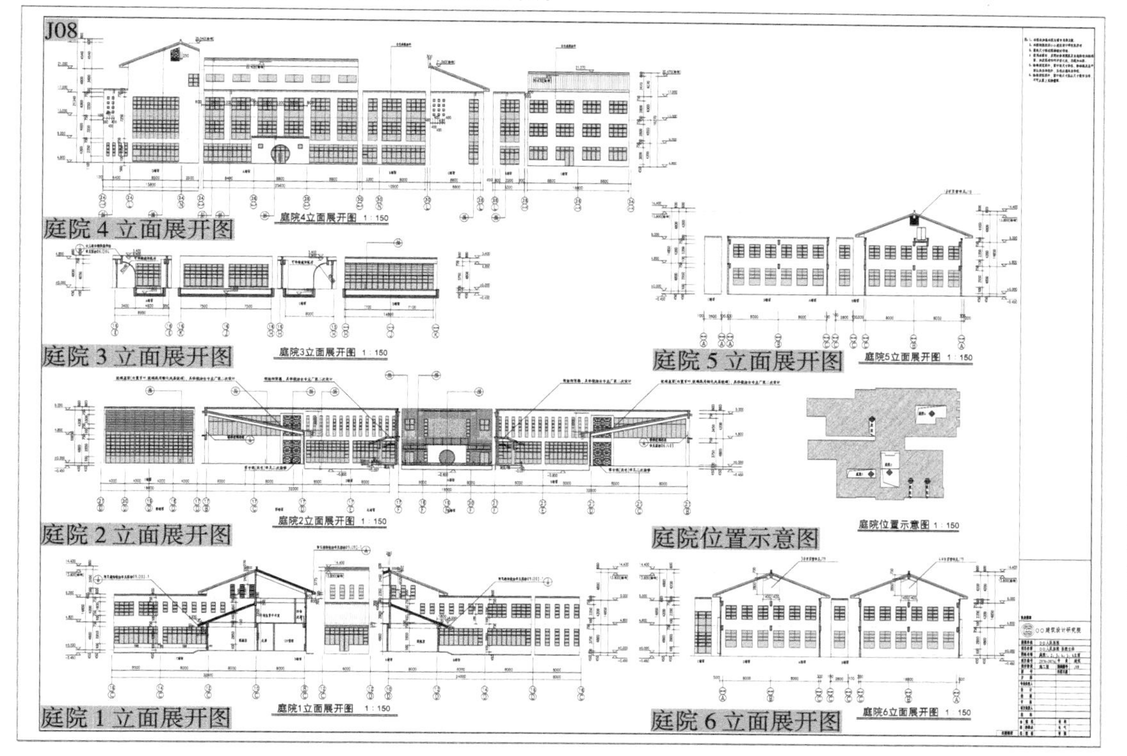

5.2 施工图送审

5.2.1 送审流程

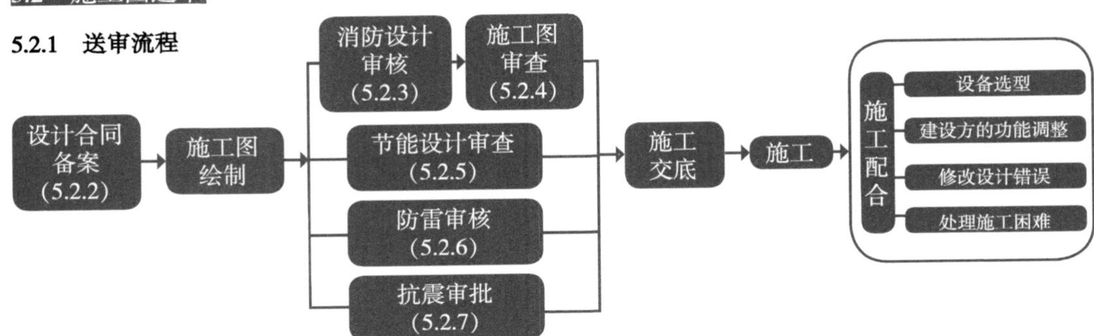

5.2.2 设计合同备案

《建设工程设计合同》签订后30日内，须到当地住房城乡建设行政主管部门登记备案。

合同备案材料包括：

(1) 《○○市建设工程勘察设计合同备案表》❶；

(2) 勘察设计合同正式文本，实行招标的勘察、设计项目还应提供招标文件和中标通知书；

(3) 盖有本单位公章的勘察设计单位营业执照、资质证书副本复印件；

(4) 获取年度资质核验（登记）资格的外地勘察设计单位，还应提供盖有本单位公章的外地勘察设计单位年度资质核验（登记）证明复印件及年度资质核验申请表；

(5) 《○○省勘察设计企业诚信手册》；

(6) 《○○市建设工程勘察设计合同备案表》中所列参加项目人员的近期社保明细清单；

(7) 《○○市勘察设计企业项目负责人申报表》❷。

❶《○○市建设工程勘察设计合同备案表》

○○市建设工程勘察设计合同备案表

勘察设计单位名称：（公章） 填表日期：

项目名称					
项目地点					
备案内容	工程勘察□ 建筑工程设计□ 市政道桥设计□ 其他□				
项目概况	总投资	万元	规模及等级		
层数/高度（m）		数量		面积（m²）	
建设单位（发包方）			项目负责人		
			联系电话/手机		
勘察设计单位资质等级及证号			项目负责人		
			联系电话/手机		
合同价格		万元	项目起讫时间		

项目负责人、各专业负责人及各专业主要技术人员基本情况

序号	姓名	所学专业	职称（注册人员填注册类别及等级）	执业印章号		在项目中担任的角色	本人亲笔签字

备案意见：

○○市建设工程勘察设计合同备案专用章（盖章）
年 月 日

注：1. 备案内容在□内打√；
2. 本表一式三份。一份交施工图审图机构，另两份分别由备案部门、勘察设计单位留存。

❷《○○市勘察设计企业项目负责人申报表》

○○市勘察设计企业项目负责人申报表

填表单位（盖章）： 日期： 年 月 日

姓名		性别		出生日期		免冠照片粘贴处
申报类别				毕业专业		
工作电话				移动电话		
电子邮箱				身份证号码		
注册类别及执业印章号				职称		
现单位工作年限				从事本专业工作时间		
工作简历	（不够可附页）					
单位意见	盖章： 年 月 日					
综合考核意见	○○市住建局总工室 年 月 日					

5.2.3 消防设计审核

1）审核范围

下列工程在新建、扩建或改建（含室内装修、用途变更）时，建设单位应向公安机关消防机构申请消防设计审核。

人员密集场所		
	建筑总面积＞20000m²	体育场馆，会堂，公共展览馆，博物馆的展示厅
	建筑总面积＞15000m²	民用机场航站楼，客运车站候车室，客运码头候船厅
	建筑总面积＞10000m²	宾馆，饭店，商场，市场
	建筑总面积＞2500m²	影剧院，公共图书馆的阅览室，营业性室内健身、休闲场馆，医院的门诊楼，大学的教学楼、图书馆、食堂，劳动密集型企业的生产加工车间，寺庙、教堂
	建筑总面积＞1000m²	托儿所、幼儿园的儿童用房，儿童游乐厅等室内儿童活动场所，养老院、福利院，医院、疗养院的病房楼，中小学校的教学楼、图书馆、食堂，学校的集体宿舍，劳动密集型企业的员工集体宿舍
	建筑总面积＞500m²	歌舞厅、录像厅、放映厅、卡拉 OK 厅、夜总会、游艺厅、桑拿浴室、网吧、酒吧，具有娱乐功能的餐馆、茶馆、咖啡厅

特殊建设工程

- 设有上表所列人员密集场所的建设工程
- 国家机关办公楼，电力调度楼，电信楼，邮政楼，防灾指挥调度楼，广播电视楼，档案楼
- 上述两项规定以外的单体建筑面积大于 40000m² 或者建筑高度超过 50m 的其他公共建筑
- 城市轨道交通，隧道工程，大型发电、变配电工程
- 生产、储存、装卸易燃易爆危险物品的工厂，仓库和专用车站、码头，易燃易爆气体和液体的充装站、供应站、调压站

2）申报材料

- 建设工程消防设计审核申报表
- 建设单位的工商营业执照等合法身份证明文件
- 新建、扩建工程的建设工程规划许可证明文件
- 设计单位资质证明文件
- 消防设计文件
- 施工图一套

3）消防设计文件

（1）消防设计文件应包括设计说明书，有关专业的设计图纸，主要消防设备、消防产品及有防火性能要求的建筑构件、建筑材料表，重点反映依照国家工程建设消防技术标准强制性要求设计的内容。

（2）消防设计文件应按照下列顺序编排：

- 封面：项目名称、设计单位、日期
- 扉页：设计单位法定代表人、技术总负责人、项目总负责人及各专业负责人的姓名，并经上述人员签署或授权盖章
- 设计文件目录
- 设计说明书
- 设计图纸

(3) 申报内容

由于“新建、扩建工程” 与“改建、内装修工程”的申报内容有所不同，申报前应按照具体规定准备申报材料。

	新建、扩建工程	改建、内装修工程
设计说明书	•工程设计依据 •建设规模和设计范围 •总指标 •采用新技术、新材料、新设备和新结构的情况 •具有特殊火灾危险性的消防设计和需要设计审批时解决或确定的问题 •总平面 •建筑与结构 •建筑电气 (a) 消防电源、配电线路及电气装置 (b) 火灾自动报警系统和消防控制室 •消防给水和灭火设施 (a) 消防水源 (b) 消防水泵房 (c) 室外消防给水系统 (d) 室内消火栓 (e) 灭火设施 •防烟排烟及暖通空调 •热能动力	•工程设计依据 •建设规模和设计范围 •改建或装修设计的面积等指标 •工程原已设置（或新增）的主要消防设备、消防产品及有防火性能要求的建筑构件、建筑材料等 •采用新技术、新材料、新设备和新结构的情况 •具有特殊火灾危险性的消防设计和需要设计审批时解决或确定的问题 •装修专业
设计图纸	•总平面 (a) 区域位置图 (b) 总平面图 •建筑与结构 (a) 平面图 (b) 立面图 (c) 剖面图 •建筑电气 (a) 消防控制室位置平面图 (b) 火灾自动报警系统图，各层报警系统设置平面图 •消防给水和灭火设施 (a) 消防给水总平面图 (b) 各消防给水系统的系统图、平面布置图 (c) 消防水池和消防水泵房平面图 (d) 其他灭火系统的系统图及平面布置图 •防烟排烟及暖通空调 (a) 防烟系统的系统图、平面布置图 (b) 排烟系统的系统图、平面布置图 •热能动力 (a) 锅炉房设备平面布置图 (b) 其他动力站房平面布置图	•建筑平面图 •装修图纸

5.2.4 施工图审查

1）单项工程资质登记

（1）《外地勘察设计单位承接○○市勘察设计业务单项工程资质登记申请表》❶❷❸❹；

（2）企业工商注册所在地市级建设行政主管部门出具的企业近两年的诚信状况证明原件；

（3）企业法人营业执照正、副本复印件或分支机构的营业执照正、副本复印件；

（4）工程勘察、工程设计资质证书正、副本复印件或工程所在地建设厅出具的《省外勘察设计企业年度资质核验合格证明》；

（5）参加该项目的注册执业人员的身份证、注册证书复印件；

（6）参加该项目的项目负责人、专业负责人及其他专业技术人员（注册执业人员除外）的身份证、毕业证、职称证、劳动合同复印件及近一个月的社保证明；

（7）勘察设计项目合同复印件；

（8）土工试验合同原件（勘察项目）；

（9）《○○省勘察设计企业诚信手册》。

以上资料（2）～（8）按序装订，复印件均需核验原件。

❶ 申请表封面

编号	行服　　　　号
	勘设核（　）　号

本省外地勘察设计单位承接○○市
勘察设计业务单项工程资质登记申请表

申请单位（章）＿＿＿＿＿＿
工 程 名 称＿＿＿＿＿＿
填 报 日 期＿＿＿＿＿＿
联系人/电话＿＿＿＿＿＿

○○市住房和城乡建设局制

❷ 第1页——单位及承接项目基本情况

单位及承接项目基本情况

单位名称			单位性质	
单位地址			联系电话	
资质等级及证号			法定代表人	
业务范围				
项目名称			负责人	
			联系电话	
项目委托单位			负责人	
			联系电话	
项目地点				
项目概况	建筑面积	m^2	总投资	万元
	总高度	层　m	最大跨度	m
勘察、设计费	万元			

❸ 第2页——参加项目的技术人员基本情况

参加项目的技术人员基本情况

序号	姓名	职称	从事专业	从事本专业年限	执业资格	在项目中担当的角色	本人亲笔签名

注:1. 参加项目的技术负责人须由主专业人员担任，专业负责人须由执业注册师或中级职称以上技术骨干担任。
2. 参加项目的所有技术人员均须填写并由本人亲笔签名。

❹ 第3页

<table>
<tr><td colspan="2">单位出图专用章印模</td></tr>
<tr><td colspan="2">注册执业人员执业印章印模</td></tr>
<tr><td></td><td></td></tr>
<tr><td></td><td></td></tr>
<tr><td></td><td></td></tr>
<tr><td colspan="2">项目所在地县（市）建设行政主管部门审核意见：

年 月 日</td></tr>
<tr><td colspan="2">○○市住房和城乡建设局审核意见：

年 月 日</td></tr>
</table>

注:1. 填报内容应真实、准确、完整、字迹应工整、清楚。
2. 如项目所在地在○○市区的，本表一式二份，分存申请单位、○○市住房和城乡建设局；如项目所在地在县（市）的，本表一式三份，分存申请单位、县（市）及○○市住房和城乡建设局。

2）施工图审查申报表

施工图审查申报表

<table>
<tr><td colspan="2">项目名称</td><td colspan="2"></td><td>项目地址</td><td colspan="2"></td></tr>
<tr><td colspan="2">建设单位</td><td colspan="2"></td><td>单位地址</td><td colspan="2"></td></tr>
<tr><td colspan="2">法定代表人</td><td></td><td>联系电话</td><td></td><td>邮编</td><td></td></tr>
<tr><td rowspan="5">项目概况</td><td>建设规模</td><td colspan="2"></td><td>建筑面积</td><td colspan="2"></td></tr>
<tr><td>建筑类别</td><td></td><td>场地类别</td><td></td><td>容积率</td><td></td></tr>
<tr><td>建筑层数</td><td></td><td>建筑高度</td><td></td><td>防火等级</td><td></td></tr>
<tr><td>设防烈度</td><td></td><td>抗震等级</td><td></td><td>人防等级</td><td></td></tr>
<tr><td>结构体系</td><td colspan="2"></td><td>基础形式</td><td colspan="2"></td></tr>
<tr><td colspan="2">设计单位</td><td colspan="3"></td><td>资质等级</td><td></td></tr>
<tr><td colspan="2">勘察单位</td><td colspan="3"></td><td>资质等级</td><td></td></tr>
<tr><td colspan="2">设计合同额</td><td colspan="2"></td><td>勘察合同额</td><td colspan="2"></td></tr>
<tr><td colspan="2">初设批准机关</td><td></td><td>批文号</td><td></td><td>批准日期</td><td></td></tr>
<tr><td colspan="2">报审单位联系人</td><td></td><td>地址</td><td></td><td>联系电话</td><td></td></tr>
<tr><td colspan="2">审查部门经办人</td><td></td><td>地址</td><td></td><td>联系电话</td><td></td></tr>
<tr><td colspan="4">报审单位：
（盖章）
法定代表人：
（盖章）
年 月 日</td><td colspan="3">审查部门意见：
（盖章）
年 月 日</td></tr>
</table>

注：本报审表一式三份，建设行政主管部门、审查部门、建设单位各执一份。

5.2.5 节能设计审查

审查表封面

○○省建筑设计方案节能设计审查表

工程名称：________

方案编号：________

建设单位：________

设计单位：________

○○省住房和城乡建设厅监制

审查表第 1 页

○○省建筑设计方案节能审查表

一、建筑基本情况						
（一）单位概况	建设单位名称（盖章）				单位代码	
	法定代表		联系人		联系电话	
	设计单位名称				单位代码	
	设计人				项目负责人（盖注册章）	
（二）工程项目概况	项目名称					
	建设地点				气候分区	
	节能设计标准	□ 50% □ 65% □更高（ ）				
	项目性质	□居住建筑	□公共建筑		□甲类建筑	
					□乙类建筑	
	建筑面积				建筑高度	
	建筑层数				结构体系	
（三）附件	1. 民用建筑设计方案总平面图、平面图、立面图、剖面图； 2. 项目设计方案节能设计专项说明。					
收件人			收件日期			

审查表第 2 页

二、节能设计方案要点介绍	
围护结构节能措施	
公共建筑采暖通风与空调系统节能措施	
可再生能源应用	
照明电气系统节能措施	
其他节能措施	

审查表第 3 页

三、节能设计审查情况	
审查意见	审查人员（签字）： ○○省民用建筑工程设计施工图建筑节能审查人员专项审查号： （○○省建筑设计方案节能审查专用章） 年 月 日

说明：1. 方案编号与工程名称相对应；

2. 表中一、二由报审单位填写、提供。

5

5.2.6 防雷审核

(1) 防雷装置设计审核申请书封面

项目登记号:

防雷装置设计审核

申请书

申请单位:______

申请项目:______

申请日期:____年____月____日

申请书第1页

建设项目	名称			
	地址			
	建筑单体		总建筑面积	
	最高建筑高度		总占地面积	
	项目批准文号		预计开工日期	
建设单位	名称			
	地址			
	负责人		联系电话	
	联系人		联系电话	
设计单位	名称			
	地址		联系电话	
	资质证号		资质等级	
申请单位(章) 经办人: 年 月 日				
受理结果 气象主管机构(章) 经办人: 年 月 日				

填写说明:1. 本表最后一栏由气象主管机构填写,其他部分由申请单位填写;
2. 申请单位应填写建设单位(业主)的全称,并加盖公章;
3. 建设项目名称应与立项批复和规划许可一致。

(2) 防雷设计文件技术审查登记表

苏FL表-S01

项目登记号

防雷设计文件技术审查登记表

建设单位(章)		法人代表		联系电话		
		联系人		联系电话		
建设项目名称			预计开工日期			
建设项目地址			建设局图审编号			
设计单位		联系人		联系电话		
建筑物名称	防雷类别(见说明一)	结构类别(见说明二)	使用性质(见说明三)	建筑层数(层)	建筑高度(m)	建筑面积(m^2)
防雷中心受理意见	受理人员(签字) 年 月 日					

登记表填写说明

填写说明:

一、防雷类别填写:A:一类;B:二类;C:三类。

二、结构类型填写:A、砖木;B、混合;C、钢筋混凝土;D、钢结构。

三、使用性质填写:

A:甲类厂房、仓库;

B:教育、医疗、科研、体育馆;

C:高级综合建筑;

D:一般综合建筑物;

E:乙类厂房、仓库;

F:影剧院、会堂、俱乐部、旅游;

G:高层住宅;

H:住宅、公寓;

I:丙类仓库;

J:金融、商业、旅业、娱乐场所;

K:大型厂房、丙类厂房;

L:一般厂房、仓库;

M:油、气罐站(区)、锅炉房;

N:交通、通讯、供水、供电、供气;

O:特殊地形建筑物;

P:其他

四、送审材料:(一套)

1. 总体设计说明、防雷设计说明;
2. 总平面图;
3. 建筑施工图一套;
4. 电气施工图一套;
5. 结构施工图一套;
6. 其他相关材料。

(3) 防雷装置质量监督申请登记表

苏 FL 表 -J01

防雷装置质量监督申请登记表

项目登记号

今有我单位　　　　　　　　　　　　的项目按照《中华人民共和国气象法》、《防雷减灾管理办法》（中国气象局 8 号令）、《○○市防雷减灾管理办法》（○○市人民政府○○号令）的有关规定，现到你中心办理防雷装置质量监督手续。

建设单位	名称（章）		单位地址	
	项目名称		项目地址	
	项目联系人		联系电话	
	建筑面积		项目单体数量	
	计划开工日期		计划竣工日期	
设计单位	单位名称		单位地址	
	项目负责人		联系电话	
	设计人员（水电）		联系电话	
防雷中心受理意见：（章） 受理人员： 年　月　日				

本表一式二份，建设单位、防雷中心各执一份。

申请登记表填写说明

建设单位和防雷中心的相关责任	1. 严格执行《○○市防雷减灾管理办法》要求，做到防雷工程与主体工程同时设计、同时施工、同时投入使用； 2. 防雷中心受单位委托，对该建设项目中防雷设施施工进行质量监督； 3. 施工单位应按照经审查合格的防雷工程施工图设计文件进行施工，并接受防雷中心的质量监督； 4. 建设工程的各方应按照各自职责，配合防雷中心做好防雷装置的质量监督工作； 5. 任何人不得以任何名义违反规定进行防雷设置的安装、设置，否则将追究其法律责任； 6. 防雷中心受理经过审核合格或经过修改设计符合有关防雷技术标准的项目的防雷装置质量监督，未经审核或审核不合格的将不予受理； 7. 防雷中心按照国家有关法律法规和相关防雷技术规范对本工程进行质量监督； 8. 质量监督中如发现质量问题，防雷中心应及时指出并责令整改，施工单位应根据要求作出相应整改； 9. 防雷中心质量监督人员必须具备气象行政主管部门核发的《防雷装置施工质量监督员证》，并持证上岗； 10. 建设工程施工前需由建设单位负责召集召开现场防雷技术交底会议，工程有关人员必须到会； 11. 在防雷装置施工过程的关键环节，必须经防雷中心现场验收合格方可进入下一施工环节； 12. 隐蔽工程承诺期为 1 天，总体检测检验为 5 个工作日，检测检验报告 5 个工作日； 13. 市防雷中心施工质量监督电话：○○○○—○○○○○○○○
其他说明	1. 本表到防雷中心或行政审批服务中心三楼气象局窗口领取； 2. 建设单位应按照表格要求认真填写； 3. 建设单位按规定一次性缴纳防雷装置施工监督和检测检验费。

5.2.7 抗震审批

抗震设防要求确定审批表

**建设工程抗震设防要求确定
重大建设工程场地安全性评价核准 审批表**

建设单位	
工程名称	
工程地点	
工程规模	
工程类型	
最大单体建筑面积	
建筑最大高度	
立项批复文号	
备注	
○○市地震局审核（盖章） 年　月　日	

注：审批表一式三份

5.3 修改通知单

5.3.1 施工图审查后的修改通知单

施工图审查后，需按审查意见修改图纸。然后将填写了回复意见的《审查意见整改单》与《修改通知单》及附图一并提交审图中心再审。

审查意见整改单

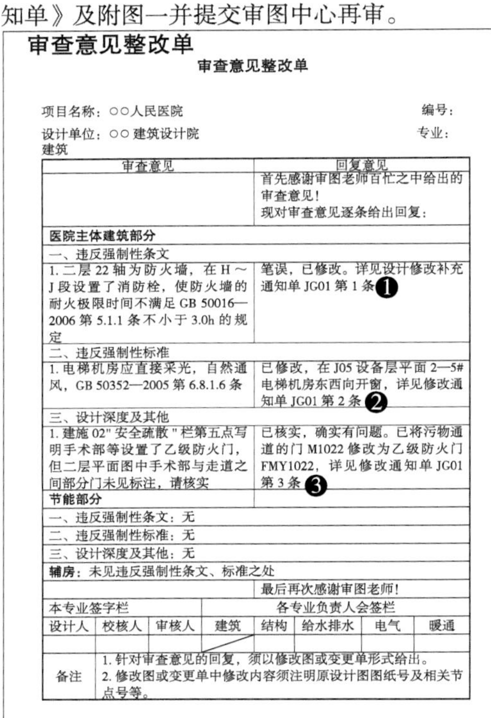

审查意见整改单

项目名称：○○人民医院　　编号：

设计单位：○○建筑设计院　　专业：建筑

审查意见	回复意见
	首先感谢审图老师百忙之中给出的审查意见！ 现对审查意见逐条给出回复：
医院主体建筑部分	
一、违反强制性条文	
1. 二层 22 轴为防火墙，在 H～J 段设置了消防栓，使防火墙的耐火极限时间不满足 GB 50016—2006 第 5.1.1 条不小于 3.0h 的规定	笔误，已修改。详见设计修改补充通知单 JG01 第 1 条❶
二、违反强制性标准	
1. 电梯机房应直接采光，自然通风，GB 50352—2005 第 6.8.1.6 条	已修改，在 J05 设备层平面 2—5# 电梯机房东西向开窗，详见修改通知单 JG01 第 2 条❷
三、设计深度及其他	
1. 建施 02" 安全疏散 " 栏第五点写明手术部等设置了乙级防火门，但二层平面图中手术部与走道之间部分门未见标注，请核实	已核实，确实有问题。已将污物通道的门 M1022 修改为乙级防火门 FMY1022，详见修改通知单 JG01 第 3 条❸
节能部分	
一、违反强制性条文：无	
二、违反强制性标准：无	
三、设计深度及其他：无	
辅房：未见违反强制性条文、标准之处	
	最后再次感谢审图老师！

本专业签字栏			各专业负责人会签栏				
设计人	校核人	审核人	建筑	结构	给水排水	电气	暖通

备注	1. 针对审查意见的回复，须以修改图或变更单形式给出。 2. 修改图或变更单中修改内容须注明原设计图图纸号及相关节点号等。

修改通知单

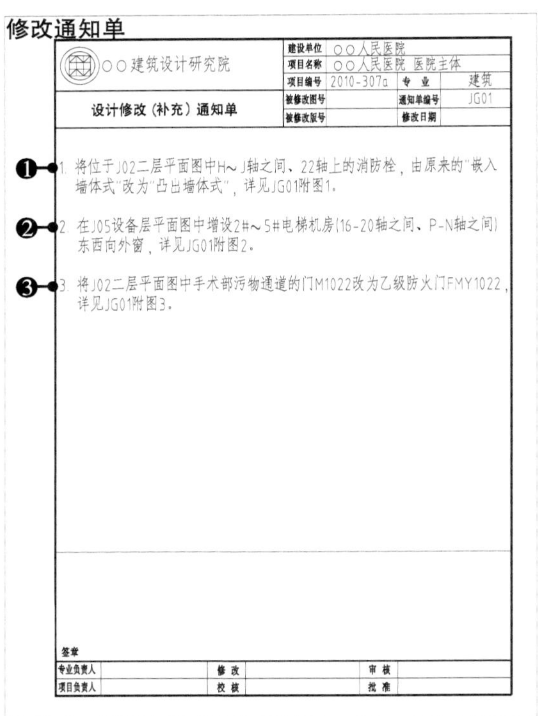

○○建筑设计研究院	建设单位	○○人民医院		
	项目名称	○○人民医院 医院主体		
	项目编号	2010-307a	专 业	建筑
设计修改（补充）通知单	被修改图号		通知单编号	JG01
	被修改版号		修改日期	

❶ 1. 将位于J02二层平面图中H～J轴之间、22轴上的消防栓，由原来的"嵌入墙体式"改为"凸出墙体式"，详见JG01附图1。

❷ 2. 在J05设备层平面图中增设2#～5#电梯机房(16-20轴之间、P-N轴之间)东西向外窗，详见JG01附图2。

❸ 3. 将J02二层平面图中手术部污物通道的门M1022改为乙级防火门FMY1022，详见JG01附图3。

签章

专业负责人		修 改		审 核	
项目负责人		校 核		批 准	

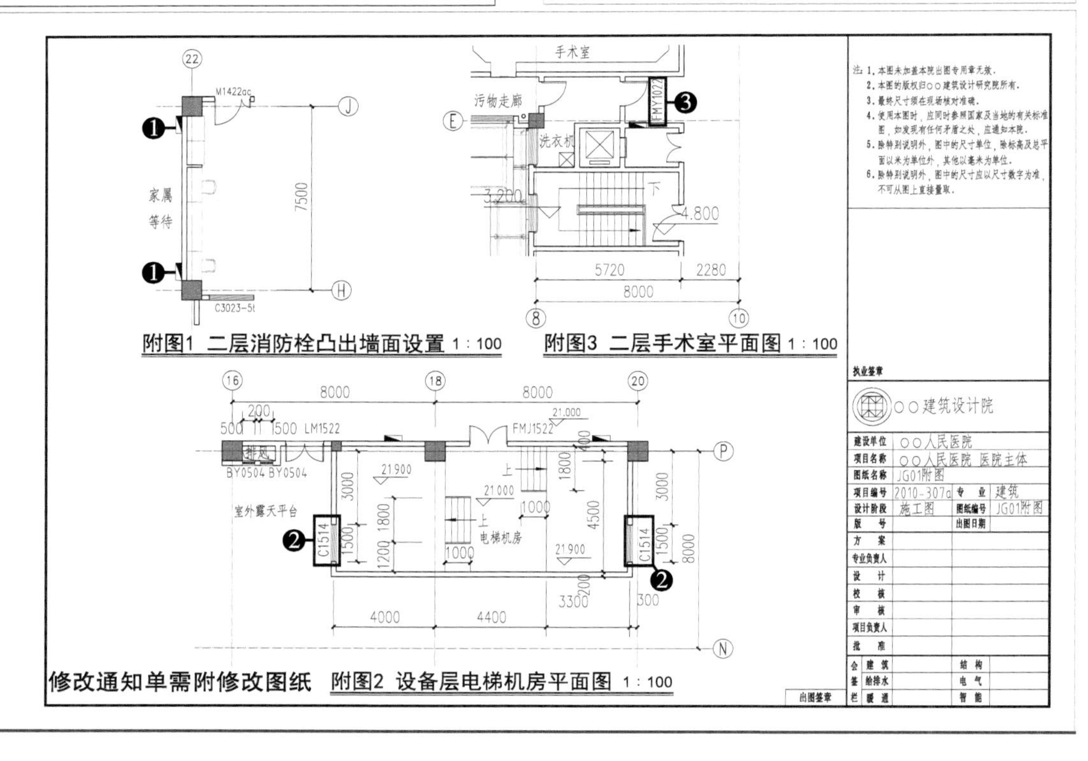

附图1 二层消防栓凸出墙面设置 1∶100

附图3 二层手术室平面图 1∶100

修改通知单需附修改图纸　附图2 设备层电梯机房平面图 1∶100

5.3.2 其他修改通知单

遇到下列情况时，设计单位需修改图纸并将具体修改内容以修改通知单的形式告知建设方或施工单位。

(1) 建设方的功能调整、使用标准变更、用料及设备选型更改；

(2) 施工单位或监理提出的为保证施工质量，应对施工困难等需要处理的问题；

(3) 发现原设计错误或疏漏；

(4) 与设备厂商的配合。

5.4 施工配合

5.4.1 设备选型

通常施工图完成后才能以招投标的方式选中设备厂商，因而在施工图设计阶段，尚不能完全确定各种设备的品牌及型号。因此在施工配合阶段，建筑师必须与设备厂商密切配合，从而合理确定设备的位置与尺寸并对原有施工图进行相应修改。

以电梯为例，电梯厂商中标后向建筑师提交电梯设备详图。建筑师需核对：电梯在平面图及剖面图中的位置，电梯井的净宽和净深，机房高度，顶层高度，电梯井底坑深度等内容（☞ P113）。

现以本工程的"7#污物升降梯"为例，介绍与电梯厂商配合修改图纸的过程。

设置"7#污物升降梯"的目的是缩短手术部、计划生育手术室及中央材料消毒供应室的医疗污物搬出流线，以实现洁污分离。为此，该电梯采用"二层东侧开门、一层西侧开门"的方式，以避免路线迂回和洁污交叉。在最初的施工图中，7#污物升降梯的净尺寸为 1.60m×1.60m。

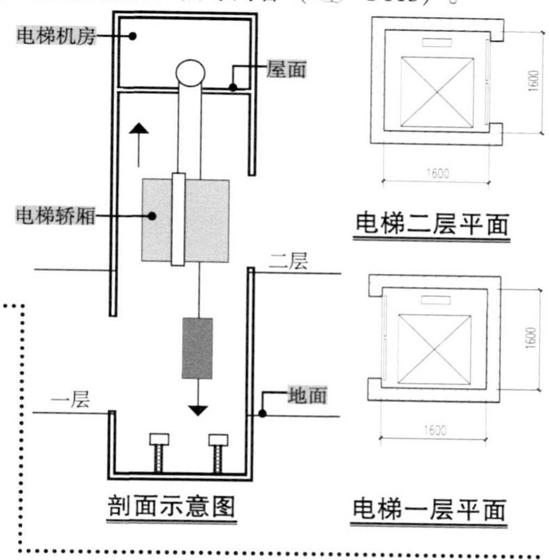

剖面示意图

电梯二层平面

电梯一层平面

东侧开门

东侧开门

550mm

剖面

机房平面

电梯井一、二层平面

•电梯厂商第一次提供的图纸如左所示：

(1) 一层、二层均向东开门；

(2) 电梯井与轿厢间的间隙达550mm，有安全隐患。

经协商，电梯厂商将电梯井净尺寸改为 1.60m×1.15m，并调整了电梯一层的开门方向。根据厂商提供的电梯尺寸及机房位置，建筑师也修改了相关施工图，并以修改通知单的方式告知建设方。

•电梯厂商第二次提供的图纸如下所示：

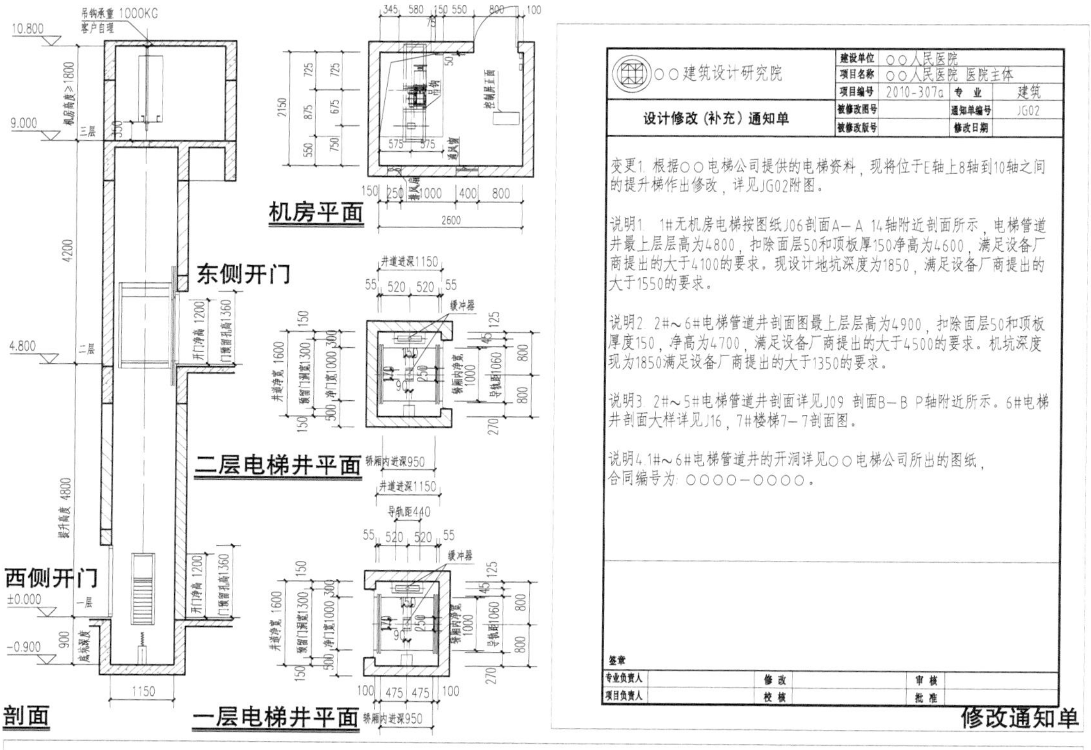

○○建筑设计研究院	建设单位	○○人民医院		
	项目名称	○○人民医院 医院主体		
	项目编号	2010-307a	专 业	建筑
设计修改（补充）通知单	被修改图号		通知单编号	JG02
	被修改版号		修改日期	

变更1. 根据○○电梯公司提供的电梯资料，现将位于E轴上8轴到10轴之间的提升梯作出修改，详见JG02附图。

说明1. 1#无机房电梯按图纸J06剖面A—A 14轴附近剖面所示，电梯管道井最上层层高为4800，扣除面层50和顶板厚150净高为4600，满足设备厂商提出的大于4100的要求。现设计地坑深度为1850，满足设备厂商提出的大于1550的要求。

说明2. 2#～6#电梯管道井剖面图最上层层高为4900，扣除面层50和顶板厚度150，净高为4700，满足设备厂商提出的大于4500的要求。机坑深度现为1850满足设备厂商提出的大于1350的要求。

说明3. 2#～5#电梯管道井剖面详见J09 剖面B—B P轴附近所示。6#电梯井剖面大样详见J16，7#楼梯7—7剖面图。

说明4. 1#～6#电梯管道井的开洞详见○○电梯公司所出的图纸，合同编号为：○○○○-○○○○。

签章					
专业负责人		修 改		审 核	
项目负责人		校 核		批 准	

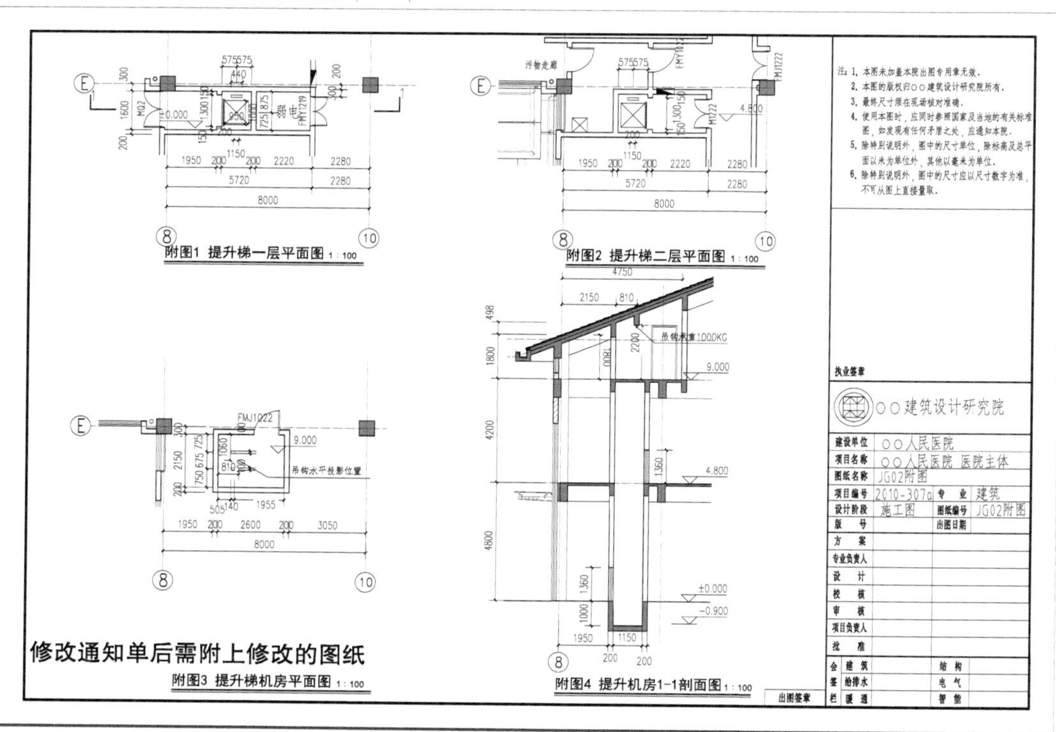

附图1 提升梯一层平面图 1:100

附图2 提升梯二层平面图 1:100

附图3 提升梯机房平面图 1:100

附图4 提升机房1-1剖面图 1:100

5.4.2 建设方的功能调整

施工图完成后，建设方只有事先征得设计方同意后才能进行功能调整。下面举例说明。

对比下面两张图可以发现：建设方提出的修改方案封闭了原施工图中的三个疏散门，导致敷料检查打包间、无菌物品存放间、一次性物品仓库等房间到疏散门的距离过大，不满足消防规范的要求。因此设计人员不能同意建设方所作的修改，否则一旦发生问题双方要各负一半责任。

当然，如果确认建设方的修改方案并不违反规范，设计方也可以同意其修改意见。

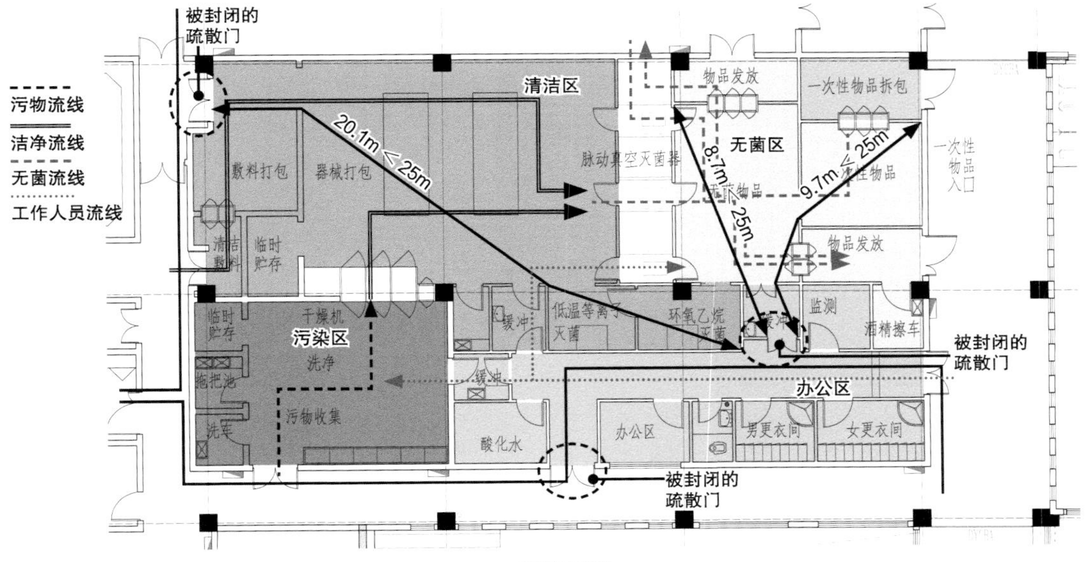

原施工图

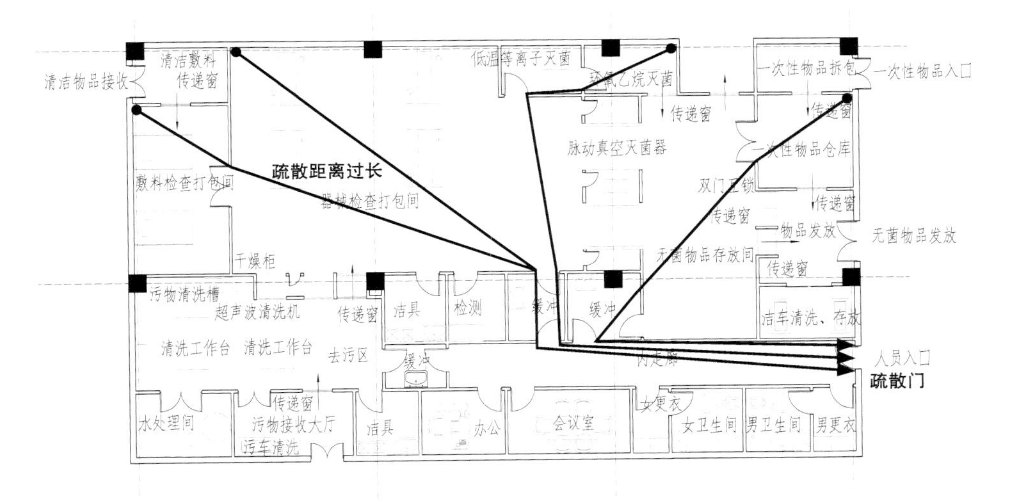

建设方提出的功能调整

参考

■《建筑设计防火规范》（GB 50016—2014）（2018 年版）"5.5.17 -3"：

• 房间内任一点至房间直通疏散走道的疏散门的直线距离，不应大于表 5.5.17 规定的袋形走道两侧或尽端的疏散门至最近安全出口的直线距离。

5.5 结语

读到这里，大家辛苦了！本书开篇时曾提及学习绘制施工图的诀窍在于反复阅读，勤加练习，举一反三，最终熟能生巧。这里再提醒一遍，并祝大家学习顺利！

索 引

名词索引

Z

AutoCAD 命令及功能索引

天正建筑命令及功能索引

天正节能命令及功能索引

Excle 命令及功能索引

配套资源内容

01_ 施工图

1-1 医院主体图纸

01）a01_ 图纸目录 .pdf
02）a02_JS01_ 建筑设计说明 (一).pdf
03）a03_JS02_ 建筑设计说明 (二).pdf
04）a04_JS03_ 建筑设计说明 (三).pdf
05）a05_JS04_ 安全疏散距离计算图 .pdf
06）a06_JS05_ 公共建筑节能设计专篇 (建筑专业).pdf
07）a07_JS06_ 建筑施工做法说明 (一).pdf
08）a08_JS07_ 建筑施工做法说明 (二).pdf
09）a09_JS08_ 建筑施工做法说明 (三).pdf
10）a10_JS09_ 门窗表（一）.pdf
11）a11_JS10_ 门窗表（二）.pdf
12）a12_JS11_ 门窗表（三）.pdf
13）a13_JS12_ 门窗表（四）.pdf
14）a14_JS13_ 门窗表（五）.pdf
15）a15_JS14_ 门窗表（六）.pdf
16）a16_JS15_ 门窗表（七）.pdf
17）a17_JS16_ 自然排烟计算书 .pdf
18）a18_JZ01_ 总平面图 .pdf
19）a19_JZ02_ 消防流线图 .pdf
20）a20_J01_ 一层平面 .dwg
21）a21_J02_ 二层平面 .pdf
22）a22_J03_ 三层平面 .pdf
23）a23_J04_ 四层平面 .dwg
24）a24_J05_ 五层平面、设备层平面 .pdf
25）a25_J06_ 屋顶平面、南立面、剖面 A-A.dwg
26）a26_J07_ 东立面、西立面、北立面 .pdf
27）a27_J08_ 庭院 1、2、3、4、5、6 立面 .pdf
28）a28_J09_ 剖面 B-B、C-C、D-D、E-E.pdf
29）a29_J10_ 剖面 F-F、H-H、G-G、L-L.pdf
30）a30_J11_ 剖面 P-P、M-M、N-N.pdf
31）a31_J12_ 病房详图 .pdf
32）a32_J13_1# ～ 14# 卫生间详图 .pdf
33）a33_J14_15# ～ 26# 卫生间详图 .pdf
34）a34_J15_1# ～ -4# 楼梯详图 .pdf
35）a35_J16_5# ～ 6# 楼梯详图 .pdf
36）a36_J17_7# ～ 8# 楼梯平面图 .pdf
37）a37_J18_1# ～ 10# 雨篷、栏杆、集水坑详图 .pdf
38）a38_J19_1# ～ -4# 百叶窗、管道井出屋面详图 .pdf
39）a39_J20_1# ～ 4# 墙身、16# ～ 17# 雨篷详图 .pdf
40）a40_J21_5# ～ 7# 墙身详图 .pdf
41）a41_J22_8# ～ 11# 墙身、18# 雨篷、MQ3 详图 .pdf

42）a42_J23_12# ～ 14# 墙身、19# 雨篷详图 .pdf
43）a43_J24_15# ～ 16# 天窗、17# ～ 19# 墙身详图 .pdf
44）a44_J25_20# ～ 23# 墙身详图、22# 雨篷详图 .pdf
45）a45_J26_20# ～ 21# 雨篷平、立、剖详图 .pdf
46）a46_J27_24# ～ 26# 墙身详图 .pdf
47）a47_J28_27# ～ 30# 墙身详图 .pdf
48）a48_J29_31# ～ 32# 墙身详图 .pdf
49）a49_J30_33# ～ 34# 墙身详图、MQ12 立面详图 .pdf
50）a50_J31_35# ～ 38# 墙身详图 .pdf
51）a51_J32_39# ～ 41# 墙身详图 .pdf
52）a52_J33_42# ～ 44# 墙身详图 .pdf
53）a53_J34_45# ～ 46# 墙身详图 .pdf
54）a54_J35_22# ～ 23# 雨篷及墙体平、立、剖详图 .pdf
55）a55_J36_47# ～ 50# 墙身详图 .pdf
56）a56_J37_51# ～ 53# 墙身、24# 雨篷详图 .pdf

1-2 辅楼

1）b01_ 图纸目录 .pdf
2）b02_JS01_ 建筑设计说明 (一).pdf　同 a02_JS01_ 建筑设计说明 (一).pdf
3）b03_JS02_ 建筑设计说明 (二).pdf　同 a03_JS02_ 建筑设计说明 (二).pdf
4）b04_JS03_ 建筑设计说明 (三).pdf　同 a04_JS03_ 建筑设计说明 (三).pdf
5）b05_JS04_ 安全疏散距离计算图 .pdf　同 a05_JS04_ 安全疏散距离计算图 .pdf
6）b06_JS06_ 建筑施工做法说明 (一).pdf　同 a07_JS06_ 建筑施工做法说明 (一).pdf
7）b07_JS07_ 建筑施工做法说明 (二).pdf　同 a08_JS07_ 建筑施工做法说明 (二).pdf
8）b08_JS08_ 建筑施工做法说明 (三).pdf　同 a09_JS08_ 建筑施工做法说明 (三).pdf
9）b09_JS17_ 门窗表 .pdf
10）b10_JS18_ 公共建筑节能设计专篇 (建筑专业).pdf
11）b11_J01_ 辅楼地下一层平面、一层平面 .pdf
12）b12_J02_ 屋顶平面、剖面 1-1.pdf
13）b13_J03_ 东 , 南 , 西 , 北立面、1# ～ 3# 详图 .pdf
14）b14_J04_1# 楼梯详图、1# ～ 2# 百叶详图 .pdf

02_ 节能计算

1）节能计算 .tpr
2）平面模型 .dwg
3）立体模型 .dwg
4）构造库 .lib
5）公共建筑节能计算报告书 .docx
6）外墙热桥部位结露设计计算书 .docx
7）屋顶结露设计计算书 .docx
8）立体模型 .jpg

02_ 节能计算（不通过版）

1）节能计算 .tpr
2）平面模型 .dwg
3）立体模型 .dwg
4）构造库（不通过版）.lib
5）立体模型 .jpg

03_ 参考图

第一章

1）1.2.6_Inpatient-bed.dwg
2）1.2.6_ 南立面 .dwg

3）1.4.4_ 天正图纸比例设定 .dwg

第二章

1）2.5.2_ 轴线 .dwg
2）2.6.1_ 用地范围 .dwg
3）2.6.3_ 屋顶平面 .dwg
4）2.7.3_ 面积计算表 .xlsx
5）2.8.2_ 楼梯 .dwg

第四章

1）4.1.3_ 门窗数量统计 .xlsx
2）4.3.1_A0 图框 .dwg
3）4.3.1_ 一层平面图 .dwg
4）4.3.3_ 详图排版 .dwg
5）4.4.1_ 图纸打印 .dwg
6）4.5.2_ 模型视图与布局视图 .dwg
7）4.5.5_ 模型视图与布局视图 _ 总平面 .dwg

04_Fonts

1）Gbhzfs.shx
2）Gbxwxt.shx
3）Tssdchn.shx
4）Tssdeng2.shx
5）Tssdeng.shx

05_ 标准图框

1）A0.dwg
2）A1.dwg
3）A2.dwg
4）A3.dwg
5）A4 图纸目录 .dwg
6）A4 图纸目录续页 .dwg
7）A4 设计修改（补充）通知单 .dwg

06_ 打印样式

1）平面打印样式 .ctb
2）墙身详图打印样式 .ctb
3）总平面打印样式 .ctb
4）消防流线图打印样式 .ctb

参 考 文 献

1. 规范

1）中华人民共和国国家标准．民用建筑设计术语标准（GB/T 50504—2009）．北京：中国计划出版社，2006.

2）中华人民共和国国家标准．建筑制图标准（GB/T 50140—2010）．北京：中国建筑工业出版社，2010.

3）中华人民共和国国家标准．民用建筑设计统一标准（GB 50352—2019）．北京：中国建筑工业出版社，2005.

4）中华人民共和国国家标准．建筑工程建筑面积计算规范（GB/T 50353—2013）．北京：中国计划出版社，2013.

5）中华人民共和国国家标准．建筑设计防火规范（GB 50016—2014）（2018 年版）．北京：中国计划出版社，2018.

6）中华人民共和国国家标准．综合医院建筑设计规范（GB 51039—2014）．北京：中国计划出版社，2014.

7）中华人民共和国国家标准．汽车库、修车库、停车场设计防火规范（GB 50067—2014）．北京：中国计划出版社，2015.

8）中华人民共和国国家标准．防火门（GB 12955—2008）．北京：中国标准出版社，2008.

9）中华人民共和国国家标准．防火窗（GB 16809—2008）．北京：中国标准出版社，2008.

10）中华人民共和国行业标准．无障碍设计规范（GB 50763—2012）．北京：中国建筑工业出版社，2012.

11）中华人民共和国行业标准．办公建筑设计规范（JGJ 67—2006）．北京：中国建筑工业出版社，2006.

12）中华人民共和国行业标准．图书馆建筑设计规范（JGJ 38—2015）．北京：中国建筑工业出版社，2016.

13）中华人民共和国国家标准．数据中心设计规范（GB 50174—2017）．北京：中国计划出版社，2017.

14）中华人民共和国国家标准．城市居住区规划设计标准（GB 50180—2018）．北京：中国建筑工业出版社，2018.

15）中华人民共和国国家标准．建筑防烟排烟系统技术标准（GB 51251—2017）．北京：中国计划出版社，2017.

16）江苏省工程建设标准．公共建筑节能设计标准（DGJ 32/J 96—2010）．南京：凤凰出版传媒集团江苏科学技术出版社，2010.

17）中华人民共和国国家标准．建筑外门窗气密、水密、抗风压性能分级及检测方法（GB/T 7106—2008）．北京：中国标准出版社，2008.

18）中华人民共和国国家标准．屋面工程技术规范（GB 50345—2012）．北京：中国标准出版社，2012.

19）中华人民共和国行业标准．倒置式屋面工程技术规程（JGJ 230—2010）．北京：中国建筑工业出版社，2010.

20）中华人民共和国国家标准．建筑幕墙（GB/T 21086—2007）．北京：中国标准出版社，2008.

21）房屋建筑和市政基础设施工程施工图设计文件审查管理办法（建设部第 134 号令）.

22）民用建筑外保温系统及外墙装饰防火暂行规定（公通字 [2009]46 号）.

23）江苏省建筑外墙保温材料防火暂行规定（苏公通 [2012]671 号）.

24）建设工程消防设计技术问题研讨纪要（苏公消 [2011]121 号）.

25）南京市城市规划条例实施细则（2007）.

2. 标准图集

1) 中国建筑标准设计研究院．工程做法（J909、G120）．北京：中国计划出版社，2008.
2) 中国建筑标准设计研究院．建筑无障碍设计（03J926）．北京：中国计划出版社，2006.
3) 中国建筑标准设计研究院．外墙外保温建筑构造（一）(02J121—1)．北京：中国计划出版社，2006.
4) 中国建筑标准设计研究院．平屋面建筑构造（一）(99J201)．北京：中国计划出版社，2006.
5) 中国建筑标准设计研究院．坡屋面建筑构造（一）(09J202—1)．北京：中国计划出版社，2006.
6) 中国建筑标准设计研究院．变形缝建筑构造（三）(04CJ01—3)．北京：中国计划出版社，2006.
7) 中国建筑标准设计研究院．医院建筑施工图实例（07CJ08)．北京：中国计划出版社，2006.
8) 中国建筑标准设计研究院．医疗建筑门、窗、隔断、防 X 射线构造（06J902—1-X1)．北京：中国计划出版社，2006.
9) 中国建筑标准设计研究院．民用建筑工程建筑施工图设计深度图样（09J801)．北京：中国计划出版社，2006.
10) 中国建筑标准设计研究院．民用建筑工程建筑初步设计深度图样（09J802)．北京：中国计划出版社，2006.
11) 江苏省工程建设标准站．施工说明（苏 J01—2005)．北京：中国建筑工业出版社，2006.
12) 江苏省工程建设标准站．平屋面建筑构造（苏 J03—2006)．北京：中国建筑工业出版社，2006.
13) 江苏省工程建设标准站．卫生间、洗池（苏 J06—2006)．北京：中国建筑工业出版社，2006.
14) 江苏省工程建设标准站．建筑防水构造图集（苏 J/T18—2006)．内部资料性出版物，2006.
15) 中国建筑标准设计研究院．《民用建筑设计通则》图示（06 SJ 813)．北京：中国计划出版社，2006.
16) 中国建筑标准设计研究院．《建筑设计防火规范》图示（13J811-1 改）(2015 年修改版)．北京：中国计划出版社，2015.

3. 图书

1) 单立欣，穆丽丽．建筑施工图设计——设计要点、编制方法 [M]．北京：机械工业出版社，2011.
2) 虞朋，虞献南．建筑设计规范常用条文速查手册 [M]．第四版．北京：中国建筑工业出版社，2017.
3) 住房和城乡建设部工程质量安全监管司，中国建筑标准设计研究院．全国民用建筑工程设计技术措施（2009）——规划・建筑・景观 [M]．北京：中国计划出版社，2010.
4) 建设部工程质量安全监督与行业发展司，中国建筑标准设计研究院．全国民用建筑工程设计技术措施（2007）——节能专篇・建筑 [M]．北京：中国计划出版社，2007.
5) 羽根義男．建築 [M]．東京：ナツメ社，2005.
6) 山田信亮．建築と構造 [M]．東京：ナツメ社，2005.
7) 下村由香利．一級建築士学科試験 Let's 計画 [M]．東京：集文社，2002.
8) 中南建筑设计院股份有限公司．建筑工程设计文件编制深度规定 [M]．北京：中国建材工业出版社，2017.
9) 强制性条文咨询委员会．中华人民共和国工程建设标准强制性条文（2009）——房屋建筑部分 [M]．北京：中国建筑工业出版社，2009.
10) 中国建设工程造价管理协会．建筑工程建筑面积计算规范图解 [M]．北京：中国计划出版社，2009.
11) 北京市建筑设计标准化办公室编．建筑设计技术细则——建筑专业 [M]．北京：经济科学出版社，2005.
12) 北京市建筑设计研究院．BIAD 设计文件编制深度规定 [M]．北京：中国建筑工业出版社，2010.
13) 北京市建筑设计研究院．建筑专业技术措施 [M]．北京：中国建筑工业出版社，2006.
14) 北京市建筑设计研究院．BIAD 建筑设计深度图示（上）[M]．北京：中国建筑工业出版社，2010.
15) 北京市建筑设计研究院．BIAD 建筑设计深度图示（下）[M]．北京：中国建筑工业出版社，2010.

后 记

写了半辈子貌似艰深的学术论文及枯燥乏味的设计说明，似乎没有理由停下脚步写这样一本“花花绿绿”的读物。然而自回母校任教以来，当一次次目睹学生犯下的形形色色、甚至是不可思议的错误，再手把手地传授解决方策之后，为热爱建筑设计但总是不得其门而入的读者写一本通俗易懂、有益有趣的图书的念头禁不住在我心中油然而生，而后越发强烈，终于一发不可收拾。

本书在内容与形式上均作了许多新的尝试，主要目的在于给读者提供一个能够体验实际施工图绘制过程的环境。但没想到写作的工作量竟如此之大，以至远远超出了原先的估计。现在回想起来，还在为我当初的鲁莽决定感到后怕。幸运的是，我得到了数月前还未曾谋面的中国建筑工业出版社张建女士真诚的鼓励、信任、支持、帮助，特别是对我一次次延期交稿的“宽大”和对书稿一遍遍不厌其烦的审校。现在终于可以长吁一声，本书完成了，谢谢您！

同样感谢恩师黎志涛教授百忙之中欣然作序，为本书增色不少。

特别感谢研究生柴熙婷和钱程，他们为本书做了大量认真细致的工作。此外，还要向为本书做出贡献的研究生崔泽庚、李玉飞、潘洁、李海默表达由衷的谢意。

最后，但绝不是最不重要的，我要向读者朋友深深致意。您的鼓励与鞭策永远是我前行的动力。

周　颖

2019 年秋

图书在版编目（CIP）数据

手把手教您绘制建筑施工图 / 周颖，孙耀南著. —2 版.
—北京：中国建筑工业出版社，2019.1（2022.8重印）
ISBN 978-7-112-22810-2

Ⅰ. ①手… Ⅱ. ①周… ②孙… Ⅲ. ①建筑制图
Ⅳ. ① TU204

中国版本图书馆 CIP 数据核字（2018）第 234491 号

责任编辑：张　建
责任校对：芦欣甜

中国建筑出版传媒有限公司官网www.cabp.com.cn→输入书名或征订号查询→点选图书→点击配套资源即可下载（重要提示：下载配套资源需注册网站用户并登录）。

手把手教您绘制建筑施工图
（第二版）
周　颖　孙耀南　著
*
中国建筑工业出版社出版、发行（北京海淀三里河路9号）
各地新华书店、建筑书店经销
北京锋尚制版有限公司制版
北京中科印刷有限公司印刷
*
开本：787×1092毫米　1/16　印张：19½　插页：3　字数：514千字
2019年12月第二版　2022年8月第七次印刷
定价：139.00元（含配套资源）
ISBN 978-7-112-22810-2
（32925）